ALBERT JACKSON · DAVID DAY

HANDBUCH DER HOLZ BEARBEITUNG

ALBERT JACKSON · DAVID DAY

HANDBUCH DER HOLZBEARBEITUNG

Ravensburger Buchverlag

Die Deutsche Bibliothek – CIP-Einheitsaufnahme
Handbuch der Holzverarbeitung/Albert Jackson; David Day.
[Übers.: Sabine Sarre. Red: Willfried Baatz].-
Ravensburg: Maier, 1994
Einheitssacht.: Collins Complete Woodworker's Manual <dt.>
ISBN 3-473-42540-0
NE: Jackson, Albert; Day, David; Baatz, Willfried [Red.]

Die ungekürzte Originalausgabe erschien erstmals 1989
bei William Collins Sons & Co. Ltd.
unter dem Titel „Collins Complete Woodworker's Manual"
Published by arrangement with HarperCollins Publishers Ltd.

Übersetzung: Sabine Sarre
Umschlaggestaltung: Ekkehard Drechsel BDG
unter Verwendung des Umschlags der Originalausgabe
Redaktion: Dr. Willfried Baatz
Gesamtherstellung: OFSA, Mailand
Printed in Italy

4 3 2 1 97 96 95 94

ISBN 3-473-42540-0

EINLEITUNG

Wir sind in unserem Leben ständig von Holz umgeben. In unseren Wohnungen, Häusern und an unseren Arbeitsplätzen finden wir überall Holz. Wir essen, schlafen und arbeiten mit Möbeln und Gegenständen aus Holz; unsere Kinder wachsen mit Holzspielzeug auf, und auch aus unserer Freizeit ist Holz nicht mehr wegzudenken. Kurz gesagt, Holz ist für uns so alltäglich, daß wir es für selbstverständlich nehmen. Und doch ist für jemanden, dem sich bei der Arbeit damit die besondere Schönheit von Holz erschlossen hat, das Holz nichts Normales mehr. Holz hat, wie kein anderes Material, besondere Qualitäten – es ist warm und angenehm anzufassen, und sein Reichtum an Farbe und Struktur ist eine Augenweide. Es ist tatsächlich so, daß Holz allen Dingen eine ganz eigene Note verleiht. Doch gemeinsam mit vielen anderen, die in der ganzen Welt Holz be- und verarbeiten, sind wir uns darüber klar, daß bestimmte Holzarten heute ein immer knapper werdender Rohstoff sind. Verantwortungsbewußte Maßnahmen müssen getroffen werden um zu erhalten, was von den Regenwäldern der Welt noch besteht. Heimische Harthölzer, die von Jahr zu Jahr immer seltener werden, müssen wieder aufgeforstet werden. Es ist dringend notwendig, daß wir Schritte unternehmen, die Quelle unseres wertvollen Rohmaterials zu schützen und zu ersetzen, wenn zukünftige Generationen von Schreinern die gleichen Privilegien erben sollen, die wir heute noch genießen.

Albert Jackson David J. Day

Inhalt

Kapitel 1

Holz

Kapitel 2

Entwurf

Kapitel 3

Handwerkzeuge

Kapitel 4

Elektrowerkzeuge

Kapitel 1

Holz

Die unterschiedliche Farbe und Struktur, die verschiedenen Biege- und Festigkeitseigenschaften und das Verhältnis von Stärke zu Gewicht verleihen jeder einzelnen Holzart einen ganz eigenen Charakter. Für den kreativen Schreiner ist Holz in seiner Unterschiedlichkeit eine Herausforderung und eine Quelle der Inspiration. Die alten Holzbearbeitungstechniken spiegeln sich in den Konstruktionen der Häuser und Möbel der letzten Jahrhunderte. Und doch ist Holz trotz uralter Tradition als Werkstoff auch ein sehr modernes Material. Es wird heute sogar mehr benützt als früher. Und dank der modernen Herstellungsmethoden werden immer neue Verbundwerkstoffe auf Holzbasis entwickelt, wodurch die vielseitige Anwendbarkeit sogar noch erweitert wird. Eine Auswahl von Laub- und Nadelholzarten der ganzen Welt, Furnieren und Holzwerkstoffen soll Ihnen auf den folgenden Seiten vorgestellt und mit ihren besonderen Eigenschaften erläutert werden.

WIE BÄUME WACHSEN

Bäume sind zweifellos ein kostbares Gut, sie sind jedoch auf eine andere Art wertvoll als Gold. Kein anderes Material war, historisch gesehen, so anpassungsfähig und so nutzbringend für die Menschheit wie das Holz mit seinen vielen verschiedenen Arten und den unterschiedlichsten Verwendungsmöglichkeiten.

Siehe auch

Schnittholzerzeugung	12
Nadelhölzer	16-19
Laubhölzer	20-29
Handwerkzeug	75-114
Elektrowerkzeug	123-154

DER LEBENDE BAUM

Um die Eigenschaften des Holzes verstehen und damit umgehen zu können, sollte man einiges über das Wachstum der Bäume wissen. Die Bäume gehören zu den Spermatophyten (Samenpflanzen), einer wichtigen Abteilung des Pflanzenreichs. Diese Abteilung wird in die Klasse der Gymnospermen und der Angiospermen unterteilt. Die Gymnospermen sind zapfentragende Nadelhölzer, von uns oft auch Weichhölzer genannt. Die Angiospermen sind breitblättrige, laubwechselnde oder immergrüne Laubhölzer, von uns oft als Harthölzer bezeichnet.

Angiospermen
Breitblättrige Bäume

Gymnospermen
Nadeltragende Bäume

Die Teile des Baumes

Ein Baum hat einen Stamm, der die Krone der blättertragenden Zweige trägt. Das Wurzelwerk verankert den Baum im Boden und versorgt den Baum mit Wasser und Mineralien. Im Stamm steigen die Säfte durch die Zellen von den Wurzeln bis zu den Blättern auf.

Nahrungsspeicherung

Durch die Verdunstung des Wassers in den Blättern wird der Saft durch winzige Zellen hindurch nach oben gesaugt. Kohlendioxid wird von den Poren der Blätter, Stomata genannt, aus der Luft aufgenommen. Die in den Blättern gebildeten Nährstoffe werden zu den Wachstumszonen des Baumes geleitet und auch in einigen Zellen gespeichert.

Photosynthese

Die Photosynthese (eine Reaktion von Kohlendioxid und Wasser zu organischen Substanzen) findet statt, wenn Energie hier in Form von Licht vom Chlorophyll, das sind die grünen Pigmente in den Blättern, aufgenommen wird, um die Nährstoffe zu bilden, die der Baum braucht. Als Nebenprodukt dieses Prozesses wird Sauerstoff an die Atmosphäre abgegeben.

Der Aufbau des Holzes

Holz besteht aus einer Masse röhrenförmiger Cellulosezellen, die durch einen organischen Stoff, dem Lignin, aneinanderkleben. Die Zellen variieren in Größe und Form, sind aber überwiegend länglich und dünn und verlaufen längs zur Hauptachse des Stammes. Diese Ausrichtung der Zellen bestimmt den Maserverlauf.

Die Zellen sorgen für den Halt des Baumes, die Saftzirkulation und die Nährstoffspeicherung. Weichholz- oder Nadelbäume haben eine einfache Zellstruktur, die hauptsächlich aus Tracheiden (faserartigen Zellen) besteht, die für den Safttransport und die Festigkeit des Baumes sorgen. Diese bilden gleichmäßige, lange Strahlen und machen den Großteil des Stammvolumens aus.

Hartholz- oder Laubbäume haben weniger Tracheiden als Nadelbäume. Sie haben dafür Gefäße oder Poren, die Saft leiten, und Fasern, die stützen. An dieser Zellspezialisierung kann man Hart- und Weichhölzer erkennen.

Ein Baum wächst durch eine jährliche Anlagerung von Zellen, die von der Kambiumschicht gebildet werden. Das ist eine dünne Schicht aktiver, lebender Zellen zwischen der Rinde und dem Holz. Während der Wachstumsperiode teilen sich die Zellen, um auf der Innenseite neues Holz und auf der Außenseite Phloem oder Bast zu bilden.

Wenn der Stammumfang größer wird, reißt die alte Rinde, und es bildet sich neue. Die neuen Holzzellen entwickeln sich zu spezialisierten Zellen, um das Splintholz zu bilden. Splintholz besteht zum Teil aus lebenden Speicherzellen und zum Teil aus nicht lebenden Zellen, die den Saft aufwärts leiten und nicht speichern. Neben den Zellen, die axial angeordnet sind, gibt es die Markstrahlzellen, die von der Mitte des Stammes strahlenförmig nach außen verlaufen. Diese transportieren und speichern die Nährstoffe horizontal durch das Splintholz. Die Markstrahlenzellen bilden flache, vertikale Bänder, die bei Weichhölzern kaum sichtbar, bei einigen Harthölzern wie der Eiche jedoch deutlich zu erkennen sind.

Der Baum wächst, indem jedes Jahr ein neuer Splintholzring um den des letzten Jahres herum aufgebaut wird. Das innerste, älteste Splintholz wird nun nicht mehr zum Wassertransport genützt; durch langsame chemische Veränderungen verwandelt es sich in Kernholz, das das stützende Rückgrat des Baumes bildet.

Splint- und Kernholz

Das Splintholz ist in der Regel heller als das Kernholz und hebt sich dadurch sichtbar von diesem ab. Der Farbunterschied ist bei sehr hellen Holzarten und vor allem bei Weichhölzern nicht so deutlich. Splintholz ist minderwertiger als Kernholz und wird von Möbelherstellern meist zum Abfall gerechnet. Es ist nicht so widerstandsfähig gegen Pilzfäule und, wegen der in einigen Zellen eingelagerten Kohlenhydrate, anfälliger für Käferbefall. Die relativ dünnwandigen Zellen sind sehr durchlässig und geben ihre Feuchtigkeit schnell ab. Folglich schwindet Splintholz stärker als das dichtere Kernholz. Seine Porosität läßt jedoch Farbstoffe und Schutzmittel besser eindringen.

Da das Kernholz den inneren Teil des älter werdenden Baumes darstellt und aus altem Splintholz entstanden ist, spielt es für das Baumwachstum keine aktive Rolle mehr. Folglich können in den abgestorbenen, toten Zellen organische Stoffe eingelagert werden, die unter Einwirkung chemischer Substanzen, sogenannter Extrakte, die Farbe der Zellwände verändern. Diese Extrakte sind verantwortlich für die kräftige Färbung des Kernholzes bei vielen Laubholzarten. Und sie verleihen dem Kernholz seine Widerstandsfähigkeit gegen Pilz- und Insektenbefall.

Früh- und Spätholz

Wie bei vielen Pflanzen hängt auch das Baumwachstum von den klimatischen Bedingungen ab. In einem gemäßigten Klima wächst ein Baum im Frühling schneller, im Sommer weniger und im Winter gar nicht. Das Frühholz ist, wie der Name schon sagt, der Teil des jährlichen Wachstumsringes, der zu Beginn der Vegetationsperiode gebildet wird. Die dünnwandigen Tracheiden der Nadelhölzer und die offenen, röhrenartigen Gefäße der Laubhölzer bilden den Großteil des Frühholzes. Das Frühholz ist deutlich als breitere und hellere Zone eines Jahresrings zu erkennen.

Das Spätholz ist der Teil des Jahresrings, der gegen Ende der Wachstumsperiode aus dickwandigen Zellen gebildet wird. Diese Zone ist dichter und meist auch dunkler, kaum saftleitend, aber mit stützender Funktion für den Baum. Diese deutliche Ringbildung entspricht dem Zuwachs in einem Jahr, gibt also auch Auskunft über das Alter des Baumes und die Klimabedingungen, unter denen er gewachsen ist. Breite Jahresringe deuten auf gute Wachstumsbedingungen hin, schmale auf schlechten Boden.

Der Strukturunterschied zwischen Früh- und Spätholz ist für den Schreiner wichtig, da dieser Unterschied ein Holz leichter oder schwerer zu bearbeiten macht. Das leichtere Frühholz läßt sich einfacher schneiden als das dichtere Spätholz. Für die meisten Hand- und Maschinenarbeiten ist das aber kein besonderes Problem, vorausgesetzt, die Werkzeugschneiden sind scharf. Der Unterschied in der Härte zeigt sich jedoch, wenn nach dem Schleifen das Spätholz über das Frühholz noch übersteht. Im allgemeinen sind Hölzer mit gleichmäßigen Wachstumsringen am leichtesten zu bearbeiten.

Die Verteilung und Anordnung der Hartholzzellen wirkt sich deutlich sichtbar auf die Holzstruktur aus. „Ringporige" Harthölzer wie Eiche und Esche haben auffällige Ringzonen großer Gefäße im Frühholz und dichtes Faser- und Zellgewebe im Spätholz. Die Oberfläche solcher Holzarten läßt sich schwerer behandeln als die von „zerstreutporigen" wie der Birke. Obwohl Holzarten wie Mahagoni oft zerstreutporig sind, sind sie aufgrund ihrer größeren Zellen manchmal recht grob strukturiert.

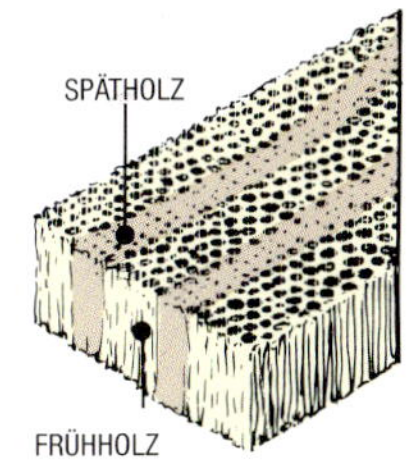

Früh- und Spätholz

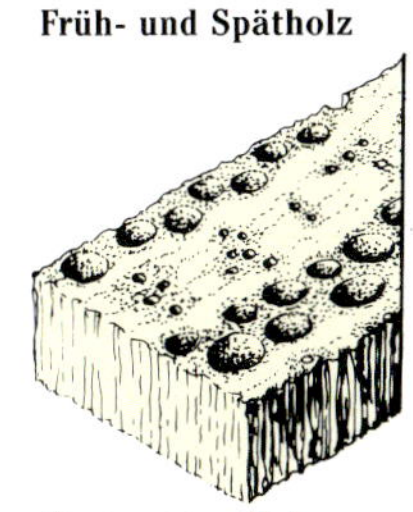

Ringporiges Holz

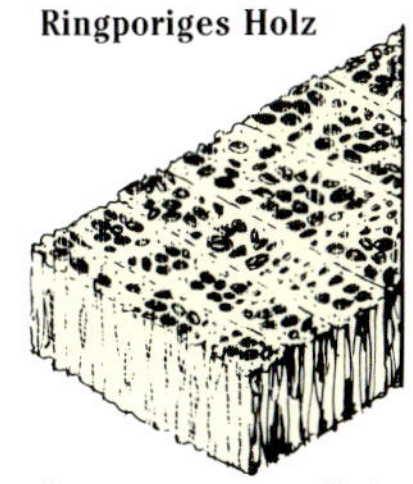

Zerstreutporiges Holz

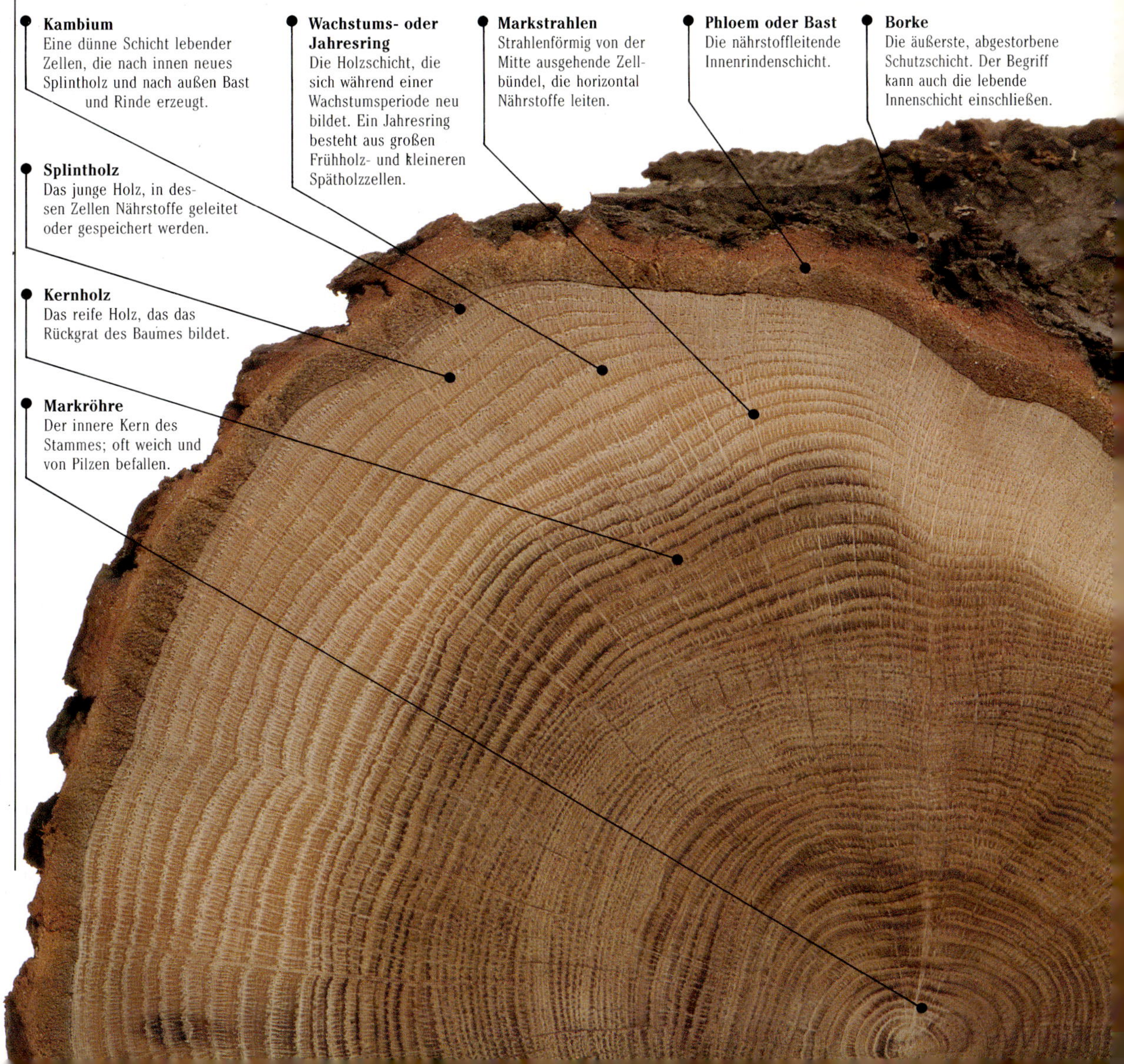

SCHNITTHOLZERZEUGUNG

Es braucht Jahre, bei manchen Holzarten sogar Hunderte von Jahren, bis ein Baum zu einer handelsüblichen Größe herangewachsen ist. Mit den modernen Forstmethoden können jedoch geradegewachsene Bäume in Minutenschnelle gefällt, entastet und entrindet werden. Da Nadelbäume relativ schnell wachsen, ist es mit sorgfältigem Waldbau möglich, Angebot und Nachfrage bei Weichholzarten zu steuern. Es ist jedoch eine traurige Tatsache, daß an den Wäldern der Welt Raubbau getrieben wird, vor allen Dingen mit den langsam wachsenden Hartholzarten, die zunehmend seltener werden, obwohl Spezziallieferanten nur noch kleine Stücke exotischer Hölzer lagern.

Siehe auch

Nadelhölzer	16-19
Laubhölzer	20-29
Furnier	30-33
Holzwerkstoffplatten	34-35

SCHNITTVERFAHREN

Das meiste Handelsholz wird aus dem Stamm eines Baumes geschnitten. Manchmal werden auch größere Äste eingeschnitten, jedoch hat Astwerk meist asymmetrische Wachstumsringe, die „Reaktionsholz" bilden, das sich stark verwirft und zu Rißbildungen neigt. Reaktionsholz bildet sich bei Stämmen und Ästen, die nicht gerade nach oben wachsen. Bei Nadelhölzern befindet sich dieser Zuwachs vor allem auf der Unterseite und bildet das „Druckholz"; bei Laubhölzern bildet es sich auf der Oberseite und wird dann „Zugholz" genannt.

Die gefällten Bäume werden in Stammabschnitte und Rundholzblöcke zerlegt und zu örtlichen Sägewerken transportiert, um dort in Rauhware aufgesägt zu werden. Die abfallenden Reste werden meist zu Papier und Holzwerkstoffen weiterverarbeitet. Die Holzexportfirmen handeln mit ganzen Stämmen oder Schnittware oder mit beidem. Die Erzeugerländer einiger exotischer Harthölzer, zum Beispiel Malaysia, Indonesien, die Philippinen und Brasilien, handeln heute jedoch nur noch mit Schnittholz. Das geschieht in dem Bestreben, ihre Bäume vor Raubbau zu schützen und auch um Arbeitsplätze im eigenen Land zu schaffen und die Staatseinnahmen zu erhöhen. Rundholz mit Spitzenqualität, also gerade und gleichmäßig gewachsene Stämme, erzielt hohe Preise und wird meist zu Furnier verarbeitet.

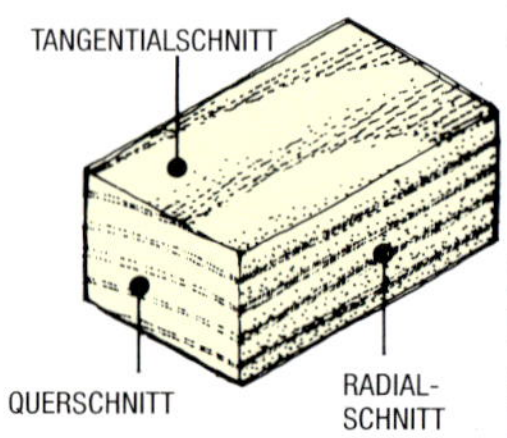

Bezugsebenen
Die Bezeichnungen beziehen sich auf die Schnittrichtung in bezug auf die Jahresringe.

Das Einschneiden

Heutzutage werden die meisten Stämme auf einer Blockband- oder Kreissäge zu Schnittholz aufgesägt. Früher geschah das von Hand mit einer großen Zweimann-Schrotsäge. Ein Mann stand in der Sägegrube unter dem Stamm, der andere auf dem Stamm selbst. Die beiden schoben und zogen die Säge zwischen sich hin und her und zersägten den Stamm auf diese Weise in Bretter oder Balken.

Mit den heute möglichen modernen Schnittverfahren werden hauptsächlich Seitenbretter (im Fladerschnitt) und Riftbretter (im Quartierschnitt) erzeugt. Seitenbretter haben liegende Jahre, d. h. die Jahresringe treffen in einem Winkel von weniger als 45 Grad auf die Brettfläche. Riftbretter haben stehende Jahre, d. h. die Jahresringe treffen in einem Winkel von nicht weniger als 60 Grad auf die Oberfläche. Durch Fladerschnitt gewonnene Bretter sind tangential zu den Jahresringen eingeschnitten und zeigen eine deutliche Fladerzeichnung. Die durch Rift- oder Spiegelschnitt gewonnenen Bretter weisen ein gerades Maserbild mit leichter Markstrahlzeichnung auf. Beim Quartierschnitt entstehen Bretter mit gerader, schlichter Maserung, die von Querstreifen durchzogen sind, vor allem bei Harthölzern wie Eiche.

Einschnittarten

Das Stehvermögen und die Zeichnung des Holzes werden von der Stellung des Sägeblatts in bezug auf die Jahresringe bestimmt. Die wirtschaftlichste Einschnittart ist der Einfach- oder Scharfschnitt **(1)**. Dabei wird der Stamm parallel zu seiner Länge in Bretter aufgesägt; man erhält wenige Mittelbretter mit stehenden Jahren und viele Seitenbretter mit liegenden Jahren. Im Flader- oder Riftschnittverfahren aufgesägte Stämme ergeben eine Mischung aus Brettern mit Flader- und Spiegelzeichnung **(2)**. Der Quartierschnitt, auch Viertelschnitt genannt, kann auf verschiedene Weise erfolgen. Ideal wäre, alle Bretter genau radial zum Stamm einzuschneiden, so wie die Speichen eines Rades. Diese Methode ist jedoch sehr unwirtschaftlich. Üblich, obgleich ein Kompromiß, ist, den Stamm zunächst zu vierteilen und dann jedes Viertelholz radial in Bretter aufzusägen **(3)**. Beim handelsüblichen Quartierschnitt wird der Stamm zunächst in dicke Scheiben gesägt, die dann senkrecht in Bretter geschnitten werden **(4)**. Die auf diese Weise entstandenen Bretter erkennt man, wenn man auf das Hirnholz schaut.

Einschnittarten
1 Fladerschnitt
2 Riftschnitt
3 Quartierschnitt

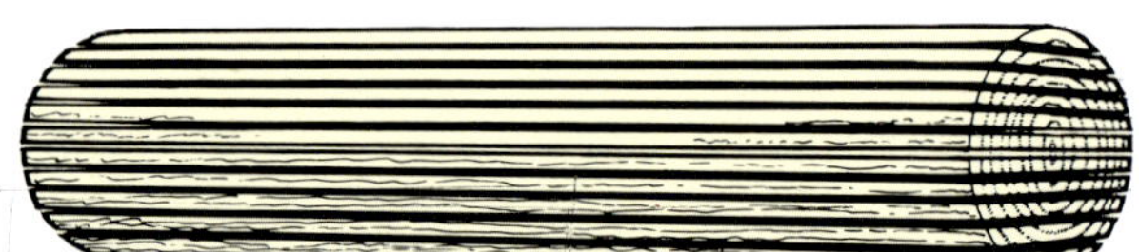

1 Einfach- oder Scharfschnitt

2 Flader- oder Riftschnitt

3 Quartierschnitt

4 Quartierschnitt

DIE HOLZTROCKNUNG

Frisch geschnittenes, grünes Holz hat einen hohen Feuchtigkeitsgehalt. Die Zellwände sind gesättigt, und in den Zellhohlräumen befindet sich freies Wasser. Bei der Trocknung verdunstet das freie Wasser und ein Teil des in den Zellwänden gebundenen Wassers. Der sogenannte Fasersättigungspunkt ist erreicht, wenn nur noch die Zellwände Wasser enthalten; er liegt, je nach Holzart, bei etwa 30 % Holzfeuchte. Das Schwinden des Holzes beginnt dann, wenn auch das Wasser aus den Zellwänden anfängt zu verdunsten. Die Wasserabgabe endet, wenn der Feuchtigkeitsgrad des Holzes der relativen Luftfeuchte der Umgebung entspricht. Dieser Zustand wird Holzfeuchtegleichgewicht genannt.

Es ist äußerst wichtig, daß der Trocknungsprozeß richtig ausgeführt wird, damit keine Spannungen im Holz auftreten und ein Holzfeuchtegleichgewicht gewährleistet ist, um Probleme mit dem Schwinden und dem Quellen des Holzes zu vermeiden.

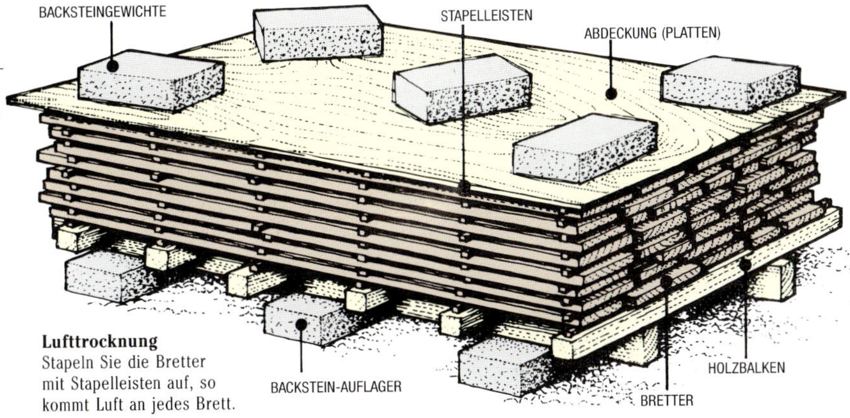

Lufttrocknung
Stapeln Sie die Bretter mit Stapelleisten auf, so kommt Luft an jedes Brett.

Lufttrocknung

Das Freilufttrocknen ist die traditionelle Methode des Holztrocknens. Die Bretter werden auf 25 mm dicke Stapelleisten gelegt, die in Abständen von 45 cm liegen. Die Holzstapel sollten in einer geschützten Lage ohne direkte Sonneneinstrahlung oder Regeneinwirkung in einigem Abstand zum Boden aufgesetzt werden. Die natürliche Luftbewegung zwischen den Brettern trocknet das Holz langsam. Als grober Anhaltspunkt gilt: etwa ein Jahr pro 25 mm Holzstärke bei Hartholz und etwa die Hälfte bei Weichholz. Diese Trockenmethode ist billig, der Feuchtegehalt des Holzes läßt sich damit aber nur auf 14–16% reduzieren, je nach relativer Luftfeuchtigkeit. Für die Verwendung in Innenräumen muß das Holz noch weiter heruntergetrocknet werden, entweder künstlich oder natürlich in der Umgebung, in der es eingesetzt werden soll.

Künstliche Trocknung

Holz für Möbel oder Innenausbauten sollte eine Holzfeuchte von etwa 8–10 % oder sogar weniger aufweisen.

Die künstliche Holztrocknung wird heute eingesetzt, um den Feuchtigkeitsgehalt des Holzes auf unter Lufttrockenheit zu reduzieren. Das ist wirtschaftlicher und braucht nur ein paar Tage. Die Bretter werden mit Stapelleisten auf Transportwagen gestapelt und in die Trokkenkammer gerollt, wo eine kontrollierte Mischung aus heißer Luft und Dampf durch das gestapelte Holz geleitet wird. Die Feuchtigkeit wird nach und nach auf einen bestimmten Feuchtegehalt (abhängig von der Holzart) reduziert. Holz, das auf weniger Feuchtegehalt als die Luft getrocknet wurde, tendiert dazu, wieder Feuchtigkeit aufzunehmen. Lagern Sie also, wenn möglich, künstlich getrocknetes Holz in der Umgebung, in der es auch verarbeitet werden soll.

Messen der Holzfeuchte

Der Feuchtegehalt des Holzes wird als Prozentsatz seines Trocken- oder Darrgewichts angegeben. Dies wird ermittelt, indem das ursprüngliche Gewicht eines Holzstücks (möglichst aus der Mitte eines Brettes und nicht vom Ende) verglichen wird mit dem Gewicht des Probestückes, nachdem es in einem Ofen völlig getrocknet wurde. Das Trockengewicht wird nun vom Naßgewicht abgezogen. Mit der Gleichung oben kann man nun die Holzfeuchte errechnen:

$$\frac{\text{Gewicht des verdampften Wassers}}{\text{Trockengewicht des Holzes}} \times 100$$

Mit einem Holzfeuchtemeßgerät mit zwei Elektroden läßt sich die Holzfeuchte schnell und einfach bestimmen. Das Gerät mißt den Widerstand des feuchten Holzes und zeigt das Ergebnis sofort in Prozent an. Stecken Sie die Elektroden an verschiedenen Stellen des Brettes in das Holz, um den Durchschnittswert zu ermitteln.

Maßhaltigkeit

Wenn Holz trocknet, schwindet es. Die Form des Brettes kann sich beim Schwinden verändern. Der Schwund in Richtung der Jahresringe beträgt im allgemeinen etwa das Doppelte gegenüber dem Schwund in Richtung der Markstrahlen, also quer zu den Jahresringen. Tangential eingeschnittene Bretter mit liegenden Jahren schwinden deshalb stark in der Breite. Im Quartierschnitt gewonnene Bretter mit stehenden Jahren schwinden nur wenig in der Breite und kaum in der Stärke. Das Schwinden des Holzes kann auch zu einem Verwerfen des Holzes führen. Quadratische Holzstücke neigen dazu, sich zu einem Parallelogramm zu verziehen, runde Querschnitte werden oval.

Die Jahresringe eines Brettes mit stehenden Jahren verlaufen von Brettfläche zu Brettfläche, und da sie alle fast gleich lang sind, verziehen sie sich nicht oder nur kaum. Aufgrund dieser Formbeständigkeit, verbunden mit einer gleichmäßigen Oberfläche, werden diese im Quartierschnitt gewonnenen Bretter im Möbelbau und für Fußböden bevorzugt.

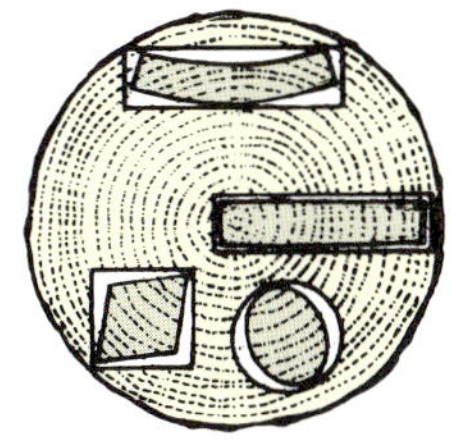

Schwundverhalten
Holzquerschnitte verziehen sich je nach Verlauf der Jahresringe unterschiedlich.

Lufttrocknung
Die aufgesägten Bretter werden mit zwischengelegten Stapelleisten auf Paletten gesetzt und hoch gestapelt (unten).

DIE HOLZAUSWAHL

Holzhändler haben meist Fichte, Tanne und Kiefer auf Lager, also die Weichholzarten, die im Zimmer- und Schreinerhandwerk am meisten verarbeitet werden. Dieses Holz wird in der Regel als Dimensionsware verkauft, das ist auf Standardmaße besäumtes und gehobeltes Holz. Eine oder mehrere Flächen sind bereits abgerichtet. Denken Sie daran, daß beim Hobeln mindestens 3 mm Stärke pro Oberfläche verlorengehen. Das tatsächliche Dicken- und Breitenmaß ist also geringer als das vom Holzhändler angegebene Sägemaß. Die Länge stimmt jedoch immer mit dem angegebenen Maß überein. Hartholz wird im allgemeinen als Brettware mit unterschiedlichen Abmessungen verkauft. Doch werden bestimmte Mahagoni-, Teak-, Eiche- und Raminarten auch als Dimensionsware angeboten. Fragen Sie nach, in welchen Maßen Ihr Holzhändler das Dimensionsholz verkauft.

Siehe auch

Schnittholzerzeugung	12-13
Nadelhölzer	16-19
Laubhölzer	20-29
Furnier	32-33
Hirnholzhobel	93
Versiegeln	210
Auskitten	210

Güteklassen

Weichholz wird je nach Maserverlauf und Wuchsfehlern in verschiedene Güteklassen eingeteilt. Für den Schreiner sind wahrscheinlich die besseren Qualitäten interessant, schlechtere Qualitäten mit Ästen oder Rissen werden als Bauholz eingesetzt. Völlig fehler- und astfreies Holz werden Sie jedoch nur selten bei Ihrem Holzhändler finden. Bei Schnittholz gibt es die Güteklassen 0, I, II und III. Klasse I und II ist gute Qualitätsware mit wenigen kleinen Ästen. Viele Holzhändler schicken Ihnen das Holz auf Bestellung zu, wenn möglich sollten Sie es sich jedoch selbst aussuchen. Nehmen Sie einen Hobel mit auf den Holzplatz. Dann können Sie das Holz anhobeln, um Färbung und Maserung zu überprüfen.

HOLZFEHLER

Wenn Holz nicht sehr sorgfältig getrocknet wird, können im Holz Schäden auftreten, die das Holz unbrauchbar oder sehr schwer zu bearbeiten machen. Unzureichendes Trocknen kann zum Schwund von auf Maß geschnittenen Teilen, zu aufgehenden Fugen, zum Verwerfen oder zum Reißen führen. Beim Holzkauf sollten Sie die Flächen auf Risse, Äste und gleichmäßigen Maserverlauf überprüfen. Sehen Sie sich das Hirnende an; hier erkennen Sie die Lage der Jahresringe und eine etwaige Verformung des Brettes. Peilen Sie auch über die Länge des Brettes, um festzustellen, ob das Brett windschief oder verzogen ist.

Innenrisse entstehen, wenn die äußere Holzschicht zu schnell trocknet und der Brettkern noch naß ist. Die dadurch auftretenden Schwundspannungen führen zum Reißen der inneren Holzfasern.

Risse sind Spalten, die im Holzgefüge aufgrund von Wachstumsfehlern oder Schwundspannungen auftreten. Ringrisse sind Risse, die den Jahresringen folgen.

Rindeneinschluß beeinträchtigt das Aussehen und kann das Holzgefüge schwächen.

Totäste oder Schwarzäste sind die Reste abgestorbener Äste, deren Stümpfe von neuen Jahresringen überwallt werden. Totäste sind nicht mehr fest eingewachsen und fallen nach dem Trocknen des Holzes gerne heraus. Die den Ast umgebende Maserung ist unregelmäßig und deshalb meist schlechter zu bearbeiten.

Oberflächenrisse treten meist längs der Fasern auf und beruhen auf einem zu schnellen Austrocknen der Oberfläche.

Hirnrisse treten häufig auf. Das Versiegeln der Enden mit einem wasserfesten Farbanstrich kann das Einreißen beim Trocknen verhindern.

Verziehen oder verwerfen ist meist durch schlechtes Stapeln verursacht. Aufgrund der Spannungen läßt sich das Holz nur noch schwer zuschneiden. Auch „Reaktionsholz“ neigt zum Verwerfen, wenn es getrocknet oder zugeschnitten wird.

EIGENSCHAFTEN DES HOLZES

Da Holz ein Naturprodukt ist, ist jedes Stück einzigartig. Jeder Teilabschnitt eines Baumes oder sogar eines Brettes wird anders aussehen. Es hat vielleicht dieselbe Farbe oder Festigkeit, aber nicht denselben Maserverlauf. Genau diese Unterschiedlichkeit des Charakters, der Festigkeit, der Farbe, der Bearbeitbarkeit und sogar des Geruchs macht Holz zu einem so faszinierenden Werkstoff.

Das Arbeiten mit Holz ist ein Lernprozeß. Und jedes neue Stück Holz ist für den Schreiner eine Herausforderung seiner Fähigkeiten. Nur durch den direkten Umgang mit Holz lassen sich seine besonderen Eigenschaften erfahren. Die charakteristischen Merkmale des Holzes sind unten kurz aufgeführt. Auf den folgenden Seiten finden Sie eine Erläuterung verschiedener Holzarten aus der ganzen Welt.

MERKMALE

Das Aussehen des Holzes – Maserung, Farbe und Struktur – spielt bei der Holzauswahl für ein bestimmtes Vorhaben die wichtigste Rolle. Die Bearbeitbarkeit oder die Härte sind meist zweitrangig, sollten jedoch nicht vernachlässigt werden, wenn es um einen bestimmten Zweck geht. Wenn Sie mit einer Holzart, die Ihnen gefällt, nicht vertraut sind, sollten Sie Ihren Holzhändler nach deren Eigenschaften befragen, um sicherzugehen, daß sie sich für Ihren Zweck eignet.

Das Auswählen des Holzes ist ein Prozeß, bei dem der äußere Eindruck in Einklang gebracht werden muß mit Härte, Bearbeitbarkeit, Biegsamkeit, Gewicht, Kosten und Verfügbarkeit. Das Erscheinungsbild und die spezifischen Merkmale des Holzes werden von seiner Zellstruktur bestimmt.

Maserung

Die Masse der Holzfasern bildet die „Maserung" eines Holzes. Sie folgt der Hauptachse des Baumstamms. Ihre Beschaffenheit wird durch die Anordnung und Ausrichtung der länglichen Zellen bestimmt. Gerade und gleichmäßig gewachsene Bäume haben eine gerade, „schlichte" Maserung. „Querstreifiges" Holz bildet sich da, wo die Zellen von der Hauptachse des Baumes abweichen. Manche Bäume wachsen spiralförmig nach oben, sie liefern „drehwüchsiges" Holz. Manchmal ändert der Drehwuchs seine Richtung, und jeder Richtungswechsel erstreckt sich über einige Jahresringe. Man spricht in diesem Fall von „Wechseldrehwuchs". Von einer „geriegelten Maserung" spricht man bei Bäumen, die einen wellenartigen Faserverlauf haben.

Eine unruhige, ungleichmäßige Holzmaserung läßt sich schwer bearbeiten, weil die Zellen ständig ihre Richtung ändern und so eine „wilde" Maserung bilden.

Bretter mit welligem Maserverlauf weisen unterschiedliche Zeichnungen auf, bedingt durch die Lage der Fasern zur Brettfläche und die wechselnde Lichtreflexion der Zellstruktur. Diesen Effekt nutzt man bei der Herstellung von Furnieren.

Statt Maserung verwenden wir bei der Bearbeitung des Holzes den Begriff „Faser" oder „Faserverlauf". Bei Längsschnitten spricht man von „mit der Faser" sägen, da in Richtung der länglichen Zellen geschnitten wird. Wir sagen aber „mit der Faser" hobeln, wenn der Hobel dem Verlauf der Maserung folgt und die Fasern parallel oder vom Hobel weg nach oben verlaufen. So entsteht eine glatte Fläche. „Gegen die Faser" zu hobeln bedeutet, daß die Fasern gegen den Hobel nach oben stehen. Das Holz reißt ein, die Fläche wird rauh. „Quer zur Faser" sägen oder hobeln bezieht sich auf eine Bearbeitung, die mehr oder weniger senkrecht zur Faserrichtung ausgeführt wird.

Zeichnung

Der Begriff Maserung wird allgemein zur Beschreibung des Aussehens eines Holzes verwandt. Er bezieht sich aber eigentlich auf eine Kombination aus natürlichen Wachstumsmerkmalen, die zusammen als „Zeichnung" bezeichnet werden. Der Unterschied zwischen dem Früh- und dem Spätholz, die Dichte der Jahresringe, die Konzentrizität oder Exzentrizität der Jahresringe, die Farbverteilung, die Folgen einer Krankheit oder einer Beschädigung und die Art und Weise, wie der Stamm eingeschnitten wurde, das alles trägt zur Zeichnung bei. Die meisten Bäume haben konisch gewachsene Stämme. Werden diese tangential eingeschnitten, liefern sie die typischen Fladerbretter mit U-förmiger Zeichnung. Wird ein Stamm radial eingeschnitten, liegen die Jahresringe senkrecht zur Schnittfläche, und die Zeichnung ist schlicht und parallelgestreift. Manche Holzarten haben jedoch ausgeprägte Markstrahlen, die bei einem Radialschnitt deutlich hervortreten und eine schöne „Spiegelzeichnung" bewirken.

Die Form der Zeichnung ist nicht auf das Holz gerader Stämme beschränkt. Das aus einer Astgabel geschnittene Holz weist eine „Pyramidenzeichnung" auf, die vor allem als Furnier hochgeschätzt wird. Das gleiche gilt für die Maserknollen, die durch Wucherung aufgrund irgendeiner Verletzung entstanden sind. Auch Wurzelholz weist eine interessante Zeichnung auf, die wie Maserholz gerne für Drechselarbeiten genommen wird.

Struktur

Der Begriff „Struktur" bezieht sich auf die relative Größe der Holzzellen. Feinstrukturierte Hölzer haben kleine, dicht aneinanderliegende Zellen, während grobstrukturierte Hölzer relativ große Zellen haben. Mit „Struktur" beschreibt man auch die Verteilung der Zellen in bezug auf die Jahresringe. Ist der sichtbare Unterschied zwischen dem Früh- und dem Spätholz gering, spricht man von einer feinen Struktur. Bei Holzarten mit deutlicher Jahresringbildung spricht man hingegen von einer groben Struktur.

HOLZBESTIMMUNG

Manche einfache Holzarten lassen sich sehr schnell an ihrer Farbe, ihrer Maserung, ihrer Struktur und ihrem Geruch erkennen. Unbekannte, fremde Holzarten können jedoch extrem schwer zu bestimmen sein. Sogar Experten müssen zuweilen auf eine mikroskopische Analyse der Zellstruktur zurückgreifen. Auf den folgenden Seiten finden Sie eine Auswahl der handelsüblichen Holzarten aus der ganzen Welt farbig abgebildet. Jede Holzart ist mit ihrem Standardnamen angegeben und gegebenenfalls auch mit ihrer handels- oder ortsüblichen Bezeichnung.

Gattung und Art sind kursiv angegeben. Das ist wichtig, weil der botanische Name die einzige allgemeingültige Einteilung ist, auf die man sich bei der Bestimmung einer Holzart genau verlassen kann. In Nachschlagewerken und Handelskatalogen wird die Abkürzung „spp." verwendet, um darauf hinzuweisen, daß eine Holzart eine aus einer Reihe von Arten innerhalb einer Gattung oder Familie der Bäume ist. Für jede Holzart ist das Herkunftsland angegeben. Die in jedem Land zahlenmäßig vorherrschenden Holzarten sind in der Regel die einheimischen Arten. Doch sind heute importierte Holzarten – vor allem exotische Harthölzer – in den meisten Ländern erhältlich. Ihre Verfügbarkeit wird nur durch Angebot und Nachfrage geregelt.

DIE NADELHÖLZER DER ERDE

Der Begriff Nadel- oder Weichholz bezieht sich auf seine botanische Einordnung und nicht auf seine physikalischen Eigenschaften. Weich- oder Nadelhölzer sind Koniferen, die der botanischen Klasse der Gymnospermen oder Nacktsamer angehören. Die meisten zapfentragenden Bäume sind immergrün und haben ein schmales, nadelförmiges Blattwerk. Der Baum wird im allgemeinen als hoch und oben spitz zulaufend beschrieben, jedoch haben nicht alle Koniferen diese Wuchsform. Zu Brettern geschnitten, läßt sich das Holz der Nadelbäume schnell an der relativ hellen Färbung erkennen, die von blaßgelb bis rötlichbraun reichen kann. Auch der Farb- und Dichtekontrast zwischen den Früh- und Spätholzbereichen der Jahresringe gibt Aufschluß über die Holzart.

Siehe auch

Wie Bäume wachsen	10-11
Laubhölzer	20-29
Holzwerkstoffplatten	34-38
Oberflächenbehandlung	209-220

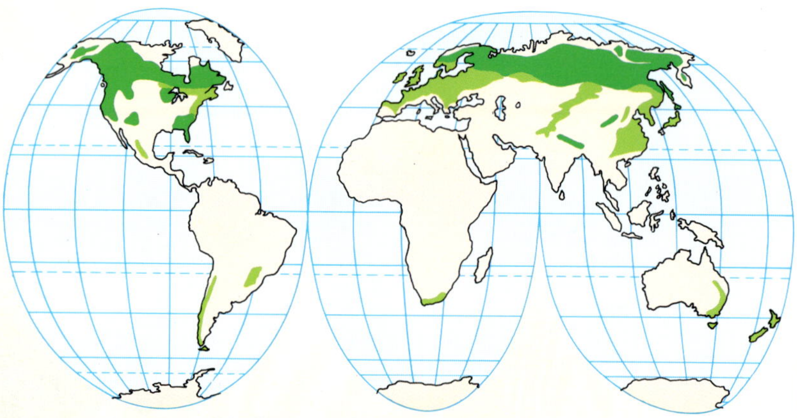

Die Verbreitung der Nadelhölzer

- Nadelwald
- Nadel- und Laubwald/ Mischwald

Die Größe der Karte erlaubt nur eine grobe Darstellung der Baumverteilung.

Die Nadelholzregionen der Welt

Die wichtigsten Ressourcen für den Welthandel mit Nadelholz liegen in der nördlichen Hemisphäre, die sich von den arktischen und subarktischen Zonen Europas und Nordamerikas bis in den Südosten der Vereinigten Staaten erstreckt.

Die Koniferen sind relativ schnell wachsende Bäume mit geraden Stämmen, die sich in künstlich angelegten Wäldern wirtschaftlich kultivieren und ernten lassen. Sie sind billiger als Laubhölzer und werden überwiegend als Bauholz, in Schreinereien und für die Herstellung von Faserplatten und Papier genutzt.

Nadelholzbretter

Bretter einheimischer Holzarten mit Waldkante und Rinde kann man in örtlichen Sägewerken kaufen. Die Waldkante ist die unbesäumte Brettkante. Importierte Brettware ist meistens entrindet und besäumt. Bei dem abgebildeten Lärchenbrett sehen wir die Rinde, den Splint und das reife Kernholz.

Farbveränderungen

Die Farbe eines Holzes kann stark variieren, und zwar nicht nur innerhalb der gleichen Holzart, sondern sogar innerhalb eines Stammes. Die meisten Holzarten werden dunkler, wenn sie dem Licht ausgesetzt sind; manche werden jedoch auch heller oder ändern ihre Farbe. Durch eine Oberflächenbehandlung, auch durch eine farblose, wird Holz immer etwas dunkler getönt. Die kleinen Quadrate rechts in natürlicher Größe zeigen das Holz vor und nach dem Auftragen eines farblosen Oberflächenmittels.

Den Effekt eines klaren Überzugs auf die Holzfarbe können Sie auf ganz einfache Weise testen: Machen Sie einen Finger naß und benetzen Sie damit das Holz.

LIBANONZEDER
Cedrus libani
Andere Namen: Echte Zeder
Ursprung: Naher Osten
Eigenschaften: ein wohlriechendes Holz mit hellbraunem Kernholz. Deutlich abgesetzte Jahresringe durch kontrastierendes Früh- und Spätholz. Manchmal astig
Bearbeitbarkeit: gut
Durchschnittliche Rohdichte: 560 kg/m³
Verwendung: Möbel, Gartenmöbel, Bauholz, Schreinerarbeiten
Oberflächenbehandlung: gut

KANADISCHE ROTZEDER, THUJA
Thuja plicata
Andere Namen: Western redcedar, Riesenlebensbaum
Ursprung: Kanada, Vereinigte Staaten, Großbritannien, Neuseeland
Eigenschaften: relativ weiches, aromatisches Holz. Rötlichbraune Farbe, die bei Verwitterung silbergrau ausbleicht
Bearbeitbarkeit: gut
Durchschnittliche Rohdichte: 370 kg/m³
Verwendung: Schindeln, Fassadenverkleidung, Garten- und Gewächshäuser
Oberflächenbehandlung: gut

• Farbveränderung
Die kleinen Quadrate zeigen die natürliche Maserung der Holzart und die Veränderung durch den Auftrag eines klaren Oberflächenmittels.

Libanonzeder

Kanadische Rotzeder

YELLOW CEDAR
Chamaecyparis nootkatensis
Andere Namen: Alaskazeder, Nutka-Scheinzypresse
Ursprung: nordamerikanische Pazifikküste
Eigenschaften: hellgelbes, gleichmäßig strukturiertes Holz. Feine, gerade Maserung. Relativ leicht. Gutes Stehvermögen, wenn trocken
Bearbeitbarkeit: gut
Durchschnittliche Rohdichte: 500 kg/m^3
Verwendung: Möbelbau, Bootsbau, Schreinerarbeiten, Furniere
Oberflächenbehandlung: gut

DOUGLASIE
Pseudotsuga menziesii
Andere Namen: Douglastanne, Oregon pine
Ursprung: Kanada, Westküste Nordamerikas, Großbritannien
Eigenschaften: geradfaseriges, rötlichbraunes Holz mit deutlichen Jahresringen. Große, astfreie Stämme
Bearbeitbarkeit: gut
Durchschnittliche Rohdichte: 530 kg/m^3
Verwendung: Sperrholz, Schreinerarbeiten, Konstruktionsholz
Oberflächenbehandlung: ziemlich gut

TANNE
Abies alba
Andere Namen: Weißtanne, Edeltanne
Ursprung: Mittel- und Südeuropa
Eigenschaften: cremigweißes, fast farbloses Holz. Kein Harzgehalt. Feine, gerade Maserung. Ähnlich wie Fichte (Picea), wird oft auch mit dieser zusammen gehandelt
Bearbeitbarkeit: gut
Durchschnittliche Rohdichte: 480 kg/m^3
Verwendung: Schreinerarbeiten, Bauholz, Sperrholz, Kisten, Masten
Oberflächenbehandlung: gut

HEMLOCK, WESTERN
Tsuga heterophylla
Andere Namen: Hemlocktanne
Ursprung: Kanada, Vereinigte Staaten, Großbritannien
Eigenschaften: hellbraunes, mattglänzendes Holz mit relativ deutlichen Jahresringen. Es ist geradfaserig und nicht harzhaltig
Bearbeitbarkeit: gut
Durchschnittliche Rohdichte: 500 kg/m^3
Verwendung: Bauholz, Schreinerarbeiten, Sperrholz
Oberflächenbehandlung: gut

KAURI
Agathis spp.
Andere Namen: Queensland-Kauri, Neuseeland-Kauri
Ursprung: Australien
Eigenschaften: feine, gleichmäßige Struktur. Geradfaserig. Die Farbskala reicht von hellgelbbraun bis rötlichbraun
Bearbeitbarkeit: gut
Durchschnittliche Rohdichte: 480 kg/m^3
Verwendung: Möbelbau, Schreinerarbeiten
Oberflächenbehandlung: gut

LÄRCHE, EUROPÄISCHE
Larix decidua
Andere Namen: keine
Ursprung: Europa, besonders Alpengebiete
Eigenschaften: fester und zäher als andere Koniferen. Geradfaserig mit gleichmäßiger Struktur. Kernholz rötlichbraun, heller Splint. Lärche wirft im Herbst ihre Nadeln ab
Bearbeitbarkeit: mittelmäßig
Durchschnittliche Rohdichte: 590 kg/m^3
Verwendung: Schreinerarbeiten, Grubenholz (Bergbau), Bootsplanken
Oberflächenbehandlung: ziemlich gut

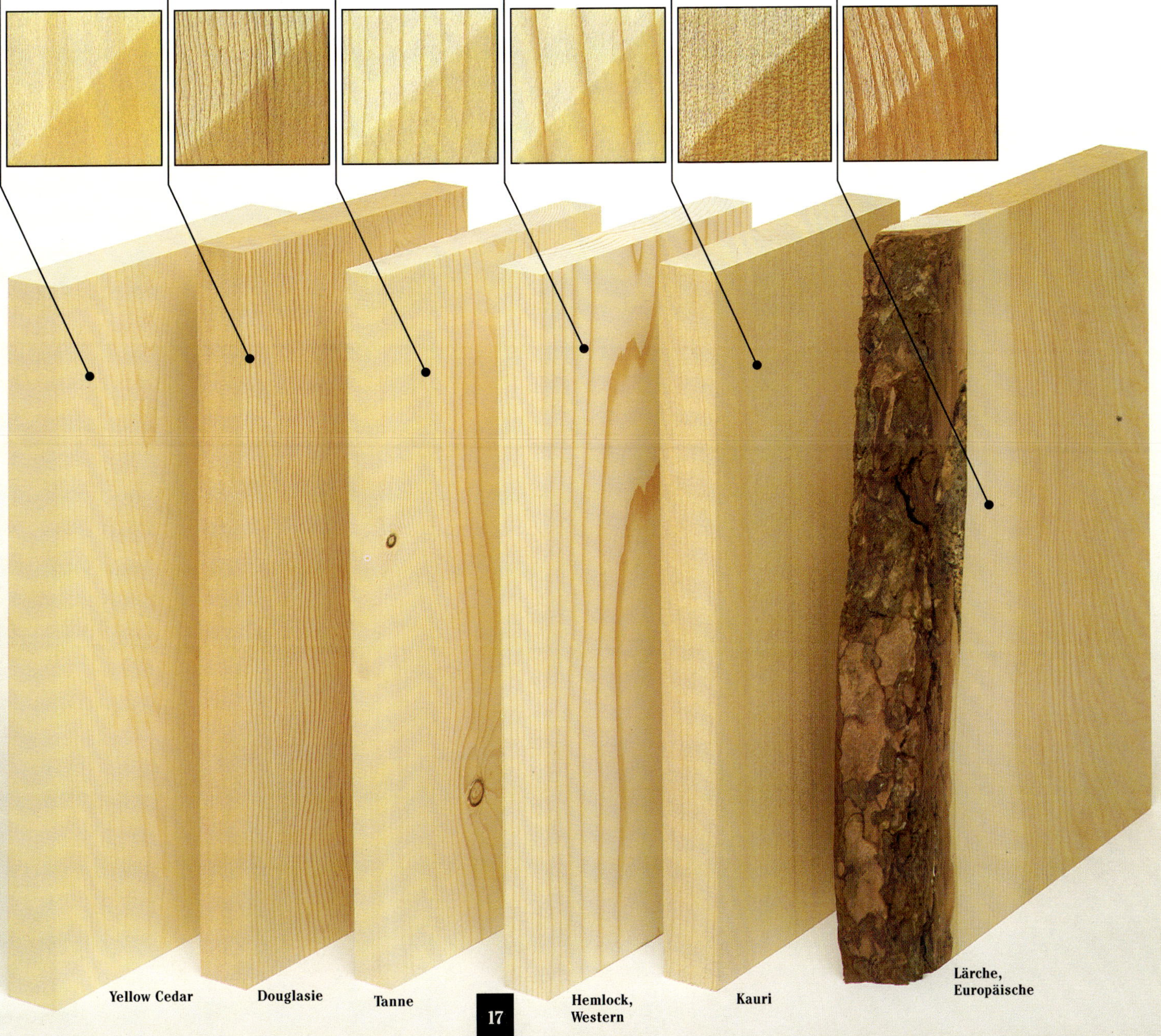

ARAUKARIE, OSTAUSTRALISCHE
Araucaria cunninghamii
Andere Namen: keine
Ursprung: Australien, Papua-Neuguinea
Eigenschaften: ein geradfaseriges Holz mit feiner Struktur. Optisch ähnlich der Brasilianischen Araukarie, mit breitem, hellbraunem Splint und gelblichbraunem Kern
Bearbeitbarkeit: gut
Durchschnittliche Rohdichte: 560 kg/m^3
Verwendung: Schreinerarbeiten, Möbelbau, Drechselarbeiten, Bauholz
Oberflächenbehandlung: gut

ARAUKARIE, BRASILIANISCHE
Araucaria angustifolia
Andere Namen: Brasilkiefer (gehört jedoch nicht zu den Kiefern)
Ursprung: Argentinien, Brasilien, Paraguay
Eigenschaften: geradfaserig mit gleichmäßiger Struktur. Unauffällige Jahresringe. Hellbraunes Kernholz mit dunkelbraunem Kern. Oft mit hellroten Streifen
Bearbeitbarkeit: gut
Durchschnittliche Rohdichte: 540 kg/m^3
Verwendung: Schreinerarbeiten, Möbelbau, Drechselarbeiten
Oberflächenbehandlung: gut

GELBKIEFER
Pinus ponderosa
Andere Namen: Schwerholzkiefer
Ursprung: Westkanada und Vereinigte Staaten
Eigenschaften: Der breite, blaßgelbe Splint ist weich, nicht harzhaltig und von gleichmäßiger Struktur. Das schwerere Kernholz ist dunkelgelb bis rötlichbraun und harzhaltig
Bearbeitbarkeit: gut/mittelmäßig
Durchschnittliche Rohdichte: 480 kg/m^3
Verwendung: Modellbau, Türen, Möbel (Splint), Schreinerarbeiten, Bauholz (Kernholz)
Oberflächenbehandlung: mittelmäßig

ZUCKERKIEFER
Pinus lambertiana
Andere Namen: Lambertskiefer
Ursprung: Vereinigte Staaten
Eigenschaften: Mittelweiches Holz mit mittelgrober Struktur und gleichmäßiger Maserung. Weißer Splint und blasses bis rötlichbraunes Kernholz
Bearbeitbarkeit: gut
Durchschnittliche Rohdichte: 430 kg/m^3
Verwendung: Schreinerarbeiten, leichtes Bauholz
Oberflächenbehandlung: mittelmäßig

GEBIRGSSTROBE
Pinus monticola
Andere Namen: Gebirgskiefer
Ursprung: Kanada, Vereinigte Staaten
Eigenschaften: ein geradfaseriges, gleichmäßig strukturiertes Holz. Blaßgelb bis rötlichbraun. Früh- und Spätholz weisen kaum Farbunterschied auf
Bearbeitbarkeit: gut
Durchschnittliche Rohdichte: 450 kg/m^3
Verwendung: Schreinerarbeiten, Bauholz, Möbelbau, Bootsbau, Sperrholz
Oberflächenbehandlung: gut

WEYMOUTHSKIEFER
Pinus strobus
Andere Namen: Strobe
Ursprung: Vereinigte Staaten, Ostkanada
Eigenschaften: weiches Kiefernholz, geradfaserig, mit feiner, gleichmäßiger Struktur. Unauffällige Jahresringe. Blaßgelbe bis hellbraune Farbe. Feine Harzkanäle
Bearbeitbarkeit: gut
Durchschnittliche Rohdichte: 420 kg/m^3
Verwendung: Modellschreinerei, Schreinerarbeiten, Musikinstrumente, Möbelbau, Bauholz
Oberflächenbehandlung: gut

- **Farbveränderung**
Die kleinen Quadrate zeigen die natürliche Maserung der Holzart und die Veränderung durch den Auftrag eines klaren Oberflächenmittels.

Araukarie, Ostaustralische
Araukarie, Brasilianische
Gelbkiefer
Zuckerkiefer
Gebirgsstrobe
Weymouthskiefer

RIMU
Dacrydium cupressinum
Andere Namen: keine
Ursprung: Neuseeland
Eigenschaften: Ein geradfaseriges Holz mit feiner, gleichmäßiger Struktur. Das Kernholz ist rötlichbraun und wird zum gelblichen Splint hin immer heller
Bearbeitbarkeit: gut
Durchschnittliche Rohdichte: 530 kg/m^3
Verwendung: Möbelbau, Schreinerarbeiten, Sperrholz, Furniere
Oberflächenbehandlung: gut

KIEFER
Pinus sylvestris
Andere Namen: Gemeine Kiefer, Weißkiefer
Ursprung: Europa, Nordasien
Eigenschaften: ein helles, harzhaltiges Holz mit gelb- bis hin zu rotbraunem Kernholz und hellem, weißgelben Splint. Deutliche Zeichnung mit hellem Frühholz und rötlichem Spätholz
Bearbeitbarkeit: mittelmäßig
Durchschnittliche Rohdichte: 510 kg/m^3
Verwendung: Möbelbau, Schreinerarbeiten; Bauholz
Oberflächenbehandlung: gut

SEQUOIA
Sequoia sempervirens
Andere Namen: Immergrüne Sequoia, Eibensequoia, „Redwood" (USA)
Ursprung: Vereinigte Staaten
Eigenschaften: ein rötlichbraunes, geradfaseriges Holz mit deutlichem Kontrast zwischen Früh- und Spätholz. Die Zeichnung kann fein, aber auch relativ grob sein. Nicht harzhaltig
Bearbeitbarkeit: mittelmäßig
Durchschnittliche Rohdichte: 420 kg/m^3
Verwendung: Schindeln, Außenverkleidungen, Särge, Pfosten, Sperrholz
Oberflächenbehandlung: gut

FICHTE
Picea abies
Andere Namen: Rottanne
Ursprung: Europa
Eigenschaften: ein glänzendes, geradfaseriges Holz mit gleichmäßiger Struktur. Beinah weißes Frühholz und blaß-gelbbraunes Spätholz
Bearbeitbarkeit: gut
Durchschnittliche Rohdichte: 470 kg/m^3
Verwendung: Schreinerarbeiten, Bauholz, Kisten, Sperrholz, Resonanzböden für Klaviere, Decken von Violinen
Oberflächenbehandlung: gut

SITKAFICHTE
Picea sitchensis
Andere Namen: keine
Ursprung: Kanada, Vereinigte Staaten, Großbritannien
Eigenschaften: ein nicht harzhaltiges, weißliches Holz mit leicht rosafarbenem Kernholz. Meist geradfaserig mit gleichmäßiger Struktur, je nach Wachstumsgeschwindigkeit
Bearbeitbarkeit: gut
Durchschnittliche Rohdichte: 450 kg/m^3
Verwendung: Bootsbau, Innenausbau, Bauholz, Musikinstrumente, Segelflugzeuge, Ruder, Skullriemen, Sperrholz
Oberflächenbehandlung: gut

EIBE
Taxus baccata
Andere Namen: (Gemeiner) Taxus
Ursprung: Europa, Kleinasien, Nordafrika, Burma, Himalaya
Eigenschaften: ein zähes und hartes Nadelholz. Das Kernholz ist orangerot, der Splint deutlich heller. Die unregelmäßige Maserung macht das Holz sehr dekorativ
Bearbeitbarkeit: schwierig
Durchschnittliche Rohdichte: 670 kg/m^3
Verwendung: Möbel, Drechselarbeiten, Schreinerarbeiten
Oberflächenbehandlung: gut

DIE LAUBHÖLZER DER ERDE

Der Begriff Hart- oder Laubholz bezieht sich auf seine botanische Einordnung und nicht auf seine physikalischen Eigenschaften. Der Begriff Hartholz ist dennoch sinnvoll, weil die Mehrzahl der Laubhölzer in der Tat härter sind als die Weich- oder Nadelhölzer. Die große Ausnahme ist Balsa, das, obwohl es botanisch zu den Hartholzarten zählt, das leichteste Holz beider Gruppen ist. Hart- oder Laubhölzer stammen von breitblättrigen Bäumen, die zur botanischen Klasse der Angiospermen (Bedecktsamer) gehören. Angiospermen bilden samentragende Fruchtknoten, die sich nach der Befruchtung zu Früchten oder Nüssen entwickeln. Diese Klasse steht auf einer höheren Evolutionsstufe als die ältere und ursprünglichere Klasse der zapfentragenden Gymnospermen, die eine einfachere Zellstruktur haben. Die meisten Laubbäume der gemäßigten Zonen sind laubwechselnd, d. h. sie werfen ihre Blätter im Winter ab – aber nicht alle. Denn einige haben sich zu Immergrünen entwickelt. Die Laubbäume, die in tropischen Wäldern wachsen, sind größtenteils Immergrüne. Laubhölzer sind meistens schwerer als Nadelhölzer und bieten eine breitere Auswahl an Farbe, Zeichnung und Struktur. Sie sind außerdem teurer, und viele, vor allem die sehr teuren exotischen Hölzer, werden nur zu Furnier verarbeitet.

Siehe auch

Wie Bäume wachsen	10-11
Nadelhölzer	16-19
Furnier	30-33
Oberflächenbehandlung	209-220

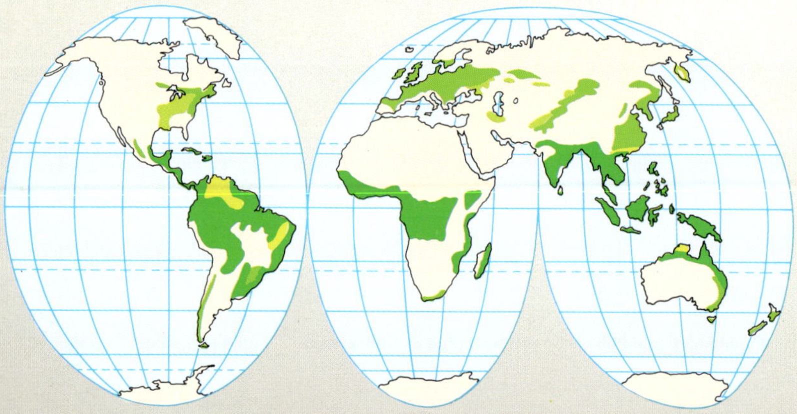

Verbreitung der Laubhölzer

- Immergrüner Laubwald
- Laubabwerfender Laubwald
- Laubabwerfender und immergrüner Laubwald
- Laubabwerfender Laub- und Nadelmischwald

Die Größe der Karte erlaubt nur eine grobe Darstellung der Baumverteilung.

Die Laubholzregionen der Welt

Es gibt auf dieser Welt Tausende verschiedener Laubholzarten, von denen Hunderte wirtschaftlich genutzt werden. Welche Arten wo wachsen, wird durch das Klima bestimmt. Im allgemeinen sind die laubabwerfenden Laubbäume in der gemäßigten nördlichen Hemisphäre heimisch und die breitblättrigen Immergrünen in den Tropen und in der südlichen Hemisphäre.

Laubhölzer wachsen relativ langsam, und obwohl mit Hilfe von Wiederaufforstungsprogrammen versucht wird, die Wälder zu erhalten, sind die neuen Bäume oft von schlechterer Qualität als der alte Bestand.

Die Karte zeigt die Verbreitung immergrüner Laubbäume und laubabwerfender Bäume, immergrüner und laubabwerfender Laubhölzer und Mischwälder aus Laub- und Nadelbäumen.

Vom Aussterben bedrohte Arten
Die wahllose Zerstörung der Regenwälder führt zu einer ernsten Verknappung der tropischen Harthölzer. Um wertvolle Rohstoffquellen zu bewahren, sollte man nur Hölzer aus Plantagen oder bewirtschafteten Wäldern verwenden. Die am meisten gefährdeten Holzarten sind mit dem Symbol eines gefällten Baumes gekennzeichnet.

- **Farbveränderung**
Die kleinen Quadrate zeigen die natürliche Maserung der Holzart und die Veränderung des Farbtons durch den Auftrag eines klaren Oberflächenmittels.

AFRORMOSIA
Pericopsis elata
Andere Namen: Kokrodua, Assamela
Ursprung: Westafrika
Eigenschaften: ein sehr dauerhaftes Holz mit gerader bis drehwüchsiger Zeichnung. Das gelbbraune Kernholz wird so dunkel wie Teak, dem es auch ähnlich sieht, obwohl es in der Struktur feiner und nicht so ölig ist
Bearbeitbarkeit: gut
Durchschnittliche Rohdichte: 710 kg/m³
Verwendung: Furniere, Innen- und Außenverwendung für Möbel und Bauten
Oberflächenbehandlung: gut

RED ALDER
Alnus rubra
Andere Namen: Nordamerikanische Erle
Ursprung: nordamerikanische Pazifikküste
Eigenschaften: ein weiches, relativ geradfaseriges Holz mit gleichmäßiger Struktur. In der Farbe hellgelb bis rötlichbraun
Bearbeitbarkeit: gut
Durchschnittliche Rohdichte: 530 kg/m³
Verwendung: Möbelbau, Drechsel- und Schnitzarbeiten, Sperrholz, Furniere
Oberflächenbehandlung: gut

Afrormosia

Red Alder

WEISSESCHE, AMERIKANISCHE
Fraxinus americana
Andere Namen: White ash
Ursprung: Kanada und Vereinigte Staaten
Eigenschaften: ein grobes, im allgemeinen aber geradfaseriges Holz mit beinahe weißem Splint und hellbraunem Kernholz. Ähnlich der europäischen Esche
Bearbeitbarkeit: mittelmäßig
Durchschnittliche Rohdichte: 670 kg/m³
Verwendung: Sportgeräte, Werkzeuggriffe, Bootsbau, Schreinerarbeiten
Oberflächenbehandlung: gut

ESCHE, EUROPÄISCHE
Fraxinus excelsior
Andere Namen: je nach Herkunft: Englische Esche, Französ. Esche usw.
Ursprung: Europa
Eigenschaften: ein zähes, grobstrukturiertes aber geradfaseriges Holz mit weißlicher bis hellbrauner Farbe. Stämme mit dunklem Kern werden Olivesche genannt
Bearbeitbarkeit: gut
Durchschnittliche Rohdichte: 710 kg/m³
Verwendung: Sportgeräte, Werkzeuggriffe, Biegeteile für Möbel, Möbel, Furniere, Sperrholz
Oberflächenbehandlung: gut

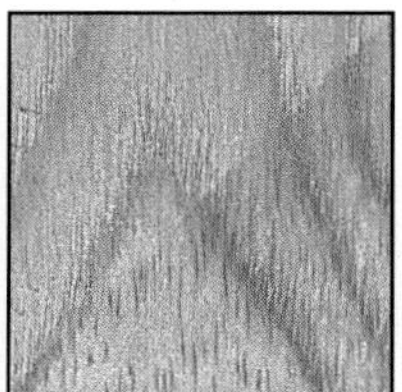

BALSA
Ochroma lagopus
Andere Namen: Balsaholz, Korkholz
Ursprung: Südamerika
Eigenschaften: das weichste und leichteste aller Nutzhölzer. Ein offenporiges, geradfaseriges Holz von glänzender hellbeiger bis rosa Farbe
Bearbeitbarkeit: gut
Durchschnittliche Rohdichte: 160 kg/m³
Verwendung: Isolierungen, Schwimmhilfen, Modellbau, Verpackungen
Oberflächenbehandlung: ziemlich gut

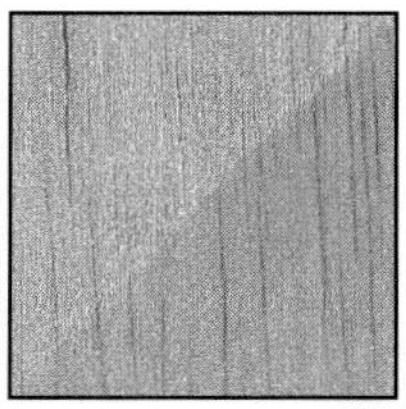

LINDE, AMERIKANISCHE
Tilia americana
Andere Namen: keine
Ursprung: Kanada, Vereinigte Staaten
Eigenschaften: ein feines, geradfaseriges, gleichmäßig strukturiertes Holz von weißlicher Farbe, die unter Lichteinfluß hellbraun wird
Bearbeitbarkeit: gut
Durchschnittliche Rohdichte: 416 kg/m³
Verwendung: Schnitz- und Drechselarbeiten, Modellschreinerei, Furniere, Schreinerarbeiten
Oberflächenbehandlung: gut

ROTBUCHE, AMERIKANISCHE
Fagus grandifolia
Andere Namen: keine
Ursprung: Kanada, Vereinigte Staaten
Eigenschaften: ein geradfaseriges Holz mit feiner, gleichmäßiger Struktur. Hell- bis rötlichbraune Farbe. Etwas gröber als die europäische Buche
Bearbeitbarkeit: mittelmäßig
Durchschnittliche Rohdichte: 740 kg/m³
Verwendung: Möbelbau, Biegeteile für Möbel, Innenausbau, Drechselarbeiten
Oberflächenbehandlung: gut

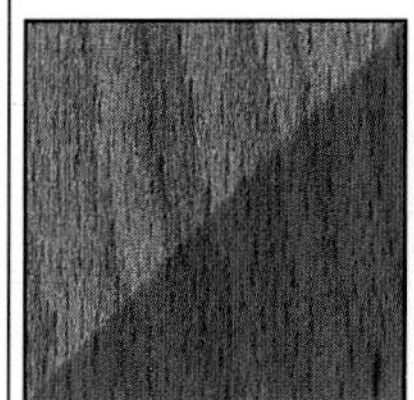

ROTBUCHE, EUROPÄISCHE
Fagus sylvatica
Andere Namen: je nach Herkunft: Englische Buche, Französische Buche usw.
Ursprung: Europa
Eigenschaften: geradfaseriges Holz mit feiner, gleichmäßiger Struktur. Blaßbraun, unter Lichteinfluß gelblichbraun. „Gedämpfte Buche" ist rotbraun
Bearbeitbarkeit: mittelmäßig
Durchschnittliche Rohdichte: 720 kg/m³
Verwendung: Möbelbau, Biegeteile für Möbel, Innenausbau, Furniere, Drechselarbeiten, Sperrholz
Oberflächenbehandlung: gut

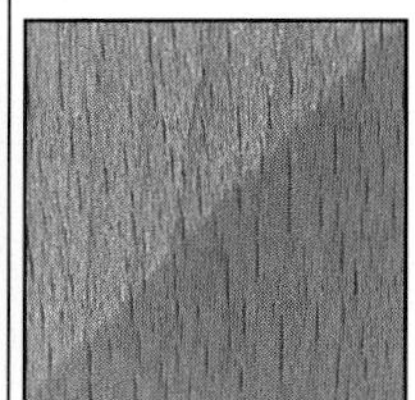

Vom Aussterben bedrohte Arten
Die wahllose Zerstörung der Regenwälder führt zu einer ernsten Verknappung der tropischen Harthölzer. Um wertvolle Rohstoffquellen zu bewahren, sollte man nur Hölzer aus Plantagen oder bewirtschafteten Wäldern verwenden. Die am meisten gefährdeten Holzarten sind mit dem Symbol eines gefällten Baumes gekennzeichnet.

- **Farbveränderung**
  Die kleinen Quadrate zeigen die natürliche Maserung der Holzart und die Veränderung des Farbtons durch den Auftrag eines klaren Oberflächenmittels.

PAPIERBIRKE
Betula papyrifera
Andere Namen: keine
Ursprung: Kanada, Vereinigte Staaten
Eigenschaften: ein feines, geradfaseriges, gleichmäßig strukturiertes Holz. Breiter, weißlicher Splint, hellbraunes Kernholz
Bearbeitbarkeit: gut
Durchschnittliche Rohdichte: 640 kg/m³
Verwendung: Drechselarbeiten, Küchenutensilien, Sperrholz, Furniere
Oberflächenbehandlung: gut

GELBBIRKE
Betula alleghaniensis
Andere Namen: Yellow Birch (Kanada)
Ursprung: Kanada, Vereinigte Staaten
Eigenschaften: ein fein strukturiertes, geradfaseriges Holz mit hellgelbem Splint und rötlichbraunem Kernholz mit deutlich dunkleren Jahresringen
Bearbeitbarkeit: gut
Durchschnittliche Rohdichte: 710 kg/m³
Verwendung: Möbel, Schreinerarbeiten, Drechselarbeiten, Sperrholz
Oberflächenbehandlung: gut

BLACK BEAN
Castanospermum australe
Andere Namen: Australischer Kastanienbaum
Ursprung: Ostaustralien
Eigenschaften: meist geradfaserig, manchmal auch durch Wechseldrehwuchs bedingt streifig. Ein schweres und hartes Holz von tiefbrauner Farbe mit graubraunen Streifen
Bearbeitbarkeit: mittelmäßig
Durchschnittliche Rohdichte: 720 kg/m³
Verwendung: Möbel, Schreinerarbeiten, Furniere
Oberflächenbehandlung: gut

BLACKWOOD, AUSTRALIAN
Acacia melanoxylon
Andere Namen: Australische Schwarzholzakazie
Ursprung: Australien
Eigenschaften: Faserverlauf meist gerade, gelegentlich auch streifig (durch Wechseldrehwuchs) und geriegelt. Mittlere bis gleichmäßige Struktur. Goldbraune bis dunkelbraune Farbe
Bearbeitbarkeit: mittelmäßig
Durchschnittliche Rohdichte: 670 kg/m³
Verwendung: Möbel, Innenausbau; Drechselarbeiten, Billardtische, Gewehrschäfte, Edel- und Deckfurniere
Oberflächenbehandlung: gut

BUCHSBAUM
Buxus sempervirens
Andere Namen: Europäischer, Türkischer, Iranischer Buchsbaum (je nach Herkunft)
Ursprung: Südeuropa, Kleinasien, Westasien
Eigenschaften: ein feines, gleichmäßig strukturiertes Holz von hellgelber Farbe. Es ist dicht und schwer und kann einen geraden oder unregelmäßigen Faserverlauf haben
Bearbeitbarkeit: mittelmäßig
Durchschnittliche Rohdichte: 930 kg/m³
Verwendung: Schnitzereien, Werkzeuggriffe, Drechselarbeiten, Intarsien, Lineale
Oberflächenbehandlung: gut

PERNAMBUK
Guilandina echinata
Andere Namen: Brazilwood (Großbritannien), Rotholz
Ursprung: Brasilien
Eigenschaften: ein hartes und schweres Holz mit gerader Maserung und feiner Struktur. Splint blaß, Kernholz orangerot, dunkelt bis zu tiefrot nach. Streifige Zeichnung
Bearbeitbarkeit: mittelmäßig
Durchschnittliche Rohdichte: 1280 kg/m³
Verwendung: Farbholz, Drechselarbeiten, Geigenbogen, Gewehrschäfte, Außenverwendung
Oberflächenbehandlung: gut

BUBINGA
Guibourtia demeusei
Andere Namen: Kevazingo (Gabun)
Ursprung: Kamerun, Gabun
Eigenschaften: ein Holz von mittelfeiner Struktur mit gerader oder auch unregelmäßiger und streifiger Maserung. Es ist rotbraun mit purpurfarbener Aderung
Bearbeitbarkeit: gut
Durchschnittliche Rohdichte: 880 kg/m^3
Verwendung: Möbel, Furniere, Holzartikel
Oberflächenbehandlung: gut

BUTTERNUSS
Juglans cinerea
Andere Namen: Grauer Walnußbaum
Ursprung: Kanada, Vereinigte Staaten
Eigenschaften: ein geradfaseriges, grobstrukturiertes Holz mit mittelbraunem Kernholz
Bearbeitbarkeit: gut
Durchschnittliche Rohdichte: 450 kg/m^3
Verwendung: Möbel, Schnitzereien, Innenausbau, Furniere
Oberflächenbehandlung: gut

TRAUBENKIRSCHE, AMERIKANISCHE
Prunus serotina
Andere Namen: Spätblühende Traubenkirsche, Amerikanische Spätkirsche
Ursprung: Kanada, Vereinigte Staaten
Eigenschaften: ein hartes, geradfaseriges Holz mit feiner Struktur. Das Kernholz ist rötlichbraun bis tiefrot mit braunen Flecken und vereinzelten Harzgallen
Bearbeitbarkeit: gut
Durchschnittliche Rohdichte: 580 kg/m^3
Verwendung: Möbel, Modellschreinerei, Schreinerarbeiten, Musikinstrumente, Tabakspfeifen
Oberflächenbehandlung: gut

KASTANIE, AMERIKANISCHE
Castanea dentata
Andere Namen: keine
Ursprung: Kanada, Vereinigte Staaten
Eigenschaften: grobstrukturiertes Holz mit breiten Jahresringen. Ähnlich wie Eiche, aber ohne breite Markstrahlen. Anfällig für Insektenbefall (wurmstichig)
Bearbeitbarkeit: gut
Durchschnittliche Rohdichte: 480 kg/m^3
Verwendung: Möbel, Särge, Pfosten und Stangen
Oberflächenbehandlung: gut

EDELKASTANIE
Castanea sativa
Andere Namen: Eßkastanie
Ursprung: Europa, Kleinasien
Eigenschaften: grobstrukturiert mit gerader oder drehwüchsiger Maserung. Farbe und Zeichnung ähnlich wie Eiche, jedoch keine sichtbaren Markstrahlen. Reagiert auf Eisenmetalle
Bearbeitbarkeit: gut
Durchschnittliche Rohdichte: 560 kg/m^3
Verwendung: Möbel, Drechselarbeiten, Särge, Pfosten und Stangen
Oberflächenbehandlung: gut

COCOBOLO
Dalbergia retusa
Andere Namen: Salamanderholz
Ursprung: Pazifikküste Mittelamerikas
Eigenschaften: hartes, schweres, zähes Holz mit unregelmäßiger Maserung und mittelfeiner Struktur. Schöne, unterschiedliche Färbung von purpurrot bis gelb mit schwarzen Streifen, die sich an der Luft intensiv orangerot verfärben
Bearbeitbarkeit: gut
Durchschnittliche Rohdichte: 1100 kg/m^3
Verwendung: Drechselarbeiten, Messerhefte, Bürstenrücken, Furniere
Oberflächenbehandlung: gut

Vom Aussterben bedrohte Arten
Die wahllose Zerstörung der Regenwälder führt zu einer ernsten Verknappung der tropischen Harthölzer. Um wertvolle Rohstoffquellen zu bewahren, sollte man nur Hölzer aus Plantagen oder bewirtschafteten Wäldern verwenden. Die am meisten gefährdeten Holzarten sind mit dem Symbol eines gefällten Baumes gekennzeichnet.

- **Farbveränderung**
  Die kleinen Quadrate zeigen die natürliche Maserung der Holzart und die Veränderung des Farbtons durch den Auftrag eines klaren Oberflächenmittels.

EBENHOLZ
Diospyros ebenum
Andere Namen: Echtes Ebenholz
Ursprung: Sri Lanka, Indien
Eigenschaften: ein hartes, dichtes und schweres Holz mit feiner, gleichmäßiger Struktur und geradem, unregelmäßigen oder welligem Faserverlauf. Der Splint ist gelblich, das Kernholz dunkelbraun bis schwarz
Bearbeitbarkeit: schwierig
Durchschnittliche Rohdichte: 1190 kg/m^3
Verwendung: Drechselarbeiten, Musikinstrumente, Intarsien, Besteckgriffe
Oberflächenbehandlung: gut

WEISSRÜSTER, AMERIKANISCHE
Ulmus americana
Andere Namen: Amerikanische Weißulme
Ursprung: Kanada, Vereinigte Staaten
Eigenschaften: ein grob strukturiertes, festes, zähes, mitteldichtes Holz, meist geradfaserig, manchmal auch streifig. Gute Biegeeigenschaften. Das Kernholz ist hell- bis rötlichbraun
Bearbeitbarkeit: gut
Durchschnittliche Rohdichte: 580 kg/m^3
Verwendung: Bootsbau, Küferhandwerk, Möbel, Ackergeräte (Landwirtschaft)
Bearbeitbarkeit: gut

RÜSTER, EUROPÄISCHE
Ulmus spp.
Andere Namen: Feldulme, Rotulme
Ursprung: Europa
Eigenschaften: ein grobstrukturiertes Holz mit deutlich unregelmäßigen Jahresringen, dadurch schöne Zeichnung. Das Kernholz ist hellbraun. Aufgrund des Ulmensterbens manchmal Lieferschwierigkeiten
Bearbeitbarkeit: mittelmäßig
Durchschnittliche Rohdichte: 560 kg/m^3
Verwendung: Möbel, Biegeholzmöbel, Drechselarbeiten, Bootsbau
Oberflächenbehandlung: gut

URUNDAY
Astronium fraxinifolium
Andere Namen: Gonçalo alves (Brasilien)
Ursprung: Brasilien
Eigenschaften: ein hartes, mittelfein strukturiertes Holz mit unregelmäßigem, drehwüchsigem Faserverlauf und harten und weichen Holzschichten. Die Farbe ist rötlichbraun mit dunklen Streifen, ähnlich wie Rio-Palisander
Bearbeitbarkeit: schwierig
Durchschnittliche Rohdichte: 950 kg/m^3
Verwendung: Möbel, Drechselarbeiten, Furniere
Oberflächenbehandlung: gut

HICKORY, PECAN
Carya illinoensis
Andere Namen: keine
Ursprung: Vereinigte Staaten
Eigenschaften: ein grobstrukturiertes Holz mit meist geradem, manchmal auch unregelmäßigem oder welligem Faserverlauf. Der Splint ist weißlich, das Kernholz rötlichbraun
Bearbeitbarkeit: schwierig
Durchschnittliche Rohdichte: 750 kg/m^3
Verwendung: Hammer- und Axtstiele, Sportgeräte, Stühle und Biegeholzmöbel
Oberflächenbehandlung: gut

JELUTONG
Dyera costulata
Andere Namen: keine
Ursprung: Südostasien
Eigenschaften: ein weiches, glänzendes, feines und geradfaseriges Holz mit schlichter Zeichnung und hellbraun, cremiger Farbe. Manchmal auch mit Latexkanälen
Bearbeitbarkeit: gut
Durchschnittliche Rohdichte: 470 kg/m^3
Verwendung: Modellschreinerei, Zeichenbretter, Innenausbau, Schnitzereien
Oberflächenbehandlung: gut

Ebenholz
Weißrüster, Amerikanische
Rüster, Europäische
Urunday
Hickory, Pecan
Jelutong

KAUVULA
Endospermum medullosum
Andere Namen: keine
Ursprung:
Neuguinea, Salomoninseln
Eigenschaften: ein gleichmäßig strukturiertes Holz von blaßgelbbrauner Farbe mit einer recht schlichten Zeichnung
Bearbeitbarkeit: gut
Durchschnittliche Rohdichte: 480 kg/m^3
Verwendung:
Innenausbau und Möbel
Oberflächenbehandlung: gut

KÖNIGSHOLZ
Dalbergia cearensis
Andere Namen:
Kingwood-Palisander, Violettholz
Ursprung: Südamerika
Eigenschaften: ein feines, gleichmäßig strukturiertes und glänzendes Holz. Das Kernholz weist eine schöne Zeichnung mit violettbraunen, schwarzen und goldgelben Streifen auf
Bearbeitbarkeit: gut
Durchschnittliche Rohdichte: 1200 kg/m^3
Verwendung:
Einlege- und Drechselarbeiten, Marketerie
Oberflächenbehandlung: gut

MERANTI, DARK RED
Shorea negrosensis
Andere Namen:
Red Lauan
Ursprung: Philippinen
Eigenschaften: ein relativ grobstrukturiertes Holz mit drehwüchsiger Streifung. Das Kernholz ist mittel- bis dunkelrot
Bearbeitbarkeit: gut
Durchschnittliche Rohdichte: 630 kg/m^3
Verwendung:
Innenausbau, Bootsbau, Möbel, Furniere
Oberflächenbehandlung: gut

LINDE, EUROPÄISCHE
Tilia vulgaris
Andere Namen: keine
Ursprung: Europa
Eigenschaften: ein weiches, geradfaseriges Holz mit feiner, gleichförmiger Struktur. Die Farbe ist weiß bis blaßgelb, und dunkelt an der Luft hellbraun nach
Bearbeitbarkeit: gut
Durchschnittliche Rohdichte: 560 kg/m^3
Verwendung: Besenstiele, Hutformen, Schalldämpfungsbretter, Klaviertasten, Harfen, Spielzeug, Holzschuhe, Schnitzereien
Oberflächenbehandlung: gut

MAHAGONI, AMERIKANISCHES
Swietenia macrophylla
Andere Namen: je nach Herkunft Kuba-, Peru-, Brasilien-, Honduras-Mahagoni
Ursprung:
Mittel- und Südamerika
Eigenschaften: ein mittelfein strukturiertes Holz mit gerader oder auch drehwüchsig gestreifter Maserung. Das Kernholz ist rötlichbraun bis tiefrot
Bearbeitbarkeit: gut
Durchschnittliche Rohdichte: 560 kg/m^3
Verwendung: Innenausbau, Vertäfelungen, Bootsplanken, Schnitzereien, Möbel, Klaviere, Furniere
Oberflächenbehandlung: gut

POCKHOLZ
Guaiacum officinale
Andere Namen:
Lignum vitae
Ursprung:
Westindische Inseln, amerikanische Tropen
Eigenschaften: ein sehr hartes und schweres Holz mit feiner Struktur und enger, wechseldrehwüchsiger Zeichnung. Das Kernholz ist grünlichbraun bis schwarz, ölige Inhaltsstoffe
Bearbeitbarkeit:
schwierig
Durchschnittliche Rohdichte: 1250 kg/m^3
Verwendung: Lager, Riemenscheiben, Holzhämmer, Drechselarbeiten
Oberflächenbehandlung: gut

Vom Aussterben bedrohte Arten
Die wahllose Zerstörung der Regenwälder führt zu einer ernsten Verknappung der tropischen Harthölzer. Um wertvolle Rohstoffquellen zu bewahren, sollte man nur Hölzer aus Plantagen oder bewirtschafteten Wäldern verwenden. Die am meisten gefährdeten Holzarten sind mit dem Symbol eines gefällten Baumes gekennzeichnet.

- **Farbveränderung**
  Die kleinen Quadrate zeigen die natürliche Maserung der Holzart und die Veränderung des Farbtons durch den Auftrag eines klaren Oberflächenmittels.

ZUCKERAHORN
Acer saccharum
Andere Namen: Harter Ahorn, Echter Zuckerahorn
Ursprung: Kanada, Vereinigte Staaten
Eigenschaften: ein hartes, schweres, geradfaseriges Holz mit feiner Struktur. Weißer Splint und hellrötlichbraunes Kernholz
Bearbeitbarkeit: schwierig
Durchschnittliche Rohdichte: 740 kg/m^3
Verwendung: Möbel, Drechselarbeiten, Musikinstrumente, Fleischerhackklötze, Bodendielen, Furniere
Oberflächenbehandlung: ziemlich gut

AHORN, WEICHER
Acer rubrum
Andere Namen: Roter Ahorn
Ursprung: Kanada, Vereinigte Staaten
Eigenschaften: ein geradfaseriges, fein strukturiertes Holz, nicht so fest wie Harter Ahorn. Farbe hellbraun
Bearbeitbarkeit: mittelmäßig
Durchschnittliche Rohdichte: 630 kg/m^3
Verwendung: Möbel, Innenausbau, Drechselarbeiten, Furniere, Musikinstrumente, Bodendielen, Sperrholz
Oberflächenbehandlung: gut

ROTEICHE, AMERIKANISCHE
Quercus rubra
Andere Namen: keine
Ursprung: Kanada, Vereinigte Staaten
Eigenschaften: geradfaseriges Holz mit grober Struktur. Zeichnung nicht so schön wie bei Weißeiche. Rosarote Farbe
Bearbeitbarkeit: gut
Durchschnittliche Rohdichte: 790 kg/m^3
Verwendung: Möbel, Innenausbau, Bodendielen, Furniere
Oberflächenbehandlung: gut

WEISSEICHE, AMERIKANISCHE
Quercus alba
Andere Namen: Keine
Ursprung: Vereinigte Staaten, Kanada
Eigenschaften: geradfaseriges Holz mit mittlerer bis grober Struktur. Ähnlich wie die Europäische Eiche, aber mehr Farbvarianten
Bearbeitbarkeit: gut
Durchschnittliche Rohdichte: 770 kg/m^3
Verwendung: Bauholz, Fußböden, Möbel, Innenausbau, Sperrholz, Furniere
Oberflächenbehandlung: gut

EICHE, JAPANISCHE
Quercus mongolica
Andere Namen: keine
Ursprung: Japan
Eigenschaften: geradfaseriges und grobstrukturiertes Holz von hellgelbbrauner Farbe. Leichter als die europäische und amerikanische Weißeiche
Bearbeitbarkeit: gut
Durchschnittliche Rohdichte: 670 kg/m^3
Verwendung: Möbel, Vertäfelungen, Fußböden, Bootsbau, Schreinerarbeiten, Furniere
Oberflächenbehandlung: gut

EICHE, EUROPÄISCHE
Quercus robur, Quercus petraea
Andere Namen: Stieleiche (Q. robur), Traubeneiche (Q. petraea)
Ursprung: Europa, Kleinasien, Nordafrika
Eigenschaften: ein grobstrukturiertes und geradfaseriges Holz mit deutlichen Jahresringen und breiten Markstrahlen auf radialen Schnittflächen. Hellbraune Farbe
Bearbeitbarkeit: gut
Durchschnittliche Rohdichte: 720 kg/m^3
Verwendung: Möbel, Schreinerarbeiten, Außen-Holzbauten, Fußböden, Schnitzereien, Bootsbau
Oberflächenbehandlung: gut

Zuckerahorn
Ahorn, Weicher
Roteiche, Amerikanische
Weißeiche, Amerikanische
Eiche, Japanische
Eiche, Europäische

ABACHI
Triplochiton scleroxylon
Andere Namen: Wawa (Ghana), Samba (Elfenbeinküste)
Ursprung: Westafrika
Eigenschaften: ein sehr leichtes, feinstrukturiertes Holz ohne besondere Merkmale. Oft wechseldrehwüchsige Maserung. Cremeweiße bis blaßgelbe Farbe
Bearbeitbarkeit: gut
Durchschnittliche Rohdichte: 390 kg/m^3
Verwendung: Innenausbau, Schubladenseiten, Möbel, Sperrholz, Modellschreinerei
Oberflächenbehandlung: gut

PADOUK, AFRIKANISCHES
Pterocarpus soyauxii
Andere Namen: Rotes afrikanisches Padouk
Ursprung: Westafrika
Eigenschaften: ein hartes, schweres Holz mit schlichter oder wechseldrehwüchsiger Maserung und ziemlich grober Struktur. Tiefrote bis purpurbraune Farbe mit roten Streifen
Bearbeitbarkeit: gut
Durchschnittliche Rohdichte: 710 kg/m^3
Verwendung: Innenausbau, Möbel, Drechselarbeiten, Griffe, Fußböden, als Färbeholz bekannt
Oberflächenbehandlung: gut

PLATANE, EUROPÄISCHE
Platanus acerifolia
Andere Namen: keine
Ursprung: Europa
Eigenschaften: ein geradfaseriges Holz mit feiner bis mittelfeiner Struktur. Hellrötlichbraunes Kernholz mit deutlich dunkleren Markstrahlen, die bei Radialschnitten eine fleckige Zeichnung bewirken, die man „lacewood" nennt. Ähnlich, aber dunkler als die amerikanische Sykomore (Platanus occidentalis)
Bearbeitbarkeit: gut
Durchschnittliche Rohdichte: 640 kg/m^3
Verwendung: Möbel, Schreiner- und Drechselarbeiten, Furniere
Oberflächenbehandlung: gut

PURPLEHEART
Peltogyne spp.
Andere Namen: Amarant, Bischofsholz
Ursprung: Mittel- und Südamerika
Eigenschaften: feine bis mittelfeine Struktur. Meist geradfaserig. Schöne violette Farbe, die durch Oxidation zu einem kräftigen Braun nachdunkelt
Bearbeitbarkeit: mittelmäßig
Durchschnittliche Rohdichte: 880 kg/m^3
Verwendung: Bauholz, Bootsbau, Furniere, Drechselarbeiten, Möbel
Oberflächenbehandlung: gut

RAMIN
Gonystylus macrophyllum
Andere Namen: keine
Ursprung: Südostasien
Eigenschaften: mäßig feine, gleichmäßige Struktur. Meist geradfaserig. Hellbeige Farbe
Bearbeitbarkeit: gut
Durchschnittliche Rohdichte: 670 kg/m^3
Verwendung: Möbel, Innenausbau, Drechselarbeiten, Spielwaren, Schnitzereien, Fußböden, Furniere
Oberflächenbehandlung: gut

RIO-PALISANDER
Dalbergia nigra
Andere Namen: Jacaranda (Fehlname)
Ursprung: Brasilien
Eigenschaften: ein hartes und schweres Holz, geradfaserig, von mittelfeiner Struktur. Stark gezeichnetes Kernholz von brauner, violettbrauner bis schwarzer Farbe
Bearbeitbarkeit: mittelmäßig
Durchschnittliche Rohdichte: 870 kg/m^3
Verwendung: Furniere, Möbel, Schreinerarbeiten, Drechselarbeiten, Schnitzereien
Oberflächenbehandlung: gut

Vom Aussterben bedrohte Arten
Die wahllose Zerstörung der Regenwälder führt zu einer ernsten Verknappung der tropischen Harthölzer. Um wertvolle Rohstoffquellen zu bewahren, sollte man nur Hölzer aus Plantagen oder bewirtschafteten Wäldern verwenden. Die am meisten gefährdeten Holzarten sind mit dem Symbol eines gefällten Baumes gekennzeichnet.

- **Farbveränderung** Die kleinen Quadrate zeigen die natürliche Maserung der Holzart und die Veränderung des Farbtons durch den Auftrag eines klaren Oberflächenmittels.

PALISANDER, OSTINDISCHER
Dalbergia latifolia
Andere Namen: keine
Ursprung: Indien
Eigenschaften: ein schweres, mittelgrob strukturiertes Holz mit wechseldrehwüchsigem Faserverlauf, dadurch eng gestreift. Goldbraune bis violettbraune Farbe mit dunkelvioletten oder schwarzen Streifen
Bearbeitbarkeit: mittelmäßig
Durchschnittliche Rohdichte: 870 kg/m³
Verwendung: Möbel, Ladeneinrichtungen, Musikinstrumente, Bootsbau, Furniere, Drechselarbeiten, Fußböden
Oberflächenbehandlung: gut

SATINHOLZ, OSTINDISCHES
Chloroxylon swietenia
Andere Namen: Citronier Ceylon (Handelsname)
Ursprung: Zentral- und Südindien, Sri Lanka
Eigenschaften: ein schweres, glänzendes Holz mit feiner, gleichmäßiger Struktur und wechseldrehwüchsigem Faserverlauf, daher streifiger Zeichnung. Goldbraun mit dunkleren Streifen
Bearbeitbarkeit: mittelmäßig
Durchschnittliche Rohdichte: 990 kg/m³
Verwendung: Möbel, Innenausbau, Drechselarbeiten, Furniere
Oberflächenbehandlung: gut

SEIDENEICHE, AUSTRALISCHE
Cardwellia sublimis
Andere Namen: Silky oak (Australien)
Ursprung: Australien
Eigenschaften: ein grobstrukturiertes Holz, meist geradfaserig mit großen Markstrahlen. Die rötlichbraune Farbe gleicht der Amerikanischen Roteiche
Bearbeitbarkeit: gut
Durchschnittliche Rohdichte: 550 kg/m³
Verwendung: Möbel, Furniere, Innenausbau
Oberflächenbehandlung: gut

SYKOMORE, AMERIKANISCHE
Platanus occidentalis
Andere Namen: Amerikanische oder Abendländische Platane
Ursprung: Vereinigte Staaten
Eigenschaften: feine, gleichmäßige Struktur, gewöhnlich mit geradem Faserverlauf. Hellbraun mit deutlich dunkleren Markstrahlen, die auf Radialschnittflächen die „lacewood"-Zeichnung bewirken
Bearbeitbarkeit: gut
Durchschnittliche Rohdichte: 560 kg/m³
Verwendung: Schreinerarbeiten, Möbel, Fleischerhackklötze, Furniere
Oberflächenbehandlung: gut

BERGAHORN
Acer pseudoplatanus
Andere Namen: European Sycamore (USA)
Ursprung: Europa, Westasien
Eigenschaften: feine, gleichmäßige Struktur. Meist geradfaserig, aber auch gewelltfaserig, was bei Radialschnitten die bekannte „Riegel-Zeichnung" bewirkt. Weiße bis gelblichweiße Farbe
Bearbeitbarkeit: gut
Durchschnittliche Rohdichte: 630 kg/m³
Verwendung: Drechselarbeiten, Möbel, Küchenutensilien, Fußböden. Riegelwüchsiger Ahorn wird im Geigenbau verwendet
Oberflächenbehandlung: gut

TEAK
Tectona grandis
Andere Namen: keine
Ursprung: Süd- und Südostasien, Afrika, Karibik
Eigenschaften: grobe, unregelmäßige Struktur, mit öligen Inhaltsstoffen. Je nach Herkunft gerad- oder gewelltfaserig. Burma-Teak ist einheitlich goldbraun, andere sind dunkler und stärker gezeichnet
Bearbeitbarkeit: gut
Durchschnittliche Rohdichte: 660 kg/m³
Verwendung: Bootsbau, Innen- und Außenverwendung, Gartenmöbel, Sperrholz, Drechselarbeiten, Furniere
Oberflächenbehandlung: gut

ROSENHOLZ
Dalbergia frutescens
Andere Namen: Brasilianisches Tulpenholz
Ursprung: Brasilien
Eigenschaften: ein dichtes, hartes Holz mit feiner bis mittelfeiner Struktur und meist unregelmäßigem Faserverlauf. Schöne rosagelbliche Farbe mit rosafarbenen bis violettroten Streifen
Bearbeitbarkeit: schwierig
Durrchschnittliche Rohdichte: 960 kg/m^3
Verwendung: Drechselarbeiten, Holzgegenstände, Kästchen, Intarsien, Furniere
Oberflächenbehandlung: gut

SIPO
Entandrophragma utile
Andere Namen: Utilé
Ursprung: Afrika
Eigenschaften: ein mittelgrob strukturiertes Holz mit meist wechseldrehwüchsigem Faserverlauf, dadurch bei Radialschnitt streifige Zeichnung. Rosabraune zu rotbraun nachdunkelnde Farbe
Bearbeitbarkeit: gut
Durchschnittliche Rohdichte: 660 kg/m^3
Verwendung: Möbel, Innen- und Außenverwendung, Bootsbau, Fußböden, Sperrholz, Furniere
Oberflächenbehandlung: gut

NUSSBAUM, AMERIKANISCHER
Juglans nigra
Andere Namen: Schwarznuß, schwarze Walnuß
Ursprung: Vereinigte Staaten, Kanada
Eigenschaften: ein zähes, recht grobstrukturiertes Holz. Meist gerader, gelegentlich auch welliger Faserverlauf. Farbe Tiefdunkelbraun bis Violettschwarz
Bearbeitbarkeit: gut
Durchschnittliche Rohdichte: 660 kg/m^3
Verwendung: Möbel, Gewehrschäfte, Innenausbau, Musikinstrumente, Drechselarbeiten, Schnitzereien, Sperrholz, Furniere
Oberflächenbehandlung: gut

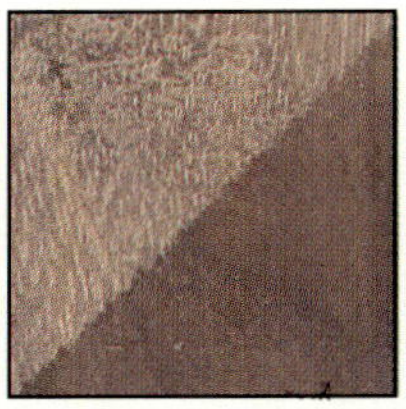

NUSSBAUM, EUROPÄISCHER
Juglans regia
Andere Namen: Französischer, Englischer, Italienischer Nußbaum
Ursprung: Europa, Kleinasien, Südostasien
Eigenschaften: ziemlich grobstrukturiertes Holz mit geradem bis welligem Faserverlauf. Graubraun mit dunkleren Streifen; jedoch sind Farbe und Zeichnung je nach Herkunft verschieden
Bearbeitbarkeit: gut
Durchschnittliche Rohdichte: 670 kg/m^3
Verwendung: Möbel, Innenausbau, Gewehrschäfte, Drechsel- und Schnitzarbeiten, Furniere
Oberflächenbehandlung: gut

NUSSBAUM, AUSTRALISCHER
Endiandra palmerstonii
Andere Namen: keine
Ursprung: Australien
Eigenschaften: ähnlich wie europäischer Nußbaum, ist jedoch kein echter Nußbaum. Meist wechseldrehwüchsiger oder welliger Faserverlauf. Von Hell- bis Dunkelbraun alle Farbschattierungen möglich
Bearbeitbarkeit: schwierig
Durchschnittliche Rohdichte: 690 kg/m^3
Verwendung: Möbel, Innenausbau, Ladeneinrichtungen, Fußböden, Furniere
Oberflächenbehandlung: gut

WHITEWOOD
Liriodendron tulipifera
Andere Namen: Holz des Tulpenbaums, Amerikanische Pappel
Ursprung: Ostamerika, Kanada
Eigenschaften: ein recht leichtes und weiches Holz mit geradem Faserverlauf und feiner Struktur. Splint weiß; Kernholz blaßgrünlich bis -braun mit farbigen Adern
Bearbeitbarkeit: gut
Durchschnittliche Rohdichte: 510 kg/m^3
Verwendung: Schreinerarbeiten, Möbel, Schnitzereien, Innenausbau, leichte Konstruktionen, Boote, Spielwaren, Sperrholz
Oberflächenbehandlung: gut

FURNIER

Furniere sind ganz dünne Holzschichten oder „Blätter", die zu konstruktiven oder dekorativen Zwecken von einem Holzblock geschnitten werden. Ironischerweise halten manche Menschen Furniertes immer noch für minderwertiger als massives Holz, obwohl einige der schönsten Möbel, die je gebaut wurden, mit den seltensten Holzarten furniert sind. Allerdings stimmen fast alle darin überein, daß Furnier, ob es nun wegen seiner Farbe oder Zeichnung ausgesucht oder zu besonderen Mustern zusammengesetzt wurde, Möbeln eine einzigartige Note verleiht. Dank der modernen Klebstoffe und stabilen Trägerplatten sind furnierte Gegenstände bei bestimmten Verwendungen dem Massivholz heute überlegen. Da unsere natürlichen Vorräte an edlen Hölzern nach und nach zu Ende gehen, ermöglicht uns das Furnier, mit Holz wirtschaftlicher, d. h. sparsamer umzugehen, so daß wir uns weiterhin daran erfreuen können.

Siehe auch

Holzwerkstoffplatten	34-38
Möbelbau	40-49
Furnieren	195-208

DIE FURNIERGEWINNUNG

Die Herstellung von Furnieren erfordert besondere Fachkenntnisse. Das beginnt bei dem Einkäufer, der abschätzen können muß, ob sich ein Holzstamm für die Furniergewinnung eignet. Mit seinem Wissen und seiner Erfahrung muß er die Qualität und den Zustand des Holzes innerhalb des Stammes beurteilen, und das allein auf der Basis einer äußerlichen Untersuchung. Indem er sich das Hirnende des Stammes ansieht, muß er die Qualität des Holzes, die mögliche Zeichnung des Furniers, die Farbe und das Verhältnis von Kern zu Splint bestimmen. Auch andere Faktoren, die den Wert des Stammes betreffen, müssen beachtet werden: irgendwelche Verfärbungen und deren Ausmaß, eventuelle Mängel oder Fehler wie Risse, eingewachsene Rinde, umfangreiche Äste und Harzkanäle oder Harzgallen. Beim ersten Schnitt durch den Stamm offenbaren sich all diese Einzelheiten – und der Einkäufer muß den Stamm natürlich erwerben, bevor er eingeschnitten ist.

Wenn der Stamm gekauft und in das Sägewerk geliefert ist, dann zählt die Fachkenntnis des Furnierschneiders. Er muß darüber entscheiden, wie der Stamm geschnitten werden soll, um eine größtmögliche Anzahl Furniere von hoher Qualität zu gewinnen.

Qualität

Hochwertige Furniere werden von der Furniermessermaschine kommend in der Reihenfolge ihrer Herstellung aufeinandergelegt. Dann durchlaufen sie einen Trocknungsprozeß und werden sortiert. Die meisten Furniere werden mit einer Furnierschere noch einheitlich beschnitten, andere wie Eiben- oder Maserfurniere bleiben so, wie sie vom Stamm kommen.

Furniere werden nach Größe und Qualität bewertet. Sie werden nach natürlichen und Schnittfehlern untersucht, nach der Dicke, der Zeichnung und der Farbe, und dementsprechend in Güteklassen eingestuft. Ein bestimmter Stamm ergibt oft ganz unterschiedlich wertvolle Furniere. Die besseren werden als „Deckfurniere" eingestuft und sind wertvoller als die schmaleren Blind- oder Sperrfurniere.

Die Furniere werden zu Furnierpaketen mit 16, 24 oder 32 Blättern gebündelt. Diese Pakete werden in ihrer ursprünglichen Reihenfolge wieder aufeinandergestapelt und der so wieder zusammengesetzte „Stamm" in einem kühlen Lagerhaus bis zum Verkauf aufbewahrt.

DIE FURNIERHERSTELLUNG

Der Furnierstamm wird aus dem Baumstamm zwischen dem Stammende und dem ersten Ast geschnitten. Die Rinde wird entfernt und der Stamm nach Fremdkörpern untersucht.

Bevor der Stamm zu Furnier verarbeitet wird, wird er durch Dämpfen oder Eintauchen in heißes Wasser weich gemacht. Je nach Furnierschnittechnik wird entweder der Stamm als Ganzes eingeweicht oder er wird zuvor auf einer großen Bandsäge in sogenannte „Flitsche" (Stammteile) zersägt. Die Dauer des Dämpfens – das können Tage oder Wochen sein – richtet sich nach der Härte und Art des Holzes und nach der gewünschten Furnierdicke. Helle Holzarten wie Ahorn werden nicht vorbehandelt, weil die Farbe des Furniers darunter leiden würde.

Das Furniersägen

Bis in das frühe 18. Jahrhundert, als die Furniermessermaschinen entwickelt wurden, wurden alle Furniere mit der Hand und später auch mit Kleinmaschinen gesägt. Diese Furniere waren relativ dick, manche bis zu 3 mm.

Furniere werden, trotz hoher Schnittverluste, heute immer noch gesägt, jedoch nur bei besonderem oder schwer zu verarbeitendem Holz, wie zum Beispiel Maserknollen. Sägefurniere sind meist über 1 mm dick.

Sie können sich in Ihrer Werkstatt auf der Band- oder Tischkreissäge Furnierstreifen zum Schichtverleimen oder für spezielle Zwecke selbst zurechtsägen, vor allem wenn Sie dadurch eine bessere und geeignetere Qualität erhalten als die, die Sie kaufen können.

Das Furnierschälen

Vor allem für Bausperrholz werden Nadelholzfurniere und einige Hartholzfurniere mit der Furnierschältechnik hergestellt. Dazu wird der ganze Stamm in eine Furnierschälmaschine eingespannt, die ein endloses Furnierband abschält.

Der Stamm dreht sich gegen einen Druckbalken und ein Schälmesser, die sich beide über die gesamte Länge der Maschine erstrecken. Die genaue Einstellung des Druckbalkens und des Messers in bezug auf den Stamm ist wichtig, um Oberflächenfehler wie „Schälrisse" zu vermeiden. Bei jeder Umdrehung des Stammes wird das Messer automatisch um eine Furnierstärke weiter nach vorne geschoben.

Das auf diese Weise entstandene Schälfurnier läßt sich an der eindeutigen Fladerzeichnung erkennen, die entsteht, weil das Messer immer tangential durch die Jahresringe schneidet.

Das Schälen ist eine besonders wirtschaftliche Methode, um geeignete Furniere für die Herstellung von Sperrholzplatten zu produzieren, weil das Furnier in jede gewünschte Breite geschnitten werden kann.

Exzentrisches Schälen

Die Schälmaschine wird auch zur Herstellung breiter dekorativer Furniere eingesetzt, die beidseitig einen Splintstreifen haben, um eine Zeichnung ähnlich der von Messerfurnieren zu erhalten. Dazu wird der Stamm exzentrisch versetzt zwischen die Spannbacken der Maschine eingespannt.

Ein Staylog ist eine Spannvorrichtung, die zwischen die Mitnehmerspitzen der Maschine eingesetzt wird, um einen ganzen oder einen halben Stamm aufzunehmen. Das auf einem Staylog geschnittene Furnier wird in einem flacheren Winkel geschnitten als bei einem exzentrisch eingespannten Stamm, ist aber nicht so breit. Die Zeichnung ähnelt noch mehr der eines gemesserten Pyramidenfurniers.

Halbrunde Stämme können auch mit dem Kernholz nach außen auf einen Staylog montiert werden. Man nennt das „Hinterschneiden". Diese Methode wird zur Gewinnung interessant gemaserter Furniere aus Maserknollen oder Stammenden eingesetzt.

Das Furniermessern

Dekorative Hartholzfurniere werden mit der Messermethode gewonnen. Wie der Stamm aufgeschnitten wird, hängt von den natürlichen Eigenschaften des Holzes ab. Zuerst wird der Stamm der Länge nach halbiert und seine Zeichnung beurteilt. Je nach gewünschter Furnierzeichnung wird der Stamm noch in Flitsche (sogenannte Messerblöcke) geschnitten. Die Art und Weise, wie der Stamm zugeschnitten und zum Messern eingespannt wird, entscheidet über das Furnierbild. Die Breite eines Messerfurniers wird von der Breite des Flitsches bestimmt.

Ein Halb- oder Viertelstamm wird auf einem Schlitten befestigt, der auf- und abwärts bewegt werden kann. Der Druckbalken und das Messer werden horizontal vor dem Holz montiert. Bei jeder Abwärtsbewegung des Schlittens wird nun ein Furnierblatt abgeschnitten. Nach jedem Schnitt wird das Messer oder der Flitsch um eine Furnierstärke weiter nach vorne geschoben.

Ein gemesserter Halbrundstamm liefert schön gefladerte Furniere, wie sie im Möbelbau verwendet werden. Das Furnier hat die gleiche Zeichnung wie ein tangential geschnittenes Brett mit liegenden Jahresringen.

Hölzer, die im Radialschnitt eine schöne Zeichnung aufweisen, werden in Viertel- oder fast Viertelblöcke geschnitten. Diese werden dann so eingespannt, daß die Markstrahlen im Holz der Schnittrichtung so weit wie möglich folgen, um so eine größtmögliche Anzahl radial geschnittener Furniere zu erhalten.

Viertelblöcke lassen sich auch so einspannen, daß tangential geschnittene Messerfurniere dabei entstehen.

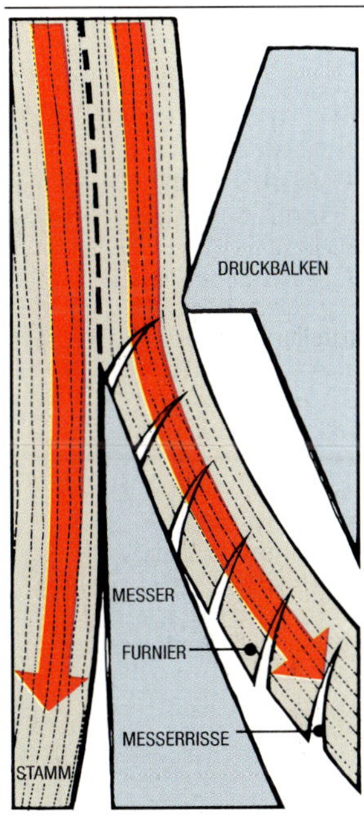

1 Messerrisse auf der Rückseite

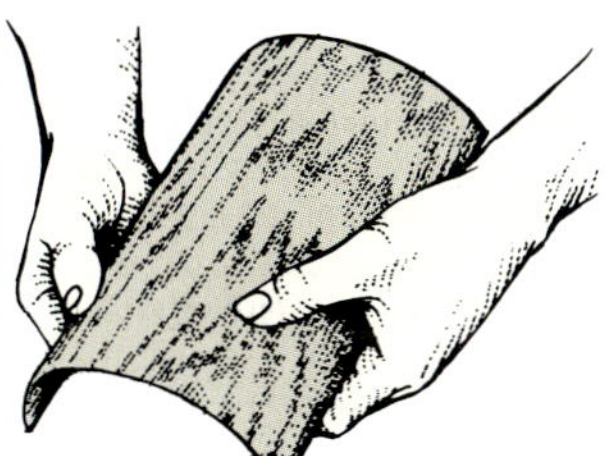
2 Biegen Sie das Furnier zur Probe

SCHÄL- UND MESSERRISSE

Furniermessermaschinen sind wie riesige Hobel, wobei das Furnier dem Hobelspan entspricht. Es ist wichtig, daß dieser „Span“ mit besonderer Genauigkeit und sehr sauber geschnitten wird. Die Qualität des Schnitts wird durch die Einstellung des Druckbalkens und des Messers geregelt **(1)**.

Die feinen Haarrisse auf der Rückseite des Furniers treten vor allem beim Schälen auf. Die Rückseite des Furniers wird auch als „offene“ oder „gebrochene“ Seite bezeichnet, die gegenüberliegende als „geschlossene“ oder „rißfreie“. Die Seiten lassen sich schnell erkennen, wenn man das Furnier biegt. Denn das Furnier wird sich stärker biegen lassen, wenn die offene Seite konvex ist **(2)**.

Leimen Sie Furniere möglichst immer mit der offenen Seite nach unten, denn die etwas gröbere Oberfläche läßt sich nicht so gut oberflächenbehandeln wie die geschlossene Seite. Das ist jedoch nicht immer möglich, denn beim Aufleimen gestürzter Furniere ist es nötig, die Furnierblätter abwechselnd umzudrehen.

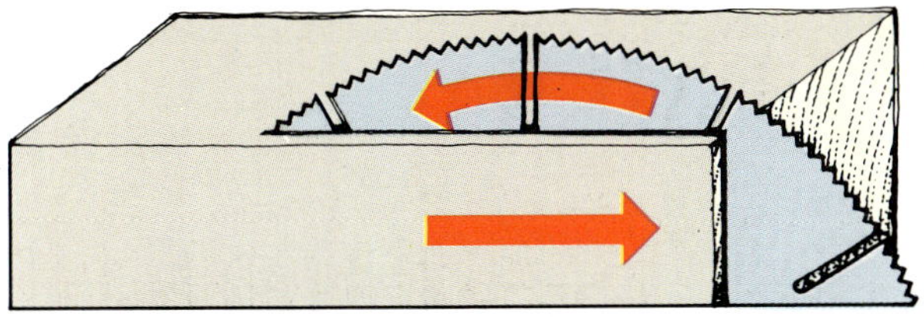
Furniersägen
Diese Methode ist heutzutage nicht mehr üblich, wird aber für dicke Furniere manchmal noch angewendet.

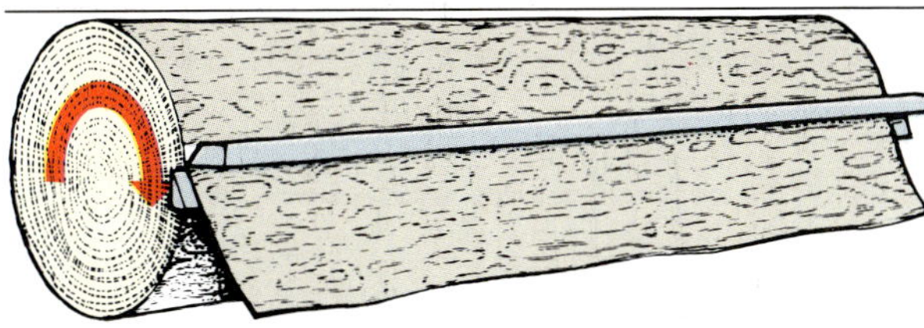
Furnierschälen
Eine Methode, die vor allem zur Herstellung konstruktiver Furniere dient, aber auch einiger dekorativer Furniere wie z. B. Vogelaugenahorn.

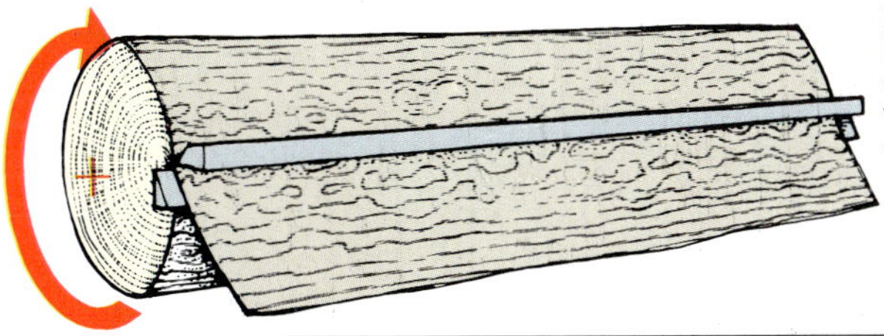
Exzentrisches Schälen
Eine Schältechnik, bei der ein Furnierbild ähnlich wie bei Messerfurnieren entsteht.

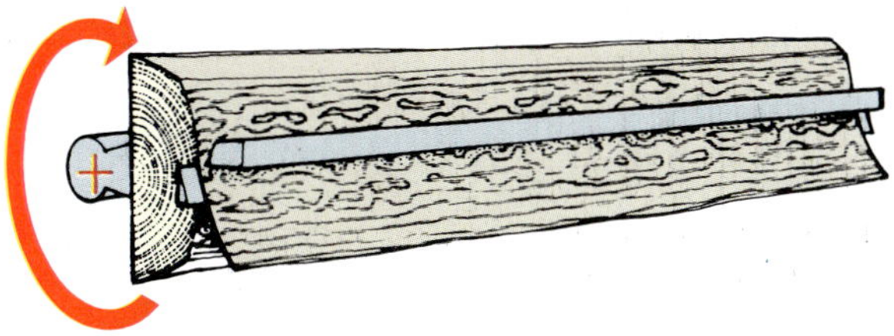
Halbrundschälen
Diese Methode ist dem exzentrischen Schälen ähnlich. Es entstehen dabei ebenfalls dem Messerfurnier ähnliche Furnierbilder.

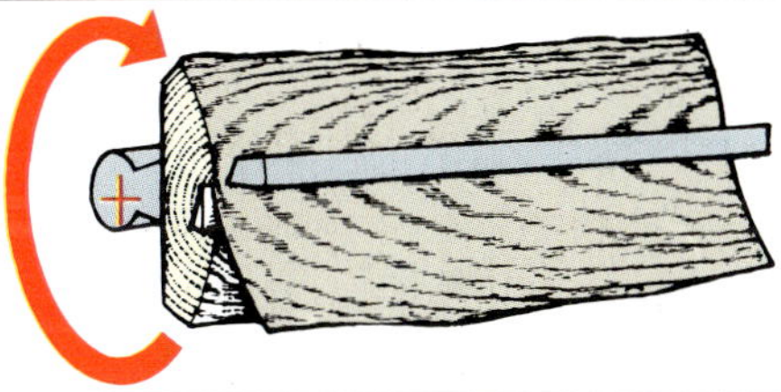
Hinterschneiden
Eine Schältechnik, die zum Schneiden dekorativer Maser- und Wurzelfurniere eingesetzt wird.

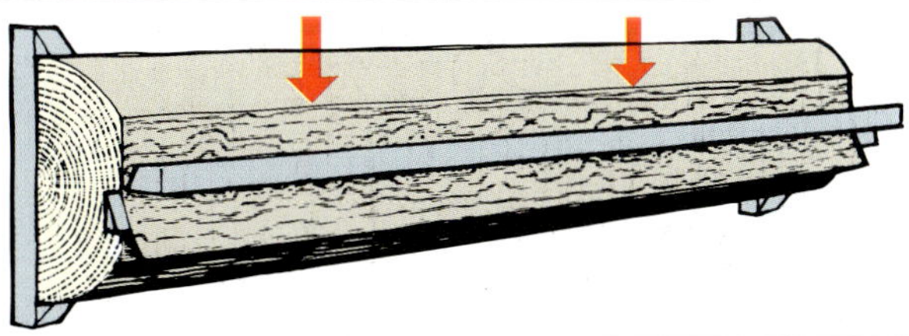
Furniermessern
Eine übliche Methode zur Herstellung der bekannten gefladerten Messerfurniere.

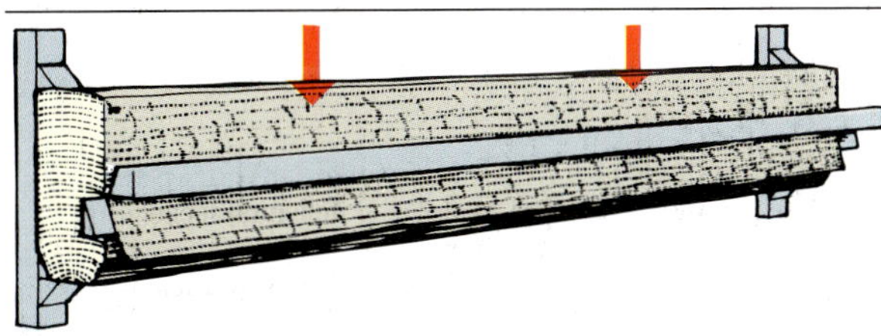
Radial Messern
Dabei entstehen Furniere mit schöner Spiegelzeichnung.

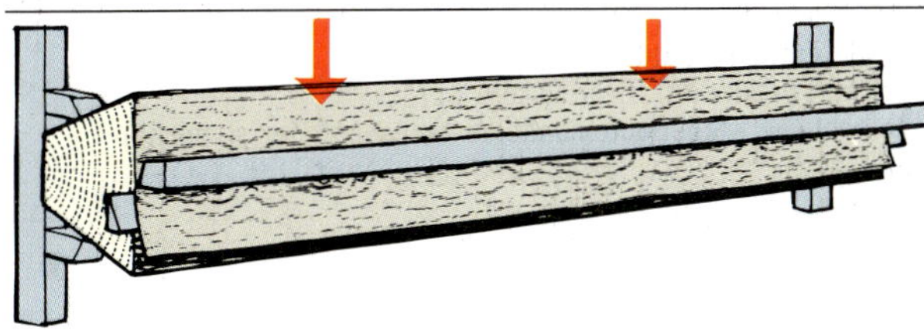
Viertelblock Messern
Manchmal werden Viertelblöcke auch tangential geschnitten, um Messerfurniere mit Fladerzeichnung zu erhalten.

FURNIERARTEN

Durch die Furnierherstellung steht uns eine breite Auswahl an Laubholzarten zur Verfügung, die in „massiver" Form kaum zu bezahlen wären. Ein Baum läßt sich zu verschiedenen Furnierarten verarbeiten. Die Zeichnung ist nicht nur durch die natürlichen Eigenschaften des Holzes bedingt, wie Farbe, Maserung und Struktur, sondern auch dadurch, welcher Teil des Baumes verwendet und auf welche Weise er zu Furnier geschnitten wird. Die meisten Furniere werden aus dem Stamm geschnitten. Dabei entstehen die längsten und meist auch breitesten Furniere. Hier erhält man die verschiedenen Furnierarten, indem der Stamm mit unterschiedlichen Techniken aufgeschnitten wird. Die Bezeichnung der Furnierarten bezieht sich entweder auf die Einschnittechnik – wie bei Fladerfurnier – oder auf den Teil des Stammes, von dem das Furnier geschnitten wurde – wie bei Maserfurnieren. Die meisten Furniere sind etwa 0,6 mm dick. Für das Restaurieren alter Möbel werden auch dickere Furniere aus bestimmten Holzarten geschnitten.

Siehe auch
Laubhölzer 20-29
Furnieren 195-208

FURNIER KAUFEN

Sie können bei Ihrem Holz- oder Furnierhändler Furnier in einzelnen Blättern oder als Paket kaufen. Weil es für das Furnierbild wichtig ist, die Furniere in ihrer natürlichen Reihenfolge zu behalten, wird der Händler Ihnen nicht erlauben, einzelne Blätter aus einem Furnierpaket herauszusuchen. Das würde den Wert eines Pakets enorm mindern.

Vor dem Kauf sollten Sie die zu furnierende Fläche berechnen und etwas Verschnitt zugeben. Kaufen Sie lieber großzügig ein, denn jedes Furnier ist einmalig, und bei einer Nachbestellung wird es schwierig, ein passendes, d. h. übereinstimmendes Furnier zu finden. Furnier wird nach Quadratmetern berechnet, einzelne Blätter haben einen festen Preis. Für Intarsien und Einlegearbeiten gibt es bei Spezialhändlern auch ausgesuchte kleine Stücke wertvoller Holzarten zu kaufen.

Furnierblätter werden üblicherweise flach aufeinanderliegend geliefert, lange Blätter manchmal aber auch der Länge nach gerollt. Furnier bricht leicht, gehen Sie also vorsichtig damit um. Die Furnierenden sind häufig eingerissen; kleben Sie ein Klebeband darüber, damit kein Schmutz eindringen kann (vor allem bei hellen Holzarten).

Falls sich das Furnier gewellt hat, können Sie es mit etwas Wasser anfeuchten und zum Trocknen zwischen zwei Spanplatten legen. Aber lassen Sie es nicht zu lange feucht liegen, es könnten sich sonst Schimmelflecken bilden. Furnier sollte flach gelagert und vor Staub und starkem Lichteinfall geschützt werden. Holz ist sehr lichtempfindlich und kann sich je nach Holzart heller oder dunkler verfärben.

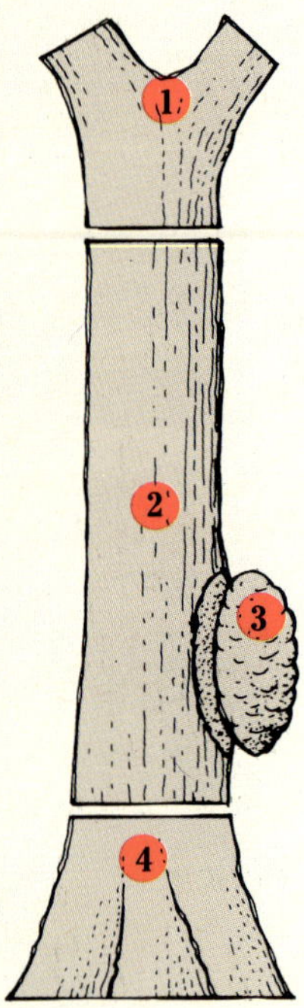

Die Teile eines Stammes, die für Furnier verwendet werden
1 Gabelung oder Zwiesel
2 Stamm
3 Maserknolle
4 Stock oder Wurzel

Beispiele handelsüblicher Furniere
1 Thujamaser
2 Nußbaumwurzel
3 Chemisch eingefärbter Bergahorn
4 Farbig gebeiztes Furnier
5 Nußbaumflader
6 Riegelahorn
7 Pyramidenmahagoni
8 Maserbirke
9 Vogelaugenahorn
10 „Abgesteppte" Weide
11 „lacewood"-Platane
12 Radial geschnittene „Spiegel"-Eiche
13 Gestreiftes Zebrano
14 Streifiges Movingui

Maserfurnier
Maserknollen sind abnormale Wucherungen am Stamm eines Baumes. Die aus Maserknollen geschnittenen Furniere weisen ein faszinierendes Muster aus dichtgedrängten Knospen auf, die sich als Ringe und Punkte darstellen. Es sind die teuersten Furniere; sie werden besonders für Möbel und kleine Holzgegenstände hochgeschätzt. Maserfurniere sind unregelmäßig groß und geformt, von 150 x 100 mm bis zu ca. 1000 mm lang und 450 mm breit.

Wurzelfurnier
Wurzelfurniere werden aus dem untersten Stammabschnitt, der Stützwurzel geschnitten. Aufgrund der ungleichmäßigen Maserung entsteht beim Hinterschneiden auf der Schälmaschine eine äußerst lebhafte Furnierzeichnung.

Gefärbtes Furnier
Bei Speziallieferanten erhalten Sie auch künstlich gefärbtes Furnier. Es werden vor allem helle Hölzer wie Ahorn dafür verwendet. Chemisch behandelter Bergahorn wird silber- bis dunkelgrau. Andere Farben werden durch Beizen erreicht, wobei das Furnier zur optimalen Durchdringung druckbehandelt wird.

Fladerfurnier
Tangential gemesserte Furniere werden Fladerfurniere genannt. Sie weisen eine schöne Zeichnung mit großen Ovalen und Bögen in der Mitte des Blattes und zum Rand hin feine Streifen auf. Fladerfurniere sind je nach Holzart in Längen bis 2400 mm oder mehr und in verschiedenen Breiten, ca. 225–600 mm, erhältlich. Sie werden im Möbelbau und für Wandtäfelungen eingesetzt.

Riegelfurnier
Hölzer mit welligem Faserverlauf liefern Furniere mit querlaufenden hellen und dunklen Streifen. Der Riegelahorn ist ein typisches Beispiel hierfür. Er wird vor allem im Geigenbau gerne eingesetzt.

Pyramidenfurnier
Dieses wird aus der Gabelung eines Stammes geschnitten. Wird die Gabelung senkrecht durchschnitten, ergibt sich eine interessante Zeichnung. Der unregelmäßige und wirbelige Faserverlauf erzeugt ein geflammtes Federmuster, das auch Pyramidenmuster genannt wird. Die Furniere sind von 300–1000 mm Länge und 200–450 mm Breite erhältlich.

Gefleckt gezeichnete Furniere
Beim Rundschälen von Laubholzstämmen von ungleichförmigem Wuchs entstehen unterschiedlich gezeichnete Furniere. Vogelaugenahorn und Maserbirke sind zwei Beispiele dafür. Ungleichmäßig gemaserte Hölzer lassen Furniere mit „abgesteppter“ oder „blasenartiger“ Zeichnung entstehen.

Spiegelfurnier
Holzarten wie Eiche oder Platane haben eine auffallende Zeichnung, wenn sie radial aufgeschnitten werden. Die breiten Markstrahlen der Eiche erzeugen eine deutliche Spiegelzeichnung. Radial geschnittenes Platanenfurnier wird auch als „lacewood“ bezeichnet.

Streifenfurnier
Im Quartierschnitt hergestellte Furniere weisen eine streifige Zeichnung auf, weil durch den radialen Schnitt immer quer durch die Jahresringe geschnitten wird. Aber auch bei Holzarten mit Wechseldrehwuchs entsteht diese deutliche Streifenbildung. Je nach Blickwinkel erscheinen diese Streifen im Furnier abwechselnd hell oder dunkel.

HOLZWERKSTOFFPLATTEN

Die Holzwerkstoffplatten gibt es noch nicht so sehr lange. Sie wurden jedoch von der Industrie und den Heimwerkern gleichermaßen begeistert angenommen. Die Plattenhersteller arbeiten ständig an der Weiterentwicklung und Verbesserung ihrer Produkte in bezug auf Qualität, Rohstoffeinsparung und bessere Bearbeitbarkeit. Folglich steht uns heute eine breite Auswahl an Plattenmaterial zur Verfügung. Man kann es in drei grobe Kategorien einteilen: Schicht- bzw. Sperrholzplatten, Spanplatten und Faserplatten. Durch die Einführung neuer Produkte können manche Arten von Schichtholzplatten durch billigere Arten von Spanplatten und Faserplatten ersetzt werden.

Siehe auch

Nadelhölzer	16 - 19
Laubhölzer	20 - 29
Möbelbau	63, 65, 70
Brettverbindungen	192 - 193
Verarbeitung von Plattenmaterial	194

SPERRHOLZPLATTEN

Sperrholz ist ein Schichtholzmaterial, bei dem dünne Holzschichten, die sogenannten Lagen, miteinander zu einer stabilen, festen Platte verleimt sind. Das Schichtverleimen von Holz ist eine Technik, die die Handwerker früherer Zeiten schon kannten. Sperrholz ist jedoch ein relativ moderner Werkstoff, der erst etwa Mitte des 19. Jahrhunderts für den Handel produziert wurde. Sein Plattenformat, seine Stabilität und seine leichte Bearbeitbarkeit machten Sperrholz zu einem wichtigen Werkstoff für den Innenausbau, den Möbel- und Korpusbau. Aber erst die Entwicklung wasserfester Klebstoffe in den 30er Jahren verhalfen ihm zu seinem Platz in der Bauindustrie.

Sperrholzaufbau

Ein Massivholzbrett hat ein geringes Stehvermögen und wird in seiner Breite stärker schwinden oder quellen als in seiner Länge. Je nachdem, wie es aus dem Stamm geschnitten wurde, verzieht es sich dadurch gerne. Die Zugfestigkeit von Holz ist in Faserrichtung am größten, allerdings spaltet es sich in dieser Richtung auch schnell.

Sperrholz ist so aufgebaut, daß die Faserrichtungen der benachbarten Lagen immer rechtwinklig zueinander verlaufen, um dem Arbeiten des Holzes entgegenzuwirken. Dadurch entsteht eine stabile Platte, die nicht zum Verziehen neigt und keine eindeutige Spaltrichtung hat. Die größte Festigkeit der Platte ist meist parallel zur Faserrichtung der Decklage.

Die meisten Sperrholzplatten bestehen aus einer ungeraden Anzahl Holzlagen, also mindestens drei. Die Anzahl variiert je nach Dicke der Lagen und der Platte. Unabhängig von der Anzahl der Lagen muß die Platte immer symmetrisch zur Mittellage oder zur Mittelebene der Plattenstärke aufgebaut sein.

Die äußeren Lagen einer typischen Sperrholzplatte nennt man „Decklagen". Unterscheidet sich eine der Decklagen hinsichtlich ihrer Qualität von der anderen, wird die bessere als „Außenfurnier" und die schlechtere als „Innenfurnier" oder „Rückseite" bezeichnet. Die Güteklasse der Decklagen wird mit einer Ziffer gekennzeichnet, Klasse 1 ist die beste Qualität. Die quer zu den Decklagen laufenden und direkt unter diesen liegenden Lagen werden als „Absperrfurniere" bezeichnet. Die mittlere Lage (oder Lagen) nennt man „Mittellage".

Größen und Dicken

Sperrholz wird in verschiedenen Größen und Dicken hergestellt. Die Dicke der handelsüblichen Platten liegt zwischen 4 mm und 30 mm. Bei Speziallieferanten kann man auch das dünnere „Flugzeug-Sperrholz" erhalten.

Die Standardbreite einer Platte beträgt 1,22 m, es gibt aber auch 1,52 m breite Platten. Die Standardlänge beträgt 2,44 m, es gibt aber auch bis zu 3,66 m lange Platten.

Die Faserrichtung der Decklage bezeichnet üblicherweise die Länge der Platte (mit Ausnahmen). Normalerweise wird die Länge der Platte zuerst genannt. Also verläuft bei einer 1,22 x 2,44 m großen Platte die Faserrichtung quer zur Breite.

VERLEIMUNG

Die Güte einer Sperrholzplatte wird nicht nur von der Qualität ihrer Lagen bestimmt, sondern auch von der Art des verwendeten Klebstoffs. Sperrholz wird je nach Anwendungsbereich in verschiedene Gruppen eingeteilt.

Innensperrholz

Sperrholz dieser Güteklasse sollte nur für nichtkonstruktive Teile im Innenbereich verwendet werden. Es wird im allgemeinen mit einem optisch gut aussehenden Außenfurnier und einer etwas schlechteren Rückseite produziert.

Das Innensperrholz wird mit einem Harnstoff-Formaldehydharz-Leim hergestellt, der eine helle Farbe hat. Die Platten eignen sich für die Anwendung in trockenen Räumen als Möbelteile oder Wandverkleidungen. Bei der Herstellung bestimmter Plattentypen werden modifizierte Klebstoffe verwendet, um diesem Sperrholz einen gewissen Grad an Feuchtebeständigkeit zu verleihen. Solches Sperrholz kann auch in Bereichen mit höherer Luftfeuchtigkeit eingesetzt werden. Verarbeiten Sie Innensperrholz niemals für Außenanwendungen.

Außensperrholz

Außensperrholz kann in völlig oder teilweise ungeschützten (je nach Verleimung) Außenbereichen eingesetzt werden, wo keine Tragfähigkeit erforderlich ist. Die Platten, die sich für völlig ungeschützte Bereiche eignen, sind mit einem dunklen Phenol-Formaldehydharz-Leim verleimt. Dadurch werden sie zu „wetterbeständigem und kochfestem" Sperrholz (AW 100). Diese Leime erfüllen die Normbestimmungen; regelmäßige Tests ebenso wie langjährige Einsatzberichte haben bewiesen, daß sie äußerst beständig gegen Witterung, Mikroorganismen, kaltes und heißes Wasser, Dampf und trockene Hitze sind.

Außensperrhölzer können auch mit einem Melamin-Formaldehydharz-Leim verleimt sein. Dieser Sperrholztypus ist nur bedingt wetterbeständig (A 100).

Außensperrholz eignet sich sehr gut für die Küchenausstattung und für die Anwendung in Badezimmern und Duschen.

Bootsbau-Sperrholz

Bootsbau-Sperrholz ist ein qualitativ sehr hochwertiges Sperrholz mit guten Decklagen, das vor allem für den Bootsbau hergestellt wird. Es ist aus ausgesuchten Lagen bestimmter Mahagonihölzer aufgebaut. Die einzelnen Lagen dürfen keine Hohlräume oder Löcher aufweisen und sind mit wetterbeständigem Phenol-Formaldehydharz-Leim verleimt. Dieses Sperrholz kann auch für Inneneinrichtungen verwendet werden.

Bausperrholz

Bausperrholz wird für Anwendungsbereiche hergestellt, in denen Festigkeit und Haltbarkeit im Vordergrund stehen. Es wird mit einem Phenolharzleim verleimt. Die Decklagen haben eine eher schlechtere Güteklasse, und die Platten dürfen nicht geschliffen werden.

SPERRHOLZARTEN

Für so unterschiedliche Anwendungsbereiche wie Landwirtschaftseinrichtungen, Flugzeug- und Bootsbau, Inneneinrichtungen, Spielzeug und Möbel werden verschiedene Sperrholzarten hergestellt. Qualität und Anwendbarkeit hängen von der Holzart, der Art der Verleimung und der Qualität der Furnierlagen ab.

Sperrholzplatten werden in vielen Teilen der Erde hergestellt, und die verwendete Holzart ist natürlich je nach Ursprungsland verschieden. Die Deckfurniere und die Mittellage können aus verschiedenen Holzarten sein, oder die Platte ist durch und durch aus einer Holzart aufgebaut.

Nadelholz-Sperrholz besteht üblicherweise aus Douglasie oder verschiedenen Kiefernarten, Laubholz-Sperrholz zumeist aus hellen, mitteldichten Holzarten wie Birke, Buche und Linde. Aber auch tropische Holzarten kommen zur Anwendung wie z. B. Meranti und Okoumè, die alle rötlich sind.

Dekorsperrholz hat als Deck- und Außenfurnier ausgesuchte und passend zusammengefügte Messerfurniere, meistens aus Laubholzarten wie Afrormosia, Buche, Kirsche oder Eiche. Es wird hauptsächlich für Vertäfelungen verwendet. Auf die Rückseite der Platte wird ein Gegenfurnier von schlechterer Qualität aufgeleimt.

Dreilagensperrholz besteht aus zwei Deckfurnieren, die auf eine einzige Mittellage geleimt sind. Die drei Lagen können gleich dick sein oder aber die Mittellage ist stärker als die Deckfurniere, was das Stehvermögen der Platte verbessert. Dünnes Dreilagensperrholz wird für Schubladenböden und Schrankrückwände verwendet.

Schubladen-Sperrholz ist eigentlich kein Sperr-, sondern ein Schichtholz, weil bei dieser Platte der Faserverlauf aller Lagen gleichgerichtet ist. Es wird aus Hartholz in einer Solldicke von 12 mm hergestellt und anstelle von Massivholz für Schubladenseiten verwendet.

Multiplex hat eine Mittellage aus einer ungeraden Anzahl von Lagen. Die Dicke jeder Lage ist meistens gleich, manchmal sind auch die Absperrfurniere etwas dicker. Das verleiht der Platte mehr Steife in der Länge und der Breite. Diese Platten werden im Modell-, aber auch im modernen Möbelbau eingesetzt.

Vier- und Sechslagensperrholz Beim Vierlagensperrholz besteht die Mittellage aus zwei dicken Lagen mit gleicher Faserrichtung. Die Deckfurniere werden beidseitig quer dazu aufgeleimt. Sechslagensperrholz (unten abgebildet) hat einen ähnlichen Aufbau wie das Vierlagensperrholz, wobei aber die Mittellage parallel zur Decklage verläuft. Dazwischen liegt je ein Absperrfurnier.

SORTIERUNG

Die Sperrholzhersteller verwenden einen Code, um die Qualität der Holzlagen zu kennzeichnen.

Sperrholzplatten der Qualität B/BB haben die beste Qualität. Die Güteklasse B/C hat offene Stellen, Risse oder Äste. Die Qualität C/C ist die schlechteste und wird nur für konstruktive Zwecke verwendet. Für Platten der Qualität B/C und C/C werden meist Schälfurniere verwendet. Im Innenausbau und im Möbelbau werden hingegen messerfurnierte Platten verarbeitet.

Die Buchstaben beziehen sich ausschließlich auf das äußere Erscheinungsbild der Decklagen. Eine Platte der Güteklasse A-A hat zwei gute Decklagen, während eine Platte der Güteklasse A-B eine geringere Qualität auf der Rückseite hat. Sperrholzplatten für dekorative Zwecke sind mit ausgesuchten und zu einem Furnierbild zusammengesetzten Deckfurnieren versehen.

STABPLATTE UND STÄBCHENPLATTE

Auch die Stabplatte ist ein Sperrholz, weil sie abgesperrt und in Schichten aufgebaut ist. Sie unterscheidet sich von der Furniersperrholzplatte insofern, als ihre Mittellage aus etwa quadratischen Holzleisten besteht, die aneinandergefügt und punktweise verleimt sind. Diese Mittellage wird beidseitig mit ein oder zwei Furnierlagen abgesperrt.

Die Stäbchenplatte ist ähnlich aufgebaut wie die Stabplatte, jedoch besteht die Mittellage aus etwa 5 mm dicken miteinander verleimten Stäbchen.

Siehe auch	
Möbelbau	63, 65, 70
Werkstatt	156 - 157
Furnieren	195 - 208
Holzschrauben	224
Lösbare Verbindungen	228

Die Stäbchenplatte
ist für Furnierarbeiten der Stabplatte überlegen, weil sich die Mittellage weniger abzeichnet. Sie ist jedoch auch teurer. Es gibt Stäbchenplatten mit zwei oder vier Absperrfurnieren, wobei bei der fünflagigen Stäbchenplatte das Unterfurnier meist quer und das Deckfurnier parallel zur Mittellage verläuft.

Die Stabplatte
ist ein steifes Plattenmaterial, das sich gut für den Möbelbau eignet und vor allem auch für Regale und Arbeitsplatten. Sie läßt sich gut furnieren. Stabplatten werden wie die Sperrholzplatten in verschiedenen Größen hergestellt und in Dicken von 12 mm bis 25 mm. Es gibt auch dikkere, dreilagige Platten bis zu 44 mm Stärke.

SPANPLATTEN

Holzspanplatten bestehen aus kleinen Holzspänen, die unter Druck miteinander verleimt werden. Je nach Größe und Form der verwendeten Späne, deren Anordnung und Verteilung innerhalb der Platte und der Leimart, mit der die Späne gebunden sind, unterscheidet man verschiedene Spanplattentypen. Üblicherweise werden Nadelholzspäne verwendet, manchmal wird aber auch ein gewisser Anteil an Hartholzspänen hinzugefügt.

Spanplattenarten
Eine Spanplatte ist ein stabiles und einheitlich dichtes Plattenmaterial. Platten mit feinen Spänen haben eine glatte, geschlossene Oberfläche und eignen sich sehr gut zum Furnieren. Auch steht dem Kunden eine breite Auswahl an fertig beschichteten Platten zur Verfügung, die entweder mit Furnier, Papier- oder Kunststoffolien kaschiert sind. Die meisten Spanplatten sind relativ spröde und haben eine geringere Zug- und Biegefestigkeit als Sperrholzplatten.

Spanplatten für die Innenanwendung
Die meisten Spanplattenarten, die für den Holzbearbeiter interessant sind, sind für die Innenanwendung gedacht. Auf Spanplatten, wie auf jedes andere Holzprodukt, wirken sich Feuchtigkeit und Nässe ausgesprochen nachteilig aus. Die Platten quellen auf und lassen sich auch durch Trocknen nicht mehr wiederherstellen. Es gibt jedoch auch feuchtebeständige Arten, die sich für Fußböden und Naßbereiche eignen.

LAGERUNG UND VERARBEITUNG

Lagern von Platten
Um Platz zu sparen, stellen Sie die Platten hochkant. Bauen Sie ein Gestell, in dem die Platten seitlich gestützt und nicht direkt auf dem Boden stehen.

Verarbeiten von Platten
Schraubverbindungen in die Kante einer Platte sind nicht so sicher wie in die Fläche. In die Kanten von Sperrholzplatten sollten Sie vorbohren. Der Durchmesser der Schrauben sollte etwa ein Viertel der Plattenstärke betragen.

In Stab- und Stäbchenplatten halten in die Längskanten geschraubte Schrauben gut, aber nicht in den Hirnholzkanten.

Das Haltevermögen von Schrauben in Spanplatten hängt von der Dichte der Platte ab. Spezielle Spanplattenschrauben halten besser als normale Holzschrauben. Bei Flächen- wie auch bei Kantenverbindungen sollten Sie immer vorbohren. Und verwenden Sie spezielle Verbinder oder Einleimer, die das Haltevermögen verstärken.

Einschicht-Spanplatten haben in ihrer ganzen Dicke ein gleichmäßiges Gefüge aus etwa gleich großen Spänen. Die Oberfläche ist relativ grob. Diese Plattenart eignet sich zum Furnieren oder Beschichten, aber nicht für den Anstrich.

Dreischicht-Spanplatten haben eine Mittelschicht aus gröberen Spänen und zwei dünnere Deckschichten aus dicht verpreßten, feinen Spänen. Die Deckschichten sind stärker mit Harz durchtränkt, was eine glattere Oberfläche bewirkt, die sich für die meisten Oberflächenbehandlungen eignet.

Windgeschüttete Flachpreßplatten haben eine Oberfläche aus sehr feinen Spänen und eine Mittelschicht aus gröberen Spänen. Anders als bei den Schichtplatten ist bei dieser Platte der Übergang von den gröberen zu den feineren Spanschichten ein gradueller.

Dekorative Flachpreßplatten haben eine fertige Deckschicht aus Edelfurnier, Kunststoff oder Melaminharz. Die furnierten Platten sind lackierfertig geschliffen; die mit Kunststoff oder Folie beschichteten Platten brauchen nicht weiter behandelt zu werden. Manche kunststoffbeschichteten Platten (z. B. für Arbeitsplatten) sind bereits mit fertigen Kanten versehen. Für furnierte und melaminharzbeschichtete Platten gibt es im Handel passende Anleimer oder Furnierkanten.

Triply-Strangpreßplatten sind dreischichtig und bestehen aus langen Flachspänen (meist Kiefer). Die Späne jeder Schicht liegen in einer Richtung, und jede Schicht liegt kreuzweise versetzt zur nächsten, genauso wie bei Sperrholz.

Grobspanplatten sind aus großen Holzspänen aufgebaut, die alle flach auf- und übereinander liegen. Diese Platten haben eine höhere Zugfestigkeit als die Standardspanplatten.

HOLZFASERPLATTEN

Holzfaserplatten bestehen aus Holz, das in kleinste Schnitzel zerkleinert und wieder verdichtet wird, um ein festes, homogenes Plattenmaterial zu erhalten. Faserplatten werden in verschiedenen Dichten hergestellt. Die Dichte hängt von dem bei der Herstellung angewandten Preßdruck und dem Bindemittel ab.

Siehe auch
Möbelbau 63, 65, 70

Hartfaserplatten

Die harte Holzfaserplatte ist eine Faserplatte mit hoher Rohdichte. Dafür werden nasse Holzfasern unter hohem Druck und Hitze zusammengepreßt. Die in den Fasern enthaltenen natürlichen Harze werden zur Vliesbildung genutzt.

Getemperte Hartfaserplatten sind normale Hartfaserplatten, die mit Kunstharz und Öl imprägniert werden, um ein extrahartes Material zu erhalten, das wasserabweisend und abriebfester ist. *Standardhartfaserplatten* haben nur eine glatte Oberfläche. Sie werden in vielen verschiedenen Stärken angeboten, von 1,5 mm bis 12 mm. Es sind preiswerte Platten, die im allgemeinen für Schubladenböden und Rückwände eingesetzt werden. *Duplexplatten* sind ähnlich wie die Standard-Hartfaserplatten, haben aber zwei glatte Flächen. *Dekorhartplatten* sind perforierte, formgepreßte, lackierte oder beschichtete Faserplatten.

Mittelharte Holzfaserplatten

Mittelharte Faserplatten werden ganz ähnlich wie Hartfaserplatten hergestellt. Es gibt sie in zwei Rohdichten. Die weichere, von 6 mm bis 12 mm dick, wird für Stecktafeln und Wandverkleidungen verwendet. Die härtere wird auch für Paneele in Innenräumen eingesetzt.

Mitteldichte Holzfaserplatten (MDF)

Die mitteldichte Faserplatte hat zwei glatte Seiten und wird in einem Trockenverfahren hergestellt. Die Fasern werden mit einem Kunstharzleim gebunden. Die Platte hat eine einheitliche Struktur und ein feines Gefüge, wodurch sich die Kanten und die Flächen sehr sauber profilieren und maschinell bearbeiten lassen.

Die MDF-Platte läßt sich wie Massivholz bearbeiten, in einigen Anwendungsbereichen kann man sie sogar als Ersatz für Massivholz verwenden. Sie bietet sich als ausgezeichnetes Trägermaterial zum Furnieren an und nimmt auch Farbanstriche gut an. MDF-Platten werden in Dicken von 6 mm bis 32 mm hergestellt und in vielen verschiedenen Abmessungen.

Mittelharte Faserplatten
1 Schwere mittelharte Platte
2 Leichte mittelharte Platte
3 Mitteldichte Faserplatte (MDF)
4 Eichenfurnierte MDF-Platte

Hartfaserplatten
5 Standard-Hartfaserplatte
6 Getemperte Hartfaserplatte
7 Hartfaserplatte mit Prägemuster
8 Dekorhartplatte
9 Perforierte Hartfaserplatte

Kapitel 2

Entwurf

Einen dreidimensionalen Gegenstand zu entwerfen, erfordert ein gewisses visuelles Vorstellungsvermögen. Man muß sich vorstellen können, wie das fertige Stück aussehen wird, bevor man es baut. Das Konstruieren und Entwerfen eines Stückes ist nie einfach. Und wenn Sie mit ungewohnten Materialien oder Formen arbeiten, dann ist das sogar noch schwieriger. Sie werden feststellen, daß Sie manchmal mehrere Modelle bauen müssen, um jeden Entwurf auszuwerten und dann entscheiden zu können, welcher Entwurf Sie mehr befriedigt und welcher die gewünschte Funktion wirklich erfüllt. Aber auch als Anfänger können Sie auf die Erfahrungen und die Fachkenntnisse von Generationen von Handwerkern und Designern zurückgreifen. In diesem Kapitel werden die verschiedenen Probleme behandelt, mit denen sich ein Gestalter auseinandersetzen muß. Das schließt Fragen der Konstruktion, der Sicherheit und der geplanten Verwendung ebenso ein wie auch ästhetische und dekorative Erwägungen. Außerdem finden Sie Skizzen, die die Grundprinzipien der Konstruktion von Stühlen, Tischen und Regalelementen erläutern. Sie können sich von den Skizzen zu eigenen Entwürfen inspirieren lassen und erhalten gleichzeitig wertvolle Hinweise auf die praktischen Aspekte der Möbelkonstruktion, wie zum Beispiel die Wahl der Verbindungen und die Reihenfolge des Zusammenbaus.

DER ENTWURF

Neue Ideen und Formen werden nur selten einfach aus der Luft gegriffen. Wenn Sie sich die Geschichte des Möbelentwurfs ansehen, werden Sie ein sich langsam entwikkelndes Muster erkennen, in dessen Verlauf die Handwerker lernten, mit dem unvermeidbaren Schwinden und Quellen von Massivholz umzugehen. Sie werden sehen, wie sich Arbeitstechniken aufgrund einer sich wandelnden Technologie veränderten und wie das Erscheinungsbild der Möbel von dem jeweils herrschenden Zeitgeschmack geprägt wurde. Doch die Veränderungen erfolgten schrittweise. Die meisten Holzbearbeiter waren Handwerker und keine Designer im heutigen Sinne. Sie bauten weiterhin ihre gewohnten Möbel mit den gleichen Werkzeugen, Methoden und Materialien, wie es schon ihre Väter und Großväter getan hatten, und wußten genau, was dabei herauskam. Nur sehr vornehme Werkstätten produzierten innovative Entwürfe für Kunden, die reich genug waren, das, was wir heute Entwicklungskosten nennen, zahlen zu können. Diese Neuerungen mußten erst ausprobiert und geprüft werden, bevor sie Teil des Arbeitsrepertoires eines durchschnittlichen Handwerkers wurden. Auch heute gilt noch das gleiche Prinzip. Niemand möchte Originalität unterdrücken oder Handwerker von der Entwicklung ihrer kreativen Talente abhalten. Es wäre jedoch absurd, diese Fülle von Erfahrungen zu mißachten, nur um nicht Gefahr zu laufen, etwas nachzumachen, was schon vorher so gemacht wurde. Bevor jemand darangeht, Neuland zu erschließen, sollte er wissen, wie sich das gewählte Material verhält, er sollte einschätzen können, wie das fertige Stück funktionieren solle.

Siehe auch

Ein bequemer Stuhl 50
Sprossenstühle 54
Ein zweckmäßiger Tisch 55
Konstruktion von Schränken, Kommoden und Regalen 61
Regale 62

FUNKTION

Über funktionsorientiertes Entwerfen wird viel geredet. Um aber zu verstehen, was das eigentlich bedeutet, muß man das Konzept von verschiedenen Seiten aus betrachten. Ein massiver Holzblock kann als Hocker dienen, ein gut entworfener Stuhl ist aber etwas ganz anderes. Ein Barhocker trägt einen sitzenden Menschen, das gleiche gilt für einen Melkschemel – und doch haben die beiden völlig verschiedene Funktionen und folglich auch verschiedene Abmessungen. Soll ein Stuhl so leicht sein, daß man ihn herumtragen kann, oder soll er in einem öffentlichen Gebäude mit dem Boden verschraubt werden, damit er nicht umfällt und womöglich einen Notausgang versperrt? Soll er in der Höhe verstellbar sein? Soll er zusammenklappbar sein? Kippt er leicht, wenn jemand das Gewicht verlagert?

Jemand, der einen Stuhl entwirft, muß sich solche Fragen stellen, um herauszufinden, welche Funktion der Gegenstand haben soll.

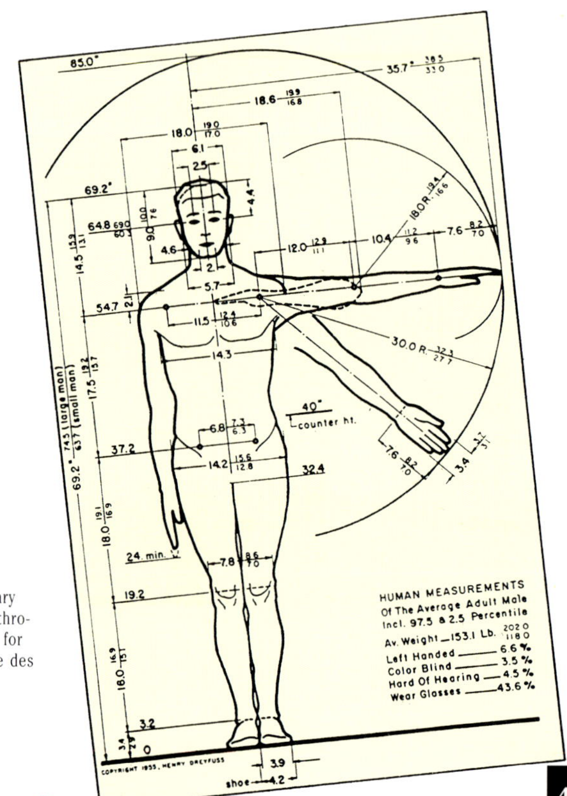

Der Durchschnittsmensch
Der amerikanische Designer Henry Dreyfuss war ein Pionier der Anthropometrie. Sein Buch „Designing for People" liefert uns genaue Maße des menschlichen Körpers.

Für Menschen entwerfen

Die meisten Gegenstände aus Holz müssen sich, um zweckmäßig oder praktisch zu sein, auf den menschlichen Körper beziehen. Wir Menschen unterscheiden uns sehr in Größe, Form und Gewicht. Wenn man also einen Stuhl für eine Einzelperson entwirft, muß man dessen Anatomie genau vermessen, damit der Stuhl für diese Person auch wirklich bequem wird.

Anthropometrie und Ergonomie aber, die statistischen Wissenschaften, die sich mit dem vergleichenden Studium des menschlichen Körpers und dessen Beziehung zu seiner Umgebung befassen, liefern den Designern die für den durchschnittlich gebauten Menschen optimalen Maße für Möbel und Arbeitsplätze. Die meisten Menschen fühlen sich mit den auf diesen Maßen beruhenden Möbeln einigermaßen wohl.

Baut man jedoch Möbel für eine bestimmte Gruppe – Kinder oder ältere Menschen –, wird man eventuell Sonderanfertigungen vornehmen müssen, die auf deren spezielle Bedürfnisse zugeschnitten sind. Die anthropometrischen Daten werden in diesem Kapitel gegebenenfalls mit angegeben.

Anpassungsfähigkeit

Ein Möbel so zu entwerfen, daß es anpassungsfähig ist, steigert seine Zweckmäßigkeit. Etagenbetten, die sich zu zwei normal großen Betten umbauen lassen, sind ein gutes Beispiel für eine „eingebaute" Anpassungsfähigkeit. Ein ergonomisch gebauter Bürostuhl ist für Menschen jeglicher Statur bequem. Und ein ausziehbarer Tisch ist ein Beispiel für Kompaktheit, gepaart mit Anpassungsfähigkeit.

Anforderungen an die Konstruktion

Kein Gegenstand kann gut funktionieren, wenn er nicht gut konstruiert ist. Ein Tisch, der wackelt, wenn man darauf sein Steak schneidet, ist höchst ärgerlich. Und ein Stuhl, der plötzlich unter einem zusammenbricht, ist nicht nur ärgerlich, sondern sogar gefährlich.

Ein Holzmöbel kann ohne sichtbare Formveränderung ein ganz beträchtliches Gewicht aushalten, vorausgesetzt, es ist so konstruiert, daß es den Spannungen und Belastungen bei normaler Beanspruchung entgegenwirkt.

Das Fußgestell eines klassischen Sprossenstuhls veranschaulicht dieses Prinzip auf perfekte Weise. Die vier Stuhlbeine werden in die Unterseite der massiven Sitzfläche gesteckt. Waagrechte Querstreben verhindern nicht nur, daß sich die Beine unter dem Gewicht verbiegen, sondern auch, daß sie nicht nach außen wegrutschen. Die einzelnen Teile stoßen in einem solchen Winkel aufeinander, daß sie sich gegenseitig verstärken und stützen. Bruchgefahr besteht hier vor allem deshalb nicht, weil auf keine der Verbindungen eine direkte Zugkraft wirkt. Kippt man den Stuhl nach hinten auf seine schrägen Beine, dann stützen diese durch ihre ideale Stellung das zusätzliche Gewicht in dieser Lage.

Ein überladener Regalboden hängt durch und bricht vielleicht sogar aufgrund der Druck- und Zugbeanspruchung. Wenn Sie sich aber eine 50 mm breite Leiste schneiden und diese hochkant auf die Unterseite des Brettes leimen, wird es mehr Gewicht tragen können, ohne sich durchzubiegen. Indem Sie die Leiste hochkant verwendeten, haben Sie für eine wirkungsvolle Stütze gesorgt. Die Zargen, die eine Tischplatte oder einen Stuhlsitz tragen, haben eine ähnliche Funktion.

Die auf die Stützleiste wirkenden Kräfte werden auf das übertragen, was sie an den Enden abstützt – zum Beispiel die Stuhl- oder Tischbeine. Die Verbindungen zwischen Zargen und Beinen müssen fähig sein, den Scherkräften zu widerstehen (der nach unten wirkende Druck der Last, dem die starren Stützen entgegenwirken). Die Scherkräfte werden erheblich gesteigert, wenn auf die Konstruktion von der Seite her Druck ausgeübt wird, der auf die Verbindungen eine Hebelwirkung hat. Eine starke Dübelverbindung oder der Zapfen einer Schlitz-und-Zapfen-Verbindung ist dieser Hebelwirkung gewachsen, vor allem dann, wenn die Zarge breit genug ist, um eine angemessene Brüstung an den Verbindungen zu bilden. Auf die Innenseite der Zargen geleimte Eckklötze verstärken die Konstruktion noch zusätzlich.

Die Verbindungen eines Schranks oder eines Kastens sind besonders anfällig für seitlichen Druck. Denn dabei gerät der Rahmen aus dem Winkel und formt ein Parallelogramm. Eine steife Rückwand, senkrechte Stützbretter oder Eckverstärkungen können jedoch eine Verschiebung in den Verbindungen verhindern und die Konstruktion so versteifen. Eine Sockelleiste oder eine Stützleiste dienen dem gleichen Zweck, während eine metallene Kreuzverstrebung den Rahmen im Winkel hält, indem sie die Ecken diagonal verbindet.

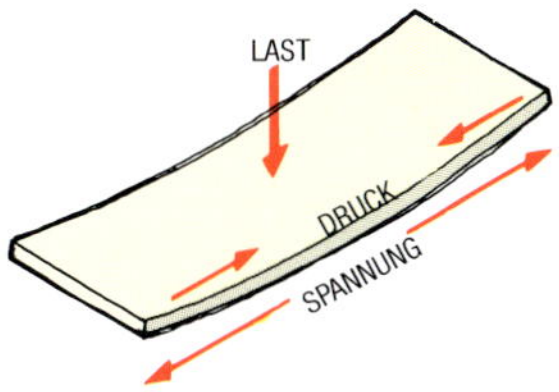

Die Auswirkungen einer Last auf einen Regalboden

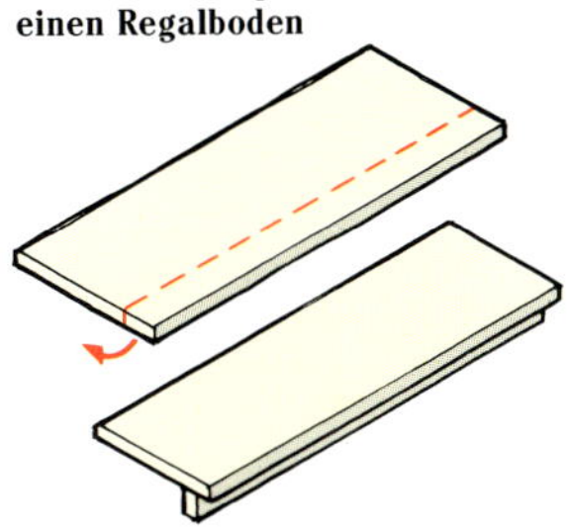

Eine Hochkantleiste sorgt für Unterstützung

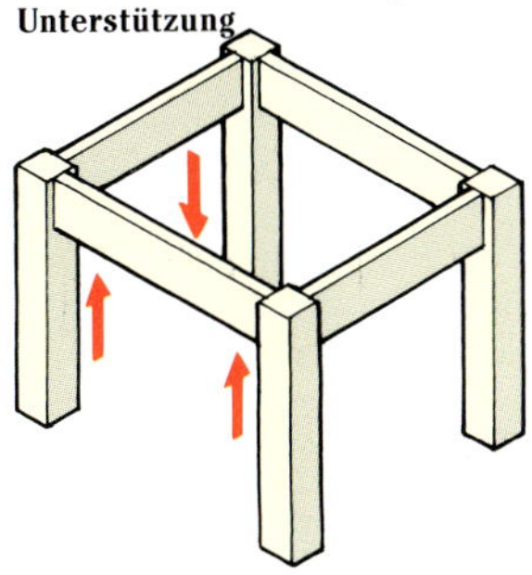

Die Beine wirken der Last auf der Zarge entgegen

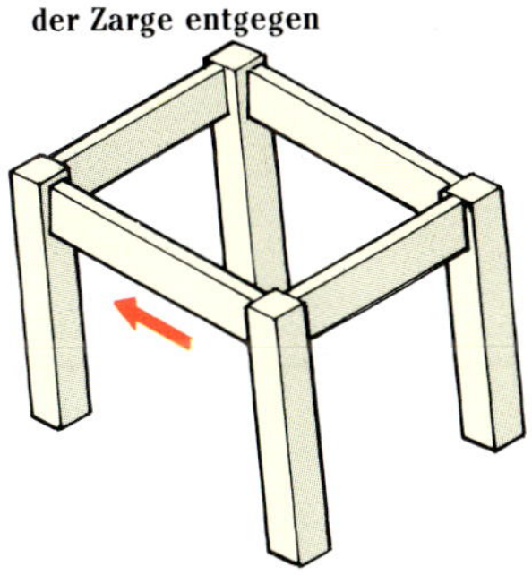

Seitlicher Druck übt eine Hebelwirkung auf die Verbindungen aus

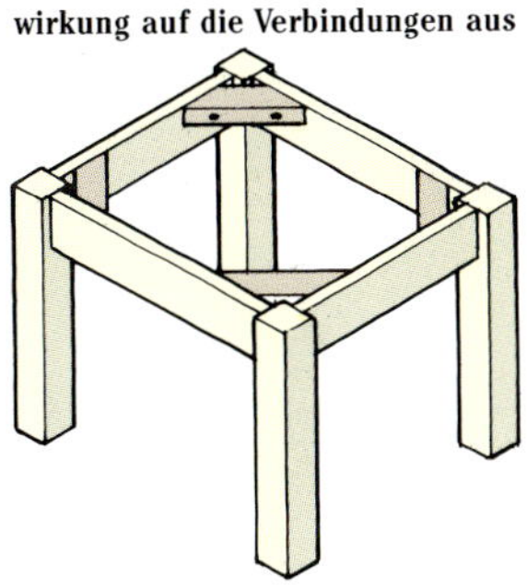

Stabile Verbindungen und Eckklötze versteifen den Rahmen

Der traditionelle Sprossenstuhl
Die Teile des Untergestells sind so angeordnet, daß sie den bei Normalbeanspruchung herrschenden Spannungen und Belastungen entgegenwirken.

Die fast perfekte Rückenlehne
Eine ergonomisch geformte Rückenlehne ist schön und bequem.

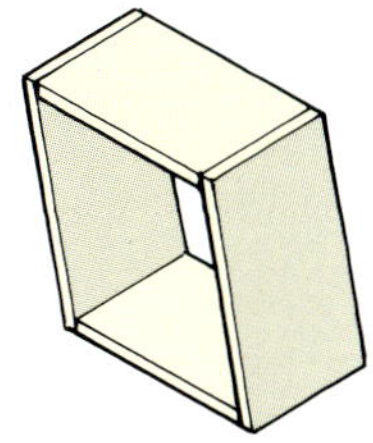

Ein nicht versteifter Kasten wird zusammenklappen

Versteifen eines Kastens
Die Konstruktion kann wie folgt versteift werden.

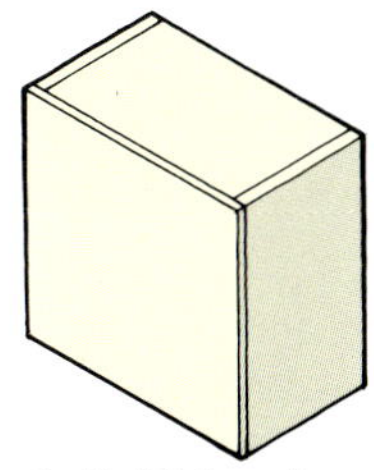

Steife Rückwand

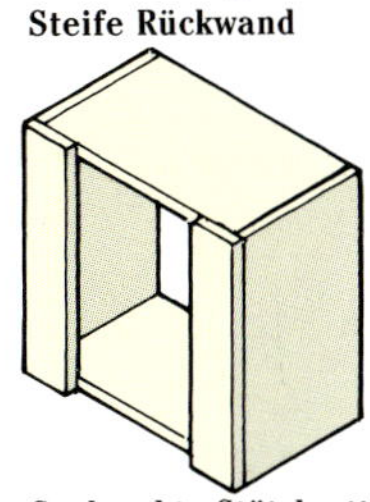

Senkrechte Stützbretter

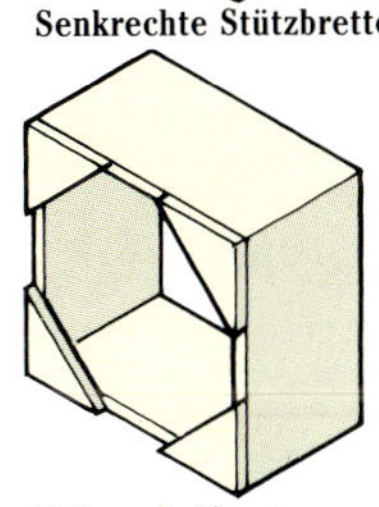

Eckversteifungen

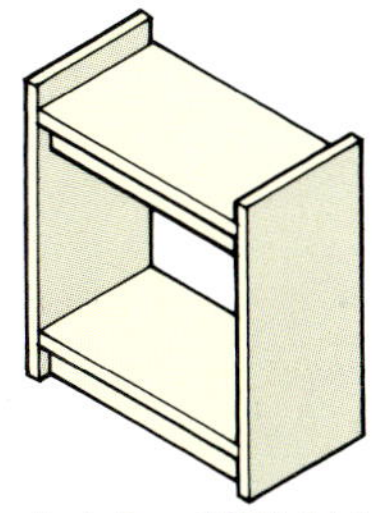

Sockel- und Stützleisten

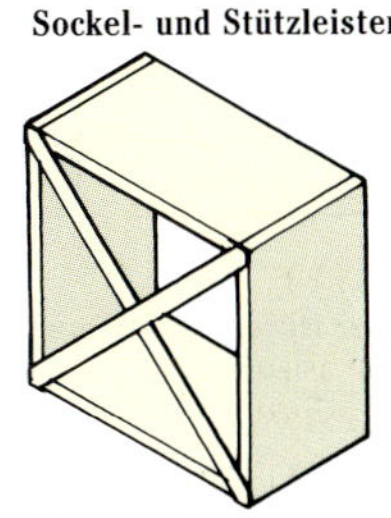

Kreuzstreben

SICHERE KONSTRUKTIONEN

Kann ein Gegenstand falsch gebraucht werden, dann passiert das auch. Oft werden die zierlichsten Stühle zu Trittleitern umfunktioniert, oder die Querstreben des Stuhls werden zur Leiter, um an ein Buch ganz oben im Regal zu gelangen. Das Zurückkippen des Stuhls nach dem Essen ist eine weitverbreitete Unsitte. Und obwohl ein Stuhl eigentlich nicht für solch einen Gebrauch bestimmt ist, sollte man das beim Entwerfen und Konstruieren dennoch mit berücksichtigen. Man sollte einen Entwurf so gestalten, daß das Unfallrisiko gering ist.

Siehe auch

Nadel- und Laubhölzer	10 - 29
Holztrocknung	13
Holzwerkstoffplatten	34 - 38
Anbringen von Tischplatten	56
Rahmen-Füllung-Konstruktionen	66, 70
Stützschieber	67

Die Hebelwirkung

Auf Tischen wird oft auch gesessen. Vorausgesetzt, die Zargen und Verbindungen sind stark genug, leidet der Tisch darunter eigentlich nicht. Wenn die Platte aber freitragend ist – wie die Klappe an einem Schreibpult zum Beispiel –, dann ist die Hebelwirkung auf die Klappenscharniere enorm, auch wenn sich jemand auf der Platte nur abstützt. Das Anbringen eines Klappenhalters aus Metall verringert das Risiko des Ausreißens der Scharniere. Man kann auch ausziehbare Stützschieber verwenden, auf denen die Klappe in geöffnetem Zustand aufliegt. Beide Methoden verlagern den kritischen Drehpunkt weiter nach vorne, weg von der Scharnierlinie in Richtung der Klappenvorderkante, und vermindern so die Hebelwirkung.

Wenn die Tür eines Küchen- oder Regalschranks sich gegen eine Schublade drehen kann, dann ist es nur eine Frage der Zeit, wann die Türbänder ausreißen. Wenn sich die Position der Tür oder der Schublade nicht verändern läßt, sollte man eine Türarretierung anbringen, so daß sich die Tür nicht weiter als 90 Grad öffnen kann.

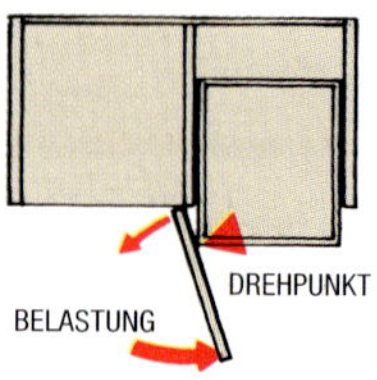

Die Hebelwirkung
Bei einer Tür, die gegen eine Schublade stößt, reißen schnell die Bänder aus.

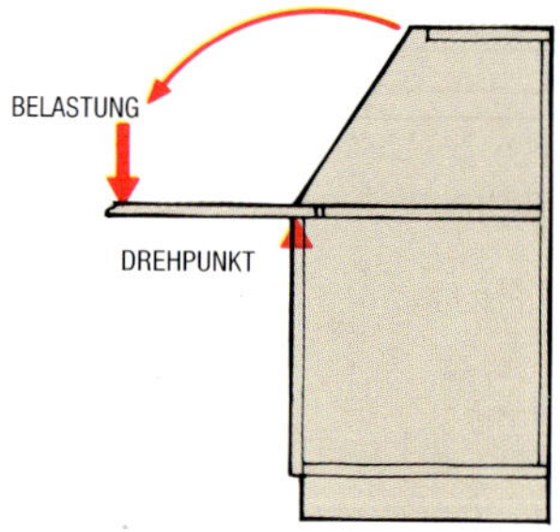

Die Klappe muß unterstützt werden

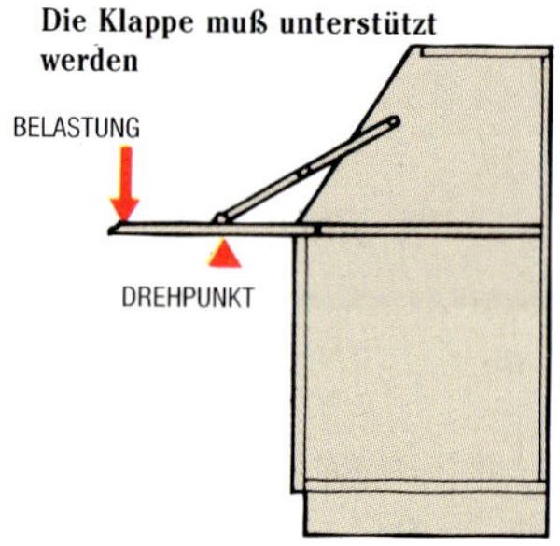

Klappenhalter verringern die Hebelwirkung

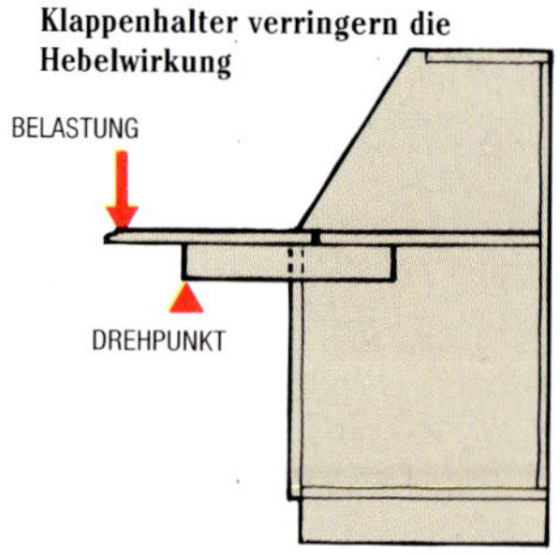

Stützschieber bewirken das gleiche

Stabilität

Ein Möbelstück mag vielleicht unter Normalbedingungen stabil genug sein, aber wie leicht läßt es sich umwerfen? Ein Eßzimmerstuhl ist standfest, solange sein Schwerpunkt innerhalb des Bereichs bleibt, der durch die vier Punkte, an denen die Beine den Boden berühren, begrenzt wird **(1)**. Kippt man ihn jedoch nach hinten, verlagert das den Schwerpunkt **(2)**. Der Stuhl wird instabil und fällt um. Aus diesem Grund sind die Hinterbeine von Stühlen oft schräg nach hinten ausgestellt **(3)**, so daß der Stuhl sein sicheres Gleichgewicht behält, selbst wenn er leicht nach hinten gekippt wird **(4)**.

Eine Kommode kann gefährlich aus dem Gleichgewicht geraten, wenn alle Schubladen auf einmal herausgezogen werden. Ein niedriger Möbelkorpus mit einer breiten Basis hat aber einen relativ niedrigen Schwerpunkt und wird sein Gleichgewicht halten. Einen höheren Schrank muß man eventuell an der Wand festschrauben. Entsprechend werden große, schwere Türen meist als Schiebetüren gearbeitet und nicht mit Drehbeschlägen angeschlagen.

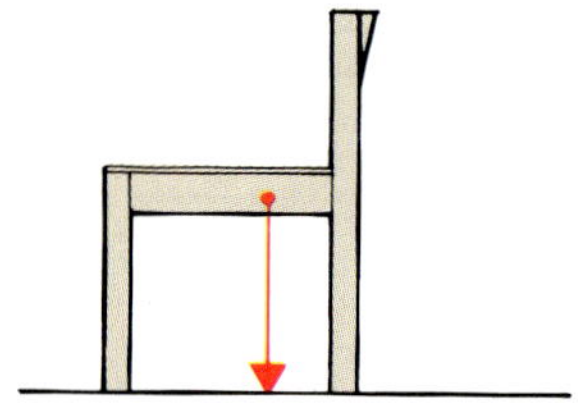

1 Standfester Stuhl

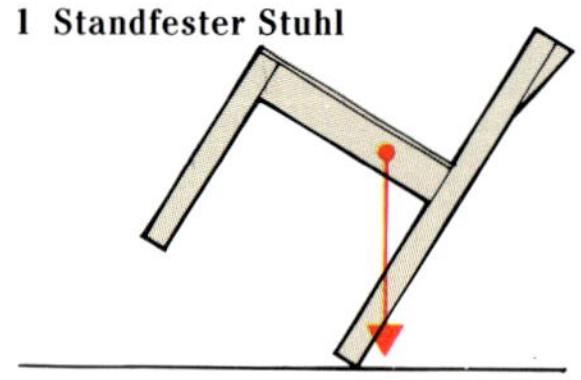

2 Unsicherer Stuhl

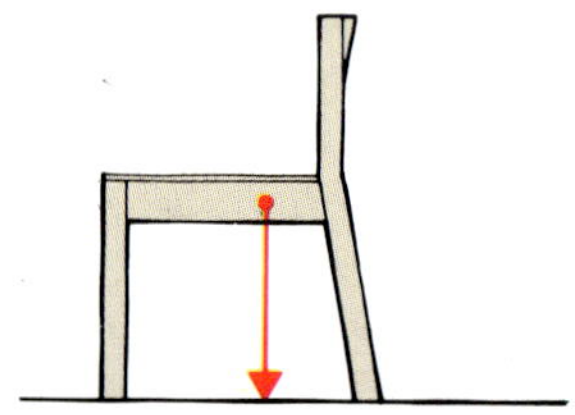

3 Schräg ausgestellte Hinterbeine verbreitern die Grundfläche des Stuhles

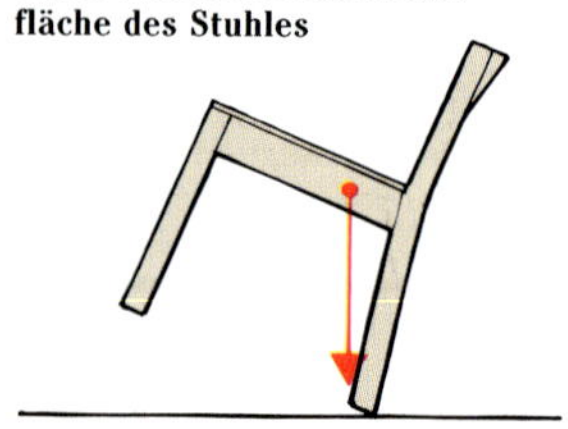

4 Der Schwerpunkt bleibt innerhalb der Grundfläche

Eichensekretär
Im Untergestell befindliche ausziehbare Schieber (unten) tragen die lederbezogene Schreibklappe (rechts).

Stuhl mit ausgestellten Beinen
Die breite Grundfläche dieses robusten Armlehnstuhles verhindert ein zufälliges Umwerfen.

Gefährliche Details
Sogar an Kleinigkeiten kann man sich schwer verletzen. Überlegen Sie es sich gut, bevor Sie Kanten oder Ecken scharfkantig lassen, vor allem dann, wenn diese in einer Höhe sind, wo Kinder sich daran stoßen könnten. Glastischplatten sind in dieser Hinsicht besonders gefährlich. Eine runde Platte ist verhältnismäßig sicher, vorausgesetzt alle Kanten sind glattpoliert.

Scharfe Kanten sind noch gefährlicher, wenn sie sich scherenartig gegeneinander bewegen. Sich die Finger zwischen einem einschlagenden, schweren Deckel und der Kastenseite einzuklemmen, ist, gelinde gesagt, schmerzhaft; die Folgen aber eines ähnlichen Unfalls mit einem Faltstuhl, der unter Ihnen zusammenbricht, können wesentlich schwerwiegender sein.

Ein Bürodrehstuhl mit Armlehnen stellt ein weniger offensichtliches Risiko dar. Zwischen der Unterseite der Tischplatte und den Armlehnen sollte genügend Abstand für Ihre Finger sein, wenn Sie eine höchst unangenehme Überraschung vermeiden wollen, während Sie den Stuhl herumdrehen, um aufzustehen.

An vorstehenden, scharfkantigen Griffen kann man sich die Kleidung zerreißen. Man sollte auch deswegen lieber auf glatte, abgerundete Griffe oder Knöpfe, Einlaß- oder Klappgriffe zurückgreifen.

Sichere Details
Integrale Griffnuten können ein sicheres und doch sehr eindrucksvolles Konstruktionsmerkmal sein.

DAS RICHTIGE MATERIAL

Ganz gleich, welches Material Sie verwenden, es gelten eigentlich immer alle Faktoren, die sich auf Funktion und Sicherheit beziehen. Wenn Sie aber etwas in Holz entwerfen, dann müssen Sie die Tatsache berücksichtigen, daß Holz je nach dem Feuchtigkeitsgehalt der umgebenden Luft immer schwinden oder quellen wird, egal wann es geschnitten wurde. Wenn Sie eine 100 Jahre alte Kommode aus einem ungeheizten Raum holen und neben die Heizung stellen, dann wird sie immer noch Feuchtigkeit abgeben. Und wenn Sie sie dann in ihre alte Umgebung zurückstellen, wird das Holz wieder Feuchtigkeit aufnehmen. Das Problem für den Schreiner sind die Maßveränderungen, die diesen Feuchtigkeitsaustausch begleiten. Holz schwindet, wenn es Wasser abgibt, und quillt, wenn es Wasser wieder aufnimmt. Wird das Arbeiten des Holzes in irgendeiner Weise behindert, reißt oder verwirft sich das Holz. Also muß dieses Arbeiten des Holzes beim Entwerfen immer mit berücksichtigt werden.

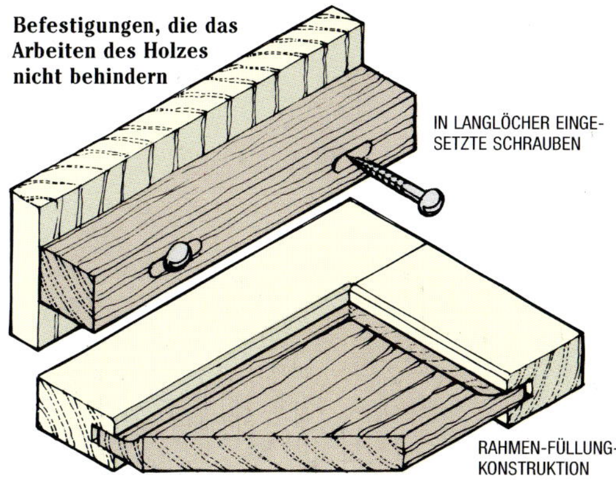

Befestigungen, die das Arbeiten des Holzes nicht behindern

Das Arbeiten des Holzes berücksichtigen

Auch das kleinste Stück Holz arbeitet und ist deshalb oft ein Problem. Aufgrund des Fasergefüges von Holz schwindet oder quillt ein massives Brett quer zur Faser stärker als längs zur Faser **(1)**. Wenn Sie einen Kasten aus vier Brettern der gleichen Holzart bauen und diese an den Ecken so verbinden, daß bei allen vier Seiten die Maserung in die gleiche Richtung läuft, dann werden diese genau auf die gleiche Weise arbeiten und keine Risse oder Deformationen auftreten **(2)**.

Wenn Sie darauf nun aber andere Holzteile starr befestigen, deren Maserung quer zur Maserung der Kastenseiten verläuft, dann behindern diese das natürliche Arbeiten der Seiten. Die dadurch entstehenden Spannungen führen zu Entlastungsrissen in den Seitenteilen **(3)**. Die Lösung des Problems liegt darin, einen Weg zu finden, die Teile so zu befestigen, daß sie das Arbeiten der Seiten nicht behindern, zum Beispiel mit Schrauben und Langlöchern, die Bewegung zulassen.

Eine andere Vorkehrung gegen das Verformen dünner Massivholzplatten ist die, die Platten in genutete Rahmenteile einzusetzen, dort aber nicht festzuleimen. Es ist das klassische Prinzip der Rahmen-Füllung-Konstruktion.

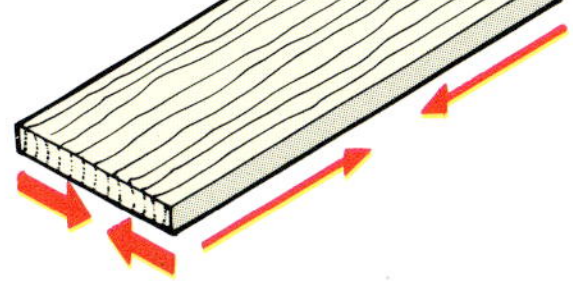
1 Quer ist die Schwindung größer

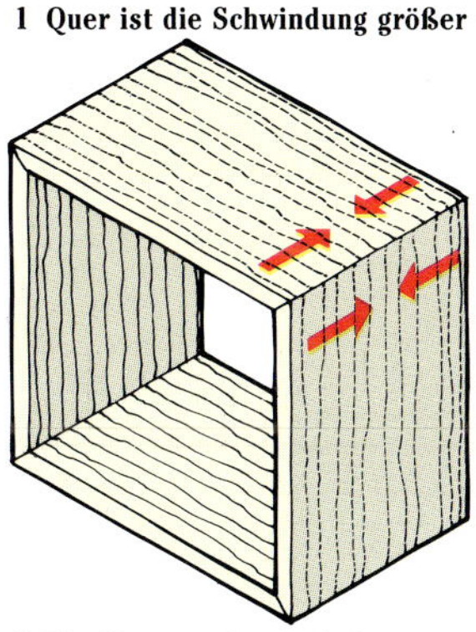
2 Die Kastenseiten arbeiten

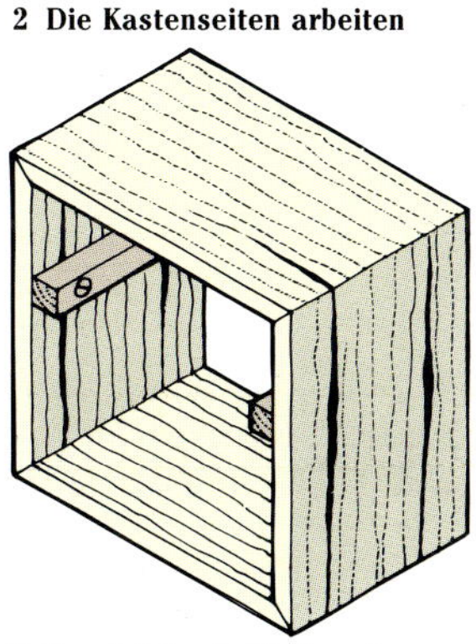
3 Querleisten behindern das Arbeiten, es treten Risse auf

Die Wirkungen des Arbeitens kaschieren

Man hilft sich mit optischen Ablenkungen, wenn sich das Arbeiten des Holzes auf bestimmte Teile des Werkstücks auswirken wird. Eine Schublade mag exakt passen, wenn sie frisch von der Werkbank kommt. Aber schon nach ein paar Monaten kann eine häßliche Fuge rings um das Vorderstück sichtbar werden. Ein schmales Profil, das umlaufend an die Kanten des Vorderstücks angefräst oder aufgesetzt wird, reicht aus, die Fuge zu kaschieren **(1)**.

Alternativ können Sie die Fugenbildung besonders betonen, wenn diese sowieso auftreten wird. Das Schwinden und Quellen von Nut-und-Feder-Brettern zum Beispiel nimmt man durch eine betonte Fugengestaltung kaum wahr **(2)**.

Die Kante einer Tischplatte, die bündig mit dem Untergestell abschließt, sieht vielleicht anfänglich sehr schön aus. Sobald jedoch die Tischplatte schwindet, ist die Ästhetik dahin **(3)**. Eine umlaufende Nut an der Tischplatte oder der Zarge erzeugt eine Schattenlinie, die das Arbeiten der Tischplatte unsichtbar macht **(4)**. Sie können die Platte natürlich auch über die Zarge überstehen **(5)** oder die Plattenkante profilieren und gegen die Zargenfläche zurückspringen lassen **(6)**.

Das Problem vermeiden

Um das Problem des Arbeitens von Massivholz zu umgehen, kann man natürlich genausogut auch auf formstabiles Plattenmaterial zurückgreifen.

1 Die Fuge verstecken

2 Bewußt betonen

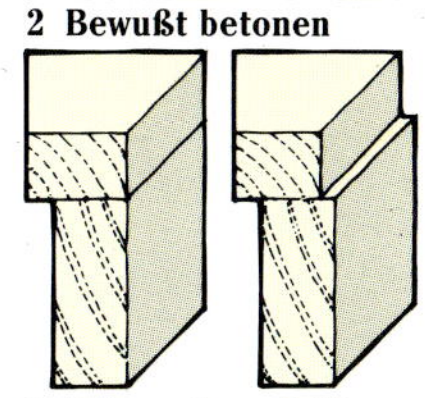
3 Schwund verdirbt die Wirkung der Platte

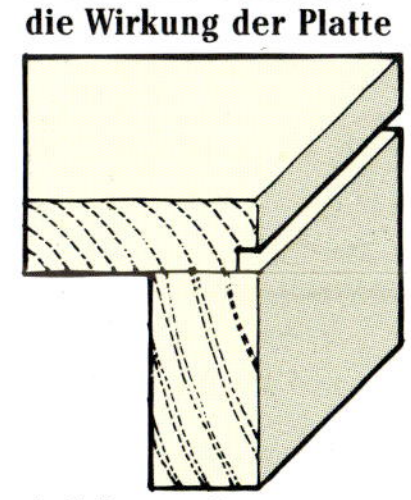
4 Schattenfuge

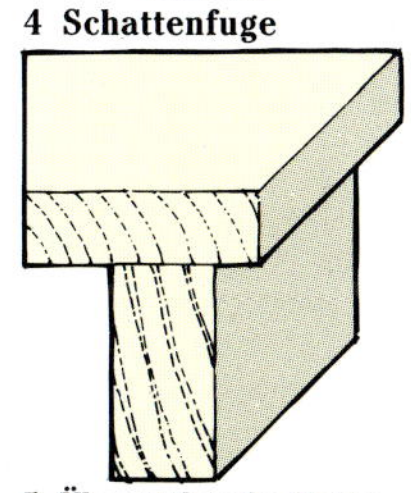
5 Überstehende Platte

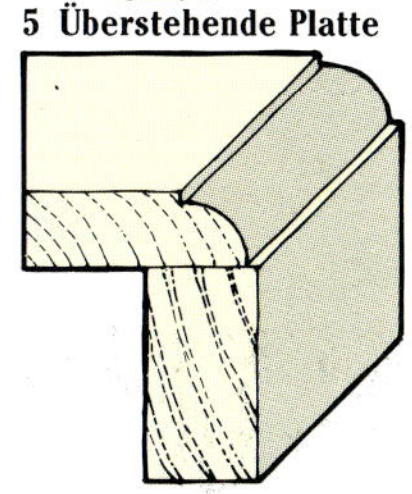
6 Zurückspringende Platte

ENTWÜRFE FÜR DAS AUGE

Ein Grundsatz des Entwerfens ist, daß der ästhetische Eindruck von der Wahl der optimalen Größenverhältnisse und von den gestalteten Einzelformen und den handwerklichen Details bestimmt wird. Sie zusammen bestimmen das Endprodukt nicht nur sinnvoll, sondern lassen es auch gelungen erscheinen. In der Tat beruht die überbeanspruchte Maxime „Form follows function" auf dieser Prämisse. Doch eigentlich ist es aber ein zu vereinfachendes Prinzip. Planer und Gestalter bemühen sich um eine ästhetische Form. Sie experimentieren mit den Proportionen, nehmen sich endlos Zeit, das richtige Holz zu finden, das die Wirkung des Stücks steigert, und nehmen Profile, Schnitzereien, Intarsien oder Formteile mit auf, nur um den optischen Eindruck zu verstärken. Natürlich ist das Aussehen eines Stücks genauso wichtig wie seine Funktion. Aber es ist praktisch unmöglich, den ästhetischen Wert irgendeines Entwurfs objektiv zu beurteilen. Sie müssen ein eigenes Gefühl dafür entwickeln.

Siehe auch

Nadel- und Laubhölzer	10 - 29
Furnier	30 - 33
Sperrholz	34 - 35
Einlegearbeiten	203 - 204

Nachgebauter antiker Tisch
Echte Antiquitäten nachzubauen, ist eine Möglichkeit, ein zum Einrichtungsstil passendes Möbel zu bekommen.

Traditioneller Werkzeugschrank aus Eiche
Ein schön gestalteter Schrank, der fast zu gut für eine Werkstatt scheint.

1 Schatulle aus Padouk
Ein bewußt einfacher Entwurf mit massiv gearbeiteten Holzscharnieren.

2 Sechseckige Dosen
Sie sind aus Ostindischem Palisander, die Deckel sind mit Maserfurnier belegt.

3 Dominosteine
Sie sind aus Grenadillholz mit eingelegten Ahornpunkten.

4 Dose aus einem Stück
Eine kleine dekorative Dose aus Eibenholz.

Zweckmäßigkeit

Wie kommt es, daß wir die Qualität eines einfachen, schmucklosen Biedermeierstuhls schätzen und gleichzeitig einen kunstvoll geschnitzten Eßzimmerstuhl im Gründerzeit-Stil genauso ansprechend finden können, obwohl sie sich in ihrer Erscheinung so stark unterscheiden? Ein möglicher Grund ist die Art und Weise, wie wir sie uns vor einem vollkommen anderen Hintergrund vorstellen – in den Räumen, für die sie ursprünglich entworfen wurden.

Es ist wichtig, sich vorzustellen, wie und wo ein Stück benützt werden soll. Danach sollten Sie sich bei Ihrem Entwurf richten. Suchen Sie das passende Holz aus und legen Sie die Formen, Proportionen und die Oberfläche fest, um das gewünschte Ziel zu erreichen. Manche Menschen haben zwar ein Talent dafür, verschiedene Möbelstile miteinander zu kombinieren, es ist aber sicherlich einfacher, wenn Sie sich den Stil und die Ausstattung des geplanten Standortes vorher überlegen. Das heißt nicht, daß Sie Möbel vergangener Zeiten kopieren müssen. Wenn Sie ähnliche Materialien und Details einsetzen, wird Ihr Entwurf harmonisch zu seiner Umgebung passen.

Furnierter Schrank
Ein einfacher und doch formschöner Schrank für eine moderne Einrichtung. Er ist aus gebeiztem und gefärbtem Ahorn gefertigt.

Stuhl mit Geflecht
Schmale Kanten an den Beinen und Zargen verleihen einem robusten Eßzimmerstuhl eine gewisse Zierlichkeit.

Geschnitzte Holzschalen
Diese Schalen sind aus Kirschbaum, Palisander und Nußbaum gearbeitet und sind mit einer wohlüberlegten Kannelierung verziert.

5

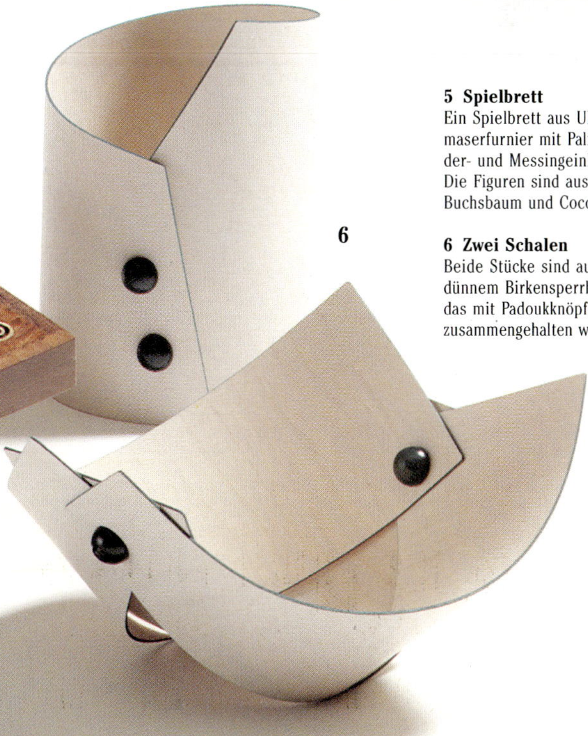

6

5 Spielbrett
Ein Spielbrett aus Ulmenmaserfurnier mit Palisander- und Messingeinlagen. Die Figuren sind aus Buchsbaum und Cocobolo.

6 Zwei Schalen
Beide Stücke sind aus dünnem Birkensperrholz, das mit Padoukknöpfen zusammengehalten wird.

Siehe auch	
Nadel- und Laubhölzer	10 - 29
Furnier	30 - 33
Verbindungen	162 - 194
Furnieren	195 - 208
Oberflächenbehandlung	209 -220

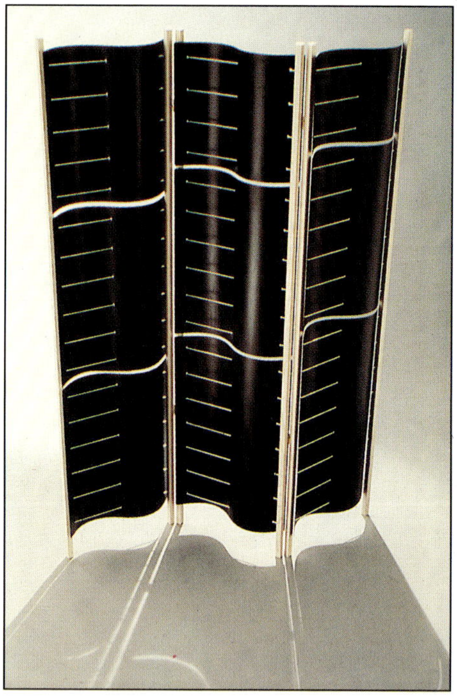

Paravent
Dieser Paravent aus gebogenem Sperrholz ist eine gelungene Kombination aus schwarzem Lack, Esche und poliertem Stahl.

Drehspiegel aus Platane
Ein stilvoller, großer Standspiegel, eingefaßt mit vielen Schubfächern.

Dekorative Details
Einlagen aus Padoukfurnier unterbrechen die Linie des Kirschbaumumleimers.

Tischfuß-Verbindung
Verbindungen lassen sich durch die Wahl eines andersfarbigen Holzes betonen.

Raffinierte Einfachheit
Ein Dreifuß-Tisch aus Esche, der die Tradition der eleganten Salonmöbel widerspiegelt.

Optische Täuschung
Diese Anrichte scheint auf ihrer stark gewölbten Standfläche zu schweben.

Die wesentlichen Teile
Zwei Türme mit ausdrehbaren Ablagen und eine rechteckige Tischplatte bilden einen Schreibtisch, der keinerlei überflüssige Details aufweist.

EINFACHHEIT UND ORNAMENT

Einfache Formen

Wenn Sie noch nicht wissen, wo das Möbel, das Sie gerade bauen, später stehen wird, sollten Sie sich um eine schlichte Gestaltung bemühen, damit es praktisch überall hinpaßt. Doch auch das ist nicht einfach. Selbst Profidesigner brauchen Jahre des Lernens, das dafür nötige Gespür zu entwickeln. Ein Werkstück auf das Wesentliche zu reduzieren und genau die Proportionen zu finden, mit denen der ästhetische Anblick des Möbels steht oder fällt, bedarf der gründlichen Schulung.

Zudem erfordert ein schlichtes Stück ein hohes handwerkliches Können. Denn wenn keine schmückenden Details den Blick ablenken, dann fallen Fehler wie eine nicht perfekt ausgeführte Oberfläche, unsaubere Verbindungen oder schlechte Verarbeitung sofort ins Auge.

Dekorative Details

Wie schon erwähnt, werden Profile häufig dazu eingesetzt, die Auswirkungen des Schwindens zu verbergen oder Oberflächen zu dekorieren. Das war die Regel besonders zu den Zeiten, als das Holz noch fast ausschließlich mit der Hand bearbeitet wurde. Heute jedoch, wo Maschinen die mühselige Arbeit des Hobelns und Schleifens erleichtern, neigen die Gestalter dazu, schmückende Details ausschließlich zur Steigerung der Wirkung einzusetzen. Exotische Furniere z. B. werden ausschließlich wegen ihrer dekorativen Wirkung verwendet.

Fast jedes Detail eines Möbels läßt sich besonders hervorheben. Viele Handwerker bauen ihre Stücke tatsächlich extra so, daß sie die Aufmerksamkeit z. B. auf eine besonders schön gearbeitete Zinkenverbindung lenken – absichtlich betonte Details, die andere bewundern sollen.

FARBE, STRUKTUR UND OPTISCHE TÄUSCHUNG

Farbe und Struktur

Die Wahl des richtigen Holzes genügt vielleicht schon, ein einfaches Werkstück aufzuwerten. Aber auch die Kombination von Holz mit anderen Materialien kann das gleiche bewirken. Die kühle, glatte Fläche einer Glas- oder Marmorplatte kann einen sehr angenehmen Kontrast zu einer wilden Holzmaserung bilden. Und der Glanz polierter Messingbeschläge oder -einlagen kann die Wirkung eines dunklen Holzes noch erhöhen.

Die Wahl der Oberflächenbehandlung kann das Aussehen eines Stücks beträchtlich verändern. Beizen und Lacke können den Farbton des Holzes verändern. Die Verwendung einer Mattpolitur oder eines Hochglanzlacks erzeugt völlig andere Oberflächenwirkungen.

Optische Veränderungen

Wenn Sie mit den Proportionen ihres Werkstücks nicht zufrieden sind oder es lieber leichter oder schwerer erscheinen lassen möchten, als es eigentlich ist, dann können Sie mit Hilfe bestimmter Details den gewünschten Effekt erreichen.

Ein dicker Umleimer an einem Regalboden oder der Kante eines Paneels verleiht diesem einen schwereren, kompakteren Eindruck, ohne sein Gewicht zu verändern. Umgekehrt macht ein schmales Profil oder ein eingelegter Streifen eine breite Zarge schlanker.

Einer dicken Tischplatte können Sie mehr Eleganz verleihen, indem Sie auf der Unterseite eine breite Fase anfräsen, so daß nur eine dünne Kante ringsum sichtbar ist. Wenn die Beine eines Tischs nach unten konisch zulaufen, wirkt er dadurch höher und leichter, und eine bogenförmig ausgeschnittene Sockelleiste läßt eine schwer aussehende Kommode oder Anrichte leichter erscheinen.

Sogar die Struktur und der Farbton des verwendeten Holzes kann unsere Wahrnehmung beeinflussen. Große Flächen dunklen Holzes können einen Raum sehr dominieren, während hellere Töne weniger aufdringlich sind.

Reichverzierter Beistelltisch
Die Marketerie verbindet Farbe und Struktur in einer Tischplatte auf gedrechselten Beinen aus Birne und Wenge.

Schmuckverbindung
Diese originelle Verbindung des schichtverleimten Beines mit der Platte ist konstruktiv sicher und auch auffallend.

Auffallende Farbgebung
Dieser frei bemalte Tisch ist ein gutes Beispiel dafür, wie man Farbe einsetzen kann, um ein außergewöhnliches Stück herzustellen.

Gedrechselte Schale
Das Flammen der Schale während der Bearbeitung betont die natürliche Farbe und Struktur der Ulmenmaserknolle.

Siehe auch

Nadel- und Laubhölzer	10 - 29
Furnier	30 - 33
Furnieren	209 - 220

Freistehender Schrank
Dieser „Turm"-Schrank läßt sich von zwei Seiten öffnen.

DER EIGENE STIL

Einen eigenen Stil zu entwikkeln, der der Arbeit eine ganz individuelle Prägung verleiht, ist sicherlich das höchste Ziel der meisten Schreiner. Um sich von anderen zu unterscheiden, muß Ihr Stil nicht unbedingt exzentrisch oder extravagant sein. Sie können sich zum Beispiel bei Möbeln früherer Stilepochen Anregungen holen – nicht indem Sie Werke detailgetreu kopieren, sondern indem Sie das Wesentliche dieses Stils als Ausgangspunkt für eigene Ideen nehmen. Andererseits kann es sein, daß eine bestimmte Arbeitsmethode Sie besonders fasziniert und so die Form und Gestaltung Ihres Werkes stark beeinflußt. Wenn Sie z. B. ausschließlich mit gedrechselten oder nur mit gebogenen Teilen aus schichtverleimten Furnieren arbeiten, lenkt das Ihre Gedanken und Energien in eine bestimmte Richtung.

Der schwierigste Ansatz von allen ist sicherlich die Absicht, bewußt mit den Regeln zu brechen. Um vorgefaßte Meinungen in Frage zu stellen, braucht es Phantasie und Erfahrung, wie auch den Mut, dies dann auch erfolgreich umzusetzen. Es scheint für uns z. B. selbstverständlich, daß ein Schrank an der Wand steht. Es ist aber durchaus auch möglich, ein freistehendes Möbel zu schaffen, zu dem man von mehreren Seiten Zugang hat. Ein Tisch hat der Regel nach vier Beine, ein dreibeiniger Tisch aber kann sehr interessant aussehen und auf einem unebenen Boden übrigens viel besser stehen. Und warum sollte man sich wertvolle Standfläche verbauen, wenn man ein Bett auch von der Decke abhängen kann? Auf solche Fragen wird es nicht immer wirklich neue Antworten geben. Vielleicht kehren Sie auch zurück zu der alten Gepflogenheit. Manchmal aber werden Sie dabei auf eine Idee stoßen, die zu einer wirklich originellen Arbeit führt.

Ententeich-Tisch
Tauchende Enten stützen eine Glasplatte, die die Wasseroberfläche darstellt.

Ein Satz Hocker
Sechs Hocker aus gebeizter Esche, die zusammen eine schöne Gruppe bilden.

Schichtverleimte Hocker
Ein Stuhlpaar mit gebogenen Seitenflächen aus schichtverleimtem Sperrholz, die an den massiven Kirschbaumsitz geschraubt sind.

Furnierte Anrichte
Eine auffallende Anrichte aus Esche und Palisander mit Art-Deco-Einfluß.

Schreibtisch und Stuhl aus Nußbaum
Aus massivem Nußbaum gebaut, ist dieses Möbel eine gelungene Verbindung alter und moderner Stile.

Stuhl im Chippendale-Stil
Ein geschnitzter Eßzimmerstuhl aus Mahagoni.

Sessel mit Fußschemel
Unter Dampf gebogene Teile haben zwangsläufig weiche, fließende Linien.

DIE STUHLKONSTRUKTION

Der normale, traditionell konstruierte Stuhl begleitet uns seit Jahrzehnten in der einen oder anderen Form, und doch bleiben die grundlegenden Gestaltungsprinzipien unverändert. Ein Stuhl muß den Sitzenden in seiner Körperhaltung so unterstützen, daß er oder sie bequem an einem Tisch essen oder arbeiten kann und sich, wenn der Stuhl Armlehnen hat, ohne Mühe hinsetzen und wieder aufstehen kann. Er muß so schwer sein, daß er das Gewicht des Sitzenden tragen kann, und doch so leicht sein, daß man ihn ohne große Mühe bewegen kann. Es gibt zahllose Varianten, dieser Forderung zu entsprechen, aber die folgenden Konstruktionsbeispiele liefern Ihnen nützliche Grundlagen, auf denen Sie Ihren eigenen Entwurf aufbauen können.

Siehe auch
Schrauben 119
Schlitz-und-Zapfen-Verbindungen 172 - 180
Dübelverbindungen 182 - 183
Holzschrauben 224-225
Scharniere 226 - 227

EIN BEQUEMER STUHL

Um einen Stuhl zu entwerfen, der für möglichst viele Benutzer bequem ist, beziehen sich Designer auf empfohlene Standardmaße. Zur Festlegung der exakten Höhe, der Form oder der Neigung der Stuhlteile kann es aber nötig sein, vorher ein Modell anzufertigen oder bestimmte Details während des Arbeitsverlaufs zu testen und zu verändern.

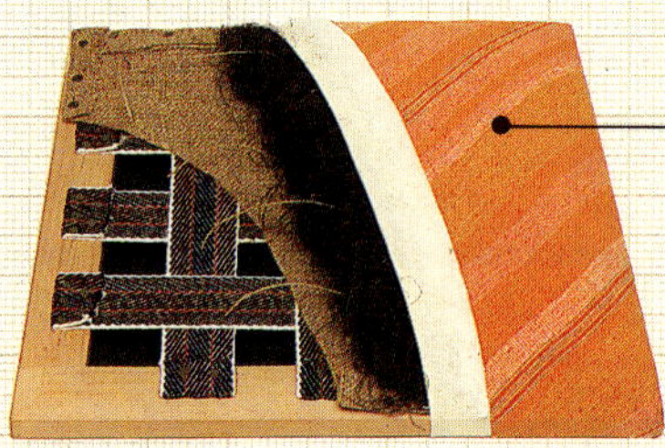

Polsterung
Ein Polster macht einen Stuhl bequemer, vorausgesetzt, es ist relativ fest. Dichter Polsterschaumstoff oder traditionelle Haar- oder Pflanzenfaserkissen, die in ein festes Sitzpolster gestopft und eingenäht werden (oben), sind ideal.

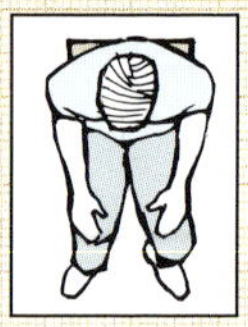

Sitzbreite
430–450 mm
Ein Stuhlsitz ist vorne oft etwas breiter als hinten, um Beinen und Kleidung ausreichend Platz zu bieten und gleichzeitig den Ellenbogen hinten Raum zu lassen.

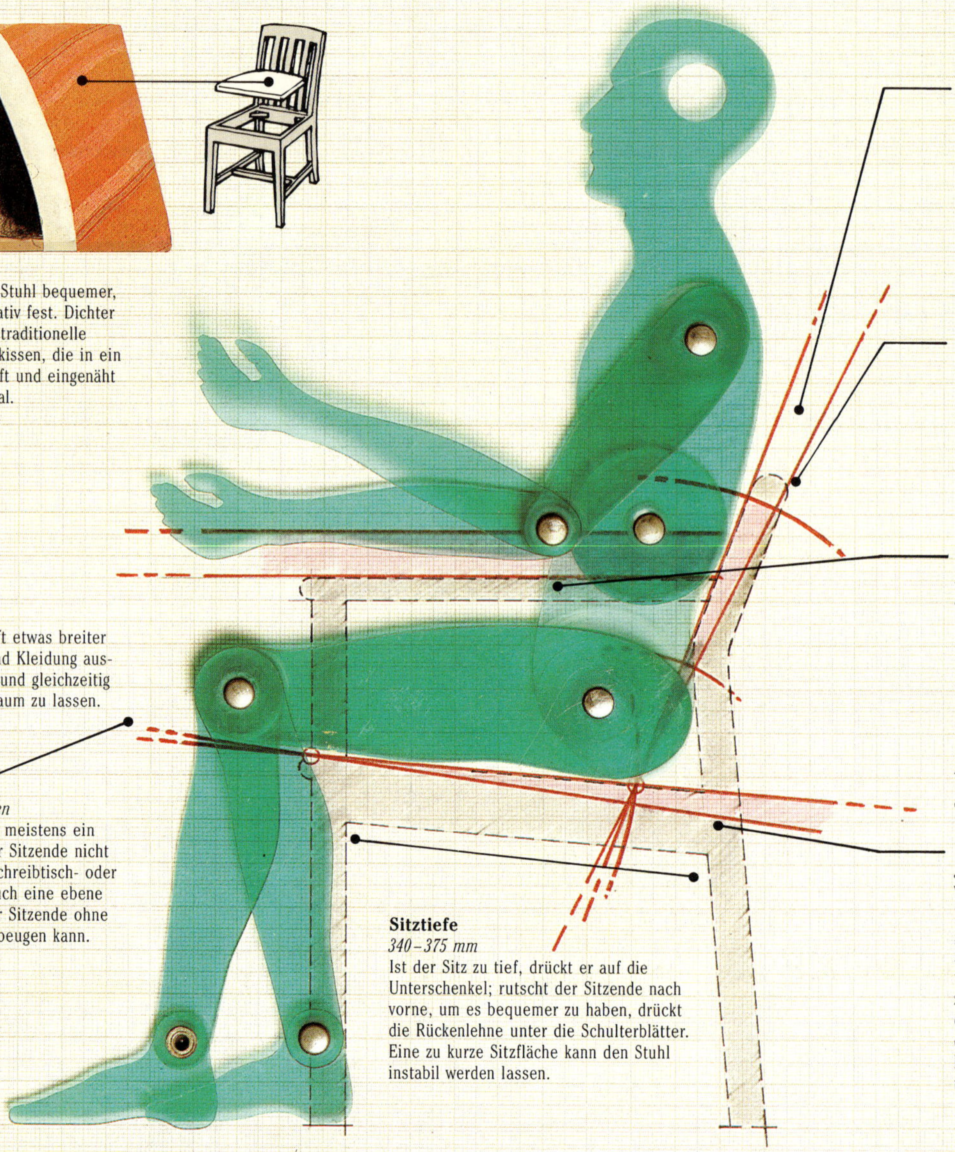

Sitzwinkel
5–8 Grad zur Waagrechten
Ein Sitz fällt nach hinten meistens ein klein wenig ab, damit der Sitzende nicht vom Stuhl rutscht. Ein Schreibtisch- oder Bürostuhl hat aber oft auch eine ebene Sitzfläche, damit sich der Sitzende ohne Anstrengung nach vorne beugen kann.

Sitztiefe
340–375 mm
Ist der Sitz zu tief, drückt er auf die Unterschenkel; rutscht der Sitzende nach vorne, um es bequemer zu haben, drückt die Rückenlehne unter die Schulterblätter. Eine zu kurze Sitzfläche kann den Stuhl instabil werden lassen.

Winkel der Rückenlehne
20–25 Grad zur Senkrechten
Eine senkrechte Rückenlehne bietet dem Rücken eine feste Stütze. Ist sie aber zu schräg nach hinten geneigt, wird der Sitzende nach vorn geschoben.

Höhe der Rückenlehne
100–200 mm breit und 150–180 mm über der Sitzfläche
Die Rückenlehne sollte den mittleren Bereich des Rückens, also die Lendengegend, abstützen.

Höhe der Armlehne
200–250 mm über der Sitzfläche
Die Armlehne stützt den Unterarm in einer angenehmen Höhe; sie bietet auch einen praktischen Halt, wenn man sich aus dem Stuhl erhebt oder sich hineinsetzt. Halbe Armlehnen erlauben es, einen Stuhl dicht an den Tisch heranzuschieben.

Sitzhöhe
390–430 mm
Wenn die Vorderzarge zu hoch ist, drückt das unangenehm auf die Unterseite der Oberschenkel und unterbricht die Blutzufuhr in den Beinen. Ist der Sitz zu niedrig, wird ein Erwachsener Mühe haben, sich hinzusetzen und wieder aufzustehen.

ZARGENSTÜHLE

Der Zargenstuhl ist die universellste Stuhlform. Vier Zargen, die an den Ecken mit den Beinen verbunden sind, bilden den Sitzrahmen, während die Hinterbeine nach oben weiterführen und die Rückenlehne bilden. Der Sitz selbst kann gepolstert, mit Rohr- oder Binsengeflecht versehen oder aus einer massiven Holzplatte sein.

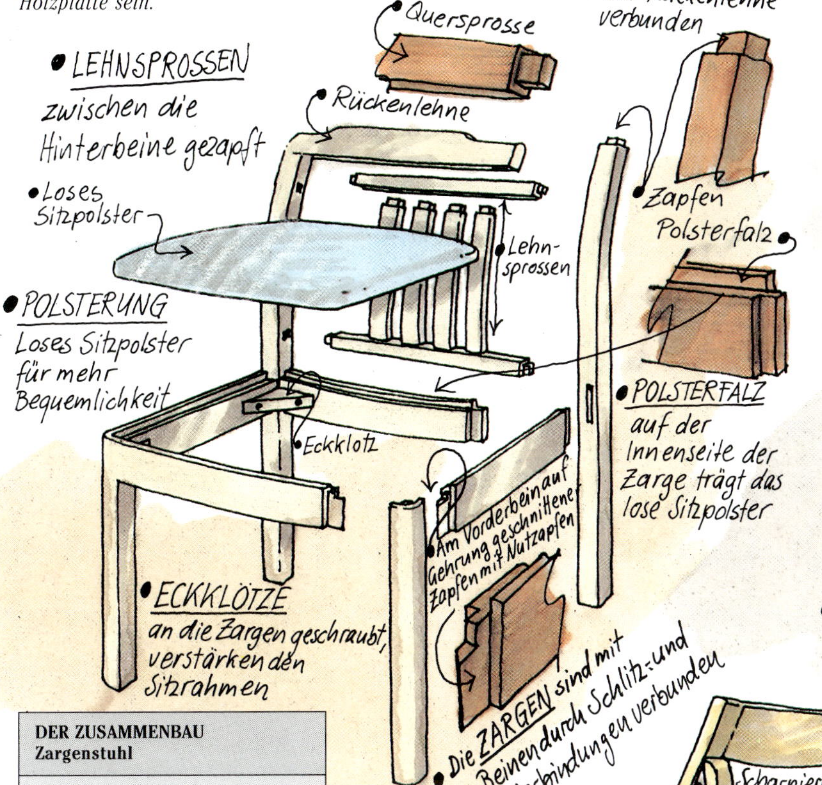

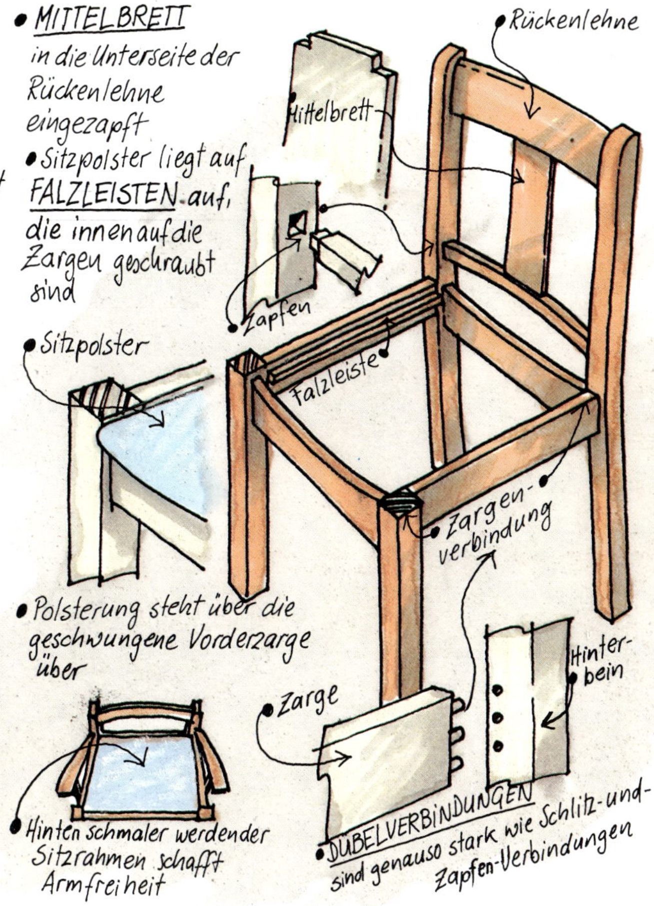

DER ZUSAMMENBAU
Zargenstuhl

- Zusammensetzen der Lehnsprossen.
- Zusammensetzen der Hinterbeine mit der Rückenlehne und der Hinterzarge.
- Zusammenstecken des oberen Querbretts der Rückenlehne auf die Hinterbeine.
- Zusammensetzen der Vorderbeine.

KLAPPSTÜHLE UND -SCHEMEL

Der klassische platzsparende Klappstuhl hat eigentlich einen Dreiecksrahmen. Die Klappschemel haben einen X-förmigen Rahmen mit einem starren Lattensitz oder eine Sitzfläche aus aufgespanntem Segeltuch.

DIE ARMLEHNEN

eine Armlehne ist meist mit dem Hinterbein verbunden (gedübelt oder geschraubt). Die Armlehnstütze ist so ähnlich mit der Seitenzarge verbunden. Die Verbindung zwischen Armlehne und Armlehnstütze kann eine Zapfenverbindung sein, manchmal sogar ein durchgestemmter und verkeilter Zapfen.

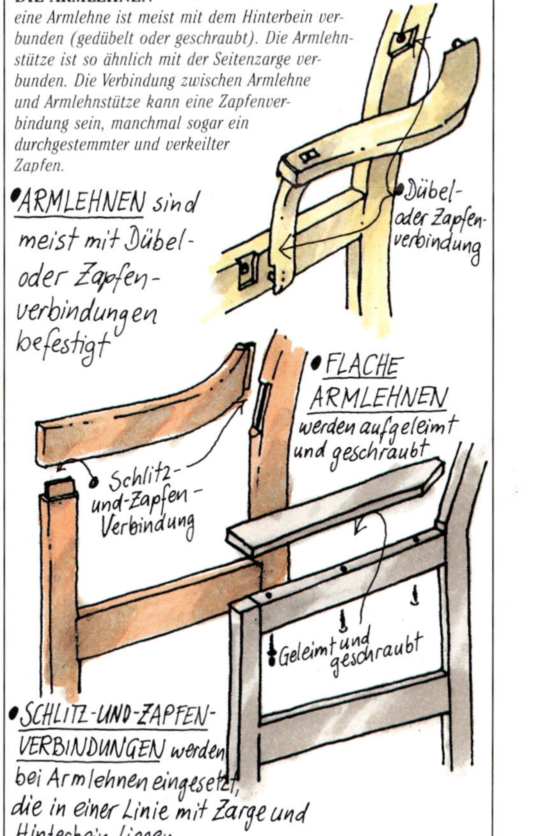

STAPELSTÜHLE

Der schmale Sitzrahmen läßt Platz für die Hinterbeine, wenn die Stühle aufeinandergestapelt werden.

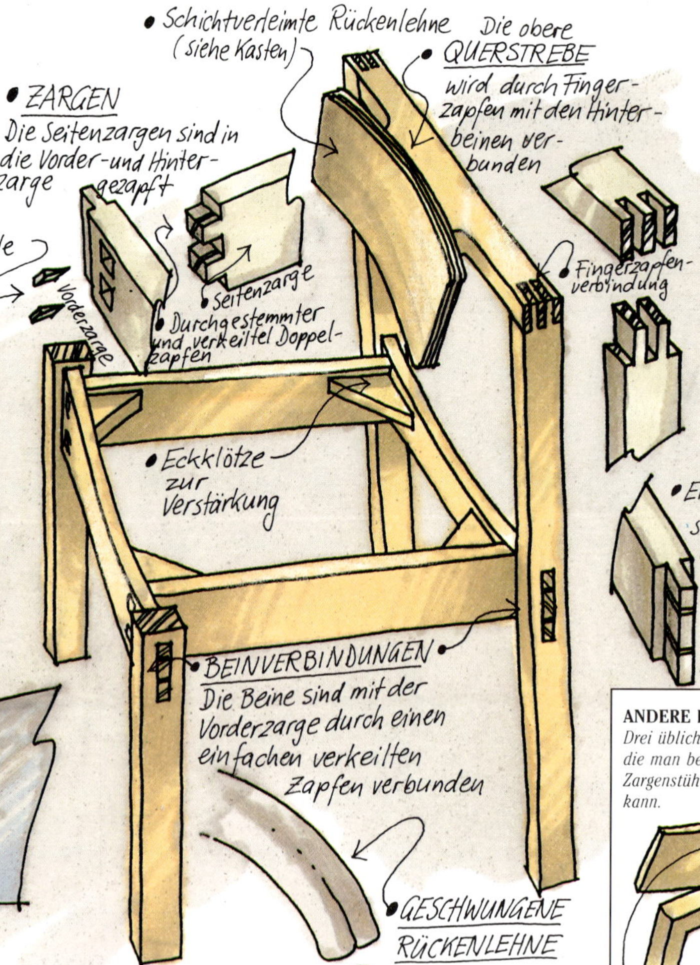

DER ZUSAMMENBAU
Stapelstühle

- Verbinden Sie die Hinterbeine mit der Hinterzarge und der Querstrebe.
- Verbinden Sie die Vorderbeine mit der Vorderzarge.
- Verbinden Sie die Rahmen mit den Seitenzargen.

STUHL MIT OVALER LEHNE

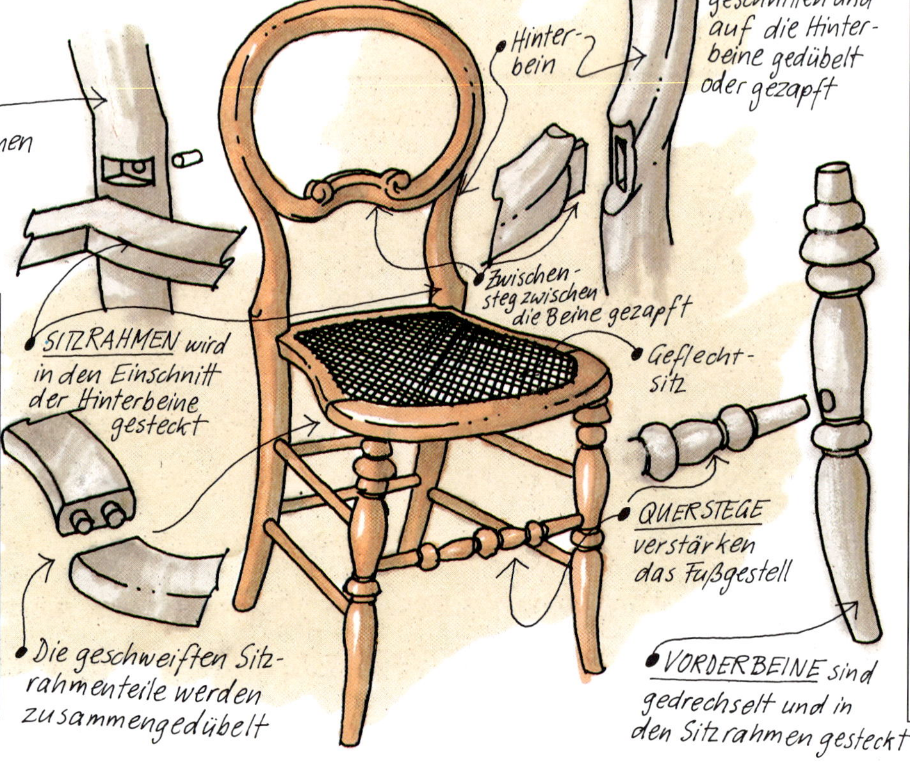

DER ZUSAMMENBAU
Stuhl mit ovaler Lehne

- Bauen Sie den hinteren Rahmen zusammen, einschließlich der hinteren Querstege.
- Verleimen Sie den Sitzrahmen.
- Bauen Sie die übrigen Querstege und die Vorderbeine zusammen.
- Setzen Sie den Sitzrahmen auf die Vorderbeine, schieben Sie ihn in die Ausklinkungen der Hinterbeine.

ANDERE RÜCKENLEHNEN
Drei übliche Rückenlehnen, die man bei Stapel- oder Zargenstühlen anwenden kann.

BUGHOLZSTÜHLE

Bugholzstühle werden aus unter Dampf gebogenen Buchenholzteilen zusammengeschraubt. Diese Stuhlart ist besonders robust und unverwüstlich, vorausgesetzt, die Verschraubungen können sich nicht lockern.

SCHICHTHOLZSTÜHLE

Bruchanfälliges Querholz wird bei diesen Stühlen nicht verwendet, da das Gestell aus dicken schichtverleimten Furnieren konstruiert ist. Diese Bauart ist sehr robust.

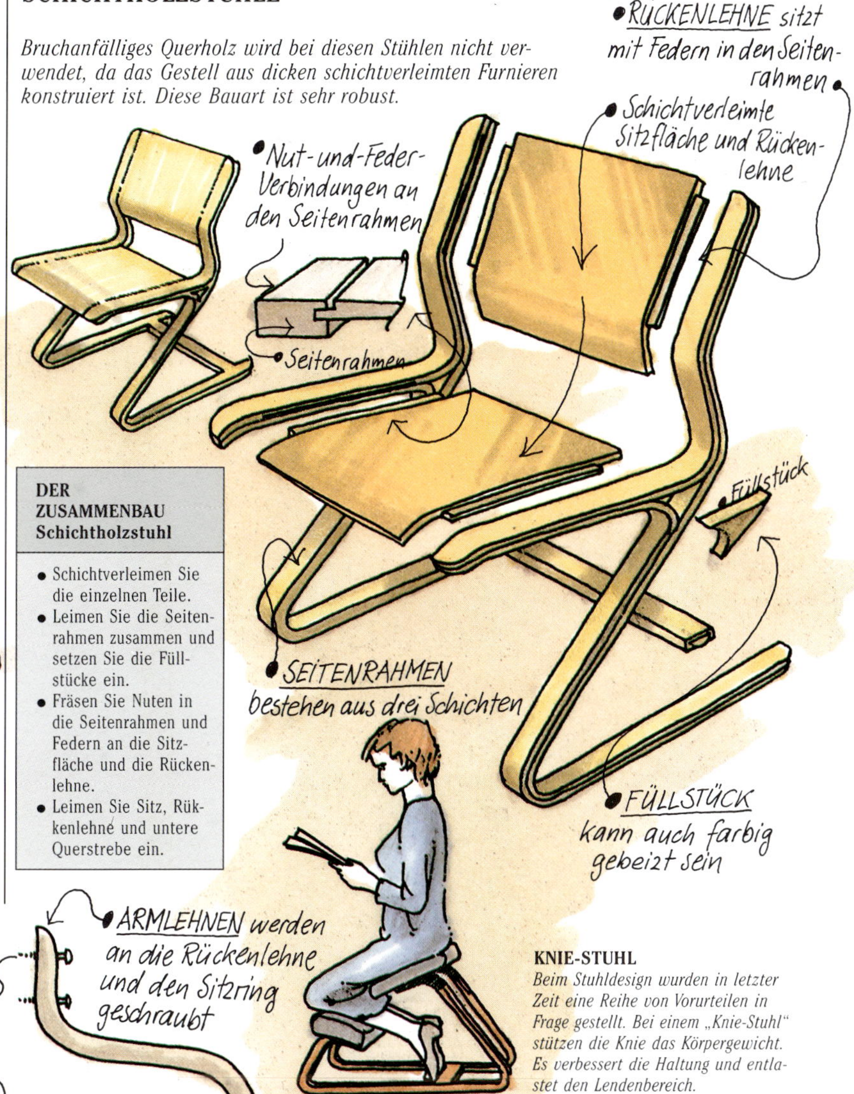

DER ZUSAMMENBAU Schichtholzstuhl

- Schichtverleimen Sie die einzelnen Teile.
- Leimen Sie die Seitenrahmen zusammen und setzen Sie die Füllstücke ein.
- Fräsen Sie Nuten in die Seitenrahmen und Federn an die Sitzfläche und die Rückenlehne.
- Leimen Sie Sitz, Rükkenlehne und untere Querstrebe ein.

KNIE-STUHL
Beim Stuhldesign wurden in letzter Zeit eine Reihe von Vorurteilen in Frage gestellt. Bei einem „Knie-Stuhl" stützen die Knie das Körpergewicht. Es verbessert die Haltung und entlastet den Lendenbereich.

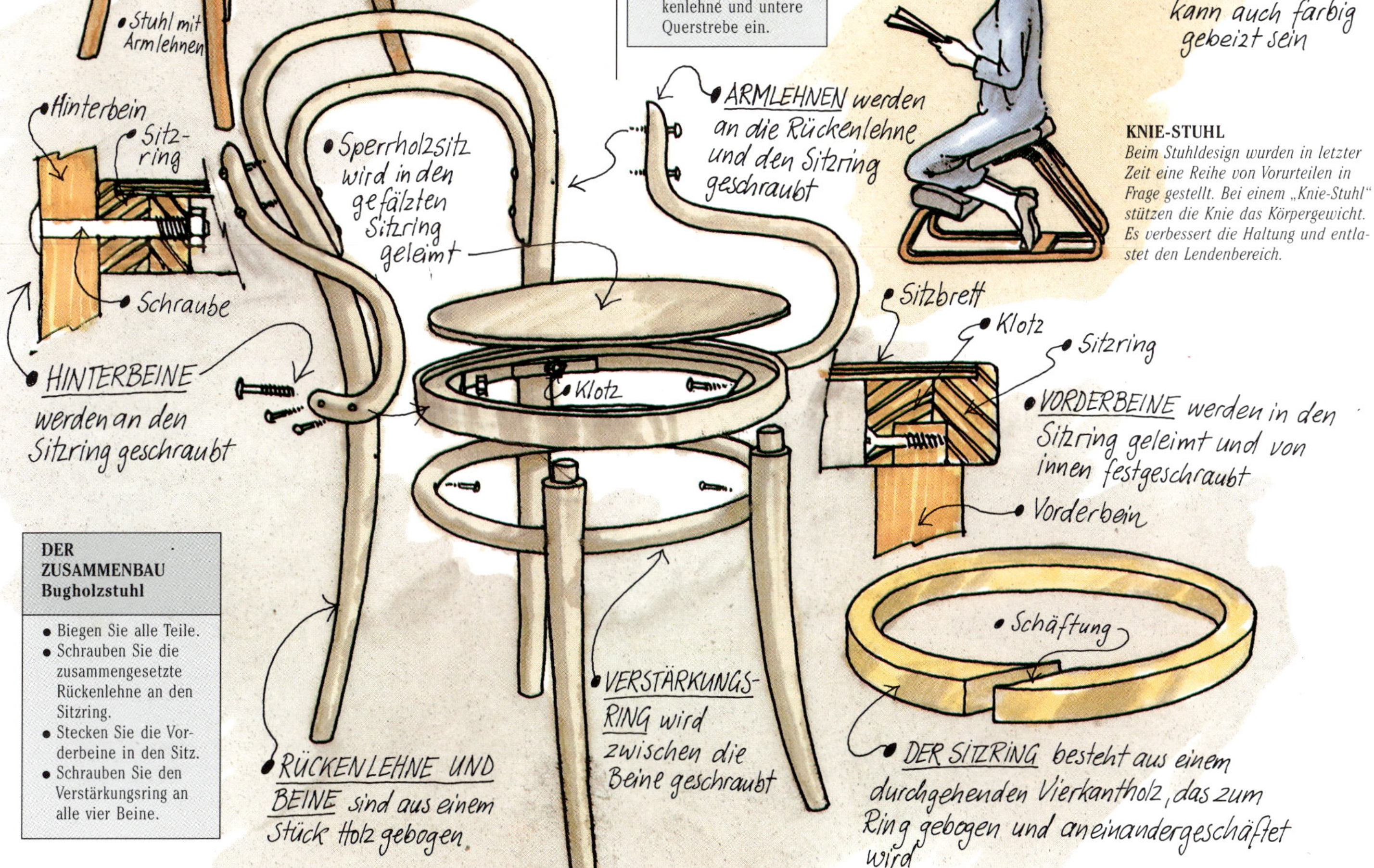

DER ZUSAMMENBAU Bugholzstuhl

- Biegen Sie alle Teile.
- Schrauben Sie die zusammengesetzte Rückenlehne an den Sitzring.
- Stecken Sie die Vorderbeine in den Sitz.
- Schrauben Sie den Verstärkungsring an alle vier Beine.

SPROSSENSTÜHLE

Der Sprossenstuhl ist in seinen unendlichen Varianten ein schön proportioniertes und funktionales Möbelstück. Er wurde von erfahrenen Handwerkern in Europa und Amerika entwickelt. Seine Formstabilität beruht auf der Tatsache, daß viele Einzelteile die Sitzlast gemeinsam tragen, und zwar so, daß die auf das Gestell wirkenden Kräfte die Einzelteile nicht auseinanderziehen. Sprossenstühle wurden immer aus zähen, dichten, einheimischen Holzarten gebaut wie Buche, Eiche, Esche und Ulme. Diese werden vor dem Biegen mit Wasserdampf weichgedämpft.

Siehe auch

Ein bequemer Stuhl	50
Ziehmesser	109
Verkeilte Zapfen	173

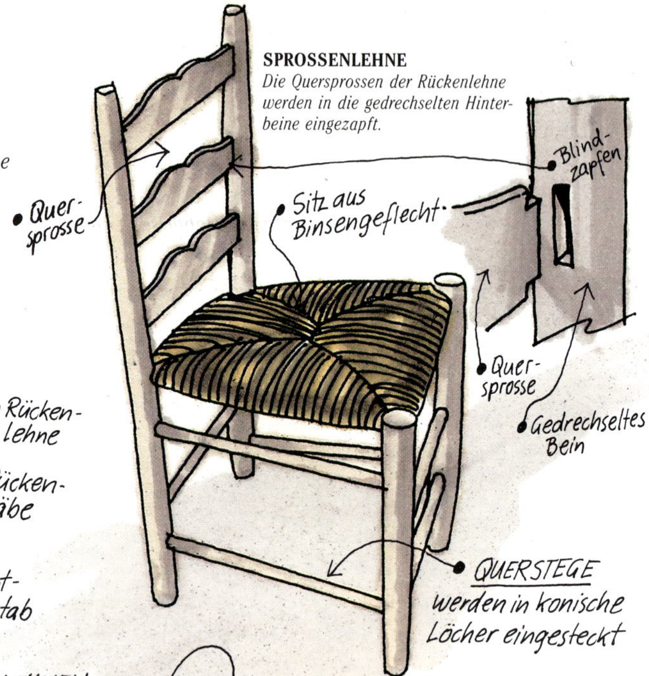

SPROSSENLEHNE
Die Quersprossen der Rückenlehne werden in die gedrechselten Hinterbeine eingezapft.

KÜCHENSTUHL
Dieser Stuhl hat ein gedrechseltes Fußgestell. Rückenlehne und Sitz sind massiv.

DER ZUSAMMENBAU
Sprossenstuhl

- Setzen Sie Beine und Querstege zusammen.
- Klopfen Sie die Beine in die Löcher des Sitzes.
- Klopfen Sie die Rückenstäbe in das Sitzbrett und stecken Sie das Lehnenbrett auf.
- Befestigen Sie die Armlehnen.

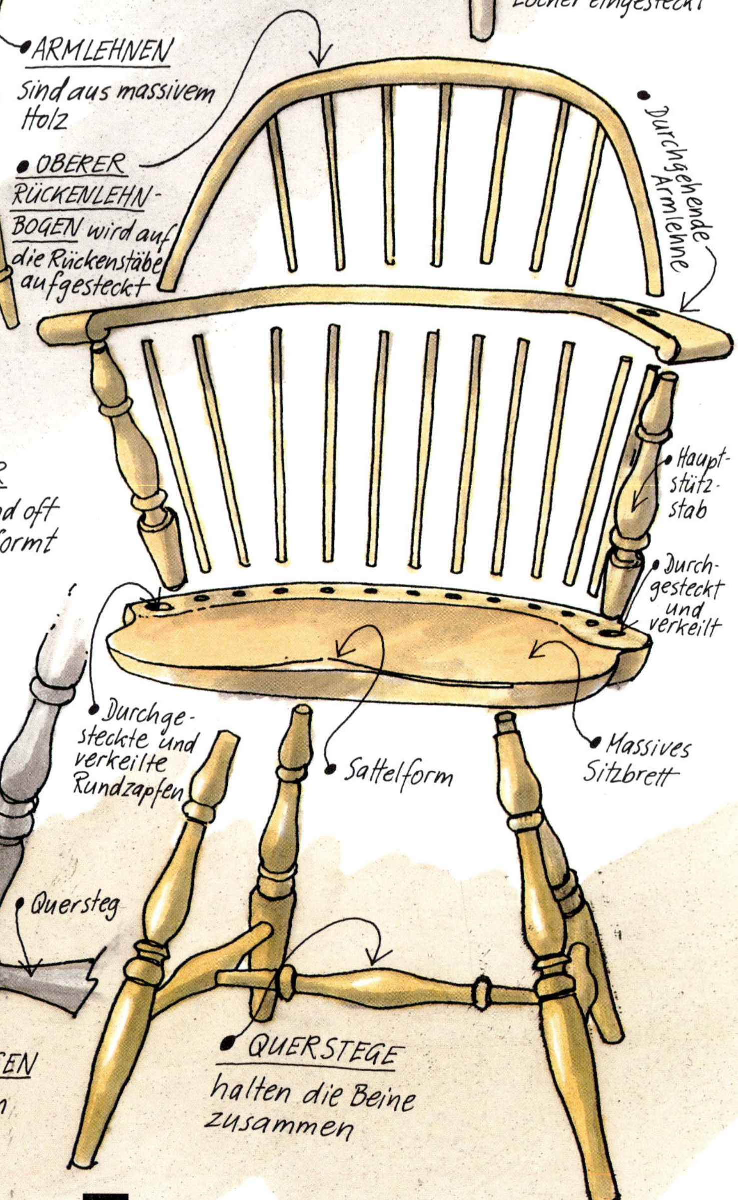

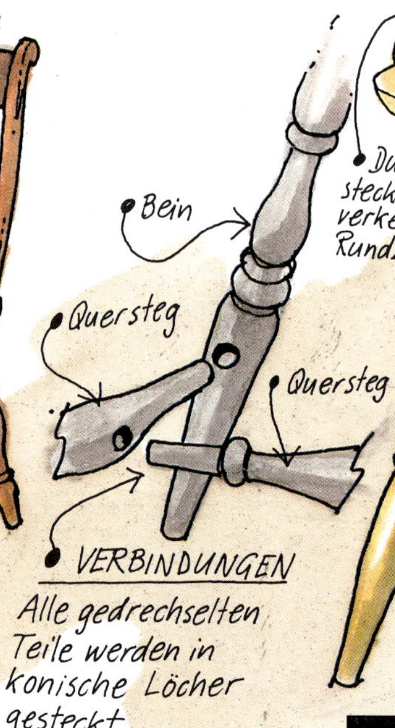

DIE TISCHKONSTRUKTION

Ein Tisch muß nicht viel mehr sein als eine ebene Fläche, die auf eine Höhe gebracht ist, die zum Essen, Arbeiten, Schreiben oder Servieren angenehm ist. Trotzdem haben die Designer auf dieses scheinbar so einfache Möbel sehr viel Zeit verwendet. Es wurde mit Tischplatten experimentiert um herauszufinden, welche Form und Größe für den jeweiligen Verwendungszweck optimal ist. Untergestelle wurden einfach und geradlinig gebaut, um für optimale Beinfreiheit zu sorgen, oder künstlerisch ausgebildet, um eine ästhetische Gesamtwirkung zu erzielen. Aber die meiste Aufmerksamkeit richtete sich auf die verschiedenen Möglichkeiten, einen Tisch, wenn nötig, vergrößern zu können, so daß mehr Menschen daran Platz finden. Die folgenden Beispiele zeigen die traditionellen Methoden und beziehen sich sowohl auf große wie auch auf kleine Tische. Die grundlegenden Klapp- und Ausziehmechanismen werden ebenfalls beschrieben.

EIN ZWECKMÄSSIGER TISCH

Am Eßtisch zu speisen, kann ein angenehmes geselliges Ereignis sein, wenn der Designer genügend Platz für jeden vorgesehen hat. Die meisten Leute können auf Eßtischhöhe sehr gut schreiben oder zeichnen. Wenn man einen Arbeitstisch entwirft, sollte man sich zuvor vergewissern, ob eine Schreibmaschine oder ein Computer darauf benützt werden soll, denn dann muß zumindest ein Teil der Tischplatte niedriger sein, damit sich die Tastatur in der richtigen Höhe befindet.

ESSTISCHE

Platzbedarf
700 mm
Für ein Abendessen braucht jede Person diesen Platz, um vom Tisch aufstehen zu können.

Eßtischhöhe
700 mm
Dies ist eine angenehme Höhe für einen Eßtisch. Ißt man jedoch mit Stäbchen aus einer Schale, dann ist das einfacher an einem Tisch von der Höhe einer Küchenarbeitsplatte. Man kann allerdings auch im Schneidersitz an einem niedrigen Tisch von etwa 300 mm Höhe sitzen.

Ellenbogenfreiheit
600 mm
Das ist für einen Erwachsenen ausreichend, um mit Messer und Gabel hantieren zu können, ohne seinen Nachbarn zu bedrängen.

Beinfreiheit
600 mm
Zwischen Boden und Tischzarge sollte mindestens soviel Platz, wie oben genannt, sein.

Raum für die Knie
250 mm
Das ist der Mindestabstand von der Tischkante zum Tischbein, damit die Knie Bewegungsfreiheit haben, wenn der Stuhl an den Tisch herangeschoben wird.

Rechteckiger Eßtisch
Damit sechs Personen bequem Platz haben, muß ein rechteckiger Eßtisch mindestens 1,50 m x 1 m groß sein.

Runder Eßtisch
Ein runder Eßtisch von nur 1 m Durchmesser reicht für vier Personen. Für sechs Personen sollte er einen Durchmesser von 1,20 m und für acht Personen von etwa 1,50 m haben.

ARBEITSTISCHE

Schreibtischhöhe
700 mm
Der Tisch sollte genauso hoch wie ein Eßtisch sein.

Textverarbeitung
650 mm
Ein Tisch, auf dem eine Schreibmaschine oder ein Computer stehen soll, muß etwa 50 mm niedriger als ein normaler Arbeitstisch sein.

Greifhöhe
475 mm
Ein sitzender Mensch kann ein Bücherregal, das sich in dieser Höhe über dem Tisch befindet, gut erreichen.

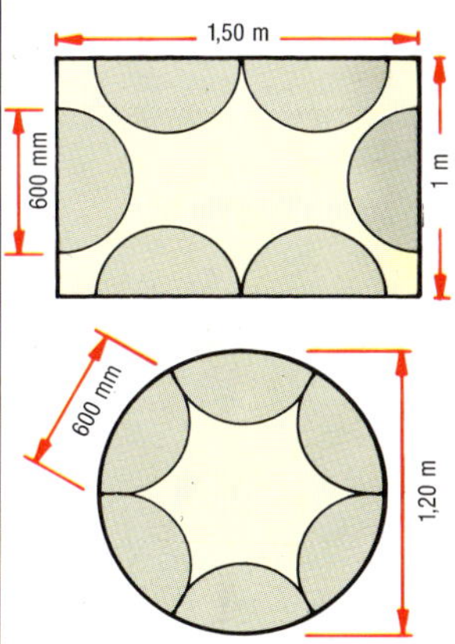

Platzverteilung an Eßtischen

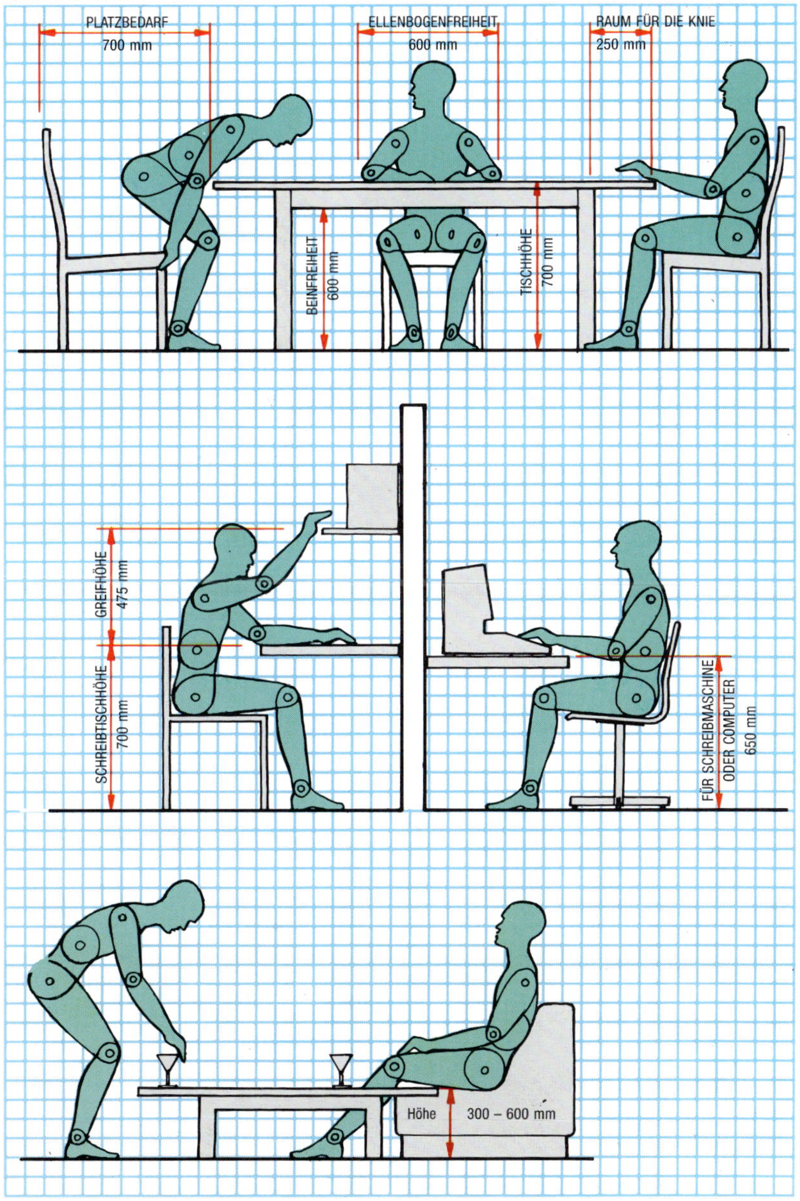

ZARGENTISCHE

Ein Zargentisch hat an seinen vier Ecken je ein Tischbein. Diese klassische Bauart mit ihren stabilen Zapfen- oder Dübelverbindungen läßt sich für Tische jeder Größe anwenden. Die Tischplatte kann massiv sein. Größere Platten aber werden aus Stabilitätsgründen aus furnierten Tischlerstabplatten mit Umleimern gefertigt.

Siehe auch

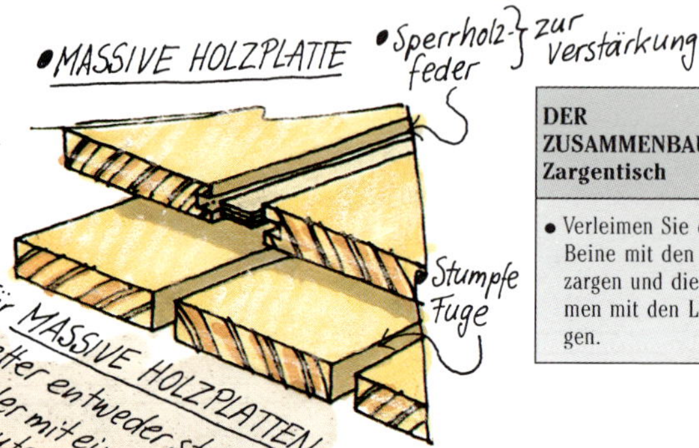

DER ZUSAMMENBAU Zargentisch

- Verleimen Sie die Beine mit den Querzargen und die Rahmen mit den Längszargen.

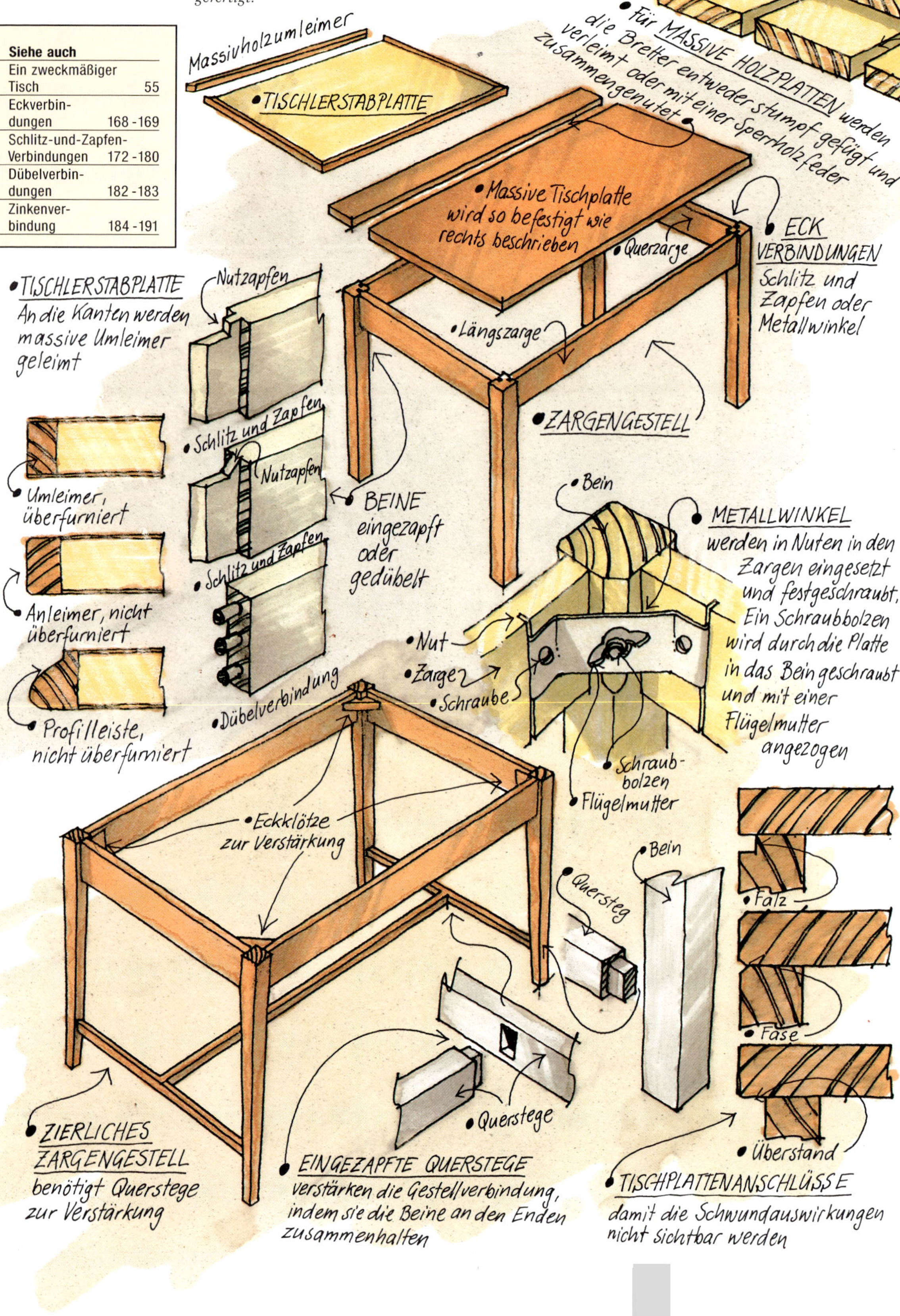

BEFESTIGUNG DER TISCHPLATTE

Eine Tischplatte aus einer Holzwerkstoffplatte kann starr auf dem Untergestell befestigt werden. Eine massive Holzplatte muß so befestigt werden, daß ihr Arbeiten nicht behindert wird.

SCHREIBTISCH

Für einen Schreibtisch wird das Zargengestell durch Schubladen erweitert.

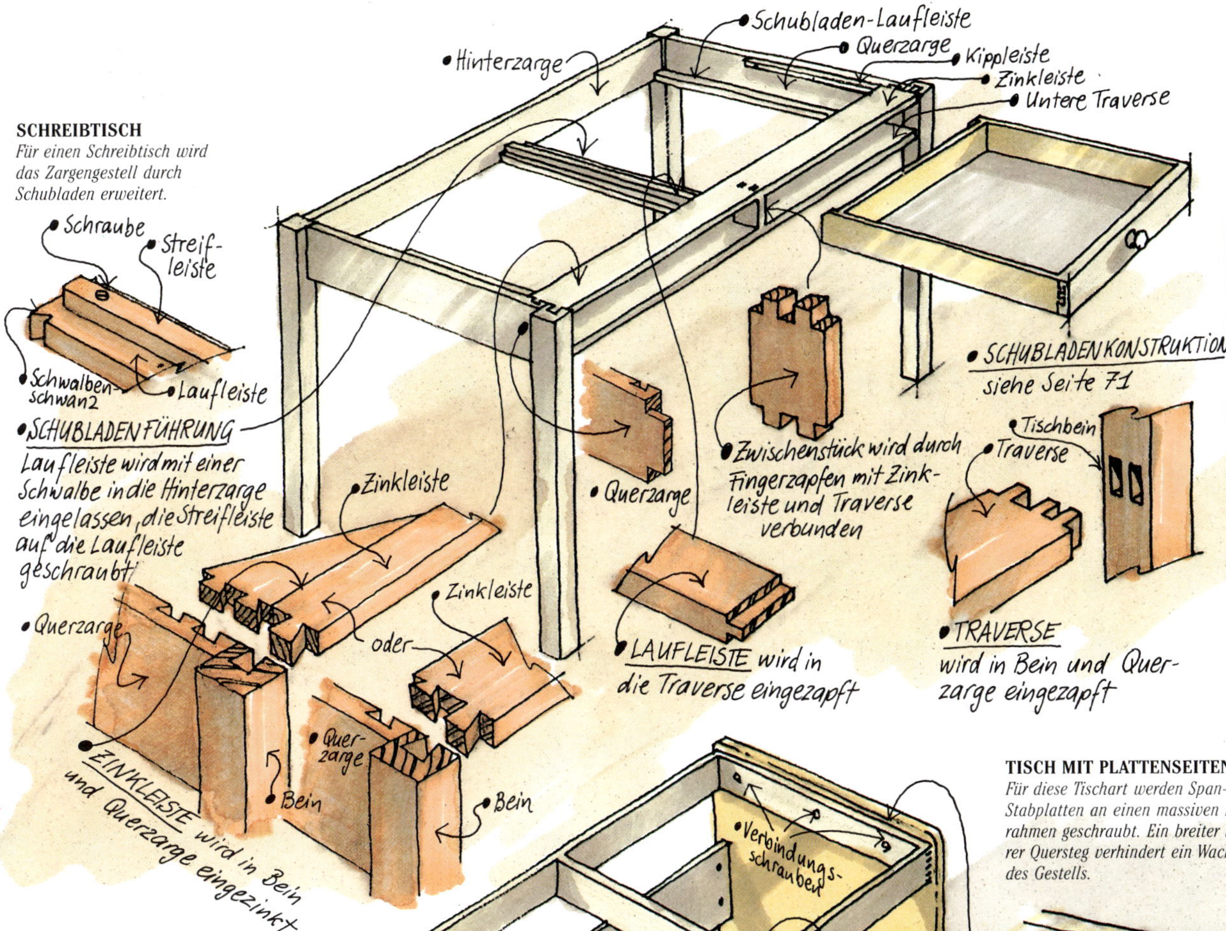

DER ZUSAMMENBAU Schreibtisch

- Verleimen Sie die Beine mit den Querzargen.
- Verbinden Sie die Hinterzarge und die untere Traverse mit den Beinen.
- Setzen Sie die mittlere Schubladenführung ein und verleimen Sie das ganze Gestell.
- Befestigen Sie die Tischplatte.
- Bauen Sie die Schubladen.

TISCH MIT PLATTENSEITEN

Für diese Tischart werden Span- oder Stabplatten an einen massiven Holzrahmen geschraubt. Ein breiter hinterer Quersteg verhindert ein Wackeln des Gestells.

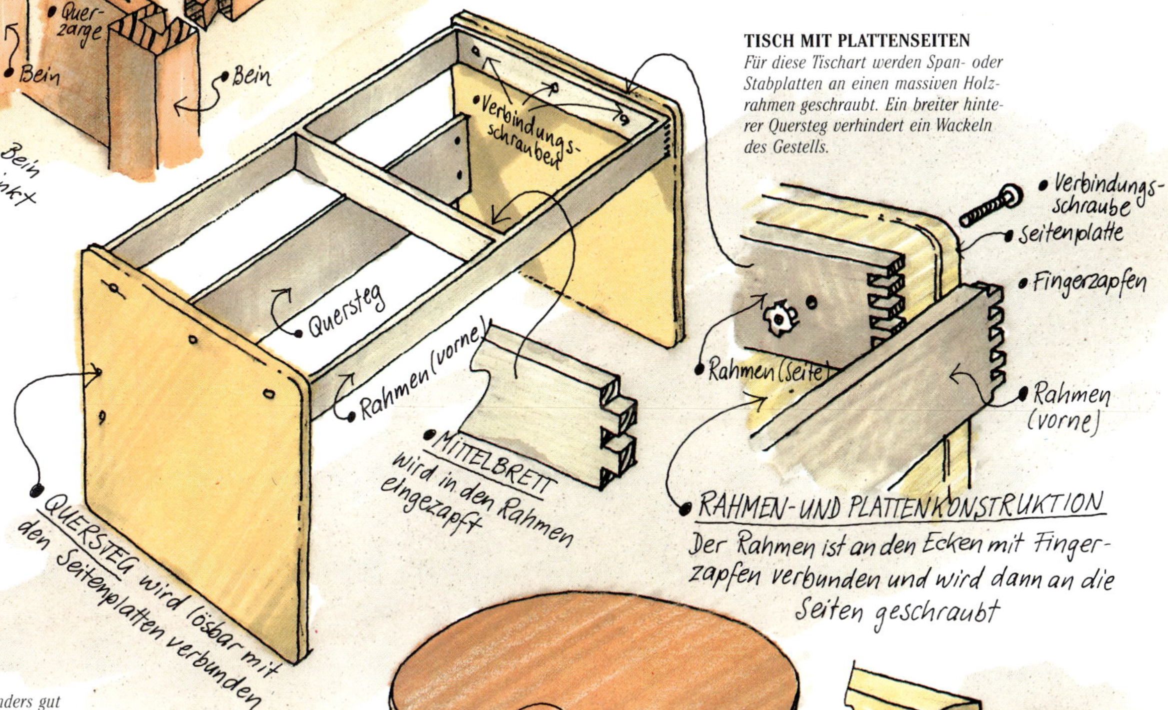

DER ZUSAMMENBAU Tisch mit Plattenseiten

- Verleimen Sie den Rahmen.
- Versehen Sie die Seitenplatten mit Umleimern.
- Schrauben Sie die fertigen Seitenplatten an den Rahmen.

ZARGENTISCH MIT RUNDEN BEINEN

Dieser Tisch eignet sich besonders gut als Eß- oder Teetisch.

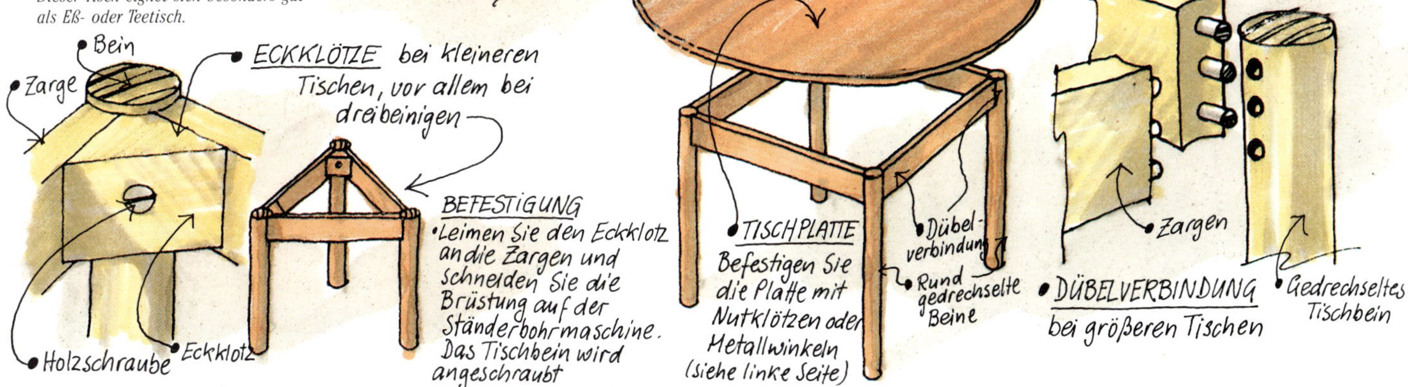

WANGENTISCH

Diese Art von Fußgestell eignet sich gut für Eßtische. Es wird für Transportzwecke meist zerlegbar gebaut. Vor allem große Fußgestelle müssen stabil gebaut sein, so daß sie sich nicht verziehen und dann wackeln. Die Tischplatte wird mit Metallklammern auf den Wangen befestigt. Eine Tischlerstabplatte kann auch von unten durch die obere Querzarge festgeschraubt werden.

Siehe auch	
Ein zweckmäßiger Tisch	55
Schlitz-und-Zapfen-Verbindungen	172 - 180
Durchgestemmte Zapfen	175, 180
Dübelverbindung	182 - 183
Zinkenverbindung	184 - 191

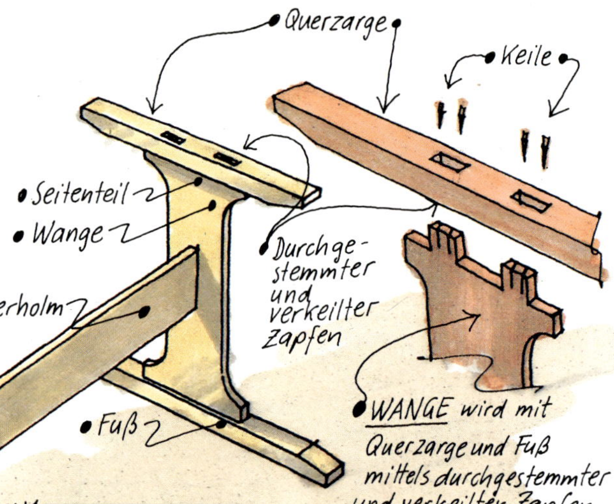

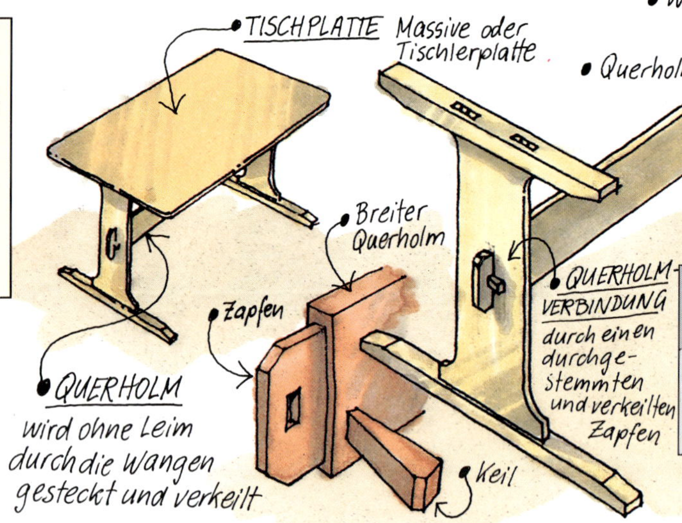

DER ZUSAMMENBAU Wangentisch

- Verleimen Sie die Seitenteile.
- Verbinden Sie diese mit dem Querholm.

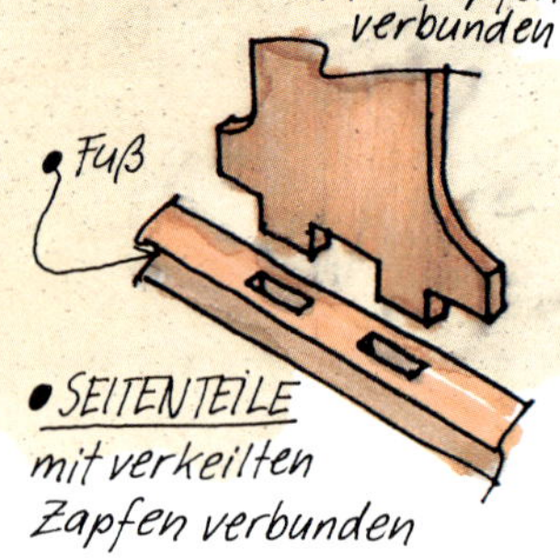

KLAPPTISCH

Mit breiten Klappen, die mit Bändern an einer festen Tischplatte befestigt sind, läßt sich ein Tisch beliebig vergrößern. Die Klappen werden durch ausdrehbare Füße oder Tragarme gestützt.

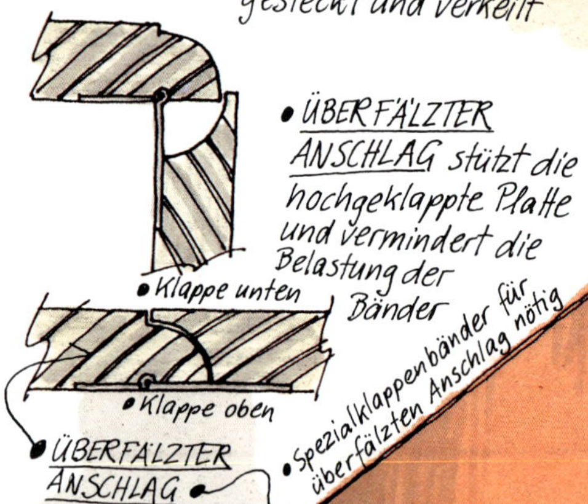

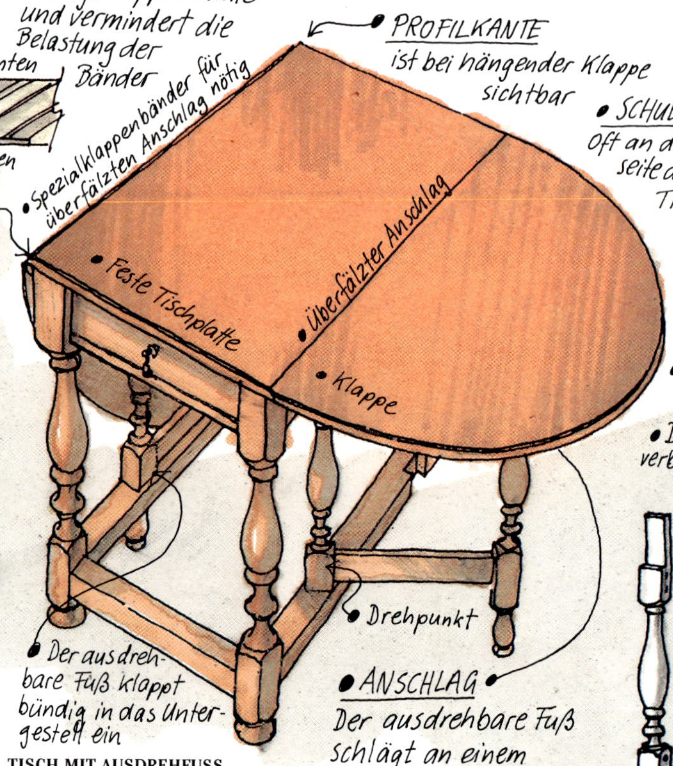

TISCH MIT AUSDREHFUSS
Bei diesem Tisch stützen beidseitig ausdrehbare Füße die Platten.

DER ZUSAMMENBAU Klapptisch mit Ausdrehfuß

- Setzen Sie die Fußgestelle zusammen.
- Verleimen Sie die Längszargen mit den Beinen gleichzeitig mit den Ausdrehfüßen.
- Verbinden Sie die Längsrahmen mit den Querzargen, wobei die obere Zinkleiste zuletzt eingesetzt wird.
- Befestigen Sie die Schubladenlaufleisten.
- Schlagen Sie die Klappen an der festen Tischplatte an.
- Befestigen Sie die feste Tischplatte.

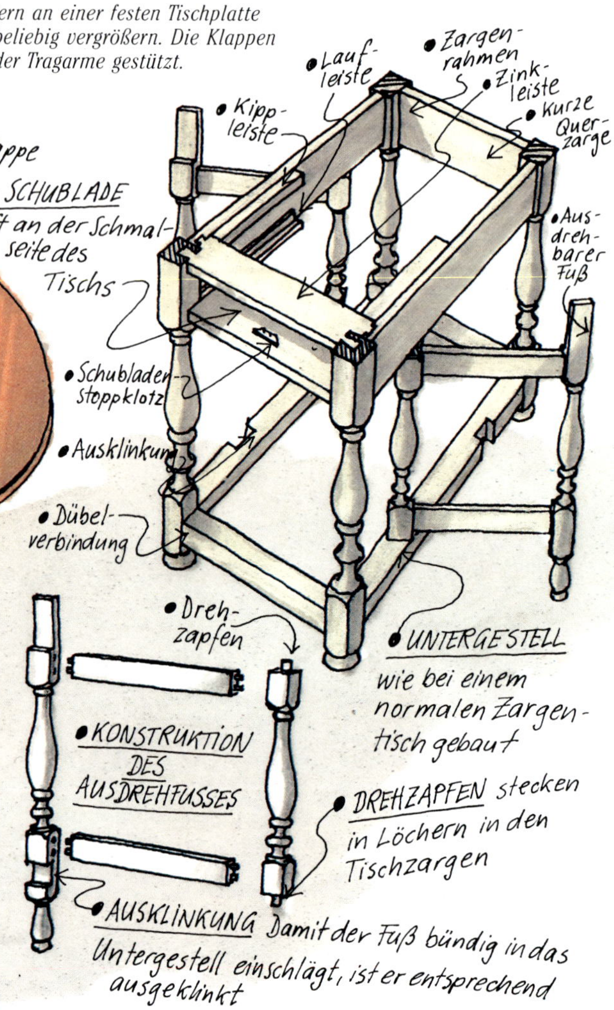

KLAPPTISCH

Dieser etwas kleinere Klapptisch hat mit Holzscharnieren angeschlagene Tragarme, auf denen die Klappen aufliegen.

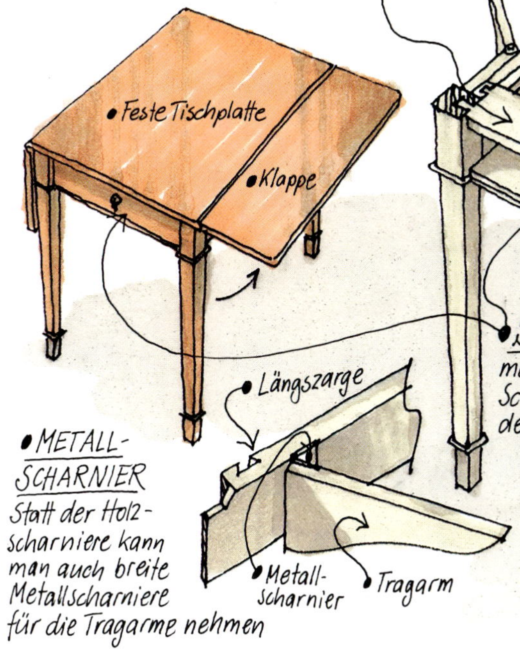

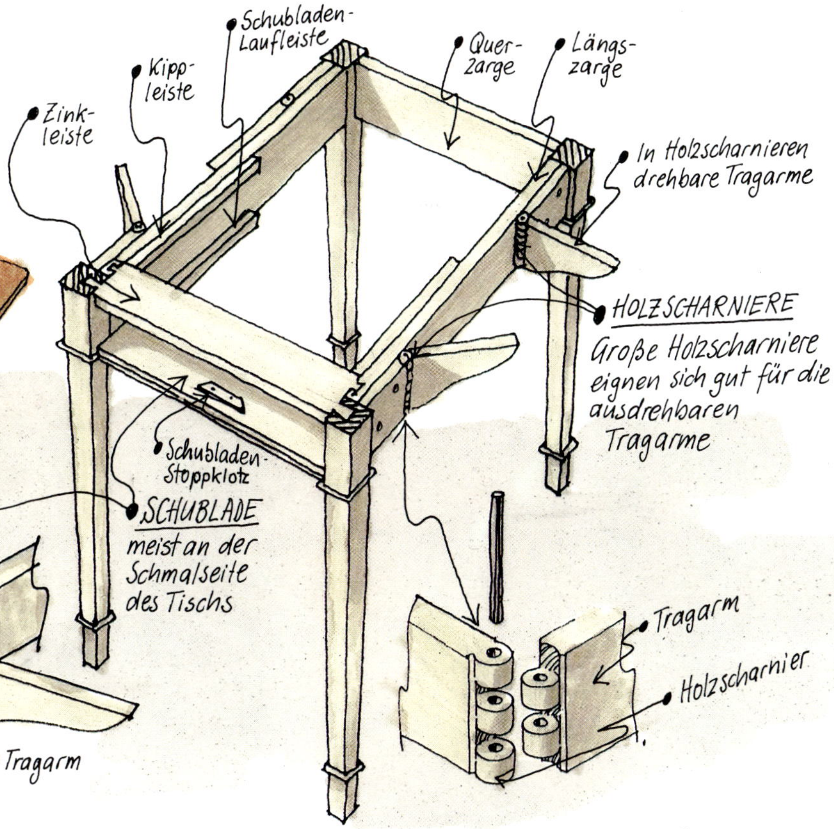

DER ZUSAMMENBAU Klapptisch

- Leimen Sie die Längsseiten zusammen.
- Verbinden Sie die Längsseiten mit den Querzargen, wobei die obere Zinkleiste zuletzt eingesetzt wird.
- Schrauben und leimen Sie den festen Teil der Tragarme an die Längszargen.
- Befestigen Sie die Laufleisten.
- Schlagen Sie die Klappen an der festen Tischplatte an.

AUSZIEHTISCH

Ausziehbare Platten, die auf Zugleisten sitzen, werden oft zur Verlängerung eines Eßtischs eingesetzt. Eine beliebte Variante des Ausziehtischs hat eine lose aufliegende Tischplatte, die zwischen die ausgezogenen Platten gelegt wird.

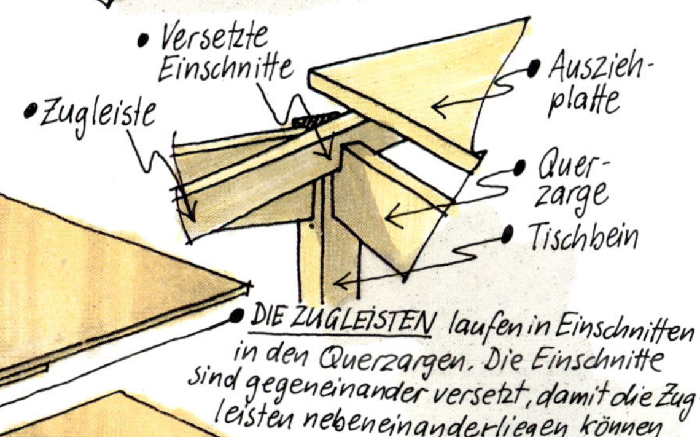

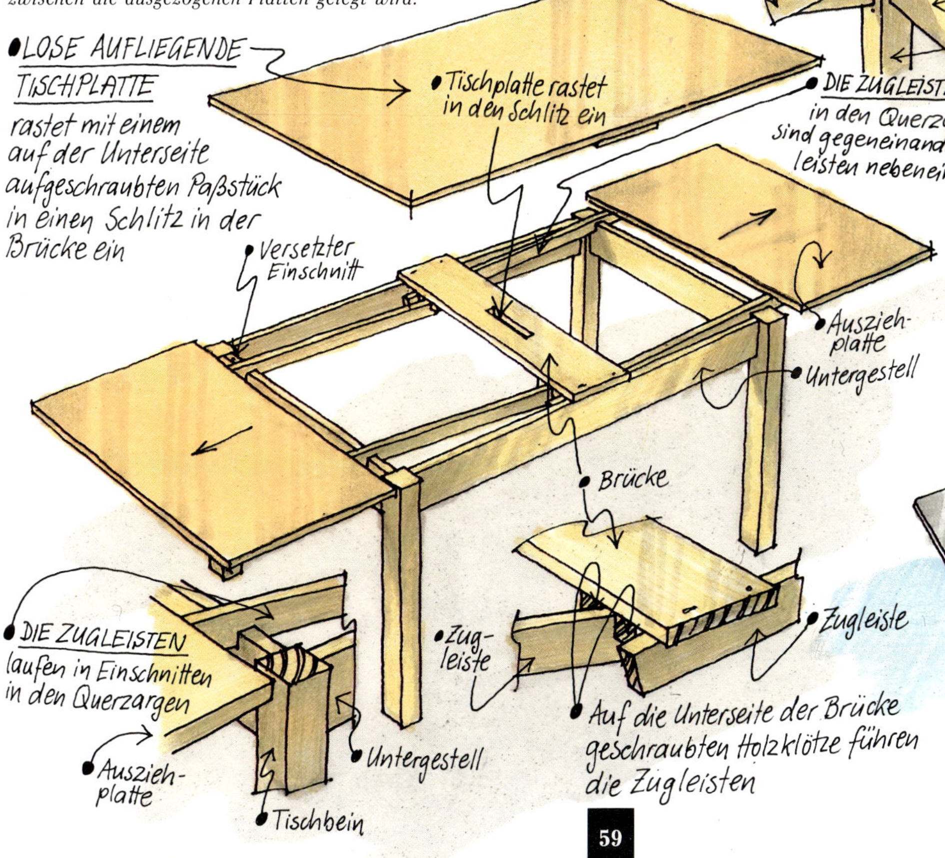

TISCHVARIANTE

Eine lose Einlegeplatte läßt sich im Tischgestell unter den Ausziehplatten unterbringen, wenn sie nicht gebraucht wird.

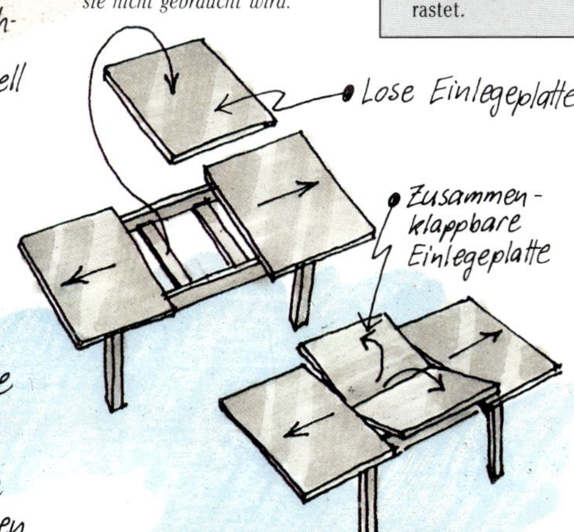

DER ZUSAMMENBAU Ausziehtisch

- Verleimen Sie das Untergestell.
- Schrauben Sie die Führungen der Zugleisten an die Brücke und die Brücke an die Längszargen.
- Schrauben und leimen Sie die Zugleisten an.
- Legen Sie die Zugleisten in die Einschnitte in den Querzargen.
- Schrauben und leimen Sie das Paßstück auf die Unterseite der Tischplatte.
- Legen Sie die Tischplatte so auf den Tisch auf, daß das Paßstück in den Aufnahmeschlitz in der Brücke einrastet.

TISCHE MIT AUFKLAPPBAREN PLATTEN

Eine Möglichkeit, Platz zu sparen, ist die, eine Tischplatte zu halbieren und die eine Hälfte auf die andere klappen zu können, wenn sie nicht gebraucht wird.

HALBRUNDER TISCH
Ein halbrunder Wandtisch läßt sich in einen Spieltisch oder einen kleinen Eßtisch umwandeln, indem die beiden ausdrehbaren Hinterbeine nach außen geschwenkt werden und die Tischplatte aufgeklappt wird.

Siehe auch	
Ein zweckmäßiger Tisch	55
Gratleistenverbindung	146, 170
Schlitz-und-Zapfen-Verbindungen	172 - 180
Durchgestemmte Zapfen	175, 177
Scharniere	226-227

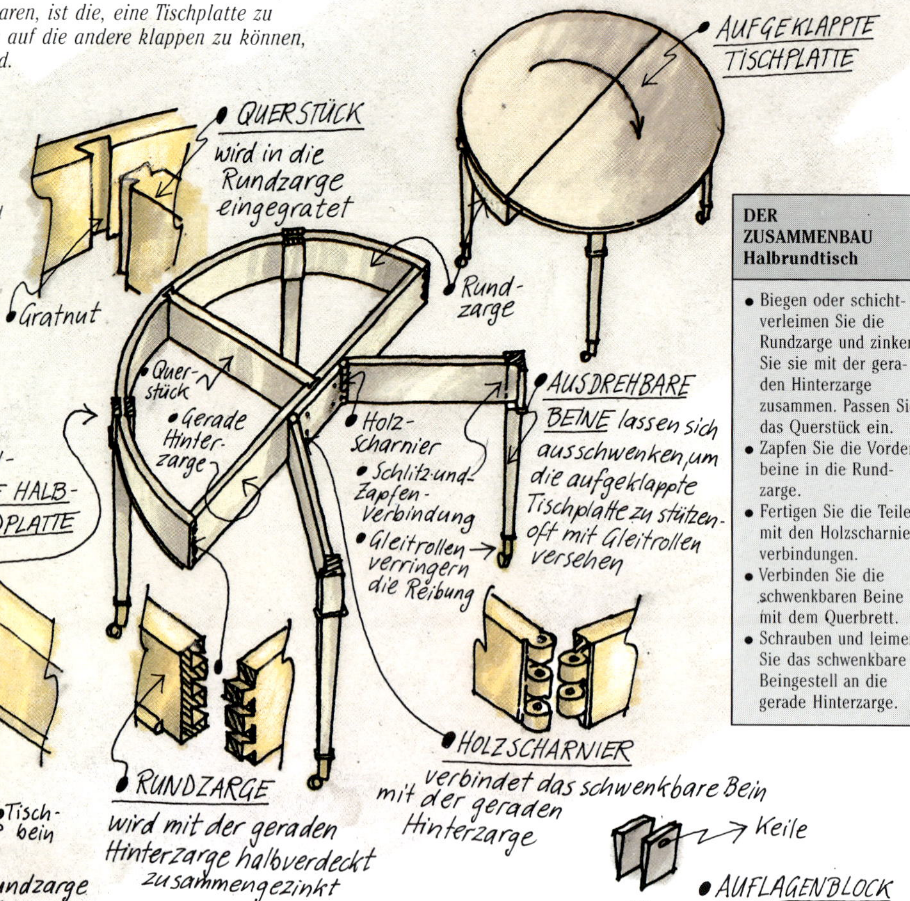

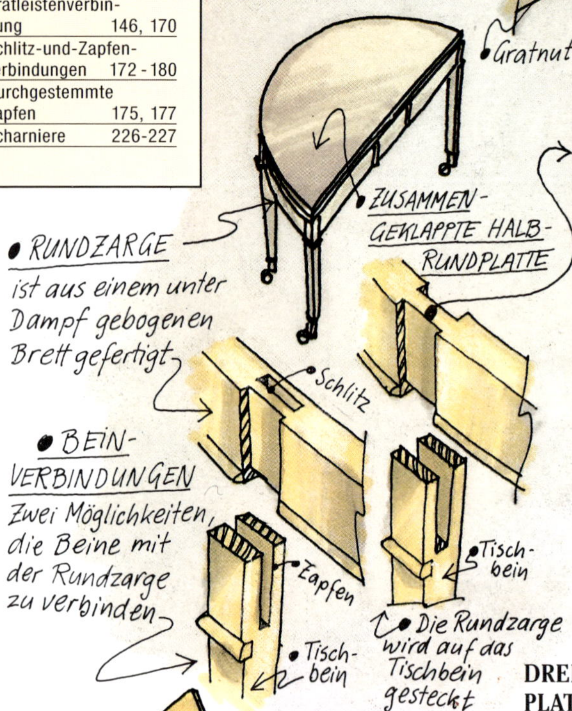

DER ZUSAMMENBAU
Halbrundtisch

- Biegen oder schichtverleimen Sie die Rundzarge und zinken Sie sie mit der geraden Hinterzarge zusammen. Passen Sie das Querstück ein.
- Zapfen Sie die Vorderbeine in die Rundzarge.
- Fertigen Sie die Teile mit den Holzscharnierverbindungen.
- Verbinden Sie die schwenkbaren Beine mit dem Querbrett.
- Schrauben und leimen Sie das schwenkbare Beingestell an die gerade Hinterzarge.

ESSTISCH
Dieser quadratische Tisch läßt sich zu einem größeren rechteckigen Tisch verwandeln. Die aufklappbare Doppelplatte, die formstabil sein sollte, wird an einer Ecke gedreht und dann aufgeklappt.

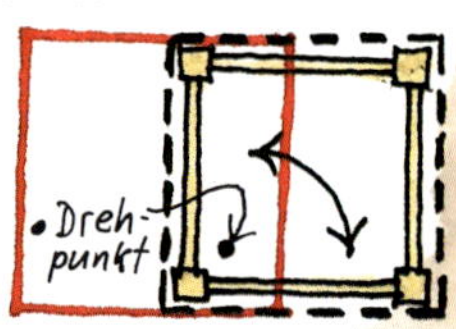

DREHMECHANISMUS
Vier Querstreben werden in die Ecken des Tischs geleimt. Eine auf die Unterseite der Tischplatte geschraubte Metallplatte mit Dorn wird in die bündig eingelassene Lochplatte in einer der Eckstreben eingesetzt.

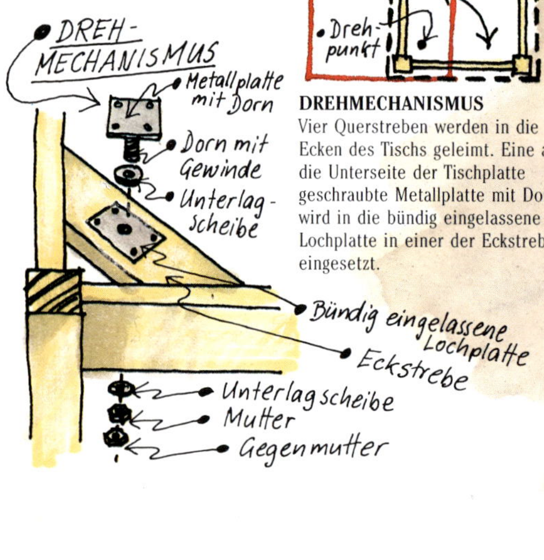

DREH- UND KLAPPBARE PLATTEN

Kleine Beistelltische können so gebaut werden, daß sich die Platte in eine senkrechte Position abklappen läßt.

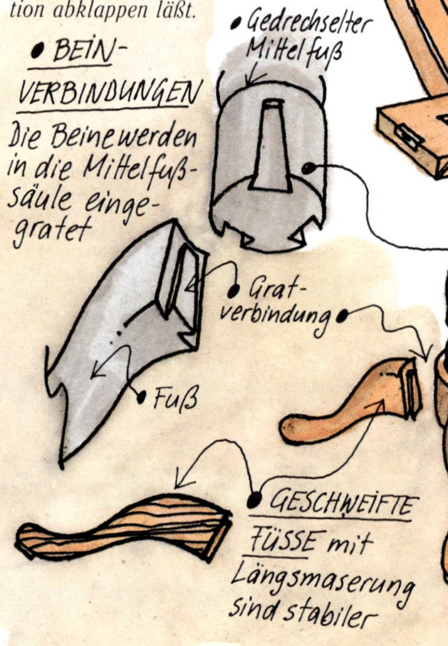

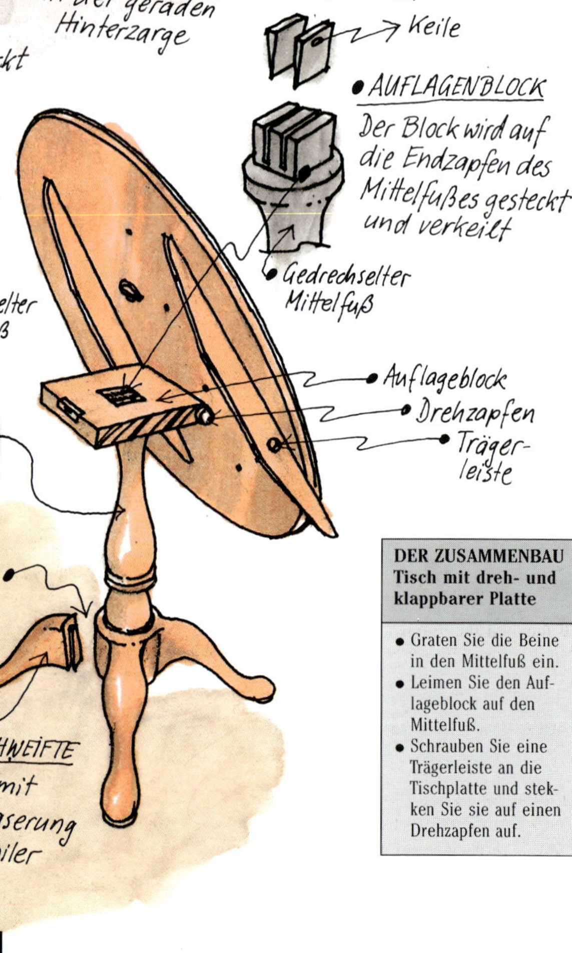

DER ZUSAMMENBAU
Tisch mit dreh- und klappbarer Platte

- Graten Sie die Beine in den Mittelfuß ein.
- Leimen Sie den Auflageblock auf den Mittelfuß.
- Schrauben Sie eine Trägerleiste an die Tischplatte und stekken Sie sie auf einen Drehzapfen auf.

KONSTRUKTION VON SCHRÄNKEN, KOMMODEN UND REGALEN

Um alle seine Sachen unterbringen zu können, braucht man in der Regel in einer Wohnung viel Stauraum. Sogar Bücher, Kassetten, CDs oder Platten wollen so untergebracht sein, daß man ohne viel Suchen das gerade Benötigte findet. Meist bezeichnen wir die verschiedenen Möbel, in denen wir etwas aufbewahren, nach ihrer Funktion, wie z. B. den Kleiderschrank, das Bücherregal oder den Geschirrschrank. Heute empfinden viele Designer diese traditionellen Begriffe als zu einengend und setzen Regale, Kommoden und Schränke lieber so ein, daß der vorhandene Raum möglichst effektiv genutzt wird – egal, ob es sich um Küchen, Büros oder Schlafzimmer handelt. Auf den folgenden Seiten sind einige Konstruktionsarten beschrieben, die Sie je nach Bedarf einzeln oder kombiniert nutzen können, wenn Sie ihre Einrichtung planen oder wenn Sie beabsichtigen, einzelne Möbel zu bauen.

DIE ZUGÄNGLICHKEIT

Planen Sie die Maße von Schränken und Regalen so, daß ein durchschnittlich großer Mensch den obersten Regalboden und auch den hinteren Bereich einer Schublade oder eines Vorratsschranks ohne Mühe erreichen kann.

Maximale Regalhöhe
1,80 – 2 m
Ein Erwachsener kann ein Regalboden in dieser Höhe noch gut erreichen.

Regal in Augenhöhe
1,50 – 1,70 m
Bücher, Akten, Kassetten oder andere Dinge, die Sie schnell überblicken wollen, sollten sich in dieser Höhe befinden.

Maximale Greifhöhe über einer Arbeitsplatte
1,05 m
Ein Erwachsener kann ein Regal in dieser Höhe gerade noch erreichen, wenn er sich über eine normale Küchenarbeitsplatte lehnt.

Optimale Greifhöhe über einer Arbeitsplatte
90 cm
Häufig gebrauchte Dinge sollten auf dieser Höhe untergebracht werden.

Niedrigstes Regal über einer Arbeitsplatte
45 cm
Regale und Oberschränke, die niedriger angebracht sind, behindern Ihre Sicht auf den hinteren Teil der Arbeitsplatte und machen das Aufstellen von Küchengeräten teilweise unmöglich.

Standard-Arbeitsplattenhöhe
90 cm
Ein stehender Erwachsener kann auf einer Platte in dieser Höhe bequem arbeiten.

Tiefe einer Arbeitsplatte
60 cm
Die großen Haushaltsgeräte sind so konstruiert, daß sie unter eine Arbeitsplatte dieser Tiefe passen.

Tiefe eines Oberschranks
30 mm
Die optimale Tiefe eines über einer Arbeitsplatte an der Wand hängenden Oberschranks.

Durchgangsbreite
90 cm
Lassen Sie einen Durchgang dieser Breite.

Zugang zu Schubladen
1,25 m
Soviel Platz braucht eine Person, die vor einer offenen Schublade kniet.

Kleiderstangenhöhe
1,45 – 1,60 m
Höhe für lange Mäntel und Kleider.
85 cm
Für Jacken und Hemden.

Kleiderschranktiefe
60 cm
So tief muß ein Kleiderschrank sein, damit man darin Kleiderbügel auf eine Stange hängen kann.

Schubladentiefe
42,5 – 50 cm
Auszüge oder Schubladen für zusammengelegte Hemden, Pullover oder Handtücher sollten diese Tiefe haben.

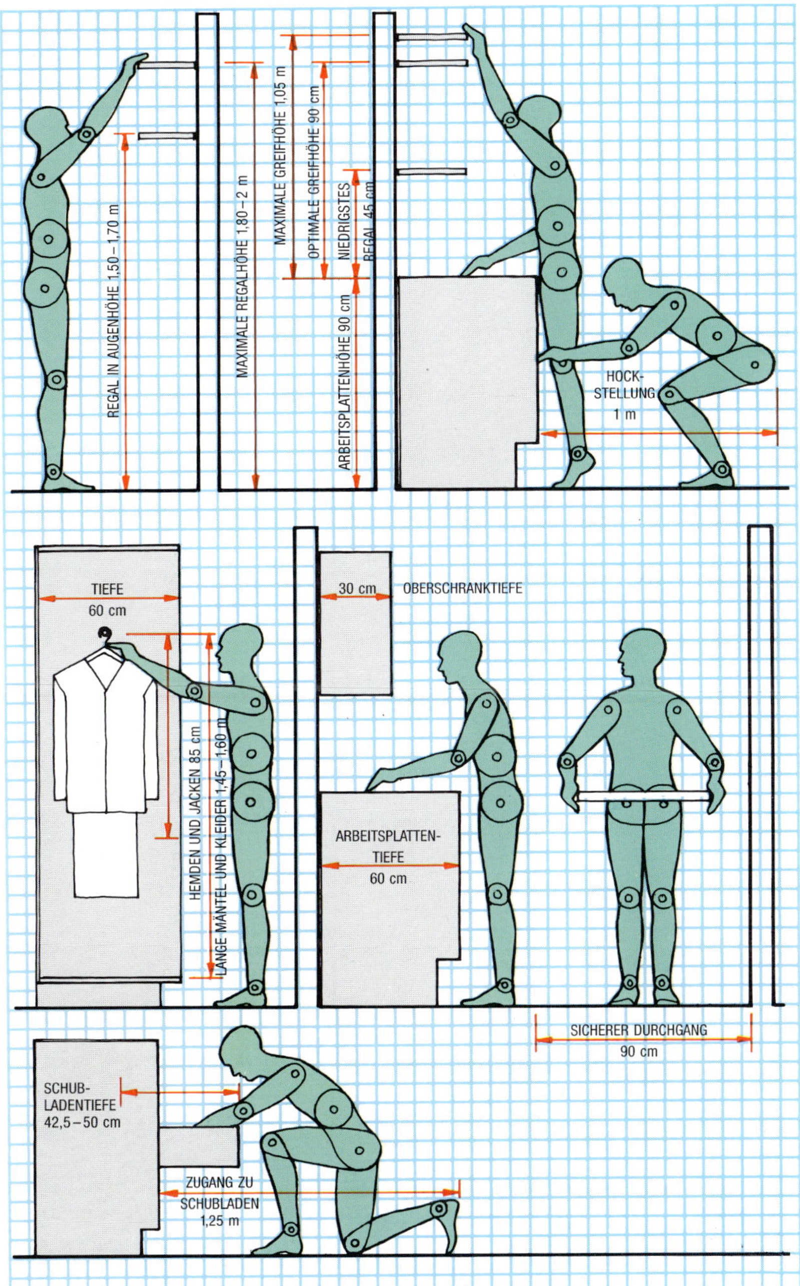

REGALE

Einfache, offene Regale aus Massivholz oder aus einem Plattenmaterial eignen sich gut zur Unterbringung von Büchern, Schallplatten oder anderen Sammlungen. Auch bei komplexeren Regalbauten kommen die hier gezeigten Konstruktionsformen vor.

Siehe auch

Die Zugänglichkeit	61
Handoberfräse	140 - 146
Lamellofeder-Verbindungen	136 - 137
Nutverbindungen	170 - 171
Dübelverbindungen	182 - 183
Zinkenverbindung	184 - 191

MASSIVES HOLZREGAL

Massive Regalböden aus Laub- oder Nadelholz sind kräftiger und schöner als aus Plattenmaterial.

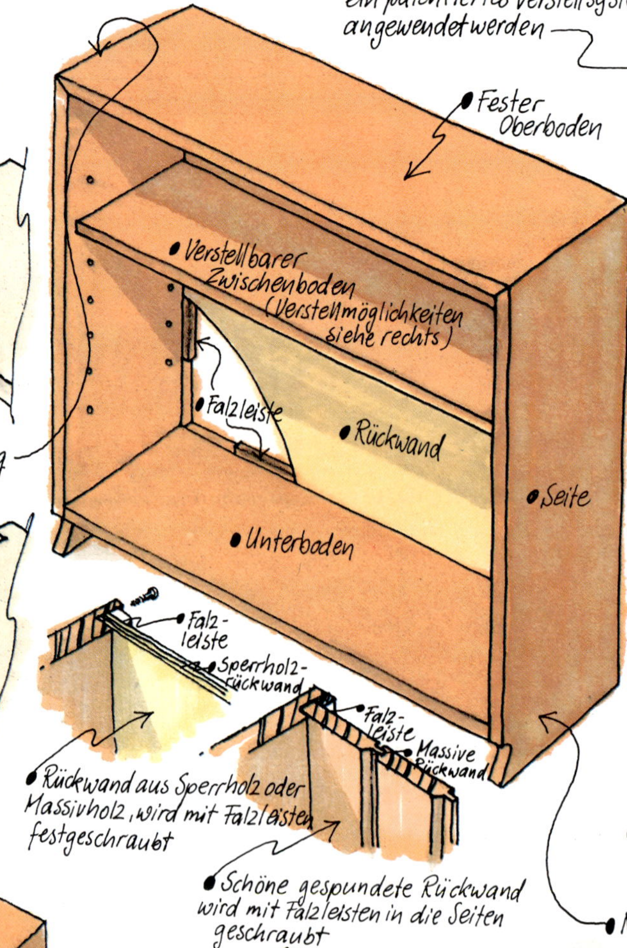

DER ZUSAMMENBAU Massivholzregal

- Schieben Sie den Unterboden in die genuteten Seiten.
- Zinken Sie den Oberboden mit Seiten zusammen. Achten Sie auf die Rechtwinkligkeit!
- Schrauben Sie die Rückwand mit Falzleisten in den Falz.

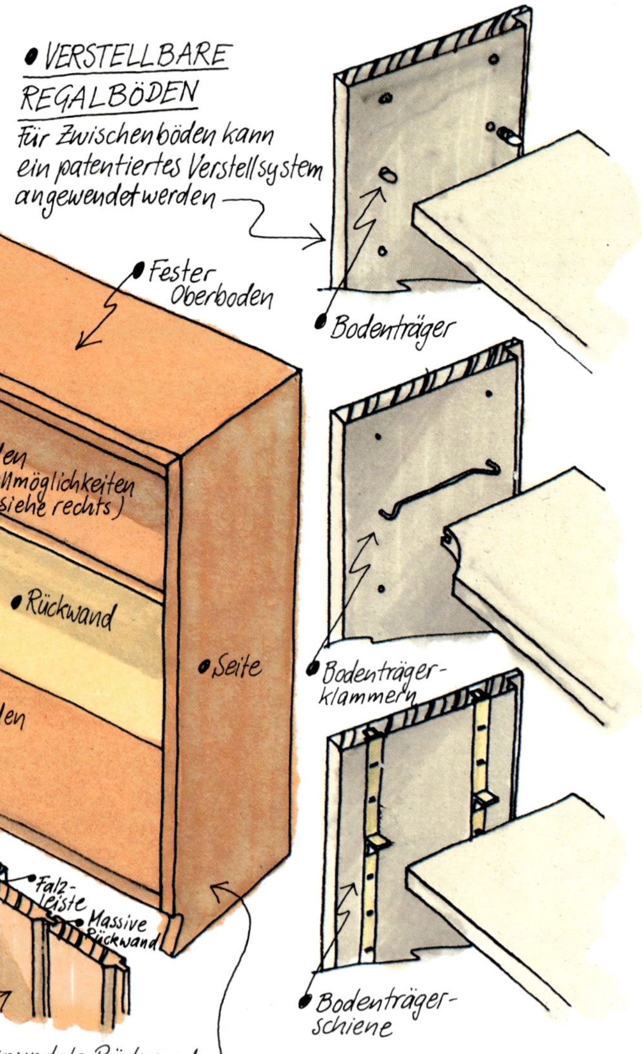

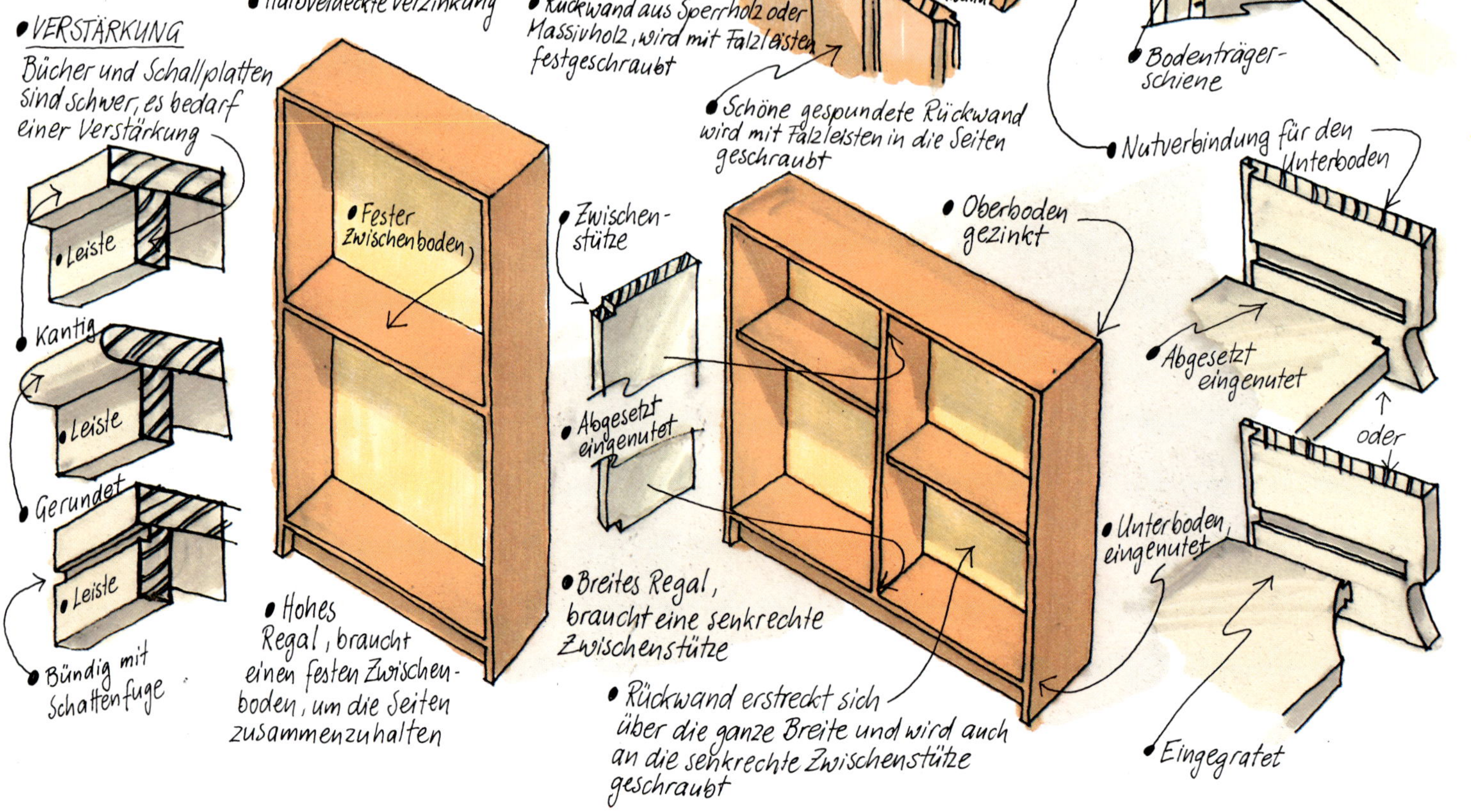

SPANPLATTEN-REGAL

Ein Regal aus Spanplatte oder MDF wird billiger als ein Vollholzregal. Beide Materialien sind zudem ausreichend stabil.

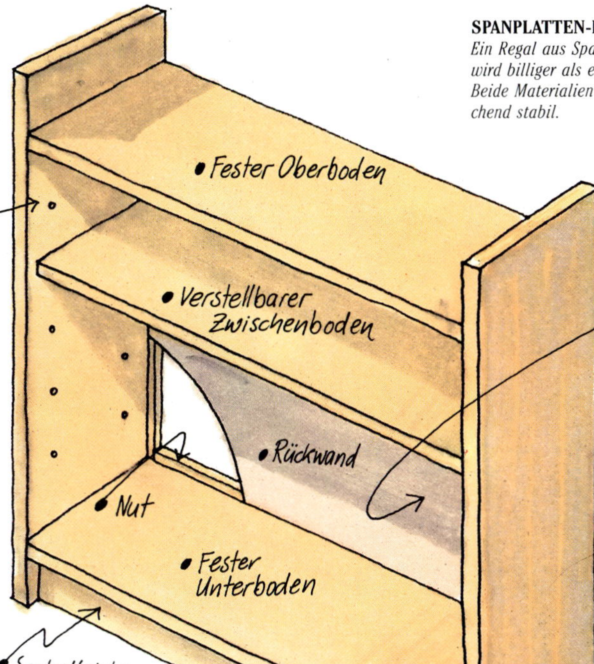

DER ZUSAMMENBAU
Spanplattenregal

- Leimen Sie die Sockelleiste an den Unterboden.
- Verbinden Sie die festen Böden mit den Seiten. Legen Sie die Rückwand in den Falz oder schieben Sie sie später von unten in die Nut und schrauben sie an der Hinterkante des Unterbodens fest.

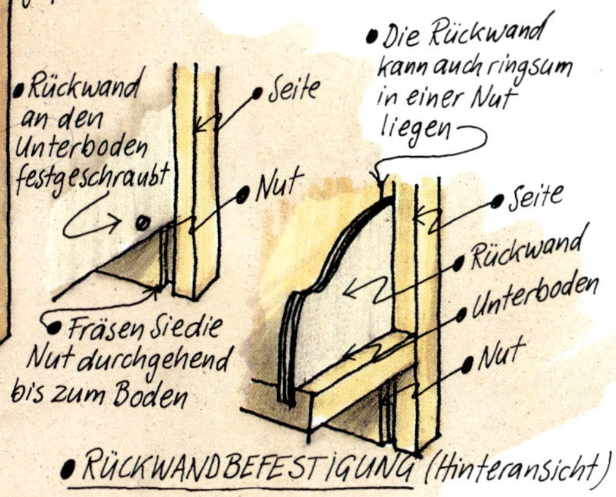

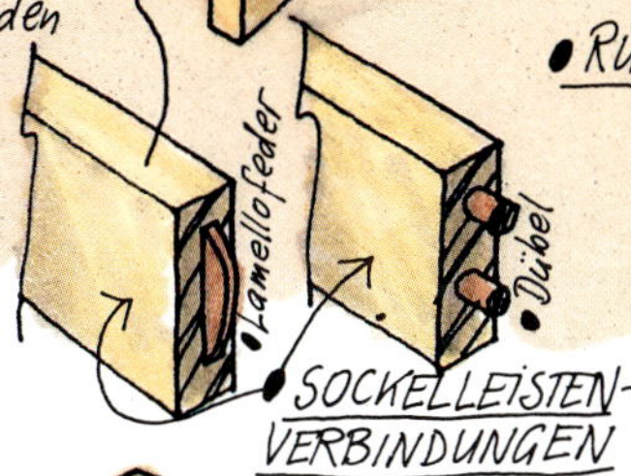

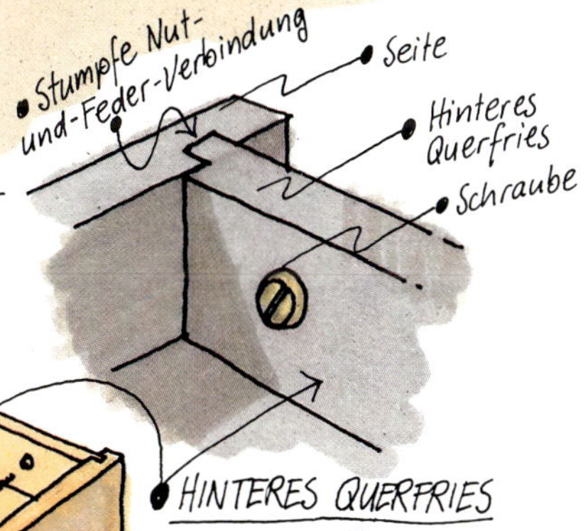

HÄNGEREGAL

Das Regal wird durch ein fest verbundenes Querfries an die Wand geschraubt oder (bei geringer Belastung) durch eine Sperrholzrückwand, die ringsum eingenutet ist.

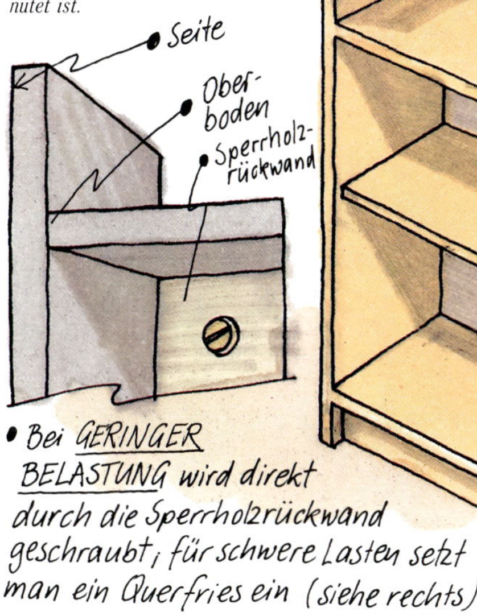

Für freistehende Schränke kann man traditionelle oder moderne Konstruktionsmethoden anwenden, die leicht abgeändert auch als Entwurfsgrundlage für Küchenmöbel dienen können.

Siehe auch

TRADITIONELLE KONSTRUKTION

Einen Schrank massiv zu bauen, bedarf sorgfältiger Überlegung und Ausführung, weil das Arbeiten des Holzes berücksichtigt werden muß.

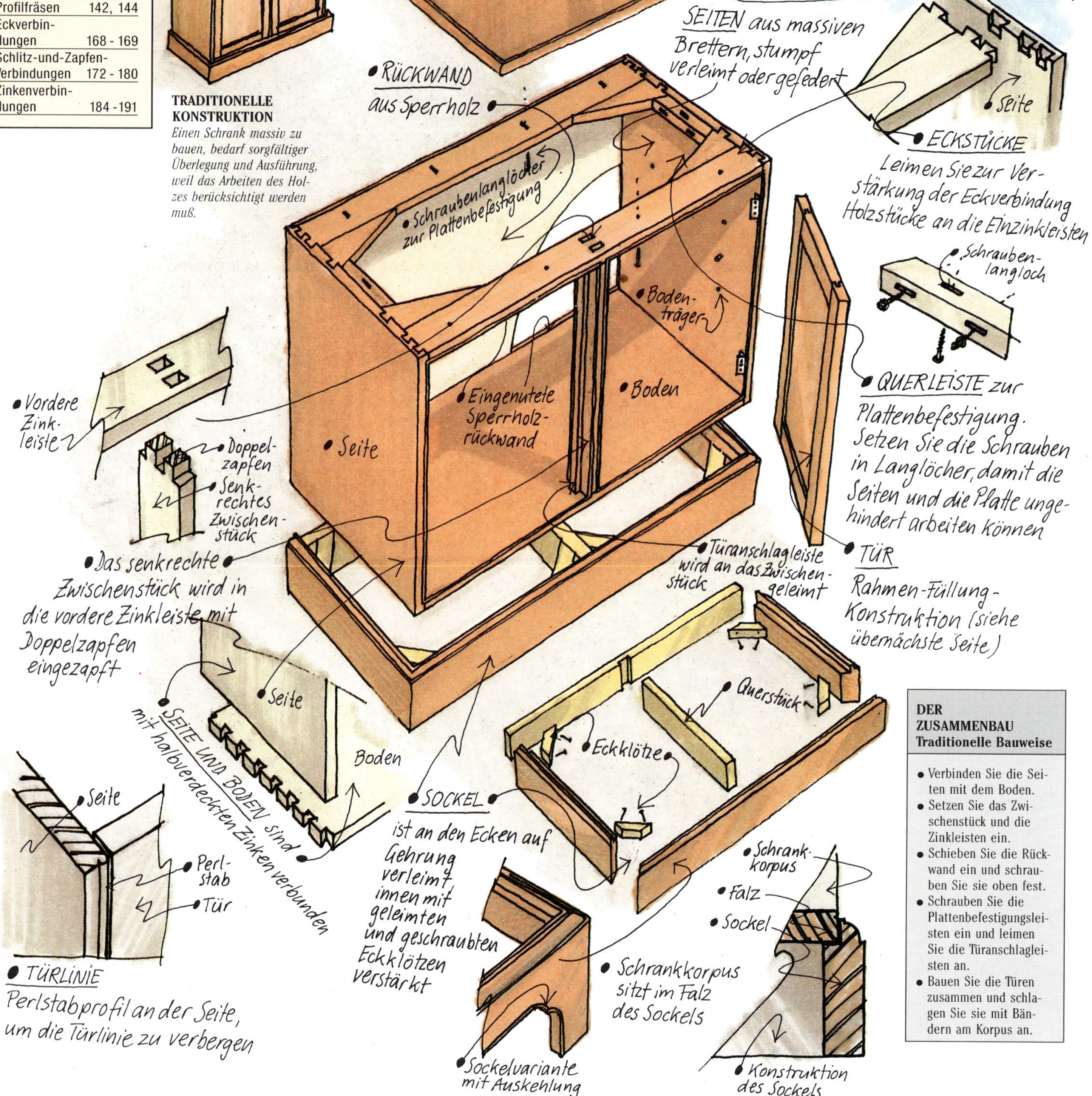

DER ZUSAMMENBAU
Traditionelle Bauweise

- Verbinden Sie die Seiten mit dem Boden.
- Setzen Sie das Zwischenstück und die Zinkleisten ein.
- Schieben Sie die Rückwand ein und schrauben Sie sie oben fest.
- Schrauben Sie die Plattenbefestigungsleisten ein und leimen Sie die Türanschlagleisten an.
- Bauen Sie die Türen zusammen und schlagen Sie sie mit Bändern am Korpus an.

MODERNE SCHRANKKONSTRUKTION

Einen Schrank aus Plattenmaterial zu bauen, ist relativ einfach, weil das Material formstabil ist. Falls Sie mehrere identische Schränke bauen wollen, sollten Sie maschinell ausführbare Verbindungen erwägen, weil sich diese schneller, exakter und stabiler ausführen lassen.

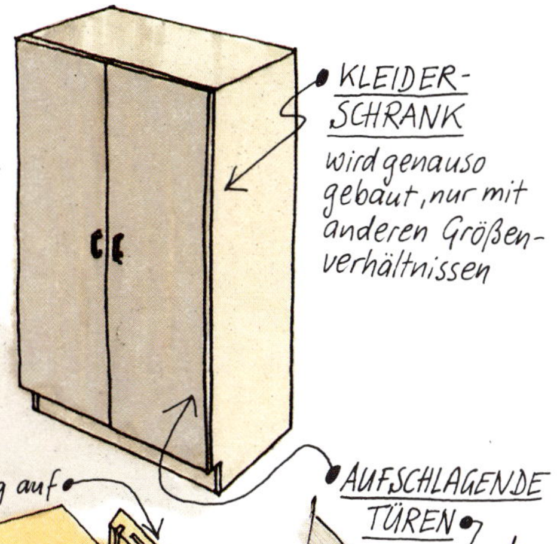

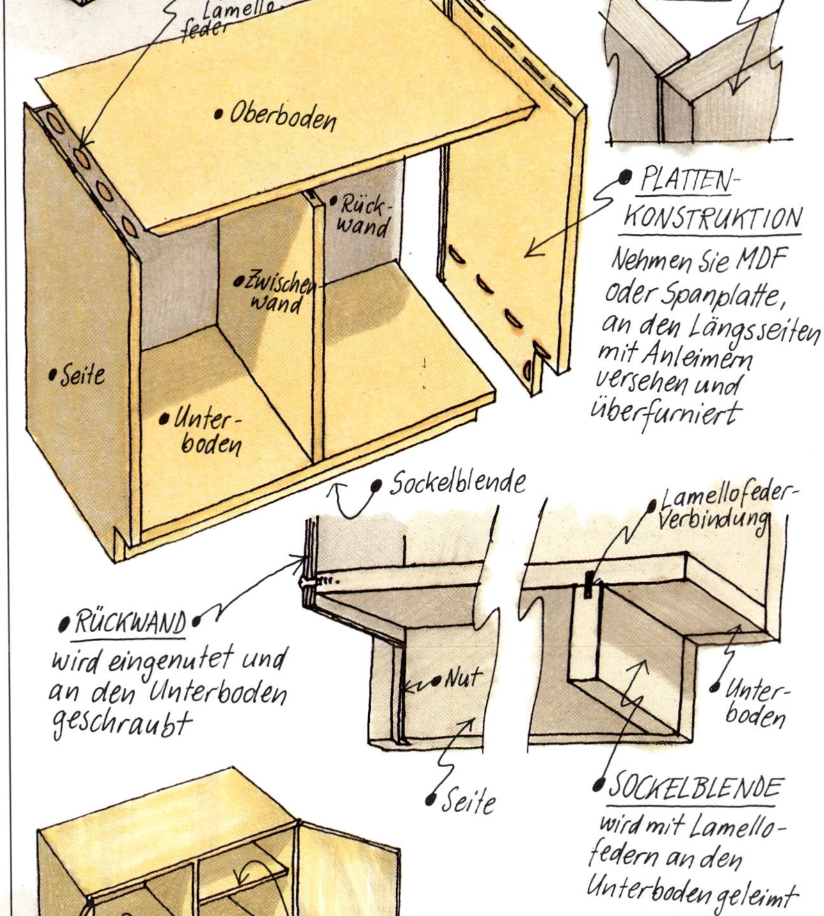

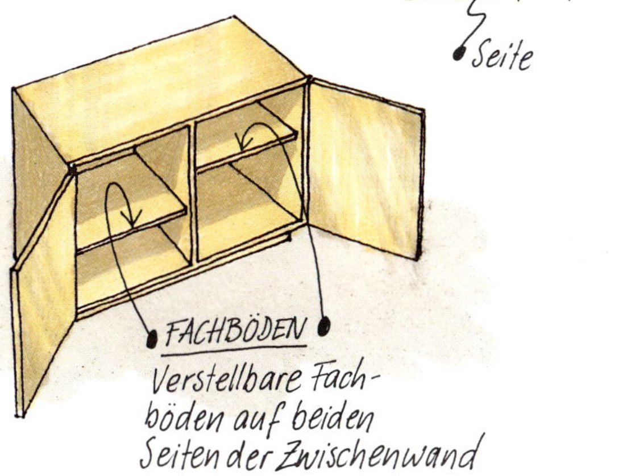

DER ZUSAMMENBAU
Moderne Bauweise

- Leimen Sie die Sockelblende an den Unterboden und verbinden Sie ihn mit beiden Seiten.
- Passen Sie die Zwischenwand und dann den Oberboden ein.
- Befestigen Sie die Rückwand.

SCHRANKTÜREN

Schränke, Regale und andere Möbel können mit den unterschiedlichsten Türen und Klappen versehen werden. Die üblichsten Bauarten sind hier beschrieben und abgebildet.

Siehe auch

Planen von Behältnismöbeln	61
Schlitz-und-Zapfen-Verbindungen	172 - 180
Scharniere	226 - 227
Schlösser und Schnappverschlüsse	229
Klappenhalter	230
Knöpfe und Griffe	230

RAHMEN-FÜLLUNG

Die traditionelle Tür aus Rahmen mit Füllung ist so gebaut, daß sie das Schwinden und Quellen der dünnen Massivholzfüllung auffangen kann. Auch moderne Designer wenden diese Türbauweise wegen ihrer optischen Wirkung an, oft sogar mit Füllungen aus Sperrholz.

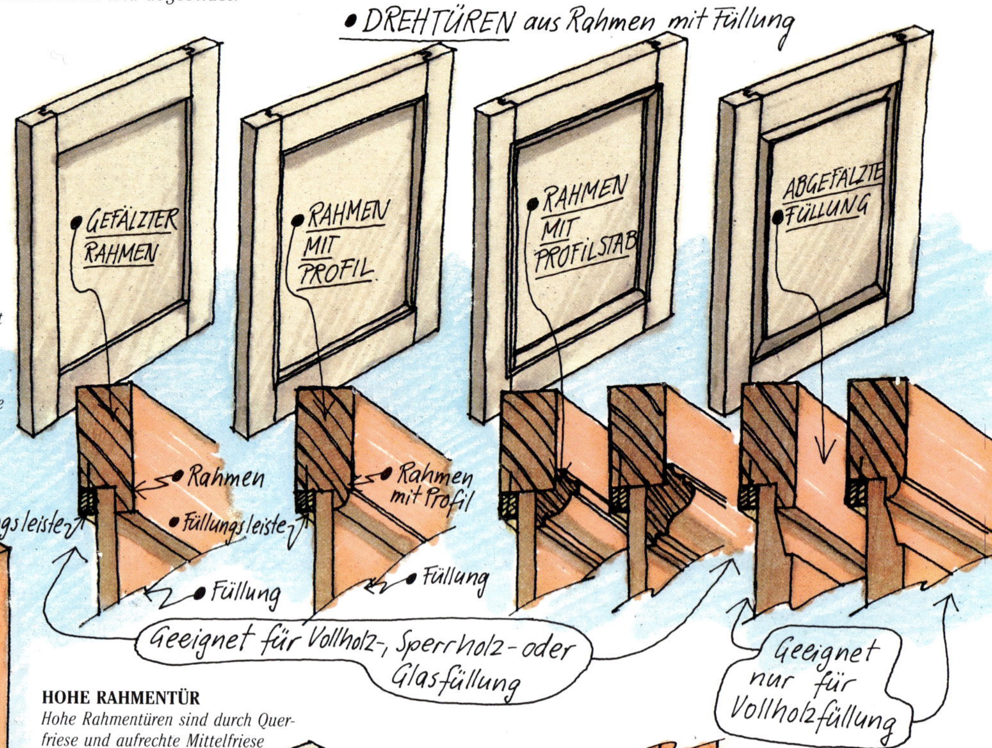

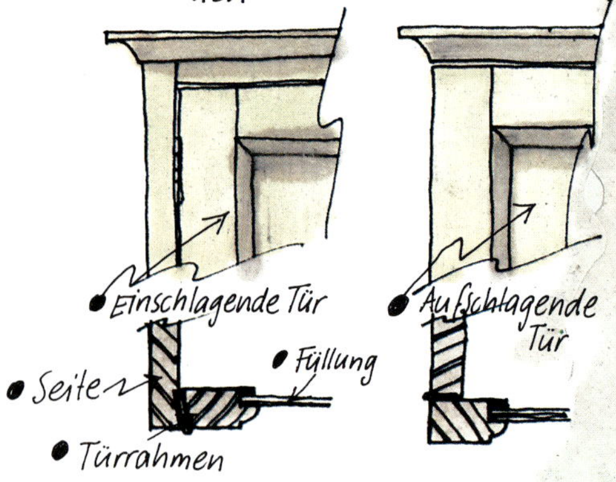

HOHE RAHMENTÜR

Hohe Rahmentüren sind durch Querfriese und aufrechte Mittelfriese unterteilt.

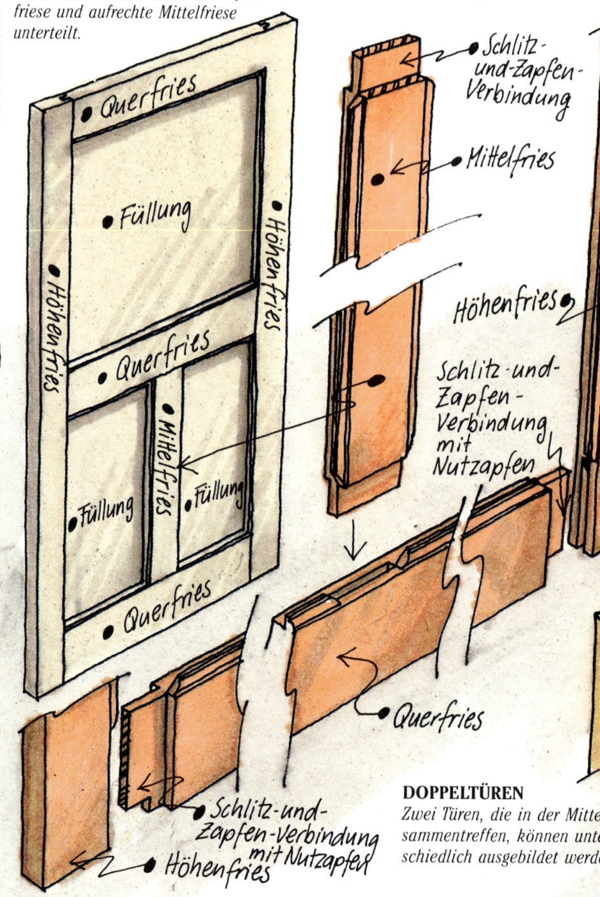

DOPPELTÜREN

Zwei Türen, die in der Mitte zusammentreffen, können unterschiedlich ausgebildet werden.

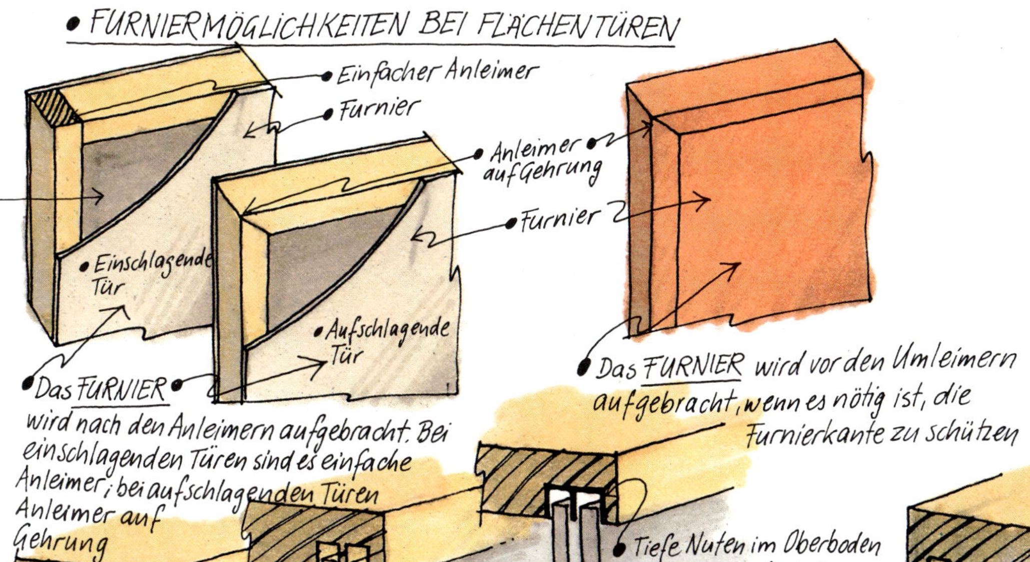

FLÄCHENTÜR

Diese Art von Tür ist einfach herzustellen und sieht gut aus. Sie besteht meist aus einer Holzwerkstoffplatte, die mit Anleimern versehen und überfurniert ist.

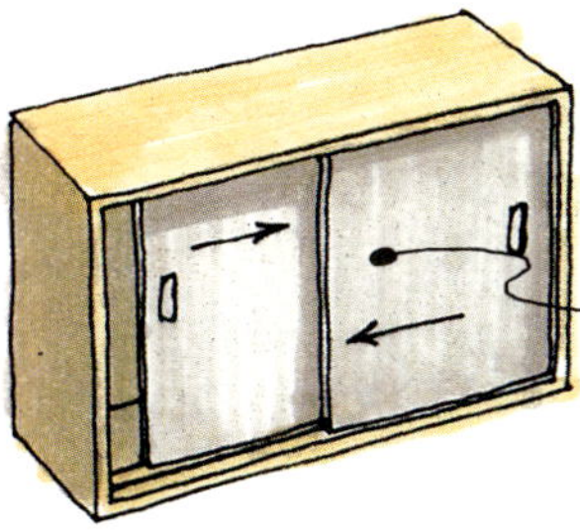

SCHIEBETÜREN

Türen werden gleitend ausgebildet, wenn sie für eine Drehbefestigung zu schwer sind oder um Platz zu sparen. Es gibt verschiedene Ausführungen, von direkt in das Holz eingeschnittenen Nuten für dünne Glas- oder Sperrholztüren bis zu patentierten Führungssystemen für große, schwere Schranktüren.

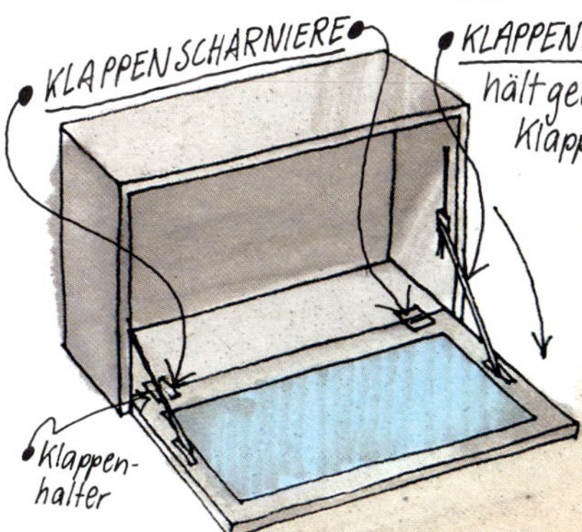

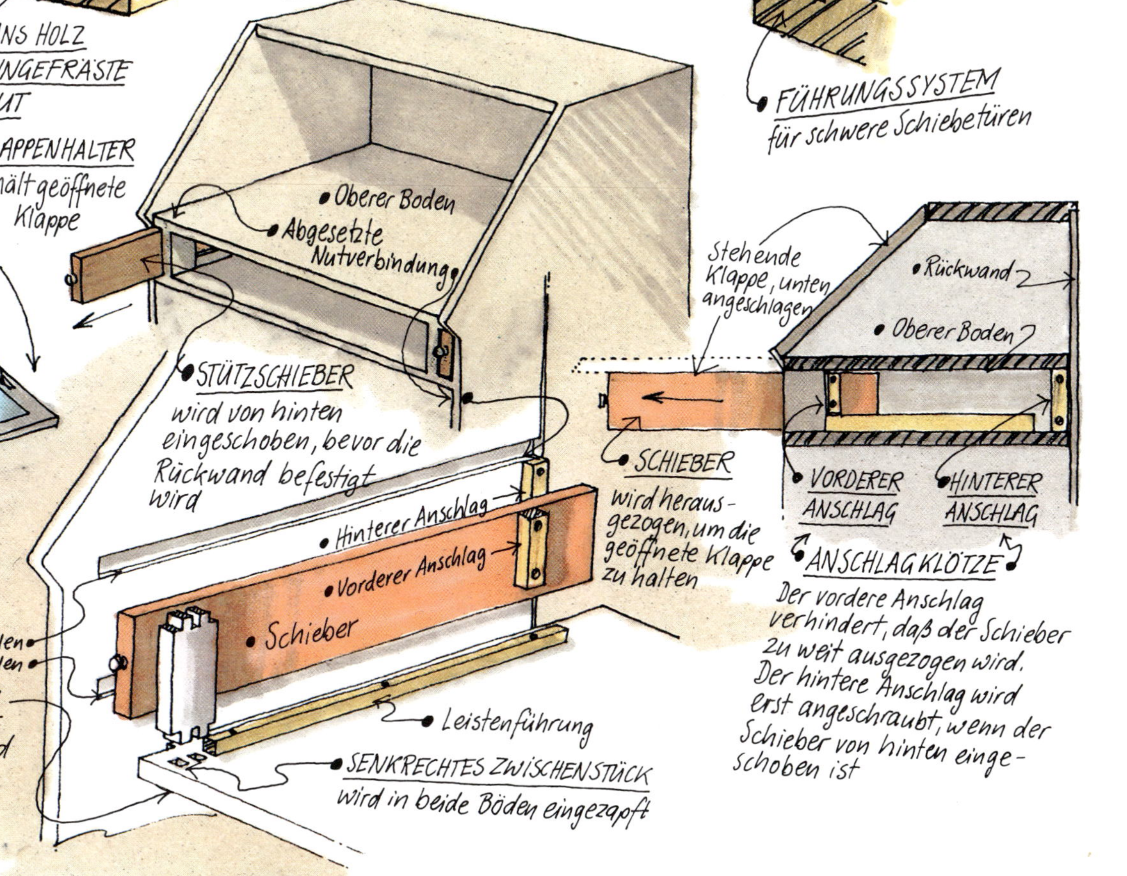

STEHENDE KLAPPEN

Sie öffnen sich nach unten und werden durch Klappenhalter oder ausziehbare Schieber gehalten.

SCHRANKTÜREN

Siehe auch

Schubladen-konstruktion	71
Schlitz-und-Zapfen-Verbindungen	172 - 180
Zinkenverbin-dungen	184 - 191
Scharniere	226 - 227
Klappenhalter	230
Knöpfe und Griffe	230

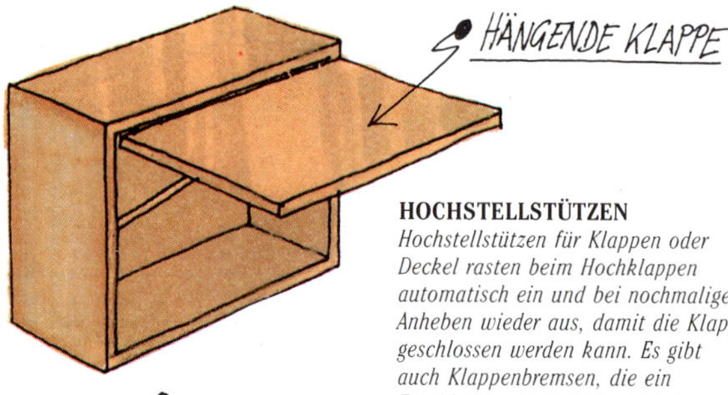

HOCHSTELLSTÜTZEN

Hochstellstützen für Klappen oder Deckel rasten beim Hochklappen automatisch ein und bei nochmaligem Anheben wieder aus, damit die Klappe geschlossen werden kann. Es gibt auch Klappenbremsen, die ein Zuschlagen der Klappe verhindern.

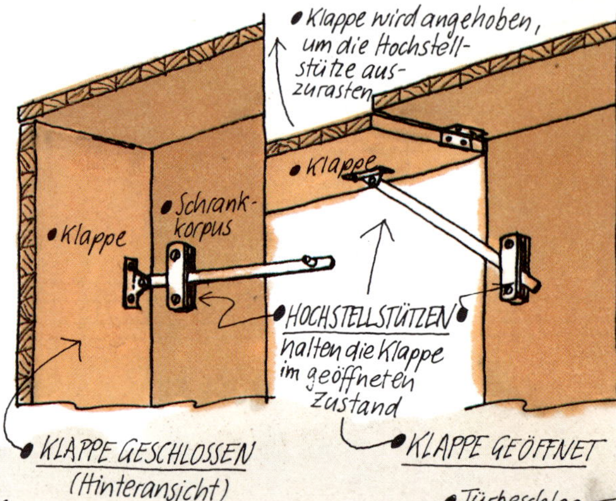

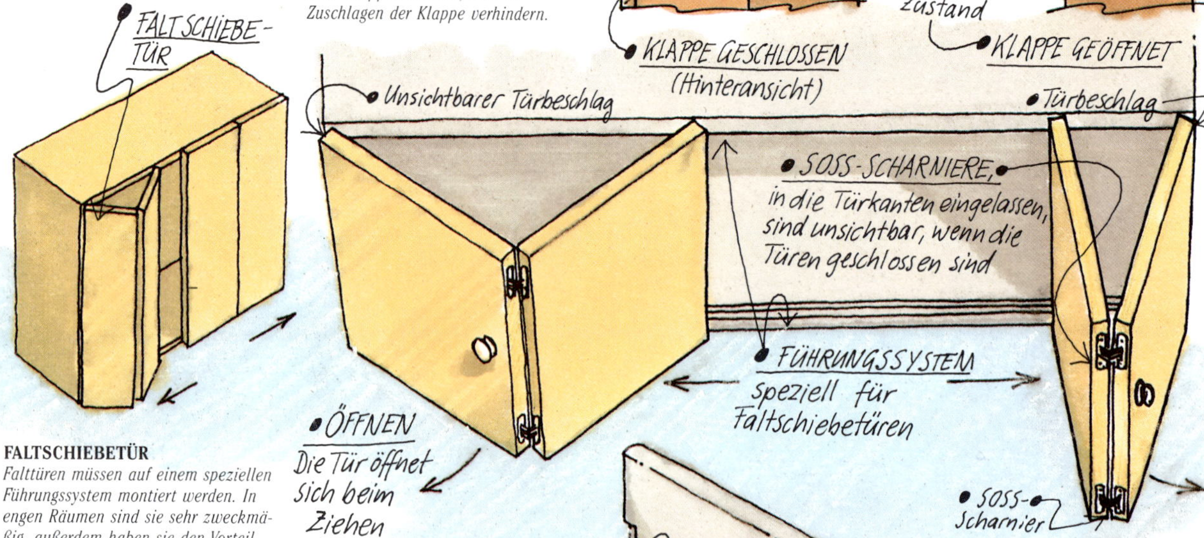

FALTSCHIEBETÜR

Falttüren müssen auf einem speziellen Führungssystem montiert werden. In engen Räumen sind sie sehr zweckmäßig, außerdem haben sie den Vorteil, daß sie das ganze Schrankinnere zugänglich machen, während Schiebetüren immer die Hälfte verschließen.

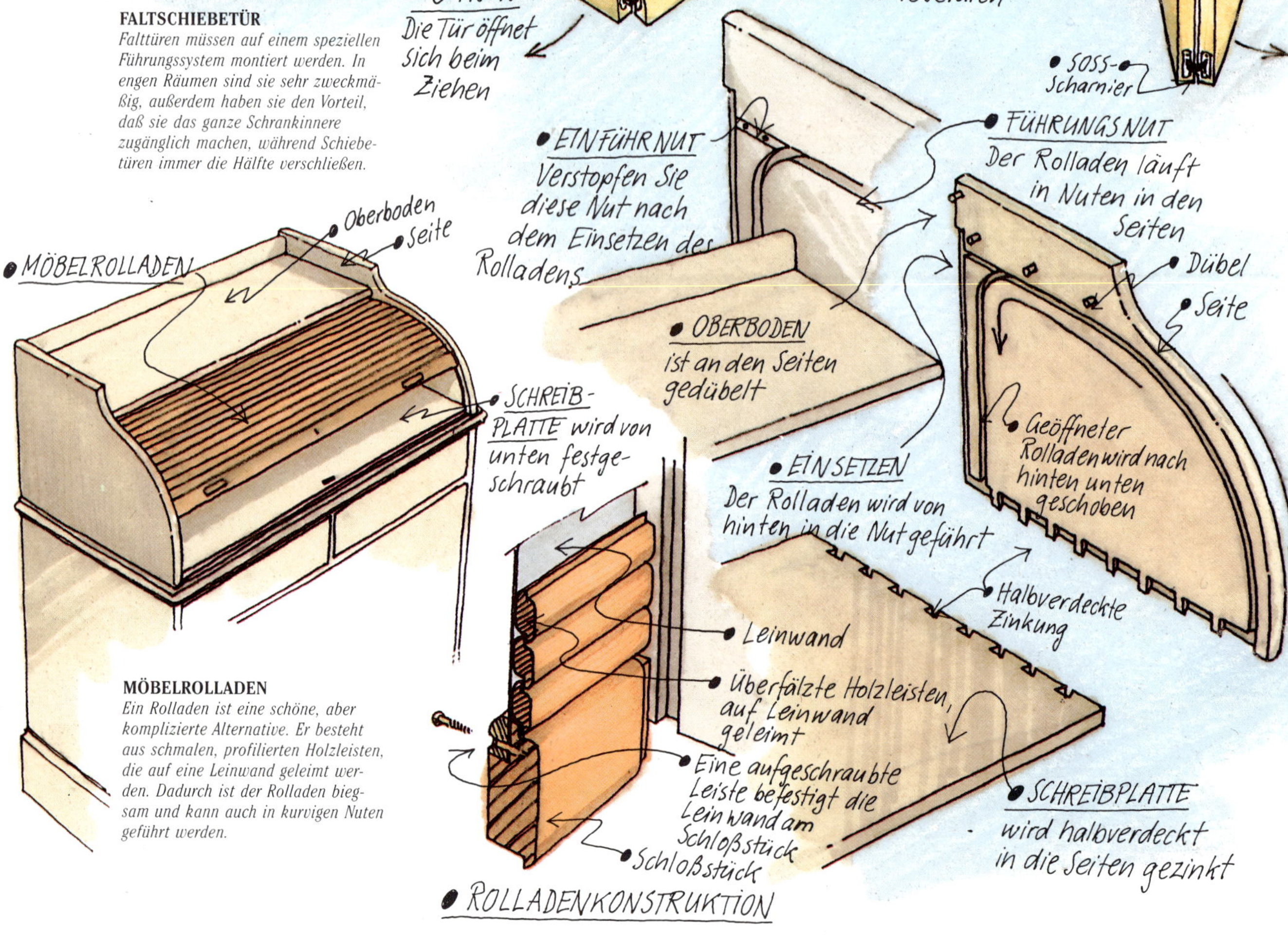

MÖBELROLLADEN

Ein Rolladen ist eine schöne, aber komplizierte Alternative. Er besteht aus schmalen, profilierten Holzleisten, die auf eine Leinwand geleimt werden. Dadurch ist der Rolladen biegsam und kann auch in kurvigen Nuten geführt werden.

KOMMODE MIT SCHUBLADEN

Der Bau einer Kommode, vor allem aus Massivholz, ist wesentlich schwieriger als der Bau eines Schranks, weil er größere Genauigkeit und Sorgfalt verlangt, damit die Schubladen gut passen und auch auf Dauer gut laufen werden.

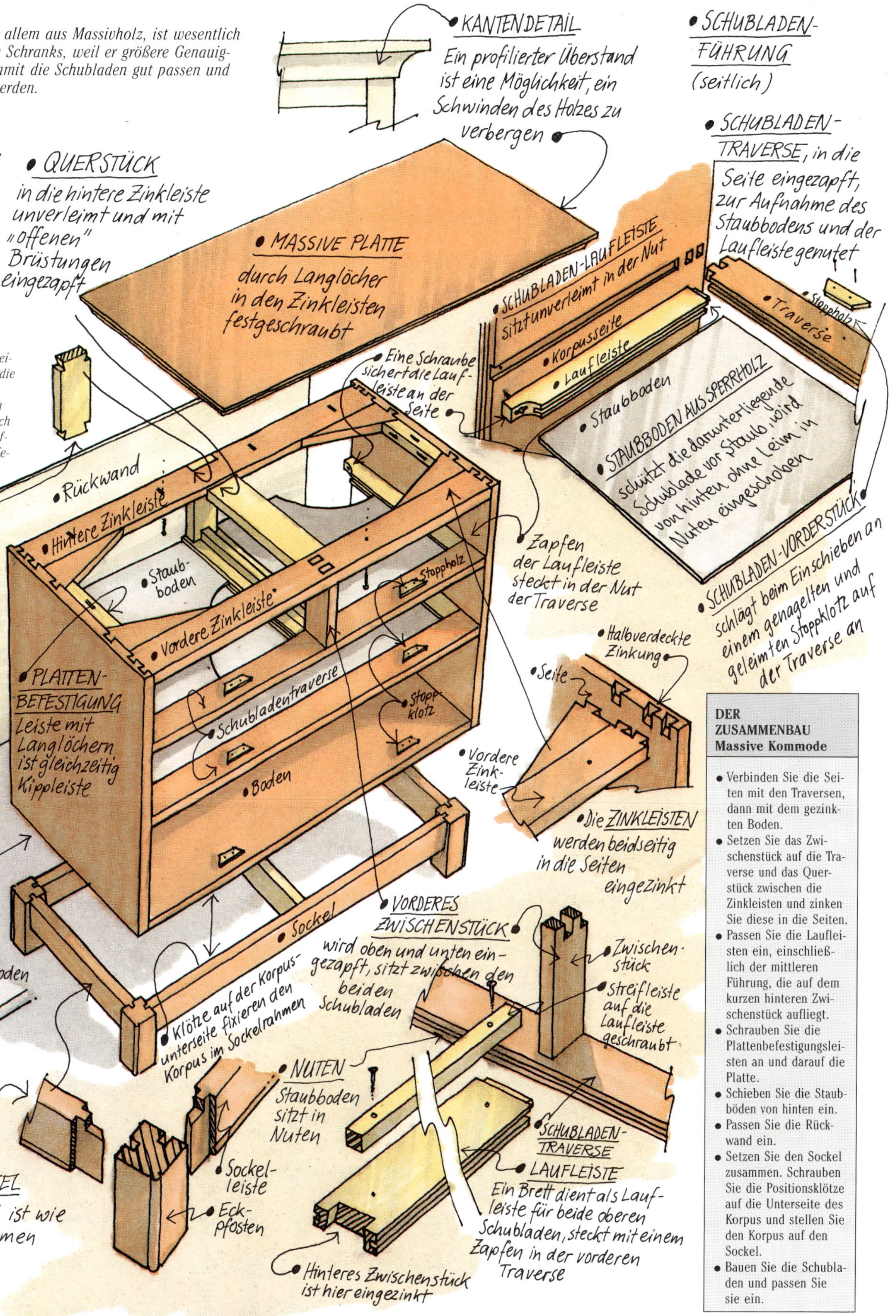

MASSIVHOLZKONSTRUKTION
Eine massiv gebaute Kommode besteht aus einem Korpus mit Laufleisten, Traversen und Kippleisten für die Schubladen. Diese Teile müssen so eingebaut sein, daß sie das Arbeiten des Korpus nicht behindern. Klassisch geführte Schubladen laufen auf Laufleisten, die an den Korpusseiten befestigt sind.

DER ZUSAMMENBAU
Massive Kommode

- Verbinden Sie die Seiten mit den Traversen, dann mit dem gezinkten Boden.
- Setzen Sie das Zwischenstück auf die Traverse und das Querstück zwischen die Zinkleisten und zinken Sie diese in die Seiten.
- Passen Sie die Laufleisten ein, einschließlich der mittleren Führung, die auf dem kurzen hinteren Zwischenstück aufliegt.
- Schrauben Sie die Plattenbefestigungsleisten an und darauf die Platte.
- Schieben Sie die Staubböden von hinten ein.
- Passen Sie die Rückwand ein.
- Setzen Sie den Sockel zusammen. Schrauben Sie die Positionsklötze auf die Unterseite des Korpus und stellen Sie den Korpus auf den Sockel.
- Bauen Sie die Schubladen und passen Sie sie ein.

KOMMODE MIT SCHUBLADEN

RAHMENBAUWEISE

Leichte Schränkchen können in Rahmenbauweise mit Sperrholzrückwand und massiver Platte ausgeführt werden. Diese Konstruktion kann für Schränke, Kommoden oder für eine Kombination aus beiden angewendet werden.

Siehe auch

Ausgefälzte Eckverbindung	164
Nutverbindungen	170 - 171
Schlitz-und-Zapfen-Verbindungen	172 - 180
Zinkenverbindung	184 - 191
Lösbare Verbindungen	228 - 229

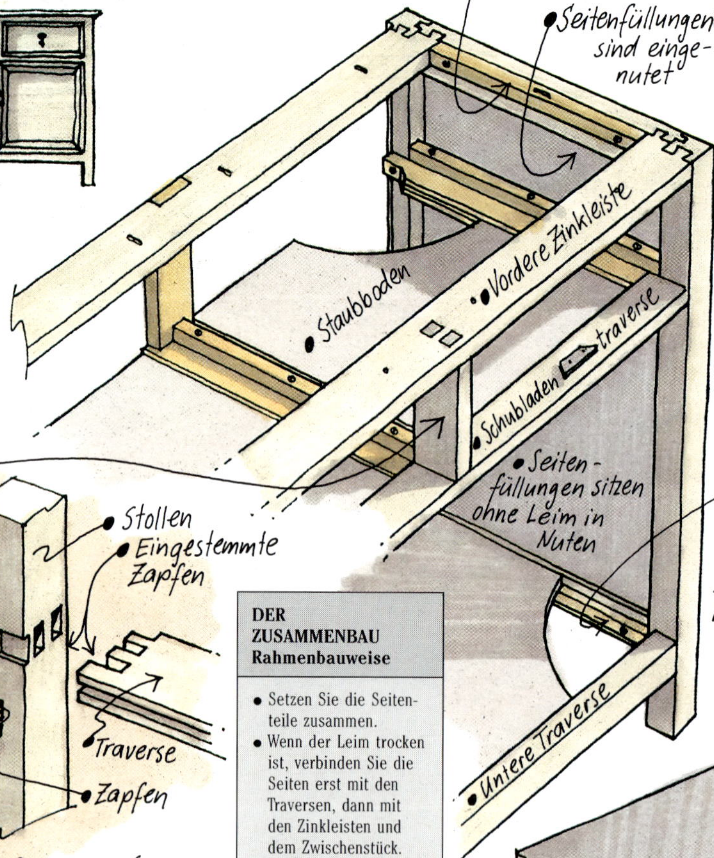

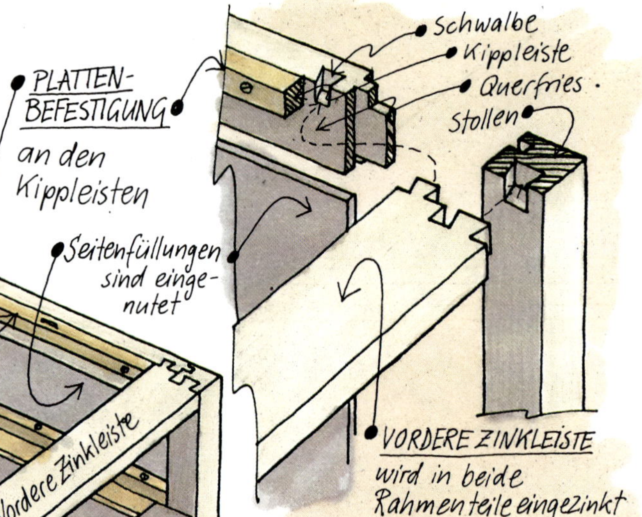

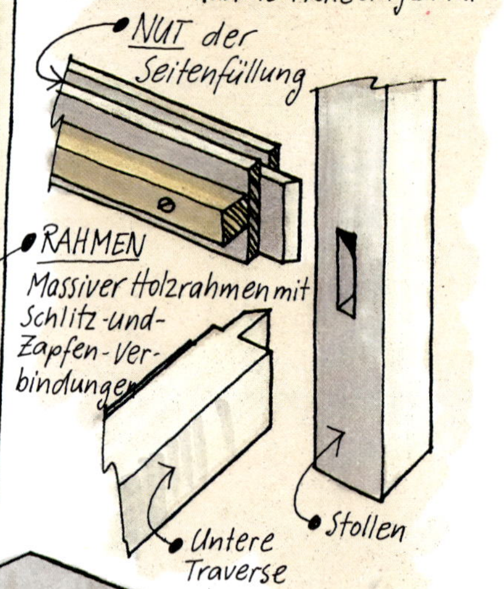

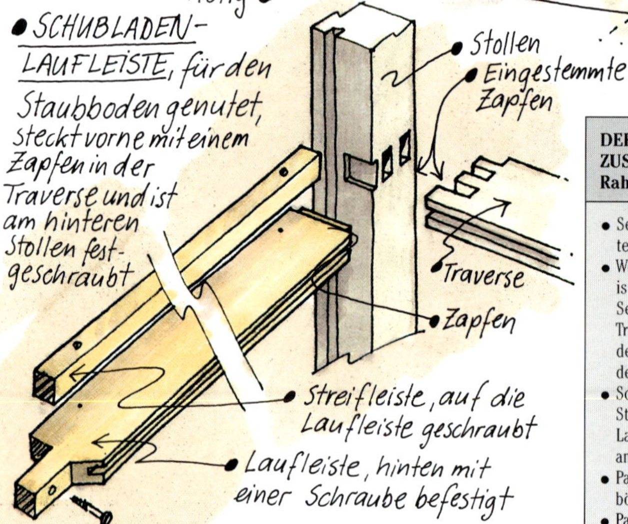

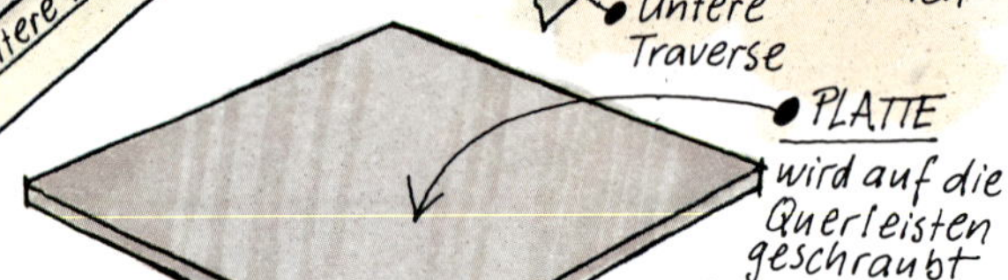

DER ZUSAMMENBAU
Rahmenbauweise

- Setzen Sie die Seitenteile zusammen.
- Wenn der Leim trocken ist, verbinden Sie die Seiten erst mit den Traversen, dann mit den Zinkleisten und dem Zwischenstück.
- Schrauben Sie die Streifleisten auf die Laufleisten und diese an den Seitenrahmen.
- Passen Sie die Staubböden ein.
- Passen Sie die Rückwand ein.

PLATTENBAUWEISE

Für einfache Schränke verwendet man MDF oder eine andere Holzwerkstoffplatte. Der Korpus wird mit lösbaren Verbindern zusammengebaut oder mit Dübeln oder Lamellofedern verleimt. Diese Bauweise eignet sich gut für die hängende Schubladenführung, bei der die Schubladenseiten auf Führungsleisten laufen, die an die Korpusinnenseiten befestigt.

DER ZUSAMMENBAU
Plattenbauweise

- Leimen Sie die Sockelblende an den Boden.
- Verbinden Sie die Seiten mit den Querleisten und dem Boden.
- Passen Sie die Rückwand ein.
- Befestigen Sie die Deckplatte.
- Schrauben Sie Laufleisten fest.

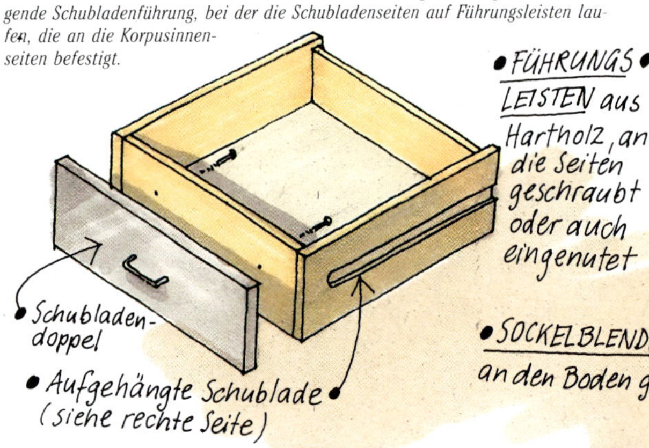

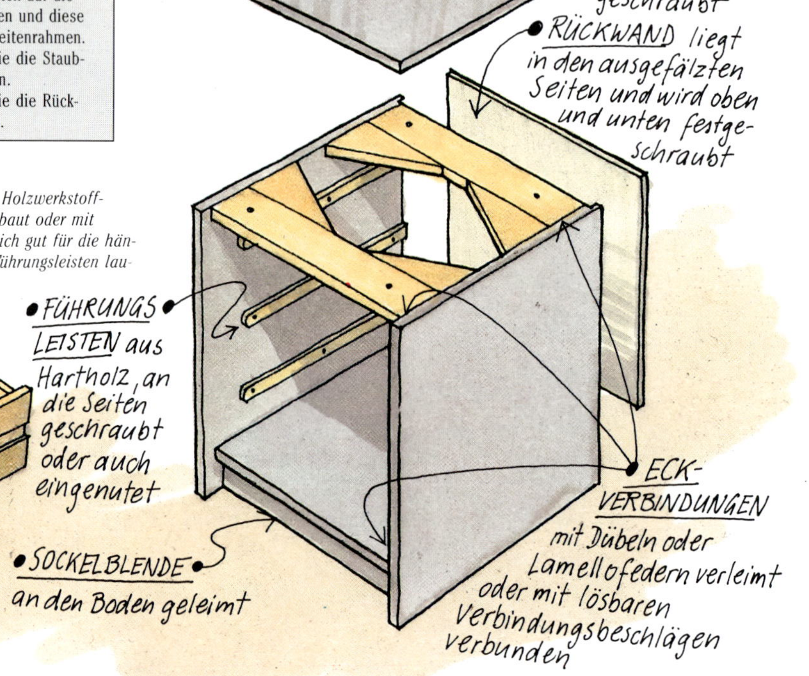

SCHUBLADEN

Schubladen sind zum Herausziehen konstruiert. Das Schubladenvorderstück verschließt die Öffnung im Korpus. Flache, breite Schubladen oder Auszüge werden oft als Alternative zu Fachböden hinter Schranktüren eingesetzt, vor allem bei Kleider- oder Einbauschränken. Auszüge sind meist sehr einfach gebaut. Sie sind häufig nicht mehr als ein zusammengezinkter Kasten mit Sperrholzboden.

Klassisch geführte Schubladen
Die Unterkanten der Schubladenseiten laufen auf Hartholzleisten, die an der Korpusinnenseite befestigt sind. Kippleisten verhindern ein Abkippen der Schubladen beim Herausziehen.

Aufgehängte Schubladen
Eine abgesetzte Nut in den Schubladenseiten läuft über einer Führungsleiste aus Hartholz, die an den Korpus geschraubt und geleimt ist. Zur Verstärkung können diese Führungsleisten noch in die Seiten eingenutet sein.

Mechanisch geführte Schubladen
Im Handel sind für schwerere Schubladen verschiedene mechanische Führungen erhältlich, die an die Seiten geschraubt werden. Das Schubladenvorderstück muß seitlich überstehen, damit die Führung verdeckt ist.

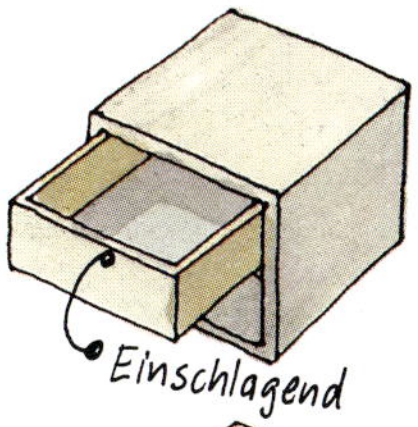

Stumpf einschlagende Schubladen
Bei dieser Schublade schließt das Vorderstück bündig mit der Korpusfront ab. Sie müssen sehr gut eingepaßt werden.

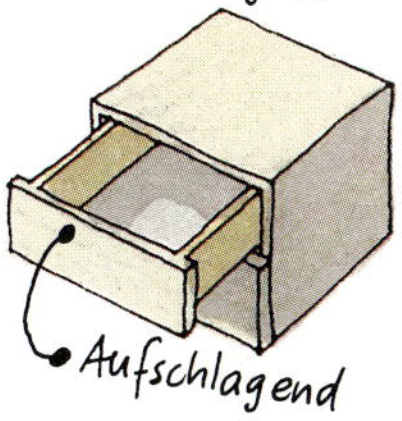

Stumpf aufschlagende Schubladen
Aufschlagende Vorderstücke sind meist aufgedoppelt. Das macht das Einpassen der Schublade einfacher.

Schubladendoppel
Das Doppel wird auf das Vorderstück geschraubt.

KLASSISCH GEFÜHRTE SCHUBLADE
Die Seiten einer klassisch geführten Schublade sind mit dem Vorderstück durch halbverdeckte und mit dem Hinterstück durch einfache Zinken verbunden. Der Boden ist in die Seiten und das Vorderstück eingenutet.

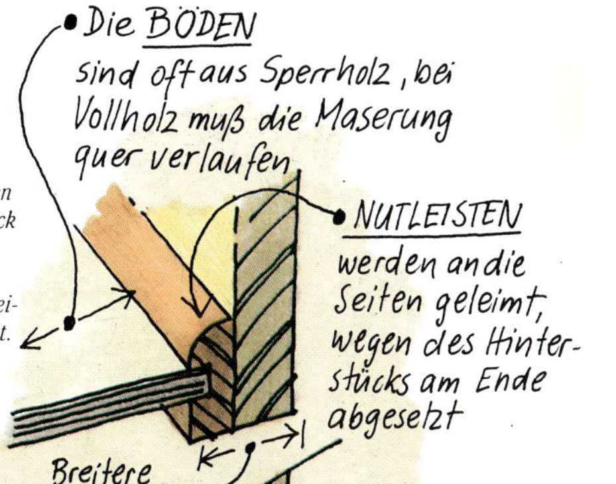

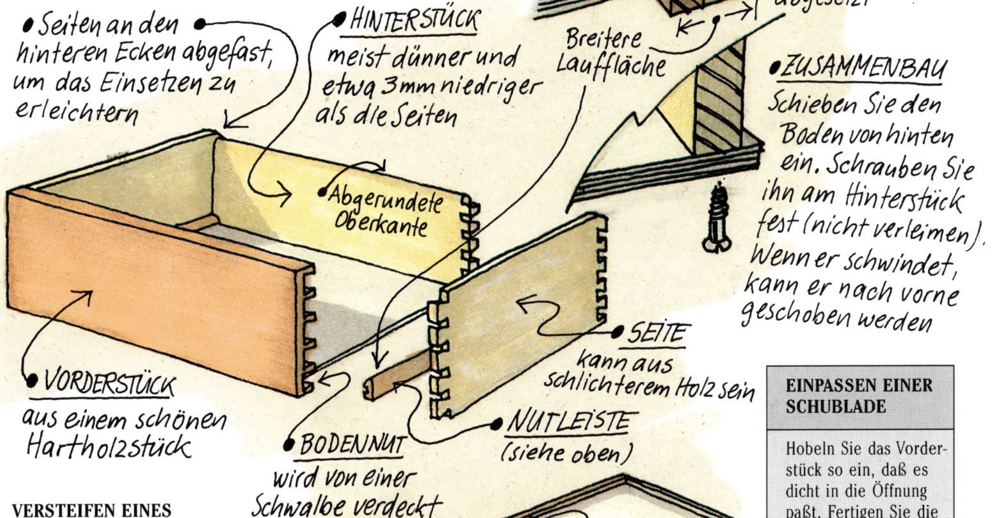

EINPASSEN EINER SCHUBLADE

Hobeln Sie das Vorderstück so ein, daß es dicht in die Öffnung paßt. Fertigen Sie die übrigen Teile und verleimen Sie die Schublade. Wenn die Schublade ein wenig klemmt, suchen Sie nach Glanzstellen an den Seiten, die auf Reibungspunkte hinweisen. Fahren Sie leicht mit dem Hobel darüber und wachsen Sie dann alle Gleitflächen leicht ein.

VERSTEIFEN EINES BREITEN BODENS
Sehr breite Böden können unterteilt werden. Eine Hartholzleiste verbindet und stützt dann die zwei Bodenteile.

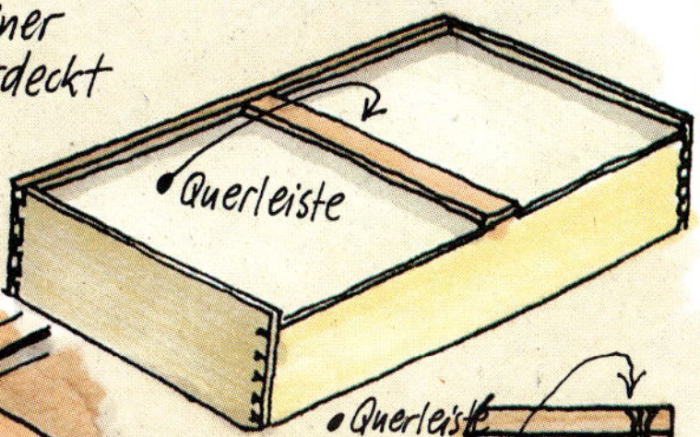

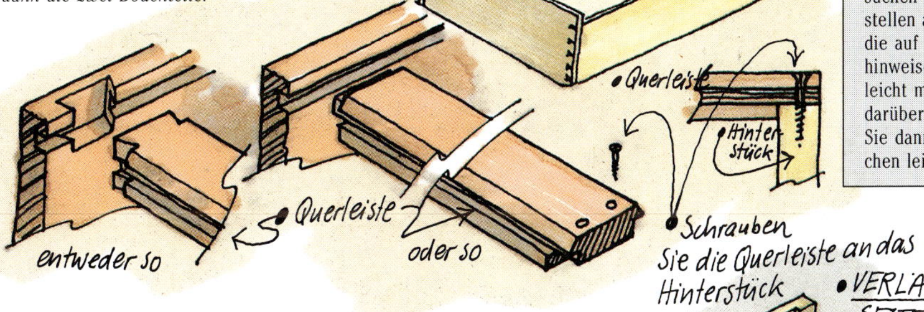

ÜBERFÄLZTE UND GENUTETE VERBINDUNGEN
Für einfache, billige Möbel können Schubladenseiten vorne überfälzt und hinten eingenutet sein. Diese Verbindungen halten nur durch den Leim, lassen sich aber durch Nageln haltbarer machen.

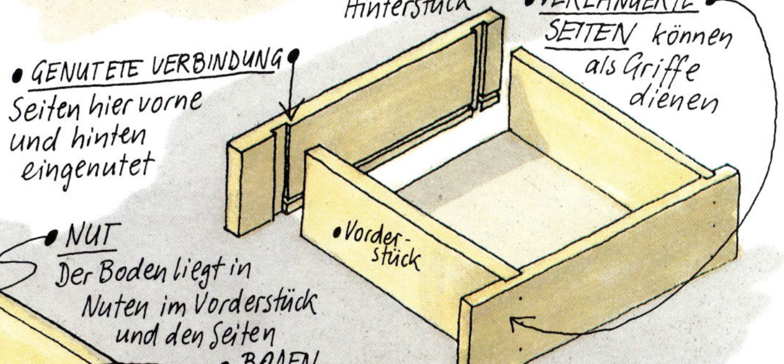

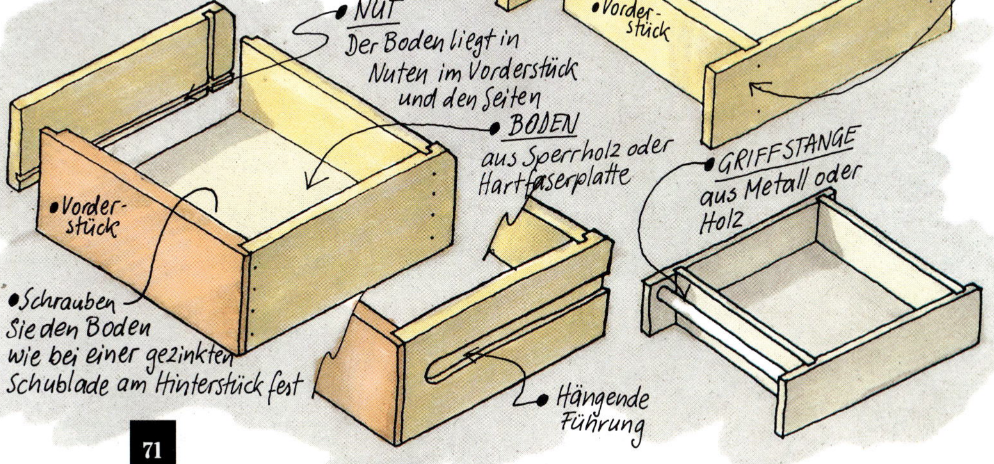

EINBAUSCHRÄNKE

Einbauschränke, die rechts und links an Wände anschließen, sind relativ billig herzustellen. Eine Alternative dazu ist das Baukastensystem, bei dem einzelne Elemente zusammengeschraubt werden. Denken Sie daran, daß Sie die Möbel auch transportieren können müssen, vielleicht sogar durch Türen hindurch oder eine Treppe hinauf. Falls nötig, kann das Möbel auch vor Ort zusammengebaut werden, oder Sie bauen Teilstücke, die sich dann zusammenschrauben lassen.

Siehe auch

Planen von Schränken, Kommoden und Regalen	61
Türkonstruktionen	66 - 67
Verbindungen auf Gehrung	162 - 163
Scharniere	226 - 227
Lösbare Verbindungen	228 - 229

NISCHENSCHRANK
Wandnischen lassen sich gut ausnützen. Man befestigt Pfosten an der Wand und schlägt dort die Türen an. Damit beim Aufstellen das Gesims nicht beschädigt wird, sollte es nur bis knapp unter die Decke gehen.

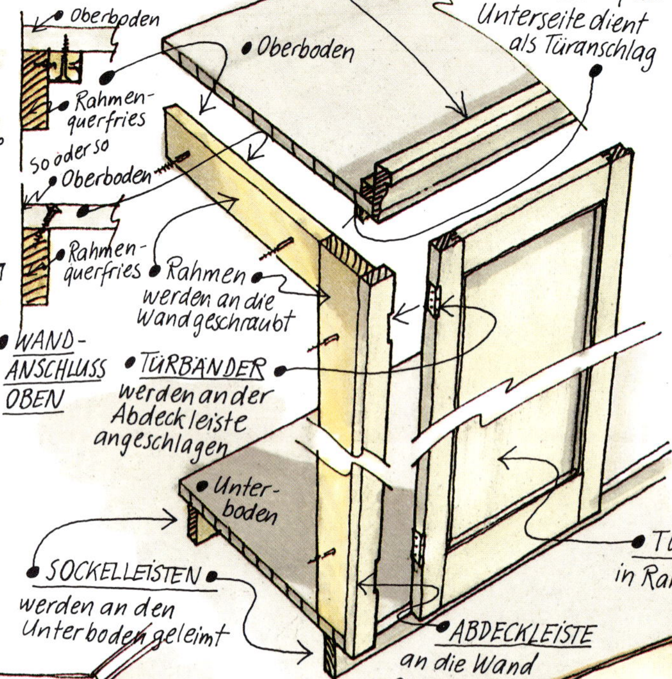

DER ZUSAMMENBAU
Nischenschrank

- Leimen Sie die Sockelleisten unter den Boden.
- Schrauben Sie die seitlichen Rahmen an die Wand.
- Schrauben Sie den Oberboden direkt auf die Rahmen.
- Passen Sie die aufrechten Abdeckleisten der Wand an und befestigen Sie sie an den senkrechten Rahmenteilen.
- Leimen und nageln Sie den Profilstab auf die Vorderkante des Oberbodens.
- Bauen Sie die Türen zusammen und schlagen Sie sie an die Abdeckleisten an.
- Nageln Sie die Beistöße auf die Unterseite des Oberbodens als Anschlag für die Türen.

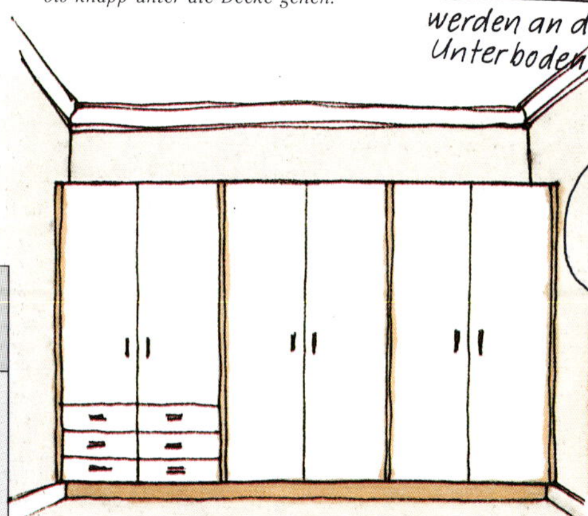

SCHRANKWAND
Vormontierte Rahmen werden zwischen die senkrechten Wände geschraubt. Sie können Türen in voller Höhe anbringen oder kürzere Türen über einem Schubladenteil.

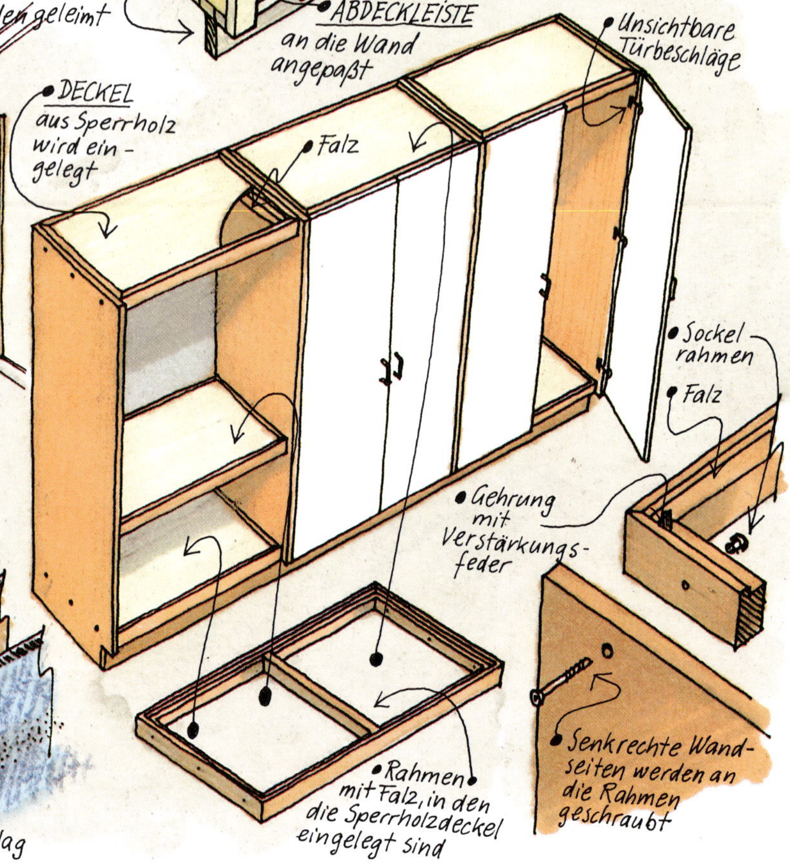

DER ZUSAMMENBAU
Schrankwand

- Bauen Sie die Rahmen in der Werkstatt zusammen und schrauben Sie sie zwischen die senkrechten Zwischenwände. Schrauben Sie die letzte Wandseite von innen fest, wenn außen nicht genug Platz ist. Befestigen Sie den Schrank an der Wand.
- Nageln Sie die Blende auf die Vorderkante der Zwischenwände.
- Legen Sie die Sperrholzdeckel in den Falz im oberen Rahmen.
- Schlagen Sie die Türen an den senkrechten Wänden an.
- Fertigen Sie die Innenausstattung (Auszüge, Fachböden usw.) und passen Sie sie ein.

EINBAUSCHRANK MIT FRONTRAHMEN

Den Rahmen bauen Sie zusammen und schrauben ihn an die Wand. Eine Deckenanschlußleiste wird angepaßt. Bei breiten Schränken sollten Sie Schiebetüren einbauen.

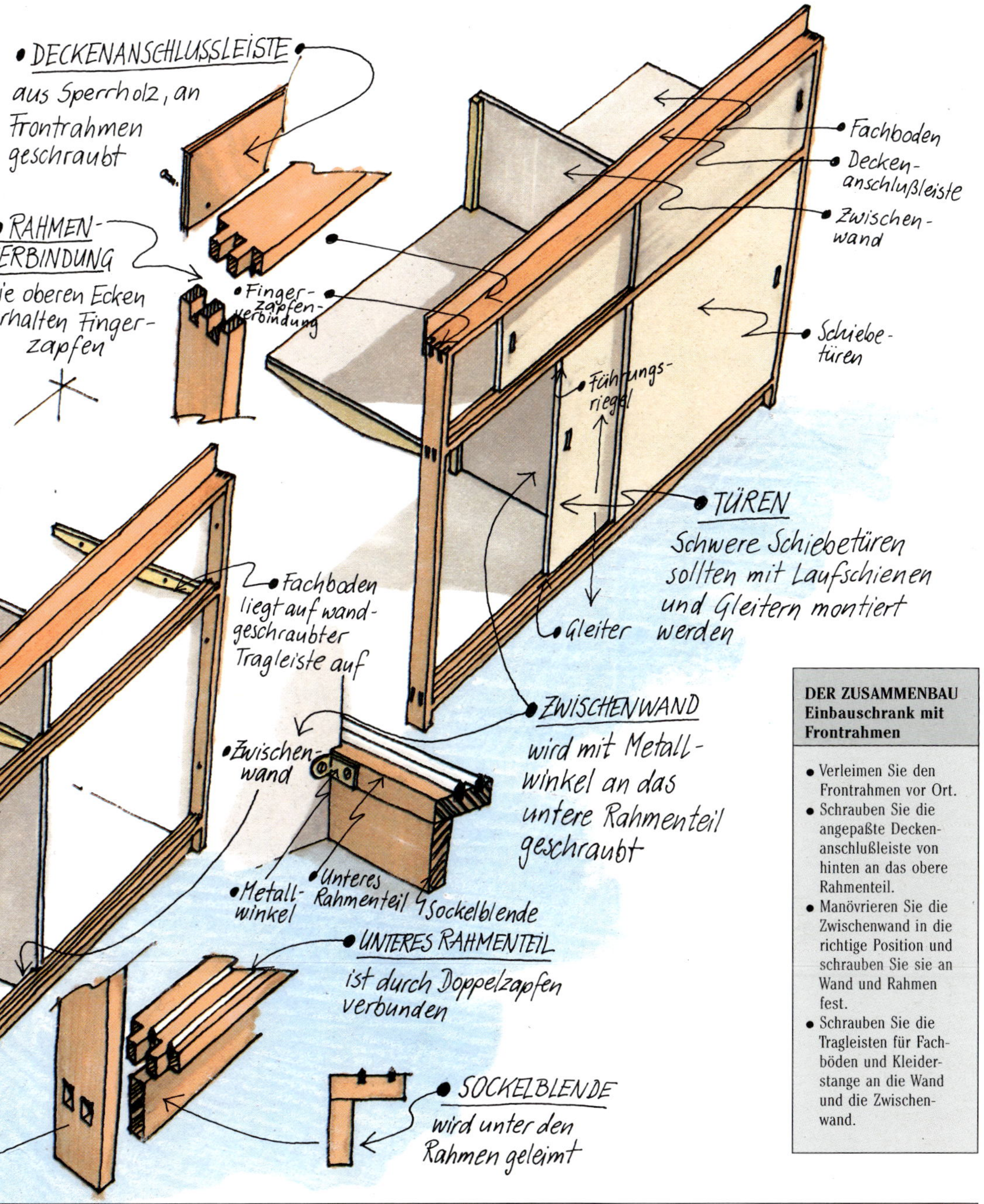

DER ZUSAMMENBAU
Einbauschrank mit Frontrahmen

- Verleimen Sie den Frontrahmen vor Ort.
- Schrauben Sie die angepaßte Deckenanschlußleiste von hinten an das obere Rahmenteil.
- Manövrieren Sie die Zwischenwand in die richtige Position und schrauben Sie sie an Wand und Rahmen fest.
- Schrauben Sie die Tragleisten für Fachböden und Kleiderstange an die Wand und die Zwischenwand.

PASSLEISTEN

Anstatt einen Korpus exakt der Wand anzupassen, ist es besser, eine Anschluß- oder Deckleiste zu verwenden, die den Zwischenraum zwischen Wand und Korpus abdeckt.

DIE WERKZEICHNUNG

Nur außergewöhnlich begabte Handwerker sind in der Lage, eine Idee direkt auf der Werkbank zu realisieren. Die meisten Schreiner zeichnen vorher einen detaillierten Plan, fertigen eine Werkzeichnung und bauen vielleicht sogar ein kleines Modell, um die spätere Raumausstattung zu simulieren und eine optimale Gestaltung zu erreichen.

Siehe auch
Bandmaß 76
Leimpistole 222

Entwurfzeichnungen
Um eine Vorstellung von der Form und Bauweise eines neuen Werkstücks zu bekommen, wird ein Schreiner seine Gedanken und Überlegungen zuerst einmal auf Papier skizzieren. Das sind kleine Skizzen (ähnlich wie die auf den vorgehenden Seiten), um die verschiedenen Möglichkeiten auszuprobieren, bis die Lösung gefunden ist, die allen Anforderungen gerecht wird. Leider lassen wir uns von Skizzen nur zu leicht täuschen. Entweder unterschätzen wir die Gesamtgröße des Stücks oder Details werden übertrieben. Ein kluger Schreiner wird sich eine genaue Maßstabszeichnung machen, um Proportionen und Konstruktionsmerkmale überprüfen zu können.

Maßstabszeichnungen
Ein professioneller Designer fertigt Maßstabszeichnungen, um der Werkstatt oder der Fabrik, die dieses Stück herstellen soll, die nötigen Informationen zu übermitteln. Diese Vorgehensweise empfiehlt sich auch für Sie. Üblicherweise verwenden Gestalter und Planer einen Maßstab von 1:5 (10 mm entsprechen 50 mm). Kleinere Maßstäbe, 1:20 zum Beispiel, eignen sich besonders für große Einbaumöbel. Stühle und andere relativ kleine Objekte werden meistens in natürlicher Größe (Maßstab 1:1) gezeichnet.

Die einzelnen Ansichten eines Stücks werden nebeneinander gezeichnet. Es sind dies die Vorderansicht, die Seitenansicht und die Draufsicht. Zusätzlich eingezeichnete Schnittflächen (d. h. Schnitte durch das Möbel) geben Aufschluß über den inneren Aufbau. Bereiche, die außergewöhnlich komplex sind, werden oft in natürlicher Größe herausgezeichnet, um die konstruktiven Details deutlich zu machen.

Zeichengeräte für Profis sind teuer; aber ohne ein Zeichenbrett (es genügt irgendein rechtwinkliges, glattes Brett), eine Reißschiene für horizontale Linien und ein Zeichendreieck für die vertikalen Linien werden Sie nicht auskommen. Außerdem brauchen Sie einen Präzisionsmaßstab mit 1-mm-Einteilung und einen Winkelmesser, um damit Winkel ablesen zu können. Nicht unbedingt wichtig, aber sehr nützlich sind Kurvenlineale, um Kurven und Bögen einzeichnen zu können, eine Kreisschablone für kleine Radien und ein Stechzirkel für große Kreise. Zeichnen Sie die Maßstabszeichnungen mit einem spitzen, mittelharten Bleistift auf Transparentpapier. Das können Sie dann bei der Entwurfsentwicklung über später folgende Zeichnungen legen.

Maßstabsgetreues Modell
Nach der Maßstabszeichnung bauen Sie nun ein Modell des Werkstücks aus Balsaholz und/oder Karton, um zu sehen, wie das Stück dreidimensional wirkt. Manche Designer bauen sich gerne ein detailgetreues Modell aus dem Material, das sie für das endgültige Stück vorgesehen haben.

Modellattrappe
Ein aus Reststücken und billigem Material zusammengebautes Modell in natürlicher Größe kann sehr aufschlußreich sein. Manchmal kann das z. B. die einzige Möglichkeit sein, herauszufinden, ob ein Stuhl wirklich so bequem oder fehlerfrei gebaut ist, wie Sie sich das vorstellen. Eine optische Attrappe aus leichten Holzfaserplatten oder sogar Wellpappe ist ideal, um die Proportionen eines großen Werkstücks überprüfen zu können, vor allem dann, wenn Sie diese Attrappe vor Ort aufstellen können, um zu sehen, wie sie in die Umgebung paßt.

Holzliste
Bevor Sie das Holz einkaufen oder bestellen, sollten Sie eine Holzliste aufstellen, in der die Länge, Breite und Stärke jedes Einzelteils eingetragen ist. In dieser Liste sollte auch vermerkt sein, aus welchem Material jedes Teil bestehen soll und die dafür nötige Holzmenge. Die angegebenen Maße sind Fertigmaße! Denken Sie also daran, den Verschnitt mitzuberechnen und beim Einkauf zu berücksichtigen.

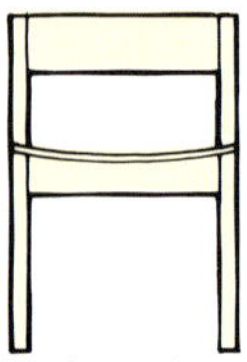

Vorderansicht

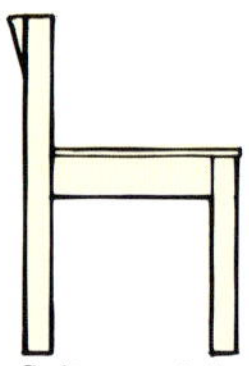

Seitenansicht

Draufsicht

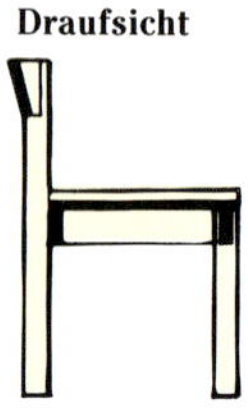

Höhenschnitt

RAUMVERMESSUNG

Messen Sie den Raum zuerst sorgfältig aus und notieren Sie sich alle Besonderheiten.

- Nehmen Sie ein langes Bandmaß, um die Raummaße, einschließlich der Diagonalen, aufzunehmen. So erkennen Sie, ob der Raum auch rechtwinklig ist. Gehen Sie nicht davon aus, daß die Wände selbstverständlich senkrecht sind.
- Messen Sie Stärke und Höhe von Raumbesonderheiten wie Decken- oder Wandleisten, Fußleisten oder Vertäfelungen.
- Vermessen Sie Türen und Fenster und machen Sie sich eine Notiz, wie sie zu öffnen sind.
- Tragen Sie die Lage von Heizkörpern oder Kaminen in die Zeichnung ein.
- Zeichnen Sie auch Steckdosen, Schalter und Lichtanschlüsse ein, die wegen des Einbaus eventuell verlegt werden müssen.

Zeichengeräte
1 Zeichenbrett
2 Zirkel
3 Zeichendreieck
4 Reißschiene
5 Kurvenlineale
6 Winkelmesser
7 Kreisschablone
8 Präzisionsmaßstab

Kapitel 3

Handwerkzeuge

In einer Zeit, in der zur Holzbearbeitung immer mehr Maschinen eingesetzt werden, um schneller und präziser zu arbeiten, bekommt man mitunter den Eindruck, Handwerkzeuge wären Relikte einer vergangenen Zeit, in der Handwerker für die Qualität ihrer Produkte und nicht für ihr Arbeitstempo bezahlt wurden. Doch dieser Eindruck trügt. Ein guter Schreiner kann eine Arbeit mit der Hand oft genauso schnell wie mit der Maschine erledigen. Man bekommt durch das Arbeiten von Hand ein Gefühl für das Material, ein Gefühl, das man beim Arbeiten mit Maschinen kaum erreichen kann. Die Reaktion einer Werkzeugschneide auf Faserverläufe etwa ist bei der Arbeit mit Handwerkzeugen viel besser zu erfahren wie bei der Arbeit mit Maschinen. Deshalb und nicht zuletzt auch aus Freude an ihrem Gebrauch wird selbst der modernste Schreiner immer einen umfangreichen Werkzeugsatz in seiner Werkstatt haben.

DER UMGANG MIT MASZSTÄBEN

Behandeln Sie Werkzeuge zum Anreißen und Messen vorsichtig, sonst verlieren sie ihre Maßhaltigkeit. Reißen Sie nie mit einem Plastik- oder Holzmaßstab an. Nehmen Sie einen Maßstab aus Metall! Metallmaßstäbe können rosten – reiben Sie sie deshalb mit etwas Öl ein. Der Federstahl eines Rollbandmaßes sollte nicht geknickt werden.

Siehe auch

Holzfehler	14
Gehrungsverbindungen	162 - 163
Zinken anreißen	184, 189
Furnierwerkzeuge	196 - 197

- **Werkzeuge zum Anreißen und Messen**
  Es ist gute, alte Handwerkssitte, die Maße eines Teils wann immer möglich durch Anreißen auf das dazugehörige andere Teil zu übertragen. Das Anreißen der Schwalben nach dem Zinken ist ein gutes Beispiel dafür. Es ist nicht nur die genaueste Methode, sondern man umgeht dabei die Gefahr, den Maßstab oder das Bandmaß falsch abzulesen.

Gliedermaßstab
Der traditionelle Zollstock oder Meterstab des Schreiners ist aus Buchsbaum mit Messinggelenken und Endkappen hergestellt. Ein guter Maßstab bleibt auch in aufgeklapptem Zustand starr. Der 1-m-Maßstab mit vier Gliedern ist der gebräuchlichste. Er hat eine Einteilung in Zentimeter und Millimeter, auf der Rückseite manchmal zusätzlich eine Inch-Einteilung.

Fester Stahlmaßstab
Dieser Maßstab ist eigentlich ein Werkzeug für Metallarbeiter. Dennoch sollten Sie mindestens einen Stahlmaßstab von 300 mm Länge für besonders genaue Messungen besitzen. Er kann außerdem als kurzes Richtscheit sehr nützlich sein. Eine Einteilung, mit der man den Mittelpunkt einer Strecke finden und anzeichnen kann, ist sehr praktisch.

Richtscheid
Ein Stahlstreifen ohne Markierungen mit einer schrägen Längskante. Dieses Werkzeug wird zur Überprüfung der Ebenheit einer Fläche und als Anschlag beim Anreißen langer, gerader Linien mit einem Reißmesser verwendet. Ein Stahlrichtscheit ist dick und relativ schwer und eignet sich deshalb auch gut zum Festhalten von Furnieren, wenn diese gerade zugeschnitten werden. Richtscheite gibt es in Längen von 500 mm bis 2 m.

Rollbandmaß
Ein etwa 5 m langes Rollbandmaß aus Federstahl gehört in jede Werkstatt. Nehmen Sie ein Bandmaß mit Zentimeter-Einteilung auf der einen und Inch-Einteilung auf der anderen Seite, falls Sie mit beiden Systemen arbeiten. Der Haken am Ende des Meßbands sitzt absichtlich lose, so daß man ihn ein wenig verschieben kann, um Außen- und Innenmaße abnehmen zu können. Dieser Haken kann sich verbiegen, wenn Sie das Band zu schnell zurück in das Gehäuse schnappen lassen. Kaufen Sie ein Rollbandmaß mit einer Sperre, damit sich das Band nicht selbsttätig zurückziehen kann.

Anschlagwinkel
Ein Winkel besteht aus einer Metallzunge, die rechtwinklig in einem Schenkel aus Holz, Gußeisen oder auch Plastik befestigt ist. Man verwendet ihn, um die Genauigkeit eines 90°-Winkels zu überprüfen oder um Linien anzureißen, die rechtwinklig zu einer Kante verlaufen. Ist die obere innere Ecke des Schenkels auf 45° geschnitten, lassen sich mit diesem Winkel auch Gehrungen anreißen. Ein Winkel mit einem Schenkel aus Plastik oder Gußeisen wird genau bleiben, weil diese Materialien sich nicht verändern. Ein Holzschenkel kann sich bei Feuchtigkeit eventuell verziehen, und die Nietbeschläge, die die Zunge halten, können sich lockern, wenn der Winkel herunterfällt. Der Winkel mit Anschlag aus Palisander und einer Messingkante ist ein Lieblingsstück der Schreiner, weil er ein wunderschön gearbeitetes Werkzeug ist. Ein Winkel mit einer 300 mm langen Zunge ist sehr nützlich.

Gehrmaß
Die Zunge des Gehrmaßes läuft in einem Winkel von 45° durch den Anschlagschenkel. Das Gehrmaß wird zum Anreißen von Gehrungen und zum Überprüfen der Gehrungsstöße beider Verbindungsteile benützt.

Schmiege
Eine Schmiege wird genauso gehandhabt wie ein Gehrmaß, jedoch läßt sich ihre Zunge auf jeden beliebigen Winkel einstellen und wird mit einer Schraube oder einem Hebel in der jeweiligen Stellung festgehalten.

Zinkenschablone
Sie ist eine Spezialschablone zum Anreißen von Zinken. Die eine Seite der Schablone ist für Zinken in Weichholz mit einer Schräge von 1:6 gedacht, die andere Seite hat eine Schräge von 1:8 für Zinken in Hartholz.

Reißmesser
Reißen Sie Verbindungen zuerst mit dem Bleistift, dann aber auch mit einem Reißmesser an, um die Holzfasern zu durchtrennen, damit beim Sägen eine saubere Schnittkante entsteht. Die Klinge ist einseitig schräg angefast. Legen Sie die flache Klingenseite an einem Winkel an und schneiden Sie immer auf der wegfallenden Seite der Rißlinie.

MESSEN UND ANREISSEN

Jeder Schreiner braucht für das anfängliche Messen und Anreißen mehrere Werkzeuge. Behandeln Sie Ihre Meßwerkzeuge mit Sorgfalt. Grober oder nachlässiger Umgang kann ihre Genauigkeit beeinträchtigen.

Ein Brett in gleiche Teile einteilen
Um ein Brett z. B. in fünf Teile zu teilen, legen Sie ein Ende des Maßstabs an der Brettkante an und den fünften Teilstrich an die andere. Dann markieren Sie die Teilstriche eins bis vier.

Ein Brett einteilen

Auf Windschiefe überprüfen
Um eine Verkrümmung zu erkennen, legen Sie über die Enden des Bretts je einen festen Stahlmaßstab. Peilen Sie nun darüber.

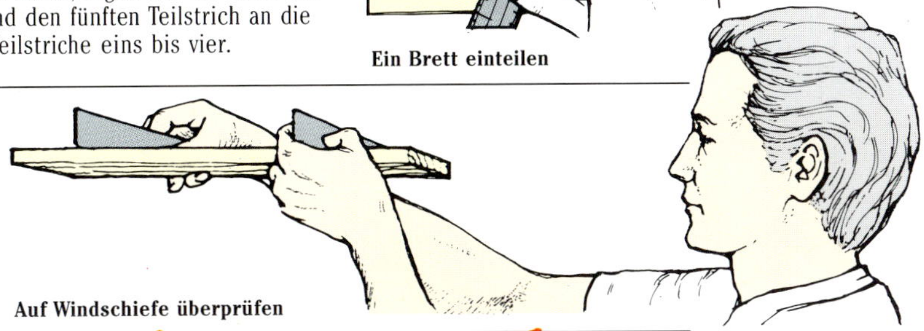

Auf Windschiefe überprüfen

Ebenheit kontrollieren
Legen Sie einen Richtscheit über die Fläche. Scheint darunter Licht durch, oder liegt das Richtscheit auf einer Stelle auf, ist die Fläche nicht eben. Bei großen Flächen drehen Sie das Richtscheit.

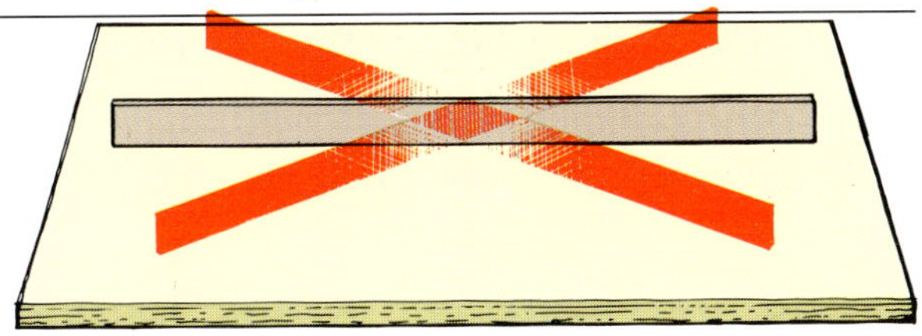

Eine breite Fläche auf Ebenheit überprüfen

Innen- und Außenmessungen
Für Außenmessungen legen Sie das Band an einer Kante des Werkstücks an und lesen das Maß an der gegenüberliegenden Kante ab **(1)**. Bei Innenmessungen lesen Sie das Maß an der Eintrittsstelle in das Bandgehäuse ab und addieren dann die Länge des Bandgehäuses **(2)**.

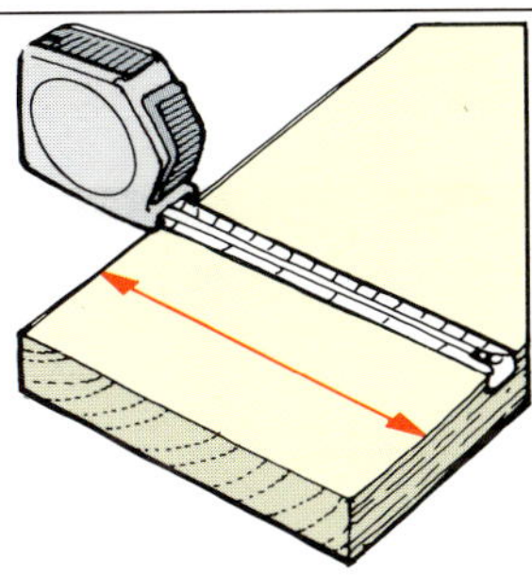

1 Außenmessung

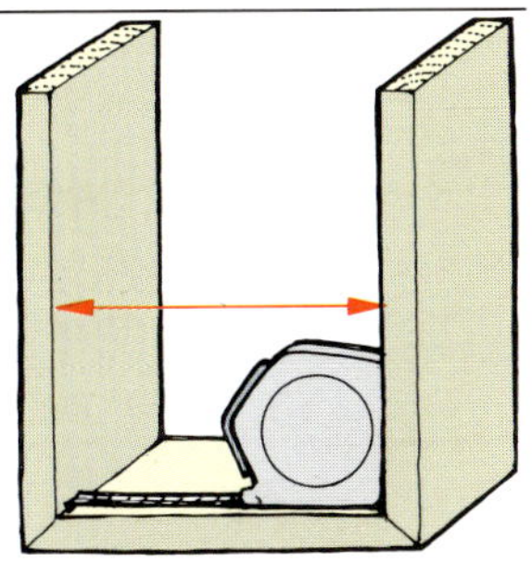

2 Innenmessung

Prüfen der Anschlagwinkel
Winkel müssen ab und zu auf ihre Genauigkeit überprüft werden. Dazu ziehen Sie mit dem Winkel einen senkrechten Riß zu einer Brettkante, schlagen den Winkel dann um und schieben ihn an den Riß heran. Die Zunge muß nun mit dem Riß genau übereinstimmen.

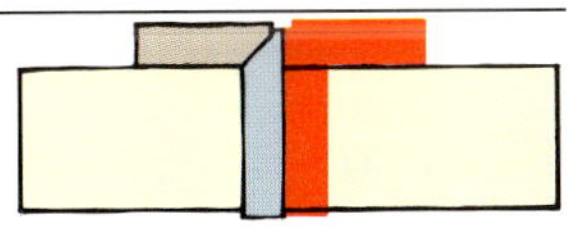

Einen Winkel nachprüfen

Anwendung der Winkel
Nehmen Sie einen Winkel, um zu prüfen, ob die zwei Teile einer Verbindung einen Winkel von 90° zueinander bilden **(1)**. Um einen rechten Winkel anzureißen, legen Sie den Winkel fest an der Werkstückkante an **(2)**. Um eine Gehrung anzureißen, legen Sie die schräge Anschlagfläche des Winkels am Werkstück an **(3)**.

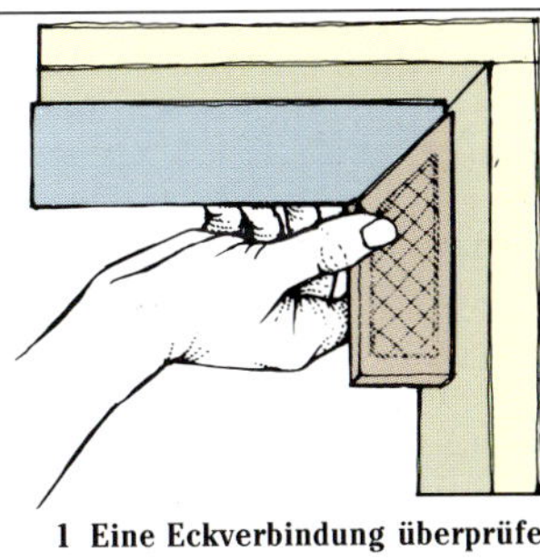

1 Eine Eckverbindung überprüfen

2 Einen rechten Winkel anreißen

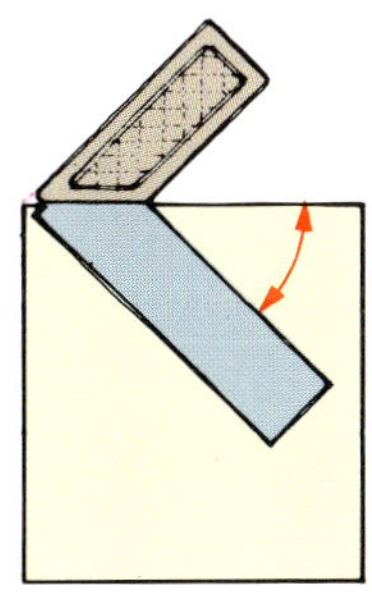

3 Gehrung anreißen

Eine Gehrung überprüfen
Schieben Sie das Gehrmaß auf die äußere Kante eines auf Gehrung geschnittenen Brettes. Die Zunge sollte nun über die gesamte Schrägfläche hinweg dicht aufliegen.

Einen Gehrungsstoß überprüfen

STREICHMASZE

Siehe auch

- **Aufbewahren hölzerner Streichmaße**
  Die hölzernen Zungen eines Streichmaßes sitzen so dicht in dem Anschlag, daß sie klemmen, wenn das Holz quellen würde. Wenn es in Ihrer Werkstatt feucht sein sollte, bewahren Sie das Streichmaß in einer Plastiktüte auf.

Streichmaß
Mit einem Streichmaß kann man eine Linie parallel zu einer Hobelkante ziehen. An einem Ende der Hartholzzunge befindet sich ein spitzer Stahlstift. Die Zunge läuft durch den Streichmaßkopf, den man mit einer Flügelschraube auf das gewünschte Anreißmaß feststellen kann. In den Holzkopf bündig eingelassene Messingstreifen schützen gegen Abnutzung. Ein Standardstreichmaß ist 200 mm lang, aber es gibt auch Streichmaße mit längeren Zungen zum Anreißen breiter Bretter.

Schneidendes Streichmaß
Ein schneidendes Streichmaß ist dem normalen Streichmaß annähernd gleich. Es hat jedoch statt der Anreißspitze eine kleine Klinge, die durch einem Messingkeil gehalten wird. Man nimmt es, um damit quer zur Faser anzureißen, weil mit einem normalen Streichmaß die Holzoberfläche aufgerissen würde. Meist ist die Klinge abgerundet. Sie läßt sich jedoch auch gegen eine spitze, messerartige Klinge austauschen, um damit Furniere zu schneiden.

Zapfenstreichmaß
Ein Zapfenstreichmaß hat zwei Anreißspitzen, um die beiden Wangen eines Zapfens oder Schlitzes gleichzeitig anreißen zu können. Eine Spitze ist feststehend, die andere sitzt auf einem beweglichen Messingstreifen, der sich mit einer Flügelschraube am anderen Ende der Zunge auf feinste Maße einstellen läßt. Die meisten Zapfenstreichmaße sind doppelt verwendbar, da sie auf der anderen Seite der Zunge eine einzelne, feststehende Anreißspitze haben, so wie ein einfaches Streichmaß.

Bogenstreichmaß
Mit dem flachen Anschlag des einfachen Streichmaßes läßt sich eine Linie parallel zu einer gebogenen Kante nur schwer anreißen. Der besondere Messinganschlag des Bogenstreichmaßes liegt nur an zwei Punkten auf. So wakkelt das Bogenstreichmaß nicht, wenn man es an einer gebogenen Kante entlangzieht.

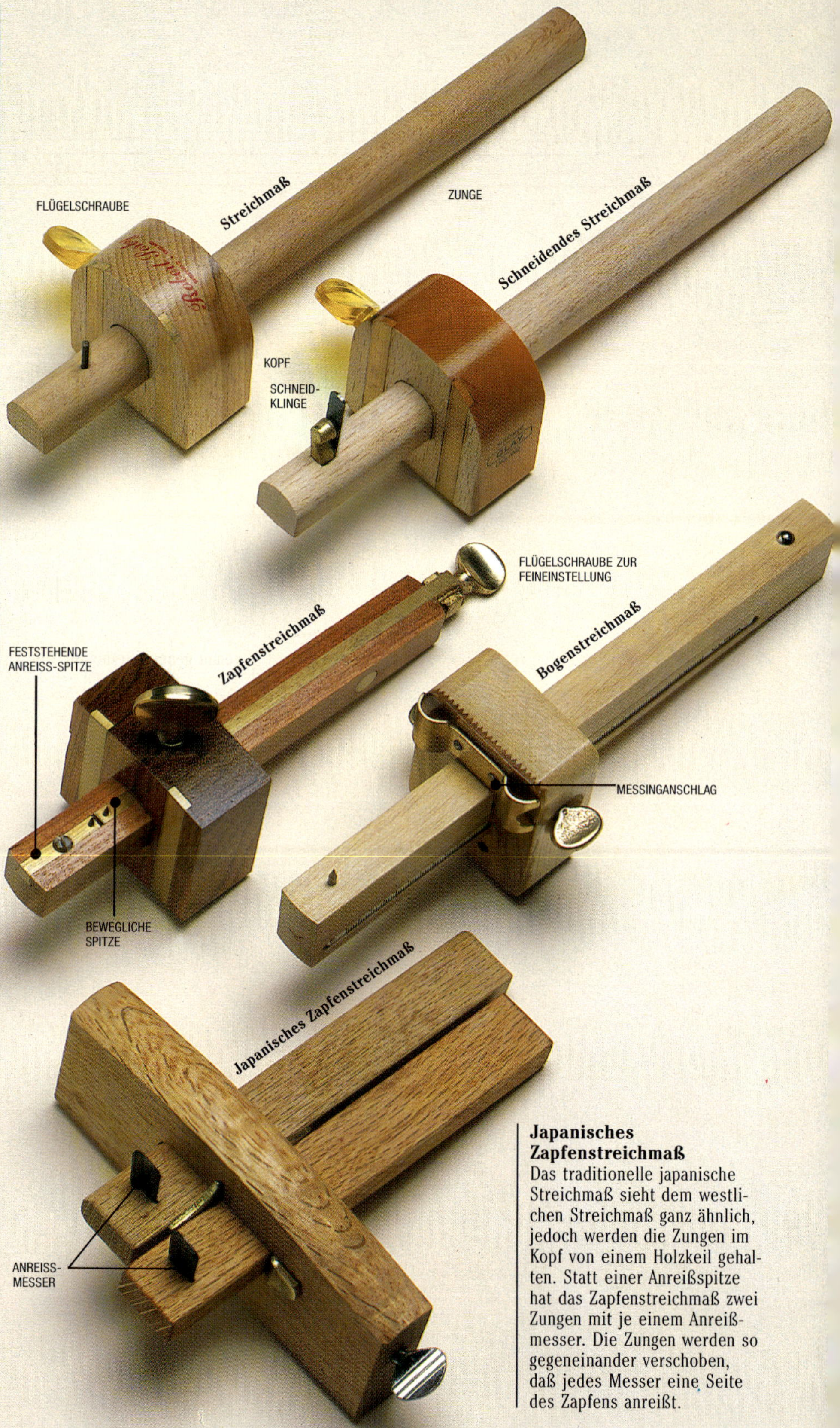

Japanisches Zapfenstreichmaß
Das traditionelle japanische Streichmaß sieht dem westlichen Streichmaß ganz ähnlich, jedoch werden die Zungen im Kopf von einem Holzkeil gehalten. Statt einer Anreißspitze hat das Zapfenstreichmaß zwei Zungen mit je einem Anreißmesser. Die Zungen werden so gegeneinander verschoben, daß jedes Messer eine Seite des Zapfens anreißt.

ANDERE ANREISS-WERKZEUGE

Profilschablone
Eine Profilschablone besteht aus einer Reihe von Metallstiften oder Plastikstreifen, die, wenn man sie gegen eine Profilleiste drückt, zurückgeschoben werden und dadurch auf der anderen Seite das exakte Konterprofil abbilden.

Schlagschnur
Mit einer Schlagschnur läßt sich eine Schnittlinie markieren. Die Schnur ist in einem Gehäuse aufgewickelt, das farbige Kreide enthält. Wird die Schnur herausgezogen, ist sie damit eingefärbt. Ziehen Sie die Schnur mit einem Helfer über der beabsichtigten Schnittlinie aus und lassen Sie sie wie die Sehne eines Bogens auf das Brett schnappen.

Profilschablone

Schlagschnur

HANDHABUNG DER STREICHMASZE

Ein Streichmaß soll eine klare, feine Linie auf dem Werkstück hinterlassen. Eine zu tief eingeschnittene Linie kann das Holz aufreißen. Das führt zu Ungenauigkeiten.

Einstellen eines Streichmaßes
Stellen Sie den Streichmaßkopf ein **(1)** und schrauben Sie ihn fest. Korrigieren Sie, falls nötig, indem Sie den Abstand zwischen Anreißspitze und Kopf zu verringern **(2)**. Um den Abstand zu vergrößern, müssen Sie auf das andere Ende der Zunge klopfen **(3)**.

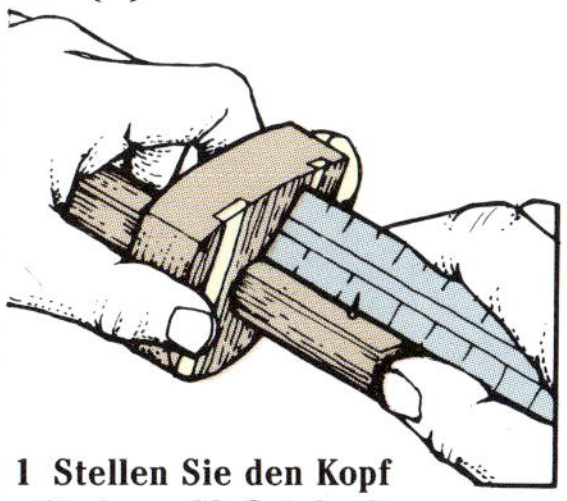

1 Stellen Sie den Kopf mit einem Maßstab ein

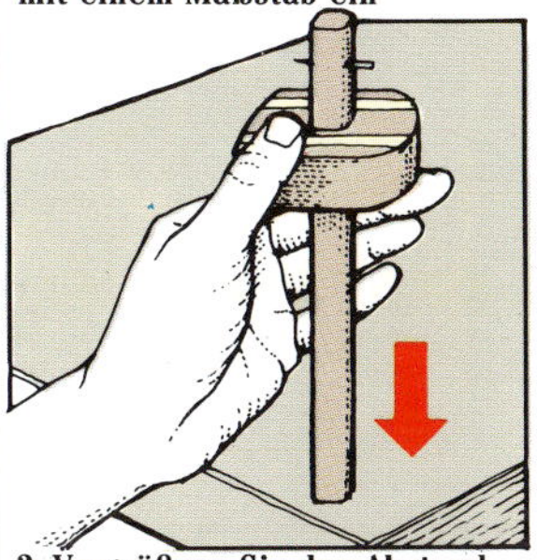

2 Vergrößern Sie den Abstand

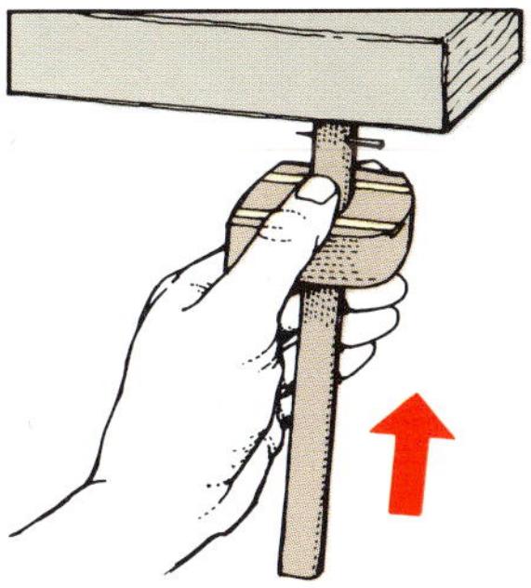

3 Verkleinern Sie den Abstand

Einstellen eines Zapfenstreichmaßes
Stellen Sie die Breite eines Stemmeisens ein.

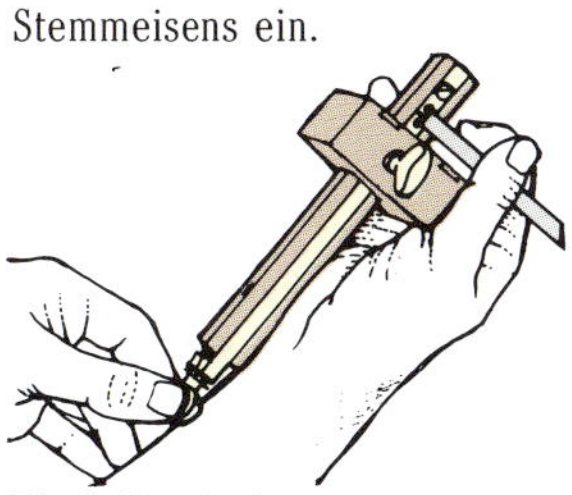

Die Stifte abstimmen

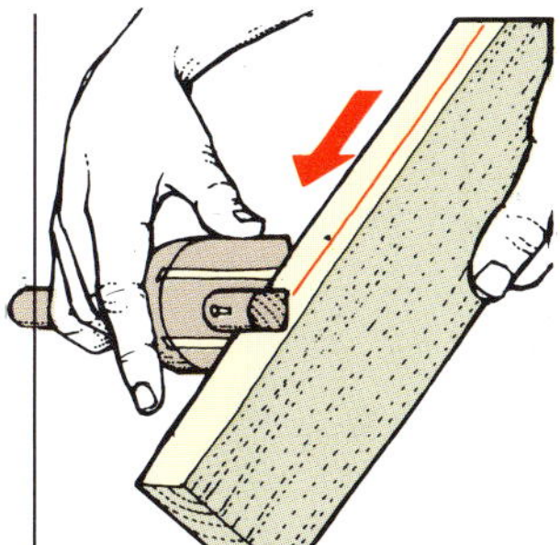

Anreißen mit einem Streichmaß
Drücken Sie den Anschlag fest gegen die Brettkante und schieben Sie das Streichmaß von sich weg. Die Anreißspitze sollte dabei schräg hinterherschleifen.

Die Mitte finden
Beim Anreißen bestimmter Verbindungen ist es wichtig, die genaue Mitte eines Holzstücks zu finden. Das Messen mit einem Maßstab ist nicht genau genug. Stellen Sie ein Streichmaß möglichst genau auf die Hälfte der Holzstärke ein. Dann legen Sie das Streichmaß auf einer Seite an und machen einen kleinen Riß. Das gleiche machen Sie nun von der anderen Seite aus. Stimmen die beiden Risse überein, ist das Streichmaß exakt auf die Mitte eingestellt. Liegen die Risse nebeneinander, müssen Sie das Streichmaß neu einstellen, bis sich die Risse decken.

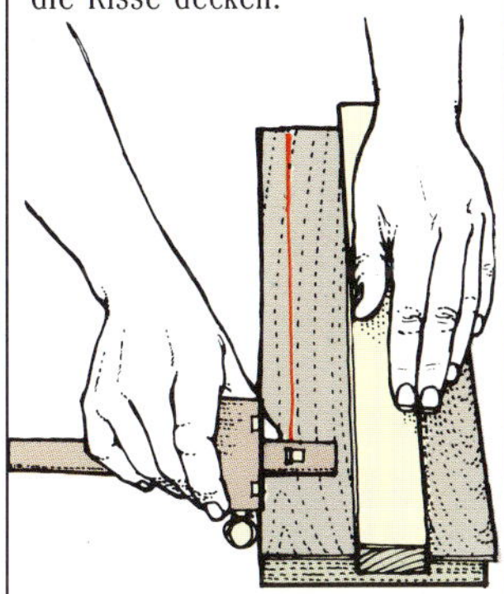

Schneiden von Furnier
Legen Sie die abgerichteten Kanten der Furniere bündig auf eine gerade Brettkante. Pressen Sie die Furniere mit einer dicken Leiste nach unten und schneiden Sie ab.

ABRICHTEN UND FÜGEN

Darunter versteht man das Planhobeln einer Brettfläche und das Anfügen von Winkelkanten, die rechtwinklig zu den angrenzenden Flächen stehen.

Vorgehensweise
Wählen Sie die Brettseite aus, die Ihnen, was Färbung, Maserverlauf und Makellosigkeit betrifft, am geeignetsten erscheint. Hobeln Sie die Brettseite plan und versehen Sie sie dicht an einer Kante mit einem Winkelzeichen (eine mit Bleistift gezeichnete Schlaufe), das diese Seite als die „gute" kennzeichnet **(1)**. Diese Kante hobeln Sie nun rechtwinklig zur Brettfläche, prüfen sie mit einem Winkel nach und kennzeichnen sie ebenfalls mit einem Winkelzeichen, das in Richtung des ersten zeigt **(2)**. Das ist nun Ihre „Bezugskante". Alle weiteren Messungen müssen nun entweder von der Bezugsseite oder der Bezugskante aus erfolgen. Stellen Sie das Streichmaß auf die gewünschte Holzstärke ein und reißen sie diese auf beiden Längskanten an **(3)**. Hobeln Sie die unfertige Seite bis zu diesen Linien herunter **(4)**. Von der Bezugskante ausgehend reißen Sie die Breite auf beiden Seiten an **(5)** und hobeln das Brett auf Maß **(6)**.

1 Die Bezugsseite

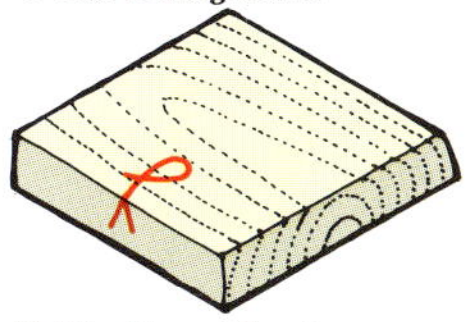

2 Die Bezugskante

3 Holzstärke anreißen

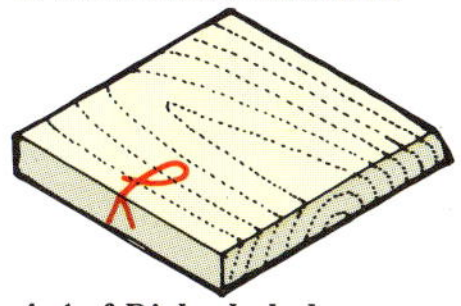

4 Auf Dicke hobeln

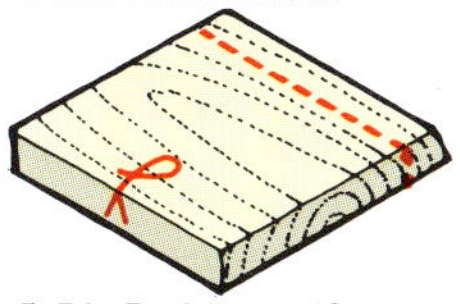

5 Die Breite anreißen

6 Das Brett auf Maß hobeln

VON HAND ANREISSEN

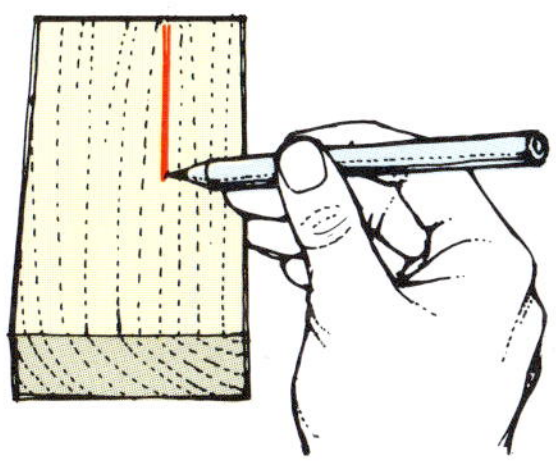

1 Mit dem Finger anreißen

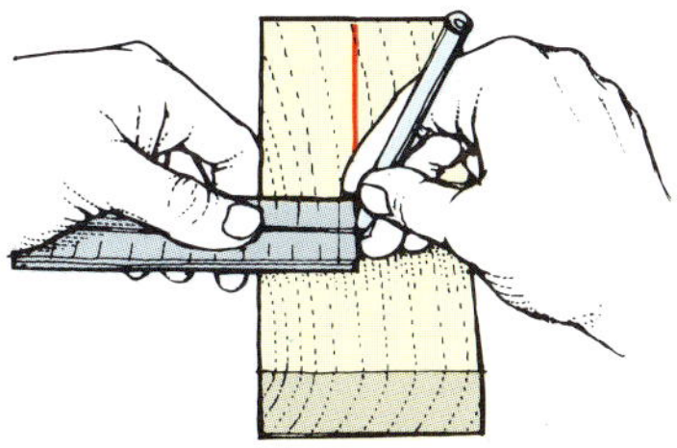

2 Mit einem Lineal anreißen

WIE EINE SÄGE ARBEITET

Holzsägen haben eine sehr alte Tradition, die sich über 4000 Jahre zurückverfolgen läßt. Durch die Jahrhunderte hindurch wurde die Qualität der verwendeten Materialien immer weiter verbessert. Auch wurden durch den Einfallsreichtum nachfolgender Generationen von Schreinern viele Probleme des Sägens gelöst, z. B. wie man schnell, gerade, Rundungen oder sehr fein sägen kann. Manche Sägen arbeiten auf Zug, andere auf Stoß. Doch davon abgesehen, durchtrennt jede Säge das Holz im Grunde auf die gleiche Art und Weise. Ein Sägeblatt besteht aus einer Reihe spitzer Zähne. Jeder Zahn wirkt wie eine Miniaturmesserklinge, die kleinste Späne aus dem Holz schneidet, die als Sägemehl auf den Boden fallen.

Siehe auch

Anschlagwinkel	76
Gehrmaß	76-77
Handhabung und Pflege der Handsägen	82
Ersetzen eines Spanndrahts	85
Japanische Sägen	86
Schärfen der Sägen	87

Die Schränkung

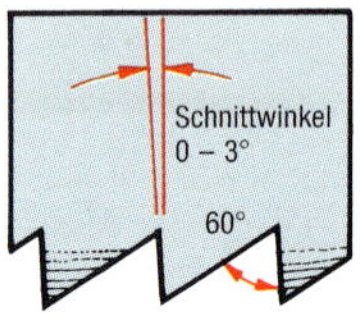

1 Längsschnittzahnung

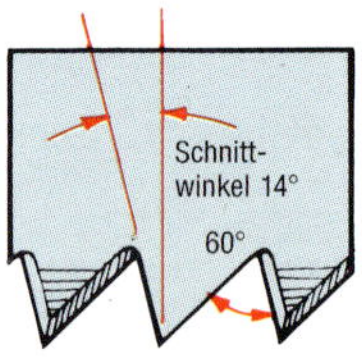

2 Querschnittzahnung

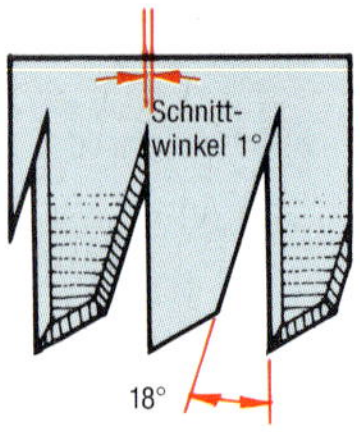

3 Japanische Zahnung

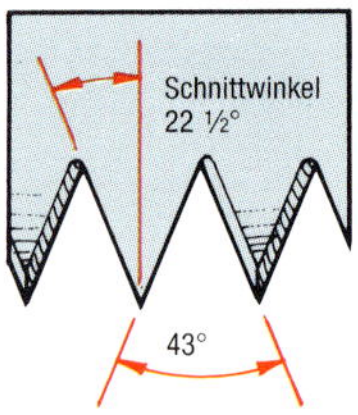

4 Mehrzweckzahnung

Das Schränken der Zähne

Wären die Zähne der Säge direkt hintereinander aufgereiht, würde sie nach ein paar Minuten im Schnitt klemmen. Um dieses Problem zu vermeiden, werden alle, auch die kleinsten Zähne „geschränkt". Die Zähne werden dabei abwechselnd nach rechts oder links gebogen, damit die Schnittfuge weiter ist als das Sägeblatt selbst stark ist.

Die Form der Zähne

Die Zähne einer Säge sind unterschiedlich geformt, je nachdem, was und wie sie schneiden sollen.

Längsschnittzähne **(1)** sind für Schnitte längs zur Faser, z. B. für das Besäumen eines Bretts gedacht. Es sind große Zähne mit fast senkrechter Zahnbrust. Jeder Zahn ist rechtwinklig zur Sägeblattebene gefeilt, und seine scharfe Spitze schneidet wie ein Stecheisen in das Holz.

Querschnittzähne **(2)** sind für Schnitte quer zur Faser gedacht, ohne dabei das Holz auszureißen. Für die meisten Verbindungen oder auch zum Ablängen eines Bretts ist diese Zahnform nötig. Die Zahnbrust eines Querschnittzahns ist leicht geneigt und schräg angefeilt, um eine scharfe Schneide und Spitze zu bilden. Jeder Zahn wirkt wie ein Messer, indem er auf beiden Seiten der Schnittfuge das Holz abtrennt.

Der japanische Querschnittzahn **(3)** sieht ganz ähnlich aus, ist aber länger und schmaler und hat an seiner Spitze zusätzlich eine schräge Schneidfase.

Mehrzweckzähne **(4)** sind symmetrisch und an beiden Kanten angefeilt, damit sie längs und quer zur Faser schneiden. Man nennt sie auch „Dreieckzähne".

Die Größe der Zähne

Eine Säge für feine Arbeiten – etwa um Zinken zu sägen – muß kleine, leicht geschränkte Zähne haben. Kleine Zähne sägen jedoch langsam. Um Holz, vor allem harzige Weichhölzer, schnell sägen zu können, muß die Säge große Zähne mit tiefen Zahnlücken haben. Das sind die Zwischenräume zwischen den Zähnen, die das anfallende Sägemehl aus der Schnittfuge räumen.

Die Zahngröße hängt von der Anzahl der Zähne ab, die auf 25 mm (1 Inch) eines Sägeblatts stehen. Trotz der Umstellung auf das metrische System wird die Zahngröße (in England und Amerika) meist in TPI (teeth per inch = Zähne pro 25 mm) angegeben. Oder es wird die Anzahl der Zähne in PPI (Points per Inch = Zahnspitzen pro 25 mm) angegeben. (In Deutschland wird die „Zahnteilung" einer Säge in Millimeter angegeben. Unter Zahnteilung versteht man die Entfernung von einer Zahnspitze zur nächsten. A.d.Ü.)

Gelegentlich werden Sägen mit zum Griff hin größer werdenden Zähnen angeboten. Man setzt die Säge mit den vorderen kleinen Zähnen an, bis eine Schnittfuge gebildet ist und die volle Länge des Sägeblattes benutzt werden kann.

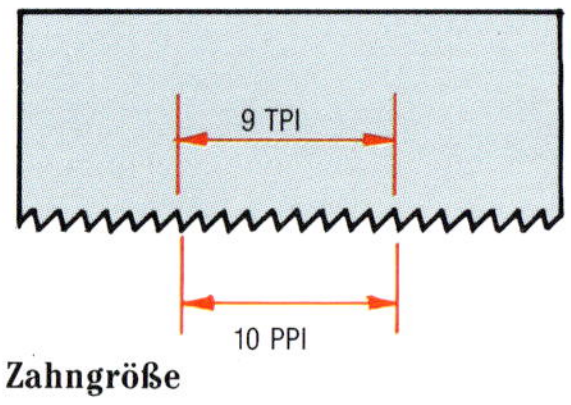

Zahngröße

Gehärtete Zähne

Viele Sägen haben heute gehärtete Zähne. Diese bleiben länger scharf als die normalen Zähne aus Stahl.

HANDSÄGEN

Alle Handsägen haben lange, biegsame Sägeblätter. Da die Sägeblätter aber recht breit sind, kann mit ihnen ein gerader Schnitt ausgeführt werden. Die besten Sägeblätter sind konisch geschliffen, d. h. oberhalb der Zahnlinie dünner geschliffen, um in der Schnittfuge mehr Spiel zu haben. Außerdem ist ihr Rücken geschweift; in einer sanften S-Kurve wird das Blatt zur Spitze hin schmaler. Das verbessert das Gleichgewicht der Säge. Manche Sägen haben einen Überzug aus Polytetrafluorethylen (PTFE), der die Reibung vermindert.

Eine gute Handsäge

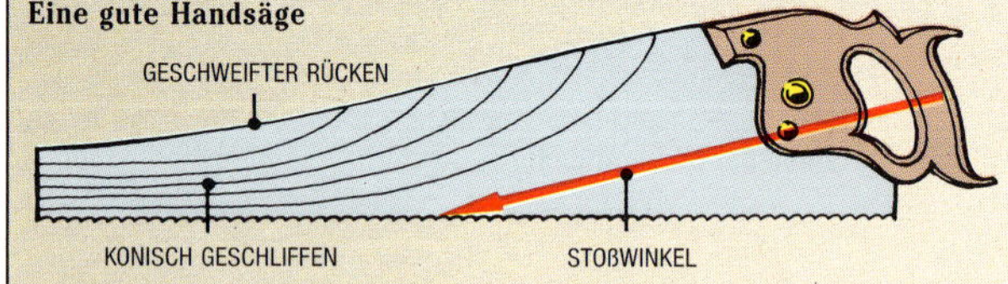

Pistolengriff

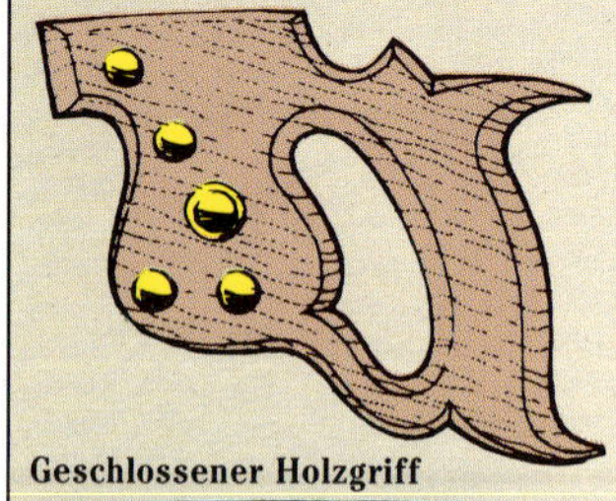

Geschlossener Holzgriff

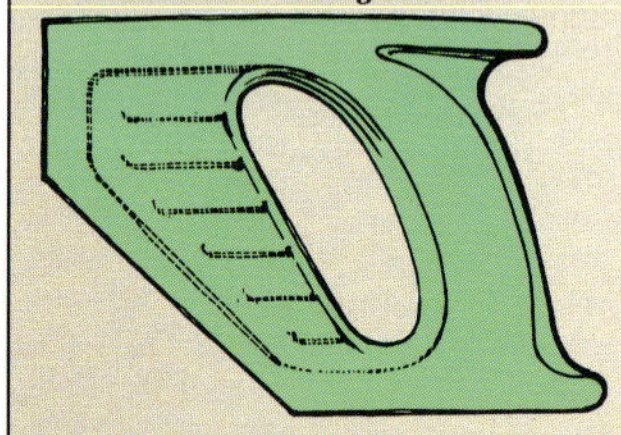

Geschlossener Plastikgriff

GRIFFE

Ein Griff sollte tief hinter dem Blatt ansetzen, damit die maximale Stoßkraft auf die Mitte der Zahnlinie trifft. Nur wenige Handsägen haben noch den altmodischen Pistolengriff. Die meisten Sägen haben heute einen solideren geschlossenen Griff aus Holz oder Plastik. Die traditionell geformten Holzgriffe sind zwar praktisch und bequem in der Handhabung, jedoch ziehen viele Hersteller heute die ökonomischeren Plastikgriffe vor. Diese sind oft so ausgebildet, daß man den langen, geraden Rücken der Säge wie einen extragroßen Winkel benutzen kann.

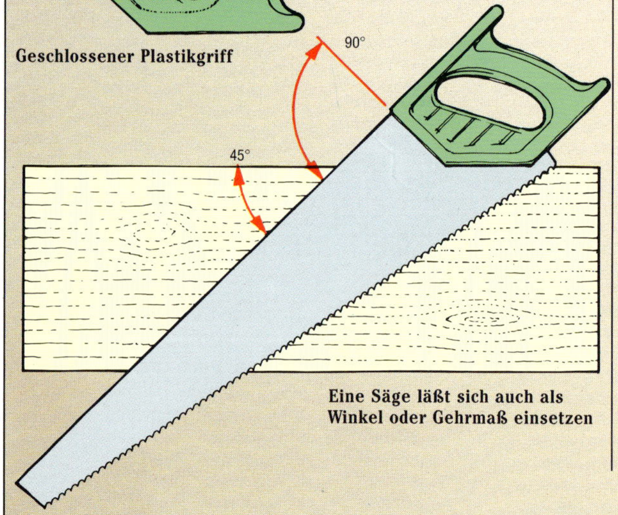

Eine Säge läßt sich auch als Winkel oder Gehrmaß einsetzen

Längsschnittsäge
Dieser Fuchsschwanz für Längsschnitte ist mit einer Blattlänge von 650 mm und 5 PPI der größte unter den Handsägen. Die Säge ist ausschließlich für Längsschnitte in Massivholz geeignet.

Querschnittsäge
Die Querschnittsäge ist 600–650 mm lang und hat 6–8 PPI. Dieser Fuchsschwanz ist ideal zum Ablängen massiver Bretter, für das Sägen von Holzwerkstoffplatten jedoch etwas zu grob. Es sind auch Handsägen mit den schnell schneidenden japanischen Querschnittzähnen erhältlich.

Absetzsäge
Dieser kürzere Fuchsschwanz mit 500–550 mm langem Blatt und relativ feiner Querschnittzahnung (10–12 PPI) wird vor allem zum Zerteilen großer Platten eingesetzt. Die Säge läßt sich aber auch als Universal-Querschnittsäge verwenden.

Längsschnittsäge

Querschnittsäge

Absetzsäge

Gestellsäge
Die traditionelle Gestellsäge (siehe rechts) hat sich seit dem Mittelalter kaum verändert. Das schmale Sägeblatt wird mit Hilfe einer gedrehten Schnur oder einem Draht gespannt, der die Sägearme oben zusammenzieht. Das Blatt läßt sich drehen, damit das Gestell bei großen Längsschnitten nicht im Weg ist. In das Gestell können Sägeblätter mit unterschiedlicher Bezahnung eingesetzt werden.

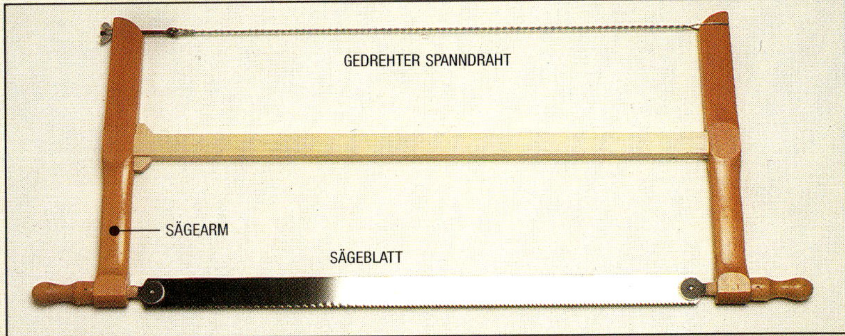

Siehe auch
Schärfen der Sägen 87
Handsägen 80 - 81
Hobelbänke und Zubehör 158 - 159
Sägeböcke 159
Durchgestemmte Zapfen 172
Schlitz-und-Zapfen-Verbindungen 172 - 180

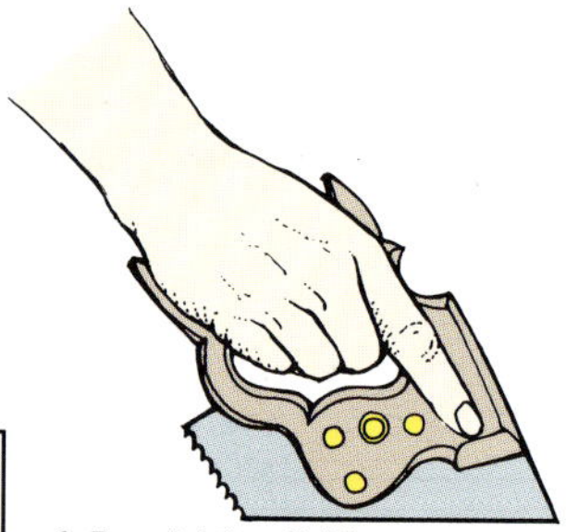

1 Der richtige Griff

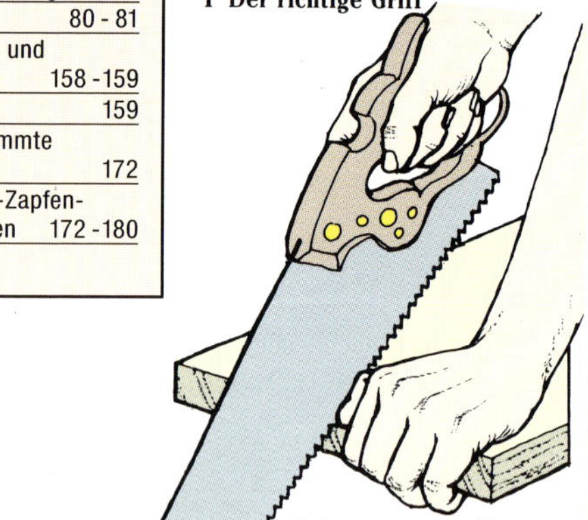

2 Ansetzen der Säge

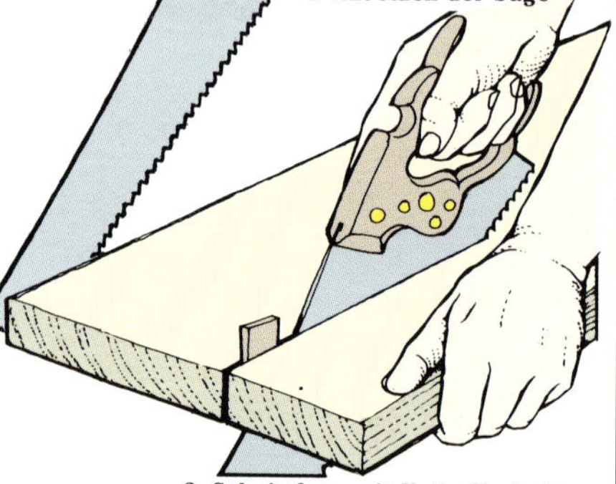

3 Schnittfuge mit Keil offenhalten

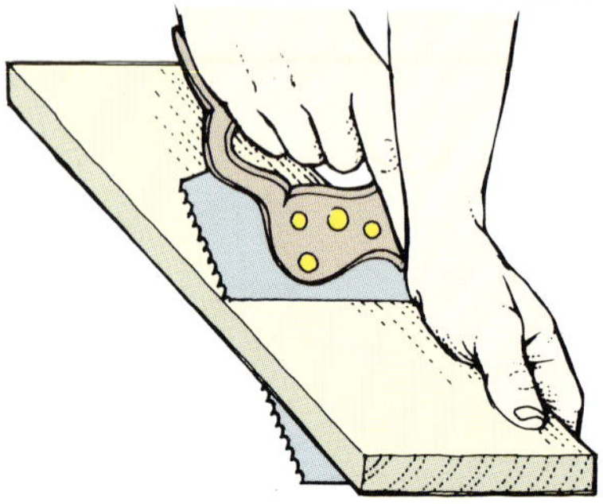

4 Den Abschnitt festhalten

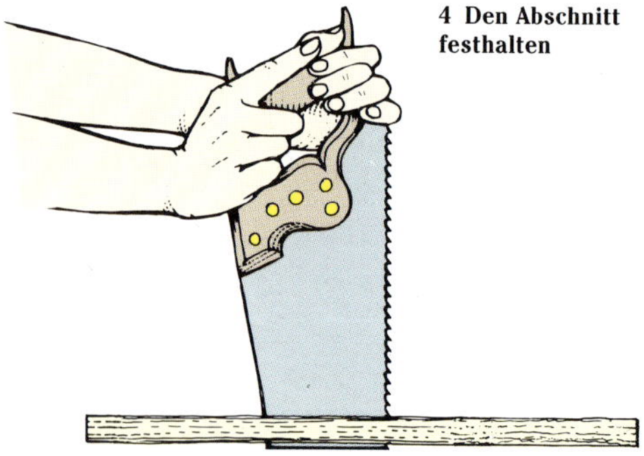

5 Umgekehrte Griffhaltung

HANDHABUNG UND PFLEGE DER HANDSÄGEN

Legen Sie das Brett so hin, daß Sie ungefähr in einem Winkel von 45° zur Brettfläche sägen können und Ihr Vorderarm eine Linie mit dem Sägeblatt bildet.

Das sichere Führen einer Handsäge
Halten Sie eine Handsäge so, daß der ausgestreckte Zeigefinger in Richtung der Blattspitze zeigt **(1)**. Sie haben so das Blatt besser unter Kontrolle, und der Sägegriff kann sich in Ihrer Hand nicht drehen. Setzen Sie die Säge so an, daß der Schnitt auf der wegfallenden Seite des Risses liegt, und legen Sie das Blatt an dem Daumen der anderen Hand an **(2)**.

Dann führen Sie die Säge in langsamen, gleichmäßigen Zügen unter Ausnutzung der ganzen Sägeblattlänge. Fängt die Säge an zu verlaufen, drehen Sie das Sägeblatt ein wenig, um zurück zum Riß zu kommen. Falls sich die Schnittfuge schließt und das Sägeblatt einklemmt, halten Sie sie mit einem kleinen Keil offen **(3)**.

Den Schnitt beenden
Wenn Sie ein Brett fast ganz durchgesägt haben, halten Sie mit Ihrer freien Hand den Abschnitt fest **(4)**. Sägen Sie langsam und vorsichtig, um die letzten Holzfasern zu zertrennen, ohne daß sie ausbrechen.

Wenn Sie sich dem Ende eines langen Bretts oder einer Platte nähern, sollten Sie sich entweder umdrehen, um von der anderen Seite her der Schnittfuge entgegenzusägen, oder Sie ändern Ihren Griff an der Säge, so daß Sie in der gleichen Richtung weitersägen, die Zähne der Säge aber von Ihnen wegweisen **(5)**.

Pflege der Sägen
Schieben Sie einen Plastikschutz über die Zähne der Säge, wenn Sie die Säge nicht benutzen. Wenn Sie sie für längere Zeit weglegen, reiben Sie die Säge mit einem öligen Lappen ein, damit sie nicht anfängt zu rosten. Rostflecken entfernen Sie mit Stahlwolle und etwas Terpentinersatz.

AUFLEGEN EINES WERKSTÜCKS

Wenn Sie das Werkstück nicht richtig auflegen oder abstützen, können Sie nicht sicher und effektiv sägen. Bretter oder Platten sollten auf etwa 55 cm hohe Sägeböcke aufgelegt werden. Dünne Platten wippen, wenn man sie nicht auf beiden Seiten der Rißlinie mit steifen Brettern unterlegt. Auf Böcken halten Sie das Werkstück mit Ihrem Knie nieder. Wenn Sie lieber auf Bankhöhe sägen, spannen Sie das Werkstück mit Zwingen auf die Hobelbank oder zwischen den Bankhaken ein.

Ablängen auf Sägeböcken
Für kurze Stücke mag ein Sägebock reichen, lange Bretter sollte man aber über zwei Böcke legen.

Längsschnitte
Beim Längssägen verschiebt man die Sägeböcke, damit man nicht in sie hineinsägt und das Werkstück gut abgestützt ist.

Unterstützen einer dünnen Platte
Legen Sie Bretter unter eine dünne Platte.

Querschnitte mit einer Gestellsäge
Beim Ablängen mit einer Gestellsäge stellen Sie das Sägeblatt leicht schräg, damit Sie den Riß auf dem Brett gut sehen können. Gegen Ende des Schnitts greifen Sie durch das Gestell und halten hinter dem Sägeblatt das wegfallende Teil mit einer Hand fest.

Längsschnitte mit einer Gestellsäge
Zwingen Sie das Werkstück so fest, daß es über die Bankplatte übersteht. Stellen Sie das Sägeblatt rechtwinklig zum Gestell und führen Sie die Säge mit beiden Händen.

RÜCKENSÄGEN

Die Rückensägen mit ihren relativ dünnen Sägeblättern und kleinen, leicht geschränkten Zähnen verwendet man für feinere Schnitte. Ihr Merkmal ist ein kräftiger Stahl- oder Messingstreifen, der über den Rücken der Säge sitzt. Er versteift das Sägeblatt, und sein Gewicht hilft, die Säge leichter und sicherer führen zu können.

Zubehörteile
Für das Ablängen kurzer Holzteile mit einer Rückensäge nimmt man eine Sägelade aus Holz. Eine Gehrungsschneidlade ist eine U-förmige Vorrichtung zum Sägen von Gehrungen. Das Sägeblatt wird in Schlitzen in den Wangen geführt. Die linke Abbildung zeigt eine einfachere Version mit nur einer Wange.

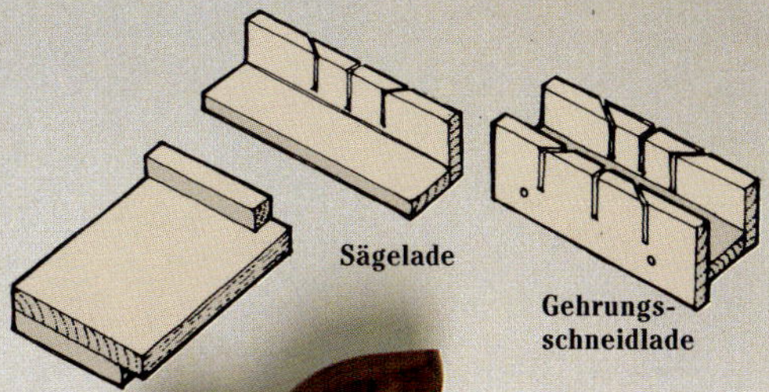

Zapfensäge
Die Zapfensäge ist mit einer Blattlänge von 250–350 mm und 13–15 PPI die größte unter den Rückensägen. Sie ist eine gute Universalsäge zum Schneiden kräftiger Leisten und großer Verbindungen. Ihr Griff ist ähnlich der von Handsägen.

Feinsäge
Die Feinsäge ist mit einer Blattlänge von 200 mm und 16–22 PPI die kleinere Ausführung der Zapfensäge. Die sehr feinen Zähne sind nicht im üblichen Sinne geschränkt, denn der Grat, der beim Schärfen durch das Feilen entsteht, sorgt für eine ausreichend weite Schnittfuge. Die Feinsäge hat üblicherweise einen geschlossenen Griff, seltener einen Pistolengriff. Eine andere Ausführung hat ein längeres Blatt und einen geraden Handgriff. Beide Ausführungen sind für das Sägen feiner Verbindungen in Hartholz gedacht.

Feinsäge mit gekröpfter Angel
Eine Feinsäge mit gekröpfter Angel eignet sich besonders zum Absägen von Zapfen oder Dübeln bündig zur Holzoberfläche. Die Sägen mit umlegbarer Angel lassen sich links- und rechtshändig gebrauchen.

Perlsäge
Diese Säge ist eine Miniatur-Feinsäge mit 26 PPI für feinste Arbeiten.

Einstichsäge
Die Einstichsäge ist eine Rückensäge mit extrem feiner Bezahnung und besonders für den Modellbau geeignet. Die Zähne mit 33 PPI sind so klein, daß man sie nicht mehr nachschärfen kann. Deshalb sind die Blätter auswechselbar.

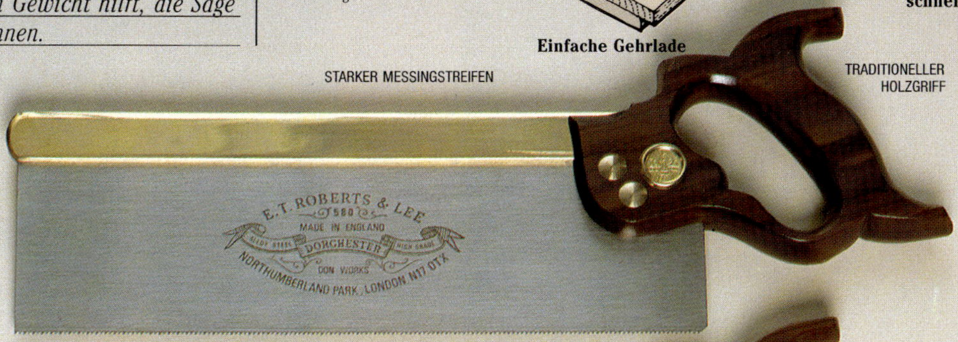

Zapfensäge (Traditionelle Form)

Feinsäge (Traditionelle Form)

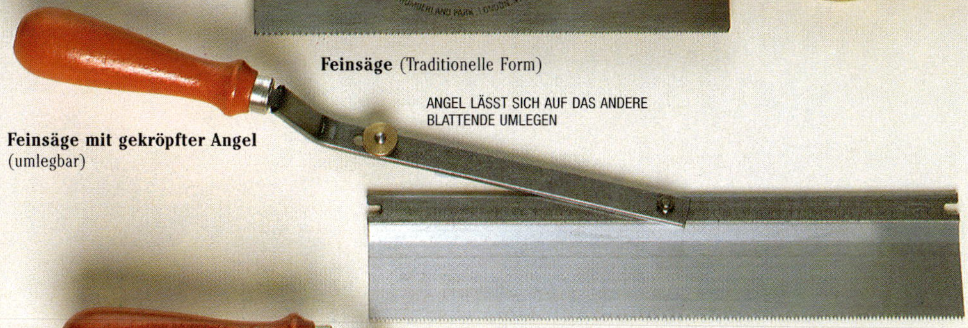

Feinsäge mit gekröpfter Angel (umlegbar)

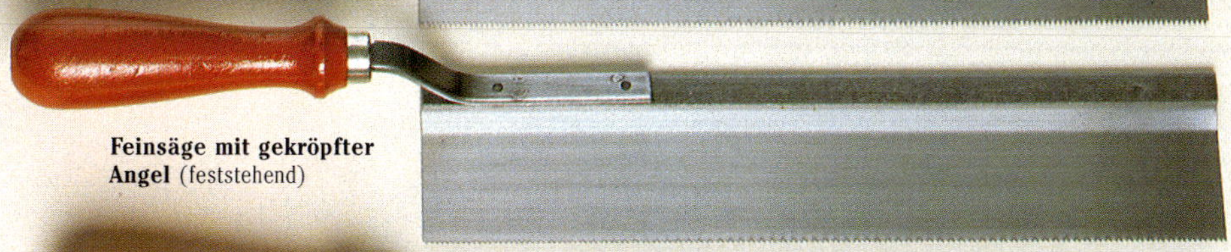

Feinsäge mit gekröpfter Angel (feststehend)

Gerade Feinsäge

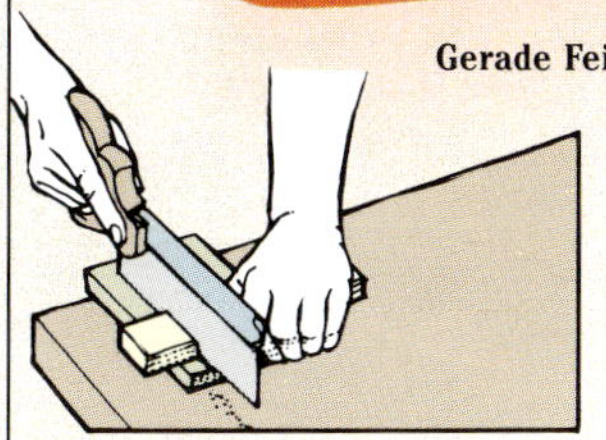

Handhabung der Rückensäge
Setzen Sie die Säge leicht schräg an und beginnen Sie mit kurzen Rückwärtsstrichen. Beim Weitersägen senken Sie nun die Säge langsam ab, bis sie ganz waagrecht ist.

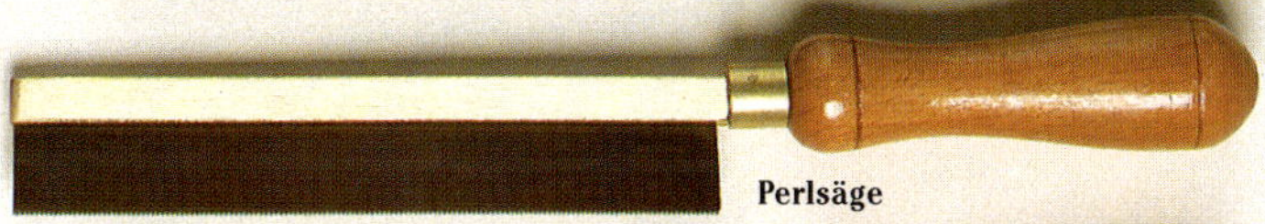

Perlsäge

Einstichsäge

SCHWEIFSÄGEN

Für das Aussägen von Rundungen gibt es eine Reihe von Spezialsägen. Sie haben verschiedene Größen, um mit Holz jeglicher Stärke fertig zu werden, von dicken Hartholzbrettern bis zu dünnen Furnieren.

Siehe auch
Gestellsäge 81

Schweifsäge
In diese kleine, leichte Gestellsäge werden schmale Sägeblätter zum Schneiden von Schweifungen eingesetzt. Die Blätter sind 200–300 mm lang, mit 9–17 PPI, und sind robust genug, um auch dicke Holzquerschnitte sägen zu können. Die Blätter lassen sich um 360° drehen, damit das Gestell nicht im Weg ist.

Kleine Bügelsäge
Das 150 mm lange Sägeblatt wird durch die Federkraft des Stahlbügels gespannt. Es werden damit Rundungen in Massivholz wie auch in Plattenmaterial geschnitten. Die Blätter mit 15–17 PPI sind zum Schärfen zu schmal und werden ersetzt, wenn sie stumpf oder gebrochen sind.

Laubsäge
Die Laubsäge mit ihrem tiefen Bügel ist für besonders enge Kurvenschnitte in dünnen Platten oder Furnieren gedacht. Die Sägeblätter mit bis zu 32 PPI sind äußerst zerbrechlich.

Stichsäge
Mit keiner der Bügelsägen sind Schnitte innerhalb einer großen Fläche möglich. Das nach vorne spitz zulaufende Sägeblatt der Stichsäge ermöglicht es, relativ enge Rundungen auszuschneiden. Trotzdem ist es breit genug, daß es gerade schneidet und nicht verläuft. In den Pistolengriff lassen sich verschiedene Sägeblätter mit 8–10 PPI einsetzen.

Manche Schreiner bevorzugen die Stich- oder Lochsäge mit geradem Griff, weil dieser bei jeder Schnittführung gut in der Hand liegt.

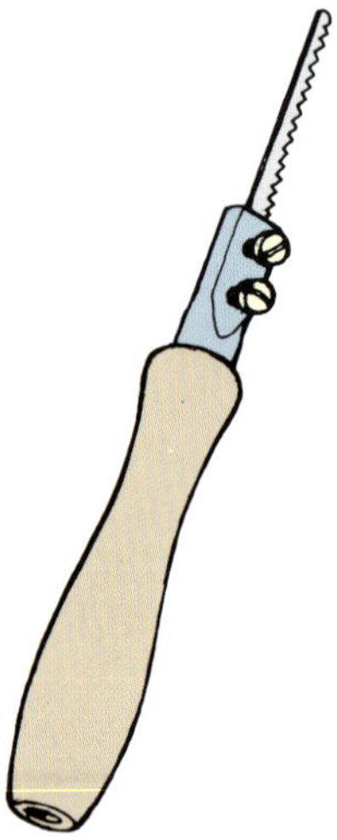

Stichsäge
Das zurückschiebbare Blatt wird mit zwei Schrauben in dem Futter eingeklemmt.

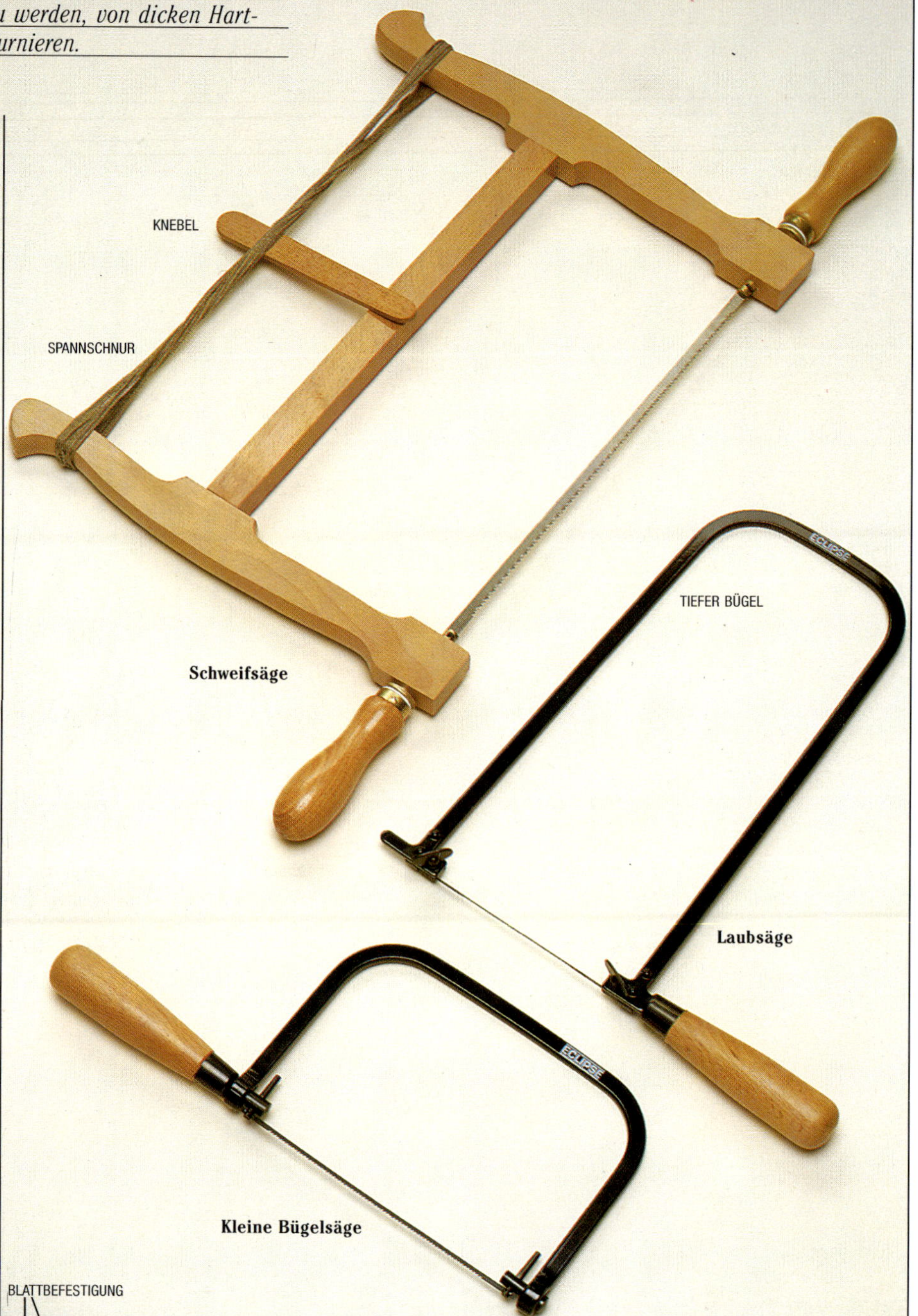

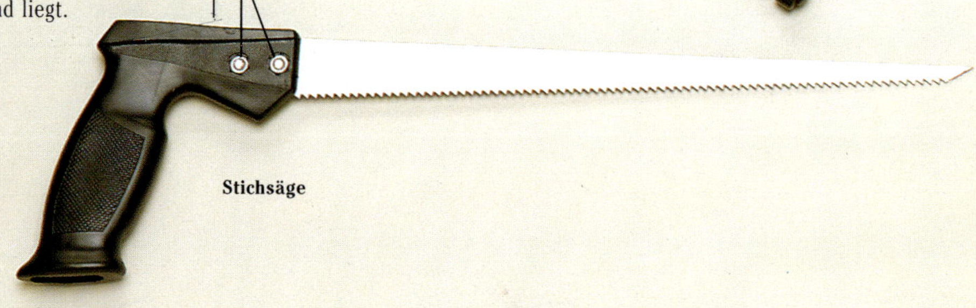

AUSWECHSELN DER SCHWEIFSÄGEBLÄTTER

Schweifsägeblätter sind relativ schmal und brechen oder knicken leicht. Halten Sie deshalb immer Ersatzblätter bereit.

Einsetzen eines Schweifsägeblattes

Lockern Sie die Spannschnur und setzen Sie das neue Blatt auf beiden Seiten so in den Schlitz des Griffzapfens ein, daß die Zähne von Ihnen wegzeigen **(1)**. Stecken Sie die konischen Stifte durch das Loch im Blatt und im Zapfen. Verdrehen Sie die Spannschnur und klemmen Sie den Knebel am Mittelsteg fest. Dann drehen Sie mit den beiden Handgriffen das Sägeblatt gerade **(2)**.

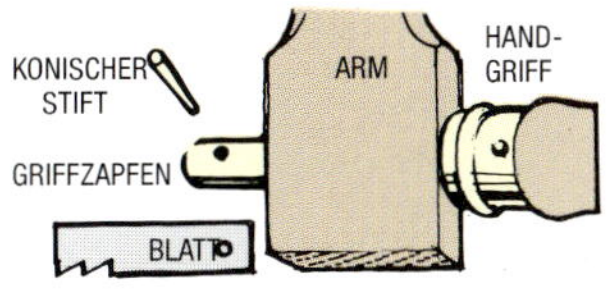

1 Einsetzen

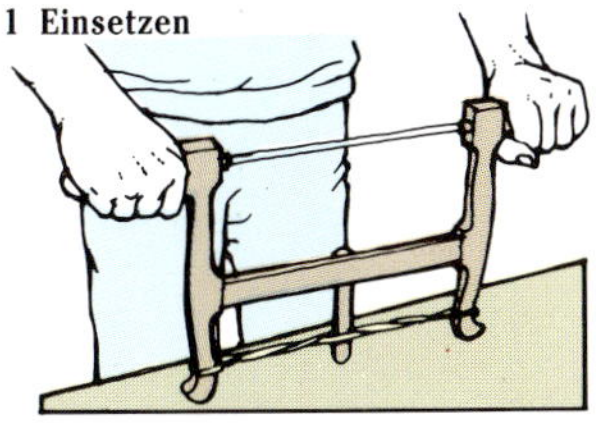

2 Geraderichten des Blatts

Ersetzen der Spannschnur

Spannen Sie die Arme der Säge vorsichtig zwischen zwei Bankhaken; das Sägeblatt bleibt unter leichter Spannung. Befestigen Sie die Schnur an einem Sägearm und wickeln Sie sie etwa viermal um die beiden Armenden. Das lose Ende schlagen Sie an einem Sägearm um die Schnur herum und verknoten es fest **(1)**. Stecken Sie den Holzknebel in der Mitte durch die Schnüre **(2)** und verdrehen Sie die Schnur so lange, bis das Sägeblatt straff gespannt ist.

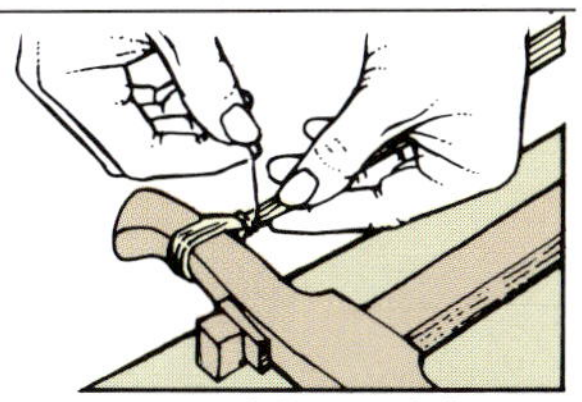

1 Eine neue Schnur anbringen

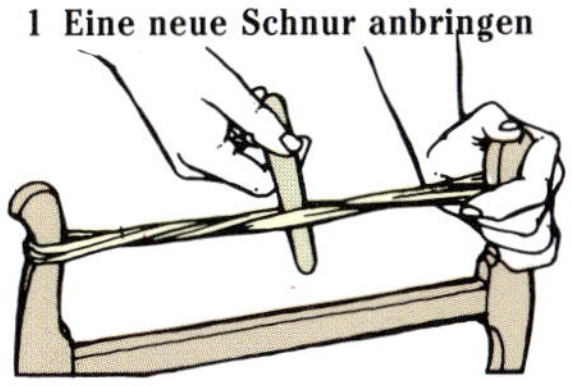

2 Mit dem Knebel verdrehen

Auswechseln eines Bügelsägeblatts

Das Blatt der Bügelsäge wird in Schlitze in den Haltestiften an beiden Bügelenden eingehängt **(1)**. Um ein neues Blatt einzuhängen, drehen Sie den Griff gegen den Uhrzeigersinn, um den Abstand zwischen den Haltestiften zu verringern. Hängen Sie nun das Blatt an der Spitze so ein, daß die Zähne von Ihnen wegzeigen. Dann drücken Sie den Bügel auf die Hobelbank **(2)**, um das andere Ende einhängen zu können.

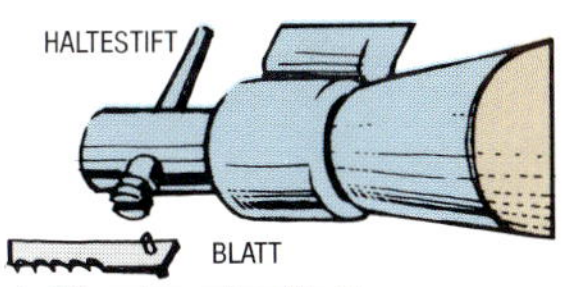

1 Einsetzen des Blatts

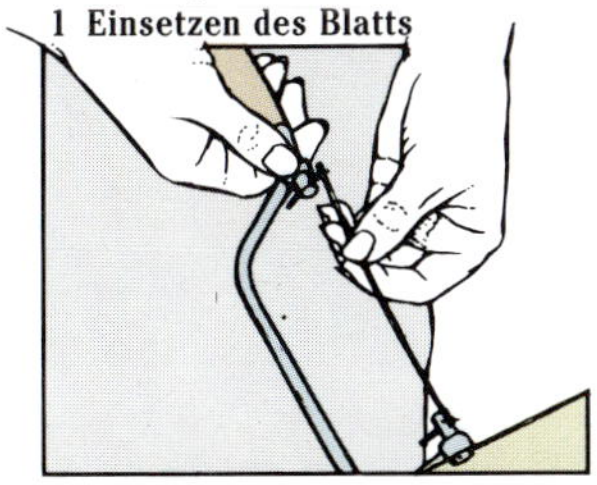

2 Den Bügel zusammendrücken

Einsetzen eines Laubsägeblatts

Drücken Sie den Bügel leicht zusammen, wenn Sie das Blatt einsetzen. Die Zähne zeigen zum Griff; eine Laubsäge sägt auf Zug.

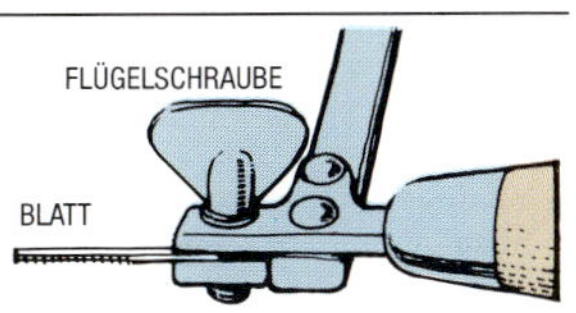

Einsetzen eines Laubsägeblatts

Einsetzen eines Stichsägeblatts

Lösen Sie die Klemmschrauben und schieben Sie das Blatt in den Griff.

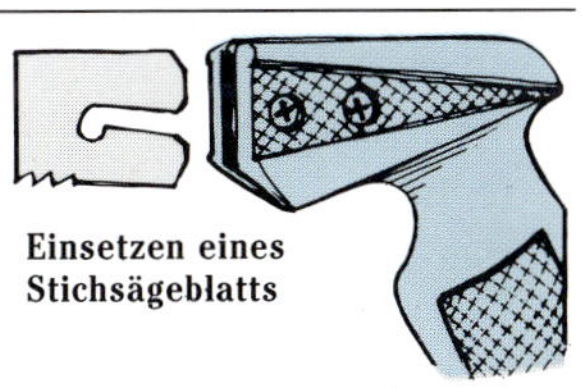

Einsetzen eines Stichsägeblatts

HANDHABUNG DER SCHWEIFSÄGEN

Außer der Stichsäge, die wie eine normale Handsäge gehandhabt wird, sind Schweifsägen in der Hand eines ungeübten Schreiners nicht so sperrig. Man muß bestimmte Techniken beherrschen, um die von dem Gestell ausgehende Drehkraft ausgleichen zu können.

Handhabung einer Gestell-Schweifsäge

Eine Gestell-Schweifsäge ist sehr unhandlich, wenn Sie sie nicht mit beiden Händen richtig halten. Legen Sie eine Hand um den Griff; der Zeigefinger zeigt auf das Sägeblatt. Legen Sie die andere Hand so dagegen, daß Zeige- und Mittelfinger den Arm der Säge ober- und unterhalb des Sägeblatts umspannen.

So hält man eine Schweifsäge richtig

Sägen mit einer Bügelsäge

Mit dem schmalen Blatt ist es schwer, gerade zu sägen. Besser ist es, den Griff mit beiden Händen zu halten **(1)** oder das vordere Glied des ausgestreckten Zeigefingers an den Bügel zu legen. Für Schnitte innerhalb einer Fläche bohren Sie ein Loch, stecken das Sägeblatt hindurch und spannen es wieder ein **(2)**.

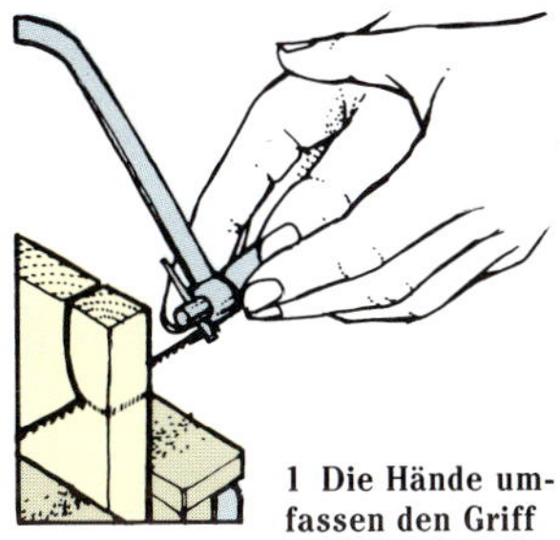

1 Die Hände umfassen den Griff

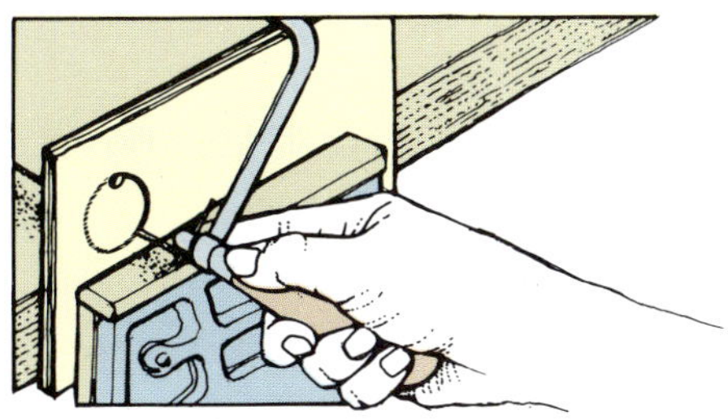

2 Einen Ausschnitt sägen

Handhabung der Laubsäge

Lassen Sie das Werkstück über die Kante der Arbeitsplatte stehen. Das Sägeblatt ist so schmal, daß sich damit enge Kurven sägen lassen, ohne das Blatt im Bügel drehen zu müssen. Wackelt oder verbiegt sich das Werkstück beim Sägen, dann machen Sie einen V-förmigen Einschnitt in ein Stück Holz, um das Werkstück damit auf beiden Seiten des Sägeblatts zu stützen.

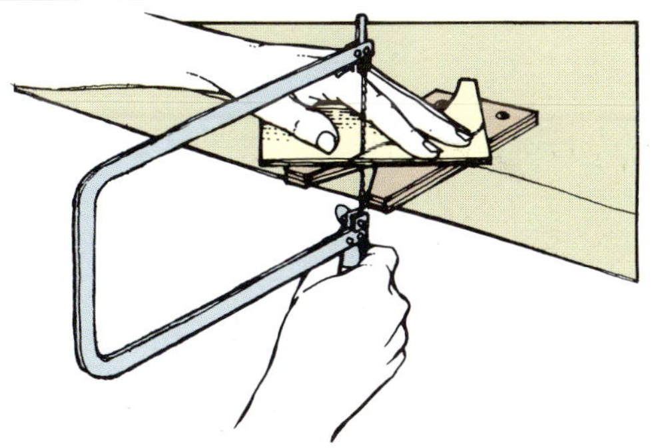

Handhabung einer Laubsäge

Sägen mit der Stichsäge

Bohren Sie ein kleines Loch in den geplanten Ausschnitt und stecken Sie die Spitze der Säge hindurch. Sägen Sie langsam und gleichmäßig, damit sich das schmale Blatt nicht verbiegt.

Sägen mit der Stichsäge

JAPANISCHE SÄGEN

Japanische Sägen arbeiten auf Zug. Deshalb können die Blätter wesentlich dünner als bei westlichen Sägen und die Zähne sehr fein geschränkt sein. Die besten Sägeblätter sind konisch geschliffen, um den Reibungswiderstand zu verringern. Die Griffe sind meist mit gespaltenem Bambusrohr umwickelt.

Siehe auch

Handsägen	80 - 81
Feinsägen	83
Zapfensäge	83
Stichsäge	84
Durchgestemmte Zapfen	172

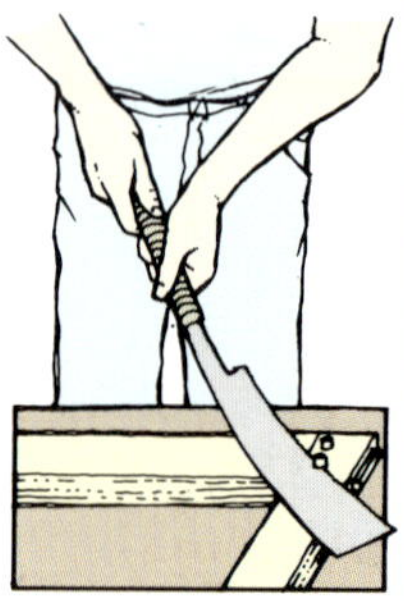

Handhabung der Hugihiki
Drücken Sie das Blatt flach auf das Werkstück, um einen Dübel bündig zur Oberfläche abzusägen.

Sägen mit einer Dozuki
Führen Sie das Blatt parallel zur Werkbank. Manche Schreiner sägen eine kleine Schnittfuge rings um das Werkstück, bevor sie es durchsägen.

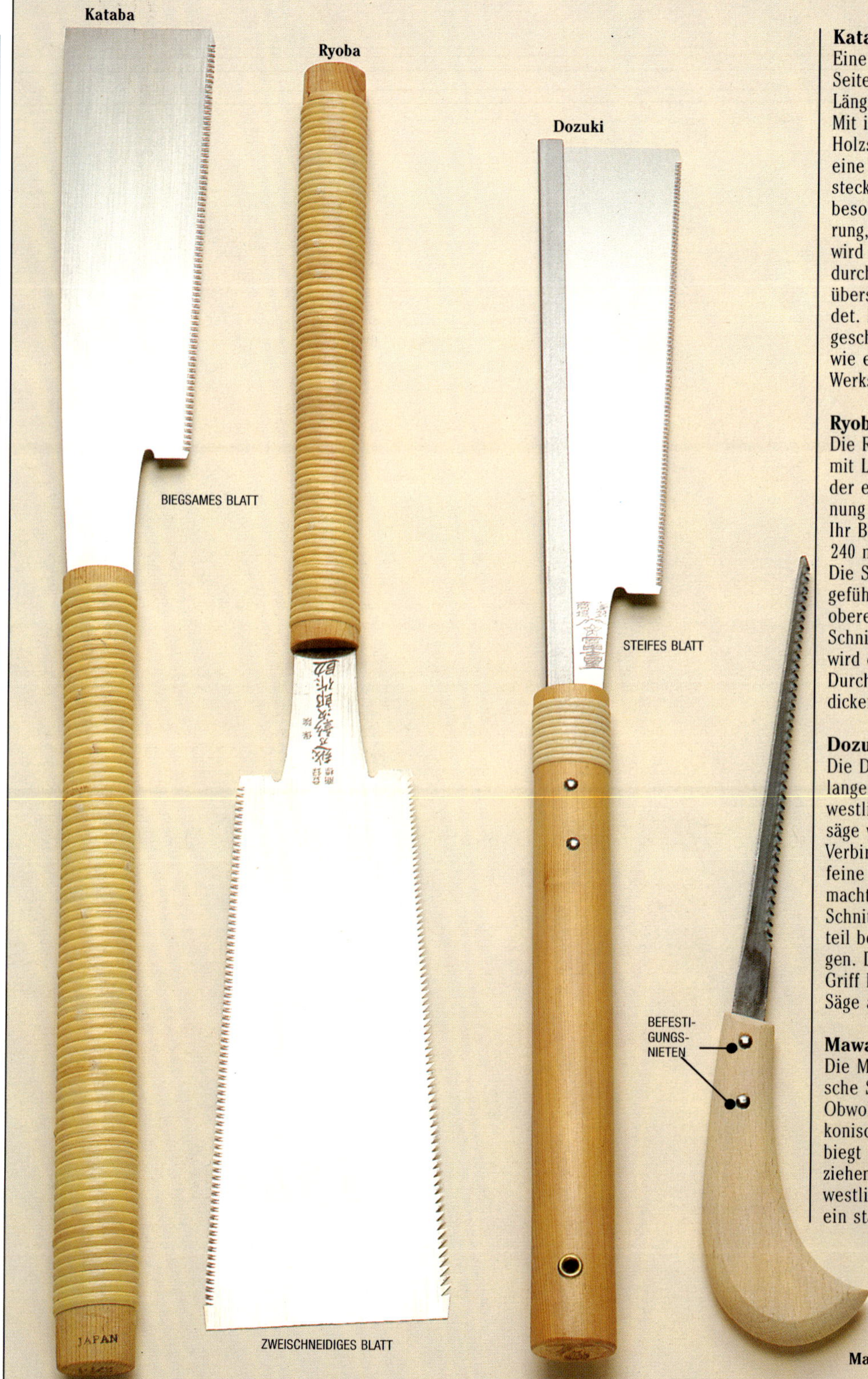

Kataba
Eine Kataba hat nur auf einer Seite Zähne, entweder für Längs- oder für Querschnitte. Mit ihr lassen sich auch dicke Holzstücke durchsägen, wo eine Ryoba in der Schnittfuge steckenbleiben würde. Eine besonders biegsame Ausführung, die Hugihiki (Dübelsäge), wird zum bündigen Absägen durchgestemmter Zapfen oder überstehender Dübel verwendet. Die Zähne sind nicht geschränkt, und die Säge wird wie ein Spachtel flach auf die Werkstückoberfläche gedrückt.

Ryoba
Die Ryoba ist eine Doppelsäge mit Längsschnittzahnung auf der einen und Querschnittzahnung auf der anderen Seite. Ihr Blatt ist meistens 210–240 mm lang, mit 6–15 PPI. Die Säge muß recht flach geführt werden, damit die obere Zahnreihe nicht in die Schnittfuge gelangt. Folglich wird die Ryoba vor allem zum Durchsägen von Brettern, nicht dicker Balken, verwendet.

Dozuki
Die Dozuki ist eine 240 mm lange Rückensäge. Wie die westliche Zapfen- oder Feinsäge wird sie zum Sägen von Verbindungen benützt. Die feine Ausführung mit 23 PPI macht eine besonders feine Schnittfuge – ein großer Vorteil bei zierlichen Verbindungen. Die Zähne werden zum Griff hin etwas kleiner, um die Säge ansetzen zu können.

Mawashibiki
Die Mawashibiki ist die japanische Stich- oder Lochsäge. Obwohl das Blatt so dünn und konisch geschliffen ist, verbiegt es sich nicht, weil es ja ziehend geführt wird. Bei der westlichen Ausführung ist das ein ständiges Problem.

DAS SCHÄRFEN DER SÄGEN

Eine Säge muß geschärft werden, sobald es Mühe kostet, mit ihr zu arbeiten. Die meisten Schreiner schärfen ihre Säge gerne selber, geben sie aber zum Schärfen weg, wenn die Säge auch neu geschränkt werden muß. Neuschränken ist nach vier- oder fünfmaligem Schärfen nötig. Es ist auch erforderlich, wenn Sie merken, daß die Säge ständig verläuft, weil ihr Schrank ungleichmäßig ist. Elektrogehärtete Zähne können nicht von Hand geschärft werden, und Einmalsägeblätter werden immer ersetzt, wenn sie stumpf sind.

DIE WAHL DER SÄGEFEILE

Sägenart	PPI	Feilenlänge
Längsschnittsäge	5 – 7	250 mm
Querschnittsäge	6 – 8	230 mm
Plattensäge	10 – 12	200 mm
Zapfensäge	13 – 15	180 mm
Feinsäge	16 – 22	150 mm

Sägefeilen
Die Schneide jedes Sägezahns wird mittels einer Dreikantfeile geschärft. Jede Seitenfläche der Feile sollte etwa das Doppelte der Zahnhöhe betragen. Wählen Sie die richtige Feilenlänge aus.

Japanische Sägefeilen
Für das Schärfen japanischer Sägen sind messerförmige Feilen erhältlich. Das Schränken und Schärfen dieser Zähne ist jedoch sehr mühevoll. Sie sollten es deshalb besser einem Fachmann überlassen.

Feilen-Führungshilfe
Eine Führungshilfe für Sägefeilen garantiert einen einheitlichen Schärfwinkel und -tiefe, bei Hand- und Feinsägen.

Schränkzange
Eine Schränkzange biegt die Zähne exakt im richtigen Winkel aus. Drückt man die Griffe zusammen, preßt ein Stempel den Zahn gegen eine schräge Andruckfläche. Diese Fläche ist mit einer Gradeinteilung versehen, die Zahngrößen bis zu 12 PPI entspricht.

Feilkluppe
Eine Säge muß zum Schärfen fest eingespannt werden, sonst wird sie geräuschvoll vibrieren, und Sie können die Feile nicht in der Zahnlinie halten. Wenn Sie keine Feilkluppe haben, fertigen Sie sich zwei Hartholzleisten entsprechend der Länge der Säge. Spannen Sie die Säge zwischen diesen Leisten in der Bankvorderzange ein. Falls nötig, können Sie am Ende noch eine kleine Zwinge ansetzen.

2 Abrichten des Sägeblatts

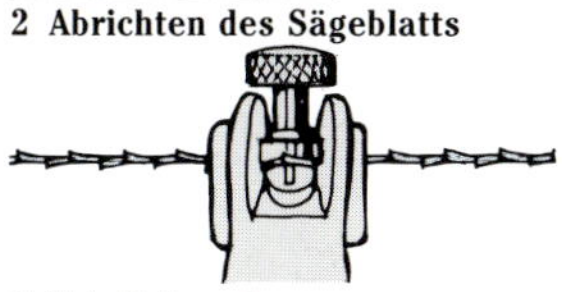

3 Schränken der Zähne

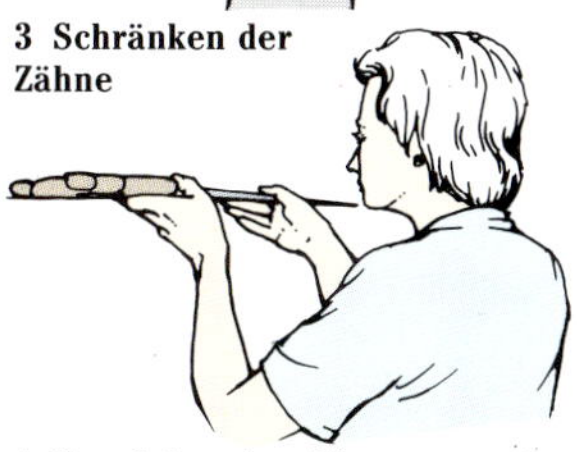

4 Den Schrank prüfen

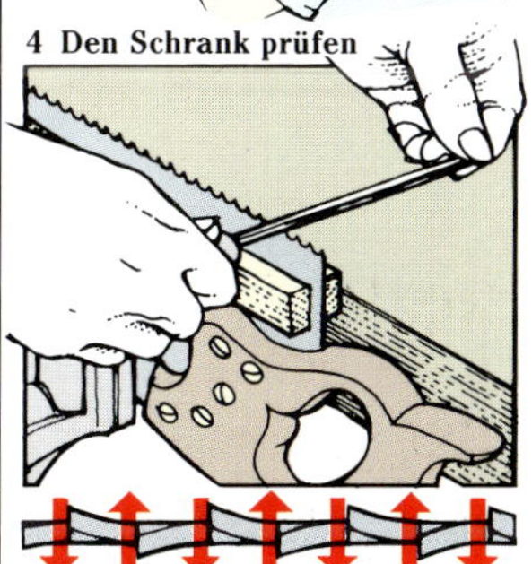

5 Längsschnittzahnung

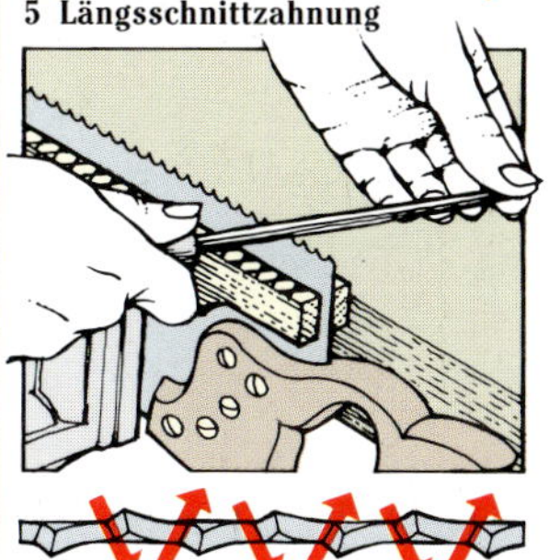

6 Querschnittzahnung

Das Abrichten des Sägeblattes
Beim Abrichten einer Säge werden alle Zähne auf gleiche Höhe gefeilt. Das ist dann nötig, wenn das Sägeblatt beschädigt oder unsachgemäß geschärft wurde. Ein leichtes Abrichten vor dem Schärfen erzeugt einen winzigen, glänzenden Punkt auf jeder Zahnspitze, der sich als unschätzbare Hilfe für gleichmäßiges Schärfen erweist. Machen Sie sich eine Abrichthilfe, indem Sie eine glatte Feile in einen genuteten Hartholzklotz einsetzen **(1)**. Die Nut sollte konisch sein, damit Sie die Feile mit einem Keil festklemmen können. Legen Sie nun den Holzklotz an das Sägeblatt an und fahren Sie so mit der Feile über die Zahnspitzen **(2)**. Zwei oder drei leichte Striche sollten genügen, um die Zähne für das nachfolgende Schärfen gut vorzubereiten. Muß die Säge stark abgerichtet werden, bis sich an allen Zähnen eine glänzende Stelle zeigt, dann geben Sie sie lieber einem Fachmann, der die Zähne vor dem Schärfen und Schränken neu zurechtfeilt.

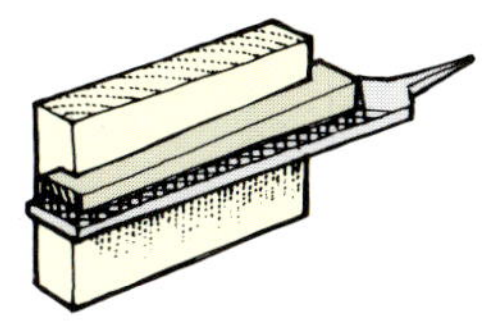

1 Abrichthilfe

Das Schränken der Zähne
Schränken Sie die Zähne einer Säge neu, wenn das Blatt in der Schnittfuge klemmt oder ständig verläuft. Lösen Sie die Stellschraube der Schränkzange und stellen Sie die Andruckfläche auf die richtige Zahnzahl pro 25 mm ein. Drehen Sie die Stellschraube wieder fest. Beginnen Sie an einem Ende der Säge und schränken Sie jeden Zahn, der von Ihnen wegweist **(3)**. Dann drehen Sie die Säge um und schränken die anderen Zähne ebenso. Zum Schluß peilen Sie über das Sägeblatt (die Zähne weisen dabei von Ihnen weg), um zu sehen, ob Sie einen Zahn ausgelassen haben **(4)**.

Feilen-Führungshilfe
Diese Vorrichtung wird auf die Säge aufgesetzt, um die Feile genau im richtigen Winkel zu führen.

Schärfen mit der Dreikantfeile
Spannen Sie die Säge zwischen den Hartholzleisten bis zur Zahngrundlinie in die Vorderzange ein. Der Griff zeigt nach rechts. Stützen Sie die Feilenspitze mit der linken Hand und beginnen Sie an der Spitze der Säge, indem Sie die Feile an den ersten Zahn anlegen, der von Ihnen wegweist.

Bei einer Längsschnittzahnung legen Sie die Feile rechtwinklig zum Sägeblatt und exakt waagrecht in die Zahnlücke. Führen Sie die Feile zwei- oder dreimal mit leichtem Druck nach vorne, bis der glänzende Punkt an der Zahnspitze zur Hälfte verschwunden ist. Setzen Sie die Feile in jeder zweiten Zahnlücke an, bis Sie am Griff angekommen sind und die Hälfte der Zähne geschärft ist. Drehen Sie die Säge dann um und arbeiten Sie wieder von der Spitze in Richtung des Griffs. Jetzt verschwinden die glänzenden Punkte, und an jedem Zahn hat sich eine scharfe Spitze gebildet **(5)**.

Eine Querschnittzahnung wird im Prinzip genauso geschärft, nur wird die Feile in einem Winkel von ungefähr 65° zum Blatt geführt. Die Feilenspitze zeigt dabei in Richtung des Griffs (6). Ziehen Sie auf den Hartholzleisten parallele Linien im 65°-Winkel; das hilft Ihnen, die Feile im gleichbleibenden Winkel zu halten.

BANKHOBEL

Hobel sind die Arbeitspferde des Schreiners. Sie werden eingesetzt, um die Holzoberfläche zu glätten und das Werkstück gleichzeitig auf sein Fertigmaß zu bringen. Holzhobel sind leichter als die Hobel aus Metall und gleiten gut über die Fläche. Bei manchen Ausführungen sind die Eisen jedoch, im Vergleich zu einem Standard-Metallhobel, recht schwer einzustellen. Metallhobel sind heute oft billiger als Holzhobel.

Siehe auch

Handhabung der Hobel	91
Schärfen der Eisen	102 - 107
Breitenverbindungen	168 - 169
Zahnhobel	196 - 197

Der Schrupphobel
Der Schrupphobel wird zum groben Vor- und Abhobeln dikker Holzschichten verwendet. Man führt ihn diagonal zur Faser über die Oberfläche, die dann mit dem Schlichthobel geglättet wird. Das Eisen mit seiner bogenförmigen Schneide wird im Hobelkasten durch einen Holzkeil gehalten.

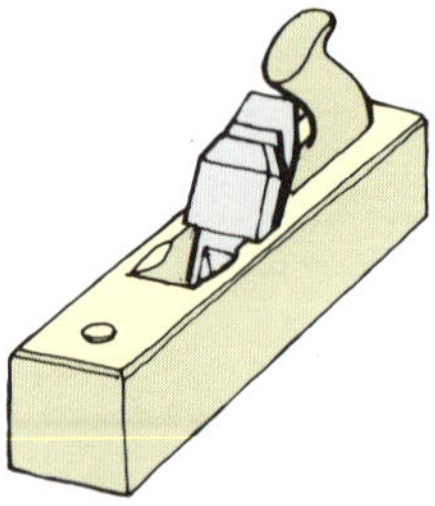

Klassischer Schlichthobel aus Holz
Obwohl sich das mit einem Keil befestigte Hobeleisen schwer einstellen läßt, wird dieser Hobel von Freunden alter, traditioneller Werkzeuge immer noch sehr gerne benutzt. Neue Modelle erhalten Sie bei Speziallieferanten.

Die Rauhbank

Die Rauhbank hat eine bis zu 600 mm lange Sohle, die die Unebenheiten in der Oberfläche überbrückt. Folglich läßt sich mit ihr eine absolut gerade Kante hobeln. Ein kürzerer Hobel würde den Konturen folgen. Die Rauhbank eignet sich besonders zum Fügen langer Brettkanten, die stumpf breitenverleimt werden sollen.

Der Schlichthobel

Der Schlichthobel, zwischen 350 und 387 mm lang, ist ein Allzweckhobel, mit dem Flächen und Kanten eben gehobelt und bestoßen werden. Wie manche Metallhobel auch, sind Schlichthobel manchmal mit einer geriffelten Eisensohle versehen, die den Reibungswiderstand auf harzhaltigen Hölzern vermindert.

Geriffelte Eisensohle

Der Putzhobel

Mit seinem fein einstellbaren Eisen wird er zum Verputzen, also zur Endbearbeitung des Werkstücks eingesetzt. Ein moderner hölzerner Putzhobel hat vorne eine ergonomisch geformte Griffnase. Sehr gute Modelle haben zudem eine Sohle aus Pockholz. Putzhobel sind etwa 225 mm lang.

Metall-Schlichthobel

Holz-Schlichthobel

Holz-Putzhobel

Metall-Putzhobel

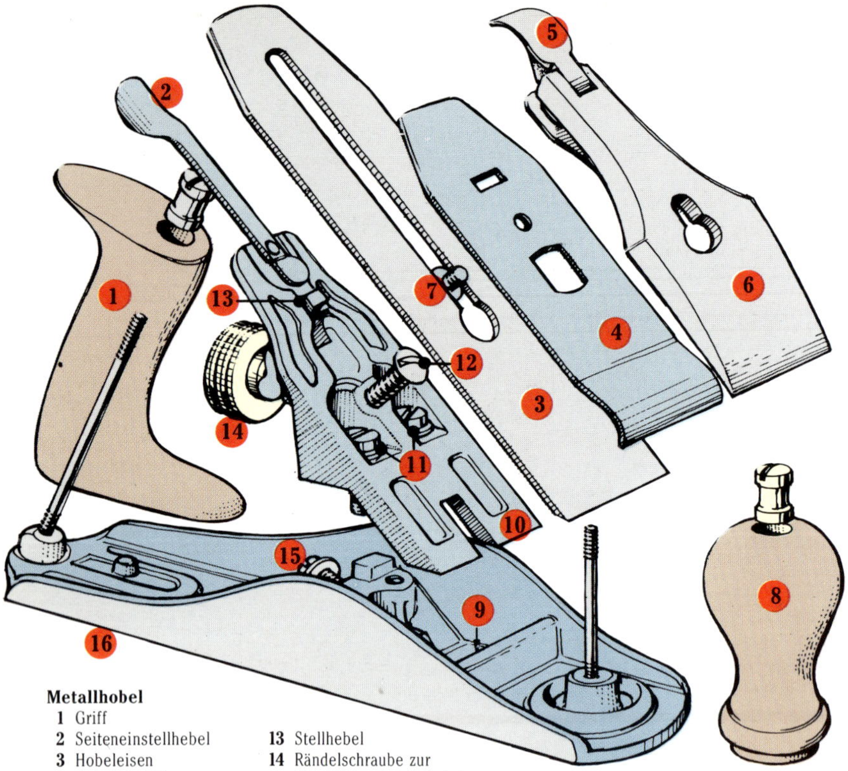

Metallhobel
1 Griff
2 Seiteneinstellhebel
3 Hobeleisen
4 Hobeleisenklappe
5 Spannhebel
6 Messerklappe
7 Klappenschraube
8 Griffknopf
9 Hobelmaul
10 Messerplatte (Frosch)
11 Halteschrauben
12 Messerklappenschraube
13 Stellhebel
14 Rändelschraube zur Einstellung des Hobeleisens
15 Regulierschraube der Messerplatte
16 Sohle

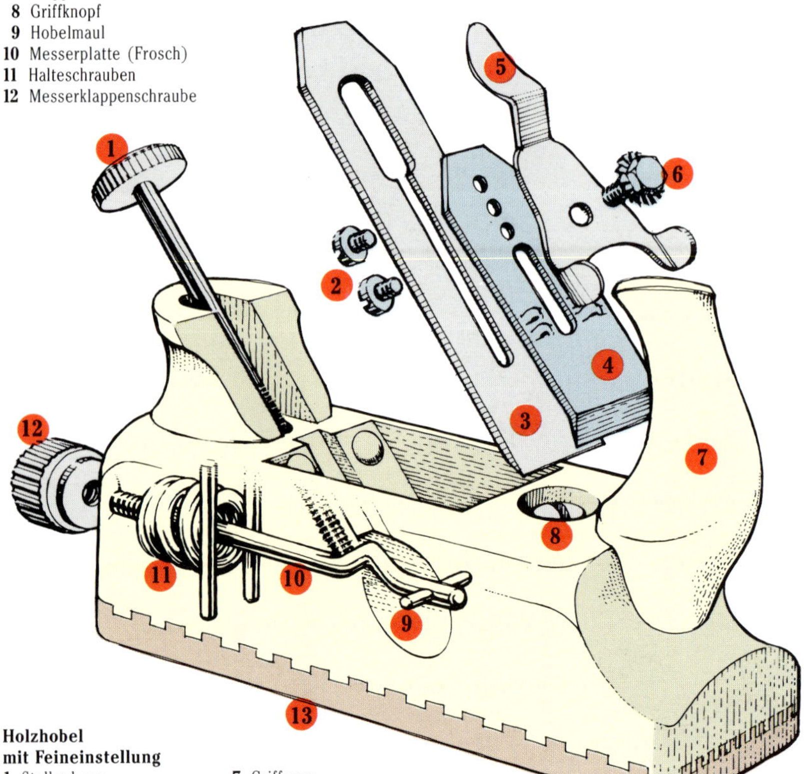

Holzhobel mit Feineinstellung
1 Stellrad zur Hobeleiseneinstellung
2 Klappenschraube
3 Hobeleisen
4 Hobeleisenklappe
5 Einstellhebel
6 Halteschraube
7 Griffnase
8 Maul-Einstellschraube
9 Querriegel
10 Spannschraube
11 Schraubenfeder
12 Spannschraubenknopf
13 Sohle

PFLEGE UND HANDHABUNG DER HOBEL

Die heutigen Hobel sind Präzisionswerkzeuge, aber wie bei allen Massenartikeln können kleine Änderungen die Handhabung verändern. Auf jeden Fall müssen alle Hobel von Zeit zu Zeit gepflegt und gerichtet werden, damit sie in gutem Zustand bleiben.

Ausbau des Hobeleisens eines Metallhobels

Um das Hobeleisen herauszunehmen, drücken Sie den Hebel der Messerklappe nach oben und ziehen diese unter der Schraube heraus. Nehmen Sie nun das Eisen mit der Klappe heraus. Mit einem großen Schraubendreher lösen Sie die Klappenschraube etwas und schieben die Klappe in Richtung der Schneide, um den Schraubenkopf durch das Loch im Hobeleisen durchzustecken und die beiden Teile voneinander zu lösen.

Messerplatte einstellen

Ist das Hobeleisen entfernt, wird die Messerplatte sichtbar. Dies ist ein keilförmiges Gußteil, welches die Bedienungselemente für die Tiefen- und die Seiteneinstellung des Hobeleisens enthält.

Die Messerplatte selbst ist vor- und rückstellbar, um die Hobelmaulweite zu verändern. Das Maul ist die Öffnung in der Hobelsohle, durch die das Eisen austritt. Für grobe Hobelarbeiten wird das Hobelmaul weiter gestellt, um einen ausreichenden Durchgang für dicke Späne zu schaffen. Bei feinen Arbeiten, z. B. beim Putzen, wird das Hobelmaul eng eingestellt, damit die feinen Späne früh gebrochen werden.

Um die Messerplatte zu verstellen, lösen Sie die beiden Halteschrauben und drehen an der Regulierschraube. Halteschrauben wieder anziehen.

Einsetzen und Einstellen des Hobeleisens

Wenn Sie das Hobeleisen geschärft haben, halten Sie es mit der Fase nach unten und legen die Klappe quer darüber **(1)**, um die Schraube durch das Loch zu stecken. Schieben Sie die Klappe nach hinten, weg von der Schneide, und drehen Sie sie, so daß sie parallel auf dem Eisen liegt **(2)**. Jetzt schieben Sie die Klappe bis auf 1 mm an die Schneide heran **(3)** und ziehen die Schraube fest. Dann legen Sie das Eisen mit der Klappe nach oben in den Hobel, indem Sie es über die Messerklappenschraube und auf den Stellhebel setzen. Darauf legen Sie die Messerklappe. Drehen Sie an der Rändelschraube, bis das Eisen über die Hobelsohle vorsteht.

Ausbau des Hobeleisens eines Holzhobels

Drehen Sie das Stellrad zur Hobeleiseneinstellung um etwa 10 mm zurück und lösen Sie den Spannschraubenknopf am Ende des Hobels ein wenig. Drehen Sie den Querriegel am vorderen Ende der Spannschraube um 90°, so daß sich das Doppeleisen herausnehmen läßt. Entfernen Sie die beiden Schrauben auf der Rückseite des Eisens, um Klappe und Einstellhebel abnehmen zu können.

Einsetzen des Hobeleisens

Wenn Sie das Hobeleisen geschärft haben, schrauben Sie Klappe und Eisen wieder zusammen und setzen das Doppeleisen in den Hobel ein. Stecken Sie den Querriegel durch den Schlitz im Doppeleisen und drehen Sie ihn, so daß er wieder quer in den Rillen in der Klappe liegt. Ziehen Sie die Spannschraube leicht an und drehen Sie an dem Stellrad, bis das Eisen hervorsteht. Mit dem Einstellhebel stellen Sie die Schneide parallel zur Hobelsohle. Drehen Sie das Stellrad zurück und ziehen Sie die Spannschraube wieder an.

Aufsetzen der Klappe

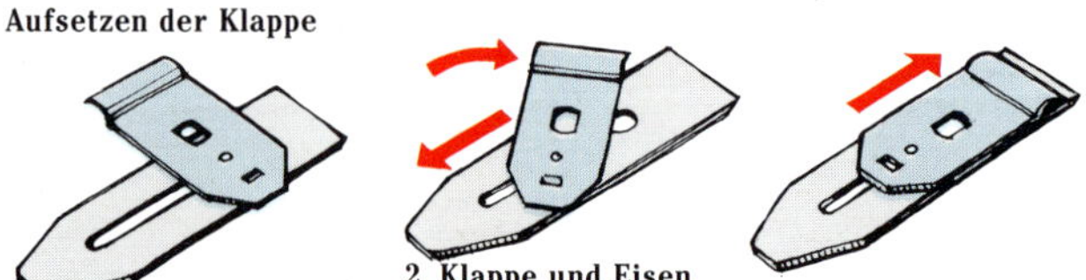

1 Klappe quer zum Eisen **2 Klappe und Eisen parallel ausrichten** **3 Klappe verschieben**

WARTUNG DES HOBELS

Falls Schwierigkeiten beim Hobeln auftreten und Sie mit der Leistung Ihres Hobels nicht zufrieden sind, sollten Sie ihn auf folgende Mängel und Fehler hin untersuchen.

Verzogene Hobelsohle
Wenn Sie mit Ihrem Hobel keine einwandfreien, feinen Späne hobeln können, dann legen Sie zur Prüfung ein Richtscheit über die Sohle, um zu sehen, ob sie verzogen ist. Eine Metallsohle können Sie auf einem Schleifband, das Sie mit doppelseitigem Klebeband auf eine Glasplatte spannen, abrichten. Das ist jedoch eine langwierige und mühselige Arbeit. Vielleicht lassen Sie die Sohle lieber von einem Fachmann nacharbeiten oder Sie geben den Hobel zurück. Das Abrichten einer Holzsohle ist viel einfacher. Stellen Sie das Eisen zurück, packen Sie den Hobel etwa in der Mitte und schieben Sie ihn auf einem Schleifpapier kräftig vor und zurück. Prüfen Sie die Sohle eines Holzhobels regelmäßig mit einem Richtscheit nach.

Rattern des Eisens
Ein loses Eisen wird vibrieren und über die Oberfläche rutschen. Ziehen Sie die Messerklappenschraube oder die Spannschraube nach. Vibriert das Messer weiter, vergewissern Sie sich, ob auch keine Fremdkörper hinter dem Eisen oder, bei einem Metallhobel, unter der Messerplatte festsitzen.

Hobelspäne verstopfen die Klappe
Liegt die Klappe nicht ganz dicht auf dem Hobeleisen auf, geraten Späne unter ihre vordere Kante, und der Hobel stopft. Falls das Hobeleisen verbogen ist, legen Sie es auf ein gerades Brett und klopfen es mit einem Hammer darauf flach. Ziehen Sie die Vorderkante der Klappe auf einem Ölstein ab, bis sie ganz gerade ist.

Allgemeine Pflege des Hobels
Hobelsohlen aus Holz werden durch den Gebrauch glatt, man sollte sie keinesfalls mit irgendwelchen Mitteln behandeln. Die Sohle eines Metallhobels können Sie mit einer Kerze abreiben, dann wird sie nicht „kleben“. Stellen Sie das Hobeleisen zurück und legen Sie den Hobel auf seine Wange, wenn Sie ihn nicht gebrauchen.

Einen Metallhobel führen

Einen Holz-Putzhobel führen

HANDHABUNG DER HOBEL

Die Jahresringe des Baums erscheinen als dunkle Linien oder Maserung auf der Holzoberfläche. Spannen Sie das Werkstück zum Hobeln immer so ein, daß diese Maserlinien von Ihnen weg nach oben laufen. So hobeln Sie mit der Faser, und das Eisen schneidet sauber. Wenn Sie gegen die Faser hobeln, reißt das Holz ein.

Halten und Führen des Hobels
Bei einem Metallhobel legen Sie eine Hand um den Handgriff und den ausgestreckten Zeigefinger seitlich an das Eisen an. So können Sie den Hobel besser führen. Ihre linke Hand sorgt für den Druck nach unten, indem sie den vorderen Griffknopf umfaßt.

Bei einem hölzernen Putzhobel legen Sie Daumen und Zeigefinger der rechten Hand um den runden Handschutz hinter dem Eisen und halten den Hobelkasten mit Daumen und Fingern fest. Die linke Hand legt sich ganz natürlich um die Griffnase.

Stellen Sie sich in Schrittstellung neben die Hobelbank. Der hintere Fuß weist in Richtung Bank, der andere steht parallel dazu. Ihre Füße bleiben fest auf dem Boden, während Sie mit Ihrem Oberkörper den Hobel vorwärts stoßen.

Achten Sie darauf, am Anfang des Hobelstoßes Druck auf den vorderen Teil auszuüben und erst am Ende des Stoßes nachzulassen, um das Werkstück an den Enden nicht rund abzuhobeln.

Drücken Sie den Hobel flach auf das Werkstück, aber führen Sie ihn leicht schräg zur Schnittrichtung. Vor allem unruhige Maserung läßt sich mit diesem scherenden Schnitt besser und leichter hobeln.

Eine Winkelkante anhobeln
Um zu verhindern, daß der Hobel auf einer schmalen Kante wackelt, drücken Sie ihn mit dem linken Daumen fest nach unten und biegen die Finger um die Sohle herum. Sie dienen so gleichzeitig als Führungsanschlag. Ganz ähnlich halten Sie den Hobel, wenn Sie an eine Kante eine schräge Fase anhobeln.

Eine Fläche planhobeln
Zum Planhobeln einer Fläche nehmen Sie je nach Länge des Werkstückes die Rauhbank oder einen Schlichthobel. Hobeln Sie ungefähr in Maserrichtung, aber führen Sie den Hobel in zwei Richtungen leicht schräg über die Fläche. Überprüfen Sie die Ebenheit mit einem Richtscheit (die Kante einer langen Rauhbank ist ideal). Zum Abschluß hobeln Sie mit fein eingestelltem Eisen parallel zu den Werkstückkanten.

Wenn das Werkstück sehr uneben ist, tragen Sie die Hochpunkte zuerst mit dem Schrupphobel ab, bevor Sie mit einem anderen Hobel weiterarbeiten.

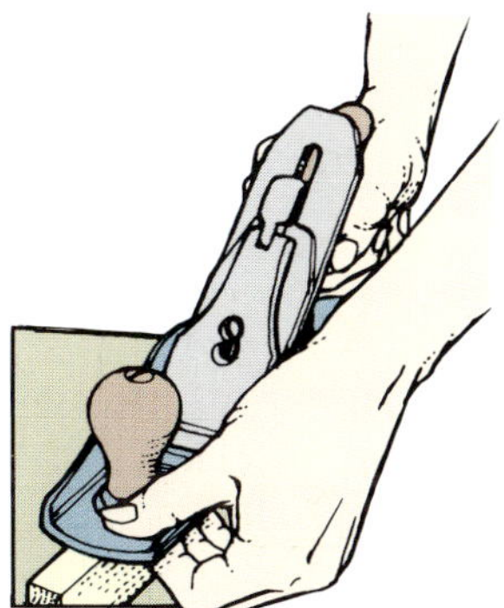

Eine Winkelkante hobeln

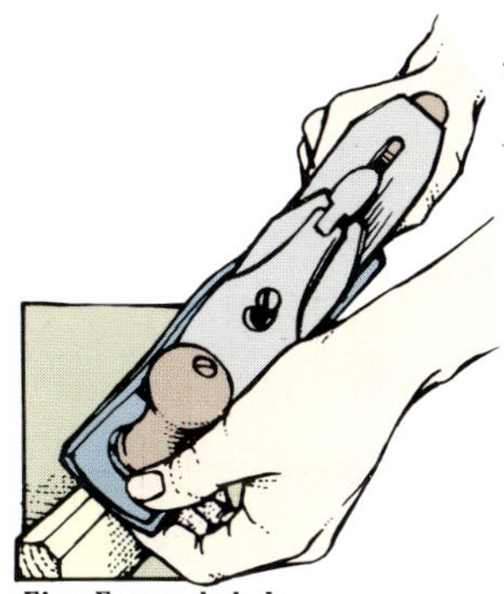

Eine Fase anhobeln

Eine gerade Kante hobeln
Drücken Sie am Anfang vorne und verlagern Sie den Druck am Ende des Hobelstoßes nach hinten.

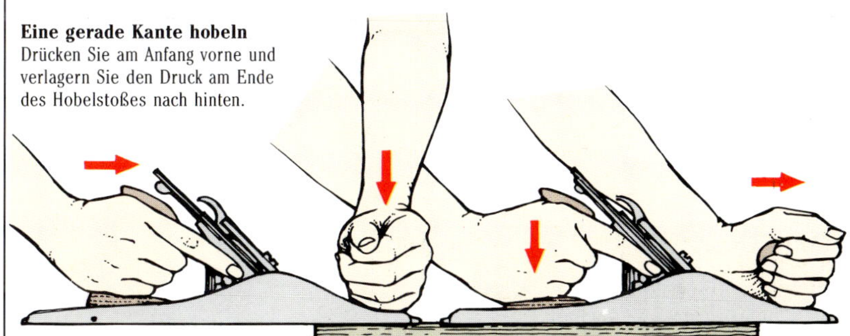

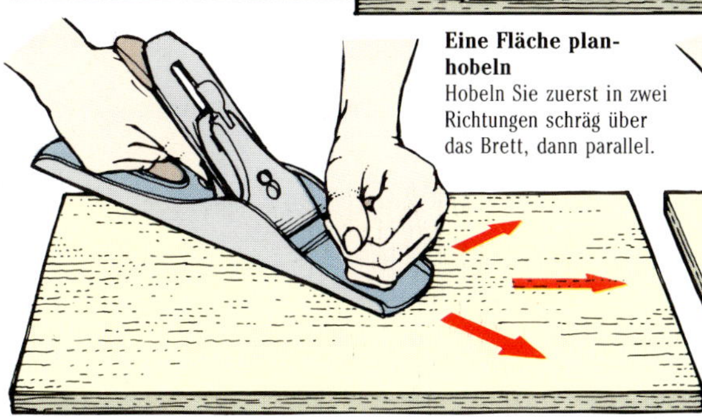

Eine Fläche planhobeln
Hobeln Sie zuerst in zwei Richtungen schräg über das Brett, dann parallel.

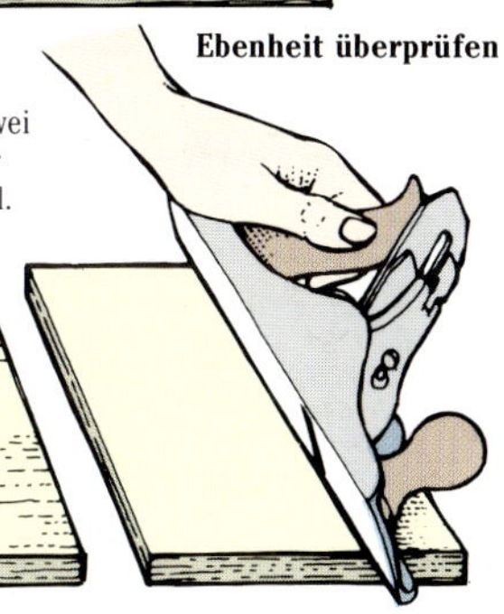

Ebenheit überprüfen

SIMS- UND FALZHOBEL

Ein Falz ist ein rechtwinkliger Absatz entlang einer Kante. Ein solcher Falz dient häufig zur Aufnahme einer Füllung oder einer Platte, z. B. einer Sperrholzrückwand, die in den rückwärtigen Falz eines Schrankkorpus eingesetzt wird. Zum Fälzen braucht man einen besonderen Hobel.

Siehe auch

Einpassen von Schrankrückwänden	62 - 65, 69 - 70
Schärfen der Eisen	102 - 107
Stoßlade	158 - 159
Breitenverbindungen	168 - 169
Schlitz-und-Zapfen-Verbindungen	172 - 180

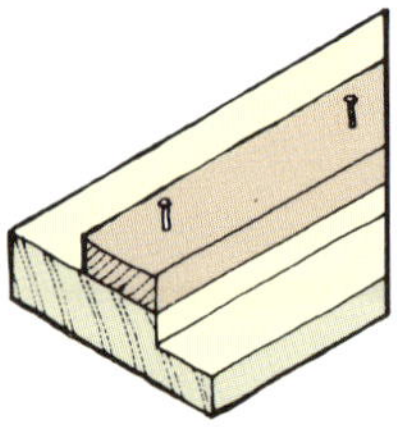

Mit Anschlag fälzen
Nageln oder zwingen Sie einen Anschlag auf das Werkstück, wenn Sie einen Falz anhobeln wollen.

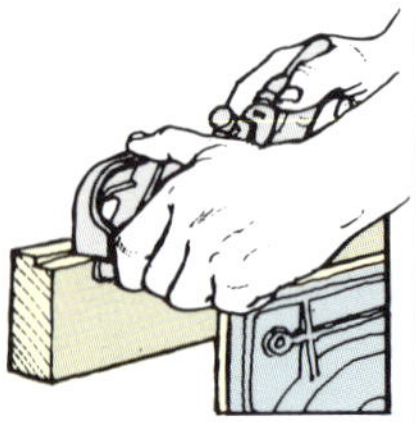

Fälzen mit einem verstellbaren Falzhobel
Setzen Sie den Hobel am vorderen Ende des Werkstückes an und hobeln Sie schrittweise weiter nach hinten.

Einfacher Falzhobel

Große Fälze hobelt man mit dem einfachen Falzhobel. Das ist eine Sonderform des Standard-Schlichthobels mit einem Eisen, das genauso breit ist wie die Sohle des Hobels. Er besitzt keinen Seiten- oder Tiefenanschlag und wird deshalb an einer mit Zwingen befestigten oder festgenagelten Anschlagleiste entlanggeführt, bis der Falz so tief ist, daß er den Hobel allein führt. Mit dem Hobel fest an der Anschlagleiste hobeln Sie den Falz bis zu einer Linie, die die Falztiefe markiert, herunter.

Verstellbarer Falzhobel

Dies ist ein ausgeklügelter Falzhobel mit einem verstellbaren Seiten- und Tiefenanschlag. Das Eisen läßt sich an zwei Stellen einsetzen – eine für den Normalgebrauch in der Mitte und eine in der Spitze des Hobels, um bis in die Ecke eines abgesetzten Falzes hobeln zu können. Dieser Hobel hat zusätzlich einen Vorschneider, der bei der Bearbeitung von Querholz die Holzfasern vor dem Eisen durchschneidet.

Für einen durchgehenden Falz stellen Sie die beiden Anschläge entsprechend ein und setzen den Hobel am vorderen Ende des Werkstücks an. Beginnen Sie mit kurzen Stößen, den Anschlag fest an das Werkstück gedrückt, dann hobeln Sie schrittweise weiter nach hinten, indem Sie die Hobelstöße nach und nach verlängern. Hobeln Sie über die ganze Länge des Falzes, bis der Tiefenanschlag das Eisen daran hindert, weiter in das Holz einzuschneiden.

Absatz-Simshobel

Dieser kleine, leichte Hobel ist eine Variante des Simshobels. Aufgrund seines kurzen, runden Vorderteils kann man mit ihm bis in die Ecken eines abgesetzten Falzes hobeln.

Einfacher Falzhobel

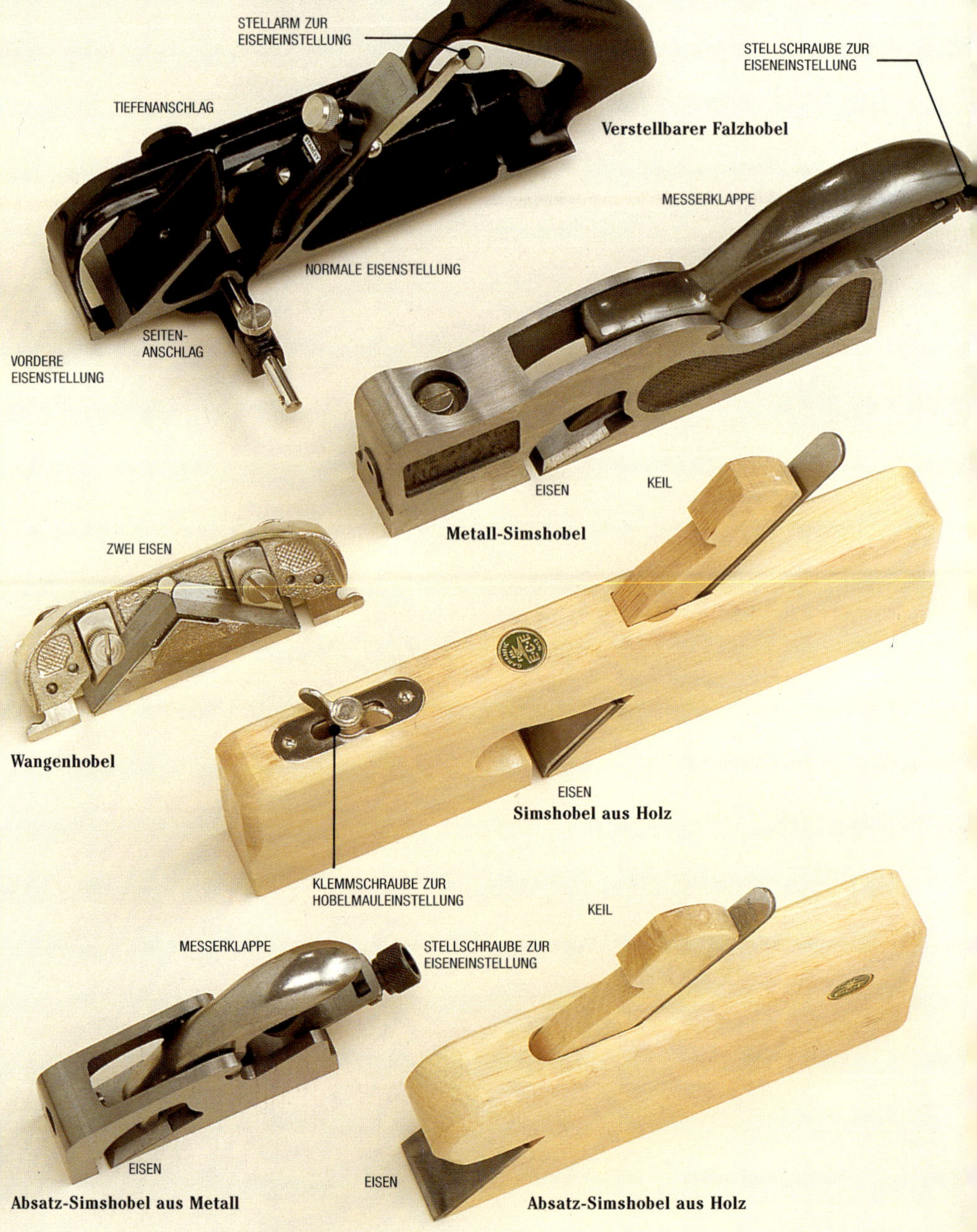

Verstellbarer Falzhobel

Metall-Simshobel

Wangenhobel

Simshobel aus Holz

Absatz-Simshobel aus Metall

Absatz-Simshobel aus Holz

Simshobel
Der Simshobel hat einen exakt abgerichteten Hobelkasten, denn beide Seitenwangen müssen genau senkrecht zur Sohle stehen. Er kann wie ein Falzhobel benutzt werden, wird aber meistens zum Glätten der rechtwinkligen Brüstungen großer Verbindungen eingesetzt **(1)**. Das Eisen steht in einem flachen Winkel zur Sohle, so daß auch Hirnholz bearbeitet werden kann.

Es gibt Holz- und Metall-Simshobel aus einem Stück, und Simshobel mit abnehmbaren Vorderteilen, mit denen man bis in die Ecken von abgesetzten Fälzen hobeln kann.

Wangenhobel
Dieser kleine Hobel ist zum Nachhobeln von Falzwangen oder zum Erweitern enger Nuten geeignet **(2)**. Er wird meist liegend an der senkrechten Fläche entlang geführt. Die hier gezeigte Ausführung hat zwei sich gegenüberliegende Eisen, so daß beide Seiten einer Nut aus einer Richtung, also immer mit der Faser, nachgehobelt werden können. Beide Enden sind abnehmbar, um auch in abgesetzte Nuten hobeln zu können. Der Tiefenanschlag liegt auf der Oberkante des Werkstücks auf.

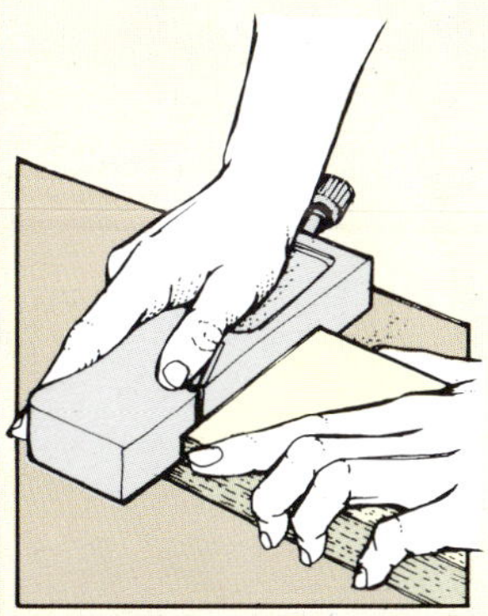

1 Eine Brüstung bestoßen

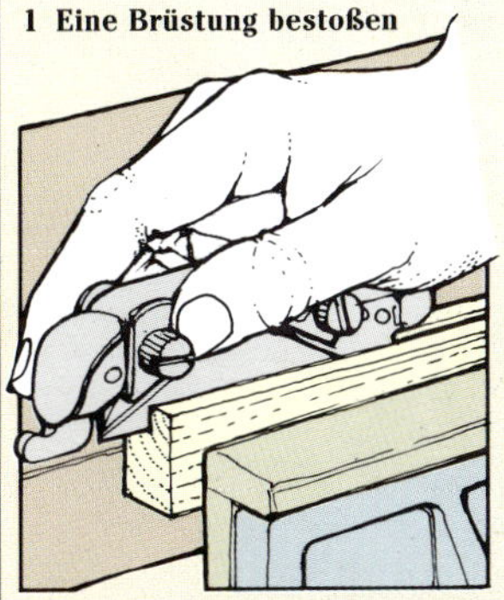

2 Eine Nut nachhobeln

HIRNHOLZHOBEL

Der Hirnholzhobel ist ein leichter, kleiner Hobel, der für viele Zwecke benutzt werden kann. Er wird mit einer Hand gehalten, man kann aber mit den Fingerspitzen der anderen Hand Druck auf sein vorderes Ende ausüben.

Die Eisen der Hirnholzhobel
Die Holzausführung hat einen großen Knopf zur genauen Tiefeneinstellung des Eisens. Bei der edleren Metallausführung steht das Eisen in einem Winkel von 20° zur Sohle. Und es gibt eine Ausführung, bei der das Eisen in einem flachen Schneidwinkel von 12° liegt. Bei beiden läßt sich das Eisen seitlich und in der Tiefe und außerdem die Weite des Hobelmauls verstellen. Zum Herausnehmen des Eisens wird die gußeiserne Messerklappe abgenommen. Die Eisen dieser Hirnholzhobel werden mit der Fase nach oben in den Hobel eingesetzt.

Hirnholzhobel aus Holz

Hirnholzhobel aus Metall

HIRNHOLZ BESTOSSEN

Mit dem leichten Hirnholzhobel läßt sich Hirnholz sehr gut bestoßen. Für Gehrungen oder exakte rechte Winkel sollten Sie aber einen normalen Hobel und eine Stoßlade verwenden.

Handhabung eines Hirnholzhobels
Für das Hobeln von Hirnholz muß das Eisen messerscharf sein und der Hobel mit kräftigem Druck auf das vordere Ende geführt werden **(1)**. Hobeln Sie von den Kanten aus gegen die Mitte, damit das Holz an der Kante nicht ausbricht. Sie können auch ein Ende mit einer Fase versehen, die bis zum Fertigriß hinunterreicht **(2)**, auf die Sie dann zuhobeln. Man kann auch ein Stück Holz an das Werkstück zwingen, um die Kante vor dem Ausbrechen zu schützen **(3)**.

Arbeiten mit der Stoßlade
Mit einem normalen Hobel bestoßen Sie Hirnholz auf einer Stoßlade. Das Werkstück wird gegen eine darauf befestigte Anschlagleiste gehalten und der Hobel auf der Seite liegend auf dem tieferliegenden Absatz vorbeigeführt. Hobeln Sie das Hirnholz mit einem fein eingestellten Eisen.

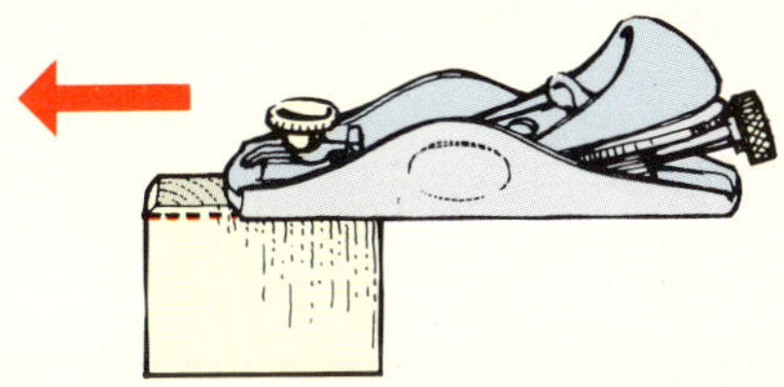

2 Hobeln Sie auf die Fase zu

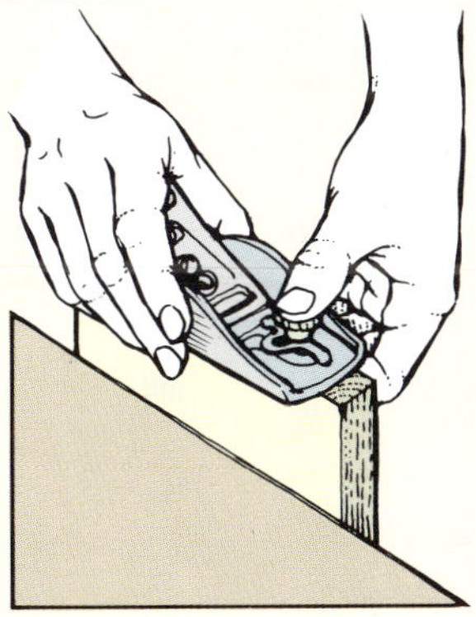

1 Drücken Sie auf die Hobelspitze

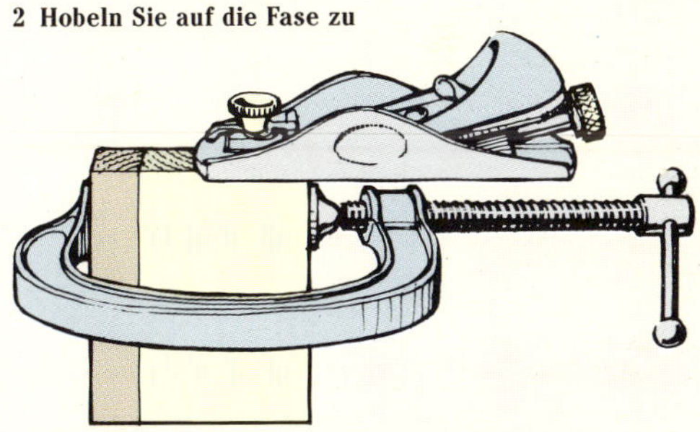

3 Schützen Sie die Kante mit einem Beilageklotz

Auf der Stoßlade hobeln

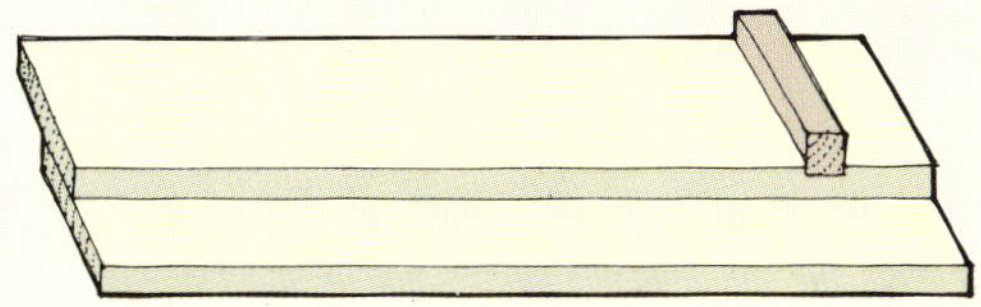

Stoßlade

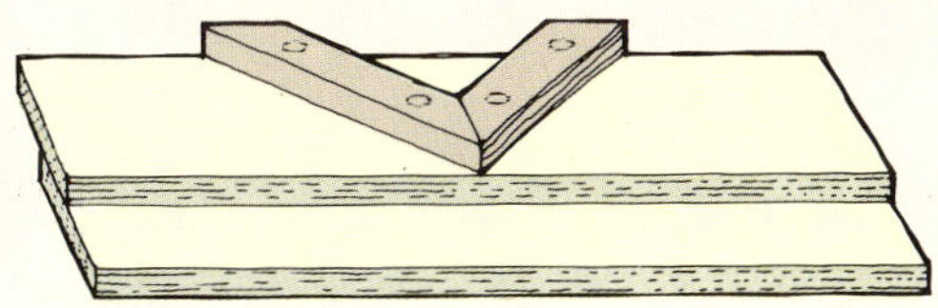

Gehrungs-Stoßlade

JAPANISCHE HOBEL

Der traditionelle japanische Holzhobel ist sehr einfach gebaut. Er besteht aus einem rechteckigen Hobelkasten aus Hartholz, einem Eisen und einer Klappe. Ein Stahlstift presst die Klappe gegen das Eisen. Diesen Hobeln werden beinahe legendäre Fähigkeiten nachgesagt. Sie arbeiten auf Zug. Das Werkstück liegt dabei auf einem schweren Balken, dessen eines Ende auf einem dreibeinigen Bock aufliegt und dessen anderes Ende gegen eine Wand stößt.

Siehe auch

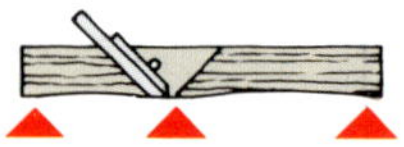

Wellenförmig ausgebildete Sohle
Die Sohle eines Kanna ist hohl ausgebildet, so daß sie nur an drei Punkten auf dem Werkstück aufliegt.

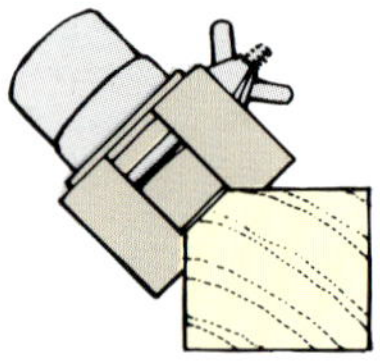

Das Kirimen-Kanna
Dieser Hobel wird schräg am Werkstück angesetzt.

Kanna (Hobel)

Die japanischen Eichenhobel sind zwischen 162 und 356 mm lang. Die Eisen bestehen aus einer dünnen Schicht Hartstahl, der die Schneide bildet, und einer dicken Schicht weichen Stahls, der beim Hobeln von schwierigem oder astigem Holz die Stöße dämpft. Die Rückseite des Eisens ist hohlgeschliffen, so läßt sich das Eisen besser abziehen und sitzt stramm an der Klappe.

Um die Schnittiefe zu steigern, klopfen Sie mit einem weichen Hammer auf die Oberkante des Eisens. Wollen Sie das Eisen zurückstellen, klopfen Sie auf das Hobelende hinter dem Eisen. Und um das Eisen aus seiner Nut zu lösen, schlagen Sie kräftig auf eben dieses Ende.

Die großen Hobel haben hohl ausgebildete Sohlen, um den Reibungswiderstand zu verringern. Diese hohlgeformten Sohlen werden mit einem besonderen Hobel gefertigt, dem Dai-nishi-kanna. Die Sohle hat dann mit dem Werkstück nur an drei Punkten Kontakt: an der Spitze, kurz vor dem Hobelmaul und an ihrem Ende.

Sakuri-Kanna (Nuthobel)

Dieser Hobel wird wie ein europäischer Simshobel verwendet. Das Eisen, zwischen 12 und 24 mm breit, wird in einen 275 mm langen Hobelkasten aus Eiche eingesetzt.

Kirimen-Kanna (Fasenhobel)

Dieser sehr spezielle Hobel hat zwei durch Schrauben verbundene Anschlaghälften, die sich zum Anhobeln von Fasen bis auf 20 mm auseinanderschieben lassen. Der kleine „Hobelkasten" mit einem abgeschrägten Eisen wird von der Seite in die Anschlaghälften eingeschoben.

Kanna (Hobel)

Sakuri-Kanna (Nuthobel)

Kirimen-Kanna (Fasenhobel)

Japanische Hobel werden gezogen, nicht gestoßen

SONDERHOBEL

Es gibt sicher auch andere Möglichkeiten, die Ergebnisse zu erzielen, die man mit diesen Sonderhobeln erreicht. Diese Hobel ermöglichen dem Schreiner jedoch, bestimmte Arbeiten schneller und wesentlich präziser zu erledigen.

Schiffhobel
Ein Schiffhobel hat ein ganz normales Eisen, eine Klappe und eine Messerklappe. Die Sohle aber besteht aus einem elastischen Stahlband. Dieses läßt sich mit Hilfe einer großen Rändelmutter an jede konvexe oder konkave Form anpassen.

Der Schiffhobel eignet sich besonders zum Nachhobeln weicher Kurven, wie die Kante eines runden Tischs z. B., wo ein Schabhobel den Unebenheiten nur folgen würde.

Sägen Sie das Holz grob in Form und passen Sie dann entweder die Hobelsohle der Schnittkante an, oder Sie zeichnen sich die gewünschte Krümmung auf ein Brett, um die Sohle nach diesem Riß genau einzustellen.

Schiffhobel

Holz-Grundhobel

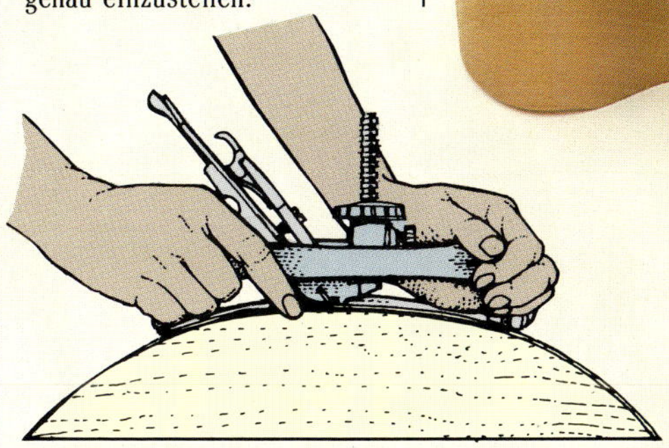
Mit dem Schiffhobel arbeiten

Grundhobel
Der Grundhobel, mit dem früher alle Gratnuten ausgehobelt wurden, ist heute weitgehend durch die Elektro-Oberfräse ersetzt worden. Weil er jedoch einfach zu handhaben ist, findet man ihn heute noch in vielen Werkstätten, wo er vor allem für die kleinen Aussparungen für Bänder und Beschläge eingesetzt wird. Die hölzerne Ausführung ist weit verbreitet, die Metallausführung aber läßt sich vielseitiger verwenden.

Mit Hilfe von Schrauben lassen sich spezielle Eisen ganz fein einstellen. Mit stemmeisenähnlichen Messern werden rechtwinklige Nuten eingeebnet, und mit dem spitz zulaufenden Eisen können enge Ecken oder die schrägen Seiten einer Gratnut bearbeitet werden. Für durchgehende Nuten wird das Eisen in die vordere Halterung eingesetzt; in die hintere, um den Hobel rückwärts in die Ecke einer abgesetzten Nut hineinziehen zu können.

Ein kleiner Anschlag, der sich an die Sohle anschrauben läßt, führt den Hobel in einem bestimmten Abstand zu einer geraden oder gebogenen Kante. Eine Tiefenlehre mit einer kleinen, flachen Anschlagplatte verschließt das offene Maul an der Front des Hobels, wenn der Hobel auf einer schmalen Kante geführt wird, wo die geteilte Sohle unzweckmäßig wäre.

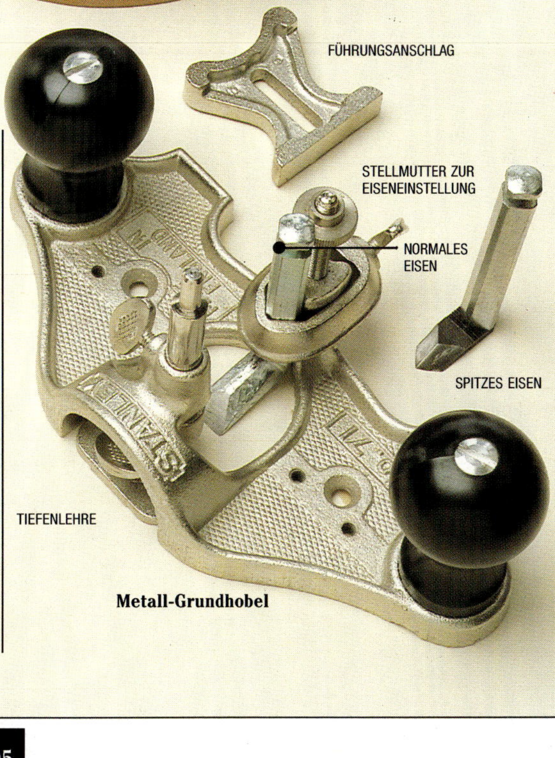

Metall-Grundhobel

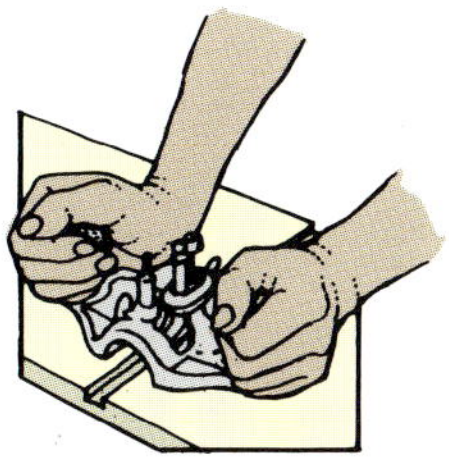
Eine Nut hobeln
Sägen Sie die Nutseiten bis auf die gewünschte Nuttiefe ein. Stellen Sie das Eisen des Hobels nach und nach tiefer, um das Holz stufenweise bis auf Nuttiefe zu hobeln.

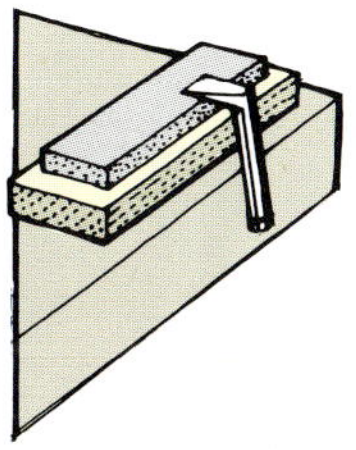
Schärfen der Grundhobeleisen
Ziehen Sie das Eisen wie ein Stemmeisen auf einem Ölstein ab. Plazieren Sie aber den Stein nahe an der Bankkante, damit der abgewinkelte Stiel des Eisens frei geführt werden kann.

NUT- UND KOMBINATIONSHOBEL

Um die Jahrhundertwende war der Werkzeugkasten eines Schreiners angefüllt mit hölzernen Profilhobeln, Nuthobeln und zusammengehörenden Nut- und Federhobeln. Jeder einzelne Hobel war für einen bestimmten Zweck bestimmt und hatte ein spezielles Eisen. Es überrascht daher auch nicht, daß ein Werkzeug, das all diese Funktionen der verschiedenen Hobel in sich vereint, ein großer Erfolg werden mußte, und daß trotz der Konkurrenz durch die Elektro-Oberfräsen der Kombinationshobel immer noch oft verwendet wird.

Siehe auch

Einpassen von Schrankrückwänden 62 - 65, 69 - 70

Rahmen-Füllungs-Konstruktion 66, 70

Schärfen der Eisen 102 - 107

Hand-Oberfräsen 140 - 146

Handhabung eines Kratzklotzes
Spannen Sie das Messer zwischen zwei gleich große, zusammenschraubbare Sperrholzstücke. Halten Sie den Klotz schräg nach hinten und ziehen Sie das Messer so lange auf dem Holz zu sich, bis der Klotz auf dem Werkstück anschlägt.

Der Nuthobel

Mit diesem Hobel werden doppelwandige Nuten oder auch schmale Fälze ausgehobelt. Die Eisen mit 3 – 12 mm breiter, gerader Schneide werden in dem Hobel von einer Klemmschraube gehalten und mit einer Rändelschraube höher oder tiefer gestellt. Der Hobel hat einen Seiten- und einen Tiefenanschlag.

Der Kombinationshobel

Ein Kombinationshobel ist ein Nuthobel mit Sonderausstattung zur Herstellung von Nut-und-Feder-Verbindungen und jener Rundstabprofile, die häufig Randleisten zieren und den Schwund kaschieren sollen.

Ein spezielles Eisen zum Anhobeln der Feder, mit einem verstellbaren Tiefenanschlag versehen, paßt zu einem entsprechenden Nuthobeleisen. Die Profileisen haben eine Breite von 3 – 12 mm.

Das Eisen ist durchgängig in eine Art Gleitsitz eingespannt, der sich bis zur Spitze des Hobels erstreckt und an den Hobelkörper angefügt ist. Daran läßt sich ein zusätzlicher schmaler Seitenanschlag befestigen, um einen Rundstab an eine gefederte Kante anhobeln zu können, wo ein normaler Führungsanschlag wegen der vorstehenden Feder nicht möglich ist.

Am Hobelkörper und an dem Gleitsitz befindet sich jeweils ein Vorschneider, der beim Hobeln von Querholz die Holzfasern vorher durchtrennt.

Der Multihobel

Ein Multihobel ist ein Kombinationshobel mit zusätzlichen Messern. Mit ihm lassen sich Viertelstäbe, Rundstäbe, Hohlkehlen und Fensterrahmenprofile anhobeln. In den Hobel kann auch ein Schlitzmesser eingesetzt werden, das von einer Brettkante parallele Holzstreifen abschneidet.

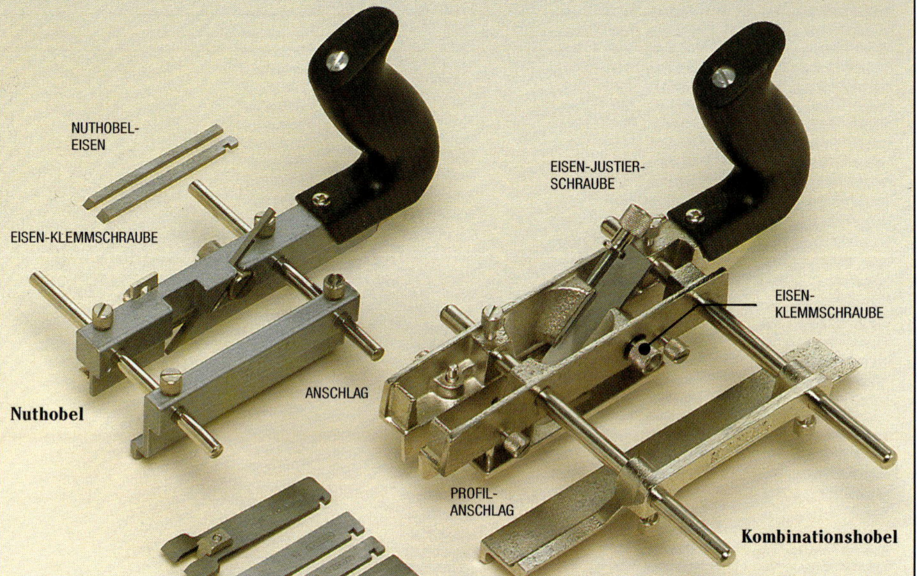

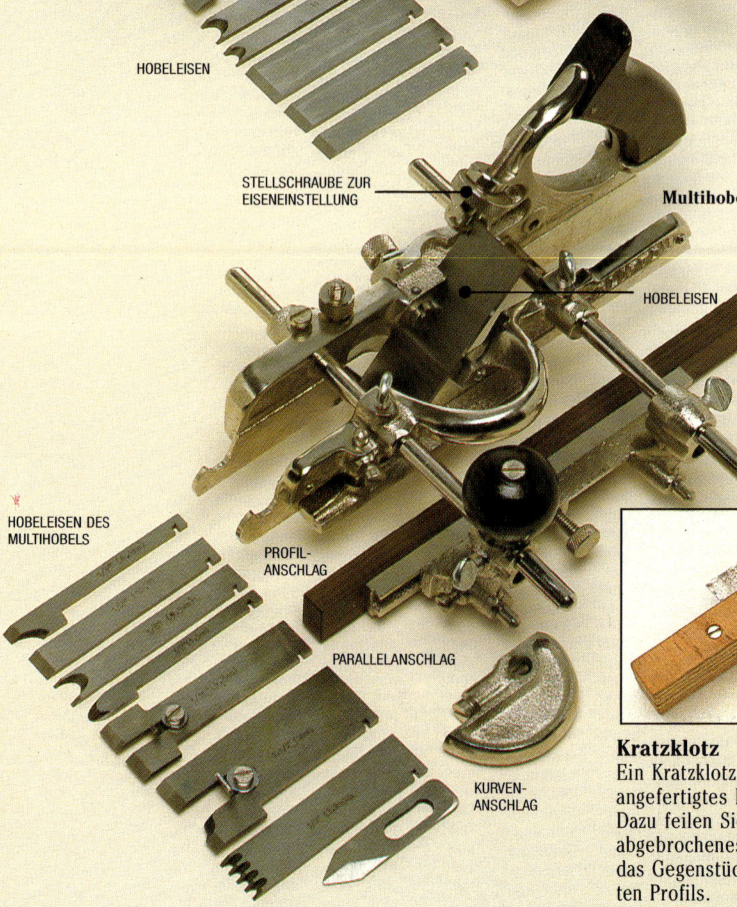

Kratzklotz
Ein Kratzklotz ist ein selbst angefertigtes Profilwerkzeug. Dazu feilen Sie in ein Stück abgebrochenes Metallsägeblatt das Gegenstück des gewünschten Profils.

HANDHABUNG DER HOBEL

Setzen Sie das gewünschte Eisen in den Hobel ein. Vermessen Sie davon ausgehend die Einstellung des Seiten- und des Tiefenanschlags. Setzen Sie den Hobel am hinteren Ende des Werkstücks an. Dabei stützen Sie den Führungsanschlag mit Ihrer linken Hand. Ziehen Sie den Hobel zuerst mit kurzen, dann mit immer länger werdenden Zügen zu sich her, bis der Hobel lange Späne abschält.

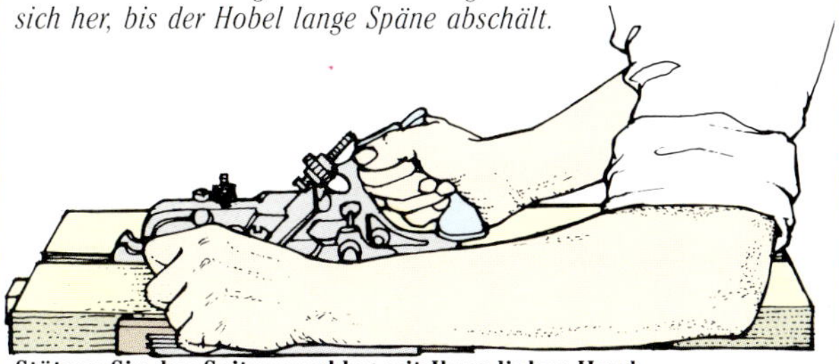

Stützen Sie den Seitenanschlag mit Ihrer linken Hand

Nuten in Längsholz

Eine Nut wird meist mit der Faser geschnitten und sehr oft in die Kante eines Holzstücks. Sie können auch in Hirnholz eine Nut schneiden. Um jedoch ein Ausbrechen des Holzes am Ende der Nut zu vermeiden, sollten Sie sich mit dem Zapfenstreichmaß die Nut vorher anreißen, das hintere Ende einsägen und mit einem Stecheisen ausstemmen, bevor Sie den Hobel ansetzen.

Nuten in Querholz

Führen Sie den Kombinations- oder Multihobel an einer geraden Leiste entlang, die Sie auf das Werkstück spannen. Die Vorschneider stellen Sie zuvor exakt auf die Breite der Nut ein.

Fälzen

Um einen Falz auszuhobeln, nehmen Sie irgendein Nuthobelmesser. Stellen Sie aber den Führungsanschlag so ein, daß die Schneide an der Kante des Werkstücks liegt. Breitere Fälze werden stufenweise ausgehobelt.

Nut und Feder anhobeln

Zuerst wird die Feder mit dem Kombinations- oder dem Multihobel und dem speziellen Hobeleisen angehobelt. Da das Eisen einen eigenen Tiefenanschlag hat, braucht man an dem Hobel selbst keinen anzubringen. Stellen sie den Seitenanschlag so ein, daß die Feder genau mittig auf der Werkstückkante sitzt.

Rundstab anhobeln

Um ein Rundstabprofil an eine Kante mit einer Feder anzuhobeln, befestigen Sie den kleinen Spezial-Seitenanschlag, der das Hobeleisen von selbst so einstellt, daß das Profil genau an der Kante angehobelt wird, die genau über der Feder liegt.

Viertelstab anhobeln

Ein Viertelstab wird wie ein Falz angehobelt. Um alle vier Kanten einer massiven Holzplatte zu profilieren, hobeln Sie zuerst die beiden Querholzkanten und dann die beiden Längsholzkanten.

Fensterrahmenprofil hobeln

Schneiden Sie ein Fensterrahmenprofil an die Kante eines Bretts, indem Sie zuerst die eine Hälfte hobeln, dann das Werkstück umdrehen und die andere Hälfte anhobeln. Zum Schluß schneiden Sie das Profil mit dem Schlitzmesser von dem Brett ab.

Hohlkehle aushobeln

Eine Hohlkehle wird wie ein Rundstab mit dem Tiefen- und dem Seitenanschlag angehobelt.

Kannelierung

Ein Kanneleisen hobelt eine Reihe paralleler Rundstäbe auf einmal. Der Hobel wird dafür so eingestellt wie zum Anhobeln von Rundstäben oder Hohlkehlen.

Schärfen der Eisen
Die Hobeleisen werden auf einem Ölstein mit einem bestimmten Schleifwinkel abgezogen. Die kleinen Eisen lassen sich leichter abziehen, wenn man sie in eine Schleifführung einspannt. Zum Abziehen der Profileisen verwenden Sie kleine Formsteine.

Spannen Sie die Eisen in eine Schleifführung ein

Profilmesser
1 Feder
2 Fensterrahmenprofil
3 Viertelstab
4 Rundstab
5 Kannelierung
6 Hohlkehle
7 Falz
8 Nut

STEMMEISEN UND HOHLBEITEL

Stemmeisen und Hohlbeitel sind zusammen mit Sägen und Hobeln die wichtigsten Werkzeuge des Schreiners. Man verwendet sie hauptsächlich zum Ausstemmen von Verbindungen. Die leichteren Stecheisen werden auch zum Ausformen und für Nacharbeiten eingesetzt. Schwere Stemmeisen werden meist mit dem Hammer getrieben, wenn viel Holz entfernt werden muß. Ansonsten jedoch werden die Eisen nur mit der Hand und mit Körperkraft geführt.

Siehe auch

Schärfen der Eisen	102 - 107
Holzhammer	116
Werkstatt	156 - 157
Nutverbindungen	170 - 171
Zinkenverbindungen	184 - 191

Stemmeisen
Das Stemmeisen ist das wichtigste Allzweckeisen. Seine gerade Klinge mit rechteckigem Querschnitt hält auch stärkeren Beanspruchungen stand, kann also mit dem Holzhammer getrieben werden.

Stecheisen mit seitlicher Fase
Die Unterseite der Klinge ist flach wie bei einem Stemmeisen, die Oberseite jedoch ist an den beiden Längskanten leicht abgeschrägt. Das Eisen ist dadurch leichter und sollte nur mit der Hand geführt werden. Es eignet sich ideal zum Ausstemmen von Zinken und Schwalbenschwänzen. Stecheisen gibt es in den gleichen Breiten wie Stemmeisen.

Langes Stecheisen
Dieses Stecheisen hat eine besonders lange Klinge und eignet sich vor allem zum Ausstemmen von Nuten.

Gekröpftes Stecheisen
Der gekröpfte Hals dieses Eisens macht es möglich, die Klinge sogar in der Mitte eines breiten Bretts flach auf das Werkstück aufzulegen und zu führen.

Schräges Stemmeisen
Das Ende der Klinge ist auf einen Winkel von 60° abgeschrägt, so daß die Schneide eher schälend schneidet. Das bewirkt auch bei schwierigem Holzfaserverlauf einen glatten Schnitt. Die Spitze der Schneide eignet sich zudem gut für das Säubern schwer zugänglicher Ecken. Dieses Eisen gibt es nur in den Breiten von 12, 18 und 25 mm.

ARBEITSSCHUTZ

Halten Sie Ihre Stemmeisen immer scharf. Ein stumpfes Eisen muß mit mehr Kraftaufwand geführt werden, wobei das Eisen plötzlich abrutschen kann. Stemmen Sie niemals zum Körper hin und halten Sie Ihre Hände immer hinter der Schneide. Die langen Seitenkanten eines neuen Stemmeisens können so scharf sein, daß Sie sich beim Arbeiten daran schneiden.

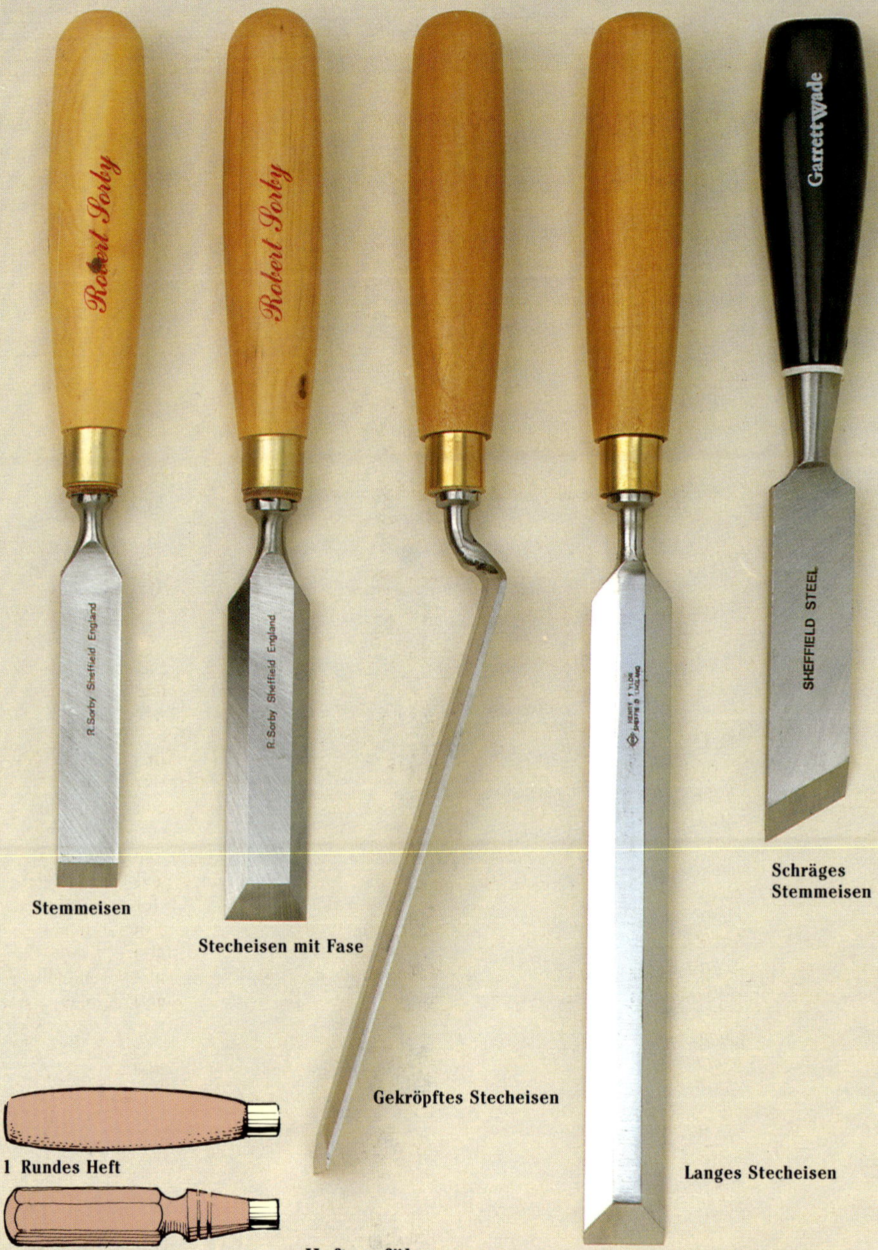

Stemmeisen

Stecheisen mit Fase

Gekröpftes Stecheisen

Langes Stecheisen

Schräges Stemmeisen

Stemmeisenhefte ▸
Es hat schon immer Hefte in den verschiedensten Ausführungen gegeben, das lag und liegt vor allem an regionalen Vorlieben. Kunststoffgriffe sind so zäh, daß man sie auch mit einem Metallhammer treiben kann – eine Vorgehensweise, die ein Holzheft sofort ruinieren würde.

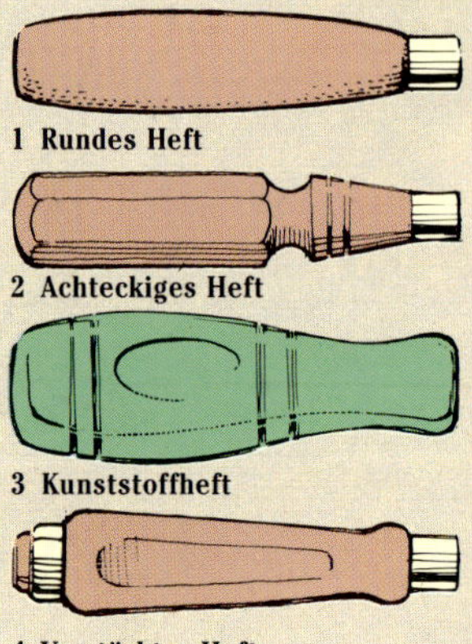

1 Rundes Heft

2 Achteckiges Heft

3 Kunststoffheft

4 Verstärktes Heft

Heftausführungen
Die runde, knollenförmige Heftausführung ist zweckmäßig und ergonomisch **(1)**. Achteckige Hefte **(2)** rollen nicht von der Bank. Die Kunststoffhefte **(3)** sind aus dem gleichen Grund oft etwas abgeflacht. Das Ende eines Holzhefts ist manchmal durch eine Metallzwinge verstärkt **(4)**, damit das Holz unter den Hammerschlägen nicht ausbricht.

Stemmeisenhefte wurden schon immer aus Harthölzern wie Buchsbaum, Weißbuche und Esche gefertigt; in der letzten Zeit geht der Trend aber verstärkt in Richtung von Kunststoffheften.

AUFBAU DER STEMMEISEN

Stemmeisen variieren leicht je nach Ausführung und Hersteller. Im wesentlichen aber bestehen sie aus einer starken Metallklinge, die in einem rundlichen, geraden Heft sitzt. Die Verbindung zwischen Heft und Klinge ist ein ganz entscheidender Punkt.

Klingen

Das durchschnittliche Bankeisen hat eine 125–175 mm lange Klinge. Manche Schreiner ziehen die kürzere und kräftigere Version mit einer 75–100 mm langen Klinge vor, weil sie gut in der Hand liegt. Spezialeisen können eine Klingenlänge von bis zu 250 mm haben. Die Spitze einer Stemmeisenklinge hat eine angeschliffene Fase, die die Schneide bildet.

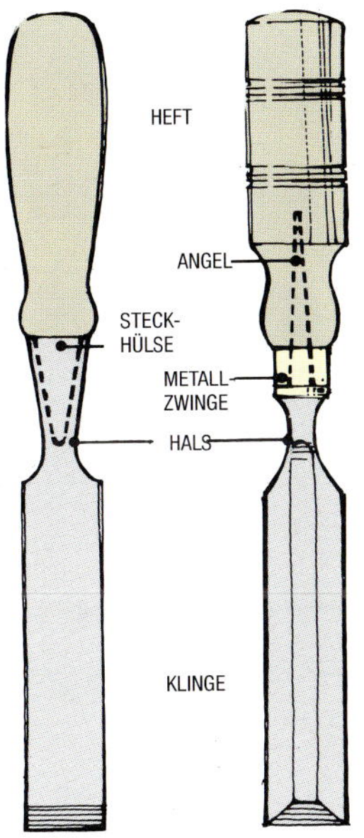

Gute Stemmeisenausführung

Die kritische Verbindung

Eine Stemmeisenklinge verjüngt sich kurz vor dem Heft auffällig. Das ist der „Hals". An dieser Stelle beginnt bei den meisten Klingen ein geschmiedeter Dorn oder die „Angel", die in ein Holzheft getrieben oder in ein Heft aus Kunststoff gepreßt wird. Die Verbindungsstelle zwischen Heft und Klinge ist mit einem Metallring, der „Zwinge", verstärkt.

HANDHABUNG DER STEMMEISEN

Aufbewahren

Es ist eine schlechte Angewohnheit, Stemmeisen lose in einer Werkzeugkiste herumliegen zu lassen. Bewahren Sie sie in einer Segeltuchrolle mit Taschen für die einzelnen Eisen auf oder stecken Sie sie in ein Werkzeuggestell hinter Ihrer Bank. Es gibt auch fertige Magnetschienen für Werkzeuge zu kaufen. Sie können sich aber aus zwei Holzleisten und kurzen Distanzstücken ein eigenes Werkzeuggestell bauen. Schrauben Sie es an die Wand und schieben Sie die Eisen in die Lücken zwischen den beiden Holzleisten. Manche Schreiner bevorzugen einen Plastikschutz, den sie über die Schneiden der Eisen schieben.

Stecken Sie die Stemmeisen in ein Wandgestell

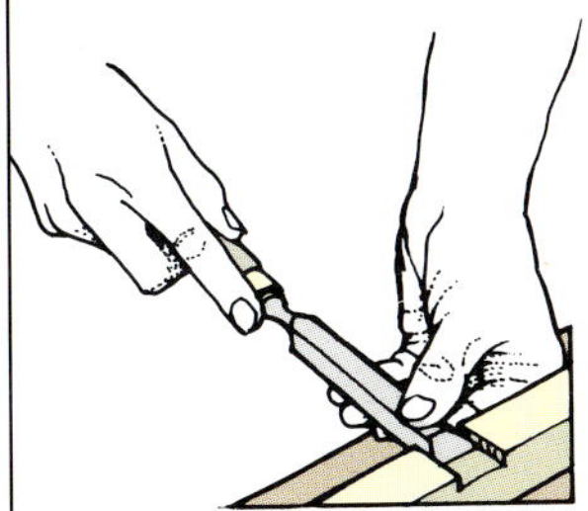

1 Sicheres Führen des Eisens

Waagrechtes Abstechen

Wenn Sie Holz wegstechen müssen und das Werkstück flach auf der Bank liegt, nehmen Sie das Stecheisenheft so in die Hand, daß Ihr Zeigefinger in Richtung Klinge ausgestreckt ist. Mit Daumen und Zeigefinger der linken Hand ergreifen Sie die Klinge hinter der Schneide. Mit diesem Griff wird nicht nur die Schneide geführt, sondern auch die auf das Werkzeug ausgeübte Kraft kontrolliert. Die anderen Finger der linken Hand liegen am Werkstück an, um das Eisen sicher zu führen **(1)**.

Stellen Sie sich in Schrittstellung so vor die Bank, daß Unterarm und Eisen parallel zum Fußboden sind. Nützen Sie das Gewicht Ihres Körpers, um das Eisen vorwärts zu stoßen **(2)**.

Falls Sie mehr Kraft benötigen, schlagen Sie mit dem Handballen auf das Ende des Hefts **(3)**.

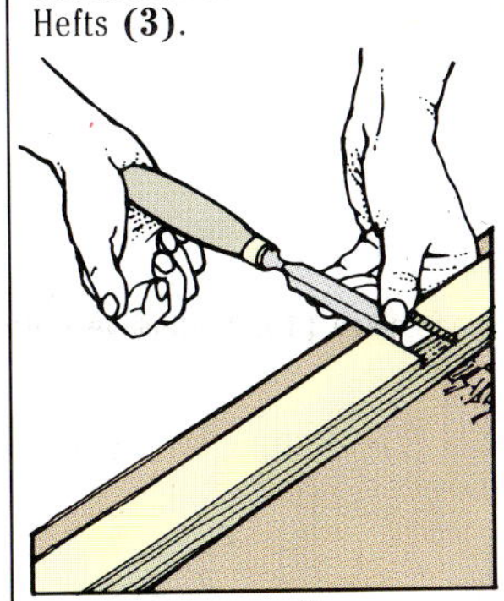

3 Mehr Druck ausüben

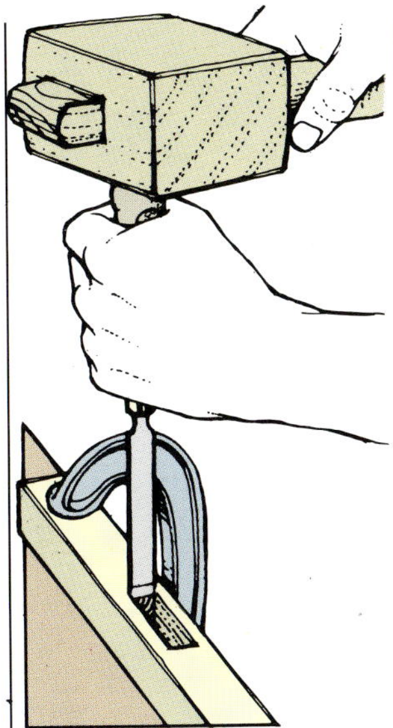

Mit der Seitenfläche des Hammers daraufklopfen

Das Eisen mit dem Holzhammer treiben

Um ein Stemmeisen mit maximaler Kraft in das Holz zu treiben, schlagen Sie mit einem Holzhammer senkrecht auf das Heftende. Bei feineren Arbeiten greifen Sie den Hammerstiel direkt hinter dem Kopf und klopfen mit der Seitenfläche des Hammers auf das Eisen.

Senkrechtes Abstechen

Bestoßen Sie Hirnholz von oben nach unten mit einem senkrecht gehaltenen Stemmeisen. Legen Sie dazu den Daumen der Griffhand über das Heftende und führen Sie die Klinge mit Daumen und Zeigefinger der linken Hand.

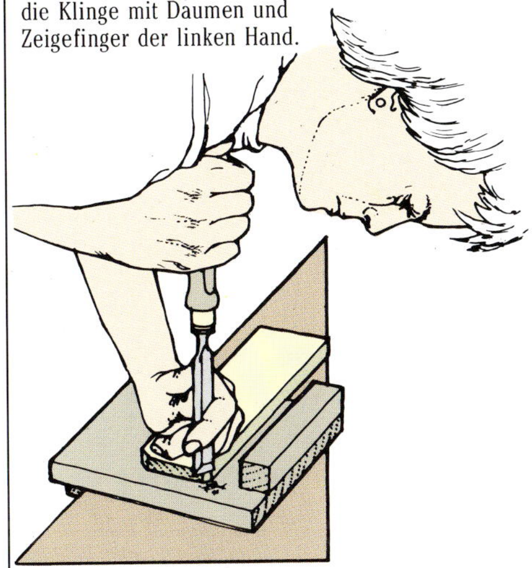

Senkrechtes Abstechen

2 Richtige Haltung

LOCHBEITEL

Zum Ausstemmen tiefer Löcher braucht man ein Eisen, das für diese Arbeit geeignet ist. Die normalen Stemmeisen sind dazu entweder zu schwach oder klemmen sich fest.

Siehe auch

Stecheisen mit Seitenfase 98

Schärfen der Eisen 102-107

Nutverbindungen 170-171

Schlitz-und-Zapfen-Verbindungen 172-180

Zinkenverbindungen 184-191

Ein typischer Satz von Hohlbeiteln

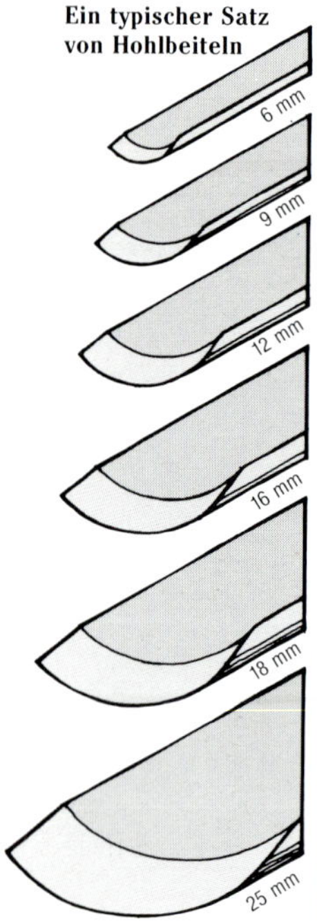

Schlitzbeitel
Dieser Lochbeitel hat eine besonders dicke Klinge für schwere Beanspruchung. Der Beitel ist so kräftig, daß man mit ihm den Abfall aus einem tiefen Stemmloch heraushebeln kann, und seine breite Seitenflächen helfen, ihn senkrecht zum Loch zu führen. Da er sich vom Hals zur Schneide hin verjüngt, klemmt er im Stemmloch nicht so schnell fest. Diese Ausführung gibt es in den Breiten 6–12 mm.

Breiter Lochbeitel
Ursprünglich ein Werkzeug der Schiffbauer, ist dieser Lochbeitel für schweres Rahmen- und Balkenwerk in Breiten bis zu 38 mm erhältlich. Eine Lederscheibe zwischen dem Heft und der Klinge dämpft die Wucht der Hammerschläge.

Schloßkastenbeitel
Die Krümmung an der Spitze der Klinge macht es möglich, den Grund eines tiefen Stemmlochs zu säubern und auszuräumen. Nachdem das Loch mit einem normalen Lochbeitel ausgestemmt wurde, nehmen Sie einen Schloßkastenbeitel der gleichen Größe oder etwas kleiner, um die Arbeit zu beenden.

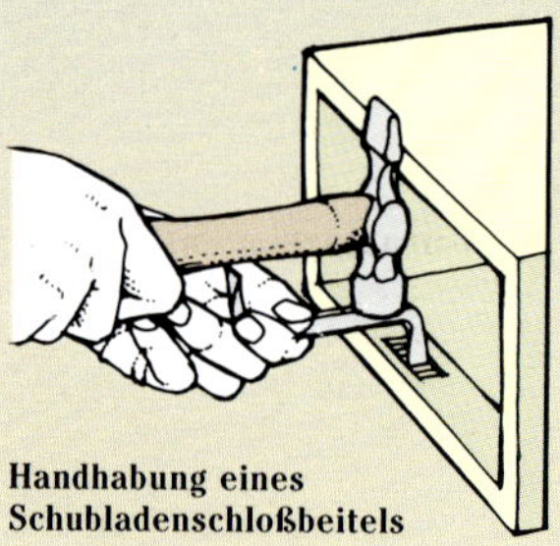

Handhabung eines Schubladenschloßbeitels

Schubladenschloßbeitel
Dieses kleine, gekröpfte Eisen ist ganz aus Metall. Es ist zum Einlassen von Schlössern und Bändern gedacht an Stellen, wo man mit einem normalen Stemmeisen nicht mehr hinkommt. Es hat zwei Schneiden, eine davon rechtwinklig zum Stiel, die andere parallel dazu. Halten Sie das Eisen auf das Werkstück und klopfen Sie mit dem Hammer hinter der Schneide auf den Stiel.

HOHLBEITEL

Ein Hohlbeitel hat eine Klinge mit einem gebogenen Querschnitt. Die Schneidfase ist entweder auf der Innenseite (Innenschneide) oder auf der Außenseite (Außenschneide) angeschliffen.

Ein Hohlbeitel mit Außenschneide wird zum Ausstemmen von Hohlformen verwendet, während ein Hohlbeitel mit Innenschneide zum Abstechen runder Brüstungen, wie z. B. eine an ein rundes Stuhlbein stoßende Zargenbrüstung, genommen wird.

Innenschneide **Außenschneide**

Hohlbeitel mit Außenschneide
Zum Ausstemmen von Hohlkehlen

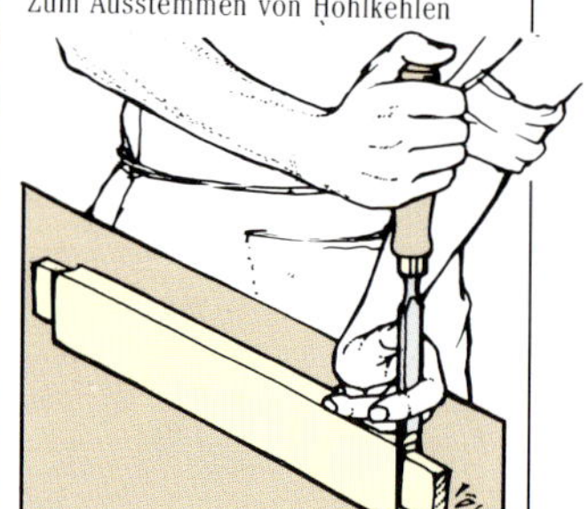

Hohlbeitel mit Innenschneide
Abstechen von runden Brüstungen

JAPANISCHE STECHEISEN

Japanische Stecheisen bestehen aus zwei schmiedeverschweißten Stahlschichten. Die Klinge hat eine harte, hohlgeschliffene Rückseite, die auf einer weichen, die Schläge dämpfenden Stahlgrundschicht aufgebracht ist. Durch die Kombination der Angel- mit der Steckhülsenvariante ist die Verbindung zwischen Heft und Klinge besonders stark und haltbar. Alle japanischen Stemmeisen haben Hefte aus Hartholz, die am Heftende mit einem Schlagring verstärkt sind.

Oire-nomi (Flacheisen mit Seitenfase)
Dieses Standardstecheisen ist seitlich abgeschrägt, anders aber als seine westlichen Gegenstücke ist es so stabil, daß es mit einem Hammer getrieben werden kann.

Shinogi-nomi (Schwalbenschwanzeisen)
Der dreieckige Querschnitt der Klinge ist ideal zum Ausstemmen von Zinken und Schwalben einer Zinkenverbindung. Diese Eisen sind 3–12 mm breit.

Usi-nomi (dünnes Stecheisen)
Diese japanischen Stecheisen sind zur Führung mit zwei Händen gedacht. Die Klingen, die dünner sind als die normalen Oire-nomis, sind von 3–42 mm breit.

Kote-nomi (abgewinkeltes Stecheisen)
Der abgewinkelte Hals dieses Stecheisens macht es möglich, lange Nuten und Fälze glätten und säubern zu können.

Mukomachi-nomi (Lochbeitel)
Der japanische Lochbeitel hat einen quadratischen Querschnitt, mit dem sich tiefe Löcher ausstemmen lassen. Es gibt ihn in Breiten von 6–18 mm.

Mori-nomi/Sokozarai-nomi (Lochbeitel mit Haken)
Diese Sondereisen werden zusammen mit einem Lochbeitel benützt, um den Grund und die Seiten eines blinden Zapfenlochs zu säubern. Beide Eisen sind am Ende mit einem Haken versehen, um damit die Späne auszuräumen.

Chokkatu-nomi (Kanteisen)
Dies ist ein ganz spezielles Werkzeug zum Säubern der Ecken großer Zapfenlöcher. Die Klingenhälften stehen in einem Winkel von 90° zueinander und sind 9, 16 oder 25 mm breit.

Japanische Stecheisen

1 Oire-nomi
2 Usi-nomi
3 Mukomachi-nomi
4 Mori-nomi
5 Sokozarai-nomi
6 Oiri-uramaru-nomi
7 Shinogi-nomi
8 Kote-nomi
9 Chokkatu-nomi
10 Uchi-hagane-nomi

Uchi-hagane-nomi (Hohlbeitel)
Dieses Eisen ist in jeglicher Hinsicht dem westlichen Hohleisen mit Außenschneide ähnlich. Klingenbreiten von 3–30 mm.

Oiri-uramaru-nomi (mit Innenschneide)
Das japanische Hohleisen mit Innenschneide wird zum Abstechen runder Brüstungen benützt und ist mit einer flachen Schneidfase versehen.

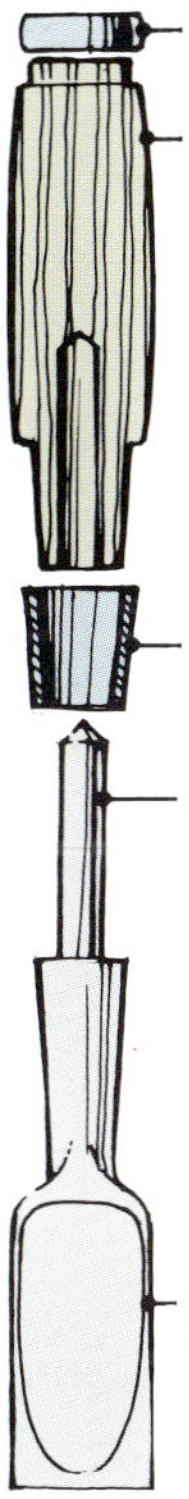

Aufbau eines japanischen Stecheisens

ABZIEHSTEINE

Die Schneide eines Werkzeugs scharf zu halten, ist von größter Bedeutung. Verglichen mit einem stumpfen Werkzeug hinterläßt ein scharfes Stemm- oder Hobeleisen nicht nur eine bessere Oberfläche, sondern läßt sich auch leichter handhaben und schneidet mit einem klaren, frischen Ton. Mit scharfen Werkzeugen zu arbeiten ist ein Vergnügen – mit stumpfen Werkzeugen ist es eine Qual.

Ein Hobel- oder Stemmeisen kommt vorgeschliffen aus der Fabrik, als scharf kann man es jedoch nicht bezeichnen. Bevor es befriedigend schneidet, muß es auf einem Abziehstein abgezogen werden und dann, wenn seine Schneidleistung wieder abfällt, erneut abgezogen werden. Hat eine Schneide Scharten bekommen oder sich durch wiederholtes Abziehen verformt, muß die ursprüngliche fabrikmäßige Schneidfase auf einem groben Schleifstein oder einer Schleifmaschine wiederhergestellt werden.

Holzbearbeitungswerkzeuge werden geschärft, indem auf besonders zugerichteten Schleifsteinen Metallspäne abgetragen werden, um eine neue, dünne Schneide zu erhalten. Gute natürliche Abziehsteine sind teuer, aber auch mit den billigeren künstlichen Abziehsteinen lassen sich gute Resultate erzielen. Je nach Beschaffenheit muß der Schleifstein während des Schärfvorgangs entweder mit Öl oder mit Wasser benetzt werden. Das verhindert eine Überhitzung des Werkzeugstahls und spült gleichzeitig die feinen Stein- und Metallabriebe fort.

Siehe auch

Hobel	88 - 97
Stemmeisen	98 - 101
Schleifmaschinen	106
Ziehmesser	109

Ölsteine

Die meisten Schreiner schärfen ihre Schneidwerkzeuge auf einem rechteckigen Öl-Abziehstein. Der natürliche Arkansasstein wird im allgemeinen als der beste Ölstein angesehen. Der grau gesprenkelte Weiche Arkansasstein ist grob und greift den Stahl rasch an. Mit ihm läßt sich schnell eine neue Schneide anschleifen. Auf dem weißen Harten Arkansasstein wird die Werkzeugschneide fein abgezogen. Für eine ganz scharfe Schneide aber sollten Sie den schwarzen Harten Arkansasstein nehmen.

Die entsprechenden künstlichen Ölsteine bestehen aus Aluminiumoxiden (Elektrokorund) oder Siliziumkarbid. Man unterscheidet sie in grobe, mittelgrobe und feine Körnung.

Manche Schreiner legen sich einen Stein jeder Körnung nebeneinander auf die Bank, so daß sie schnell von einem zum anderen wechseln können. Es ist aber zweckmäßiger, sich einen Kombinationsstein zu kaufen, bei dem zwei Steine unterschiedlicher Körnung Rükken an Rücken aufeinandergeklebt sind. Diese Steine haben meist eine grobe und eine mittelgrobe oder eine mittelgrobe und eine feine Seite. Es gibt auch Kombinationen aus natürlichen und künstlichen Abziehsteinen.

Formsteine

Diese Wassersteine haben unterschiedlich profilierte Kanten, um damit die gängigen Hohl- und Bildhauerbeitel abziehen zu können.

• Befestigen der Abziehsteine
Am besten bringen Sie Ihre Abziehsteine auf einer extra Bank neben der Hobelbank unter, so daß sie immer zur Hand sind. Wenn Sie die Steine in einer Dose aufbewahren, bleibt die Oberfläche staubfrei.

Diamant-Schleifsteine

Diese harten, abnutzungsfesten Schärf-„Steine" bestehen aus einem gitterartigen Muster aus Diamantpartikeln, die in einer Kunststoffmasse gebunden sind. Es gibt sie mit extra grober, grober und feiner Körnung. Mit diesen Diamantsteinen kann man abgenützte Wassersteine und natürliche Ölsteine korrigieren und wieder einebnen.

Diamant-Spray

Wenn man Diamantpartikel auf eine spezielle Keramikfliese aufsprüht, ergibt das einen Schleifbrei. Eine Sprühdose mit 45-Mikrometer-Partikeln ist für allgemeines Schärfen gedacht. Feine (14 Mikrometer) und extrafeine (6 Mikrometer) Partikel sind ebenfalls erhältlich, allerdings braucht man für jede Körnung eine extra Fliese.

Diamant-Spray

Formsteine

Zum Abziehen der Hohl- und Bildhauereisen braucht man kleine, rund geformte Steine. Diese Formsteine gibt es als künstliche und natürliche Wasser- und Ölsteine und natürlich in verschiedenen Körnungen. Tropfen- und kegelförmige Steine sind die praktischsten. Es gibt aber auch scharfkantige und messerförmige Steine sowie außerdem eine Reihe von Feilsteinen mit dreieckigem, rundem oder quadratischem Querschnitt. Zum Schärfen von Ziehmessern, Äxten und Gartengeräten sind Kombinations-Wassersteine erhältlich.

Japanische Wassersteine

Es gibt natürliche und künstliche Wassersteine. Sie schleifen alle sehr schnell und sind in feinsten Körnungsgraden erhältlich, die weit über die der Ölsteine hinausgehen. Sie reichen von Körnung 800 (grob) über Körnung 1000 (mittelfein) bis zu Körnungen von 4000, 6000 und 8000 für Feinstschliff. Die natürlichen Wassersteine sind unerschwinglich teuer, und nur sehr ehrgeizige Schreiner besitzen einen Satz dieser Natursteine. Die meisten Holzbearbeiter geben sich mit den Kunststeinen zufrieden oder erwerben vielleicht noch einen Natur-Formstein dazu. Auch Kombinationssteine sind erhältlich.

Um die Schleifwirkung eines Wassersteins zu verbessern, lassen Sie vor dem eigentlichen Abziehen auf der nassen Oberfläche eine Schleifpaste entstehen, indem Sie mit dem kreideartigen Nagurastein darüberreiben. Das empfiehlt sich vor allem auf den harten und besonders feinen Abziehsteinen.

Verschiedene Formsteine

PFLEGE DER ABZIEHSTEINE

Ölsteine sollten immer bedeckt aufbewahrt werden, damit sich auf der Oberfläche kein Staub festsetzt. Ein Ölstein wird auf Dauer durch Öl und Metallstaub verstopft. Wenn er nicht mehr gut angreift, reiben Sie seine Oberfläche mit Paraffin und grober Leinwand ab.

Wassersteine einweichen

Bevor Sie einen Wasserstein benutzen, muß er sich mit Wasser vollgesogen haben. Ein grober Stein braucht dazu etwa vier oder fünf Minuten, ein harter, feiner Stein etwas weniger Zeit.

Wassersteine sollte man in einem entsprechend großen Kunststoffbehälter aufbewahren. So kann die Feuchtigkeit nicht verdunsten, und der Stein ist immer einsatzbereit. Wassersteine dürfen auf gar keinen Fall Frost bekommen, sonst reißen sie.

Abrichten der Abziehsteine

Alle Abziehsteine werden mit der Zeit durch die ständige Benutzung hohl. Einen Ölstein richten Sie ab, indem Sie seine Oberfläche mit etwas Karborundpulver und Wasser oder Öl auf einer Glasscheibe abschleifen. Einen Wasserstein reiben Sie auf einem Stück nassem Siliziumkarbid-Schleifpapier der Körnung 200, das Sie dazu auf eine Glasscheibe kleben.

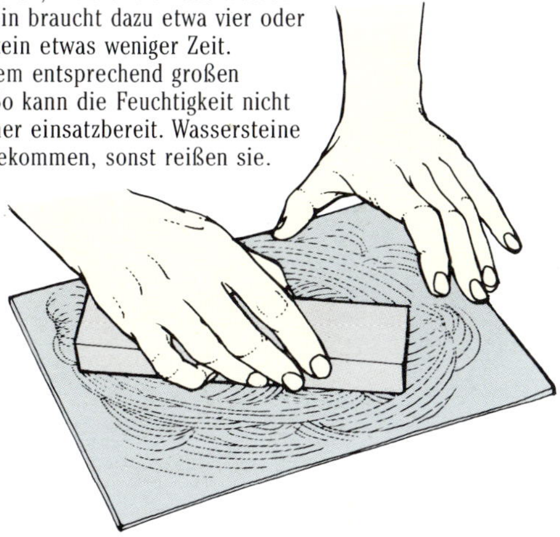

Abrichten eines Abziehsteins

Körnungen der Abziehsteine

Abziehsteine werden unterschiedlich bewertet. Die verschiedenen Einstufungen sind unten angegeben, um ein System mit dem anderen vergleichen zu können. Jeder Schreiner braucht zumindest einen mittelgroben und einen feinen Abziehstein.

KÖRNUNG	KÜNSTLICHE ÖLSTEINE	NATÜRLICHE ÖLSTEINE	JAPANISCHE WASSERSTEINE
Extra grob			Körnung 100 und 220
Grob	Grob	Weicher Arkansas	Körnung 800
Mittel	Mittel	Harter Arkansas	Körnung 1000
Fein	Fein	Schwarzer Harter Arkansas	Körnung 1200
Extra fein			Körnung 6000 und 8000

Streichriemen

Wenn Sie Ihre Werkzeuge auf einem Abziehstein abgezogen haben, nehmen Sie einen Streichriemen, um auch die letzten Reste eines Grats zu entfernen. Danach ist die Schneide messerscharf. Nehmen Sie einfach einen Streifen dickes Leder oder einen fertigen Abziehstock, der auf einer Seite mit feinem Schmirgelpapier und auf den anderen drei Seiten mit grobem bis feinem Leder bezogen ist. Außer auf die letzte feine Lederschicht tragen Sie auf allen Seiten vor dem Abziehen etwas Polierpaste auf.

Polierpaste

Kombinationsstreichriemen

DAS ABZIEHEN VON STEMM- UND HOBELEISEN

Nach dem Schleifprozeß bei der Herstellung eines neuen Eisens bleiben auf der Rückseite (der Spiegelseite) und auf der Schneidfase winzige Kratzer zurück. Folglich ist die Schneide rauh und schneidet nicht sauber. Spiegelseite und Schneidfase des Eisens müssen noch auf mittleren und feinen Steinen abgezogen werden, damit die Schleifspuren verschwinden.

Siehe auch	
Hobel	88 - 97
Japanische Hobel	94
Stemmeisen und Hohlbeitel	98 - 101
Japanische Stemmeisen und Hohlbeitel	101
Abziehsteine	102 - 103

Abziehen des Spiegels eines neuen Eisens
Benetzen Sie den Abziehstein und legen Sie das Eisen mit der Fase nach oben flach auf den Stein. Schieben Sie das Eisen hin und her, während Sie daraufdrücken.

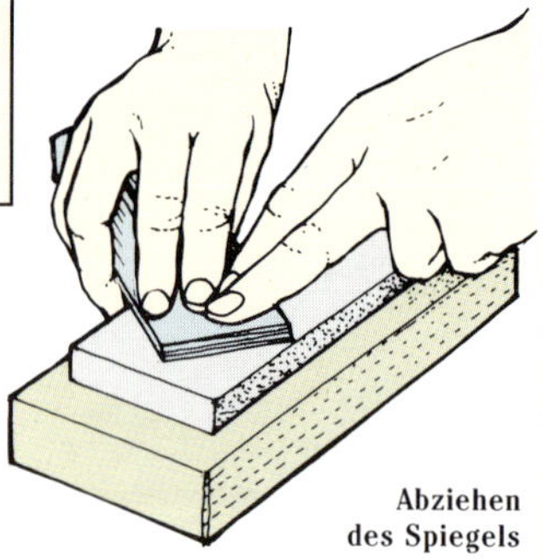

Abziehen des Spiegels

Abziehen der Fase
Normale Hobel- und Stemmeisen haben einen Keilwinkel von etwa 25°. Für Weichholz ist dieser Winkel gut geeignet, für Hartholz ist diese Schneide jedoch zu schwach. Manche Schreiner ziehen deshalb an den vorderen Teil der Fase eine zweite Fase von etwa 35° an. Das erleichtert und beschleunigt außerdem den Abziehvorgang, weil weniger Metall abgezogen werden muß.

Nehmen Sie das Eisen mit der Fase nach unten in die rechte Hand, Ihr Zeigefinger sollte dabei an einer Kante anliegen. Legen Sie die Fingerspitzen der linken Hand auf das Eisen und den Daumen von unten dagegen **(1)**. Legen Sie die Fase auf einen nassen, mittleren Abziehstein und bewegen Sie das Eisen, bis Sie merken, daß die Fase voll auf der Steinoberfläche aufliegt. Jetzt heben Sie das Eisen hinten ein wenig an, um die zweite Fase abziehen zu können.

Halten Sie Ihre Handgelenke möglichst steif, um den Winkel nicht zu verändern, und ziehen Sie das Eisen auf dem Stein hin und her. Sie sollten dabei möglichst immer die volle Länge des Steins ausnutzen.

Ein Hobeleisen führen Sie leicht schräg über den Stein, damit die ganze Schneide Kontakt mit dem Stein hat **(2)**. Schmalen Stemmeisen führen Sie von einer Steinseite zur anderen, um ein ungleichmäßiges Abnutzen des Steins zu verhindern **(3)**. Sehr schmale Stemmeisen zieht man auf der Seitenkante des Abziehsteins ab.

Wenn Sie eine etwa 1 mm breite neue Fase angeschliffen haben, wechseln Sie auf einen feinen Stein über und ziehen die Schneide erneut ab. Beim Abziehen entsteht an der Schneide des Eisens ein Grat. Sie können ihn fühlen, wenn Sie mit dem Daumen von hinten über die Kante fahren **(4)**.

Dieser Grat wird nun entfernt, indem Sie die Spiegelseite flach über den Stein ziehen, dann die Fase noch ein-, zweimal kurz abziehen und schließlich noch einmal die Spiegelseite. Bei diesem Vorgang bricht der Grat ab und hinterläßt eine scharfe Schneide.

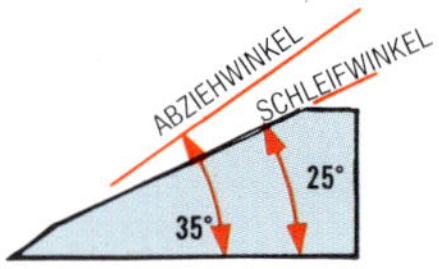

Eine zweite Fase abziehen
Eine kleine zweite Fase macht die Schneide widerstandsfähiger.

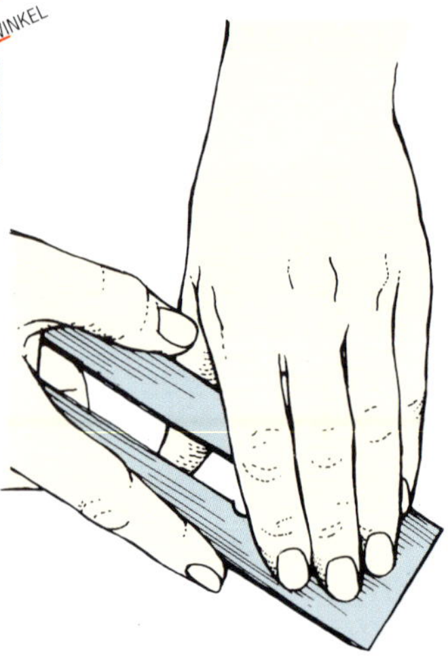

1 Haltung des Eisens

2 Hobeleisen schräg führen

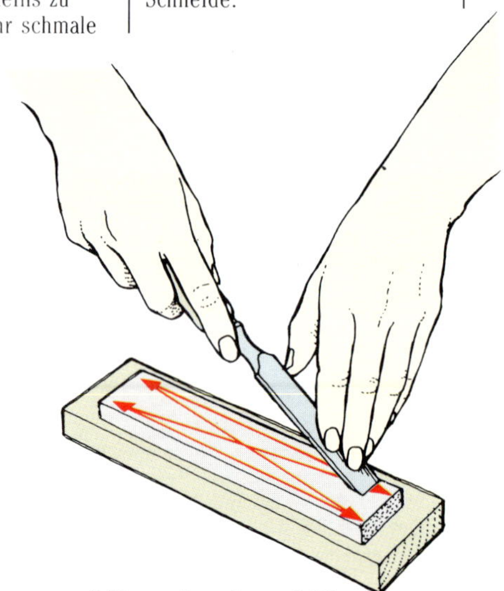

3 Stemmeisen diagonal führen

MIT EINER SCHLEIF-FÜHRUNG ABZIEHEN

Das Abziehen von Hand ist schnell und sicher. Wenn Sie aber diese Methode nicht ganz beherrschen, können Sie Hobel- und Stemmeisen in eine Vorrichtung einspannen, die die Eisen im gewünschten Winkel zum Abziehstein hält. Es gibt viele verschiedene Ausführungen dieser Schleifführung, sie erfüllen aber alle den gleichen Zweck.

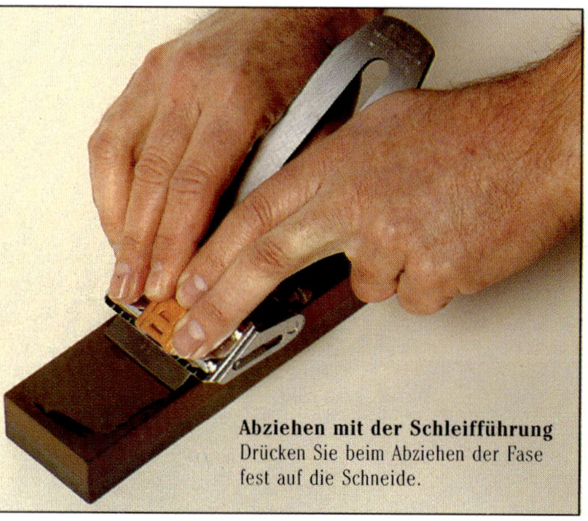

Abziehen mit der Schleifführung
Drücken Sie beim Abziehen der Fase fest auf die Schneide.

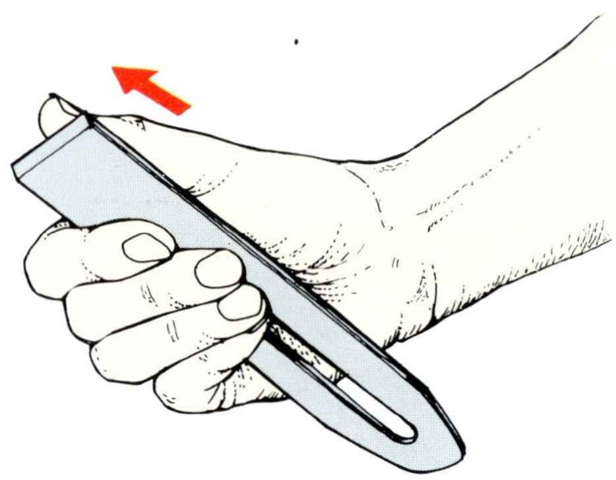

4 Den Grat mit dem Daumen erfühlen

DAS ABZIEHEN VON HOHLBEITELN

Um einen Hohlbeitel mit Außenschneide abzuziehen, legen Sie den Stein quer vor sich hin und führen das Eisen in Achten über den Stein, um die Fläche gleichmäßig auszunutzen **(1)**. Den auf der Innenseite der Schneide entstehenden Grat entfernen Sie mit einem nassen Formstein **(2)**. Mit einem ähnlichen Formstein ziehen Sie die Fase eines Hohlbeitels mit Innenschneide ab **(3)**. Den Grat entfernen Sie, indem Sie das Eisen flach auf den Abziehstein legen und seitlich hin und her rollen **(4)**.

Bildhauerbeitel werden auf ähnliche Weise abgezogen. Zum Abziehen der Schneiden besonders geformter Schnitzeisen verwenden Sie keilförmige Form- und Feilsteine.

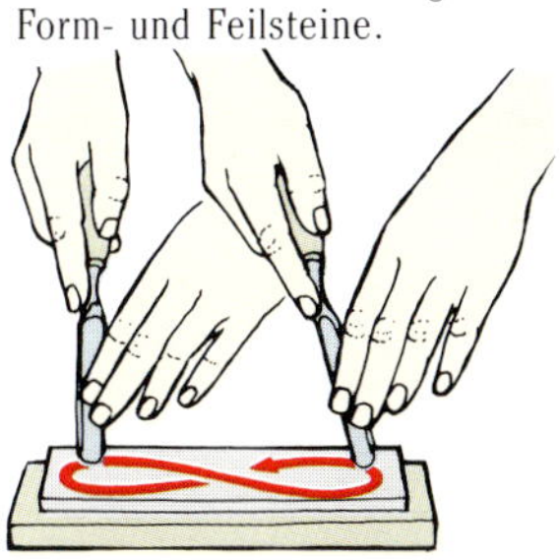

1 Hohlbeitel mit Außenschneide

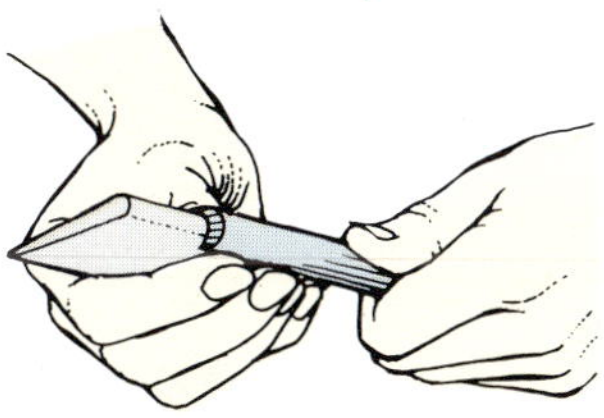

2 Entfernen des Grats

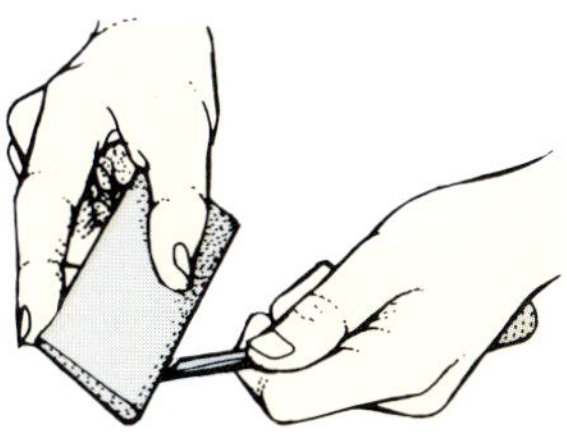

3 Hohlbeitel mit Innenschneide

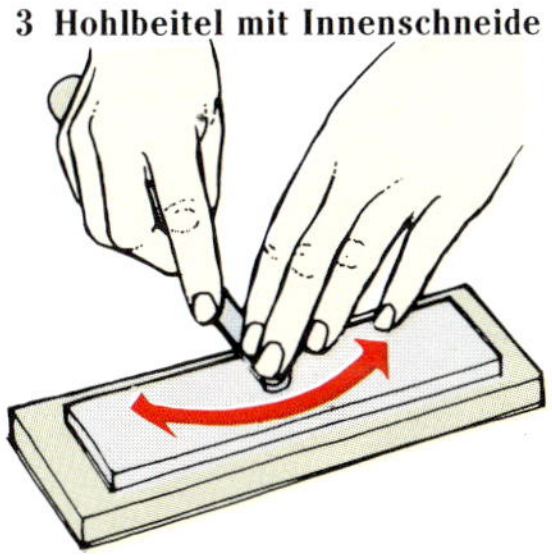

4 Entfernen des Grats

DAS SCHÄRFEN JAPANISCHER EISEN

Japanische Hobel- und Stemmeisen werden in ähnlicher Weise geschärft und abgezogen wie die westlichen Eisen. Aufgrund ihres besonderen Aufbaus jedoch gibt es einige wesentliche Unterschiede. Da bei jedem Eisen die Schneide von einer harten Stahlschicht gebildet ist, braucht man keine zweite Fase anzuziehen, um die Schneide zu verstärken.

Der Hohlschliff auf der Rückseite jedes Eisens schafft einen schmalen Metallrand, der sich auf einem Stein sehr gut abziehen läßt. Wiederholtes Abziehen der Fase bewirkt jedoch schließlich auch eine Abnützung bis in die Hohlfläche hinein, so daß die Schneide keine gerade Linie mehr bildet. Dieser Hohlschliff wird aufrechterhalten, indem die Rückseite nach jedem Abziehen flach abgerichtet wird. Dadurch wird das Eisen aber relativ schnell verbraucht, außerdem ist das vor allem bei breiten Hobel- und Stemmeisen eine recht mühselige Angelegenheit.

Abziehen eines neuen Eisens

Genau wie bei westlichen Eisen auch werden die Spiegelseiten neuer Stemm- und Hobeleisen abgerichtet, bevor die Fase zum ersten Mal abgezogen wird. Da der Stahl so hart ist, geschieht das auf einer Stahlplatte mit einer Prise grobem Siliziumkarbidpulver, das mit ein wenig Wasser vermischt wird.

Legen Sie das Eisen flach auf die Stahlplatte, parallel zu den Kanten, und nehmen Sie ein Stück Weichholz, um damit auf das Eisen zu drücken. Wenn der schmale Rand um die Vertiefung herum gleichmäßig und eben ist, wird der Vorgang mit feinerem Pulver wiederholt.

Dann wischen Sie das Eisen ab und gehen zu einem mittleren Abziehstein über.

Abziehen eines Eisens
Schleifen Sie die Spiegelseite eines Eisens, indem Sie mit einem Stück Holz daraufdrücken.

Das Abziehen der Schneide

Die Schneiden japanischer Eisen werden genauso wie westliche abgezogen, nur daß die gesamte Breite der Fase abgezogen wird. Japanische Eisen erhalten keine zweite Fase.

Aufrechterhalten des Hohlschliffs auf der Spiegelseite

Die schmale Fläche zwischen Schneide und Vertiefung wiederherzustellen ist eine höchst anspruchsvolle Arbeit. Nach altem Brauch wird dazu die Spiegelseite des Eisens auf die Kante eines Holzklotzes gelegt. Mit einem quadratischen Hammerkopf wird dann auf die Fase geschlagen, um den Stahl nach unten herauszudrücken.

Hammer-Klopfgerät

Da das Heraushämmern beträchtliche Übung erfordert, wird heute oft ein spezielles Gerät dafür benutzt. Ein schwerer, in einem Rohr geführter Metallstößel wird auf die Fase des Eisens heruntergestoßen. Das Eisen liegt dabei auf einem Amboß. Sie können Ihre japanischen Eisen natürlich auch bei einem Fachmann nachschärfen lassen.

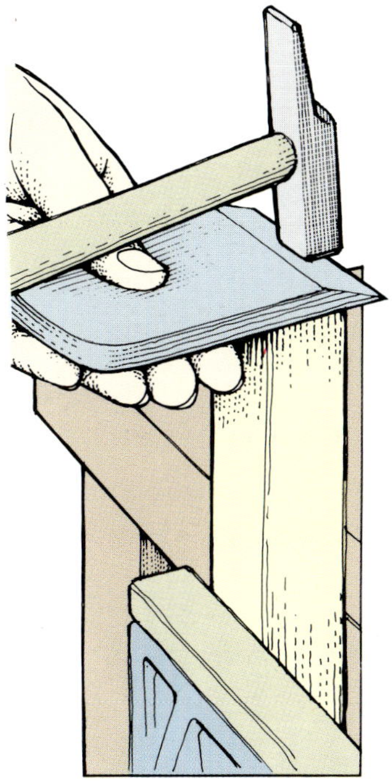

Wiederherstellen der Schneide
Sie können als eine Möglichkeit mit einem Hammer auf die weiche Fase schlagen.

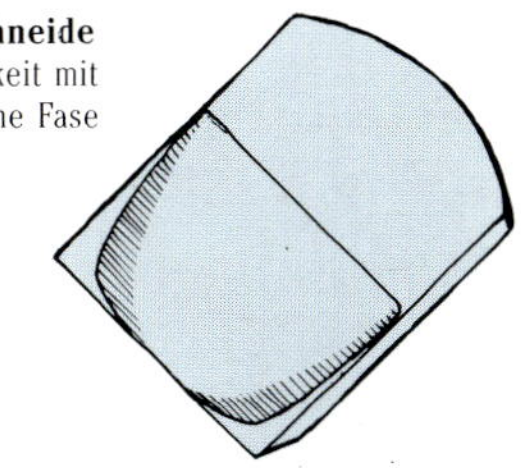

Das Abziehen führt zur Abnutzung

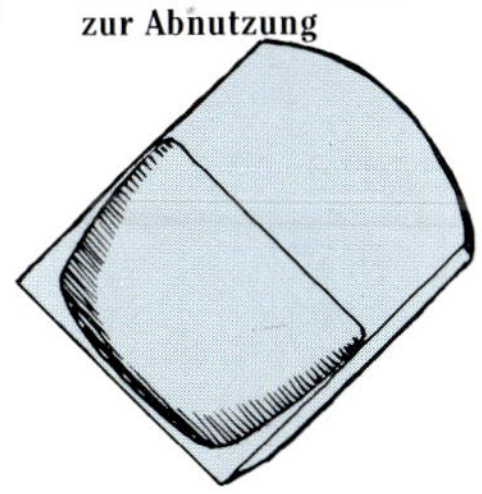

Durch Hämmern auf die weiche Fase wird die Kante neu gebildet

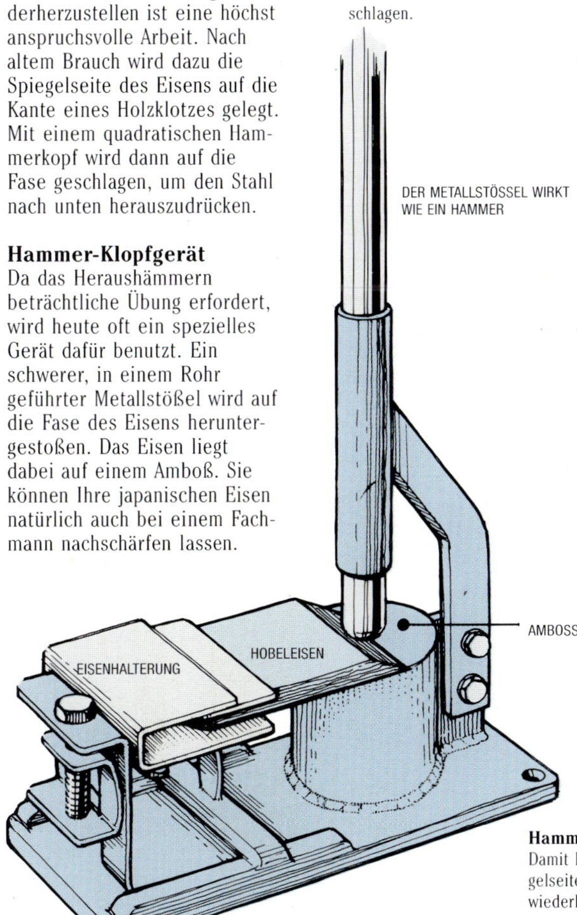

Hammer-Klopfgerät
Damit läßt sich die hohle Spiegelseite eines Eisens leichter wiederherstellen.

SCHLEIF- UND SCHÄRFMASCHINEN

Seit Jahrhunderten werden ausgebrochene oder stumpf gewordene Klingen auf groben Schleifsteinen nachgeschärft. Obwohl diese Methode immer noch ausreicht, ziehen es viele Schreiner heute vor, die Schneiden ihrer Hobel- und Stemmeisen auf einer elektrischen Schleifmaschine instand zu setzen.

Siehe auch

Hobel	88 - 97
Stemmeisen und Hohlbeitel	98 -101
Abziehsteine	102 -103
Schärfen von Bohrern	114
Schärfen von Schraubendrehern	119

Schnellschleifmaschine
Eine Standard-Schleifmaschine hat einen 180–550 Watt starken Elektromotor, der zwei Elektrokorund-Schleifscheiben mit etwa 3000 Umdrehungen pro Minute antreibt. Die Schleifscheiben haben einen Durchmesser zwischen 125 und 200 mm. Die größeren Schleifscheiben sind zum Schärfen besser geeignet, weil auf eine kleinere Scheibe die Fase des Eisens zu stark hohlgeschliffen wird. Die Scheiben lassen sich auswechseln, aber die meisten Schleifmaschinen sind mit einer groben und einer feinen Schleifscheibe ausgerüstet.

Alle Schleifscheiben sind mit einem Schutz gegen Unfälle ausgestattet und mit einem Klarsichtfenster aus Kunststoff gegen Funkenflug versehen, um die Augen zu schützen. Vor jeder Scheibe ist eine verstellbare Werkzeugauflage angebracht.

Mit den hochtourigen Schnellschleifmaschinen lassen sich Hobel- und Stemmeisen sehr schnell neu schärfen. Mit verschiedenen Schleifscheiben, Drahtbürsten und Polierscheiben ausgestattet, können damit auch alle möglichen Metalle geformt, gesäubert und poliert werden.

Schleifscheiben mit Gummibelag
Wenn Sie eine neue Fase an ein Eisen geschliffen haben, ziehen Sie die Schneide danach normalerweise auf einem Abziehstein ab. Stemmeisen, Hohlbeitel und Hobeleisen können Sie aber auch auf einer Schleifmaschine mit einer Neoprengummi-Abziehscheibe und eingebettetem Siliziumkarbid abziehen. Die Scheiben mit 100–150 mm Durchmesser sind öl- und wasserbeständig und in feinen, mittleren und groben Ausführungen erhältlich.

Beim Schleifen dreht sich die Scheibe gegen das Eisen. Eine Abziehscheibe mit Gummibelag aber muß sich von Ihnen weg drehen, sonst zerstört das Eisen das relativ weiche Material. Falls man an Ihrer Schleifmaschine die Drehrichtung nicht umkehren kann, können Sie das Eisen auch auf der Seite der Scheibe abziehen.

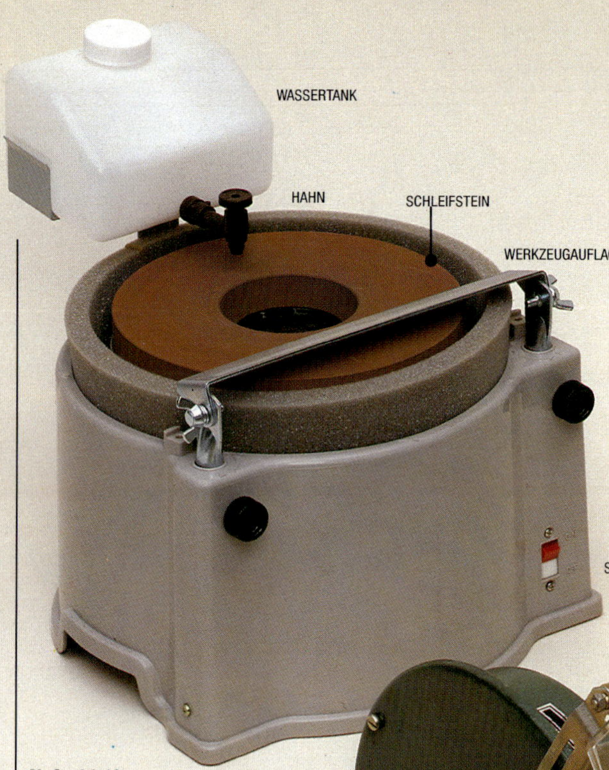

Naßschleifmaschine

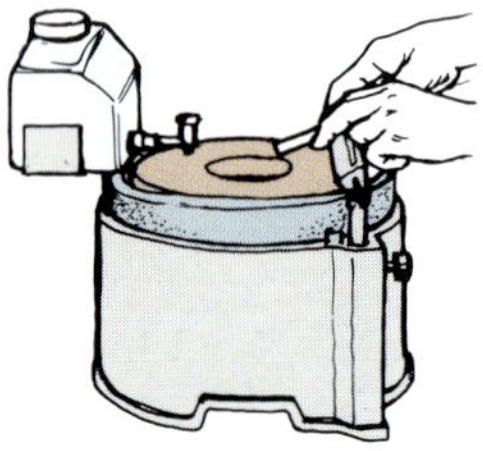
Schärfen auf der waagrechten Schleifscheibe

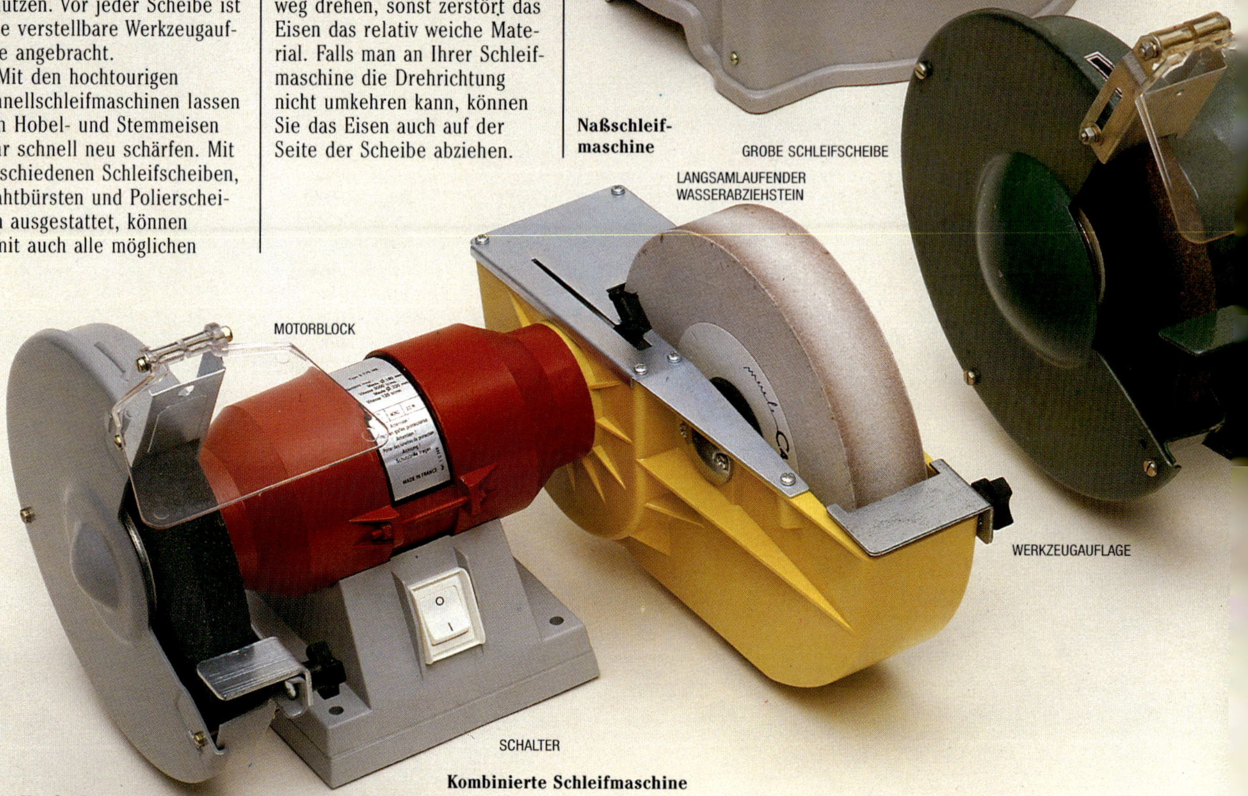

Schnellaufende Trockenschleifscheibe

Kombinierte Schleifmaschine

Naßschleifmaschine
Eine Überhitzung der Eisen läßt sich mit einer langsam laufenden Naßschleifmaschine vermeiden. Der horizontal liegende Schleifstein macht nur etwa 500 Umdrehungen pro Minute und wird ständig mit Wasser aus einem an der Maschine befestigten Wassertank bespült. Ein Schärfstein mit Körnung 1000 gehört zur Standardausstattung, läßt sich aber leicht gegen einen Stein der Körnung 180 oder 6000 austauschen. Letzterer wird zum Abziehen einer ganz feinen Schneide benutzt.

Kombinierte Schleifmaschine
Es gibt ein paar Maschinen, die die Vorteile der hochtourigen Schnellschleifmaschinen mit denen der langsam drehenden Naßschleifmaschinen verbinden. An einer Seite solch einer Maschine sitzt z. B. eine Edelkorundscheibe, während auf der anderen Seite ein Abziehstein angekuppelt ist, der sich in einem Wasserbad dreht. Auf diesem werden die Klingenschneiden abgezogen.

Andere Maschinen haben eine normale Schleifscheibe und ein Schleifband. Da Schleifbänder eine größere Oberfläche haben, werden sie nicht so schnell heiß wie eine schnelldrehende Schleifscheibe. Wenn das Band zugesetzt ist, wird es ausgewechselt.

Schnellschleifmaschine

Abrichtrolle

Schleifscheiben

EINE SCHLEIFSCHEIBE ABRICHTEN

Korundschleifscheiben greifen nicht mehr gut an, wenn ihre Oberfläche blank geworden, d. h. mit Metallpartikeln verstopft ist.

Eine saubere Scheibenoberfläche erhält man, indem man eine Abrichtrolle gegen die sich drehende Scheibe preßt.

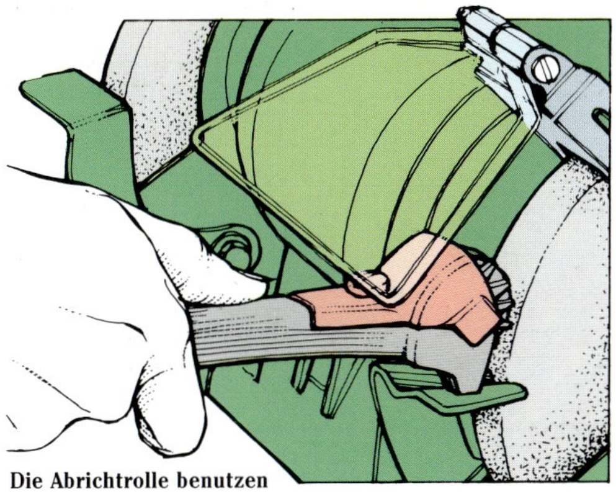

Die Abrichtrolle benutzen

SCHLEIFEN EINES HOBEL- ODER STEMMEISENS

Verwenden Sie erst eine grobe Schleifscheibe, um ein stark abgenutztes Eisen nachzuschleifen, und wechseln Sie dann auf eine feinere Scheibe über.

Bevor Sie an ein Eisen eine neue Fase anschleifen, überprüfen Sie die Schneide mit einem Winkel **(1)**.

Schieben Sie die Werkzeugauflage auf 3 mm an die Schleifscheibe heran; prüfen Sie, ob auch alle Einstellschrauben fest angezogen sind, und schalten Sie dann die Maschine ein.

Setzen Sie eine Schutzbrille auf, tauchen Sie das Eisen kurz in Wasser und legen Sie es, Fasenseite nach unten, auf der Werkzeugauflage auf. Schieben Sie die Schneide vorsichtig gegen die Schleifscheibe, und sobald sie sie berührt, bewegen Sie das Eisen seitlich hin und her. Sie dürfen in dieser Bewegung nicht innehalten, da sonst das Eisen zu heiß wird und anläuft **(2)**. Tauchen Sie das Eisen alle paar Sekunden kurz in Wasser.

Wenn Sie das Eisen rechtwinklig angeschliffen haben, schalten Sie die Maschine ab und stellen die Werkzeugauflage so ein, daß das Eisen in einem Winkel von 25° zur Schleifscheibe liegt.

Schalten Sie die Maschine wieder ein und verfahren Sie wie zuvor. So schleifen Sie quer über die Breite eine gleichmäßige Fase an **(3)**. Drücken Sie das Eisen nicht zu stark gegen die Scheibe und kühlen Sie es ab und zu in Wasser ab oder besprühen Sie es während des Schleifens mit einem Wasserzerstäuber.

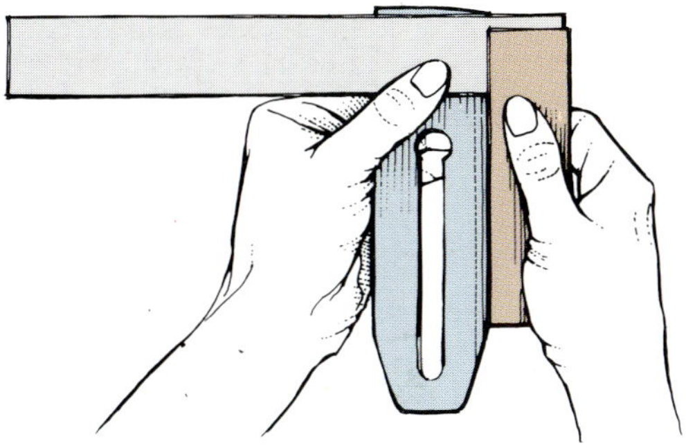

1 Überprüfen Sie die Schneidkante mit einem Winkel

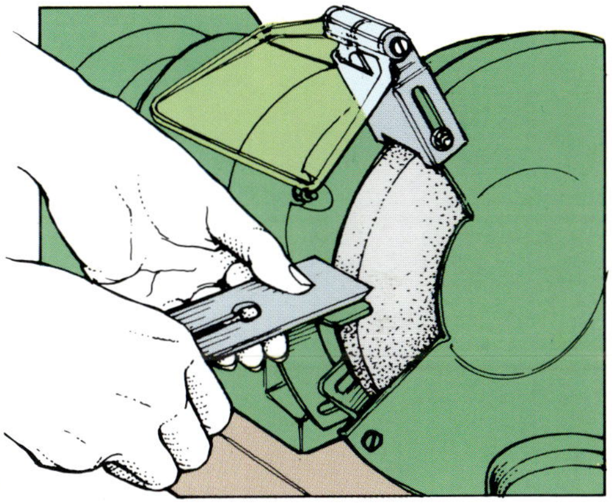

2 Schleifen Sie die Kante rechtwinklig

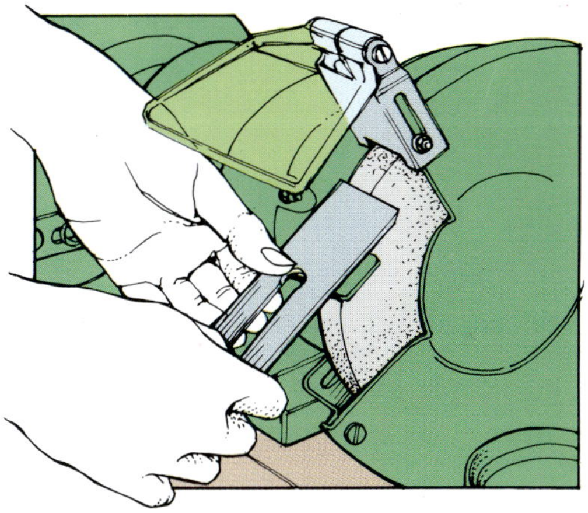

3 Schleifen Sie eine Fase an das Eisen

SCHABHOBEL

Ein Schabhobel hinterläßt die gleiche Oberfläche wie ein normaler Hobel, weil aber seine Sohle sehr kurz ist, ist er nicht so leicht zu führen, und es bedarf einer gewissen Übung, bis er bei jedem Stoß sauber schneidet. Der Schabhobel ist zum Bearbeiten geschweifter Kanten gedacht und manchmal das einziggeeignete Werkzeug. Einige Arbeiten mit spezielleren Schabhobeln sind auch mit einem Hirnholzhobel zu erledigen, nur ein wenig langsamer.

Siehe auch

SONDERSCHABHOBEL

Einst ließ sich ein Handwerker, ob Küfer, Stellmacher oder Zimmermann, ganz spezielle Schabhobel für sich anfertigen. Werkzeugkataloge führen heute noch einige Schabhobel auf, die für den normalen Schreiner vielleicht nicht von Bedeutung sind, einen bestimmten Arbeitsgang aber beschleunigen oder auch wesentlich vereinfachen können.

Schabhobel mit hohler Schneide
Mit seiner stark konkaven Sohle und Schneide ist dieses Werkzeug vor allem für das Bearbeiten runder Stuhlbeine und Sprossen geeignet.

Schabhobel mit runder Schneide
Mit diesem Werkzeug lassen sich besonders gut Vertiefungen ausarbeiten, wie z. B. die geformte Sitzfläche eines Stuhls.

Doppel-Schabhobel
Es ist ein Mehrzweckhobel, weil neben einem geraden Eisen noch ein gebogenes Eisen befestigt ist. Das ist praktisch, wenn sich an dem zu bearbeitenden Teil das Profil ständig ändert und man sonst dauernd das Werkzeug wechseln müßte.

Fasen-Schabhobel
Dieser Schabhobel hat einen verstellbaren Anschlag, um damit bis zu 38 mm breite Fasen anhobeln zu können. Er wird in einem 45°-Winkel zur Werkstückoberfläche geführt.

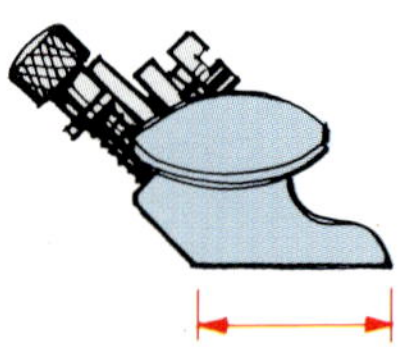

Gerade Sohle

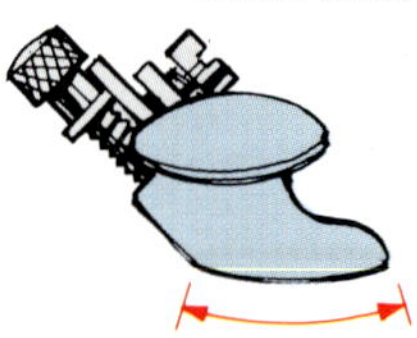

Runde Sohle

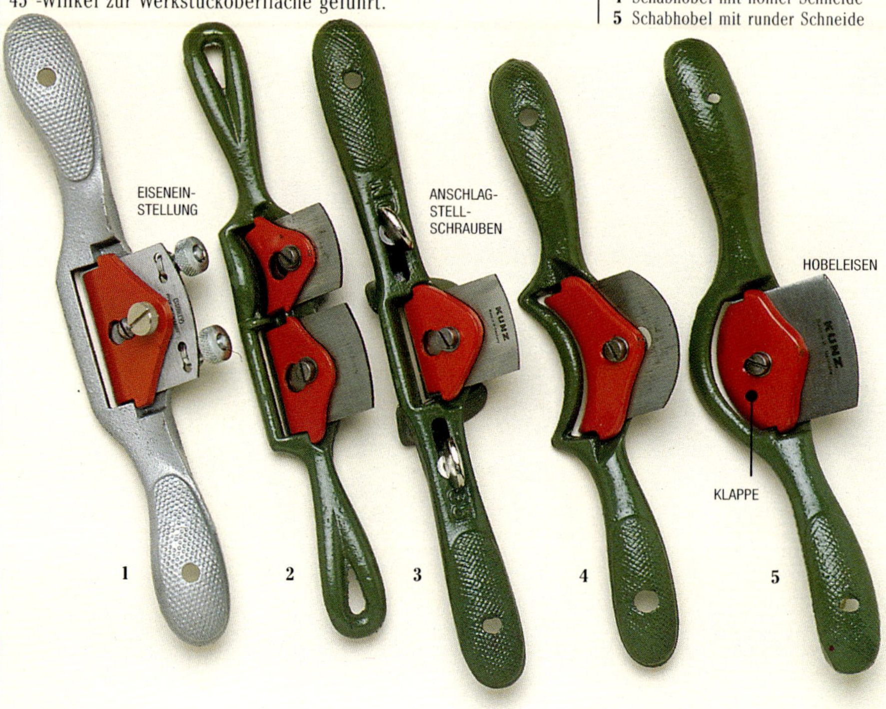

STANDARD-SCHABHOBEL

Schabhobel mit runder Sohle
Dieser Schabhobel hat eine konvexe Sohle und wird zum Glätten konkav geformter Holzteile eingesetzt. Mit keinem anderen Werkzeug läßt sich diese Arbeit so gut ausführen. Das Schabhobeleisen ist wie ein Miniaturhobeleisen und wird von einer einfachen Klappe gehalten. Die Tiefeneinstellung des Eisens geschieht von Hand, indem man das Eisen nach oben oder unten schiebt, bis es einem richtig eingestellt erscheint, und dann mit der Schraube auf der Klappe festspannt. Bei Schabhobeln mit zwei Stellschrauben ist eine präzisere Einstellung möglich.

Schabhobel mit gerader Sohle
Diese Ausführung entspricht in jeder Hinsicht dem Schabhobel mit runder Sohle, außer daß er eine kurze, gerade Sohle hat, mit der sich Innenrundungen gut schlichten lassen. Auch hier müssen Sie das Werkstück so einspannen, daß Sie immer mit der Faser hobeln.

Verschiedene Schabhobel

1 Standardschabhobel
2 Doppel-Schabhobel
3 Fasen-Schabhobel
4 Schabhobel mit hohler Schneide
5 Schabhobel mit runder Schneide

GEBRAUCH UND SCHÄRFEN DER SCHABHOBEL

Bis Sie das richtige „Gefühl" für den Schabhobel entwickelt haben, wird er Ihnen über das Holz rutschen. Üben Sie an Abfallstücken, bevor Sie teure Hölzer damit bearbeiten.

Führen des Schabhobels
Schabhobel werden vorwärts gestoßen. Um die Stellung des Eisens zum Werkstück genau kontrollieren zu können, nehmen Sie das Werkzeug so in beide Hände, daß Ihre Daumen an der Hinterkante der Griffe liegen. Setzen Sie den Hobel auf das Werkstück auf und bewegen Sie ihn auf seiner Sohle vor und zurück, bis er einen sauberen Span schneidet. Hobeln Sie nur in Faserrichtung, auch wenn Sie dazu das Werkstück anders einspannen müssen.

Führen des Schabhobels

Schärfen des Schabhobeleisens
Das Eisen eines Schabhobels wird wie ein Hobeleisen auf einem Abziehstein abgezogen. Allerdings ist es schwieriger, ein solch kleines Eisen in einem gleichbleibenden Winkel zum Stein zu halten. Spannen Sie es in eine Schleifführung ein oder machen Sie sich einen Hilfsgriff, indem Sie in ein Stück Holz einen Schlitz sägen und das Eisen einklemmen.

Eine neue Fase schleifen Sie auf die gleiche Weise auf einer groben Schleifscheibe an.

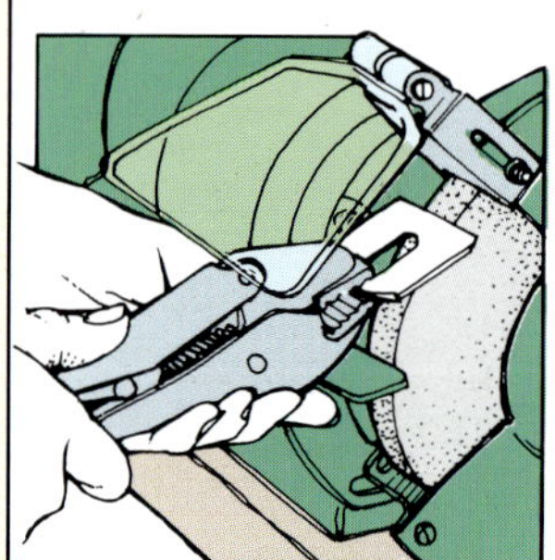

Schleifen des Schabhobeleisens

ZIEHMESSER

Das Ziehmesser gehört mit der Axt und dem Breitbeil zu den frühesten bekannten Werkzeugen der Holzbearbeitung. Mit ihm arbeiteten viele verschiedene Handwerker, vom Bootsbauer bis zum Stuhlschreiner, um Teile vorzuformen, die später noch mit dem Hobel oder Schabhobel feiner bearbeitet wurden. Heute werden Ziehmesser kaum noch benutzt, außer von den Schreinern, die die Geschwindigkeit schätzen, mit der man ein rohes Brett zum Schnitzen oder Drechseln auf ein kleineres Maß bringen kann.

Das Ziehmesser
Im Lauf der Jahrhunderte wurden verschiedene Arten von Ziehmessern entwickelt, um den Bedürfnissen spezialisierter Handwerker zu entsprechen.

Auch heute gibt es noch einige Varianten. Das Standard-Ziehmesser hat eine gerade oder leicht gebogene Klinge, die auf einer Seite angefast ist. Beide Klingenenden sind zu einer spitzen Angel geschmiedet, die rechtwinklig abgebogen und mit einem runden Holzgriff versehen ist.

Schwedisches Stoßmesser
Dies ist eine moderne Variante des Ziehmessers. Es hat eine kurze, 100 x 25 mm breite Klinge und zwei gerade Griffe. Es wird sowohl stoßend als auch ziehend benutzt.

Faßschaber
Dieses Ziehmesser ist stark rund gebogen, um damit tiefe Hohlformen ausarbeiten zu können. Die Fase liegt meist auf der Außenseite.

Faßschaber (geschlossen)
Dieser geschlossene Faßschaber ist ein einhändig zu benutzender Faßschaber, um damit die Innenform von Holzschalen und Löffeln zu bearbeiten.

HANDHABUNG DES ZIEHMESSERS

Beim Arbeiten mit einem Ziehmesser strecken Sie Ihre Daumen auf dem Griff aus, damit sich das Werkzeug in Ihren Händen nicht drehen kann. Außerdem können Sie so den Winkel der Klinge zum Werkstück besser kontrollieren. Ein Ziehmesser schneidet ziehend und wird immer in Faserrichtung geführt.

- **Ein Ziehmesser schärfen**
  Halten Sie das Ziehmesser senkrecht, indem Sie einen Griff auf der Hobelbank aufsetzen. Mit einem nassen Abziehstein fahren Sie nun mit kleinen, kreisförmigen Bewegungen über die Schneide.

Mit dem Ziehmesser formen
Wenn Sie eine konvexe Form bearbeiten, halten Sie das Ziehmesser mit der Fase nach oben. Bei einer konkaven Form drehen Sie es um.

Ursprünglich spannten die Handwerker ihre Arbeit in eine Zugbank ein, wenn Sie mit dem Ziehmesser arbeiteten. Das ist eine lange Bank mit einer Klemmvorrichtung, die mit dem Fuß bedient wird **(1)**.

1 Traditionelle Zugbank (Heinzelbank)

Man kann sich natürlich auch an das Ende einer normalen Hobelbank stellen, um das in die Vorderzange eingespannte Werkstück zu bearbeiten **(2)**. Sie können auch ein Brustbrett benutzen. Es ist ein kleines Brett, das man sich an einer Schnur um den Hals hängt. Ein Ende des Werkstücks wird auf die Kante der Werkbank gestützt, das andere Ende gegen das Brustbrett gepreßt **(3)**.

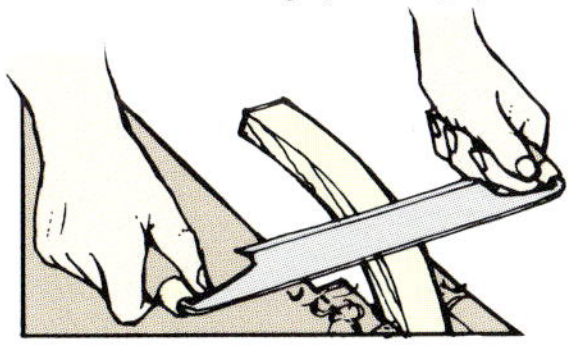

2 Werkstück fest einspannen

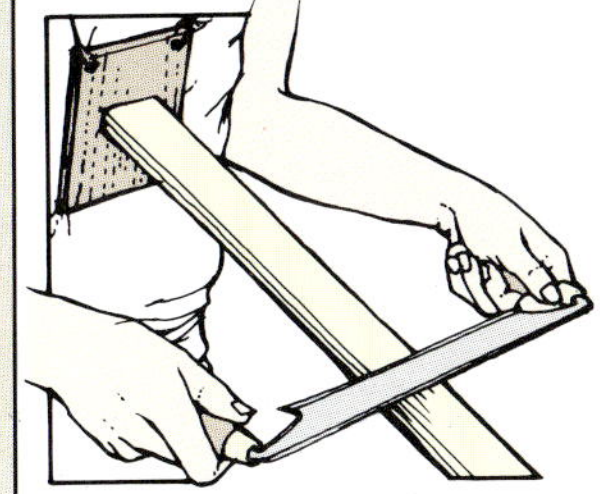

3 Mit einem Brustbrett arbeiten

ZIEHKLINGEN UND SCHABER

Eine scharfe Stahlziehklinge schabt papierdünne Späne und hinterläßt eine glatte, saubere Oberfläche, die besser ist als eine geschliffene Oberfläche. Das trifft vor allem auf wild und unregelmäßig gemasertes Holz zu, das auch bei einem ganz fein eingestellten Hobeleisen einreißen würde. Mit einem Schaber werden Leimspuren und andere Unebenheiten entfernt.

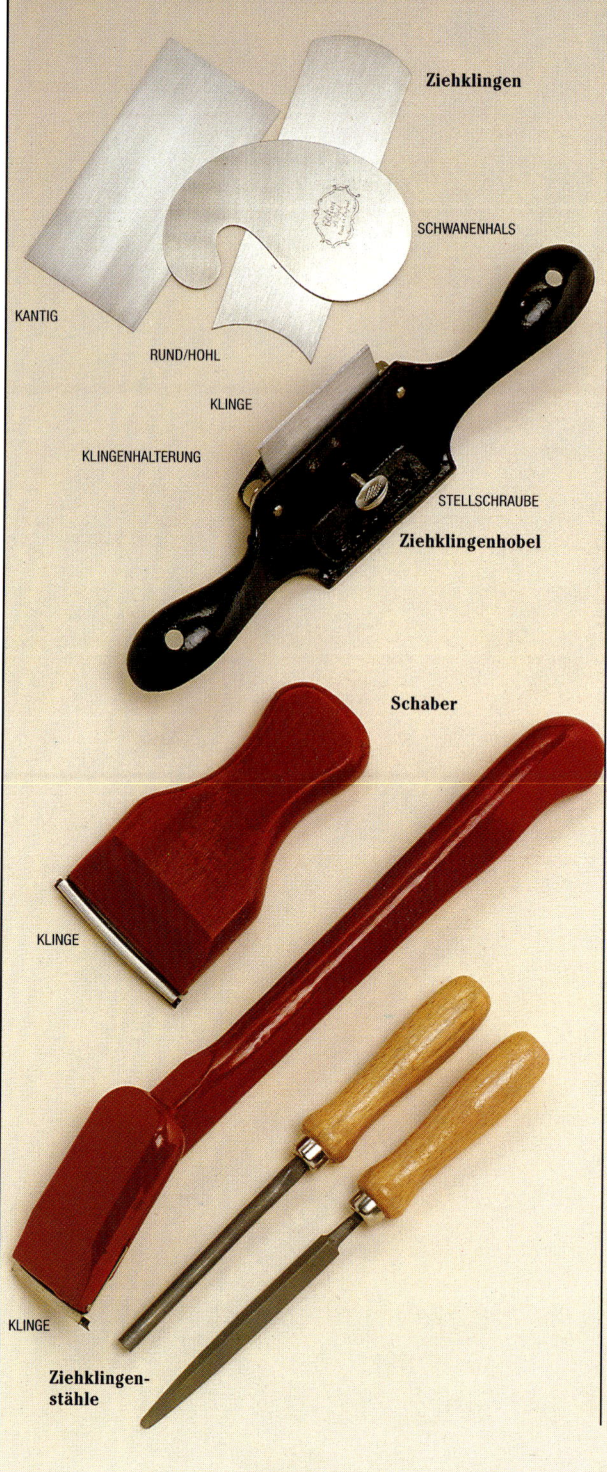

Ziehklingen
Die einfache Ziehklinge für die Bearbeitung ebener Oberflächen ist ein Rechteck aus angelassenem Stahl. Sie wird als Rohling geliefert, an den noch ein Schneidgrat angezogen werden muß, bevor die Ziehklinge gebraucht werden kann. Die Schwanenhalsform und runde bzw. hohle Formen werden zur Bearbeitung geschweifter Flächen und Kehlungen benutzt.

Schaber
Ein Schaber mit einem Holzgiff ist einfach zu handhaben. Die Klingen werden ausgewechselt, sobald sie stumpf sind. Für schwere Arbeiten auf Fußböden, Booten o. ä. gibt es Ausführungen mit langstieligen Griffen. Ein Schaber wird leicht schräg zur Oberfläche gehalten und nur ziehend benutzt.

Ziehklingenhobel
Eine Ziehklinge strapaziert die Daumen sehr, vor allem dann, wenn sie heiß wird. Ein Ziehklingenhobel ist ein einfaches Gerät aus Gußeisen, das die Arbeit leichter und bequemer macht. In den Hobelkörper wird ein Eisen (Ziehklinge) im optimalen Schnittwinkel eingespannt und durch eine Schraube in der Mitte rundgebogen.

Anders als die einfache Ziehklinge, die ringsum eine rechtwinklige Kante hat, ist die Klinge des Ziehklingenhobels an zwei Kanten schräg angeschliffen. Diese Schneidkanten werden auf einem Stein abgezogen und wie bei der Ziehklinge mit einem Grat versehen.

Spannen Sie die Klinge in den Hobelkörper ein und regulieren Sie die Krümmung der Klinge mit der Stellschraube, bis die Klinge die gewünschte Spandicke schneidet – je stärker die Krümmung, desto gröber der Span.

Ziehklingenstahl
Ziehklingenstähle sind aus gehärtetem Stahl und haben einen runden, ovalen oder dreieckigen Querschnitt. Sie dienen zum Anziehen des Grats an eine Ziehklinge.

SCHÄRFEN DER ZIEHKLINGE

Mit jedem kantigen Stück Stahl läßt sich Holz schaben. Dabei entsteht wahrscheinlich nur Staub. Eine Ziehklinge hingegen wird sorgfältig zurechtgefeilt, abgezogen und verdichtet, bis ein feiner Grat an den Längskanten entsteht, der wie ein Hobeleisen schneidet.

Siehe auch

Abziehsteine	102-103
Vorbereiten der Oberfläche	210-211
Schleifpapier	285

Rechtwinklig feilen
Spannen Sie eine neue Ziehklinge in einen Schraubstock ein und feilen Sie mit einer feinen Flachfeile die Längskanten rechtwinklig. Dazu ziehen Sie die Feile mit Ihren Fingerspitzen als Anschlag genau waagrecht über die Klinge **(1)**.

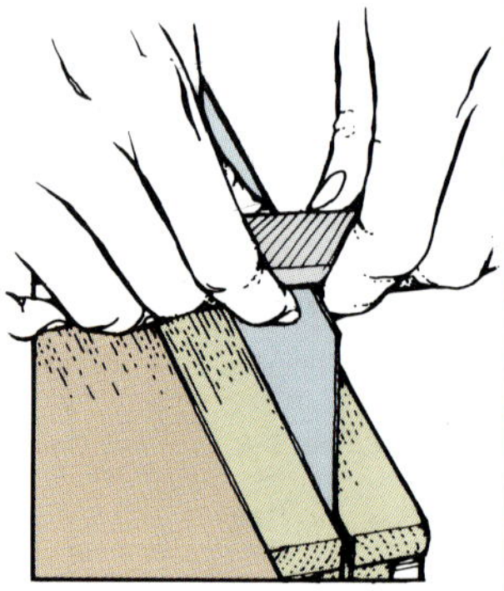

1 Feilen der Ziehklinge

Abziehen mit einem Formstein
Nachdem Sie die Kanten glattgefeilt haben, ziehen Sie sie mit einem Ölstein sauber ab. Dabei wenden Sie den Stein mehrmals, damit er keine Riefen bekommt **(2)**.

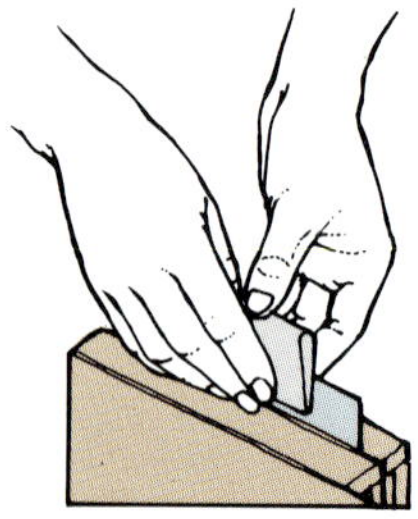

2 Abziehen

Den Grat anziehen
Legen Sie die Ziehklinge auf die Hobelbank dicht an die Kante und streichen Sie mit einem Ziehklingenstahl unter Druck vier- oder fünfmal flach über die Fläche **(3)**.

Um nun den Grat rechtwinklig anzuziehen, nehmen Sie die Ziehklinge in die Hand und streichen mit dem Ziehklingenstahl in einem Winkel von etwa 85° zur Fläche kräftig und in einem Zug zwei- oder dreimal über die Klingenkante **(4)**.

Wenn der Grat seine Schärfe durch Benutzen verloren hat, ziehen Sie einen frischen Schneidgrat an.

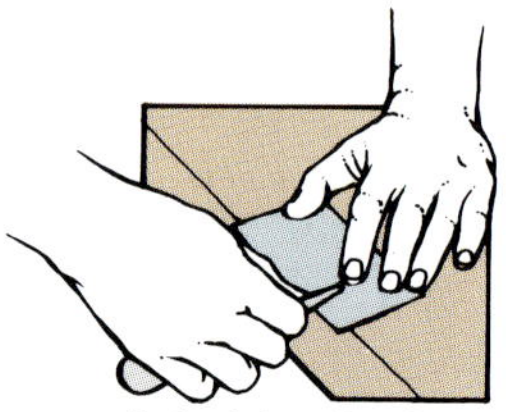

3 Anziehen des Grats

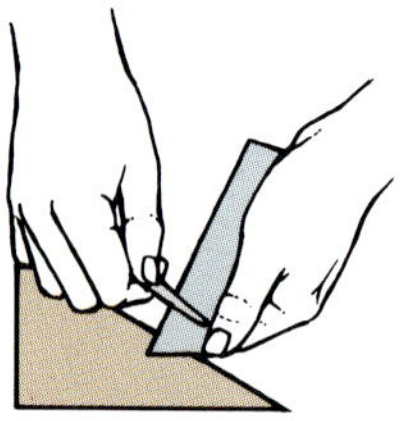

4 Umbiegen des Grats

HANDHABUNG DER ZIEHKLINGE

Halten Sie die Ziehklinge mit beiden Händen und biegen Sie sie etwas durch, indem Sie mit den Daumen dicht an der Unterkante Druck auf die Rückseite ausüben.

Schabtechnik
Neigen Sie die Ziehklinge leicht nach vorn und schieben Sie sie von sich weg, um einen Span abzunehmen (**1**). Verändern Sie Neigung und Biegung der Klinge so lange, bis sie wie gewünscht schneidet.

Um eine große Fläche zu verputzen, führen Sie die Ziehklinge zunächst leicht schräg in zwei Richtungen mit der Faser und zum Schluß parallel in Faserrichtung. An einer Kante oder einem anderen Hindernis entlang ziehen Sie die Ziehklinge auf sich zu (**2**).

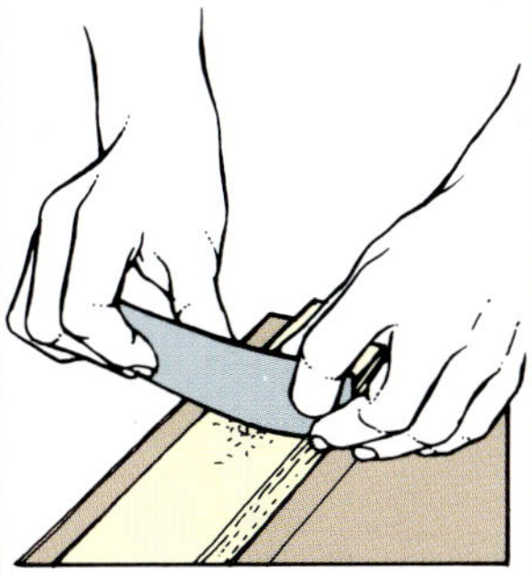

1 Die Ziehklinge durchbiegen
Biegen Sie die Ziehklinge mit den Daumen etwas durch, um eine ebene Fläche zu putzen.

2 Die Ziehklinge ziehend führen
Ziehen Sie die Klinge an einer Kante entlang, um in die Ecke zu kommen.

HOLZRASPELN UND HOLZFEILEN

Raspeln und Feilen werden in holzverarbeitenden Werkstätten selten benutzt, außer vielleicht von Holzbildhauern. Eine Raspel nimmt sehr schnell viel Holz weg und wird deshalb von Bildhauern gerne zum Vorformen benutzt. Man kann sie mit und gegen die Holzfaser führen. Raspeln hinterlassen eine rauhe Oberfläche, die dann mit Feilen der gleichen Form noch geglättet werden muß.

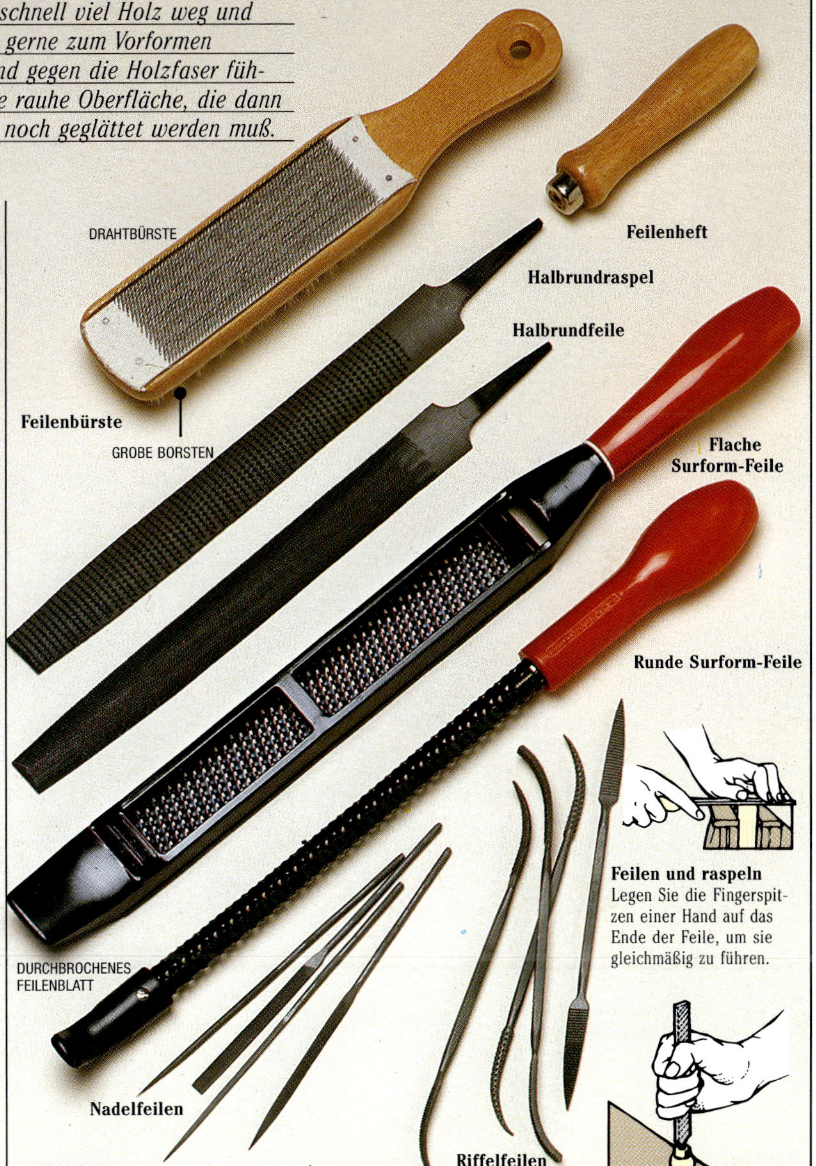

Raspeln
Die Oberfläche einer Raspel ist mit einzelnen Zähnen bedeckt, die vorwärts schneiden. Größe, Anzahl und Anordnung der Zähne entscheiden über den Feinheitsgrad, den Hieb der Raspel. Fast jeder Hersteller kennzeichnet den Hieb seiner Raspeln etwas anders, allgemein gesprochen aber gibt es einen groben, einen mittleren und einen feinen Hieb (Hiebzahl 1, 2 und 3).

Es gibt außerdem flache und runde Raspeln, die vielseitigste ist aber wohl die halbrunde. Alle Ausführungen werden in Längen von 200, 250 und 300 mm angeboten, wobei die 250 mm lange Raspel für die meisten Arbeiten die günstigste ist.

Holzfeilen
Eine Holzfeile hat dichtstehende Zahnreihen, die die Hochpunkte der mit der Raspel grob vorbearbeiteten Holzoberfläche abtragen und glätten. Der Feilenhieb wird wie bei der Raspel mit einer Zahl angegeben, jedoch sind Feilen im allgemeinen immer feiner als eine Raspel.

Surform-Werkzeuge
Die dünnen, durchbrochenen Blätter entstehen durch das Ausstanzen der Zähne, deren scharfe Schneiden nach vorne zeigen. Durch die dabei entstandenen Löcher können die abgeraspelten Späne austreten. Dadurch kann ein Surform-Werkzeug schneller als eine normale Raspel schneiden, ohne dabei zu verstopfen.

Es gibt eine Menge verschiedener Surform-Hobel und -Feilen, sie sind aber alle nach dem gleichen Prinzip aufgebaut. Die beiden einfachsten und nützlichsten Werkzeuge sind die hohle Rundfeile und die Flachfeile.

Riffelfeilen
Riffelfeilen sind kleine, doppelendige Feilen, die sich speziell für Arbeiten in Ecken und schwer zugänglichen Stellen eignen. Wählen Sie Riffelfeilen mit Raspelhieb an einem Ende und Feilenhieb am anderen.

Feilenbürsten
Feilenzähne setzen sich mit Staub und Holzteilchen zu und greifen dann nicht mehr. Mit der Drahtbürste lösen Sie die Holzteilchen und bürsten Sie dann mit den groben Borsten der anderen Seite heraus.

Feilenhefte
Über die spitz zulaufende Angel einer Raspel oder Feile muß ein Griff gesteckt werden. Das ungeschützte Werkzeug so zu benützen, wäre viel zu gefährlich. Die Angel könnte sich in Ihre Handfläche bohren.

Stecken Sie ein Heft auf die Angel, indem Sie es auf die Bank klopfen (**1**). Ein altes Heft entfernen Sie, indem Sie die Feile mit einer Hand festhalten und mit einem Stück Holz gegen das Heft schlagen, bis es sich löst (**2**).

Feilen und raspeln
Legen Sie die Fingerspitzen einer Hand auf das Ende der Feile, um sie gleichmäßig zu führen.

1 Auf die Bank klopfen

2 Das Heft losschlagen

HANDBOHRER UND BOHRWINDEN

Die vielseitige Verwendbarkeit der Elektro-Bohrmaschinen hat, vor allem seit der Entwicklung der stufenlosen Drehzahlsteuerung, die Bohrwinde und den Handbohrer fast verdrängt. Und doch behaupten diese Werkzeuge immer noch ihren Platz in den Werkstätten. Es sind unkomplizierte Geräte und völlig unabhängig von einer Stromquelle.

Siehe auch

Abziehsteine	102 - 103
Elektro-Bohrmaschinen	124 - 127
Dübelverbindungen	182 - 183
Holzschrauben	224 - 225

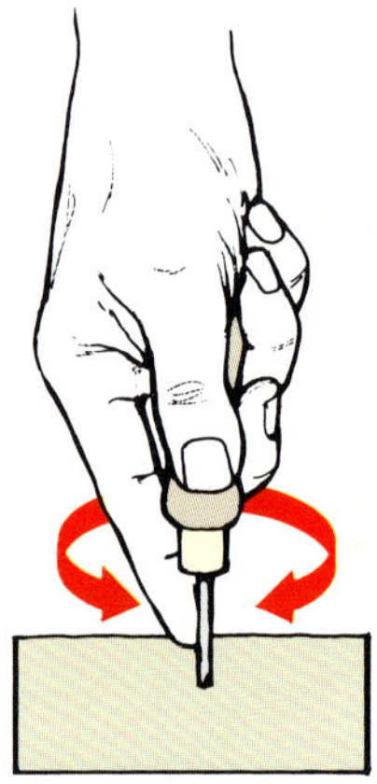

Mit einer Reibahle vorstechen
Um ein Schraubenloch vorzustechen, drehen Sie die Reibahle, während Sie sie in das Holz drücken.

Die Reibahle
Die Reibahle ist vielleicht der einfachste „Bohrer" überhaupt. Sie entfernt kein Holz, sondern drückt nur die Holzfasern beiseite. Mit ihr werden die Löcher für kleine Holzschrauben oder für das Ansetzen der Zentrierspitze eines größeren Bohrers vorgestochen.

Die kantige Spitze der Ahle durchtrennt die Holzfasern, während sie in das Holz gedrückt wird, und verhindert dadurch ein Ausreißen der Fasern. Das Loch wird durch Drehen der Ahle erweitert.

Der Schneckenbohrer
Ein Schneckenbohrer wird genauso wie die Reibahle zum Vorbohren benützt. Mit ihm lassen sich aber auch größere Löcher bohren.

Die Handbohrmaschine
Durch Drehen an der Kurbel einer Handbohrmaschine wird das Futter mittels eines Zahnradantriebs in Bewegung versetzt. Das Futter enthält drei selbstzentrierende Backen, in die, je nach Modell, Bohrer mit einem Schaftdurchmesser bis zu 9 mm eingespannt werden können. Bei manchen Handbohrmaschinen ist der Antriebsmechanismus völlig ummantelt, um ihn vor Staub zu schützen.

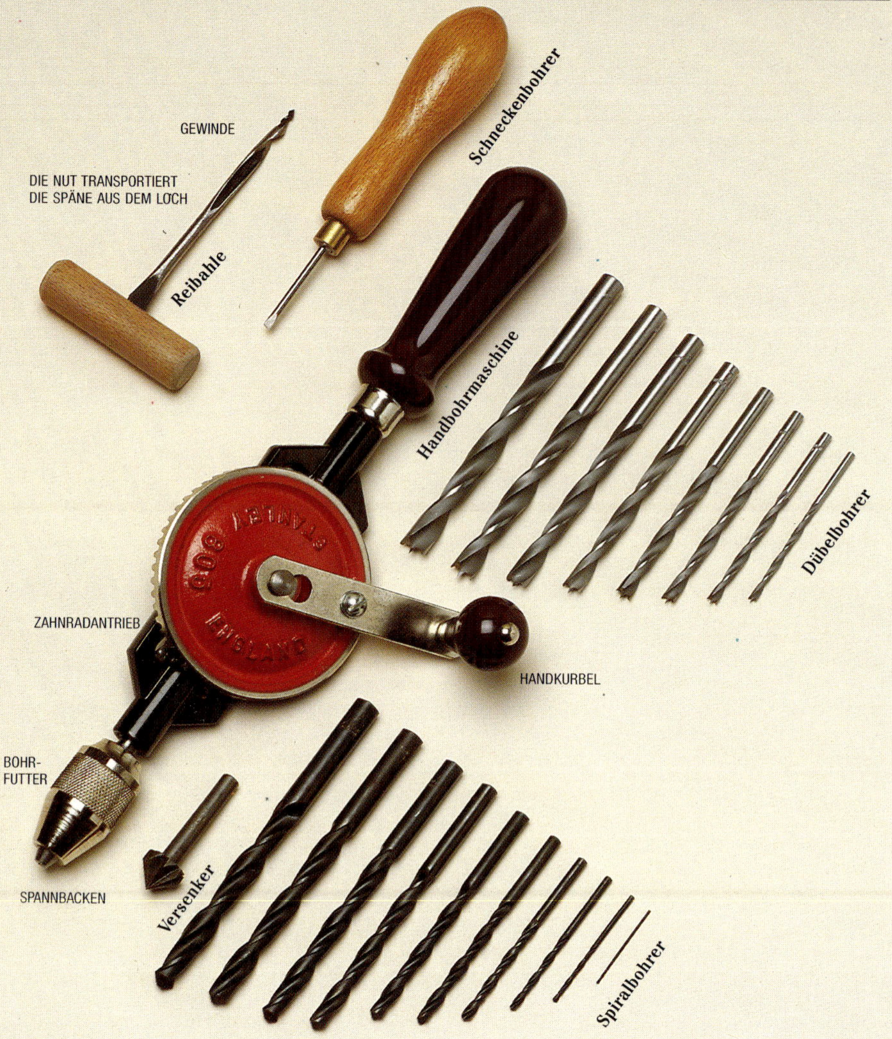

HOLZBOHRER ZUM EINSETZEN IN EINE HANDBOHRMASCHINE

Kaufen Sie nur gute Qualitätsbohrer. Billige Bohrer werden nicht nur schneller stumpf, sondern sind oft auch fehlerhaft geschliffen.

Spiralbohrer
Ein Spiralbohrer ist ein einfacher zylindrischer Bohrer mit zwei Spiralnuten, die die anfallenden Späne aus dem Bohrloch fördern. Diese Nuten bilden an der Spitze zwei Schneiden. Der Spitzenwinkel der meisten Bohrer beträgt 59° zum Bohren in Metall. Zum Bohren in Holz wird ein Spitzenwinkel von 45° empfohlen. Viele Schreiner benutzen Bohrer aber aus Hochleistungsschnellstahl (HSS).

Ein durchschnittlicher Spiralbohrersatz umfaßt Größen von 1–13 mm, obwohl Schaftdurchmesser über 9 mm nicht in das Futter einer Handbohrmaschine passen.

Dübelbohrer mit Zentrierspitze
Dies ist ein Spiralbohrer mit einer Zentrierspitze und zwei Spannuten, die verhindern, daß der Bohrer im Bohrloch verläuft. Dieser Bohrer wird häufig zum Bohren von Dübellöchern eingesetzt.

Versenker
Ein Versenker schneidet eine kegelförmige Vertiefung, so daß eine eingesetzte Schraube mit ihrem Kopf bündig zur Holzoberfläche liegt. Das Loch für die Schraube wird zuerst gebohrt und dient dann als Zentrierloch für den Versenker.

Spiralbohrer mit Dachspitze

Dübelbohrer mit Zentrierspitze

Versenker

HOLZBOHRER ZUM EINSETZEN IN EINE BOHRWINDE

Die Spannbacken eines Bohrwindenfutters sind für das Einsetzen von Sonderbohrern mit Vierkantschaft gedacht. Manche Bohrwinden haben allerdings auch ein Universalfutter, das auch Bohrer mit rundem Schaft aufnimmt.

Zentrumbohrer
Der Zentrumbohrer wird zum Ausbohren flacher Löcher verwendet. Der Vorschneider auf einer Seite der Spitze schneidet den Lochumfang vor, bevor die Schneide (Spanabheber) auf der anderen Seite der Spitze in das Holz eintritt. So entsteht ein sauber geschnittenes Bohrloch. Die Gewindespitze zieht den Bohrer in das Holz. Zentrumbohrer gibt es in Größen von 6–50 mm.

Schlangenbohrer
Ein Schlangenbohrer ist im Prinzip einem Zentrumbohrer ähnlich, nur daß er eine eingängige Spiralwindung hat, die den Bohrer auch in tiefen Löchern gut führt und gleichzeitig die Späne an die Oberfläche transportiert. Er hat außerdem zwei Vorschneider und zwei Spanabheber. Der Douglasbohrer hat eine doppelgängige Transportschlange.

Schlangenbohrer gibt es von 6–38 mm, die doppelgängigen Douglasbohrer nur bis zu 25 mm Durchmesser.

Verstellbarer Zentrumbohrer
Dieser Zentrumbohrer läßt sich auf verschiedene Bohrlochgrößen einstellen. Das mit einer Gradeinteilung versehene Messer mit Vorschneider wird durch eine Feststellschraube gehalten, bei anderen Modellen durch eine gezahnte Scheibe verstellt. Im allgemeinen gibt es zwei Messergrößen: für Lochdurchmesser von 12–38 mm und 22–75 mm.

Versenker
Dieser hat einen verjüngten Vierkantschaft für den Einsatz in eine Bohrwinde.

Schraubendrehereinsatz
Dieser Einsatz macht die Bohrwinde zu einem leistungsstarken Schraubendreher.

Die Bohrwinde
Eine Bohrwinde wird angetrieben, indem der Bügel im Uhrzeigersinn gedreht wird, während gleichzeitig Druck auf den runden Knopf am oberen Ende der Winde ausgeübt wird. Der von dem Bügel beschriebene Kreis wird als Schwung bezeichnet, und die Größe einer Bohrwinde wird als Durchmesser des Schwunges angegeben. Die meisten Schreiner verwenden eine Bohrwinde mit 250 mm Schwung.

Die meisten Bohrwinden sind mit einer Knarre ausgestattet, die direkt hinter dem Backenfutter sitzt, so daß man die Winde auch da benutzen kann, wo keine volle Umdrehung möglich ist. Hat man den Bohreinsatz so weit wie möglich im Uhrzeigersinn gedreht, wird durch Zurückdrehen die Knarre wirksam, wodurch sich das Bohrfutter nicht mehr mitdreht, bis man den Bügel wieder vorwärts dreht. Durch einen Nockenring läßt sich die Knarre auf Rechts- oder Linkslauf umstellen.

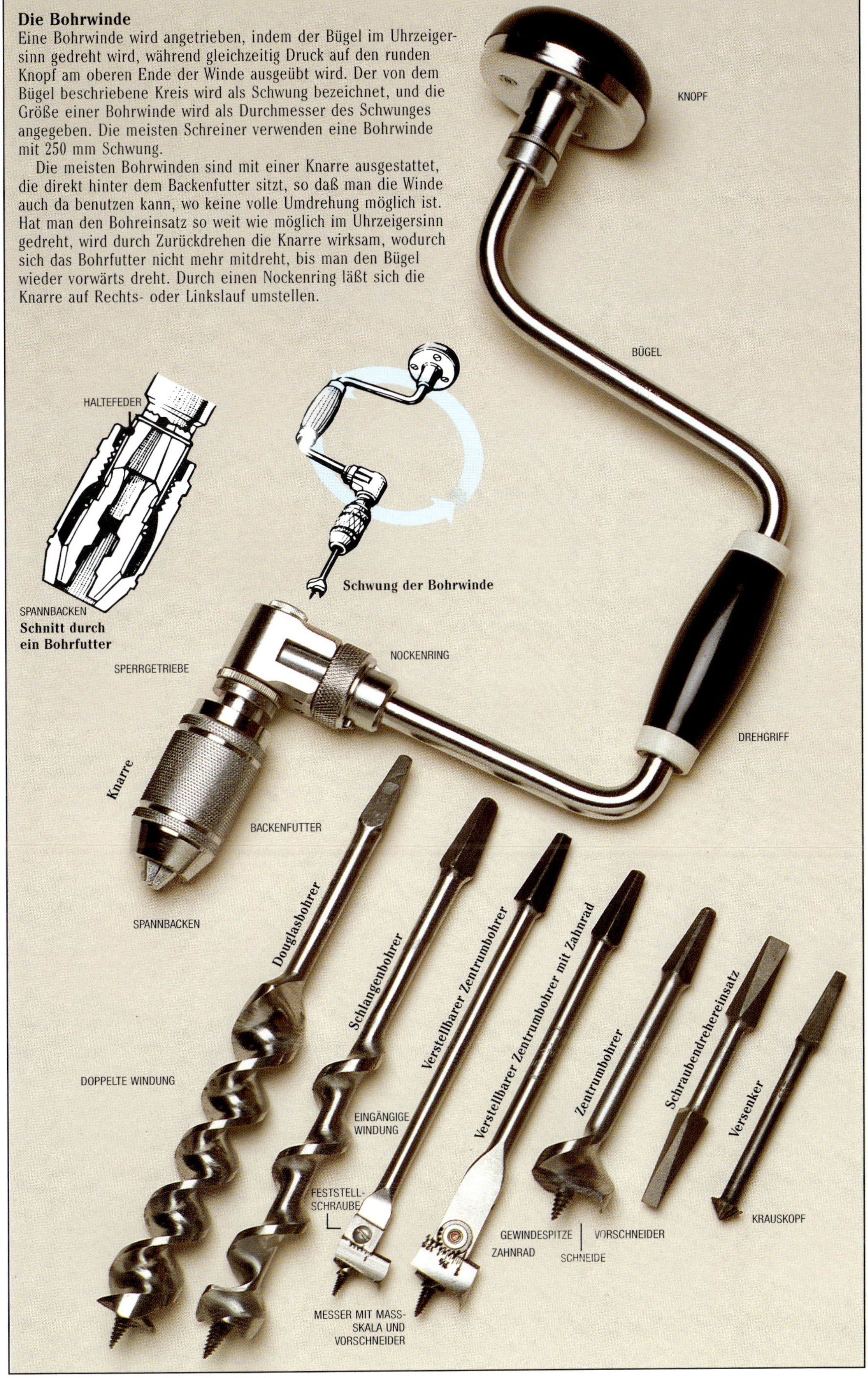

Schnitt durch ein Bohrfutter

Schwung der Bohrwinde

HANDBOHRMASCHINE UND BOHRWINDE

Eine Handbohrmaschine wird in erster Linie zum Bohren kleinerer Schrauben- oder Dübellöcher eingesetzt. Die Bohrwinde, die speziell für Holzarbeiten gedacht ist, ist vielseitiger anwendbar. Mit einem scharfen Bohreinsatz bestückt, lassen sich mit ihr auch große Bohrlöcher mühelos ausbohren.

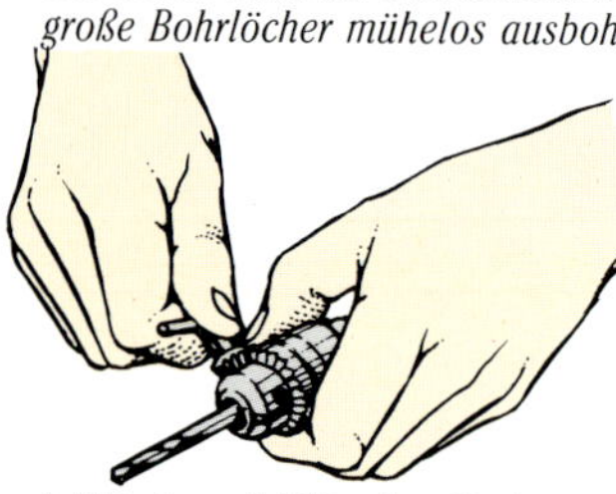

1 Mit einem Schlüssel aufdrehen

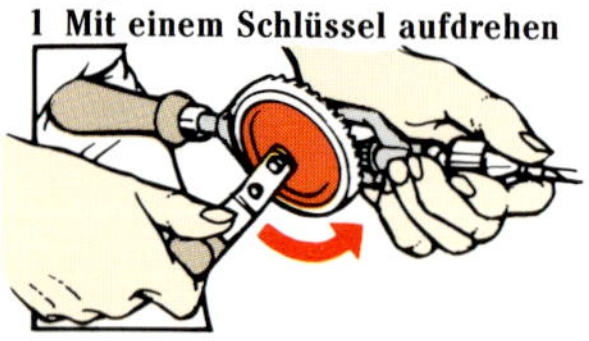

2 Spannbacken öffnen

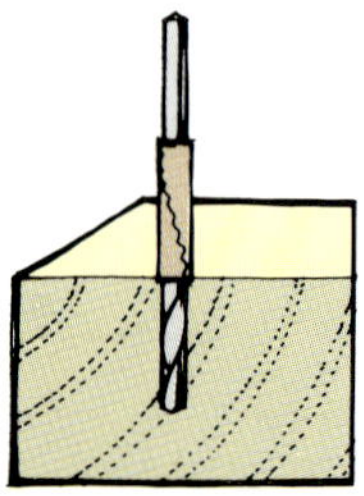

Tiefenanschlag
Wickeln Sie ein Klebeband um den Bohrer, um die Tiefe des Bohrlochs zu kennzeichnen.

Einsetzen eines Bohrers in eine Handbohrmaschine

Bei manchen Handbohrmaschinen wird das Futter mit einem Schlüssel auf- und zugedreht **(1)**. Um die Spannbacken einer normalen Handbohrmaschine zu öffnen, halten Sie das Futter mit einer Hand fest und drehen mit der anderen die Kurbel rückwärts **(2)**. Setzen Sie einen Spiralbohrer in das Futter ein und schließen Sie die Spannbacken.

Bohren mit der Handbohrmaschine

Setzen Sie die Spitze des eingespannten Bohrers exakt auf dem Werkstück auf und drehen Sie die Kurbel langsam vor und zurück, bis der Bohrer in das Holz eindringt. Dann kurbeln Sie zügig weiter, bis die gewünschte Tiefe erreicht ist.

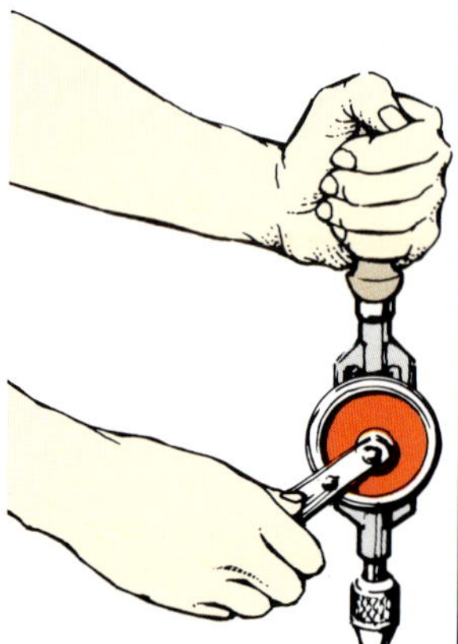

Bohren mit der Handbohrmaschine

Einsetzen des Bohrers in eine Bohrwinde

Sperren Sie die Knarre durch Umstellen des Nockenrings und halten Sie das Bohrfutter fest, während Sie den Bügel im Uhrzeigersinn drehen. Setzen Sie den Vierkantschaft des Bohrers zwischen die Spannbacken und schließen Sie sie, indem Sie den Bügel andersherum drehen.

Bohren mit der Bohrwinde

Halten Sie die Bohrwinde mit einer Hand senkrecht, während Sie mit der anderen den Bügel drehen **(1)**. Um sicherzugehen, daß Sie senkrecht bohren, bitten Sie einen Helfer, Ihnen zu sagen, ob der Bohrer vor- oder rückwärts geneigt ist, während Sie sich auf eine seitliche Neigung konzentrieren. Sie können sich auch einen Winkel auf die Bank stellen, um sich daran zu orientieren. Eine Bohrwinde können Sie auch waagrecht halten, indem Sie den Knopf gegen den Körper drücken.

Die Gewindespitze zieht den Bohrer in das Holz hinein. Wenn Sie die gewünschte Tiefe erreicht haben, drehen Sie den Bügel ein paar Drehungen rückwärts, um die Gewindespitze freizubekommen. Dann ziehen Sie die Winde nach oben, während Sie den Bügel hin und her bewegen.

Wenn Sie ein Werkstück ganz durchbohren, sollten Sie auf die Rückseite ein Stück Holz spannen, damit das Holz an der Austrittstelle nicht splittert. Oder Sie drehen das Werkstück um, sobald die Gewindespitze auf der anderen Seite herauskommt, und bohren das Loch von dieser Seite aus fertig. Nehmen Sie das Austrittsloch als Einsetzpunkt für die Bohrerspitze **(2)**.

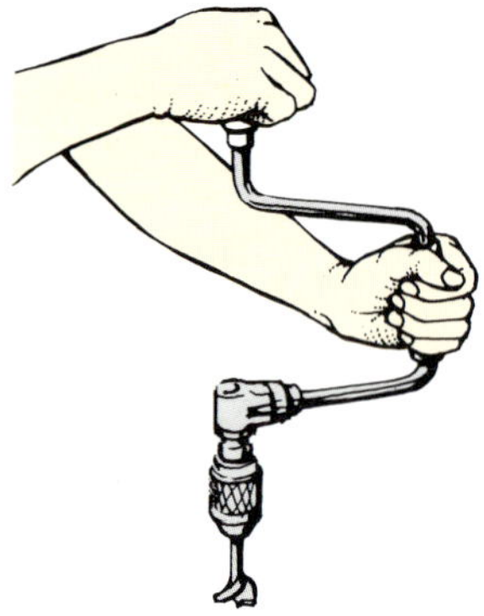

1 Bohrwinde senkrecht halten

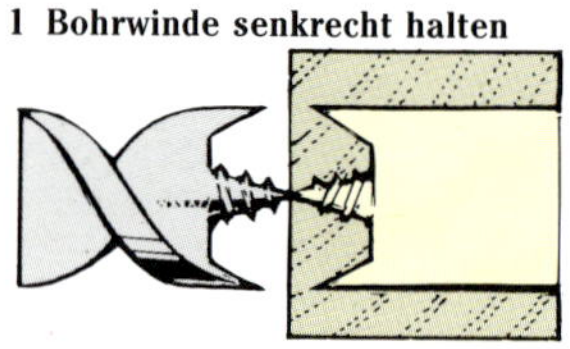

2 Im Austrittsloch ansetzen

DAS SCHÄRFEN DER BOHRER

Bohrer bleiben relativ lange scharf. Wenn Sie jedoch merken, daß Sie beim Bohren eines Lochs übermäßig viel Druck ausüben müssen, dann schärfen Sie den Bohrer auf entsprechende Weise.

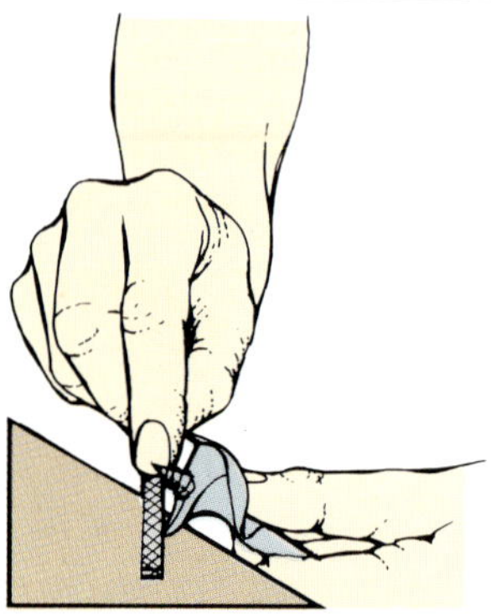

1 Schärfen der Vorschneider

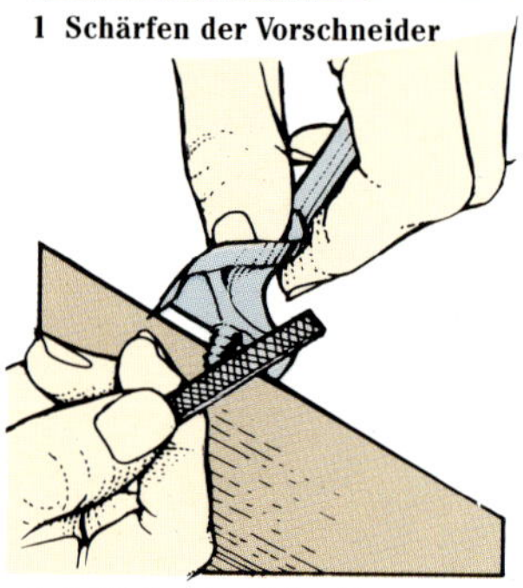

2 Schärfen der Schneiden

Bohrwindeneinsätze

Schlangen- und Zentrumbohrer werden beide auf die gleiche Weise mit einer kleinen Flach- oder Dreikantfeile, einer sogenannten Nadelfeile, geschärft. Die Vorschneider werden von innen her scharf gefeilt **(1)**. Feilen Sie niemals die Außenseite der Vorschneider! Drücken Sie die Gewindespitze auf die Bank und feilen Sie die spanabhebenden Schneiden **(2)**. Die Messer der verstellbaren Zentrumbohrer werden mit einer ähnlichen Feile geschärft.

Spiralbohrer

Es gibt verschiedene elektrische Schärfmaschinen für Bohrer, die sehr gut sind. Sie brauchen nur den Bohrer mit der Spitze voran in die Maschine zu stecken und anzuschalten.

Die meisten Schreiner schärfen ihre Spiralbohrer, indem sie die Spitzen an einer Schleifscheibe nachschleifen **(3)**. Drücken Sie sie nicht zu fest dagegen und schleifen Sie jede Seite gleich, damit die Spitze nicht aus der Mitte gerät.

Dübelbohrer mit Zentrierspitze

Schärfen Sie die Vorschneider und die spanabhebenden Schneiden mit einer spitzen Nadelfeile nach. Achten Sie darauf, beide Seiten gleichmäßig zu schärfen.

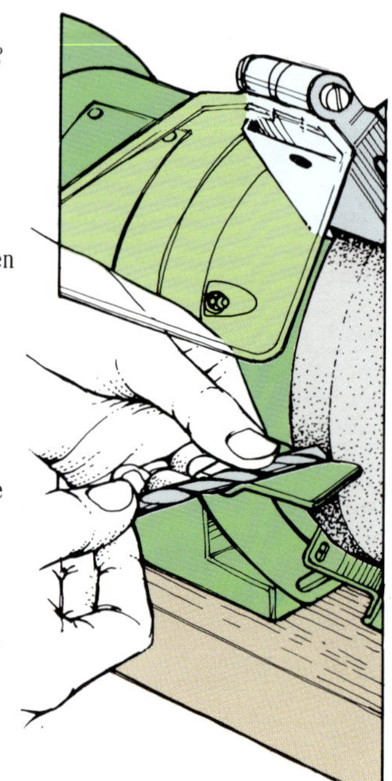

3 Schleifen des Spiralbohrers

HÄMMER

Obwohl ein Schreiner die Verbindungen an seinen Möbeln meist leimt, braucht doch jeder eine Auswahl an Hämmern, um Modelle oder grobe Rahmen zusammenzubauen. Außerdem werden stumpfe Eckverbindungen, Gehrungsfugen und Überlappungen auch oft mit Nägeln oder Stiften gesichert.

Querhämmer
Die meisten Möbelschreiner und Zimmerleute bevorzugen einen mittelschweren, 300 – 350 g schweren Querhammer für allgemeine Arbeiten. Der Hammer hat seinen Namen von dem schmalen, keilförmigen Kopfteil, das der Breitbahn gegenüberliegt, der Finne. Diese schmale Finne wird zum Einschlagen von Nägeln, die zwischen Finger und Daumen gehalten werden, benutzt. Der Hammerkopf sitzt fest verkeilt auf einem zähen Eschen- oder Hickorystiel.

Schreinerhämmer
Der hier abgebildete leichte, 100 g schwere Hammer wird zum Einschlagen kleiner Nägel, Stifte, Zwecken und Klammern benutzt.

Klauenhämmer
Man sollte mindestens einen etwa 550 g schweren Klauenhammer in seiner Werkzeugkiste haben. Der ist schwer genug, um damit auch große Nägel mühelos einzuschlagen. Seine gespaltene Klaue ist zum Herausziehen verbogener Nägel gedacht. Meist ist die Klaue gebogen, es gibt aber Hämmer mit gerader Klaue, mit denen Rahmen und Verpakkungskisten zerlegt werden.

Das Herausziehen von Nägeln beansprucht die Stiel-Hammerkopf-Verbindung enorm. Wenn Sie viele Nägel herausziehen müssen, sollten Sie einen Hammer mit Stahlrohrstiel verwenden. Der Stiel ist mit einem rutschfesten Vinyl- oder Gummigriff versehen.

Der traditionelle Klauenhammer mit Holzstiel ist für die meisten Zwecke schwer genug. Der vorgeschrumpfte Hickorystiel wird in eine extra tiefe Schutzhülse getrieben, wo er mit Keilen aus Hartholz oder Eisen auseinandergedrückt wird.

Querhammer (englische Form)

Querhammer (Schlosserhammer)

Schreinerhammer (englische Form)

Schreinerhammer (leichte Ausführung)

Klauenhammer

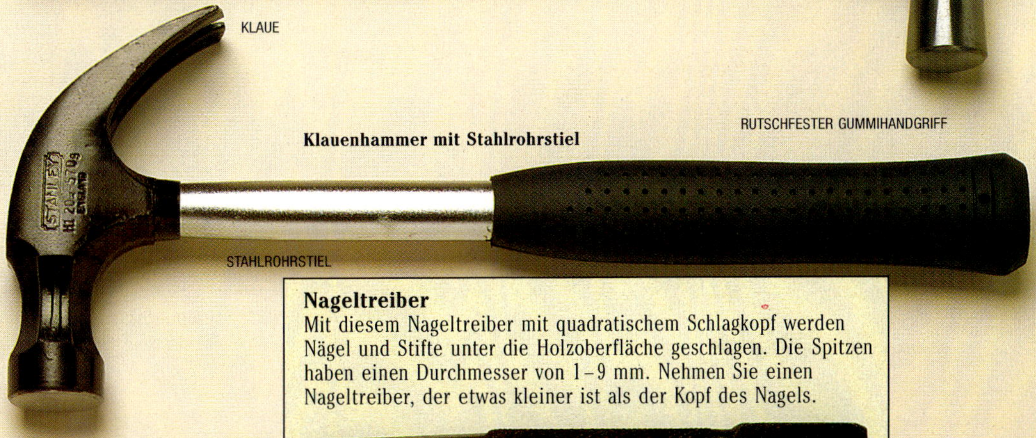

Klauenhammer mit Stahlrohrstiel

Nageltreiber
Mit diesem Nageltreiber mit quadratischem Schlagkopf werden Nägel und Stifte unter die Holzoberfläche geschlagen. Die Spitzen haben einen Durchmesser von 1 – 9 mm. Nehmen Sie einen Nageltreiber, der etwas kleiner ist als der Kopf des Nagels.

HOLZHÄMMER

Alle Stemmeisen und Hohlbeitel werden mit einem Holzhammer in das Holz getrieben, außer Stemmeisen mit Kunststoffheften. Der Schreinerklüpfel wird auch zum Zusammenklopfen von Verbindungen benutzt.

Siehe auch

Stemmeisen und Hohlbeitel	98 -101
Hämmer	115
Schleifpapier	211
Nägel	225

Der Schreinerklüpfel

Stiel und Kopf des Schreinerklüpfels sind aus massivem Buchenholz. Der Kopf ist trapezförmig, so daß die Schlagfläche senkrecht auf das Heft des Stemmwerkzeugs trifft, wenn der Hammer normal geschwungen wird. Auch das Loch für den Stiel ist konisch gearbeitet, so daß sich der Kopf bei jedem Schlag auf dem nach oben breiter werdenden Stiel mehr festzieht.

Der Gummihammer

Zum Zusammen- oder Auseinanderklopfen von Verbindungen wird ein Holzhammer mit einem weichen Gummikopf verwendet.

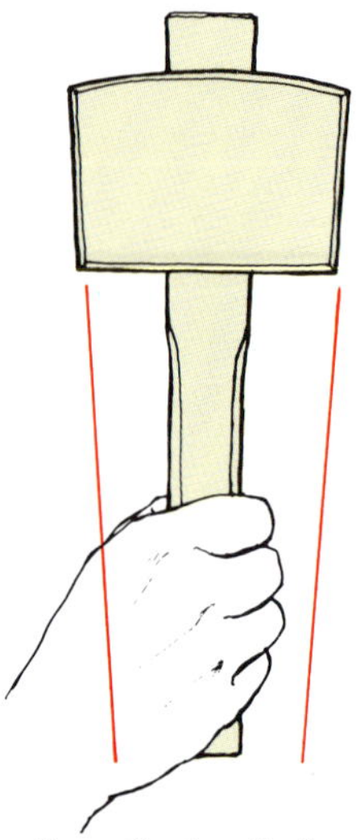

Trapezförmiger Kopf
Der Kopf eines Schreinerklüpfels wird zum Stiel hin schmaler.

HANDHABUNG DER HÄMMER

Einen Hammer zu schwingen ist keine besondere Kunst. Es bedarf allerdings einer gewissen Übung, bis man einen Nagel schnell und sicher einschlagen kann, ohne ihn zu verbiegen oder die Holzoberfläche zu verletzen.

Nägel ansetzen

Um einen Nagel anzusetzen und sicherzugehen, daß er richtig steht, halten Sie ihn zwischen Daumen und Zeigefinger und klopfen mit einem Hammer leicht darauf.

Kleine Nägel oder Stifte schlagen Sie mit der schmalen Finne des Hammers ein **(1)**. Wenn Sie keinen Querhammer besitzen, stecken Sie den Nagel durch einen dünnen Karton, um ihn so zu halten **(2)**. Wenn der Nagel frei steht, ziehen Sie den Karton weg.

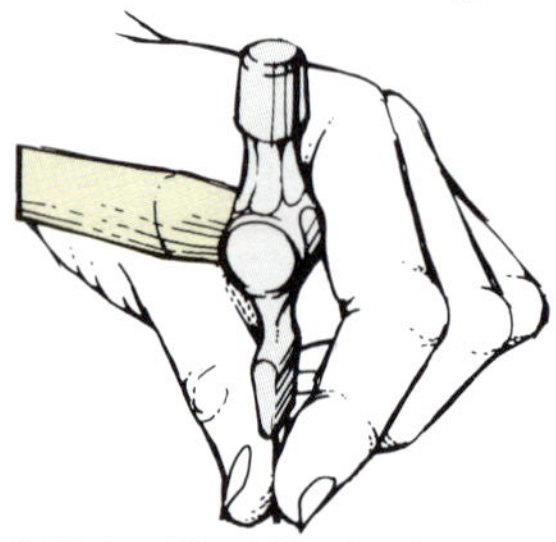

1 Kleine Nägel klopfen Sie mit der Finne ein

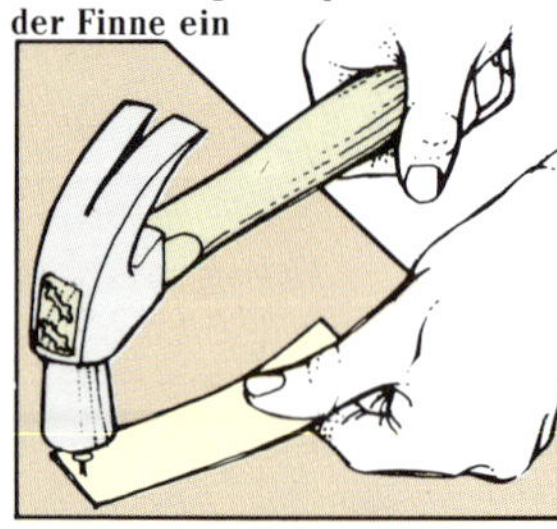

2 Stützen Sie den Nagel mit einem Karton

Nägel einschlagen

Einen Hammer sollten Sie ohne große Mühe schwingen können. Halten Sie ihn am Stielende und holen Sie nur mit dem Unterarm aus. Ihr Handgelenk sollten Sie dabei möglichst steif halten. Wenn Sie merken, daß Sie den Hammer weiter oben am Griff halten müssen, um bequem auszuholen, dann ist er zu schwer für Sie. Zielen Sie auf den Nagel und schlagen Sie senkrecht darauf. Eigentlich sollte man jeden Nagel nur mit ein paar kräftigen Schlägen einschlagen können. Wenn Sie damit Schwierigkeiten haben, ist entweder der Hammer zu leicht oder das Werkstück federt.

Eine Druckstelle beheben

Wenn Sie mit einem schweren Hammer eine Druckstelle oder Delle in das Holz geschlagen haben, benetzen Sie diese Stelle sofort mit etwas warmem Wasser und lassen das Holz aufquellen.

Einen Nagelkopf versenken

Vermeiden Sie eine Druckstelle, indem Sie etwa 1 mm über der Oberfläche aufhören und den Nagel dann mit einem Nageltreiber weiter einschlagen. Halten Sie den Nageltreiber mit Daumen, Zeige- und Mittelfinger senkrecht. Klopfen Sie nun mit einem Hammer auf den Nageltreiber, bis der Nagelkopf bündig zur Holzoberfläche versenkt ist.

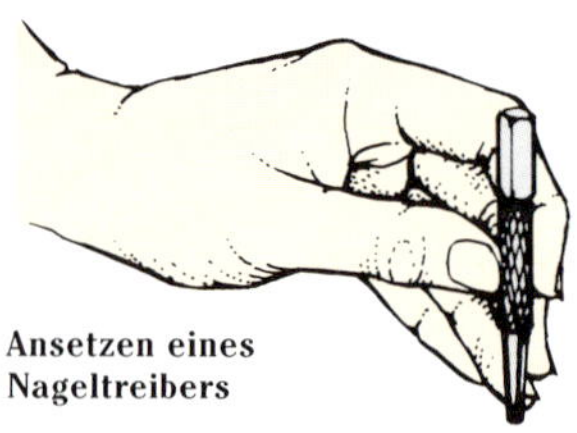

Ansetzen eines Nageltreibers

Verdeckt nageln

Um einen Nagel völlig unsichtbar einzuschlagen, heben Sie mit einem Hohleisen einen Span aus der Oberfläche und schlagen den Nagel mit einem Nageltreiber ein. Dann leimen Sie den Span, um den versenkten Kopf abzudecken.

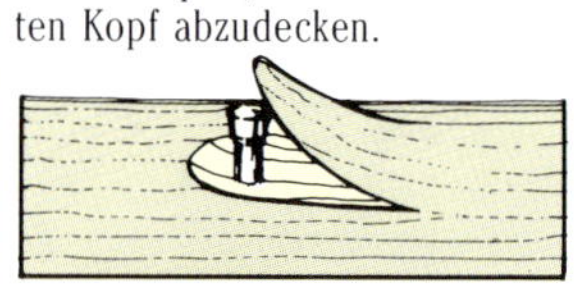

Verstecken Sie einen Nagel unter einem Span

Einrisse vermeiden

Wenn man dicht an der Kante eines Holzstücks einen Nagel einschlägt, bilden sich oft Risse in Faserrichtung, weil der Nagel die Holzfasern auseinanderreißt. Stumpfen Sie die Spitze des Nagels mit einem Hammerschlag ab. Ein so „gestauchter" Nagel drückt die Holzfasern herunter, statt sie zu spalten. Bei Hartholz sollten Sie lieber ein Loch vorbohren.

PFLEGE DER HÄMMER

Ist die Schlagseite eines Hammers verschmutzt, wird sie vom Nagelkopf abrutschen, den Nagel verbiegen und das Werkstück beschädigen. Halten Sie die Schlagfläche des Hammers sauber, indem Sie sie über ein Stück feines Schleifpapier reiben.

Einen neuen Stiel einpassen

Falls der Stiel Ihres Hammers gebrochen ist, schlagen Sie den verbliebenen Stummel heraus und hobeln sich einen neuen Hammerstiel zurecht. Er muß straff in das Auge des Hammerkopfs passen.

Je nach Größe des Hammers sägen Sie leicht schräg ein oder zwei Schlitze in das Ende des Stiels **(1)**. Sägen Sie bis auf etwa zwei Drittel der Tiefe des Auges herunter. Stecken Sie den Kopf auf den Stiel und klopfen Sie den Stiel mit seinem anderen Ende kräftig auf die Bank **(2)**. Steht der Stiel nun über den Hammerkopf, sägen Sie ihn ab. Dann treiben Sie eiserne Hammerkeile in die Schlitze, um den Stiel zu spreizen **(3)**. Falls die Keile nicht bündig abschließen, schleifen Sie sie an einer Schleifscheibe herunter.

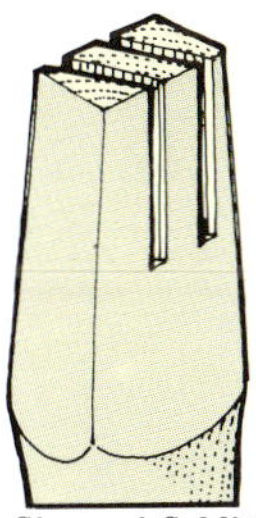

1 Sägen Sie zwei Schlitze in den Stiel

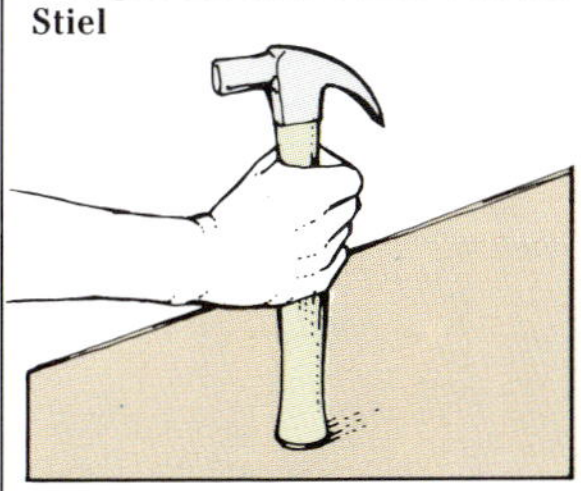

2 Klopfen Sie den Kopf auf den Stiel

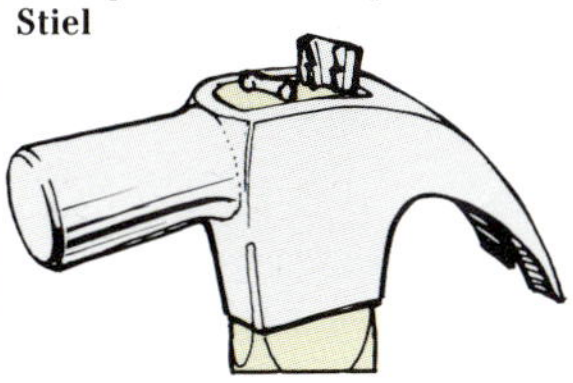

3 Verkeilen Sie den Stiel

NÄGEL HERAUSZIEHEN

Ganz gleich, wie geübt Sie sind, werden Sie gelegentlich doch einen Nagel falsch treffen und verbiegen. Versuchen Sie nicht, ihn wieder gerade zu biegen, denn beim nächsten Hammerschlag würde er sich wieder genauso verbiegen und wahrscheinlich seitlich in das Holz hineingedrückt werden. Ziehen Sie einen verbogenen Nagel heraus und nehmen Sie einen neuen.

Kneifzange

Ein Klauenhammer ist zum Herausziehen großer Nägel ideal. Stifte und kleine Nägel mit Stauchkopf lassen sich aber mit einer Kneifzange besser packen und herausziehen.

Nagelheber

Die kleine, gebogene Klaue des Nagelhebers ist zum Heraushebeln von Polsterzwecken und -stiften gedacht.

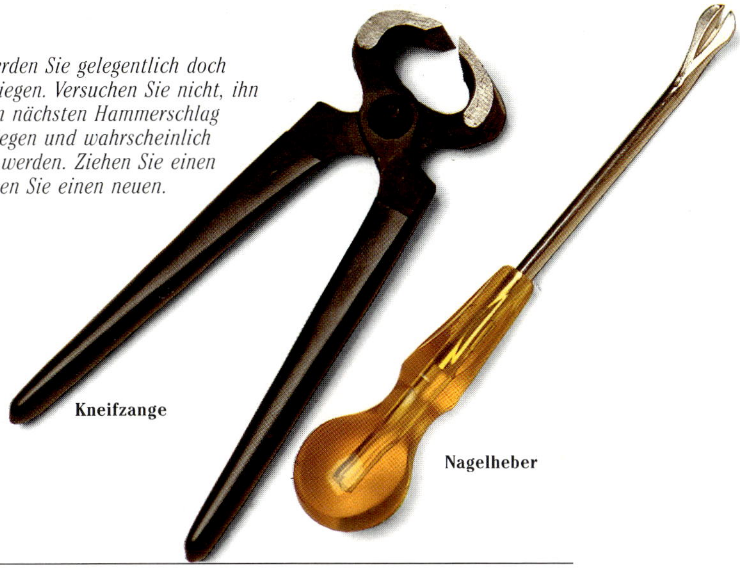

Nägel mit dem Klauenhammer herausziehen

Um einen teilweise eingeschlagenen Nagel herauszuziehen, schieben Sie die Klaue unter den Nagelkopf und hebeln ihn mit dem Hammerstiel heraus. Die Holzoberfläche sollten Sie dabei mit einem dicken Karton o. ä. schützen **(1)**. Ist der Nagel zu lang, als daß man ihn in einem Zug herausziehen kann, setzen Sie den Hammerkopf auf einem extra Holzklötzchen auf **(2)**.

Alte Nägel in Latten klopfen Sie von hinten heraus, bis der Kopf herausgezogen werden kann.

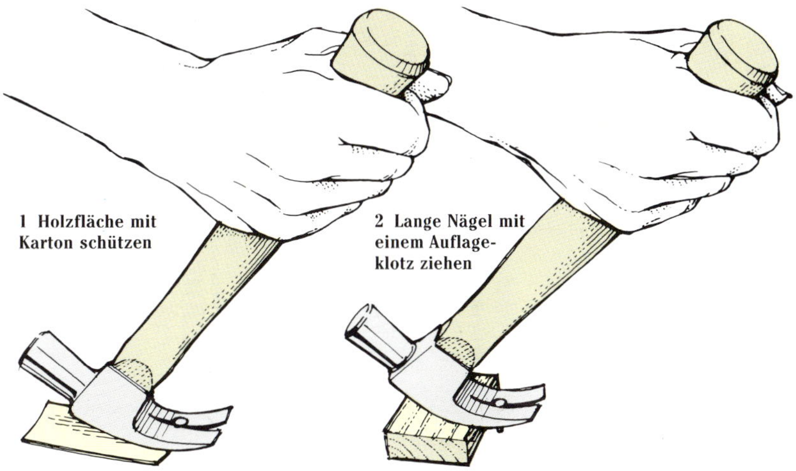

1 Holzfläche mit Karton schützen

2 Lange Nägel mit einem Auflageklotz ziehen

Nägel mit der Kneifzange ziehen

Halten Sie die Kneifzange senkrecht und packen Sie den Nagel, während das Zangenmaul dicht auf der Werkstückfläche aufliegt. Pressen Sie die Griffe zusammen und rollen Sie die Zange über eine der gerundeten Backen, um den Nagel zu ziehen. Lange Nägel werden schrittweise gezogen, sonst verletzen Sie das Holz.

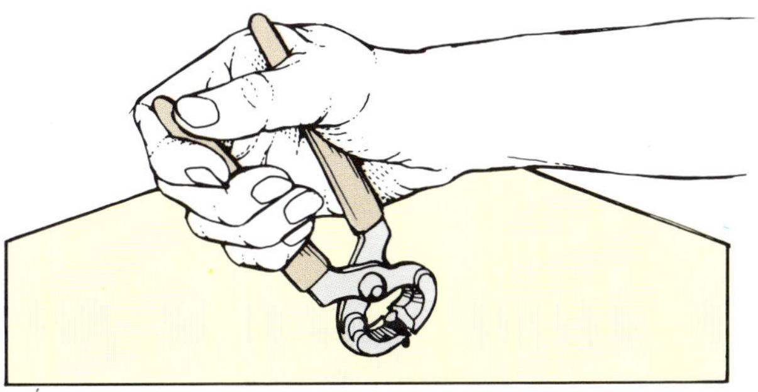

Zwecken entfernen

Schieben Sie die Klaue des Nagelhebers unter dem Stoff oder dem Gurtband unter den Kopf der Polsterzwecke. Dann drücken Sie den Griff nach vorn.

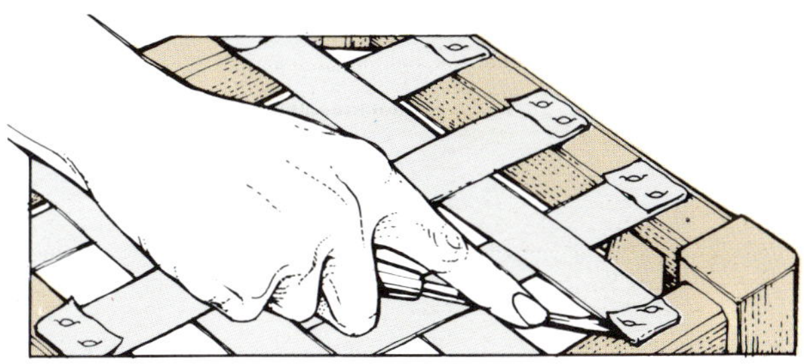

SCHRAUBENDREHER

Das wichtigste, woran Sie beim Kauf eines Schraubendrehers denken müssen, ist, daß seine Schneide in den Schlitz der Schraube passen muß. Also brauchen Sie Schraubendreher in verschiedenen Größen. Wählen Sie ein Heft aus, das Ihnen gut in der Hand liegt. Die glatten, kugelförmigen Hefte sind erfahrungsgemäß sehr gut, obwohl kantige, geriffelte und handgerecht geformte Hefte scheinbar funktioneller wirken.

Siehe auch

Schleif-maschinen	106-107
Reibahle	112
Versenker	112
Handbohrer und Bohrwinden	112-113
Schlangenbohrer	113
Schraubendreher-einsätze	113, 127
Holzschrauben	224-225

Werkstattschraubendreher
Diesen Schraubendreher findet man in den meisten Werkstätten. Das ovale Hartholzheft liegt gut in der Hand, wodurch eine optimale Kraftübertragung gewährleistet ist. Die Klingen hatten früher einen breiten Ansatz, der in einem Schlitz in der Metallzwinge steckte.

Bei den neueren Ausführungen sitzt die Klinge direkt in einem Holz- oder Plastikheft.

Die Klinge des Schraubendrehers erweitert sich zur Schneide hin etwas, ist aber meist zurückgeschliffen, so daß die Spitze konisch zuläuft.

Schraubendreher mit geriffeltem Heft
Manche Schreiner benutzen lieber die für die Elektro- und Automobilindustrie entwickelten Schraubendreher. Das relativ schlanke Heft läßt sich mit den Fingerspitzen schnell drehen, und die gerade angeschliffene Schneide kann auch in einem tiefen Loch die ganze Schlitzbreite der Schraube ausfüllen.

Kreuzschlitzschraubendreher
Um die Angriffsfläche des Schraubendrehers im Schraubenkopf zu vergrößern, haben diese Schraubendreher spitz zulaufende Schneiden, die mit vier Nuten versehen sind, damit sie in die Köpfe spezieller Schrauben passen. Es gibt drei übliche Ausführungen: den Kreuzschlitzschraubendreher, der in einen einfachen Kreuzschlitz paßt; den Pozidrivschraubendreher, der in einen Kreuzschlitz mit einem kleinen Quadrat in der Mitte paßt; und den Festhalteschraubendreher, der eine Schraube selbsttragend hält, während man sie in das Bohrloch einsetzt. Man sollte einen Schraubendreher immer dem Schraubentypus entsprechend auswählen und darauf achten, daß die Schneide gut und fest in dem Schraubenschlitz sitzt.

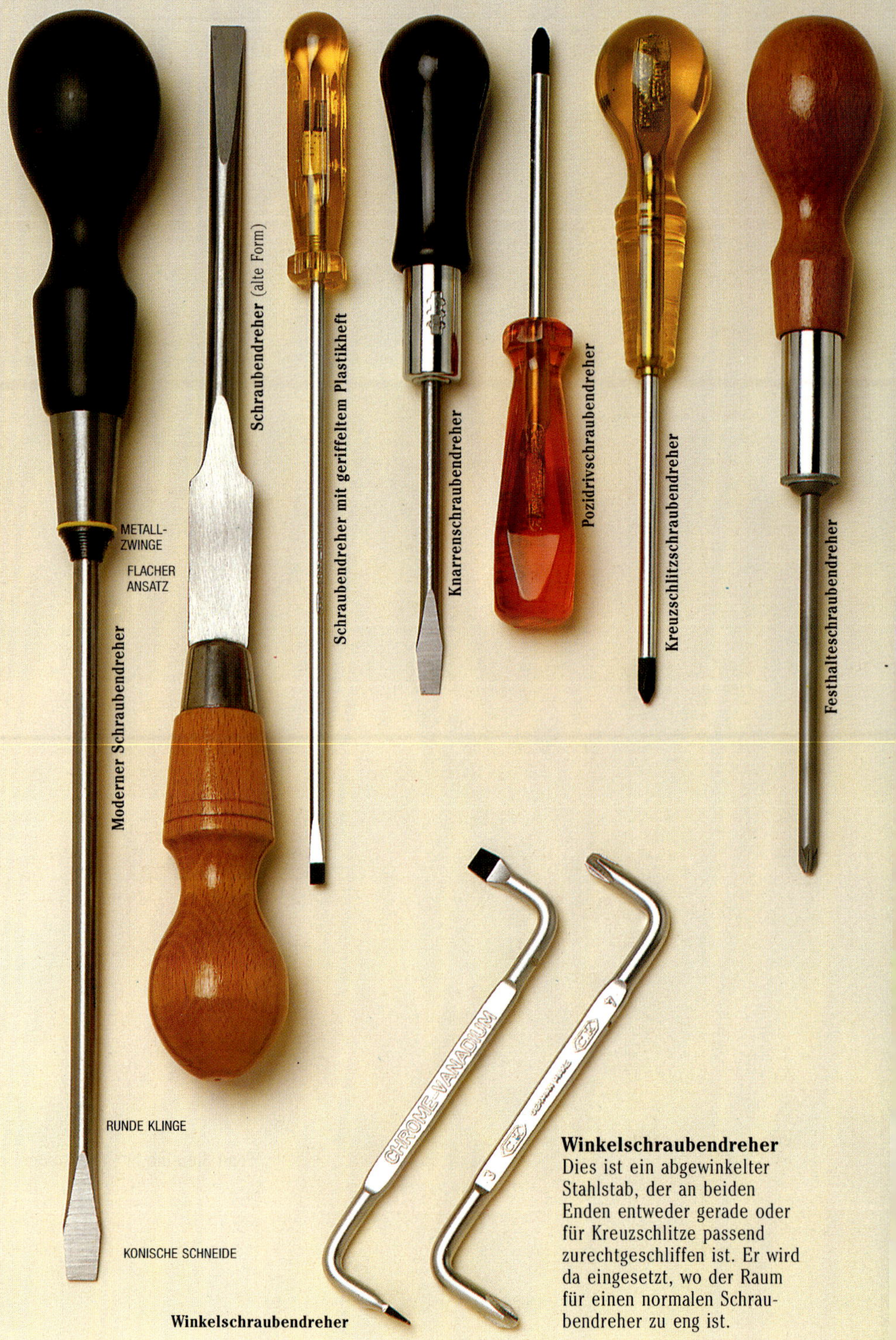

Winkelschraubendreher

Winkelschraubendreher
Dies ist ein abgewinkelter Stahlstab, der an beiden Enden entweder gerade oder für Kreuzschlitze passend zurechtgeschliffen ist. Er wird da eingesetzt, wo der Raum für einen normalen Schraubendreher zu eng ist.

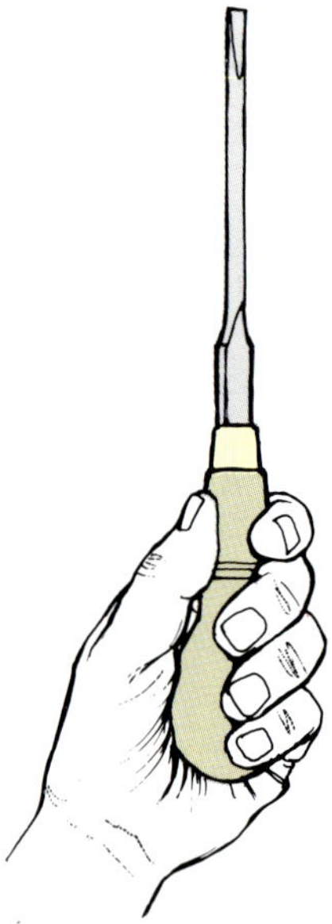

Ergonomischer Griff
Nehmen Sie einen Schraubendreher mit einem großen Heft, das gut in der Hand liegt.

Stummelschraubendreher
Dies ist ein Schraubendreher für das Eindrehen großer Schrauben bei wenig Platz. Er hat eine kurze Klinge mit einer breiten Schneide und ein breites Stummelheft.

Präzisionsschraubendreher
Diese winzigen Schraubendreher werden für sehr feine Arbeiten, wie z. B. das Anschrauben eines kleinen Bandes an einen Schatullendeckel, benützt. Mit dem Zeigefinger drücken Sie auf den drehbaren Kopf, während Sie den gerändelten Schaft zwischen dem Daumen und den anderen Fingern drehen.

Knarrenschraubendreher
Ein Knarrenschraubendreher mit einem Längs- oder Kreuzschlitzende ermöglicht Ihnen, eine Schraube ein- oder auszudrehen, ohne das Heft loszulassen. Ein kleiner Daumenschieber auf dem Metallring schaltet die Knarre auf Rechts- oder Linkslauf um.

Bewegt man den Schieber in die mittlere Position, ist die Knarre blockiert. Das Werkzeug arbeitet dann wie ein normaler Schraubendreher.

Drillschraubendreher
Dieser Schraubendreher ist für schnelles Arbeiten gedacht. Der Druck auf den Griff wird von den Spiralnuten längs des inneren Schafts in eine Rotationsbewegung der Spitze umgewandelt. Der unter Federspannung stehende Schaft arbeitet wie eine Pumpe, indem er wieder ausfährt, sobald der Druck nachläßt. Die Drehrichtung wird durch eine Knarre gesteuert. Mit einem Stellring kann der Schaft in eingezogener Stellung festgestellt werden, so daß man das Werkzeug wie einen normalen Knarrenschraubendreher benutzen kann. In das Futter können verschiedene große Längsschlitz- oder Kreuzschlitzeinsätze gesteckt werden. Zum Einsetzen ziehen Sie das Futter zurück, stecken den Einsatz hinein und lassen das Futter wieder los.

Wenn Sie das Werkzeug in der Pumpweise benutzen, sollten Sie das Futter immer mit einer Hand festhalten, damit die Spitze nicht aus dem Schraubenschlitz rutscht und sich in das Holz bohrt.

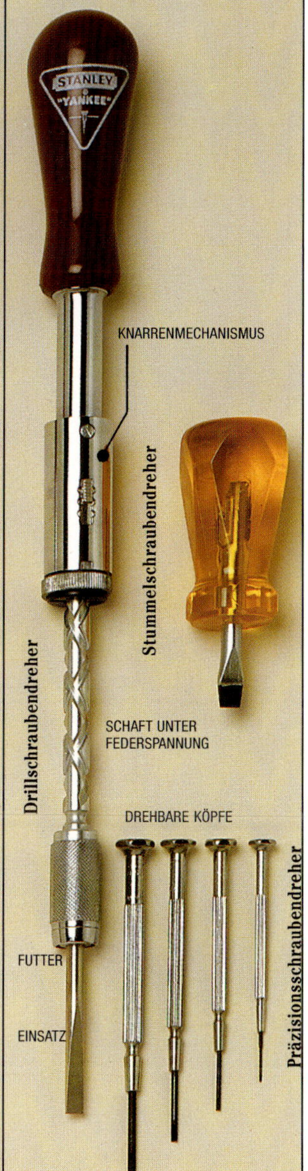

DIE WAHL DES SCHRAUBENDREHERS

Nehmen Sie immer einen Schraubendreher, dessen Schneide genau in den Schraubenschlitz paßt. So läßt sich die Schraube mit einem Minimum an Anstrengung eindrehen, ohne den Schraubenkopf oder das Werkstück zu beschädigen.

Ist der Schraubendreher zu breit **(1)**, wird er das Holz um die Schraube herum einschneiden. Ist er zu schmal **(2)**, werden Sie nicht genug Drehkraft aufbringen, um die Schraube einzudrehen, und der Schraubenschlitz wird beschädigt.

Einen Kreuzschlitzschraubendreher prüfen Sie, indem Sie die Spitze auf den Schraubenkopf setzen und dann mit den Fingerspitzen am hinteren Heftende drehen. Wenn der Schraubendreher zu groß ist, wird er über die Schlitze hinwegrutschen. Wenn er zu schmal ist, wird er hin und her wackeln. Ein Schraubendreher der richtigen Größe wird ohne zu wackeln fest in dem Schraubenschlitz sitzen.

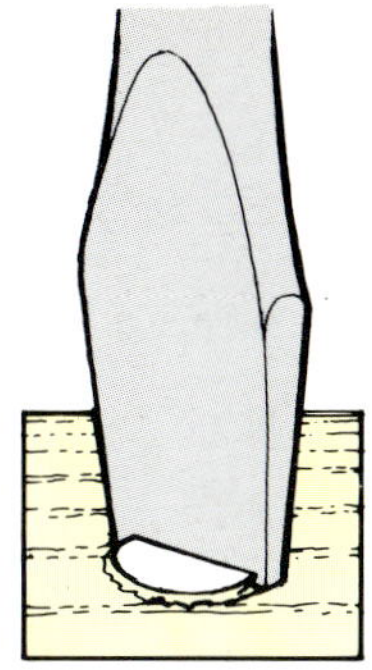
1 Zu breite Schneide schneidet ins Holz

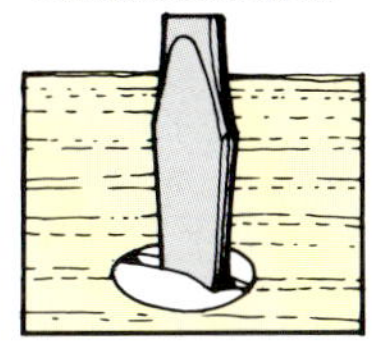
2 Zu schmale Schneide beschädigt den Schlitz

EINDREHEN VON HOLZSCHRAUBEN

In Weichholz können Holzschrauben ohne Vorbohren eingedreht werden. Aber es besteht immer die Gefahr, daß das Holz dabei reißt oder die Schraube auf halbem Weg steckenbleibt. Es empfiehlt sich, mit einer Reibahle vorzustechen oder ein Führungs- und ein Spanloch vorzubohren, um den Reibungswiderstand zu verringern. Letzteres trifft ganz besonders auf Hartholz zu.

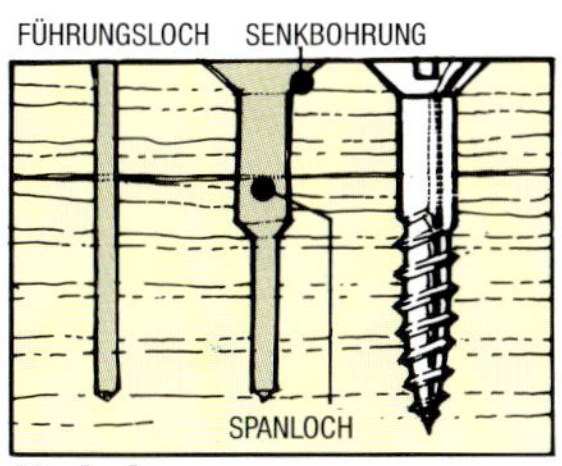

Vorbohren
Das Führungsloch bohren Sie mit einem Bohrer vor, der etwas kleiner ist als das Gewinde der Schraube. Dann bohren Sie das kürzere Spanloch mit dem gleichen Durchmesser wie der Schaft der Schraube. Für Senkkopfschrauben sollten Sie das Führungsloch noch ausreiben, bevor Sie die Schraube eindrehen.

Versenken einer Schraube
Wenn Sie eine Schraube unter die Holzoberfläche versenken wollen – z. B. um durch eine tiefe Zarge durchzuschrauben –, bohren Sie zunächst mit einem Schlangenbohrer ein großes Loch und dann das Führungs- und das Spanloch vor.

Eine beschädigte Schraube ausdrehen
Um eine beschädigte Schraube auszudrehen, wählen Sie den größten Schraubendreher, der gut in den Schraubenschlitz paßt. Schleifen Sie die Schneide des Schraubendrehers nach, um ihn passend zu machen.

Klopfen Sie mit einem Holzhammer vorsichtig auf das Ende des Heftes. Das hilft manchmal, eine festsitzende Schraube zu lösen. Eine andere Möglichkeit ist, den Schraubenkopf mit einem Lötkolben zu erhitzen. Durch die Wärme dehnt sich das Metall aus, und wenn es wieder abgekühlt ist, hat sich die Schraube oft gelockert.

Wenn alles nicht hilft, müssen Sie die Schraube mit immer größer werdenden Bohrern schrittweise ausbohren.

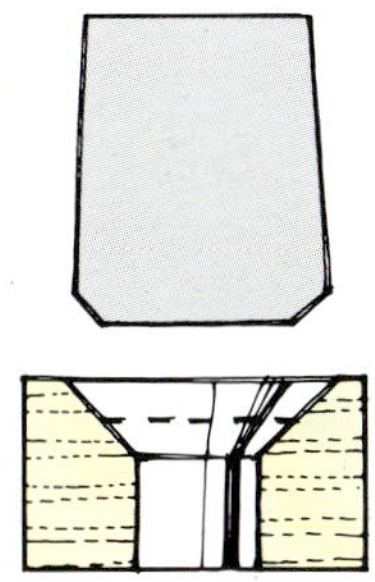
Eine Schraube ausdrehen
Schleifen Sie die Ecken der Schneide eines großen Schraubendrehers ab.

Schraubendreher reparieren
Ein Schraubendreher mit einer abgenutzten, runden Schneide ist nicht mehr zu gebrauchen. Schärfen Sie ihn mit einer Schärffeile oder an einer Schleifmaschine nach. Schleifen Sie beide Seiten auf einer Schleifscheibe hohl **(1)** und dann die Schneide gerade.

Es ist praktisch unmöglich, einen Kreuzschlitzschraubendreher selbst nachzuschleifen.

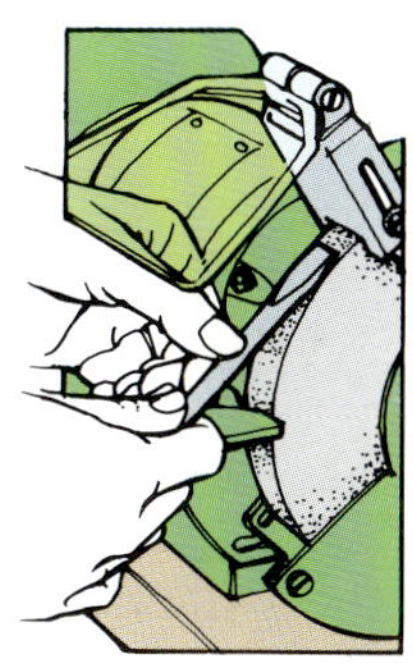
1 Eine beschädigte Schneide erneuern
Schleifen Sie beide Seiten des Schraubendrehers nach.

SPANNKNECHTE UND SPANNZWINGEN

Jede Werkstatt braucht eine Vielzahl von Verleimwerkzeugen: lange Spannknechte zum Verleimen großer Korpusse, Bandspanner oder Gehrungszwingen zum Verleimen von Bilderrahmen auf Gehrung und verschiedene Schraubzwingen für kleinere Arbeiten und für Hilfsvorrichtungen. Sich ein großes Zwingensortiment zuzulegen, ist eine kostspielige Angelegenheit. Aber man kann sie sich ja auch nach Bedarf anschaffen.

Siehe auch

Anschlagwinkel	76-77
Kleine Zwingen	122
Gehrungsverbindungen	162-163
Leime und Kleber	222-223

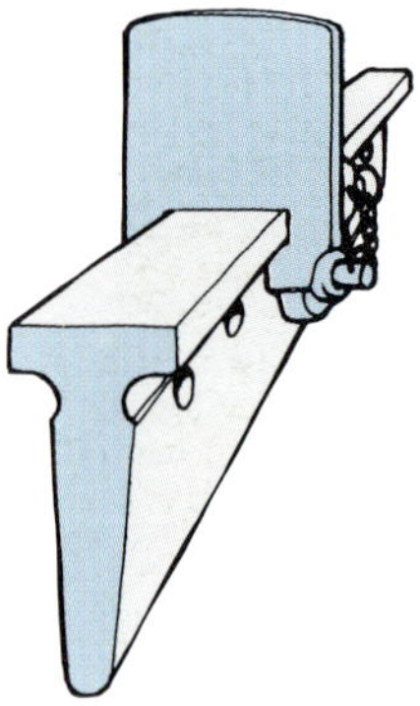

Der Türspanner
Schwere, große Spannbacken werden auf einer Eisenschiene mit T-Profil formschlüssig geführt.

Spannknechte
Leim- oder Spannknechte sind ein wesentlicher Bestandteil der Betriebsausstattung. Mit ihnen werden Rahmen, Korpusse oder Brettflächen zusammengespannt, während der Leim abbindet. Ein Druckbacken mit Schraubspindel ist fest an einem Ende einer starren Stahlschiene befestigt. Ein anderer Backen, der Gleitbacken, läßt sich auf der Schiene verschieben, um die Spannweite der Größe des Werkstücks anzupassen. Der Gleitbacken wird in der erforderlichen Position durch einen konischen Steckstift gehalten, der in eines der Löcher der Lochreihe eingesetzt wird. Diese Spannknechte gibt es in Längen von 450–1200 mm, eventuell auch länger. Längere Ausführungen haben im allgemeinen eine schwere Eisenschiene mit T-Profil zur Versteifung. Die meisten Schreiner jedoch kaufen sich eine Verlängerungschiene, um damit eine kurze Schiene verlängern.

Moment-Schraubknecht
Sowohl der regulierbare Druckbacken wie auch der Gleitbacken ist bei diesem Schraubknecht frei beweglich. Wird die Schraubspindel angezogen, stellen sich beide Spannbacken schräg und klemmen sich durch Hebelwirkung auf der Schiene fest. Von dieser Art Zwinge gibt es verschiedene Ausführungen, die aber alle nach dem gleichen Prinzip arbeiten. Moment-Schraubknechte lassen sich in Sekundenschnelle dem Werkstück anpassen.

Spannbacken
Große Spannknechte kann man sich mit Hilfe von losen Spannbacken aus Gußeisen selbst herstellen.

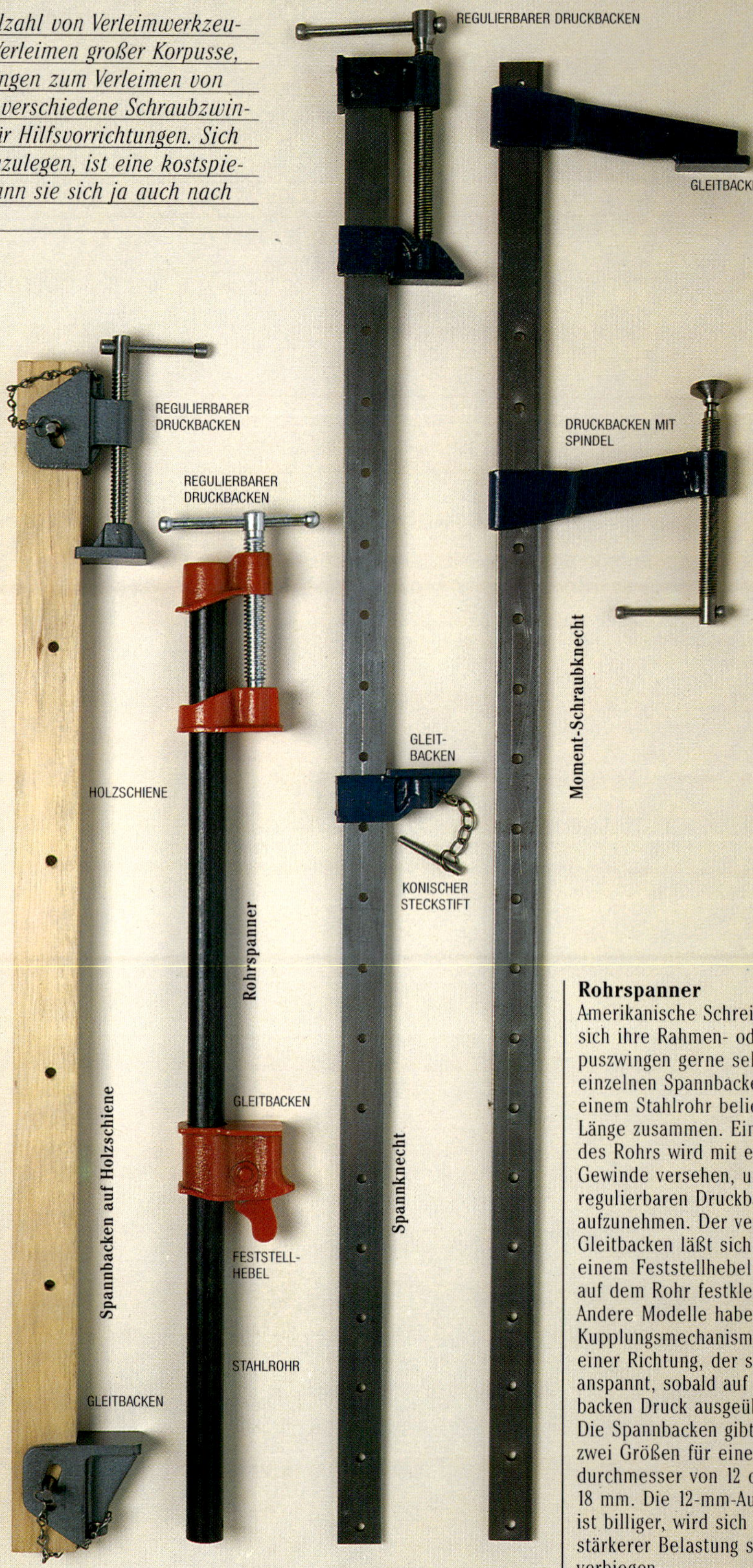

Rohrspanner
Amerikanische Schreiner bauen sich ihre Rahmen- oder Korpuszwingen gerne selbst aus einzelnen Spannbacken und einem Stahlrohr beliebiger Länge zusammen. Ein Ende des Rohrs wird mit einem Gewinde versehen, um den regulierbaren Druckbacken aufzunehmen. Der verstellbare Gleitbacken läßt sich mit einem Feststellhebel überall auf dem Rohr festklemmen. Andere Modelle haben einen Kupplungsmechanismus in einer Richtung, der sich anspannt, sobald auf den Gleitbacken Druck ausgeübt wird. Die Spannbacken gibt es in zwei Größen für einen Rohrdurchmesser von 12 oder 18 mm. Die 12-mm-Ausführung ist billiger, wird sich aber bei stärkerer Belastung schneller verbiegen.

HANDHABUNG DER SPANNKNECHTE

Das Verleimen und Zusammenspannen eines Werkstücks sollte in Ruhe geschehen. Also sollte man den Arbeitsablauf vorher einmal „trocken", d. h. ohne Leim ausprobieren, um zu sehen, ob alle Teile gut zusammenpassen. Gleichzeitig kann man überprüfen, ob alle nötigen Werkzeuge und Geräte bereitliegen. Für lange Knechte sollten Sie sich vielleicht einen Helfer besorgen. Während Sie den Verleimvorgang durchprobieren, entscheiden Sie, wer für die einzelnen Arbeitsschritte zuständig ist.

Planen Sie so, daß das Verleimen und Zusammenbauen eines Werkstücks am Ende eines Arbeitstags liegt. Dann können Sie das Stück über Nacht ungestört stehenlassen, und der Leim wird am Morgen ganz abgebunden haben. Bevor Sie jedoch diesen kritischen Arbeitsabschnitt hastig und unter Zeitdruck erledigen, sollten Sie ihn lieber auf den nächsten Tag verschieben.

Verleimen Sie ein Werkstück in Teilschritten. Um z. B. ein Tischgestell zusammenzubauen, verleimen Sie zunächst die Beine mit den Querzargen. Wenn der Leim trocken ist und Sie die verleimten Teile verputzt haben, dann verbinden Sie sie mit den Längszargen.

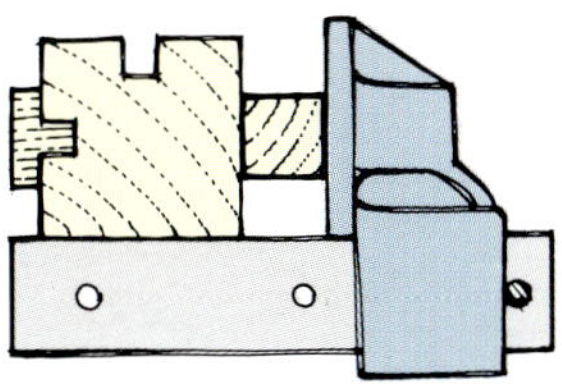

1 Die Zulagen nach der Verbindung ausrichten

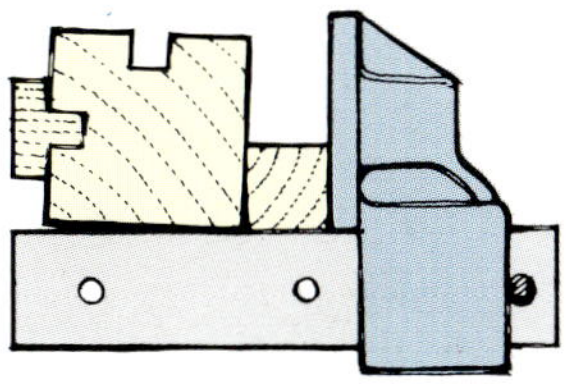

2 Bei schlechten Zulagen geht die Verbindung auf

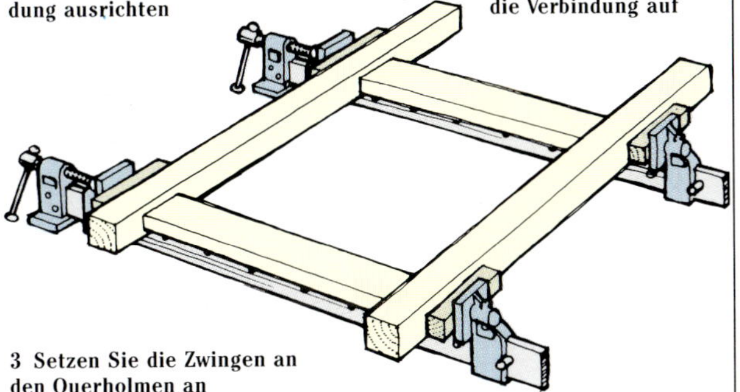

3 Setzen Sie die Zwingen an den Querholmen an

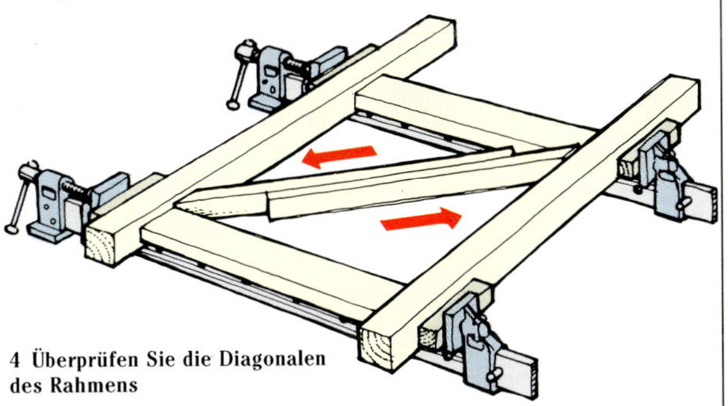

4 Überprüfen Sie die Diagonalen des Rahmens

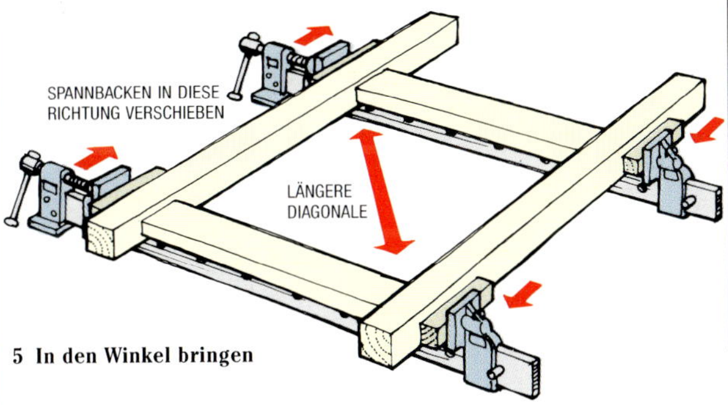

5 In den Winkel bringen

Einen Rahmen verleimen

Bereiten Sie einen Spannknecht für beide Seiten eines quadratischen oder rechteckigen Rahmens vor. Schneiden Sie aus Weichholz Zulagen, um das Werkstück vor den Metallbacken zu schützen und die von den Spannbacken ausgehende Kraft direkt in eine Linie mit den Verbindungen zu bringen **(1)**. Eine schlecht ausgerichtete Zulage wird die Verbindung verziehen und die Fugen aufgehen lassen **(2)**.

Geben Sie an allen Berührungsflächen dünn und gleichmäßig Leim an. Zuviel Leim anzugeben ist nicht nur Verschwendung, sondern kann auch dazu führen, daß die Verbindungen nicht dicht werden oder das Holz aufgrund des Wasserdrucks reißt.

Setzen Sie den Rahmen zusammen, richten Sie die Spannbacken auf die Querholme aus **(3)** und ziehen Sie die Schraubspindeln an, bis Leim aus den Fugen quillt. Wischen Sie den überschüssigen Leim ab.

Auf Windschiefe überprüfen

Vergewissern Sie sich, daß der Rahmen nicht windschief, d. h. verzogen ist, indem Sie quer darüberpeilen, um zu sehen, ob beide Querholme in einer Flucht liegen.

Auf Winkligkeit überprüfen

Sie können mit einem Anschlagwinkel prüfen, ob die Eckverbindungen rechtwinklig verleimt sind. Es ist aber besser, durch Messung der Diagonalen zu prüfen, ob der ganze Rahmen im Winkel ist. Fertigen Sie sich zwei dünne Leisten, die Sie an einem Ende spitz zuhobeln. Halten Sie die Leisten nebeneinander und verschieben Sie sie, bis die Spitzen in zwei sich gegenüberliegenden Ecken des Rahmens anschlagen **(4)**.

Halten Sie die Leisten fest zusammen, heben Sie sie aus dem Rahmen und setzen Sie sie in die andere Diagonale ein. Wenn die beiden Diagonallinien nicht gleich lang sind, lösen Sie die Zwingen und versetzen sie etwas, um so auf die längere Diagonale Druck auszuüben und den Rahmen in den Winkel zu schieben (5). Prüfen Sie dann die Diagonalen noch mal nach.

Bandspanner

Ein 25 mm breiter Nylongurt wird um das Werkstück herumgelegt und mit einem Sperrklinkenmechanismus eng zusammengezogen. Der Gurt überträgt den Druck gleichmäßig auf alle vier Ecken eines auf Gehrung gearbeiteten Rahmens. Man kann damit auch Stühle oder Hocker mit gedrechselten Beinen verleimen, was mit normalen Zwingen sehr schwierig ist. Spannen Sie den Gurt, indem Sie die kleine Sperrmutter mit einem Schraubendreher oder -schlüssel anziehen. Warten Sie, bis der Leim abgebunden hat, dann lösen Sie die Spannung, indem Sie auf den Auslösehebel drücken.

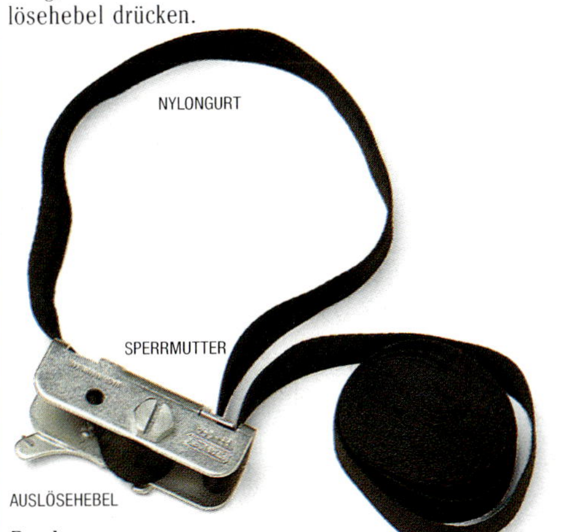

Bandspanner

Gehrungszwinge

Eine Gehrungszwinge hält auf Gehrung geschnittene Eckverbindungen beim Verleimen fest zusammen. Nägel oder Schrauben zur Verstärkung der Verbindung bringen Sie an, bevor Sie die Zwinge wieder lösen.

Gehrungszwinge

Siehe auch

Spannknechte	120
Kantenanleimer	194
Leime und Kleber	222-223

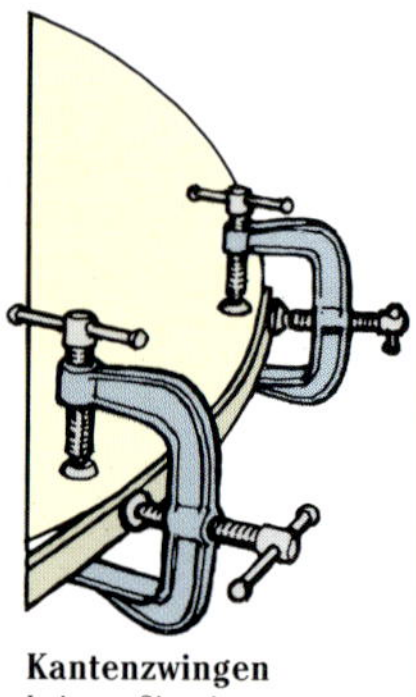

Kantenzwingen
Leimen Sie einen Anleimer auf eine gebogene Kante mit diesen speziellen Kantenzwingen.

KLEINE ZWINGEN

Die Bügel-Schraubzwinge
Diese sehr nützliche und vielseitig einsetzbare Schraubzwinge wird zum Verleimen und auch zum Festspannen eines Werkstücks auf der Hobelbank benützt. Die Bügel-Schraubzwinge gibt es mit Spannweiten von 28–300 mm.

Der Tiefenspanner
Diese Bügel-Schraubzwinge hat eine Ausladung, die etwa doppelt so groß ist wie die einer normalen Schraubzwinge. Das ist dann wichtig, wenn man etwas weit von der Kante weg im Innern einer Fläche festspannen muß.

Die Kantenzwinge
Diese Spezialzwinge verwendet man zum Anleimen von Kantenleisten. Kantenzwingen sind vor allem bei gebogenen Kanten sehr nützlich, wo das Ansetzen einer normalen Schraubzwinge sehr schwierig ist. Wenn Sie die Kantenspindel zurückdrehen, können Sie diese Zwinge auch wie eine normale Bügelzwinge benutzen.

Moment-Schraubzwinge
Dies ist die kurze Ausführung des Moment-Schraubknechts und erfüllt die gleiche Funktion wie die Bügel-Schraubzwinge. Sie läßt sich aber schneller ansetzen, was bei rasch abbindendem Leim sehr wichtig sein kann.

Die Hebel-Leimzwinge (Holzzwinge)
Die Hebel-Leimzwinge ist eine leichte Zwinge mit Armen aus Holz. Den verstellbaren Arm schieben Sie an das Werkstück heran und legen dann den Exzenterhebel um. Damit keine Druckstellen auftreten, sind die Arme mit Korkplättchen belegt.

Die Parallel-Schraubzwinge
Diese Parallel-Schraubzwinge findet man heute trotz ihrer ungewöhnlichen Spanneigenschaften nur noch selten. Die Holzarme lassen sich in verschiedenen Winkeln anlegen, um ungleichmäßig geformte Teile zusammenzuspannen.

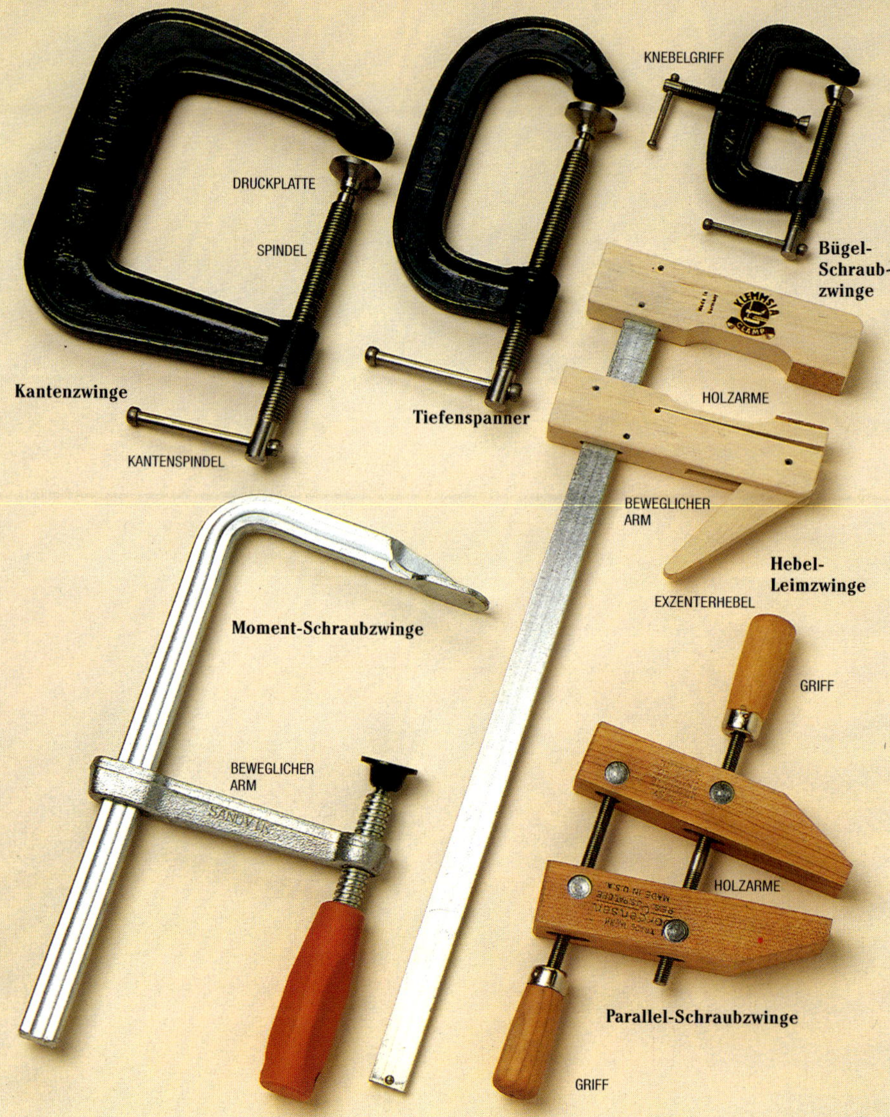

DIE HANDHABUNG KLEINER ZWINGEN

Eine Bügel-Schraubzwinge ansetzen
Drehen Sie die Spindel zwischen Daumen und Fingern, bis die runde Druckplatte das Werkstück berührt. Dann drehen Sie an dem Knebelgriff oder der Flügelschraube, um den Druck zu verstärken. Da die Druckplatte auf einem Kugelgelenk sitzt, paßt sie sich automatisch auch schiefen Druckflächen an. Verwenden Sie eine Zulage, weil sonst Druckstellen entstehen.

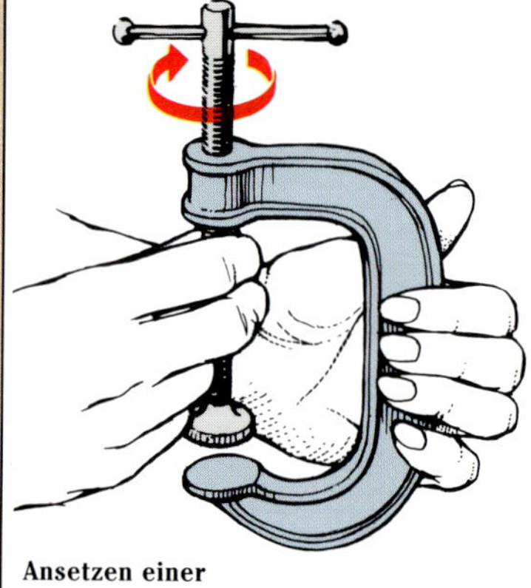

Ansetzen einer Bügel-Schraubzwinge
Drehen Sie die Druckplatte mit der Spindel bis auf das Werkstück, dann ziehen Sie sie mit dem Knebelgriff fest an.

Eine Parallel-Schraubzwinge ansetzen
Ergreifen Sie mit jeder Hand einen Griff und lassen die Zwinge kreisen, um die Arme zu öffnen oder zu schließen. Schieben Sie die Zwinge auf das Werkstück und ziehen Sie beide Schraubspindeln kräftig an. Da die Arme aus Holz sind, werden Sie die Holzoberfläche nicht so schnell verletzen.

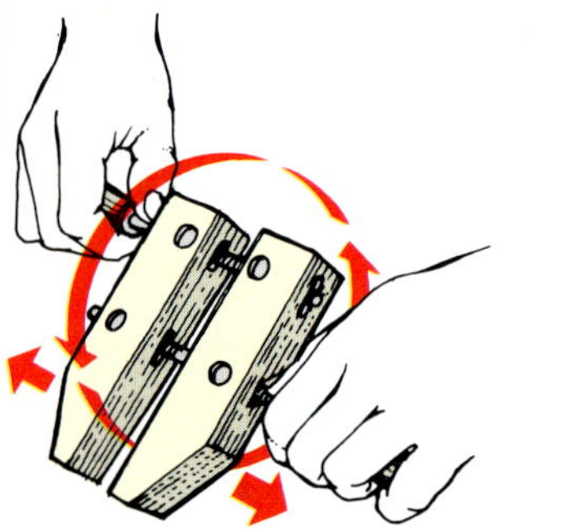

Einstellen einer Parallel-Schraubzwinge
Lassen Sie die Zwinge kreisen, um die Arme zu öffnen oder zu schließen.

Kapitel 4

Elektrowerkzeuge

Vor noch nicht allzu langer Zeit hatten die meisten Werkstätten nicht viel mehr als eine Elektrobohrmaschine und ein paar Zubehörteile, mit denen sich die Bohrmaschine zu einer Kreissäge, einer Stichsäge oder einem Schwingschleifer umbauen ließ. Heute ist das alles ganz anders. Die Schreiner haben die bessere Qualität der modernen Elektrowerkzeuge schätzen gelernt und sind heute eher dazu bereit, in Spezialwerkzeuge zu investieren, anstatt sich auf leistungsschwache Vorsatzgeräte zu verlassen. Moderne Elektrowerkzeuge haben leichte, schutzisolierte Gehäuse. Sie sind besser konstruiert und leistungsfähiger als ihre Vorgänger. Die meisten Elektrowerkzeuge lassen sich sogar in Maschinentische einbauen oder auf der Werkbank befestigen, wodurch man sich einen praktischen kleinen Maschinenpark aufbauen kann. Eine andere wichtige Weiterentwicklung war die Erfindung von batteriebetriebenen Geräten ohne Kabel. Die Batterien halten allerdings bei starken Motoren noch nicht allzu lange, aber für die weniger anspruchsvollen Arbeiten, wie Bohren oder Schrauben, reichen sie aus. Und die Akku-Maschinen sind ruhig, leistungsstark und bequem zu handhaben.

DIE ELEKTROBOHRMASCHINE

Diese elektrische Bohrmaschine ist eine der meistverkauften Maschinen. Sie ist nicht nur wichtig für die Holzbearbeitung, sondern auch ein unentbehrliches Do-it-yourself-Gerät, das in beinahe jedem Haushalt eingesetzt wird. Die Herstellerfirmen versuchen die riesige Nachfrage nach Bohrmaschinen dadurch zu befriedigen, daß sie eine enorme Auswahl an Geräten anbieten, von billigen Maschinen bis hin zu technisch aufwendigen und leistungsstarken Modellen. Der Schreiner braucht eine Bohrmaschine, die ungefähr in der Mitte dieses Angebots liegt – eine Maschine, die zuverlässig arbeitet und vielseitig einsetzbar ist.

Siehe auch

Bohrer und Zubehörteile 126 - 127
Augenschutz 160
Holzschrauben 224 - 225

Elektrobohrmaschine mit Netzanschluß

ELEKTROBOHR-MASCHINE MIT NETZANSCHLUSS

Wenn Sie eine Elektrobohrmaschine mit Netzanschluß aussuchen, dann achten Sie auf eine Ausstattung, die Ihnen das nützlichste Gerät zu einem vernünftigen Preis anbietet.

- **Motorleistung**
Die Bohrmaschinenhersteller geben normalerweise die Leistungsaufnahme des Motors in Watt an. Eine 500–600 Watt starke Bohrmaschine mit einer Drehzahl von etwa 3000 U/min, ist für allgemeine Arbeiten ausreichend.

Bohrfutterspannweite
Die Bohrer werden in das Bohrfutter eingesetzt. Die meisten Bohrmaschinen haben ein Dreibackenfutter, in das der Schaft des Bohrers mit Hilfe eines gezahnten Schlüssels eingespannt wird. Die Spannweite eines Bohrfutters bezeichnet die maximale Größe des Bohrerschafts, den das Futter aufnehmen kann. Gleichzeitig entspricht dieses Maß dem größten Lochdurchmesser, den man mit diesem Bohrer in Stahl bohren kann. In Holz läßt sich mit demselben Bohrer ein zwei- oder dreimal größeres Loch bohren. Das liegt daran, daß große Holzbohrer einen abgesetzten Schaft haben. Die meisten Bohrfutter haben eine Spannweite von 10 oder 13 mm.

Schnellspannfutter
Manche Spitzenbohrmaschinen sind mit einem Schnellspannfutter ausgerüstet, für das kein Schlüssel nötig ist. Statt dessen öffnet sich das Bohrfutter automatisch, wenn es zurückgezogen wird. In diese Futter werden spezielle Bohrer mit gerilltem Schaft eingesetzt, die, läßt man das Futter wieder los, fest eingespannt werden. Diese Bohrer gibt es in verschiedenen Größen. Sie haben alle den gleichen Schaftdurchmesser. Um auch normale Bohrer aufnehmen zu können, muß das Bohrfutter mit einem Zwischenstück versehen werden.

SICHERER UMGANG MIT ELEKTROWERKZEUGEN

Wenn Sie mit Elektrowerkzeugen vorsichtig und sorgfältig umgehen, kann nichts passieren. Befolgen Sie immer diese Grundsicherheitsregeln, egal welches Werkzeug Sie benützen:

- Tragen Sie keine lose Kleidung oder Schmuck, der sich in den bewegten Teilen des Werkzeugs verfangen könnte. Lange Haare zusammenbinden!
- Tragen Sie eine Schutzbrille, wenn Sie mit auffliegenden Spänen rechnen müssen.
- Tragen Sie ein Elektrowerkzeug niemals an seinem Kabel und ziehen Sie nie den Stecker am Kabel aus der Dose.
- Trennen Sie die Maschine vom Netz, wenn sie nicht benutzt wird, außerdem bei Wartungsarbeiten, Neueinstellen der Maschine oder einem Werkzeugwechsel.
- Halten Sie Kinder von laufenden Maschinen fern und schließen Sie Werkzeuge weg, wenn die Arbeit beendet ist.
- Spannen Sie das Werkstück immer sicher fest.
- Benützen Sie Elektrowerkzeuge nicht im Regen oder unter sehr feuchten Bedingungen.
- Halten Sie Handgriffe immer trocken und fettfrei.
- Werfen Sie verbrauchte Batterien von Akku-Werkzeugen nicht in Feuer oder Wasser. Sie könnten explodieren. Sondermüll!

Drehzahleinstellung

Sie werden merken, daß Ihre Bohrmaschine eine bestimmte Arbeit bei einer bestimmten Drehzahl am besten ausführt. Es gibt verschiedene Systeme der Drehzahlsteuerung und -regelung. Manche einfachen Bohrmaschinen haben zwei oder vier fest eingestellte Geschwindigkeitsstufen, die mit einem Schalter angewählt werden. Andere Maschinen haben einen Zweigang-Umschaltdrücker. Drückt man den Schalter nur zur Hälfte hinein, läuft die Maschine mit einer langsamen Drehzahl, drückt man den Schalter ganz hinein, läuft sie mit der höheren Drehzahl. Der Drücker läßt sich in beiden Positionen feststellen.

Heute haben immer mehr Bohrmaschinen eine stufenlose Drehzahlsteuerung. Dabei variiert die Anlaufdrehzahl von Null bis Maximum, je nachdem, wie stark der Schalterdrücker betätigt wird. Bei manchen Bohrmaschinen läßt sich die Betätigung des Drückers auch einschränken, indem an einem Stellrad eine optimale Drehzahl vorgewählt wird. Das ist eine praktische Zusatzausstattung zum Eindrehen von Holzschrauben.

Heute haben nur noch wenige Bohrmaschinen ein Getriebe zur Drehzahlregelung; die meisten sind elektronisch gesteuert. Die besten elektronischen Drehzahlsteuerungssysteme halten die gewählte Drehzahl, auch wenn der Bohrer stark belastet wird. Eingebaute Drehmomentkompensatoren schützen den Motor vor Überlastung, falls der Bohrer festklemmt.

Die Hersteller empfehlen einen Drehzahlbereich, bei dem ihre Maschinen am besten arbeiten. Im allgemeinen aber gilt: Niedrige Drehzahl für Mauerwerk und Metall, hohe Drehzahl für Holz.

Zusatzhandgriff und Bohrtiefenanschlag

Die meisten Bohrmaschinen können mit einem zweiten Handgriff ausgerüstet werden, der auf den Spindelhals rundum schwenkbar aufgesetzt wird. Wählen Sie einen Handgriff mit einem integrierten Tiefenanschlag, der an das Werkstück anstößt, wenn der Bohrer die gewünschte Tiefe erreicht hat. Manche Zusatzhandgriffe dienen gleichzeitig als Magazin für Ersatzbohrer.

Rechts-/Linkslauf

Viele Bohrmaschinen haben einen Schalter, der die Drehrichtung des Einsatzes umstellt, um damit auch Schrauben ausdrehen zu können.

Schlagbohren

Obwohl diese Funktion bei der Holzbearbeitung nicht eingesetzt wird, ist es doch sinnvoll, eine Bohrmaschine mit Schlagbohrbetrieb zu kaufen, um auch Löcher in Stein und Beton bohren zu können. Mit einem Schalter wird das Schlagwerk entweder vor oder während des Bohrens zugeschaltet und gibt dann mehrere hundert Hammerschläge pro Sekunde auf den Bohreinsatz ab, um das Mauerwerk aufzubrechen. Wichtig ist, daß Sie spezielle Schlagbohreinsätze benützen und diese sicher in das Bohrfutter einsetzen.

Schutzisolierung

Das Kunststoffgehäuse einer Bohrmaschine schützt den Benützer vor einem elektrischen Schlag, falls in der Maschine eine Störung auftritt. Man nennt dies „schutzisoliert". Wird eine Maschine als „vollisoliert" bezeichnet, dann sind nicht nur Sie geschützt, sondern auch der Motor vor einem Durchbrennen, selbst wenn Sie aus Versehen in eine elektrische Leitung bohren.

Spindelhalsdurchmesser

An eine Bohrmaschine, die einen genormten Spindelhals mit 43 mm Durchmesser hat, können Vorsatzgeräte und Zubehörteile anderer Hersteller angebracht werden, die das gleiche System anwenden. Dadurch können Sie auch billigere oder bessere Zusatzgeräte kaufen als die, die vom Hersteller Ihrer Maschine angeboten werden.

Schalterarretierung

Der kleine Knopf am Griff der Bohrmaschine wird eingedrückt, um den Drückerschalter für einen Dauerbetrieb zu verriegeln. Drückt man erneut auf den Knopf, ist der Drücker wieder frei.

AKKU-BOHRMASCHINE

Innerhalb gewisser Grenzen sind Akku-Bohrmaschinen exzellente Werkzeuge. Sie sind leicht, geräuscharm und sehr angenehm, weil man auch netzunabhängig arbeiten kann.

Die meisten dieser Maschinen haben eine Bohrfutterspannweite von 10 mm, eignen sich jedoch kaum zum Bohren von Löchern in Metall, die größer als 8 mm sind. In Holz aber lassen sich Löcher bis zu 12 mm bohren. Man kann damit auch in Mauerwerk bohren, vorausgesetzt, der Bohrer ist scharf und von guter Qualität.

Es gibt Modelle mit stufenlos regelbarer oder fest eingestellter Drehzahl. Alle Modelle sind jedoch mit Rechts- und Linkslauf ausgestattet, um sie als Elektroschrauber benützen zu können. Da Akku-Bohrmaschinen ein geringeres Drehmoment haben als netzabhängige Bohrmaschinen, sind sogar die Modelle mit unveränderlicher Drehzahl beim Eindrehen von Schrauben leichter zu kontrollieren.

Um sicherzugehen, daß eine Akku-Bohrmaschine nicht aus Versehen eingeschaltet wird, vor allem nicht während eines Transports, ist sie mit einem Ein/Aus-Schutzschalter ausgestattet.

Manche Modelle werden zusammen mit einer Wandhalterung geliefert, die gleichzeitig eine Ladegerät enthält. Steckt man die Maschine abends in die Wandhalterung, ist sie immer geladen. Andere Modelle haben einen Wechselakku, der zum Aufladen in ein externes Ladegerät gesteckt wird. In diesem Fall haben Sie immer einen einsatzbereiten und geladenen Ersatzakku zur Verfügung.

In der Regel benötigen Sie für jedes Modell etwa zwölf Stunden, um den Akku wieder vollständig aufzuladen, es sei denn, Sie verwenden ein Schnelladegerät. Ein Akku läßt sich mehrere hundert Male wieder aufladen, bevor er ersetzt werden muß.

Akku-Bohrmaschine

Wandhalterung mit Ladegerät
Diese Bohrmaschine wird aufgeladen, wenn man sie in die Wandhalterung einsetzt.

BOHRER UND ZUBEHÖRTEILE

Als Schreiner brauchen Sie einen kompletten Satz Spiralbohrer bis zu 13 mm Durchmesser. Bohrer mit abgesetztem Schaft und andere große Holzbohreinsätze kaufen Sie besser erst im Bedarfsfall. Mit Zubehörteilen können Sie den Einsatzbereich einer Bohrmaschine lediglich erweitern, sie gehören nicht unbedingt zu einer Werkstattausrüstung. Eine Ausnahme ist ein Bohrständer, der, wenn Sie keine Ständerbohrmaschine haben, für ein genaues und exakt senkrechtes Bohren erforderlich ist.

Siehe auch

Spiralbohrer

Obwohl Spiralbohrer eigentlich für die Metallbearbeitung vorgesehen sind, eignen sie sich auch gut zum Bohren in Holz. Bohrer aus einfachem Werkzeugstahl sind für Holzarbeiten völlig ausreichend, da Sie aber sicherlich auch in Metall bohren wollen, lohnt es sich, die etwas teureren Bohrer aus Hochleistungsschnellstahl (HSS) zu kaufen. Die Spiralbohrer über 13 mm Durchmesser haben einen abgesetzten Schaft, damit sie in die üblichen Bohrfutter passen.

Halten Sie die Spiralbohrer scharf und entfernen Sie den Holzstaub, der sich in den Spannuten festgesetzt hat.

Spiralbohrer sind nicht einfach zu zentrieren. Bei Harthölzern empfiehlt es sich, die Lochmitte zuerst mit einem Zentrierkörner für die Metallbearbeitung anzukörnen. Damit das Holz nicht splittert, nehmen Sie den Druck weg, sobald der Bohrer auf der anderen Seite des Werkstücks austritt. Sie können auch ein Abfallstück auf die Rückseite spannen.

Dübelbohrer mit Zentrierspitze

Diese Bohrer haben eine Zentrierspitze, damit der Bohrer beim Ansetzen nicht verrutscht, und zwei Vorschneider, die ein scharfkantiges, ausrißfreies Bohrloch schneiden.

Flachfräsbohrer

Das sind relativ billige Bohrer für das Bohren großer Löcher von 6–38 mm. Die lange Führungsspitze ermöglicht ein sicheres Ansetzen in der Mitte des Lochs, sogar wenn man schräg zur Werkstückfläche bohrt.

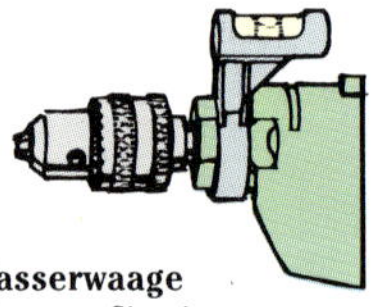

- **Wasserwaage**
  Klemmen Sie eine kleine Wasserwaage an den Spindelhals der Bohrmaschine. Das hilft Ihnen, rechtwinklig zum Werkstück zu bohren. Bei Horizontalbohrungen muß die Luftblase zwischen den beiden Linien liegen, bei Vertikalbohrungen genau in der Mitte des Glasendes stehen.

Forstnerbohrer

Das sind beste Qualitätsbohrer zum Bohren sauberer, maßhaltiger Löcher mit glattem Bohrgrund. Es gibt sie bis zu einem Durchmesser von 50 mm. Ein Forstnerbohrer wird auch bei astigem oder wild gemasertem Holz nicht verlaufen. Auch sich überschneidende Löcher und Löcher, deren Lochrand seitlich offen ist, können problemlos gebohrt werden.

Versenker

Ein Versenker schneidet eine kegelartige Vertiefung, in die der Kopf einer Holzschraube versenkt wird. Bohren Sie zuerst das Führungs- und das Spanloch, um die Spitze des Versenkers mittig ansetzen zu können. Dann reiben Sie mit hoher Geschwindigkeit das Senkloch aus.

Senkbohrer

Dieser Bohrer bohrt das Führungs- und das Spanloch und versenkt in einem Arbeitsgang. Die erhältlichen Größen entsprechen den gängigsten Holzschrauben.

Stufenbohrer

Der Stufenbohrer arbeitet wie ein Senkbohrer, bohrt aber noch zusätzlich ein sauber abgesetztes Stufenloch, das später mit einem Holzdübel ausgefüllt werden kann, um die Schraube zu verdecken.

Scheibenschneider

Mit diesem Werkzeug werden runde Scheiben oder Zapfen aus Querholz geschnitten, die exakt in das Loch passen, das mit dem Stufenbohrer gebohrt wurde. Schneiden Sie die Scheiben oder Zapfen so, daß Farbe und Maserung dem Werkstück entsprechen.

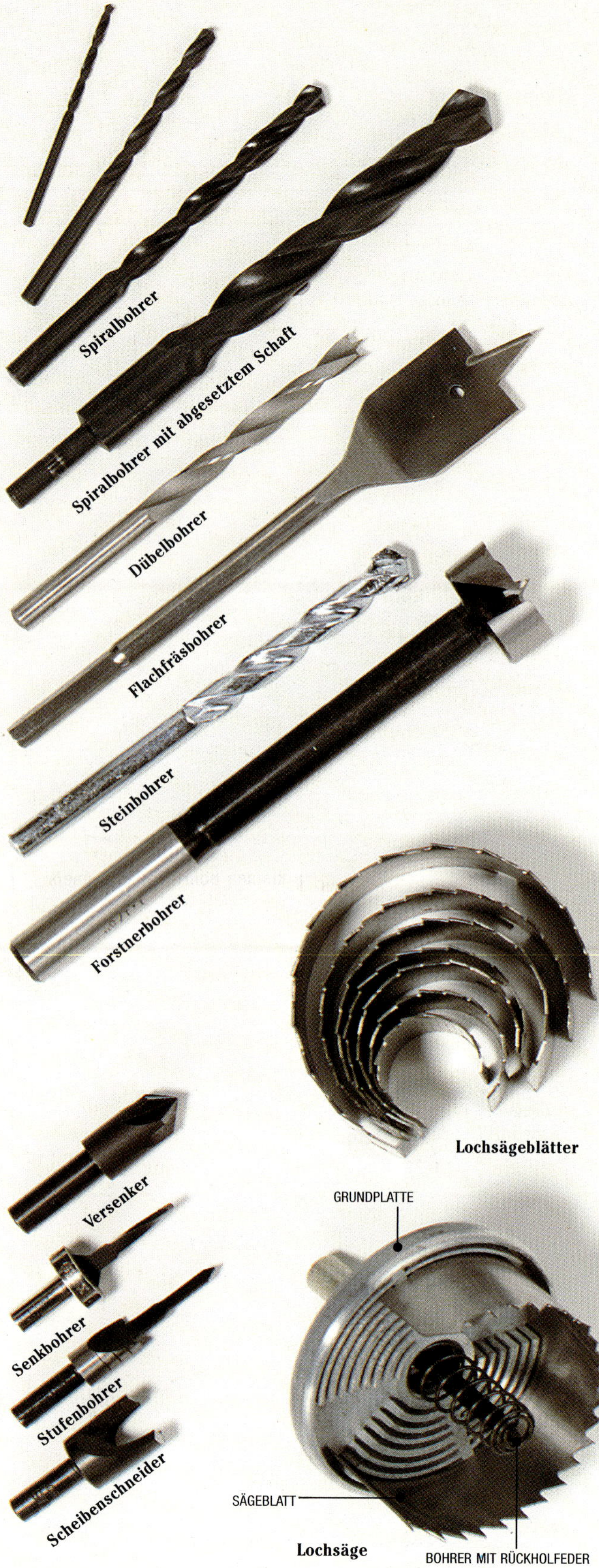

Steinbohrer

Steinbohrer sind hartmetallbestückte Stahlbohrer zum Bohren in Stein, Mauerwerk und Beton.

Hammerbohrer

Das sind Steinbohrer mit bruchsicheren Spitzen, die der Erschütterung durch das Hammerwerk der Schlagbohrmaschine standhalten.

Lochsägen

Eine Lochsäge besteht aus einem ringförmigen Sägeblatt, das in einer Grundplatte aus Metall oder Kunststoff sitzt, die mittig auf einen Zentrierbohrer aufgesteckt wird. Lochsägen werden als Satz mit mehreren Wechselblättern verkauft, die einen Durchmesser von 25–89 mm haben.

Spannen Sie den Schaft des Bohrers in das Bohrfutter ein. Das Sägeblatt rotiert sehr viel schneller als der Bohrer. Wählen Sie dehalb eine niedrigere Drehzahl als die, die Sie sonst zum Bohren in Holz einstellen. Führen Sie dann die Lochsäge mit gleichmäßiger Geschwindigkeit in das Holz hinein.

Schraubendrehereinsätze (Bits)

Zum Einsetzen in Elektrobohrmaschinen gibt es Schraubendreher-Bits für Längs- und alle Arten von Kreuzschlitzschrauben. Es ist möglich, Schrauben ohne vorzubohren in Holz einzudrehen. Es ist aber besser, ein Führungsloch vorzubohren, damit die Schraube nicht verläuft und das Holz nicht einreißt.

Zum Ein- oder Ausdrehen der Schraube wählen Sie die niedrigste Drehzahl und üben die ganze Zeit Druck auf die Maschine aus, damit das Bit nicht aus dem Schraubenschlitz springt.

Schraubendrehereinsätze

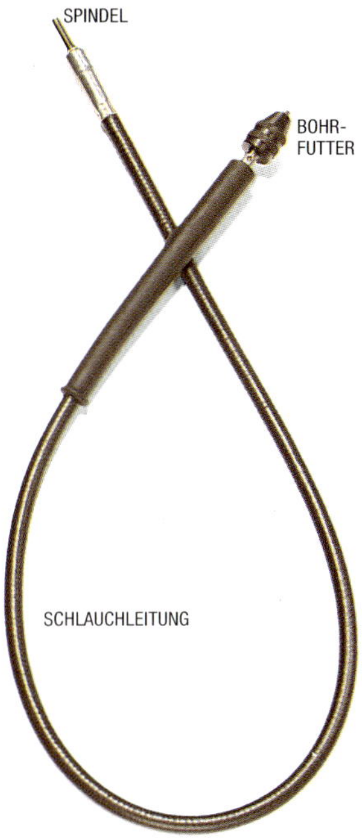

Biegsame Welle

Eine biegsame Welle macht es dem Benutzer möglich, mit Bohreinsätzen und Profilfeilen oder -raspeln in Bereichen zu arbeiten, in die man mit einer großen Bohrmaschine nicht mehr kommen würde. Die Welle besteht aus einem Antriebskabel, das mit einem biegsamen Schlauch ummantelt ist, einer Spindel am einem Ende der Welle und einem kleinen Bohrfutter mit einem kurzen Griffstück am anderen Ende. Das Spindelende paßt in das Bohrfutter einer normalen Bohrmaschine.

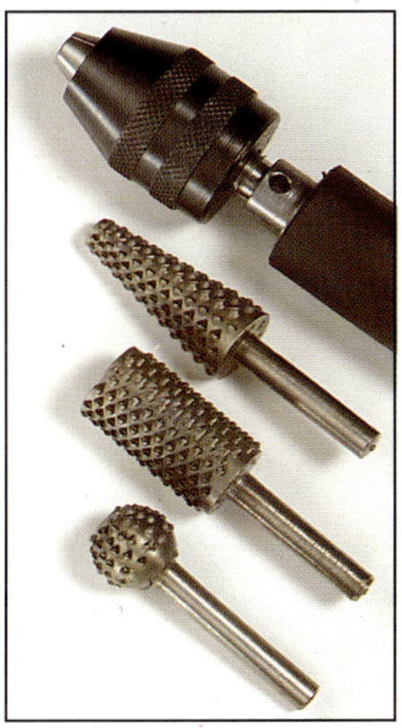

Profilraspeln
Grobe Profilraspeln sind ideal für komplizierte Formen.

Dübelbohrlehren

Eine Dübelbohrlehre ist eine Vorrichtung, in der ein Bohrer rechtwinklig und zentriert geführt wird. Sie bietet die Möglichkeit, den Lochabstand an den zwei Teilen einer Dübelverbindung exakt zu wiederholen.

Wählen Sie eine Bohrlehre, die stabil und gut gebaut ist und sich auf Leisten und breiten Brettern anschlagen läßt. Eine mögliche Variante hat einen festen Anschlag, von dem aus alle Maße genommen werden. Dieser ist durch zwei Stahlstangen mit einem verstellbaren Anschlag verbunden, der die Vorrichtung an das Werkstück klemmt. Auf den Stangen sitzen verstellbare Bohrführungen, um die Dübellöcher genau in der gewünschten Position bohren zu können.

Für das Zusammendübeln von sehr breiten Brettern werden die Endanschläge entfernt. Drücken Sie den Seitenanschlag der Bohrführungen gegen das Werkstück und bohren Sie die Löcher mit gleichmäßigen Abständen in das Brett, indem Sie die erste Bohrführung über dem zuletzt gebohrten Loch mit einem Holzdübel festklemmen.

Bohrständer

Ein Bohrständer verwandelt eine tragbare Handbohrmaschine in eine praktische Ständerbohrmaschine. Durch das Herunterziehen des Bohrhebels wird der Bohrer in das Werkstück abgesenkt.

Vergewissern Sie sich, daß der Bohrständer eine stabile, kräftige Stahlsäule und eine formschlüssige Klemmbefestigung zur Aufnahme der Bohrmaschine hat. Außerdem sollte er eine große, schwere Grundplatte haben, die sich auf einer Werkbank festschrauben läßt. In den Schlitzen in der Grundplatte können kleine Schraubstöcke zum Einspannen von Metallteilen befestigt werden. Sie können in die Schlitze aber auch einen selbstgebauten Holzanschlag schrauben, mit dem Sie das Werkstück direkt unter den Bohrer schieben können.

Ein Tiefenanschlag am Ständer beschränkt den Bohrhub, wenn Sie Sacklöcher mit genauer Bohrtiefe bohren möchten.

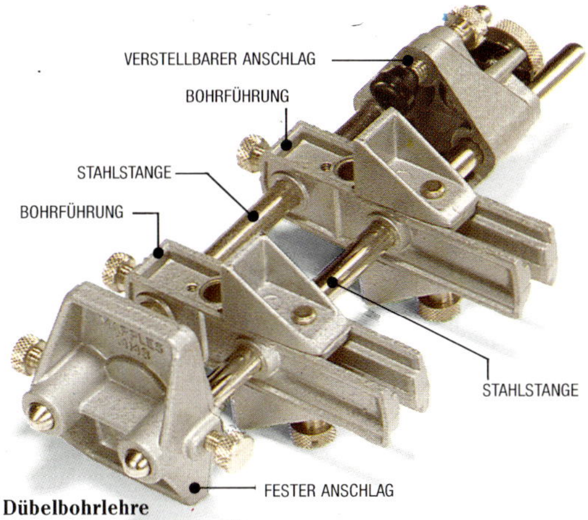

Dübelbohrlehre

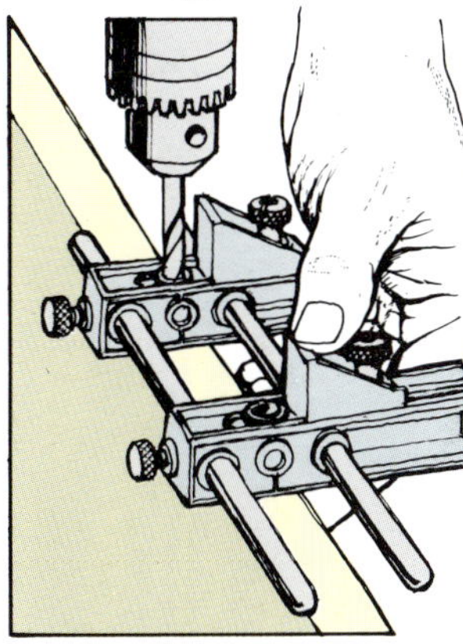

Dübellöcher bohren
Entfernen Sie die Endanschläge und bohren Sie eine Dübellochreihe in die Kante des Bretts.

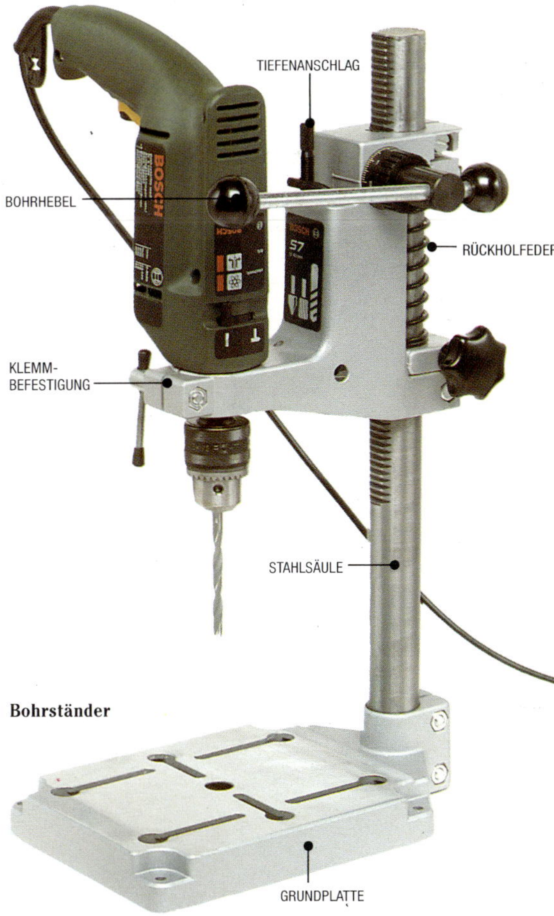

Bohrständer

ELEKTROSTICHSÄGEN

Die Stichsäge ist vielseitig verwendbar. Sie sägt jedes Plattenmaterial und schneidet auch in Massivholz gut. Man kann mit ihr vor allem Kurvenschnitte ausführen. Mit dem richtigen Sägeblatt kann eine Stichsäge auch Bleche und Kunststoffe sägen. Stichsäge-Vorsätze für Elektrobohrmaschinen werden zwar noch hergestellt, werden in naher Zukunft aber sicherlich verschwinden, weil der Trend in Richtung einzelner Sondergeräte geht.

Siehe auch

Schweifsägen 84
Sicherheitshinweise 124
Stichsägeblätter 130, 131
Absauggeräte 160

NETZBETRIEBENE STICHSÄGEN

In der Vergangenheit hatten die Stichsägen bei Schreinern einen schlechten Ruf, weil die schmalen Sägeblätter gerne verliefen oder sich bei Belastung verbogen, so daß es praktisch unmöglich war, einen geraden, sauberen Schnitt auszuführen. Aber die modernen Stichsägen haben exakt ausgeglichene Elektromotoren und Stößelantriebe mit Gegengewicht, wodurch sie vibrationsärmer sind und ruhiger laufen. Solange das Blatt scharf ist, ist die Säge sehr bequem zu handhaben. Sie läuft relativ leise und ist viel einfacher als früher zu kontrollieren. Eine einfache Stichsäge ohne Sonderausstattung reicht für Holzarbeiten vollkommen aus.

- **Motorleistung**
  Beinahe alle netzbetriebenen Stichsägen haben einen 350-Watt-Motor, der eine Höchstgeschwindigkeit von 3000 Hüben pro Minute erreicht. Die leistungsstärkeren Motoren der Profi-Maschinen sind zum Schneiden von dickem Stahl gedacht und haben nicht unbedingt eine höhere Hubzahl.

Elektrostichsäge

Pendelbewegung
Bei einer Stichsäge mit Pendelhub wird das Sägeblatt nicht nur einfach auf und ab, sondern bei der Aufwärtsbewegung zusätzlich nach vorne bewegt. Indem sich das Blatt bei der Abwärtsbewegung wieder rückwärts bewegt, wird die Abnutzung der Sägezähne verringert und gleichzeitig die Schnittfuge freigeräumt. Der Pendelhub läßt sich je nach Art des zu bearbeitenden Materials unterschiedlich einstellen. Bei maximalem Pendelhub schneidet das Blatt leicht und schnell durch Weichholz und Kunststoff. Für dicke Weichholzquerschnitte, Hartholz, Spanplatten und Weichmetall wird die Pendelbewegung stufenweise reduziert. Für Stahl und dünne Bleche wird sie schließlich auf Null gestellt.

SICHERER UMGANG MIT STICHSÄGEN

Befolgen Sie die bereits erwähnten Sicherheitsregeln für Elektrowerkzeuge. Aber gehen Sie mit einer Stichsäge besonders vorsichtig um.

- Achten Sie darauf, daß der Schnittweg des Blattes nicht behindert ist.
- Sorgen Sie dafür, daß sich das Kabel immer hinter der Maschine befindet.
- Verwenden Sie nur scharfe Sägeblätter.
- Umfassen Sie das Werkstück niemals im Bereich des Schnittwegs.
- Reduzieren Sie den Druck auf die Säge kurz vor dem Schnittende, um eine plötzliche Beschleunigung zu vermeiden.
- Schalten Sie die Maschine ab und warten Sie, bis das Blatt völlig stillsteht, bevor Sie die Säge weglegen.

Schnittiefe

Eine durchschnittliche Stichsäge kann Holz bis zu 50 mm Stärke sägen, Nichteisenmetalle bis zu 12 mm Stärke und Stahl bis zu 3 mm Stärke. Auch die Profi-Geräte werden nur mit geringfügig stärkerem Holz fertig, können aber durch 20 mm starkes Aluminium und 10 mm starken Stahl sägen.

Staubabsaugung

Die meisten Stichsägen haben hinter dem Blatt eine eingebaute Blasvorrichtung, die den Sägestaub von der Schnittlinie bläst. Dieses System reicht für die meisten Arbeiten aus. Wenn Sie aber sehr lange oder mit Holzarten arbeiten müssen, deren Staub schädlich ist, dann sollten Sie sich eine Stichsäge mit einer Anschlußmöglichkeit zur Staubabsaugung anschaffen. Das ist ein flexibler Schlauch, der hinten an der Säge angeschlossen wird und den Staub aus dem Schnittbereich absaugt.

Schutzisolierung

Wählen Sie eine Stichsäge mit Kunststoffgehäuse, das den Benutzer vor einem elektrischen Schlag schützt, falls im Motor eine Störung auftritt.

Hubzahlwahl

Eintourige Stichsägen laufen dauernd mit hoher Geschwindigkeit und sind vor allem für die Holzbearbeitung gedacht. Man kann mit ihnen also nicht lange in Metall sägen, ohne daß der Motor überlastet wird.

Manche Stichsägen haben ein Stellrad, an dem man eine bestimmte Hubzahl einstellen kann (zwischen 500 und 3000 Hüben pro Minute), die dem bearbeiteten Material entspricht. Bei einer Stichsäge mit Regelelektronik wird die Hubzahl durch den Druck auf den Betriebsschalter gesteuert, obwohl auch das noch durch ein Vorwahlstellrad reguliert werden kann.

Im allgemeinen ist die maximale Hubgeschwindigkeit für das Sägen in Holz gedacht, der Mittelbereich für Kunststoffe und Weichmetalle und die langsamen Hubgeschwindigkeiten für Stahl und Keramikfliesen. In der Praxis jedoch werden das Geräusch der Säge und die Leichtigkeit, mit der sie schneidet, Ihnen sagen, welches die angemessene und richtige Hubzahleinstellung ist.

Die besten Stichsägen haben eine eingebaute Regelelektronik, die die Hubzahl kontrolliert und dafür sorgt, daß beim Sägen eine konstante Geschwindigkeit innerhalb vernünftiger Grenzen eingehalten wird.

Wenn Sie eine Stichsäge längere Zeit langsam laufen lassen, kann sie überhitzen. Lassen Sie die Säge also ab und zu für ein paar Minuten bei Höchstgeschwindigkeit frei laufen, damit der Motor abkühlen kann.

Schalterarretierung

Der kleine Knopf im Griff wird eingedrückt, um den Schalter für Dauerbetrieb zu verriegeln. Das vermindert Verspannungen und Ermüdungserscheinungen, wenn Sie lange und komplizierte Schnitte machen müssen.

Feinschnitt-Scroller-Säge

FEINSCHNITT-SCROLLER-SÄGE

Jede Stichsäge mit einem entsprechend schmalen Blatt kann enge Radien sägen. Allerdings muß man dabei immer die ganze Säge in die Schnittrichtung drehen oder die Lage des Werkstücks ständig verändern. Bei einer Scroller-Säge läßt sich das Sägeblatt durch einen auf dem Gehäuse angebrachten Knauf in jede beliebige Richtung drehen. Die Sägeachse kann jedoch auch in einem bestimmten Winkel festgestellt werden. Beim Sägen muß allerdings darauf geachtet werden, den Druck direkt hinter der Schneide zu halten, sonst bricht oder verbiegt das Sägeblatt.

AKKU-STICHSÄGEN

Für Schreinerbetriebe gibt es große Akku-Stichsägen. Doch nur wenige Hersteller liefern auch kleinere Modelle für den Hobby- und Heimwerkerbedarf. Die Vorteile einer Akku-Säge sind einleuchtend. Eine Akku-Stichsäge ist aber relativ teuer und nicht so leistungsstark wie eine Stichsäge mit Elektroanschluß. Die Schnittleistung in allen Materialien beträgt etwa die Hälfte von der einer netzbetriebenen Stichsäge. Wenn Sie beispielsweise eine 18 mm starke Spanplatte durchsägen, wird die Säge außerdem höchstens 15 Minuten effizient laufen, bevor der Akku nachgeladen werden muß.

Vergewissern Sie sich unbedingt, daß die Akku-Stichsäge eine Einschaltsperre hat, damit man sie auf keinen Fall aus Versehen einschalten kann.

Splitterschutz

Das Sägeblatt schneidet beim Aufwärtshub und reißt dabei auf der Oberseite des Werkstücks Holzsplitter ab. Folglich ist es wichtig, daß man mit der „guten" Seite des Werkstücks nach unten sägt, außer die Stichsäge hält das Holz nieder. Bei manchen Modellen wird das dadurch erreicht, daß die Fußplatte zurückgeschoben wird, bis das Blatt in einem schmalen Schlitz im Metall sitzt. Andere Modelle haben einen Kunststoffeinsatz.

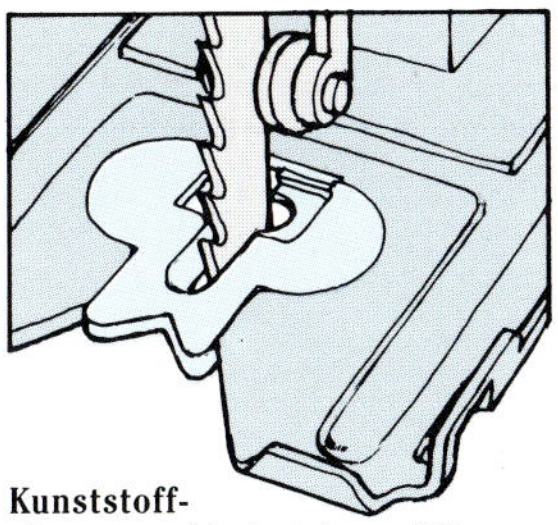

Kunststoffeinsatz verhindert Aussplittern

STICHSÄGEBLÄTTER

Alle Stichsägen sind für einen einfachen Sägeblattwechsel ausgerüstet, vor allem weil die Blätter nicht nachgeschärft, sondern weggeworfen werden. Außerdem gibt es verschiedene Sägeblätter für unterschiedliche Materialien und Sägeblätter für das Sägen in Holz mit spezieller Bezahnung für feine, schnelle oder besonders saubere Schnitte.

Die Herstellerfirmen kennzeichnen ihre Sägeblätter leider oft unterschiedlich. Deshalb ist es für die Wahl des richtigen Blatts wichtig, daß Sie etwas über den Aufbau und die besonderen Merkmale wissen.

Siehe auch

Holzwerkstoffplatten	34 - 38
Abstützen des Werkstücks	82
Sicherheitshinweise	124, 129
Elektrostichsäge	128 - 129

Blattlänge
Diese bezeichnet die Länge der bezahnten Schneidstrecke des Blatts. Sie variiert von 50–100 mm. Da Sie meist nur die obere Hälfte des Blatts benützen werden, ist die Blattlänge für die meisten Zwecke nicht so wichtig. Wenn Sie aber dickes Holz durchsägen wollen, sollten Sie eine Blattlänge wählen, die etwa 15–20 mm länger ist als die maximale Stärke des Holzes.

Zahngröße
Amerikanische Hersteller geben an, wieviel Zähne pro Inch die Säge hat. In Deutschland wird die Zahnteilung angegeben, d. h. die Entfernung von einer Zahnspitze zur nächsten in Millimetern. Ein Stichsägeblatt kann zum Beispiel eine Zahnteilung von 2,5 mm haben. Als Faustregel gilt: Je kleiner die Zähne, desto feiner der Schnitt. Je größer die Zähne, desto schneller schneidet das Blatt.

Schränkung
Der Schlitz, den ein Sägeblatt in das Holz schneidet, wird als Schnitt oder Schnittfuge bezeichnet. Würde ein Blatt einen Schnitt sägen, der genauso breit ist wie das Blatt selbst dick ist, würde das Blatt höchstwahrscheinlich aufgrund der starken Reibungsbelastung zerbrechen. Also sind die Blätter so ausgelegt, daß sie einen etwas breiteren Schnitt sägen. Dies wird mit einer der folgenden Schränkmethoden erreicht.

Geschränkt: Die Zähne sind abwechselnd nach links oder rechts ausgebogen, wie bei den Handsägen. Dies kann jedoch nur mit relativ großen Zähnen gemacht werden und ist Sägeblättern vorbehalten, die zwar schnell, aber ziemlich grob schneiden sollen.

Konisch geschliffen: Um einen feinen Schnitt zu produzieren, sind die Zähne dieses Sägeblattyps nicht im eigentlichen Sinne geschränkt. Statt dessen ist das Blatt hinter der Zahnlinie dünner geschliffen. Konisch geschliffene Sägeblätter machen einen sehr sauberen Schnitt in Platten und Massivholz. Ein geschliffenes Blatt, das außerdem leicht geschränkt ist, wird etwas schneller schneiden.

Gewellt: Sägeblätter mit extrem kleinen Zähnen sind, damit sie einen breiteren Schnitt machen, mit einer welligen Schneidkante versehen. Diese gewellten Sägeblätter sind für Schnitte in Metall gedacht, eignen sich aber auch für saubere feine Schnitte in Sperrholz und Tischlerplatten.

Auswechseln eines Stichsägeblatts
Befolgen Sie die Anleitung des Herstellers, wenn Sie ein Blatt auswechseln, und achten Sie darauf, daß die Führungsrolle hinten am Blatt anliegt.

- **Metall sägen**
  Dünne Bleche lassen sich nur sehr langsam sägen. Bitte versuchen Sie nicht, die Säge schneller vorwärts zu schieben. Geben Sie als Schmiermittel etwas Öl oder Terpentin auf die Fläche vor dem Sägeblatt. Tragen Sie eine Schutzbrille und einen Gehörschutz.

- **Kunststoffbeschichtung sägen**
  Um das Ausbrechen von kunststoffbeschichteten Platten zu verhindern, setzen Sie ein Stichsägeblatt für Kunststoffe mit umgekehrter Bezahnung ein. Sie können auch ein feines Blatt für Metallbearbeitung nehmen. Drehen Sie die Platte aber um und legen Sie sie zwischen zwei dünne Hartholzbretter.

HANDHABUNG DER STICHSÄGE

Die Pendelbewegung der Stichsäge wird im Werkstück Schwingungen hervorrufen, wenn es nicht fest eingespannt auf einer Bank oder Sägeböcken aufliegt. Das gilt vor allem für dünne Sperrholz- oder Hartfaserplatten.

Freihandsägen
Setzen Sie das Vorderteil der Fußplatte so auf das Werkstück auf, daß das Sägeblatt vor dem Riß steht, die Kante jedoch nicht berührt. Schalten Sie die Maschine ein und schieben Sie das Blatt auf der wegfallenden Seite des Risses ins Holz. Führen Sie die Stichsäge mit gleichmäßiger Geschwindigkeit durch das Holz.

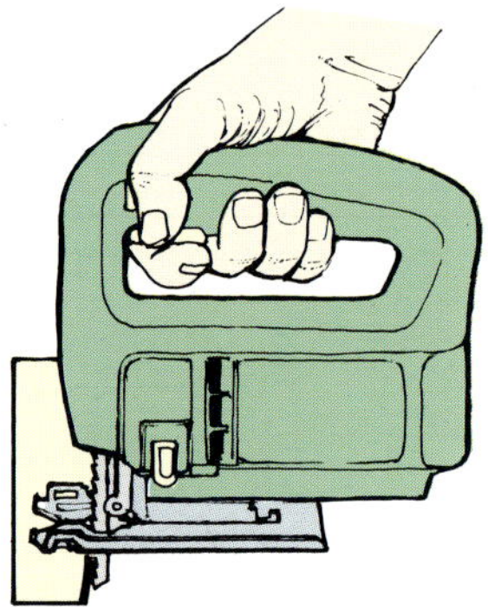

Ansetzen eines Freihandschnitts

Parallel zu einer Kante sägen
Ein verstellbarer Parallelanschlag, der an der Fußplatte befestigt wird, führt die Säge parallel zu einer geraden Kante. Vergewissern Sie sich, daß die Schrauben des Anschlags fest angezogen sind und daß der Anschlag selbst genau parallel zum Sägeblatt ausgerichtet ist. Ist er das nicht, wird das Blatt abweichen, das Werkstück verbrennen oder sogar zerbrechen.

Stellen Sie den Anschlag ein, indem Sie von seiner Innenkante bis zum Sägeblatt messen. Wenn das Blatt sich schon an der Schnittlinie befindet, dann schieben Sie den Anschlag einfach an die Werkstückkante heran und ziehen die Klemmschrauben fest. Schalten Sie die Säge ein und schieben Sie das Sägeblatt durch das Holz, während Sie gleichzeitig den Anschlag fest gegen die Kante pressen.

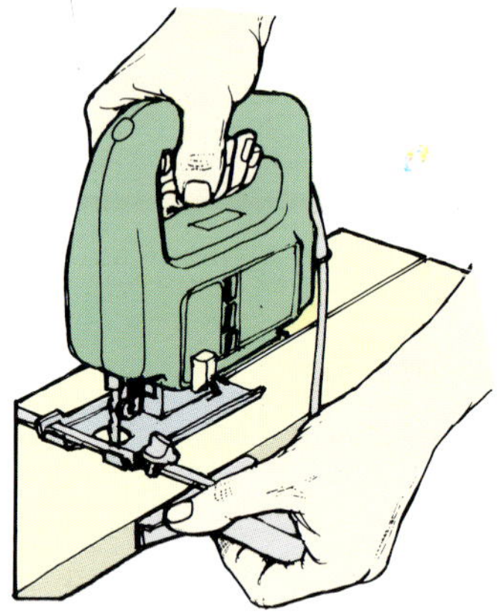

Anschlag fest andrücken

Ein Hilfsanschlag
Liegt die Schnittlinie zu weit von einer Kante weg, um den Parallelanschlag benützen zu können, dann führen Sie die Seitenkante der Fußplatte an einer aufgespannten Leiste entlang.

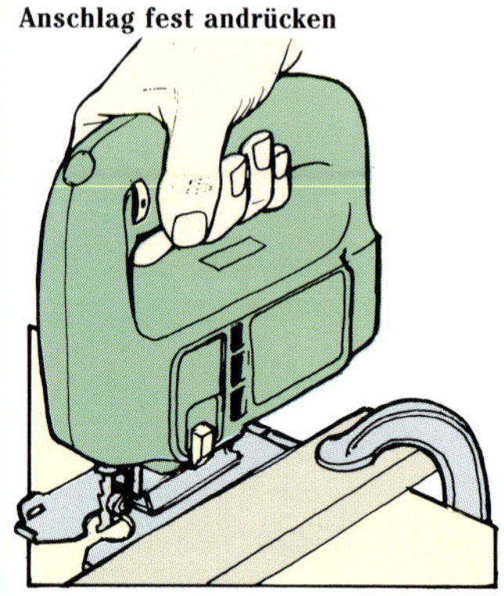

Fußplatte an Hilfsanschlag entlangführen

Schrägkanten sägen
Die Fußplatte einer Stichsäge läßt sich nach beiden Seiten bis 45° schrägstellen. Lösen Sie die Schrauben der Fußplatte ein wenig, schwenken Sie die Fußplatte in die gewünschte Schrägstellung, die Sie auf der Winkelskala ablesen können, und ziehen Sie die Schrauben wieder fest an.

Schrägschnitte ausführen

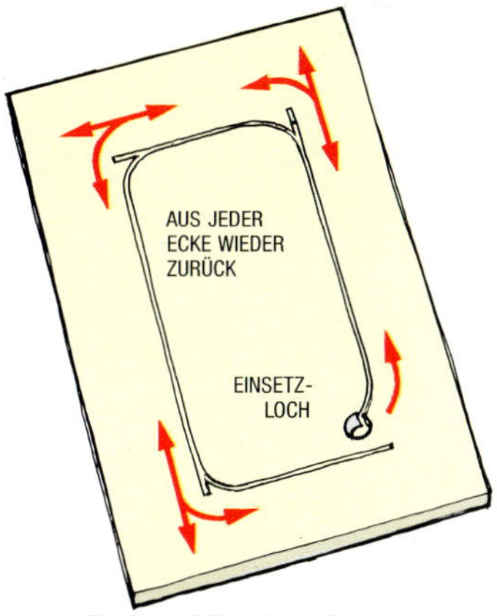

Rechtwinklige Ausschnitte

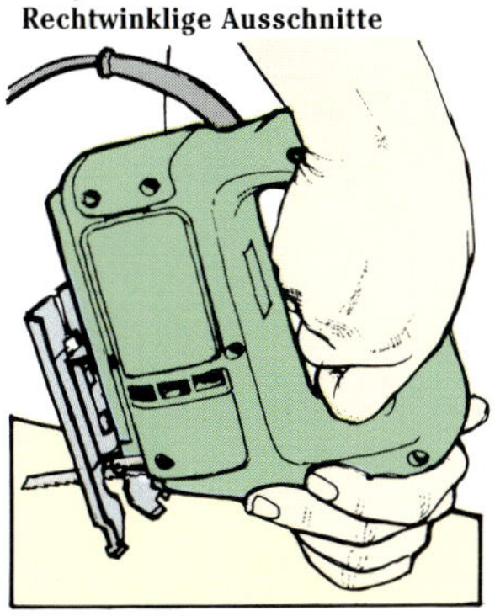

Einstechen für Innenschnitte

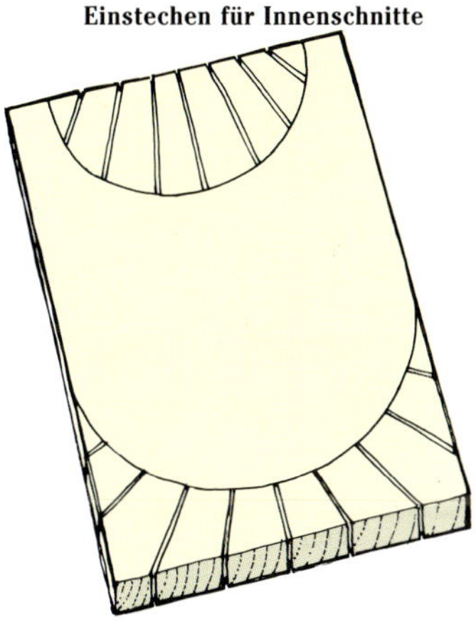

Kurvenschnitte
Sägen Sie den Verschnitt in Stücke, wenn der Radius sehr eng ist.

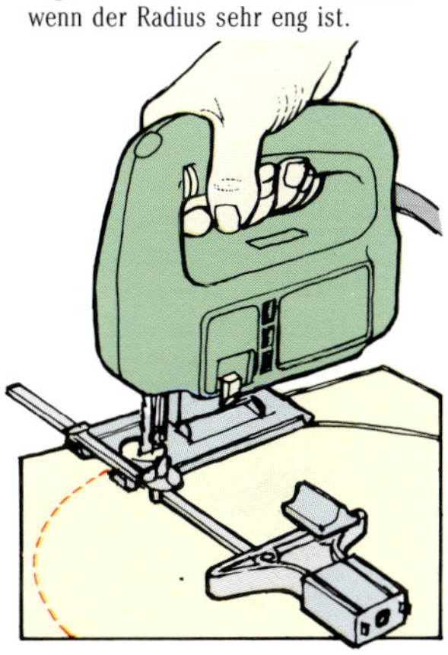

Kreisschnitte
Hierfür bauen Sie den Parallelanschlag zu einem Zirkel um.

Ausschnitte sägen

Um ein rundes Loch in ein Brett zu schneiden, bohren Sie ein Einsetzloch knapp innerhalb der Rißlinie zum Einsetzen des Sägeblatts. Setzen Sie das Blatt in das Einsetzloch ein, schalten Sie die Säge an und schneiden Sie das Loch in einem Durchgang heraus.

Um einen rechtwinkligen Ausschnitt zu sägen, verfahren Sie genauso, außer daß Sie in jede Ecke hineinsägen und wieder 25 mm zurückfahren, um in einem kleinen Bogen auf die Linie der nächsten Geraden zurückzukommen. Den dreieckigen Rest, der in jeder Ecke stehenbleibt, sägen Sie zum Schluß weg, indem Sie von der anderen Richtung her in die Ecke hineinsägen.

Einstechen für Innenschnitte

Statt ein Einsetzloch für das Sägeblatt zu bohren, können Sie mit einer Stichsäge auch direkt einstechen. Stellen Sie die Säge auf die gebogene Vorderkante der Fußplatte, das Sägeblatt darf dabei die Oberfläche nicht berühren. Dann schalten Sie ein und kippen die Säge langsam nach unten, wobei das Blatt in das Holz eindringt, bis die Säge senkrecht steht und die Fußplatte flach aufliegt. Das Einstechen mit einer Stichsäge sollte immer im wegfallenden Teil und nicht zu dicht an der Schnittlinie erfolgen.

Kurvenschnitte sägen

Sehr enge Radien sollten Sie mit einem ganz schmalen Blatt sägen, größere Kurven aber können mit fast jedem geeigneten Sägeblatt freihändig gesägt werden. Falls das Blatt in einem engen Bogen anfängt zu klemmen, dann machen Sie von außen ein paar gerade Schnitte bis zur Schnittlinie. Dadurch fällt der Verschnittabfall beim Weitersägen in Stücken weg, wodurch das Blatt wieder mehr Spielraum bekommt.

Um ein perfekt rundes Loch oder einen Kreis zu schneiden, bauen Sie den Parallelanschlag zu einem Zirkel um, indem Sie an ihm eine Spitze anbringen, die als Sonderzubehör erhältlich ist. Diese Spitze drücken Sie in den Mittelpunkt des Kreises und führen die Säge so im Kreis herum.

STICHSÄGEBLÄTTER FÜR DIE HOLZBEARBEITUNG

BLATTLÄNGE	ZAHNTEILUNG	SCHRÄNKUNG	VERWENDUNG
75 mm 	3 mm	geschränkt	Hart- und Weichholz bis 60 mm; gut für Längsschnitte, grober Schnitt
75 mm 	4 mm	geschliffen und geschränkt geschliffen	wie oben, aber sauberer Schnitt
75 mm 	4 mm	geschliffen	Hartholz, Weichholz und Plattenmaterial bis 60 mm, sehr sauberer Schnitt
50 mm 	2 mm	gewellt	Holzwerkstoffplatten bis 30 mm, sehr feiner Schnitt
50 mm 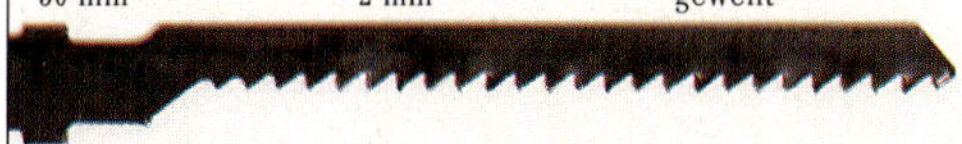	2 mm	gewellt	für enge Kurvenschnitte in Holz und Holzwerkstoffplatten bis 20 mm
75 mm 	2,5 mm	geschliffen	umgekehrte Bezahnung schneidet bei Abwärtshub, für kunststoffbeschichtete Platten
60 mm 	4,5 mm	–	hartmetallbestückte Zähne, besonders geeignet bei hohem Leimgehalt von Spanplatten
70 mm 	–	–	halbrunde, flache und dreikantige Feilen, für Holz und Holzwerkstoffplatten

STICHSÄGEBLÄTTER FÜR DIE METALLBEARBEITUNG

BLATTLÄNGE	ZAHNTEILUNG	SCHRÄNKUNG	VERWENDUNG
75 mm 	2 mm	geschliffen	Nichteisenmetalle bis 10 mm, sehr sauberer Schnitt
75 mm 	3 mm	geschränkt	Schnellstahlblatt, für Weichstahl bis 6 mm und Nichteisenmetalle bis 20 mm
50 mm 	1,2 mm	gewellt	Schnellstahlblatt, für Weichstahl und Nichteisenmetalle bis 1,5 mm

ANDERE MATERIALIEN

BLATTLÄNGE	ZAHNTEILUNG	SCHRÄNKUNG	VERWENDUNG
54 mm 	–	–	Hartmetallbeschichtet für GFK und Keramikfliesen
75 mm 	–	messerförmig	Weichgummi, Kork, Karton, Teppich und Plastik

HANDKREISSÄGEN

Auch Schreiner, die eine gut ausgestattete Werkstatt mit einer Tischkreissäge haben, besitzen häufig zusätzlich eine Handkreissäge. Sie läßt sich bequem vor Ort oder auch auf einer Baustelle einsetzen. Außerdem kann man damit große Platten zuschneiden, was auf einer Tischkreissäge manchmal sehr schwierig ist.

Siehe auch

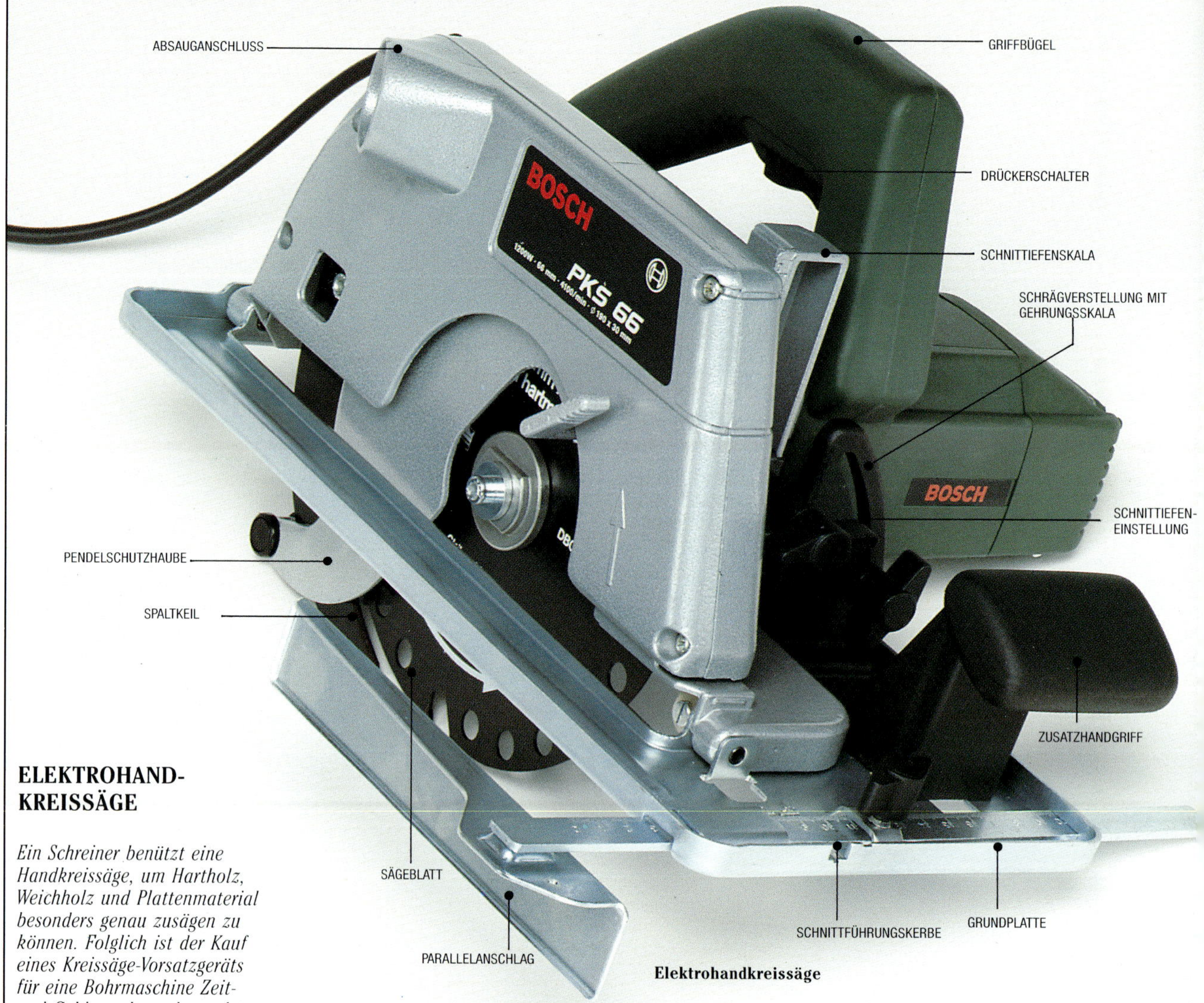

Elektrohandkreissäge

- **Motorleistung**
  Die Stärke des Motors muß im Verhältnis zum Durchmesser des Sägeblatts zunehmen. Dies dient nicht einer höheren Sägegeschwindigkeit, sondern ist nötig, um ein höheres Drehmoment zu erzeugen, das die zusätzliche Hebelwirkung überwinden kann, die an einem großen Blatt ansetzt, wenn es durch das Holz schneidet. Je stärker der Motor für ein bestimmtes Blatt ist, desto besser ist meist dessen Schnittleistung.

ELEKTROHAND-KREISSÄGE

Ein Schreiner benützt eine Handkreissäge, um Hartholz, Weichholz und Plattenmaterial besonders genau zusägen zu können. Folglich ist der Kauf eines Kreissäge-Vorsatzgeräts für eine Bohrmaschine Zeit- und Geldverschwendung, denn die Leistungsabgabe einer durchschnittlichen Bohrmaschine kann selbst mit der kleinsten Handkreissäge nicht konkurrieren. Außerdem sind die Vorsatzgeräte meist so klein, daß man sich für genaue Arbeiten nicht auf sie verlassen kann. Eine Handkreissäge, die sogar mehr als nur Ihren momentanen Ansprüchen genügt, ist sicher eine gute Investition, da Sie sie auch in eine stationäre Tischkreissäge umwandeln können, indem Sie sie in einen Maschinentisch einsetzen.

SCHNITTIEFE TYPISCHER KREISSÄGEBLÄTTER

Blattdurchmesser	Schnittiefe
130 mm	40 mm
150 mm	46 mm
160 mm	54 mm
190 mm	66 mm
210 mm	75 mm
230 mm	85 mm

Staubabsaugung
Eine leistungsstarke Handkreissäge erzeugt eine beträchtliche Menge an Staub und Spänen. Das macht den Werkstattboden gefährlich rutschig. Der Staub verfängt sich in der Kleidung, und die staubige Luft ist zudem ungesund. Sägen, die einen integrierten Absauganschluß in der oberen Schutzhaube haben, werfen den Staub seitwärts aus. Sie können den Staub entweder in einem Sack auffangen, den Sie an dem Absaugstutzen befestigen, oder den Schlauch eines Staubsaugers anschließen.

Blatt-Schrägstellung
Durch Lösen der Feststellschraube läßt sich das Gehäuse und das Blatt auf jeden Winkel bis zu 45° schrägstellen. Den Winkel können Sie auf einer Bogenskala ablesen. Es empfiehlt sich aber, den Winkel bei einem Probeschnitt zu messen, wenn der Schrägschnitt ganz genau sein soll. Die maximale Schnittiefe der Säge wird durch die Schrägstellung verringert.

Sicherheitsschalter
Damit die Säge nicht versehentlich eingeschaltet werden kann, ist sie mit einem Sicherheitsschalter ausgerüstet, der mit dem Daumen eingedrückt werden muß, bevor der Maschinenschalter bedient werden kann. Handkreissägen haben keine Schalterarretierung für den Dauerbetrieb. Beim Zubehör für Tischkreissägen werden Sie jedoch Klammern oder Bügel finden, die den Schalter niederhalten.

Schutzhauben
Der obere Teil des Sägeblatts ist mit einer festen Schutzhaube verkleidet. Wenn das Sägeblatt in das Holz eindringt, wird die untere Pendelschutzhaube von der Werkstückkante zurückgeschoben, um das Blatt freizugeben. Verläßt das Blatt das Holz, schnappt die Haube selbsttätig zurück, um das Blatt wieder zu verdecken. Vergewissern Sie sich vor dem Arbeiten mit einer Handkreissäge immer, ob die Pendelschutzhaube funktioniert.

Blockierschutzkupplung
Klemmflansche zu beiden Seiten des Blatts dienen als Blockierschutzkupplung. Sollte das Blatt plötzlich klemmen, lassen Sie es durchrutschen, um so den Antriebsmechanismus vor einer Beschädigung zu schützen.

Schutzisolierung
Das Kunststoffgehäuse, das den Motor umschließt, schützt den Benutzer vor einem elektrischen Schlag.

Griffe
Ein bequemer, ergonomischer Griffbügel und ein zweiter Griffknauf dicht an der Spitze der Maschine gewährleisten eine sichere und exakte Führung der Säge.

Schnittiefe
Obwohl eine Handkreissäge oft mit dem Durchmesser ihres Blatts gekennzeichnet wird, ist das noch kein klarer Hinweis auf die tatsächliche Schnittleistung des Blatts. Die Tabelle gegenüber gibt die Schnittiefe einiger typischer Handkreissägeblätter an. Die meisten Schreiner brauchen eine Säge, die mindestens 50 mm starkes Holz sägen kann. Im oberen Bereich wird die Größe und das Gewicht der Maschine zu einer Ermessensfrage. Eine Säge mit einem Blattdurchmesser von 230 mm z. B. ist sehr schwer. Das Gewicht spielt aber dann keine Rolle mehr, wenn sie in einen Maschinentisch eingebaut wird.

Einstellen der Schnittiefe
Die Schnittiefeneinstellung geschieht durch das Höher- oder Tieferstellen des Sägegehäuses im Verhältnis zur Grundplatte. Auf einer Skala können Sie die eingestellte Schnittiefe ablesen. Viele Holzbearbeiter ziehen es vor, das Werkstück selbst als Anhaltspunkt zu nehmen. Ziehen Sie die Pendelschutzhaube zurück und legen Sie die Grundplatte so auf das Werkstück auf, daß das Blatt an der Kante anliegt **(1)**. Lösen Sie die Feststellschraube zur Tiefeneinstellung und schieben Sie das Blatt hoch oder herunter, bis es unterhalb des Werkstücks etwa 3 mm übersteht. Dann ziehen Sie die Schraube wieder an.

Um ein Stück Holz nur partiell durchzuschneiden, reißen Sie sich die Einschnittiefe auf der Werkstückseite an und stellen das Blatt dementsprechend ein **(2)**.

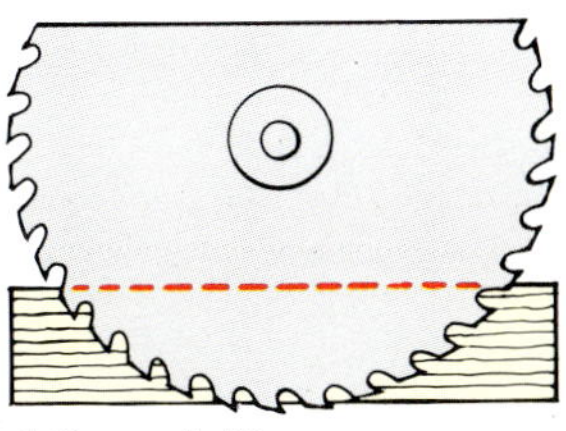

1 Trennschnitt

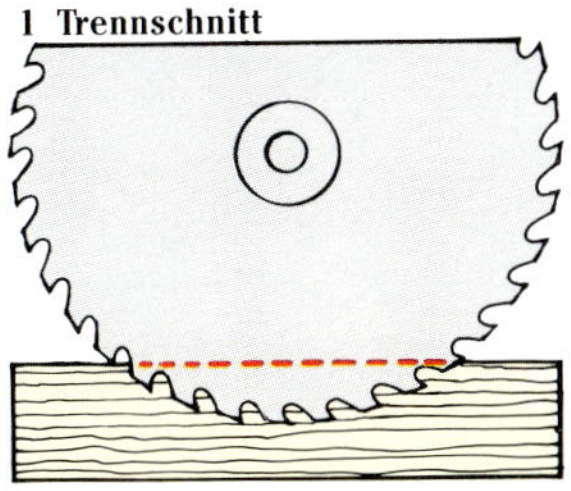

2 Partieller Schnitt

DER SICHERE UMGANG MIT HANDKREISSÄGEN

Auch mit einer kleinen Handkreissäge kann man sich schwere Verletzungen zuziehen. Unfälle können kaum passieren, wenn die Sicherheitsregeln beachtet werden.

- Untersuchen Sie das Holz auf Nägel, die das Blatt beschädigen könnten. Entfernen Sie lose Äste, die sonst herausfallen und durch die Luft fliegen könnten.
- Verlassen Sie sich nicht allein auf das Ausschalten der Maschine, wenn Sie ein Blatt auswechseln oder anders einstellen möchten – ziehen Sie immer zuerst den Netzstecker heraus.
- Benützen Sie nur scharfe Sägeblätter. Gerissene oder verbogene Blätter müssen sofort ausgetauscht werden.
- Entfernen Sie niemals den Spaltkeil.
- Klemmen oder kleben Sie die Pendelschutzhaube niemals in geöffneter Stellung fest, außer wenn die Säge in einen Tisch eingesetzt ist, der mit einer eigenen Schutzhaube und einem Spaltkeil ausgerüstet ist.
- Schieben Sie die Säge nie mit Gewalt durch das Holz. Schneidet das Blatt nicht ruhig und glatt, dann ist es stumpf und muß ausgewechselt werden.
- Versuchen Sie nie, ein laufendes Blatt zu bremsen!

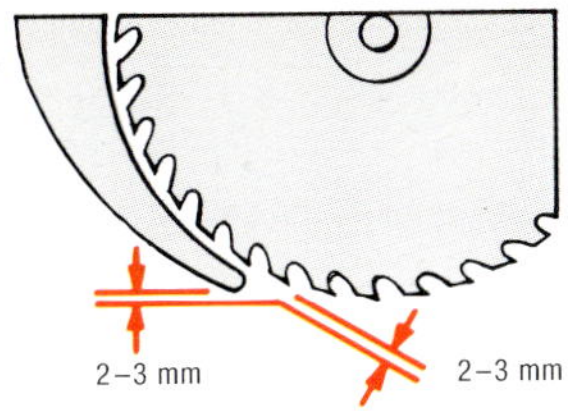

Der Spaltkeil
Wird Massivholz längs aufgetrennt, werden Spannungen im Holzgefüge frei, die bewirken können, daß sich die Schnittfuge hinter dem Blatt wieder schließt. Um zu verhindern, daß das Kreissägeblatt im Schnitt klemmt, ist direkt dahinter ein Spaltkeil aus Metall befestigt. Der Spaltkeil sollte nur etwa 2–3 mm Abstand zum Sägeblatt haben. Entsprechend sollte die Spitze des Spaltkeils etwa 2–3 mm oberhalb des tiefsten Sägezahns eingestellt werden.

AKKU-HANDKREISSÄGEN

Die Technologie der Akku-Werkzeuge ist noch nicht genügend ausgereift, um eine wirklich leistungsfähige Handkreissäge herzustellen. Im Augenblick liefern die Akkumulatoren, die klein genug sind, nicht genügend Drehmoment, um ein großes Sägeblatt durch dickes Holz zu treiben. Außerdem ist eine batteriebetriebene Säge schwerer und wesentlich teurer als eine netzbetriebene.

Akku-Handkreissäge

HANDKREISSÄGEBLÄTTER

Wenn Sie Zaunpfähle aufsägen oder Schalbretter ablängen wollen, dann wird Ihnen ein billiges Blatt genügen. Wenn Sie aber eine glatte Schnittfläche wünschen, die nur noch geringfügig nachgehobelt und geschliffen werden muß, brauchen Sie ein sehr gutes Sägeblatt.

Eine Teflonbeschichtung verringert die Reibung, erhöht also die Standzeit des Blatts, vermindert den Verschleiß des Antriebsmechanismus und das Risiko, das Werkstück zu verbrennen.

Hartmetallbestückte Zähne schneiden sauberer und bleiben viel länger scharf als normale Sägezähne.

Die unten gezeigten Sägeblätter sind für die Holzbearbeitung gedacht. Je nach Größe und Ausführung Ihrer Handkreissäge können Sie auch spezielle Blätter zum Schneiden von Metall, Kunststoff und Stein kaufen.

Siehe auch	
Sicherheitshinweise	124, 133
Handkreissägen	132 - 133
Kombi-Maschinentische	151 - 153
Absauggeräte	160

1 Spitzzahnblatt
2 Feinzahnblatt
3 Auftrennblatt
4 Wechselzahnblatt
5 Hartmetallbestücktes Universalblatt

1
2
3
4
5

Spitzzahnblatt
Ein Vielzahnblatt, das sich für Querschnitte in Massivholz eignet. Es hinterläßt eine gute Schnittfläche.

Feinzahnblatt
Für feine Schnitte in Spanplatten und kunststoffbeschichteten Platten. Es schneidet relativ langsam.

Auftrennblatt
Ein Blatt mit großen, hartmetallbestückten Zähnen. Ideal für Längsschnitte in Weichholz, schneidet aber auch Hartholz und Holzwerkstoffplatten. Da es nur wenige Zähne hat, hinterläßt es keine erstklassige Schnittfläche.

Wechselzahnblatt
Ein gutes Universalsägeblatt, das bei Längs- und Querschnitten in Massivholz, Holzwerkstoffplatten und beschichtetem Material eine sehr feine Schnittfläche hinterläßt.

Hartmetallbestücktes Universalblatt
Ein sehr gutes Universalsägeblatt, das eine äußerst saubere Schnittfläche bei Quer- und Längsschnitten in Massivholz und allen Holzwerkstoffen, einschließlich beschichteten Materialien, hinterläßt.

Wechsel der Sägeblätter
Folgen Sie den Anweisungen des Herstellers zum Wechsel des Sägeblatts. Achten Sie darauf, ein Blatt einzusetzen, das den korrekten Bohrungsdurchmesser (der Durchmesser des Lochs in der Mitte des Blatts) hat. Die Zähne müssen von der Spitze des Spaltkeils weg weisen! Lassen Sie stumpfe Handkreissägeblätter immer von einem Fachmann nachschärfen.

HANDHABUNG EINER HANDKREISSÄGE

Da die Zähne einer Handkreissäge beim Sägen nach „oben" laufen, wird ein Ausriß von Holzfasern immer auf der Oberseite des Werkstücks auftreten. Mit einem guten Sägeblatt werden Sie kaum Probleme haben, trotzdem sollten Sie das Werkstück mit der „guten" Seite nach unten legen. Legen Sie das Werkstück entweder überstehend auf eine Bank oder besser noch auf Sägeböcke auf und zwingen Sie es sorgfältig fest. Damit man die Sägeböcke bei einem langen, durchgehenden Schnitt nicht verstellen muß, um nicht in sie hineinzusägen, nageln Sie auf die Böcke Leisten. Jetzt können Sie in einem Zug durchsägen und müssen nur darauf achten, nicht in die Nägel in den Leisten hineinzusägen.

Freihändig sägen
Handkreissägen haben eine kleine Kerbe in der Grundplatte, die Ihnen beim Freihandsägen nach Riß als Schnittführung dient. Machen Sie ein paar Probeschnitte, um herauszufinden, ob Kerbe und tatsächliche Schnittlinie übereinstimmen. Bleiben Sie beim Sägen immer auf der wegfallenden Seite des Risses. Manche Handkreissägen haben eine zweite Kerbe als Führungsmarkierung für Gehrungsschnitte. Halten Sie die Maschine mit beiden Händen und legen Sie den vorderen Teil der Grundplatte auf das Werkstück auf. Positionieren Sie die Kerbe auf der Rißlinie.

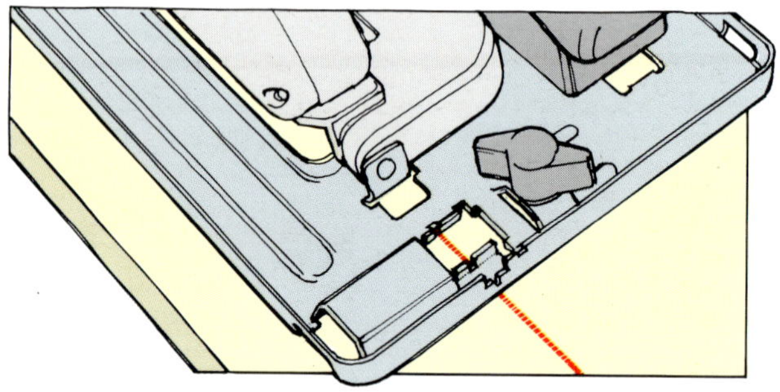

Bringen Sie die Führungskerbe in eine Linie mit Ihrem Anriß

Parallelsägen mit Anschlag
Alle Handkreissägen sind mit einem Parallelanschlag ausgestattet, der das Blatt in einem bestimmten Abstand zur Brettkante führt, um einen parallelen Streifen abzutrennen. Ein guter Parallelanschlag ist stabil gebaut und läßt sich sicher und verrutschfest anbringen. Man kann ihn auf beiden Seiten der Säge einsetzen.

Benützen Sie die Skala auf dem Anschlag zur Feineinstellung und führen Sie einen Probeschnitt aus, um das eingestellte Maß zu überprüfen. Bei Längsschnitten führen Sie die Säge gleichmäßig vorwärts und pressen den Anschlag dabei ständig fest gegen die Brettkante.

Den Anschlag beim Sägen fest gegen die Brettkante pressen

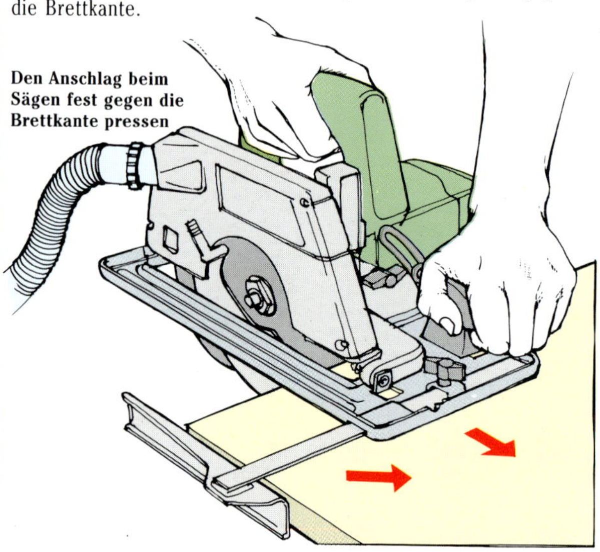

Längsschnitte mit Führungsleiste

Wenn Sie einen parallelen Streifen absägen wollen, der für den Parallelanschlag zu breit ist, dann spannen oder nageln Sie eine gerade Leiste auf das Werkstück, um daran die Grundplatte entlangzuführen. Während des Schnitts drücken Sie die Grundplatte fest gegen die Führungsleiste.

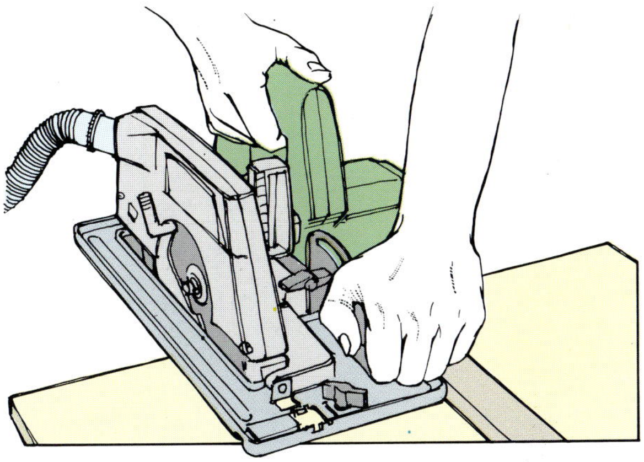

Längsschnitte mit Führungsleiste

Nuten und fälzen

Stellen Sie den Anschlag auf die beiden Seiten der Nut **(1)** oder auf die innere Kante des Falzes **(2)** ein. Verschieben Sie den Anschlag nun ein wenig, um den Rest in mehreren Schnitten herauszusägen **(3** und **4)**.

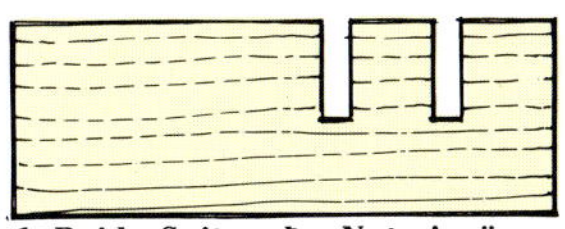

1 Beide Seiten der Nut einsägen

2 Einen Schnitt für einen Falz

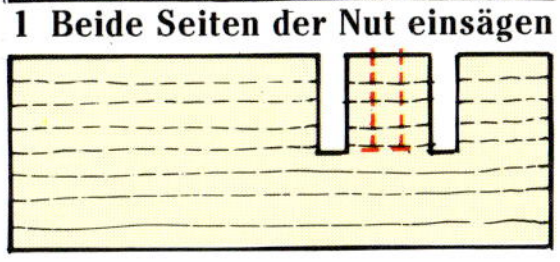

3 Die Nut schrittweise aussägen

4 Ebenso bei einem Falz

Querschnitte

Rechtwinklige und schräge Querschnitte **(1)** werden mit einer Führungsleiste ausgeführt. Um mehrere Bretter auf die gleiche Länge zu schneiden, nageln Sie eine Anschlagleiste auf die Werkbank und stoßen die rechtwinklig beschnittenen Brettenden dagegen. Spannen Sie die Führungsleiste über alle Bretter **(2)** und längen Sie sie alle auf einmal mit einem Schnitt ab.

1 Schräg ablängen

2 Mehrere Bretter ablängen

Querschnitte mit Winkelanschlag

Für Querschnitte können Sie sich einen festen Führungsanschlag bauen, indem Sie zwei kräftige Leisten in Form eines T zusammenleimen und -schrauben. Diesen T-Winkel halten Sie an ein Abfallbrett und fahren mit der Grundplatte der Säge an der Schiene entlang, um die Enden des „Kopfstücks" rechtwinklig abzulängen **(2)**. Wenn Sie jetzt das abgelängte Ende an einem Riß anlegen **(3)**, dann schneidet das Sägeblatt automatisch auf der wegfallenden Seite des Risses. Kleben Sie ein Stück grobes Schleifpapier auf die Unterseite der Schiene, damit sie nicht so leicht verrutscht. Wenn Sie den Winkel nicht mit einer Hand festhalten können, zwingen Sie ihn fest.

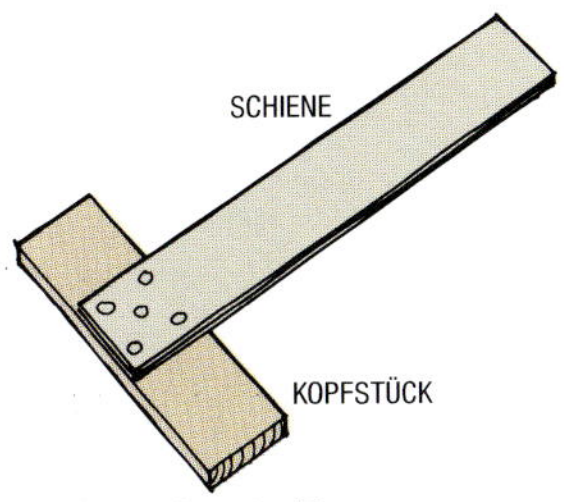

1 Bauen Sie ein T

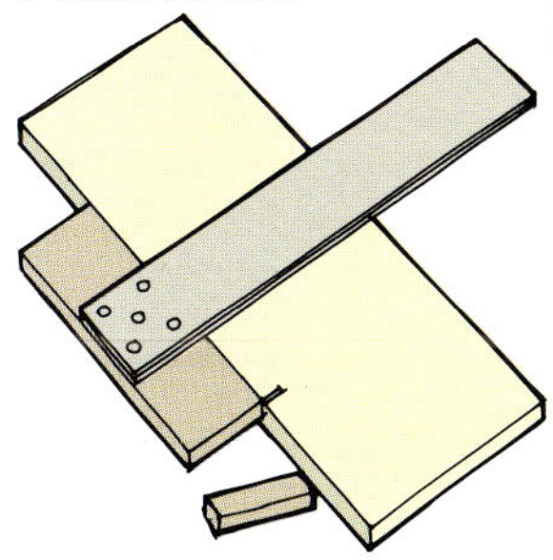

2 Längen Sie das Kopfstück ab

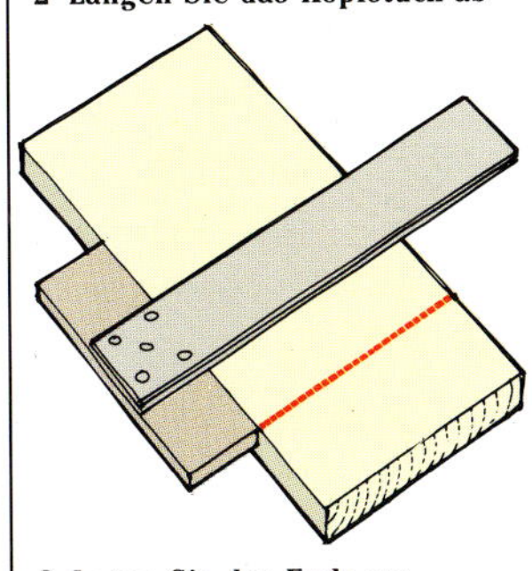

3 Legen Sie das Ende am Sägeriß an

UMBAU IN EINE TISCHKREISSÄGE

Die meisten Firmen haben einen Sägetisch in ihrem Programm, mit dem man die Handkreissäge in eine Tischkreissäge umbauen kann. Die Säge wird umgekehrt auf die Unterseite des Tischs geschraubt, so daß das Sägeblatt aus dem Tisch nach oben herausragt. Eine Tischkreissäge hat gewisse Vorteile. Man hat beide Hände frei, um das Werkstück zu führen. Die Säge hat bessere Anschläge und Führungen. Sie können so auch mit einer großen, schweren Säge sicher und ohne zu ermüden arbeiten. Leider sind jedoch die meisten Sägetische zum Einbau einer Kreissäge viel zu klein, um wirklich zweckmäßig zu sein. Und wenn sie nicht mit Auslegern ausgestattet sind, lassen sich keine großen Platten darüberschieben. Außerdem sind die Anschläge oft zu schwach oder lassen sich schlecht verschieben. Die Schutzvorrichtungen sind manchmal unzulänglich oder so sperrig, daß man versucht ist, sie zu entfernen.

Jede Tischkreissäge muß ein stabiles, verwindungssteifes Gestell und einen gut erreichbaren Ein/Aus-Schalter haben. Ein Stück Schnur, mit dem die Schalterklemme gelöst wird, ersetzt in einem Notfall keinen Aus-Schalter.

Sie sollten lieber etwas mehr Geld ausgeben und sich einen guten Kombi-Maschinentisch kaufen, der Ihnen nicht nur als Sägetisch dienen kann, sondern sich auch zu einer Tischfräse umbauen läßt, indem statt der Säge eine Oberfräse eingesetzt wird.

Spannen Sie eine Handkreissäge niemals umgekehrt auf eine Werkbank oder den Handgriff in die Vorder- oder Hinterzange der Hobelbank, um sie so als provisorische Tischkreissäge zu benützen. Sollte das Blatt plötzlich klemmen oder der Benutzer dieser gefährlichen Konstruktion ausrutschen, während er ein Brett über die Säge schiebt, könnte die Maschine dadurch aus ihrer Halterung gerissen werden und Sie schwer verletzen.

- **Aufbewahren der Sägeblätter**
  Nichtteflonbeschichtete Blätter reiben Sie mit etwas säurefreiem Öl oder Fett ein, wenn Sie sie für längere Zeit nicht benützen. Reinigen Sie sie vor dem Gebrauch wieder.

LAMELLOFRÄSMASCHINEN

Eine Lamellofräsmaschine ist eine spezielle Miniatur-Tauchsäge, die entwickelt wurde, um eine besondere Art der Nut-und-Feder-Verbindung für den Möbelbau herstellen zu können. Die Verbindung ist einer Dübelverbindung ähnlich, nur daß statt eines runden Dübels ein flaches, ovales Plättchen aus gepreßtem Buchenholz, die Lamellofeder, in einen mit einem Kreissägeblatt geschnittenen Nutschlitz gesteckt wird. Nach dem Angeben von wasserhaltigem Leim quellen die Lamellofedern auf und stellen dadurch eine feste Verbindung her. Dübellöcher müssen perfekt übereinstimmen, wenn die Verbindungsteile passen sollen.

Die Lamellofräsmaschine kann auch zum Einnuten von Schubladenböden oder zum Abkappen von Wand- und Deckenverkleidungen oder Bodendielen eingesetzt werden.

Siehe auch

Korpusverbindungen	63, 65
Schubladenkonstruktion	71
Stumpfe Fuge	162, 163
Breitenverbindungen	168-169
Gehrungsverbindungen	163
Leime und Kleber	222

Schnittiefe
Ein Lamellogerät hat verschiedene Schnitt- bzw. Frästiefen von 0 bis etwa 22 mm. Auf der Tiefenskala sollten die für die verschiedenen Lamellengrößen erforderlichen Frästiefen gekennzeichnet sein. Wenn Sie die Kante eines Bretts abkappen wollen, stellen Sie die Schnittiefe so ein, daß die Zähne des Fräsers die Unterseite des Werkstücks gerade durchbrechen.

Eintauchprinzip
Hier wird das Sägeblatt der Lamellofräsmaschine in das Werkstück abgesenkt, indem das mit einer Rückholfeder versehene Motorgehäuse nach unten gedrückt oder geschwenkt wird.

Frontanschlag
Um das Blatt parallel zu einer geraden Kante zu führen, ist das Lamellogerät mit einem verstellbaren Anschlag ausgestattet. Manche Maschinen haben einen zusätzlichen Gehrungsanschlag, um damit auch eine Nut in einen auf Gehrung geschnittenen Stoß machen zu können.

Anrißmarkierung
Eine Kerbe in der Grundplatte oder im Anschlag zeigt die genaue Mitte der Fräsnut an.

Staubabsaugung
Das Sägemehl kann in einen Staubsack oder in einen Staubsauger abgesaugt werden.

Zweiter Griff
Das Motorgehäuse dient als Hauptgriff; die Lamellofräsmaschine hat einen, manchmal sogar zwei zusätzliche Griffe zur bequemeren Handhabung.

Ein/Aus-Schalter
Der Schalter befindet sich am Motorgehäuse: unten zur Bedienung mit dem Zeigefinger oder oben für den Daumen.

- **Leerlaufdrehzahl**
  Da die Sägeblätter sehr klein sind, laufen die Lamellogeräte mit einer Drehzahl bis zu 10 000 U/min, um die Zähne so schnell voranzutreiben, daß sie sauber und exakt schneiden.

Lamellofräsmaschine

NUTFRÄSER

Lamellogeräte sind mit ganz kleinen Kreissägeblättern (100–105 mm Durchmesser) mit hartmetallbestückten Zähnen ausgerüstet. Diese Nutfräser schneiden einen 4 mm breiten Nutschlitz. Zum Ablängen und Kappen gibt es auch dünnere Blätter.

LAMELLOFEDERN

Die gepreßten Buchenplättchen werden in drei Größen hergestellt: für Brettstärken von 6–12 mm, 13–18 mm und 19 mm und darüber. Es gibt auch Kunststofflamellen mit Widerhaken für einen Probezusammenbau.

Anrißmarkierung im Anschlag zeigt die Mitte der Nut an

Lamellofedern

1 Sägeblatt zum Abkappen
2 Nutfräser für Lamellofedern

SICHERER UMGANG MIT LAMELLOGERÄTEN

Befolgen Sie die bekannten Sicherheitsregeln für Elektrowerkzeuge und:

- Senken Sie ein Blatt nicht in das Holz, bevor der Motor läuft.
- Verwenden Sie nur scharfe Blätter und sortieren Sie gerissene oder verbogene Blätter sofort aus.
- Üben Sie niemals seitlichen Druck auf das Blatt aus.
- Betreiben Sie die Maschine nie ohne Blattschutz.
- Schieben Sie die Maschine beim Nutfräsen gleichmäßig entgegen der Blattumdrehung vorwärts.

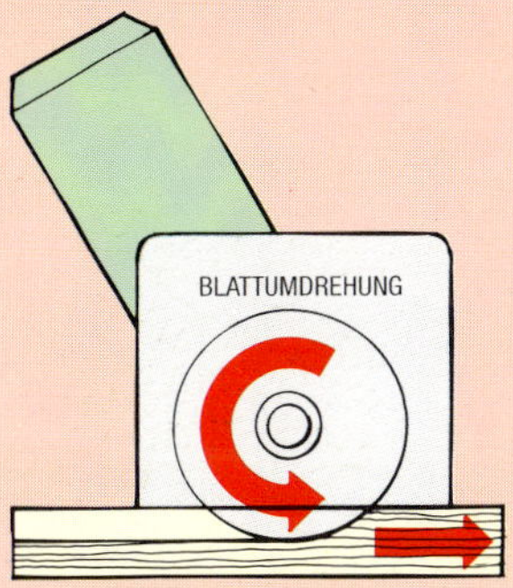

Eine Nut fräsen

LAMELLOVERBINDUNGEN FRÄSEN

Verbindungen mit Lamellofedern eignen sich ideal für Korpus- und Rahmenkonstruktionen aus Massivholz und Holzwerkstoffen.

Stumpfe Eckverbindung

Nachdem Sie die Mittellinie der Stoßfuge auf dem Werkstück angerissen haben, markieren Sie auf dieser in einem Abstand von etwa 100 mm die Mitten der Nutschlitze. Stellen Sie die Schnittiefe auf die von Ihnen benützten Lamellofedern ein und verschieben Sie den Frontanschlag so, daß der Nutfräser genau über der angerissenen Mittellinie steht.

Setzen Sie die Maschine so an, daß die Anrißmarkierung genau auf dem Mittelpunkt des Nutschlitzes liegt **(1)**.

Um einen Nutschlitz in die Kante des Gegenstücks zu fräsen, legen Sie das Werkstück auf eine ebene Fläche und schieben das Lamellogerät an die Kante heran **(2)**.

Um Nutschlitze in der Mitte eines Bretts zu fräsen, stellen Sie das Gegenstück senkrecht darauf und ziehen auf einer Seite eine Linie. Klappen Sie das Teil auf diese Seite um und schieben Sie es an die Linie heran. Nehmen Sie nun das obenliegende Teil als Anschlag, um die Nutschlitze in das untere Teil zu fräsen **(3)**. Dann, ohne das Teil zu verschieben, fräsen Sie die Nuten in seine Stirnkante, wie oben beschrieben.

Eckverbindung auf Gehrung

Wenn Ihr Lamellogerät einen Gehrungsanschlag hat, können Sie die Nuten direkt in die flach vor Ihnen liegenden Verbindungsteile fräsen **(1)**.

Wenn das Gerät nur einen rechtwinkligen Frontanschlag hat, müssen Sie das Werkstück so auf eine Bank zwingen **(2)**.

Nuten fräsen

Um eine durchgehende Nut zu fräsen, stellen Sie die Maschine wie für eine stumpfe Fuge ein. Setzen Sie sie an einem Ende des Werkstücks an, schalten Sie ein und senken Sie das Blatt in das Holz ab. Schieben Sie die Maschine bis zum Ende der Nut.

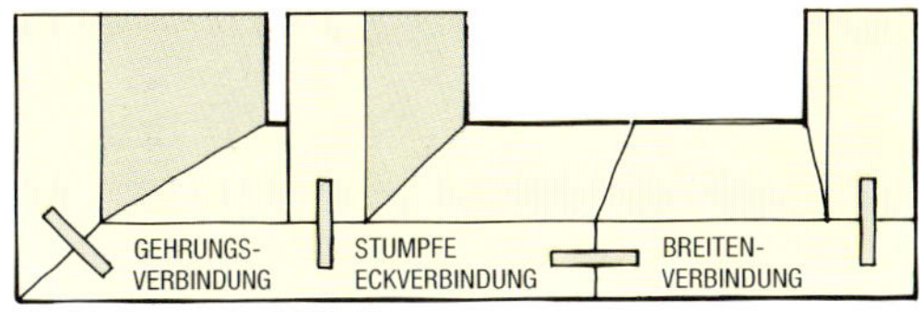

Verbindungsmöglichkeiten

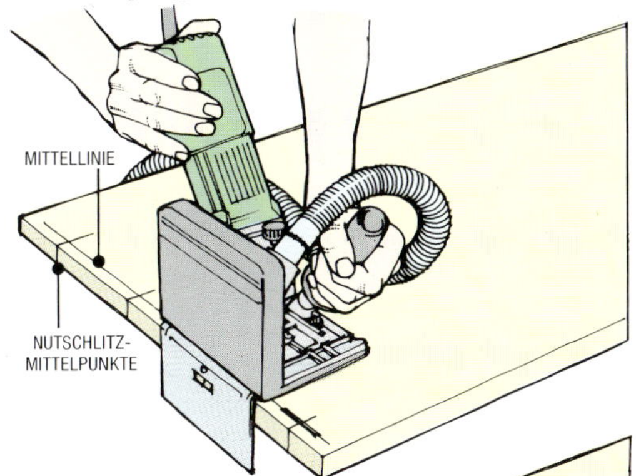

1 Nutschlitze einzeln einfräsen

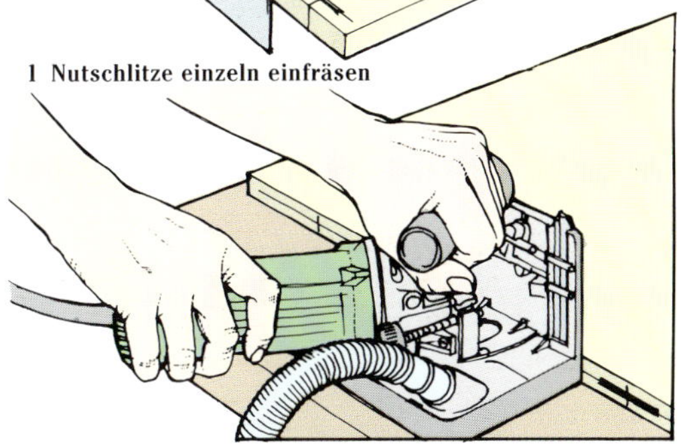
2 Das Gegenstück nuten

3 Quer über ein Brett Nutschlitze fräsen

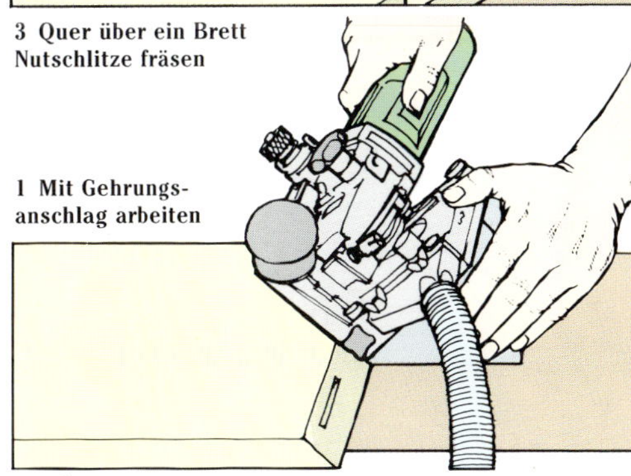
1 Mit Gehrungsanschlag arbeiten

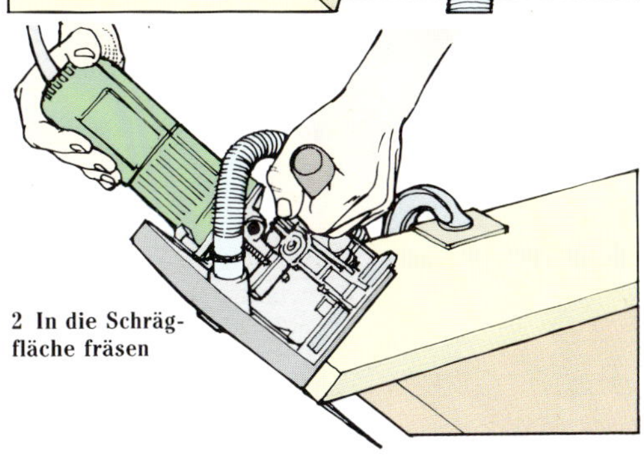
2 In die Schrägfläche fräsen

ELEKTROHANDHOBELMASCHINEN

Eine Handhobelmaschine ist nicht für präzise Arbeiten gedacht. Sie eignet sich jedoch beispielsweise ausgezeichnet für das schnelle Abhobeln eines Holzbalkens. Besonders vorteilhaft läßt sie sich auch für Schreinerarbeiten einsetzen, wie das Abhobeln der Unterkante einer Tür, die auf dem Teppich schleift, oder um eine Schräge an ein Fensterbrett zu hobeln. In einen speziellen Ständer eingesetzt, dient sie als Abrichthobel- und Fügemaschine.

Siehe auch

Unregelmäßige Maserung 15

Sicherheitshinweise 124

Falztiefe
Ein an der Maschine befestigter Falztiefenanschlag entscheidet über die maximale Tiefe des geschnittenen Falzes. Die kleinsten Maschinen können nur 8 mm tiefe Fälze hobeln, die maximale Falztiefe liegt jedoch zwischen 20 und 25 mm. Ein Seitenanschlag reguliert die Breite des Falzes.

- **Motorleistung**
  Die Stärke des Motors ist von Hobelmaschine zu Hobelmaschine ganz verschieden. Die Leerlaufdrehzahl beträgt üblicherweise immer 12 000 bis 14 000 U/min.

Elektrohandhobelmaschine

Spanabnahme
Kleine Handhobelmaschinen können einen Span von 0–1 mm Dicke abhobeln, größere Modelle haben eine maximale Spanabnahme von 2 mm. Profi-Maschinen hobeln bis zu 3 mm dicke Späne in einem Durchgang, kosten aber auch etwa 50 % mehr als die mittelgroßen Handhobel. Die Spanabnahme wird durch Höher- oder Tieferstellen der vorderen Hobelsohle eingestellt. Bei Nullstellung befinden sich beide Teile der Hobelsohle auf gleicher Höhe. Wählen Sie eine Handhobelmaschine, bei der die Spanabnahme durch einen Knopf oder eine Wahlscheibe leicht zu verstellen ist und bei der die eingestellte Spandicke deutlich abzulesen ist.

Hobelbreite
Die Breite des Maschinentischs entspricht genau der Länge der Hobelmesser. Die meisten Hobelmaschinen haben eine Hobelbreite von 82 mm.

Zusatzhandgriff
Ein zweiter Griff an der Spitze der Maschine ermöglicht eine sichere Führung des Hobels und drückt die vordere Hobelsohle flach auf das Werkstück.

Staubabsaugung
Handhobelmaschinen werfen so viele Späne aus, so daß es sich wirklich lohnt, einen Spänesack an die Auswurföffnung anzuschließen.

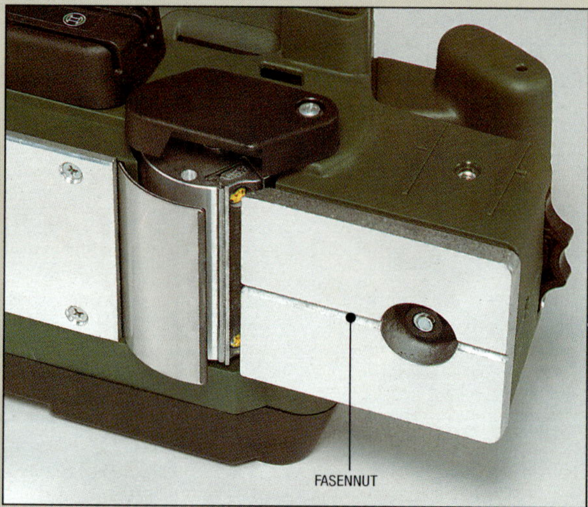

Messerwellenabdeckung
Eine zurückschiebbare Abdeckung schützt den Benutzer und den Hobelkopf.

SICHERHEITS-HINWEISE

Befolgen Sie die Sicherheitsregeln, die für alle Elektromaschinen gelten, und:

- Benützen Sie die Hobelmaschine nicht mit zurückgezogener Messerabdeckung.
- Untersuchen Sie das Holz vor dem Hobeln auf Nägel oder Schrauben.
- Legen Sie Ihre Finger nie um die Hobelsohle herum. Behalten Sie beide Hände an den Griffen.
- Prüfen Sie vor dem Einschalten, daß der Schalterarretierknopf nicht auf Dauerbetrieb steht.
- Wechseln Sie stumpfe Messer aus. Sie müssen mit viel Kraft über das Werkstück geschoben werden, und die Gefahr des Rückschlagens ist groß, wenn die stumpfen Schneiden auf zähes oder unruhiges Holz stoßen.

Messerwellenabdeckung
Wählen Sie eine Handhobelmaschine mit einer Abdeckung, die den Hobelkopf völlig verdeckt. Sie wird erst beim Anhobeln durch das Holz zurückgeschoben, um den sich drehenden Hobelkopf freizulegen. Sie schützt nicht nur den Benutzer, sondern auch die Messer, wenn die Maschine abgelegt wird. Für den Wechsel der Hobelmesser läßt sich die Abdeckung mit einem Schieber auf dem Motorgehäuse manuell zurückziehen.

Fasennut
Die V-Nut in der Mitte der vorderen Hobelsohle erleichtert das Ansetzen des Hobels auf einer Winkelkante zum Anhobeln einer Fase. Ein Seitenanschlag, der sich von 90°–45° verstellen läßt, hilft, die Maschine im gewünschten Winkel zu führen, wenn die Fase breiter wird.

Schutzisolierung
Wählen Sie eine schutzisolierte Handhobelmaschine mit einem Kunststoffgehäuse.

Schalterarretierung
Der Ein/Aus-Schalter läßt sich auf Dauerbetrieb feststellen, indem der Knopf auf dem Handgriff eingedrückt wird.

HOBELMESSER

Der zylindrische Hobelkopf enthält ein Paar Streifen-Wendemesser. Es gibt sie in drei Ausführungen.

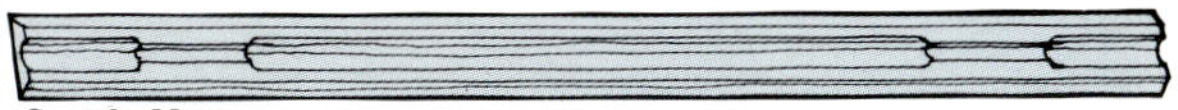

Gerade Messer
Ein Standard-Hartmetallmesser mit gerader Schneide.

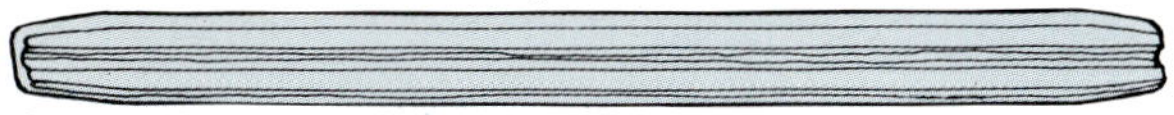

Gerades Messer mit abgerundeten Ecken
für das Hobeln einer Fläche, die breiter ist als der Hobel. Die abgerundeten Ecken hinterlassen keine Absätze im Holz.

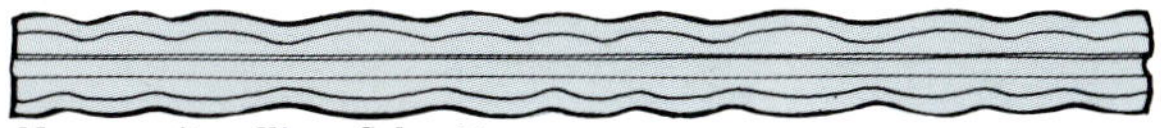

Messer mit welliger Schneide
für gerillte, „rustikal" wirkende Oberflächen.

Wechsel der Hobelmesser
Bei einem guten Handhobel sollten sich die Messer leicht wechseln lassen. Ein Messer muß ausgewechselt werden, wenn beide Seiten stumpf sind. In der Regel wird das neue Messer in die Aufnahmenut im Hobelkopf eingeschoben **(1)**. Dann nehmen Sie ein Stück Holz, um das Messerende bündig zur Sohlenkante hineinzudrücken **(2)**. Durch Anziehen der Druckschrauben werden die Messer in der Nut festgeklemmt.

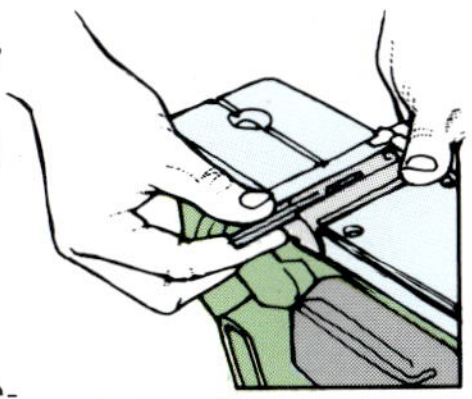

1 Einschieben

2 Bündig drücken

ELEKTROHOBELN

Hobeln Sie, wenn möglich, immer in Faserrichtung. Wilde oder sehr unruhige Maserung sollte man mit sehr fein eingestellter Spanabnahme hobeln. Um eine gute Oberflächenqualität zu erreichen, hobeln Sie lieber zwei- oder dreimal mit geringer Spanabnahme darüber, anstatt die gleiche Menge Holz in einem Durchgang abzuhobeln.

Setzen Sie den vorderen Teil der Hobelsohle auf das Werkstück. Der Hobelkopf darf das Holz nicht berühren. Drücken Sie auf den vorderen Zusatzhandgriff, damit der Hobel flach aufliegt. Schalten Sie ein und schieben Sie den Hobel mit gleichmäßiger Geschwindigkeit über das Holz. Am Werkstückende verlagern Sie den Druck von der vorderen auf die hintere Hobelsohle, damit der Hobel nicht abkippt und eine tiefe Mulde in das Ende des Werkstücks schlägt. Um solch einen Fehler zu beheben, stellen Sie den Hobel auf feine Spanabnahme und hobeln das Holz bis unter die Ebene der Beschädigung herunter.

Um ein breites Brett abzurichten, hobeln Sie zunächst in zwei Richtungen leicht schräg darüber, wobei sich die Hobelbreiten jeweils überlappen. Zum Schluß hobeln Sie parallel zu den Längskanten.

Einen Falz hobeln
Stellen Sie den Seiten- und den Falztiefenanschlag auf die Maße des Falzes ein **(1)**. Hobeln Sie bis auf die gewünschte Tiefe herunter, den Anschlag immer fest gegen das Werkstück gedrückt.

Um einen schrägen Falz anzuhobeln, verfahren Sie wie zuvor, verstellen aber den Winkelanzeiger, um den Hobel schrägzustellen. Es ist äußerst wichtig, den Hobel beim schrägen Abfälzen fest an die Seite des Werkstücks zu pressen, damit er von der Schräge nicht abrutscht **(2)**.

Umbau zum Abrichthobel
Wenn eine Handhobelmaschine umgekehrt auf der Hobelbank festgespannt wird, kann das Werkstück mit beiden Händen darübergeführt werden. Mit einem Seitenanschlag ist es sogar möglich, Kanten rechtwinklig zu fügen.

Wenn Sie eine Handhobelmaschine speziell für die Befestigung auf der Werkbank kaufen, sollten Sie vor allem den Messerschutz einer genauen Prüfung unterziehen.

Wählen Sie möglichst einen Hobel mit einem zurückziehbaren Messerschutz, so daß der Hobelkopf abgedeckt ist, bis das Werkstück darübergeschoben wird. Überprüfen Sie, ob auch der unbenutzte Teil der Messerwelle abgedeckt ist, wenn der Fügeanschlag so eingestellt ist, daß auf der Sohle gerade noch Platz für die Werkstückbreite bleibt.

Handhobelmaschinen ohne eingebaute Messerabdeckung werden beim Einsatz in eine Stationäreinrichtung mit einem Schwenkschutz ausgestattet. Dieser Schwenkschutz wird zur Seite geschoben, wenn das Werkstück über den Hobel geschoben wird.

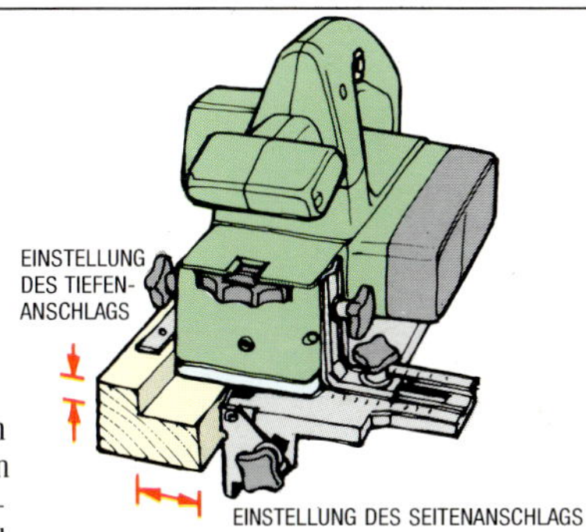

1 Einen Falz hobeln

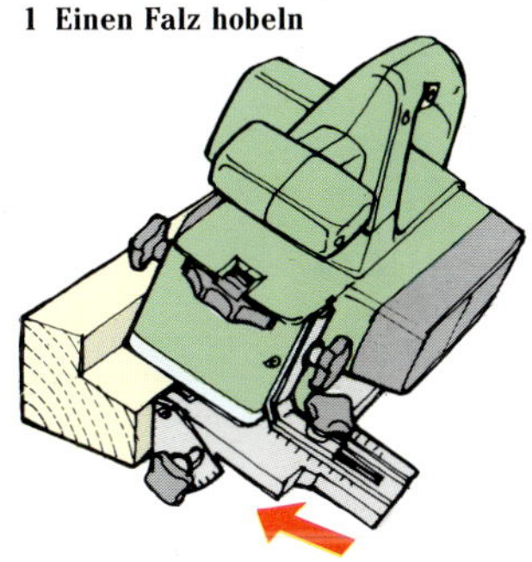

2 Den schrägen Falz hobeln

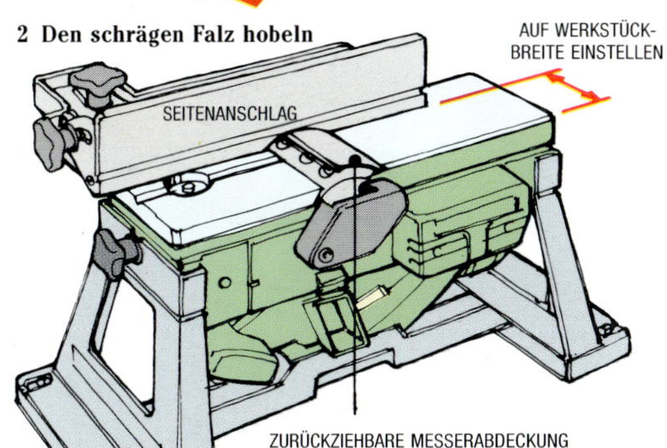

Stationäreinrichtung

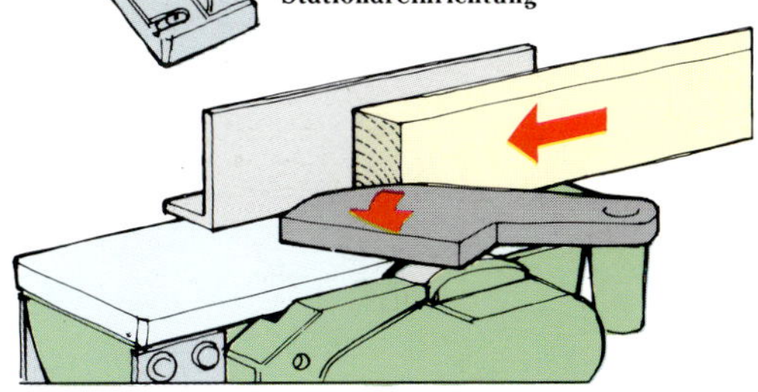

Schwenkschutz wird vom Werkstück weggeschoben

ELEKTROOBERFRÄSEN

Die Oberfräse ist an die Stelle einer ganzen Gruppe von Profil-, Nut- und Falzhobeln getreten. Die aufgrund des kräftigen Motors sehr schnell laufenden Fräser hinterlassen ein sauberes und professionelles Schnittbild.

Im Prinzip sind alle Oberfräsen ähnlich gebaut. Ein Fräser wird direkt unter dem Motorgehäuse eingesetzt, das auf beiden Seiten einen Griff hat. Das Ganze sitzt auf einer fast runden Grundplatte, durch die der Fräser austritt. Es gibt feststehende Oberfräsen, die schwebend gehalten und als Einheit auf das Werkstück abgesenkt werden. Bei den normalen Oberfräsen sitzt das Motorgehäuse auf einem gefederten Zweisäulenfräskorb über der Grundplatte. Wenn die Grundplatte auf dem Werkstück aufliegt, wird der Fräser durch Druck auf die Griffe in das Werkstück abgesenkt.

Siehe auch
Sicherheitshinweise 124
Fräser 142
Handhabung der Oberfräsen 143 - 146

Spannzangendurchmesser
Der Schaft eines Fräsers wird in eine konische Spannzange eingesetzt und dort mit einer Überwurfmutter festgehalten. Der Durchmesser der Spannzange beträgt in der Regel 6 oder 8 mm, größere Oberfräsen haben einen Spannzangendurchmesser von 12 mm. In manche Oberfräsen können austauschbare Spannzangen unterschiedlicher Größe eingesetzt werden. Der Durchmesser der Spannzange entspricht nicht dem Fräserdurchmesser, der je nach Form und Funktion beträchtlich variiert.

Handgriffe
Eine Oberfräse hat zwei große, ergonomisch geformte Griffe, um das Gerät kontrolliert führen zu können. Bei einigen Oberfräsen dient einer dieser Griffe zur Frästiefenarretierung. Eine kurze Umdrehung gegen den Uhrzeigersinn löst den Mechanismus. Die Fräse wird dann bis auf die gewünschte Tiefe abgesenkt und der Griff wieder festgedreht, um den Fräser in dieser Tiefe festzustellen. Am Ende des Arbeitsgangs wird die Tiefenarretierung gelöst, damit der Fräser automatisch nach oben gleiten kann.

Elektronische Drehzahlsteuerung
Einige Oberfräsen verfügen über eine elektronische Drehzahlsteuerung, die einen plötzlichen Geschwindigkeitsabfall verhindert, wenn die Maschine stark belastet wird. Außerdem kann eine für die Größe des Fräsers und die Arbeitsweise optimale Drehzahl vorgewählt werden. Eine niedrige Arbeitsdrehzahl z. B. erhöht die Standzeit eines teuren Fräsers mit großem Durchmesser und verringert das Risiko des Verfärbens der Oberfläche durch zu große Hitze.

Ein/Aus-Schalter
Der Schalter sollte sich möglichst im Griffbereich befinden, damit Sie die Hände nicht von den Griffen nehmen müssen.

Grundplatte
Es ist vorteilhaft, wenn die Grundplatte eine Gleitfläche hat, so daß die Fräse leicht und schonend über das Werkstück rutscht.

Frästiefe
Rein theoretisch ist es möglich, eine Nut bis zur Oberkante der Schneiden eines gewählten Fräsers zu fräsen. Tiefe Nuten sollte man jedoch vor allem in Hartholz und bei großen Fräsern lieber in mehreren Arbeitsgängen fräsen, um eine saubere Oberfläche zu erhalten und um eine Überhitzung des Motors zu vermeiden. Ein kleiner 6-mm-Fräser z. B. wird eine 6 mm tiefe Nut in einem Durchgang fräsen.

• Leichtes Kunststoffgehäuse
Die modernen Oberfräsen haben ein leichtes Motorgehäuse aus Kunststoff, das den Benutzer vor einem Kontakt mit stromführenden Teilen schützt.

Oberfräse

Mit einem großen 19-mm-Fräser aber sollte eine Nut mit der gleichen Tiefe in zwei Stufen ausgefräst werden.

Ein Tiefenanschlag begrenzt die Abwärtsbewegung und bestimmt somit die Frästiefe. Bei manchen Fräsen lassen sich auch zwei oder drei Tiefen einstellen, falls für eine tiefe Nut mehrere Frästiefen erforderlich sind. Die Frästiefe jeder Oberfräse kann jedoch auch mit dem Drehgriff auf der Seite der Maschine in jeder Tiefe schnell fixiert werden.

Wählen Sie ein Modell mit einer deutlichen und präzisen Tiefenskala und testen Sie, ob sich der Fräskorb auf den Säulen leicht und bequem auf und ab bewegen läßt.

Motorleistung und Drehzahl

Die Mehrzahl der Oberfräsen hat eine feste Leerlaufdrehzahl, die zwischen 22 000 und 27 000 U/min liegen kann. Außer unter bestimmten Umständen ist für eine saubere Oberfläche eine hohe Drehzahl von etwa 26 000 U/min erforderlich – vor allem, da die Drehzahl beträchtlich abfällt, sobald der Fräser auf hartes Holz trifft.

Mit einem Motor mit einer Leistungsaufnahme unter 450 W wird es schwer sein, eine befriedigende Oberfläche zu erreichen.

SICHERER UMGANG MIT OBERFRÄSEN

Die Unfallgefahr bei Oberfräsen ist relativ gering, vorausgesetzt, man geht vernünftig und vorsichtig mit ihnen um. Die Oberfräsen mit Säulenführung sind besonders sicher, weil der Fräser in eine verhältnismäßig geschützte Position zwischen den Säulen zurückgezogen wird.

- Schieben Sie die Fräse gleichmäßig und nur mit leichtem Druck in das Werkstück.
- Führen Sie die Fräse immer mit beiden Händen.
- Ziehen Sie den Fräser nach jedem Arbeitsgang und vor dem Abschalten zurück.
- Vergewissern Sie sich, daß der Fräser nicht mehr läuft, bevor Sie eine feststehende Fräse zur Seite legen.

Profi-Oberfräse

Siehe auch

Möbelbau	62 - 73
Schubladen-konstruktion	71
Formsteine	103
Sicherheits-hinweise	124, 141
Nuten	144
Profilieren und Fälzen	144

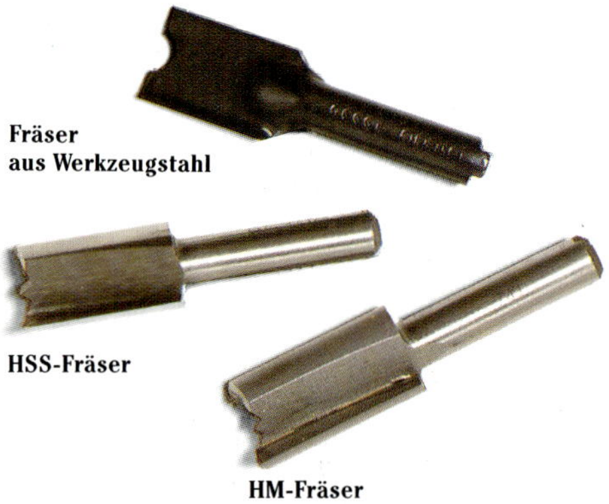

SCHAFTFRÄSER FÜR DIE OBERFRÄSE

Fräser aus Hochleistungsschnellstahl werden dem Durchschnittshandwerker genügen, hartmetallbestückte Fräser bleiben jedoch länger scharf, vor allem wenn in Spanplatten oder beschichteten Materialien gefräst wird. Die Schneiden der HSS-Fräser können Sie mit einem Öl-Formstein selbst abziehen, bis sie schließlich von einem Fachmann neu geschärft werden müssen. Achten Sie aber darauf, HSS-Fräser nicht zu überhitzen. Sie laufen dann blau an, verlieren ihre Härtung und werden so weich, daß man sie ersetzen muß. Fräser mit Hartmetallschneiden (HM-Fräser) können nur mit einer speziellen Schleifmaschine nachgeschärft werden.

Es gibt eine Vielzahl billiger Fräser aus Werkzeugstahl, die, obwohl sie sich nicht mit den HSS-Fräsern vergleichen lassen, Ihnen doch die Möglichkeit geben, die verschiedenen Frästypen auszuprobieren, ohne allzuviel Geld auszugeben. Außerdem sind sie gut geeignet für jemanden, der ein bestimmtes Profil vielleicht nur einmal einsetzen will.

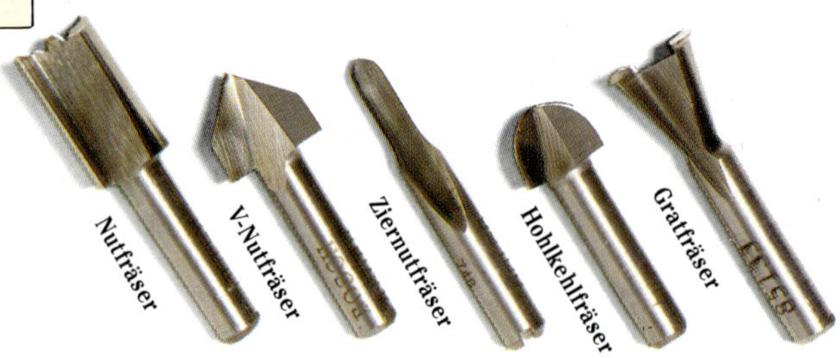

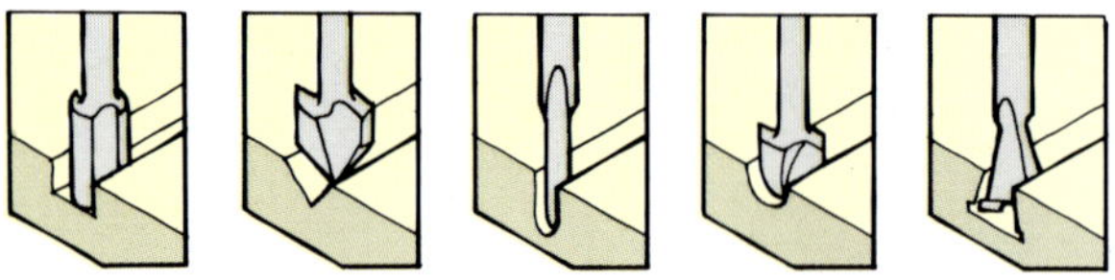

NUTFRÄSER

Mit den folgenden Nutfräsern können Nuten und Kehlen in Längs- und in Querholz geschnitten werden:

Gerader Nutfräser
Für rechtwinklige Nuten. Es gibt ihn mit einer oder mit zwei Schneiden, wobei die zweischneidige Ausführung eine bessere Oberfläche hinterläßt.

V-Nutfräser
Er wird hauptsächlich für das Freihandfräsen von Schriften und Verzierungen auf Schildern und Schmuckplatten eingesetzt.

Ziernutfräser
Für schmale, flache Hohlkehlen.

Hohlkehlfräser
Für breite, tiefe Hohlkehlen.

Grat- und Zinkenfräser
Zum Fräsen von Zinkenverbindungen mit dem passenden Zusatzgerät und zum Fräsen von Gratnuten.

- **Fräser**
  Wenn Sie einen Fräser zum Eintauchen benützen wollen, dessen Durchmesser größer als 9 mm ist, sollten Sie darauf achten, daß er nicht nur umfang-, sondern auch grundschneidend ist.

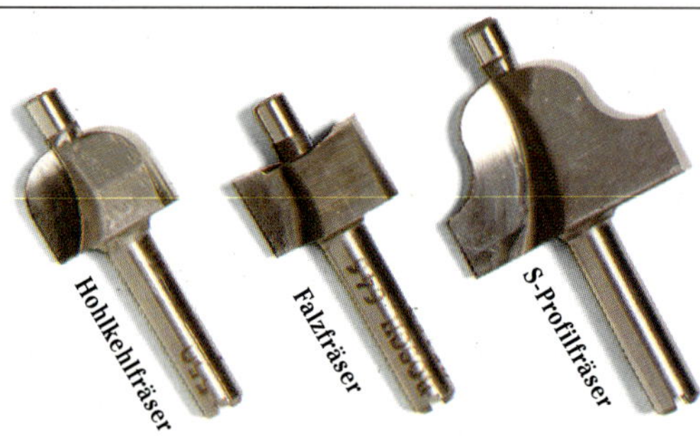

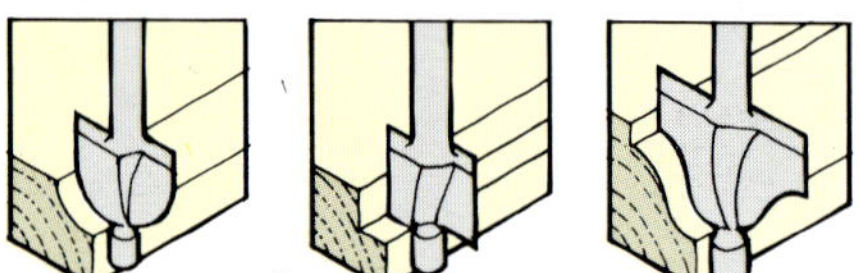

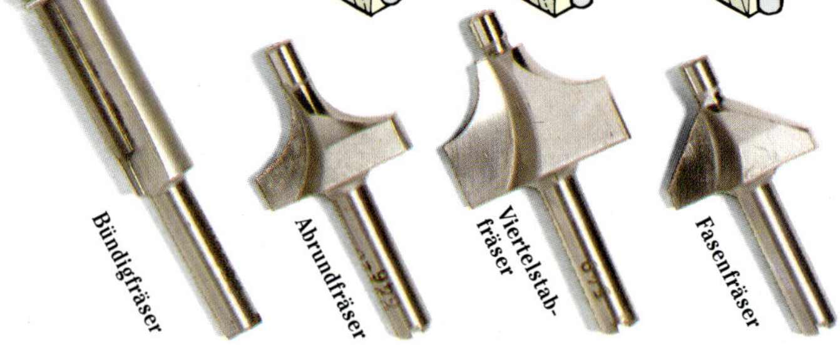

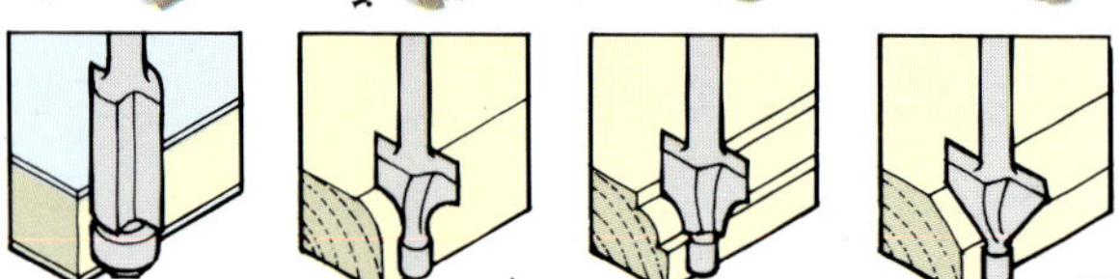

PROFILFRÄSER

Profilfräser haben an ihrer Spitze einen Führungszapfen oder einen Anlaufring, der den Fräser an der Kante des Werkstücks entlangführt. Feste Führungszapfen können aufgrund der Reibung Brandspuren auf dem Holz hinterlassen. Mit einem fein eingestellten Hobel aber lassen sich diese Schönheitsfehler meist schnell beseitigen. Für einen Produktionsbetrieb ist das jedoch zu unwirtschaftlich. Deshalb gibt es auch Profilfräser mit einem kugelgelagerten Anlaufring, der das Holz nicht verbrennt.

Hohlkehlfräser
Für eine dekorative Hohlkehle an einer Kante oder zum Anfräsen der Konterprofile an die Platten eines Klapptischs.

Falzfräser
Fräst einen Falz, ohne daß man den Seitenanschlag der Oberfräse benützen muß.

S-Profilfräser
Fräst ein spezielles S-Profil (Karnies).

Bündigfräser
Ein Fräser mit Kugellageranlaufring für überstehende Kunststoffbeschichtungen.

Abrundfräser
Fräst eine einfache Rundung an eine Kante. Wird er tiefer eingestellt, schneidet er einen Viertelstab mit Plättchen (Absatz).

Viertelstabfräser
Ähnlich wie der Abrundfräser, schneidet aber zwei Plättchen an den Viertelstab.

Fasenfräser
Fräst eine 45°-Schräge an die Kante. Je nach Tiefeneinstellung schneidet er unterschiedlich große Fasen.

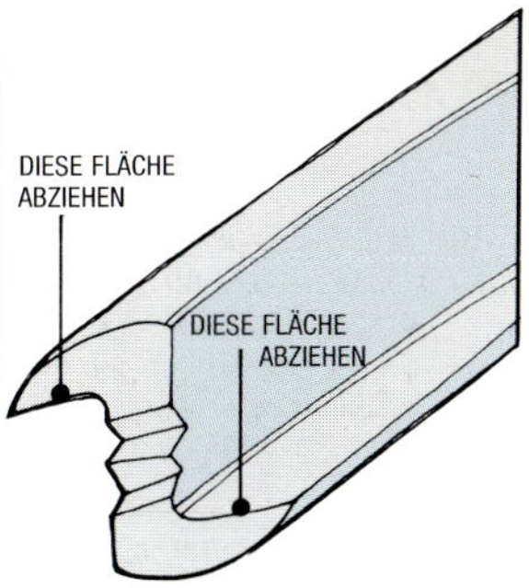

Einen Fräser abziehen
Um die Schneiden eines HSS-Fräsers wieder scharf zu machen, ziehen Sie nur die Innenflächen ab.

Einen Fräser einsetzen
Bevor Sie mit einem Gabelschlüssel die Überwurfmutter der Spannzange lösen, müssen Sie die mit dem Motor verbundene Spindel blockieren.

Bei einigen Oberfräsen wird die Spindel über den Ein/Aus-Schalter blockiert. Bei den meisten Oberfräsen brauchen Sie also dazu entweder einen zweiten Gabelschlüssel oder einen kurzen Metallstift, der durch ein Loch in der Spindel gesteckt wird, um sie zu blokkieren **(1)**.

Je nach Ausführung Ihrer Oberfräse können Sie die Maschine für den Fräserwechsel umgekehrt auf die Bank stellen, oder es kann einfacher sein, den Motorblock von der Grundplatte abzunehmen. Welche Methode auch immer Sie anwenden, trennen Sie die Maschine immer vorher vom Netz.

Vor dem Einsetzen des Fräsers vergewissern Sie sich, ob die Spannzange auch frei von Holzstaub ist. Wenn Sie den Fräser dann eingesetzt haben, ziehen Sie mit einem Gabelschlüssel die Überwurfmutter an; die Spindel muß dabei noch blockiert sein.

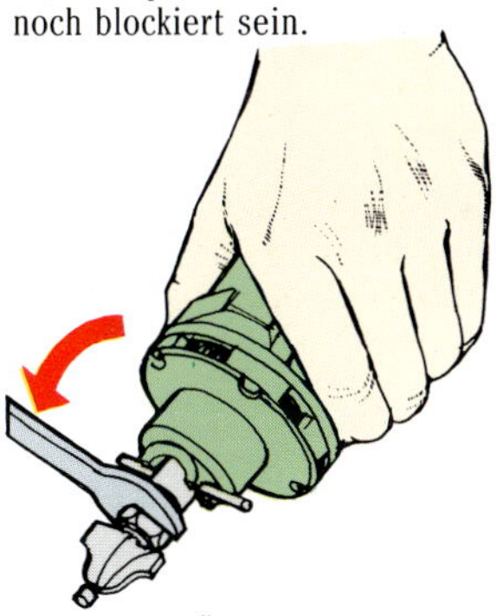

1 Lösen der Überwurfmutter
Manchmal wird ein Stift verwendet, um die Frässpindel zu blockieren.

DAS FRÄSEN VON NUTEN

Eine echte Nut verläuft in Faserrichtung und wird in der Holzbearbeitung häufig dazu eingesetzt, einen Schubkastenboden, eine Korpusrückwand oder Breitenverbindungen aufzunehmen.

Nuten in Querholz sind Verbindungsnuten, z. B. um die festen Zwischenböden eines Bücherregals aufzunehmen. Eine Nut kann von einer Kante zur anderen durchgehen oder an einem oder an beiden Enden abgesetzt sein.

Um die Genauigkeit der Arbeit zu gewährleisten, können viele verschiedene Techniken angewandt werden. Die Handhabung der Oberfräse bleibt aber mehr oder weniger die gleiche. Der einzige Unterschied besteht darin, ob Sie eine feststehende Oberfräse oder eine mit Säulenhub benützen.

Eine durchgehende Nut fräsen
Wenn Sie eine Oberfräse mit Säulenhub benützen, senken Sie den Fräser ab und stellen die Tiefe fest ein. Setzen Sie die Grundplatte auf das Werkstück so auf, daß der Fräser das Holz noch nicht berührt, und schalten Sie die Maschine ein. Schieben Sie die Fräse gleichmäßig in und durch das Holz, bis der Fräser am anderen Ende herauskommt.

Eine abgesetzte Nut fräsen
Wenn Sie eine feststehende Oberfräse benützen, schalten Sie sie ein und senken die ganze Maschine ab, bis der Fräser kurz vor dem abgesetzten Ende ein Loch in das Werkstück bohrt **(1)**. Ziehen Sie nun die Fräse rückwärts zu sich her und dann wieder nach vorne bis in die hintere Ecke und heben Sie die Maschine aus der Nut heraus **(2)**.

Bevor Sie eine Fräse mit Säulenhub einschalten, senken Sie den Fräser bis auf die Werkstückoberfläche ab und setzen ihn genau über einem Ende der Nut an. Ziehen Sie den Fräser hoch, schalten Sie die Fräse ein und drücken Sie den Fräser bis zu seiner maximalen Frästiefe herunter **(3)**. Schieben Sie die Fräse so bis an das andere Ende, lösen Sie die Tiefenarretierung **(4)** und schalten Sie aus.

Eine Nut parallel zu einer Kante fräsen
Die meisten Nuten, ob für Schubkastenböden oder eine Sperrholzrückwand, verlaufen üblicherweise parallel zu und ziemlich dicht an der Werkstückkante. Alle Oberfräsen sind mit einem anschraubbaren Parallelanschlag ausgerüstet, der sich so einstellen läßt, daß der Fräser genau den gewünschten Abstand zu der Kante hat.

Setzen Sie die nicht angeschlossene Fräse auf das Werkstück auf und bringen Sie die Schneide des Fräsers in eine Linie mit der Rißlinie einer Nutseite **(1)**. Schieben Sie den Parallelanschlag an die Werkstückkante heran **(2)** und ziehen Sie die Feststellschrauben an.

Fräsen Sie die Nut wie zuvor beschrieben, aber drükken Sie dabei die ganze Zeit den Anschlag seitlich an die Kante **(3)**.

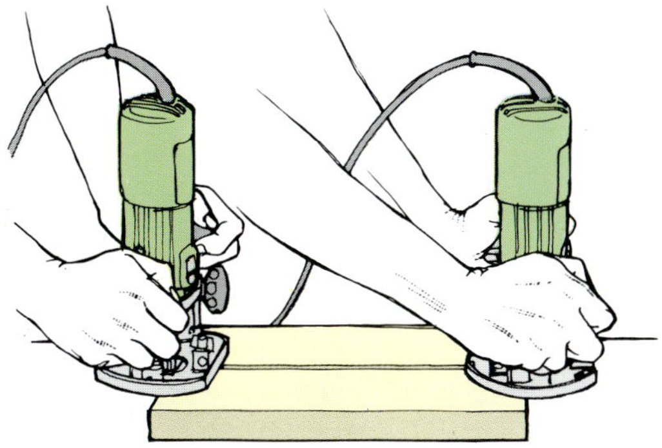

Eine durchgehende Nut fräsen
Setzen Sie den Fräser an der Außenkante an und schalten Sie am hinteren Ende ab, bevor Sie die Fräse herausheben.

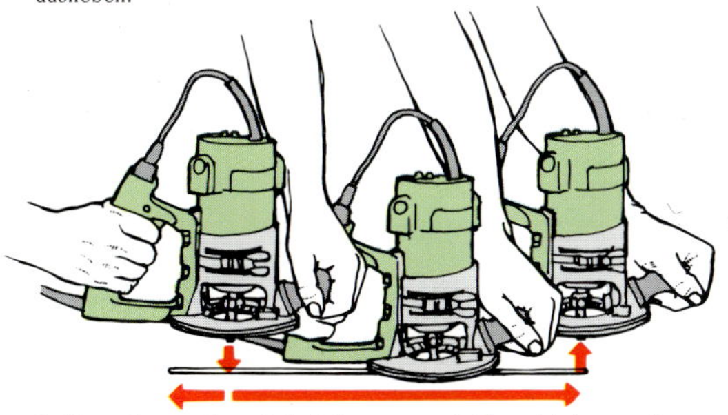

1 Absenken und zurückziehen **2 Vorschieben und am Ende hochheben**

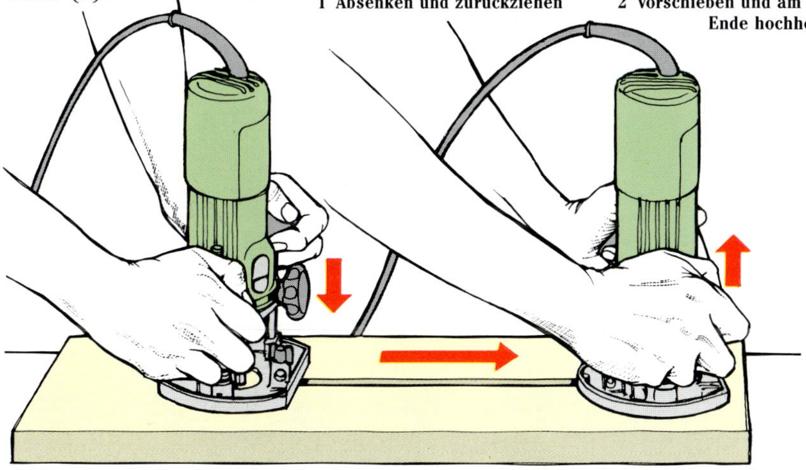

3 Bis zur maximalen Frästiefe eintauchen **4 Bis zum Ende schieben und Tiefeneinstellung lösen**

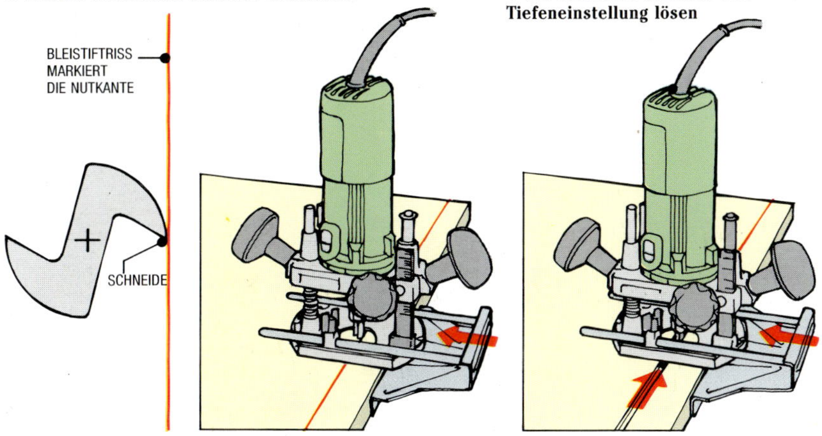

1 Schneide ausrichten **2 Anschlag an Kante heranschieben** **3 Nut fräsen**

Siehe auch

Holzwerkstoffplatten	34-38
Möbelbau	62-73
Sicherheitshinweise	124, 141
Fräser	142

Nuten mit Führungsleisten

Spannen Sie eine Führungsleiste über das Werkstück, wenn Sie in ein breites Brett eine Nut fräsen wollen **(1)**. Nehmen Sie eine Leiste, die so lang ist, daß sie an beiden Enden übersteht, und führen Sie die Oberfräse an dieser entlang.

Um eine Nut zu fräsen, die breiter ist als der Fräser, spannen Sie zwei parallele Leisten auf das Werkstück, und zwar so, daß der Fräser zuerst die eine Kante der Nut fräst und dann die andere. Den ersten Fräsdurchgang machen Sie immer entlang der Leiste auf Ihrer rechten Seite. Dann schieben Sie die Fräse auf die andere Seite, um entlang der linken Führungsleiste zu fräsen **(2)**. Auf diese Weise zieht die Drehrichtung des Fräsers die Oberfräse an die Leiste heran.

Um eine einseitige Gratnut zu fräsen, tauschen Sie nach dem ersten Frägang den Nutfräser gegen einen Gratfräser aus **(3)**.

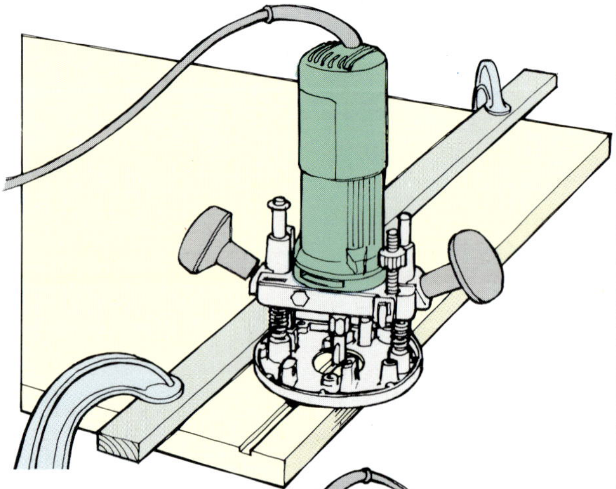

1 Eine Nut mit Hilfe einer Führungsleiste fräsen

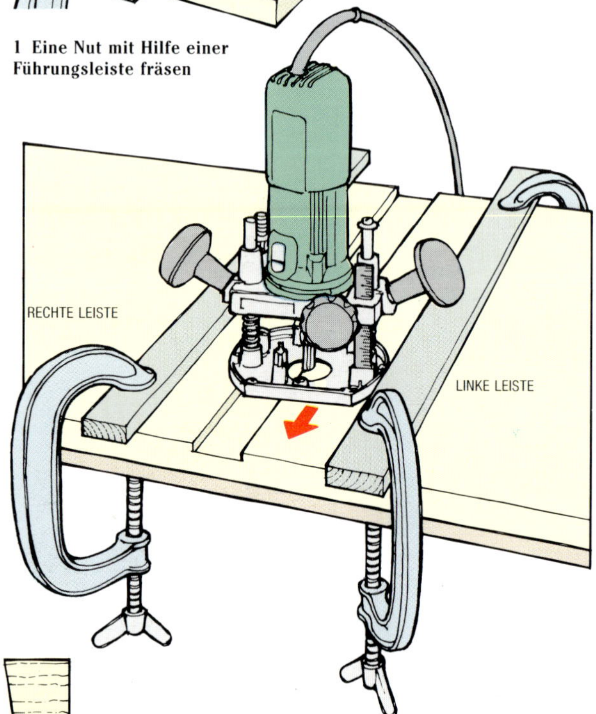

2 Eine breite Nut fräsen

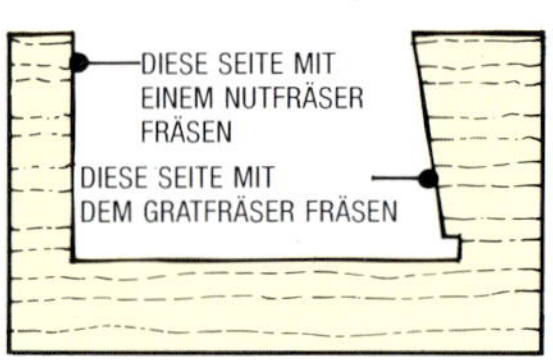

3 Eine einseitige Gratnut fräsen

PROFILE UND FALZE FRÄSEN

Massive Brettfüllungen und Rahmen werden oft mit Profilen versehen, damit sie dekorativer wirken, oder um eine runde Kante zu bekommen. Falze sind meist funktionaler – z. B. um eine Füllung in einen Rahmen einzulegen.

Fälzen mit einem Nutfräser

Es ist möglich, mit einem geraden Nutfräser einen Falz zu fräsen, indem der Parallelanschlag an der gegenüberliegenden Kante des Werkstücks angeschlagen wird. So lassen sich auch Fasen mit einem V-Nutfräser oder einem Hohlkehlfräser anfräsen.

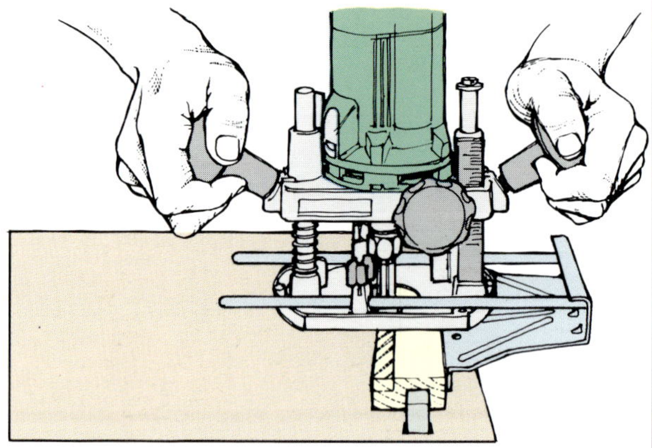

Fälzen mit Nutfräser und Parallelanschlag

Profilieren mit Profilfräsern

Das Profilieren und Fälzen der Kante eines breiten Bretts wird mit einem Profilfräser mit Führungszapfen ausgeführt.

Die Außenkanten einer Brettfläche profilieren Sie entgegen dem Uhrzeigersinn, damit die Drehrichtung des Fräsers ihn immer in das Holz hineinzieht **(1)**. Ist die Platte aus Massivholz, dann profilieren Sie die Stirnseiten vor den Längsseiten **(2)**. Auch wenn nun der Fräser an einer Ecke etwas Hirnholz ausreißt, können Sie doch sicher sein, daß dieser Schaden beim Fräsen der Längsseiten wieder behoben wird. Wenn nur an die Stirnseite ein Profil angefräst wird, dann spannen Sie eine Zulage an die hintere Ecke, um diese zu schützen.

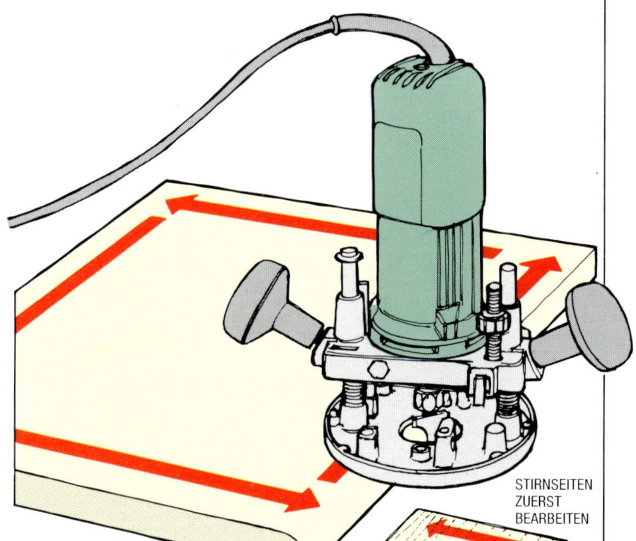

1 Die Kante einer Platte profilieren

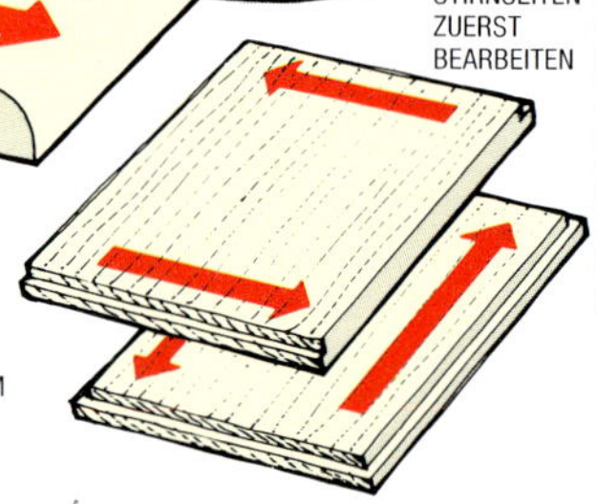

2 Ein massives Brett ringsum profilieren

Die Innenkante eines Rahmens profilieren

Manchmal ist es praktischer, einen Bilder- oder Spiegelrahmen erst nach dem Verleimen zu fälzen oder zu profilieren. An die Außenkante kann ein Profil angefräst werden, so wie das auf der vorhergehenden Seite beschrieben ist. Die Innenkante kann mit einem Falzfräser ohne Anschlag ausgefälzt werden, oder indem man ein dreieckiges Stück Holz an den Parallelanschlag schraubt **(1)**. Wichtig ist, daß die Spitze des Dreiecks genau auf den Mittelpunkt des Fräsers ausgerichtet ist **(2)**.

Fräsen Sie im Uhrzeigersinn, wenn Sie die Innenkante eines Rahmens fälzen oder profilieren. Der Fräser wird zwar runde Ecken hinterlassen, die Sie ja später noch rechtwinklig nachstechen können.

1 Einen Innenfalz fräsen
Schrauben Sie einen dreieckigen Führungsblock an den Parallelanschlag.

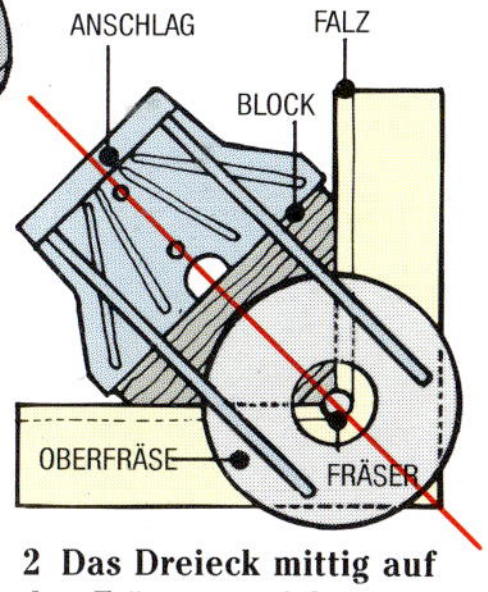

2 Das Dreieck mittig auf den Fräser ausrichten

KREISE, BÖGEN UND FORMEN FRÄSEN

Mit Hilfe handelsüblicher Führungen oder selbst angefertigter Schablonen können kompliziert geformte Teile und perfekte Kreise, Bögen und runde Scheiben gefräst werden.

Kreise fräsen

Der Seitenanschlag der meisten Oberfräsen läßt sich durch den Einsatz einer Zentrierspitze in einen Stangenzirkel verwandeln.

Für klein dimensionierte Arbeiten, wie Frühstücks- oder Käsebrettchen, reicht der normale Anschlag meist aus. Für größere Arbeiten (z. B. die Kante einer runden Tischplatte) schrauben Sie die Fräse an ein Ende einer Sperrholzleiste, bohren ein Loch für den Fräser hinein und schlagen als Zirkelspitze einen Nagel durch das andere Ende der Leiste. Kleben Sie mit einem Stück doppelseitigem Klebeband ein kleines Sperrholzstückchen auf den Mittelpunkt.

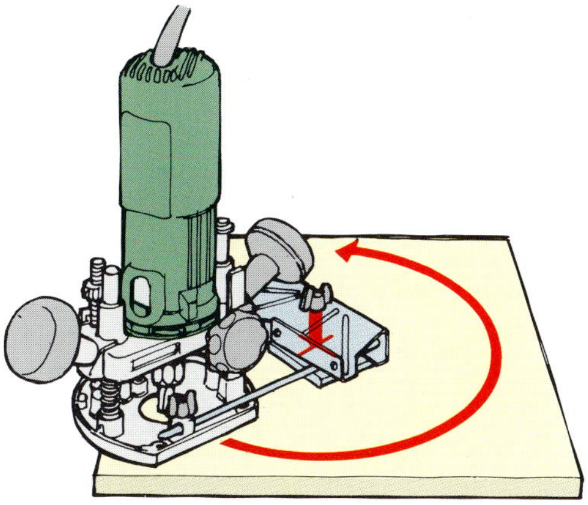

Einen Kreis fräsen mit dem Anschlag als Stangenzirkel

Fräsen nach Schablone

Nach Schablone zu fräsen ist eine einfache und schnelle Methode, identische Konturen herzustellen.

Um eine exakte Kopie der Schablonenform zu gewährleisten, bieten die Herstellerfirmen Kopierringe zu ihren Fräsmaschinen an. Ein Kopierring ist einfach eine runde Scheibe, die um den Fräser herum sitzt und mittig an die Grundplatte der Oberfräse geschraubt wird. Dieser Ring läuft an der Kante der Schablone entlang, so daß der Fräser der Kontur der Schablone genau folgt **(1)**. Beim Fertigen der Schablone müssen Sie den Unterschied zwischen dem Durchmesser des Kopierringes und dem Durchmesser des Fräsers mit berücksichtigen **(2)**.

Fertigen Sie die Schablone aus einem stabilen Plattenmaterial, wie Sperrholz, Hartfaserplatte oder MDF. Die Schablone wird auf dem Werkstück mit Stiften oder mit Klebeband befestigt.

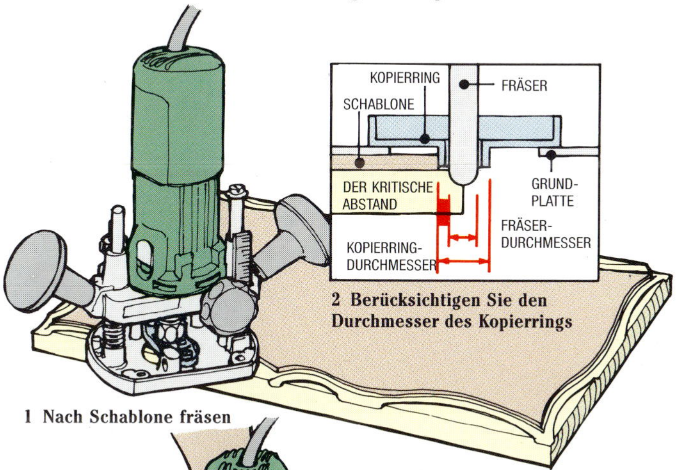

2 Berücksichtigen Sie den Durchmesser des Kopierrings

1 Nach Schablone fräsen

Freihandfräsen

Schildermaler oder Flachreliefschnitzer verwenden oft eine Oberfräse, um damit Schriften oder Bilder in eine flaches Stück Holz einzugravieren. Für das Freihandfräsen wird vor allem der V-Nutfräser eingesetzt, weil er auch in Hartholz gut und sauber schneidet. Gerade Nut- und Ziernutfräser eignen sich ebenfalls, nur muß dann die Fräse so eingestellt werden, daß der Fräser nur eine flache Nut schneidet. Da eine freifließende Führung der Fräse dabei äußerst wichtig ist, sollten Sie eine Schriftart wählen, die Sie ohne anzuhalten durchgängig fräsen können. Gerade Buchstaben sollten lieber mit einer Schablone gefräst werden.

Eine Oberfräse mit Säulenhub ist für das Freihandfräsen besser geeignet als eine feststehende Fräse; den Fräser mühelos hochziehen und wieder eintauchen zu können, ist ein ganz wesentlicher Vorteil.

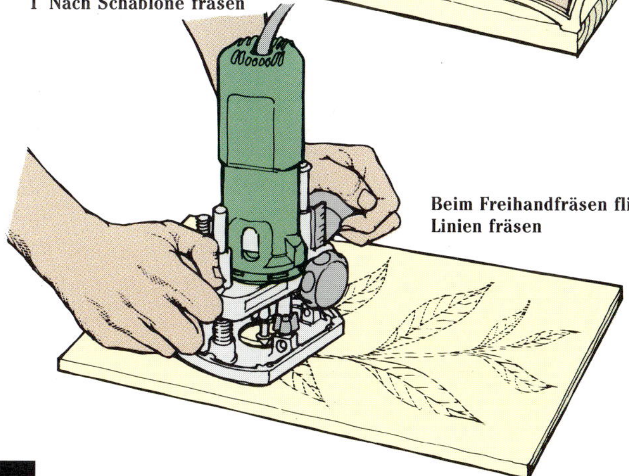

Beim Freihandfräsen fließende Linien fräsen

Das Anfräsen von Verbindungen ist wesentlich einfacher, wenn man die Oberfräse zu einer stationären Tischfräsmaschine umbaut, indem man sie umgekehrt in einen Maschinentisch einsetzt. Eine Reihe von Verbindungen lassen sich jedoch auch mit einer handgeführten Oberfräse ausführen, wobei eine Kombination der verschiedenen Techniken angewandt wird, die in den Abschnitten über das Nuten, Fälzen und Profilieren bereits beschrieben wurden.

Siehe auch

Klapptische	58 - 59
Sicherheitshinweise	124, 141
Fräser	142
Schleifbandkörnungen	148
Kombi-Maschinentische	151, 154
Staubschutzmaske	166
Tischscharnier	227

Falz- und Nutverbindungen

Wenn Sie mehrere Teile auf einer Bank flach zusammenspannen, können Sie diese Verbindungen mit Hilfe eines Nutfräsers und einer Führungsleiste herstellen.

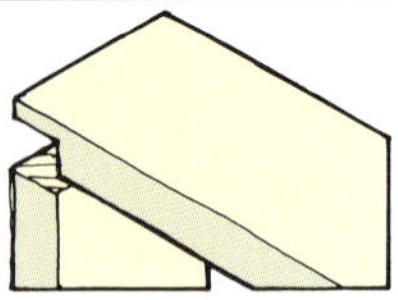

Ausgefälzte Verbindung

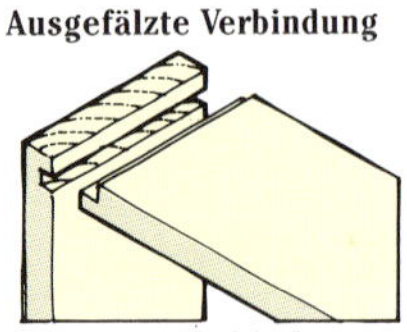

Gefederte Verbindung

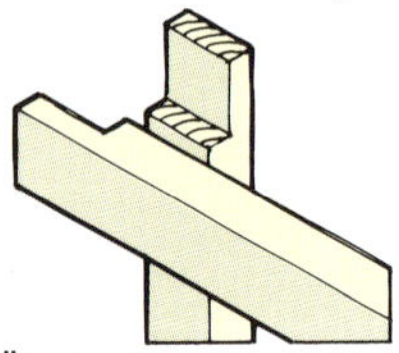

Überblattung

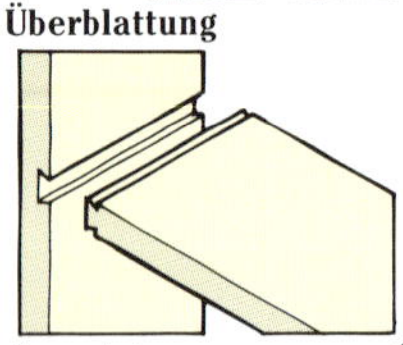

Gegratete Verbindung

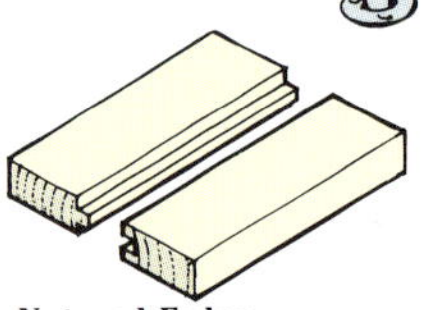

Nut und Feder

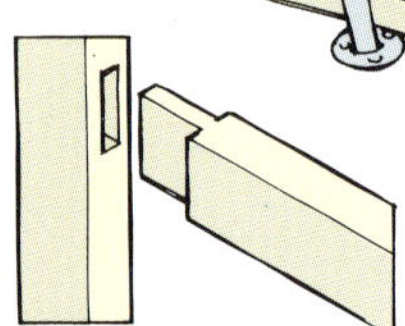

Schlitz und Zapfen

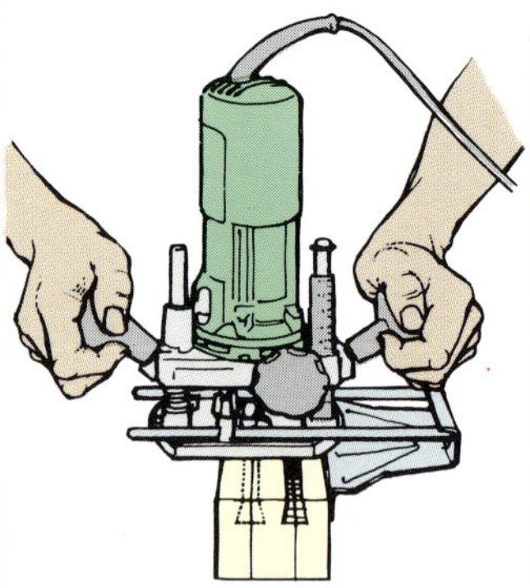

Einen Grat anfräsen

Gratleistenverbindung

Das Graten mit der Oberfräse und einem Gratfräser ist ausgesprochen einfach. Fräsen Sie die Gratnut mit Hilfe einer Führungsleiste. Dann spannen Sie das Gegenstück zwischen zwei Restplatten. Mit einem Seitenanschlag führen Sie den Fräser auf beiden Seiten des Gegenstücks entlang, um so einen Grat anzufräsen, der exakt in die gefräste Gratnut paßt.

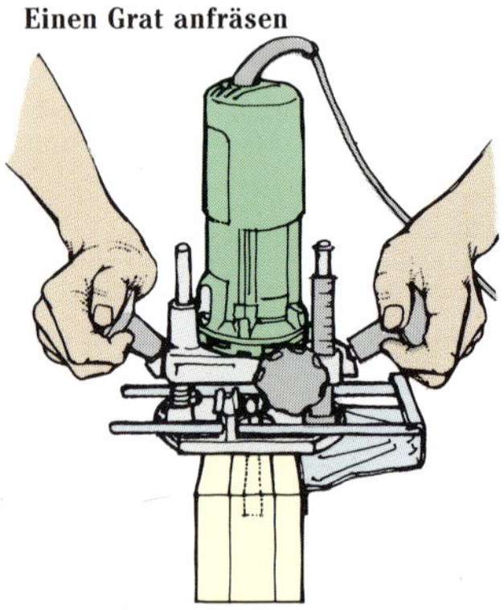

Eine mittige Nut fräsen

Nut-und-Feder-Verbindung

Nehmen Sie einen geraden Nutfräser, um eine rechtwinklige Feder an die Kante eines Bretts anzufräsen. Wenden Sie dabei die gleiche Methode an, die oben für das Anfräsen des Grats beschrieben wurde. Fräsen Sie eine entsprechende Nut in die Kante des anderen Bretts. Dazu spannen Sie das Stück wieder zwischen zwei Holzteile.

Schlitz-und-Zapfen-Verbindung

Ein Schlitz ist nichts anderes als eine kurze Nut und wird wie oben beschrieben ausgefräst. Da es sich aber um eine abgesetzte Nut handelt, läßt sich das mit einer Oberfräse mit Säulenhub viel einfacher ausführen. Wenn Sie eine feststehende Oberfräse in das Holz absenken und aus dem fertigen Schlitz wieder herausheben, können Sie die Seitenkanten der Nut beschädigen.

Um die passenden Zapfen zu fräsen, legen Sie alle Teile nebeneinander und fräsen alle Brüstungen auf einmal. Dabei wird die Fräse an einer aufgespannten Führungsleiste entlanggeführt **(1)**. Den stehengebliebenen Rest entfernen Sie mit der freihändig geführten Fräse. Drehen Sie alle Zapfenteile um, stoßen Sie die angefrästen Brüstungen gegen eine auf die Bank genagelte Anschlagleiste **(2)** und wiederholen Sie den Fräsvorgang.

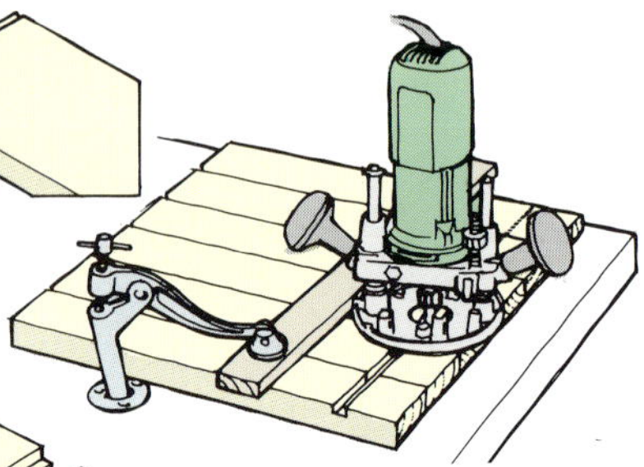

1 Eine Seite der Zapfen absetzen

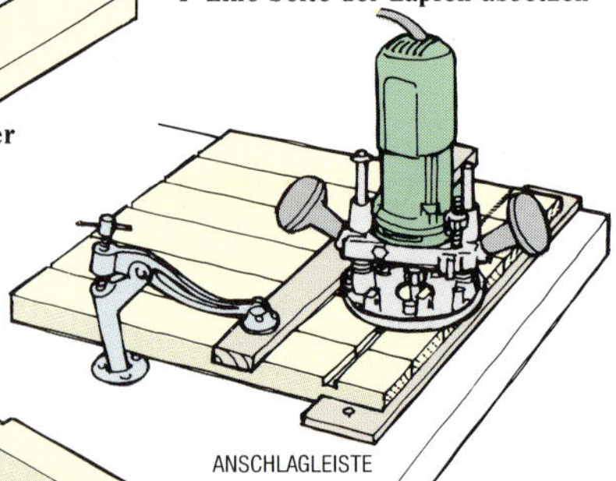

2 Gegen eine Leiste stoßen

Konterprofilverbindung

Traditionelle Methode um die Seitenplatten eines Tischs mit dem Mittelstück zu verbinden. Das Profil stützt die Kante der Platte, wenn diese hochgeklappt ist, und verdeckt das spezielle Tischscharnier im heruntergeklappten Zustand. Die Rolle des Scharniers muß genau unter dem Absatz des Profils liegen.

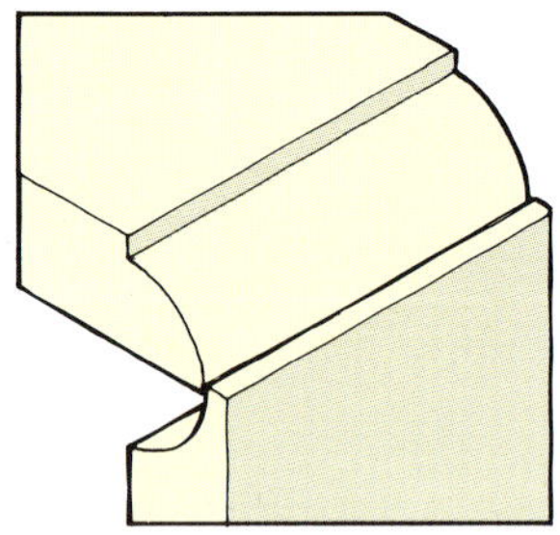

Konterprofilverbindung

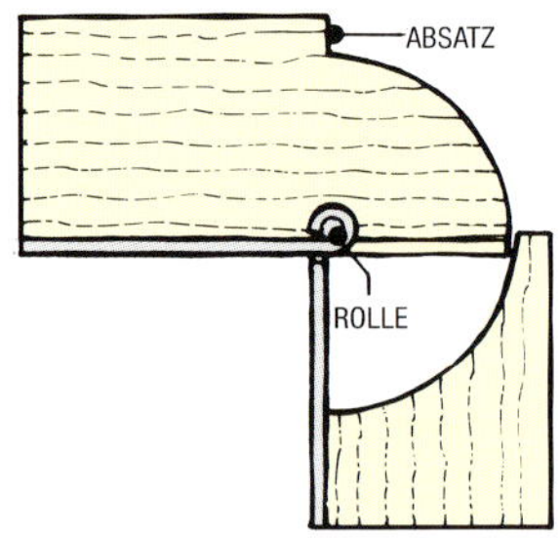

Nach dem Absatz ausrichten

Zinkenverbindungen

Für das Fräsen von Zinkenverbindungen mit einer Oberfräse gibt es spezielle Schablonen und Kopierringe. Die meisten sind nur für Fingerzinken gedacht. Obwohl mit der Maschine gefräste Schwalbenschwanzzinken vielleicht nicht so schön wie mit der Hand gesägte aussehen, sind sie doch genauso solide. Grundsätzlich werden die beiden zu verzinkenden Teile im rechten Winkel zueinander leicht versetzt und mit der Innenseite nach außen in die Schablone eingespannt **(1)**. Planen Sie die Breite der Teile so, daß die Schwalben und Zinken vermittelt sind. Setzen Sie einen Zinkenfräser in die Fräse ein und führen Sie ihn in die einzelnen Schlitze der Schablone hinein und wieder heraus **(2)**. Dann entfernen Sie die Schablonenvorrichtung, drehen die Bretter wieder um **(3)** und verleimen sie.

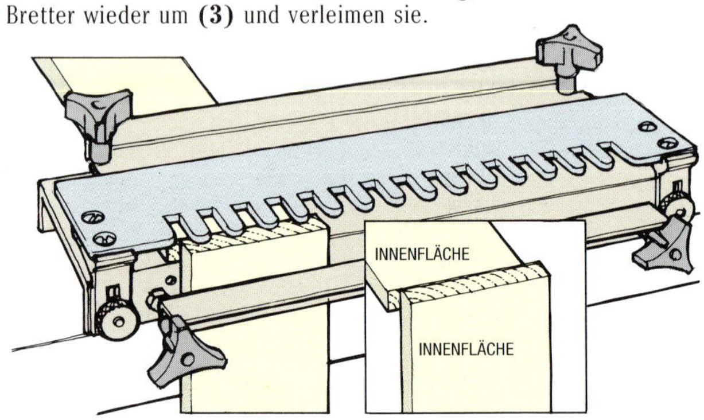

1 Die Teile leicht versetzt und umgedreht festspannen

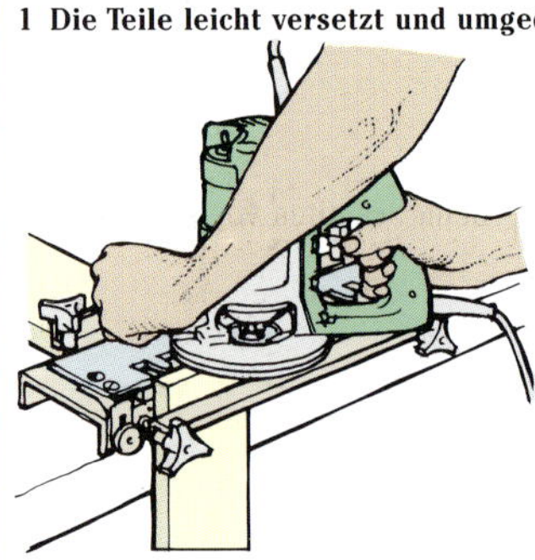

2 Mit einer Oberfräse fräsen

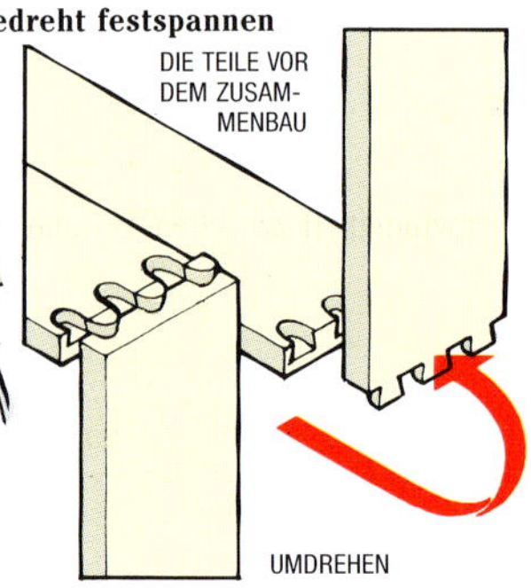

3 Richtig zusammensetzen

HANDSCHLEIFMASCHINEN

Handschleifmaschinen erleichtern die Oberflächenarbeit sehr. Doch sogar mit dem Schwingschleifer für Feinstschliffe erreicht man keine gute Oberflächenqualität zum Polieren oder Lackieren. Um die winzigen Kratzer zu entfernen, die die Maschinen hinterlassen, muß immer noch mit der Hand nachgeschliffen werden.

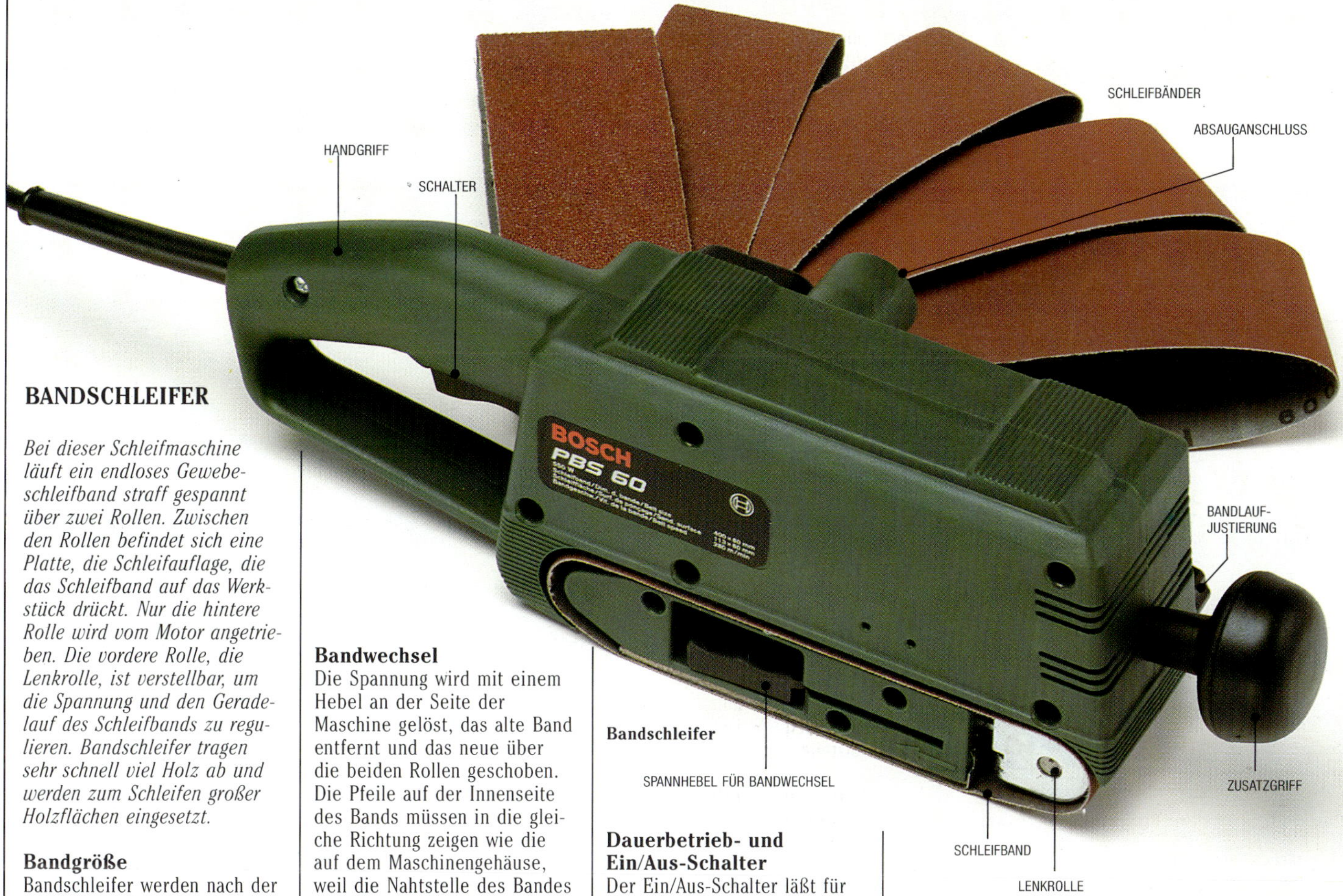

Bandschleifer

BANDSCHLEIFER

Bei dieser Schleifmaschine läuft ein endloses Gewebeschleifband straff gespannt über zwei Rollen. Zwischen den Rollen befindet sich eine Platte, die Schleifauflage, die das Schleifband auf das Werkstück drückt. Nur die hintere Rolle wird vom Motor angetrieben. Die vordere Rolle, die Lenkrolle, ist verstellbar, um die Spannung und den Geradelauf des Schleifbands zu regulieren. Bandschleifer tragen sehr schnell viel Holz ab und werden zum Schleifen großer Holzflächen eingesetzt.

Bandgröße
Bandschleifer werden nach der Größe ihrer Schleifbänder unterschieden. Ein kleiner Bandschleifer hat ein etwa 60 mm breites und 400 mm langes Schleifband. Größere Maschinen haben eine Bandgröße von 75 x 533 oder 100 x 620 mm. Große Bandschleifer sind recht schwer und können bei längerem Arbeiten sehr ermüdend sein.

Bandgeschwindigkeit
Die meisten Bandschleifer haben eine Leerlauf-Bandgeschwindigkeit zwischen 180 und 380 m/min. Bei den Modellen mit elektronischer Regelung läßt sich die Bandgeschwindigkeit für wärmeempfindliche Materialien, wie Farbe oder Lack, auf langsame 150 m/min stellen und für Holz- und Plattenflächen auf hohe Geschwindigkeiten.

Bandwechsel
Die Spannung wird mit einem Hebel an der Seite der Maschine gelöst, das alte Band entfernt und das neue über die beiden Rollen geschoben. Die Pfeile auf der Innenseite des Bands müssen in die gleiche Richtung zeigen wie die auf dem Maschinengehäuse, weil die Nahtstelle des Bandes aufreißen könnte, wenn das Band falsch herum eingelegt ist. Das neue Band wird gespannt, indem der Spannhebel wieder umgelegt wird.

Lassen Sie die Maschine laufen und justieren Sie die Lenkrolle mit dem Regelknopf so, daß das Band genau mittig über die Rollen und die Auflageplatte läuft.

Staubabsaugung
Alle Bandschleifer sind mit einem Staubsack ausgestattet. Beim Schleifen von Holz ist er sehr wichtig. Beim Schleifen von Metall muß der Sack jedoch entfernt werden.

Schutzisolierung
Wählen Sie eine Bandschleifmaschine mit Kunststoffgehäuse, das keinen elektrischen Strom leitet.

Dauerbetrieb- und Ein/Aus-Schalter
Der Ein/Aus-Schalter läßt für den Dauerbetrieb arretieren, indem ein Knopf auf dem Handgriff eingedrückt wird.

Zusatzgriff
Ohne einen zweiten Griff an der Vorderseite der Maschine ließe sie sich nur schwer von der Werkstückfläche heben oder darauf absetzen. Um bis in Ecken oder Fälze hineinschleifen zu können, ist es jedoch praktisch, wenn sich dieser vordere Griff abnehmen läßt.

Schleifrahmen
An manchen Bandschleifmaschinen läßt sich ein verstellbarer Schleifrahmen anbringen. Er begrenzt die Schleiftiefe, was zum präzisen Schleifen großer Flächen nützlich ist und dünne Furniere vor dem Durchschleifen schützt.

SICHERES SCHLEIFEN

An einem groben Schleifband, das sehr schnell läuft, kann man sich sehr schmerzhafte Verletzungen zuziehen. Befolgen Sie die allgemeinen Sicherheitsregeln für Elektrowerkzeuge. Und:

- Verwenden Sie immer einen Staubsack, wenn Sie Holz schleifen. Wenn das Absaugsystem die Staubmenge nicht aufnehmen kann, tragen Sie eine Schutzmaske.
- Halten Sie die Maschine mit beiden Händen. Legen Sie die Maschine nie zur Seite, wenn das Band noch läuft.

SCHLEIFBÄNDER

Nehmen Sie für grobe Arbeiten ein grobkörniges Schleifband, anschließend ein mittelgrobes und zum Schluß ein feines Band, um die Schleifspuren zu entfernen, die das vorhergehende Band zurückgelassen hat.

Ein gerissenes, zugesetztes oder abgenütztes Schleifband wird das Werkstück beschädigen und sollte ausgewechselt werden.

Siehe auch

Sicherheitshinweise	124, 150
Akku-Schleifer	150
Schleifblätter	150
Handhabung der Schwingschleifer	150
Staubabsaugung	160

GÄNGIGE SCHLEIFBAND-KÖRNUNGEN	
Körnung 40	sehr grob
Körnung 60	grob
Körnung 80	mittel
Körnung 100	mittel
Körnung 150	fein
Körnung 240	sehr fein

Stationäre Schleifeinrichtung

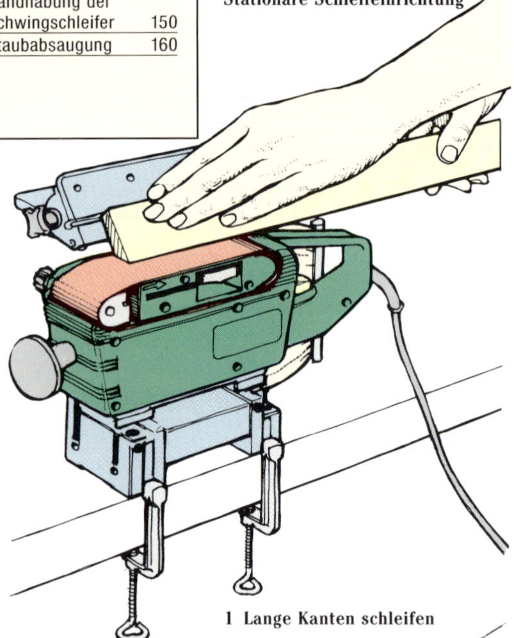

1 Lange Kanten schleifen

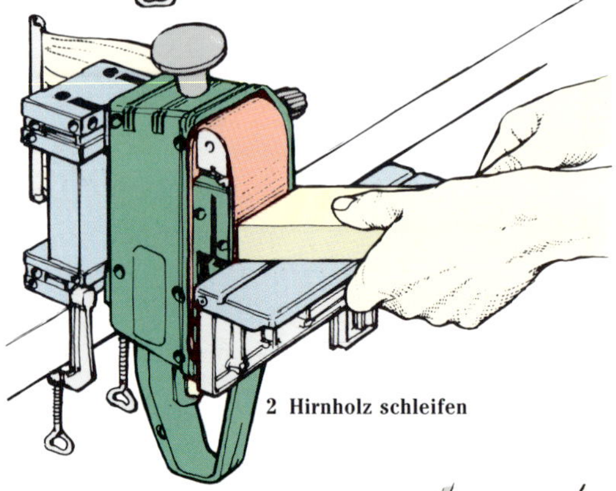

2 Hirnholz schleifen

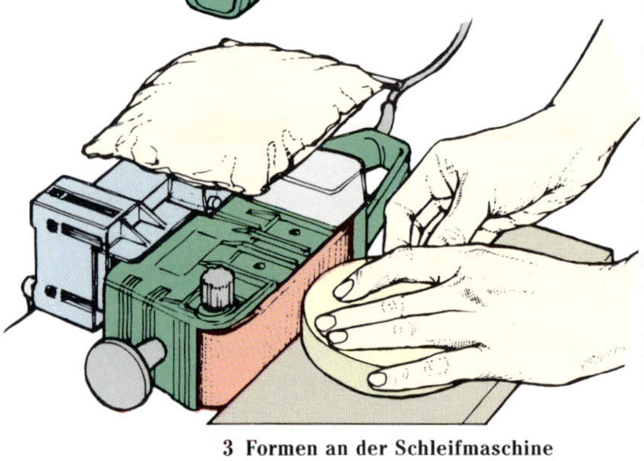

3 Formen an der Schleifmaschine

Der Bandschleifer

Schalten Sie die Maschine ein und setzen Sie sie auf das Werkstück auf. Sobald die Schleiffläche die Oberfläche berührt, schieben Sie den Bandschleifer vorwärts. Wenn Sie damit auf einer Stelle stehenbleiben, schleift er tiefe Riefen in das Holz, die sich meist nur schwer wieder entfernen lassen. Schleifen Sie in Faserrichtung, mit parallelen, sich überlappenden Zügen. Um Farbe zu entfernen oder rauhes Holz zu glätten, schleifen Sie im Winkel von 45° in zwei Richtungen, zuerst quer zur Faser und zum Abschluß parallel in Faserrichtung.

Achten Sie darauf, die Maschine ganz flach aufliegen zu lassen, wenn Sie auf die Kanten des Bretts zuschleifen, da man sonst die Kanten abrundet. Vor allem bei furnierten Platten empfiehlt es sich, schmale Weichholzleisten um die Kanten, bündig zur Oberfläche, zu nageln, damit man das Furnier an den Kanten nicht durchschleift.

Stationäreinrichtung

Umgekehrt eingespannt und mit einem Winkelanschlag **(1)** versehen, kann die Maschine zum Schleifen langer, rechtwinkliger oder schräger Flächen benützt werden. Ist sie aufrecht montiert, läßt sich daran auch Hirnholz schleifen **(2)**. Wenn sie auf der Seite liegt, kann daran auch formgebend gearbeitet werden **(3)**.

SCHWINGSCHLEIFER

Bei einem Schwingschleifer wird ein Schleifpapierstreifen über eine gummigepolsterte Schleifplatte gespannt. Ein Elektromotor versetzt die Schleifplatte in kleine, kreisförmige Schwingungen. Einige wenige Maschinen lassen sich auf einen geradlinigen Hinundherhub umschalten, um so die feinen Schleifkringel zu entfernen, die die Kreisbewegung auf der Oberfläche hinterlassen hat. Andere Schwingschleifer haben eine unregelmäßige Kreisschwingung, die das gleichmäßige Schleifmuster durchbricht und es dadurch weniger auffällig macht. Schleifvorsätze für Elektrobohrmaschinen sind unhandliche Geräte, mit denen sich nicht so gut arbeiten läßt wie mit speziellen Schleifmaschinen.

Schleifblattgröße

Obwohl es für die Schwingschleifer fertig beschnittene Schleifpapierstreifen zu kaufen gibt, steht ihre Größe in einem bestimmten Verhältnis zu den handelsüblichen Schleifpapierbögen für den Handschliff (23 x 28 cm). Für die größeren Maschinen braucht man einen Drittel- oder halben Bogen, da die Schleifplatte 93 mm bzw. 114 mm breit ist. Für die kleinen Einhandschleifer braucht man je nach Ausführung etwa einen Viertelbogen.

Schleifgeschwindigkeit

Die Schleifgeschwindigkeit eines Schwingschleifers wird in Hüben pro Minute angegeben. Eine feste Hubzahl von etwa 20000 bis 25000 pro Minute ist die Regel. Es gibt jedoch auch elektronisch regelbare Schwingschleifer, deren Hubzahl sich für wärmeempfindliche Werkstoffe, wie Kunststoffe und Farblack, auf nur 6000 Hübe pro Minute einstellen läßt. Die Schleifgeschwindigkeit kann vorgewählt oder über den Druck auf den Schalter reguliert werden. Wenn Sie mit Ihrem Schwingschleifer nur Holz schleifen wollen, dann hat ein stufenlos regelbares Modell nur wenig praktischen Nutzen für Sie.

Gewicht

Sogar die größeren Schwingschleifer sind relativ leicht. Die kleinen Einhandschleifer, die nur mit einer Hand geführt werden, wiegen nur etwa 1 kg und sind darum besonders handlich.

Zusatzgriff

Der Zusatzhandgriff an einigen größeren Schwingschleifern ist nicht unbedingt nötig. Wenn Sie Ihre freie Hand über das Motorgehäuse legen, können Sie die Maschine gut führen und genügend Druck ausüben.

Halbe-Schleifpapierbögen

Schalterarretierung

Alle Schwingschleifer haben einen Knopf zur Schalterarretierung für den Dauerbetrieb.

Schutzisolierung

Kunststoffgehäuse machen die Schwingschleifer nicht nur leicht, sondern schützen den Benutzer auch vor unter Spannung stehenden Teilen.

Staubabsaugung
Die besseren Schwingschleifer haben eine integrierte Staubabsaugung. Über Kanäle und Düsen in der Schleifplatte wird der Staub um die Maschine herum abgesaugt und in einem Staubsack gesammelt. Manche Modelle werden auch mit einem Staubrahmen geliefert, der die Schleifplatte umschließt und an einen Haushaltsstaubsauger angeschlossen wird. Andere Maschinen haben statt des Staubsacks einen Absaugstutzen, an den man den Schlauch eines Staubsaugers anschließen kann.

EXZENTERSCHLEIFER

Wenn ein Schleifteller sich exzentrisch bewegt, während er gleichzeitig rotiert, hinterläßt er auf einer Holzoberfläche praktisch keine Schleifspuren. Der Moosgummibelag ist elastisch genug, um sich konkaven und konvexen Flächen anzupassen.

Halten Sie das Gerät beim Schleifen ständig in Bewegung

Schwingschleifer

Viertel-Schleifpapierbögen

Einhandschleifer

Siehe auch
Sicherheitshinweise 124
Handkreissägen 132-133
Oberfräsen 140-141
Schwingschleifer 148-149
Gesundheit und Sicherheit 160

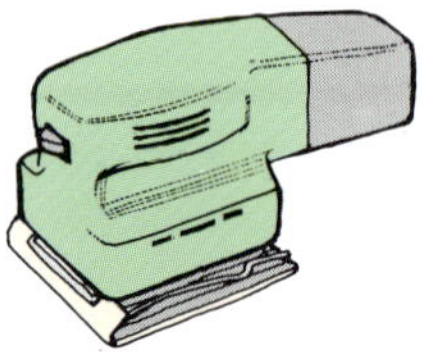

Akku-Schwingschleifer
Die Akku-Schwingschleifer sind ebenso leistungsstark wie elektrisch betriebene Schwingschleifer und wiegen nur geringfügig mehr. Sie sind jedoch so teuer, daß sich eine Anschaffung nur lohnt, wenn Sie unbedingt netzunabhängig arbeiten müssen.

SCHLEIFPAPIERBLÄTTER

Schleifpapier gibt es größenunabhängig in verschiedenen Körnungen, die immer in der Reihenfolge von grob zu fein benützt werden.

Wechseln Sie auf ein feineres Papier, sobald die Schleifspuren der vorhergehenden Körnung verschwinden. Grobe Körnungen sind für das Vorschleifen von sägerauhem Weichholz und anderen rauhen Werkstoffen geeignet. Mit den mittleren und feinen Körnungen erreicht man eine gute Oberfläche, die nur noch leicht nachgeschliffen werden muß. Für das Schleifen furnierter Flächen sollten nur sehr feine Körnungen verwendet werden.

Bei Schleifpapieren mit „geschlossener Streuung" sitzen die Schleifkörner dicht nebeneinander. Diese sind für schnelle und allgemeine Schleifarbeiten richtig. Papiere mit „offener Streuung" haben weit auseinanderliegende Schleifkörner für das Schleifen harzhaltiger Holzarten, bei denen andere Papiere sehr schnell zusetzen würden.

Das Schleifblatt wird meist durch einen Klemmbügel an beiden Enden der Schleifplatte gehalten.

GÄNGIGE SCHLEIFBLATTKÖRNUNGEN

Körnung 40	sehr grob
Körnung 60	grob
Körnung 80	grob
Körnung 100	mittel
Körnung 120	mittel
Körnung 150	fein
Körnung 180	fein
Körnung 240	sehr fein
Körnung 280	sehr fein
Körnung 320	sehr fein
Körnung 400	sehr fein

Handhabung eines Schwingschleifers

Schieben Sie einen Schwingschleifer auf dem Werkstück vor und zurück in parallelen, sich überschneidenden Bahnen. Wenn Sie mit grobem Schleifpapier arbeiten, müssen Sie aufpassen, die Brettkanten nicht abzurunden oder das Furnier durchzuschleifen. Man muß auf den Schwingschleifer keinen großen Druck ausüben, um das Werkstück gründlich zu schleifen.

Feinschleifen mit dem Schwingschleifer
Schleifen Sie in parallelen, sich überschneidenden Bahnen.

Der Einhandschleifer
Diese Schleifmaschine ist so leicht, daß man über Kopf schleifen kann.

SICHERHEIT

Beachten Sie die Sicherheitsvorschriften für Elektrowerkzeuge und:

- Tragen Sie Schutzbrille und Staubmaske, wenn Sie über Kopf arbeiten.
- Trennen Sie einen Schwingschleifer immer vom Netz, wenn Sie das Schleifpapier wechseln.

SCHEIBENSCHLEIFMASCHINEN

Bewegliche Schleifteller für den Einsatz in einer Bohrmaschine werden häufig zum Abschleifen von Fußböden und Farbanstrichen benützt. Sie hinterlassen aber tiefe Querriefen auf der Oberfläche und sind deshalb für die Holzbearbeitung nicht geeignet. Ein auf der Werkbank befestigtes starres Tellerschleifgerät kann aber in einer Werkstatt sehr nützlich sein.

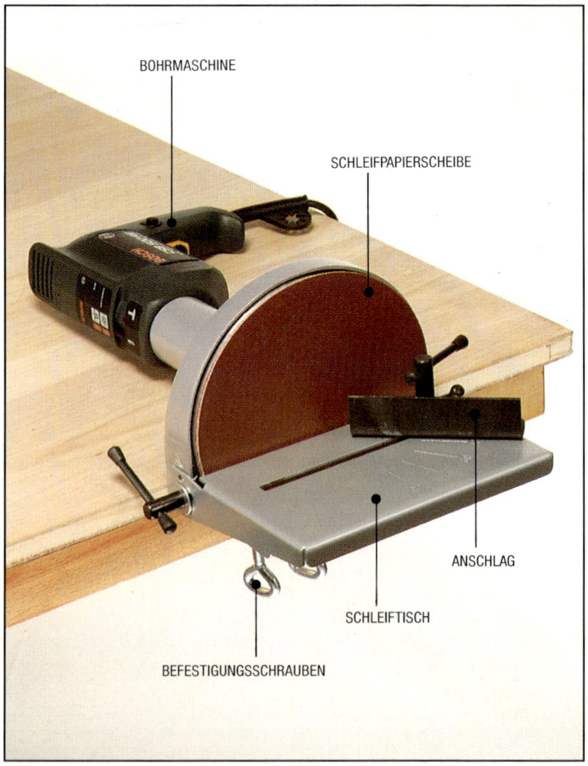

Tellerschleifer

Ein auf der Werkbank befestigter Tellerschleifer ist ein Bohrmaschinen-Vorsatzgerät, auf dem Hirnholz geschliffen und Holzteile formgeschliffen werden können. Er hat einen starren Metallschleifteller, auf den Schleifpapierscheiben geklebt werden. Ein Schleiftisch, der sich um 45° neigen läßt, wird vor dem Schleifteller festgeschraubt. Ein auf dem Tisch aufliegendes Werkstück kann so freihändig geschliffen werden **(1)**. Ein nach beiden Seiten verstellbarer Anschlag wird zum Anschleifen exakter Schrägen oder Winkel benützt **(2)**.

Schleifen Sie möglichst auf der „abwärts" drehenden Seite des Schleiftellers, so daß das Werkstück von der Drehrichtung der Maschine auf den Schleiftisch gedrückt wird.

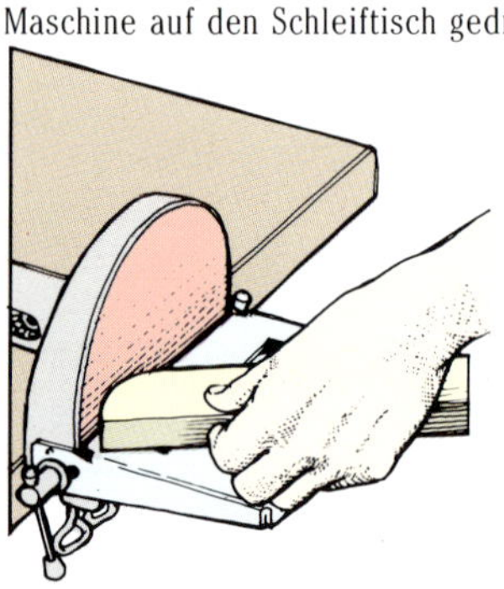

1 Freihändig schleifen
Drehen Sie das Werkstück auf dem Tisch, während Sie es leicht gegen den Schleifteller drücken.

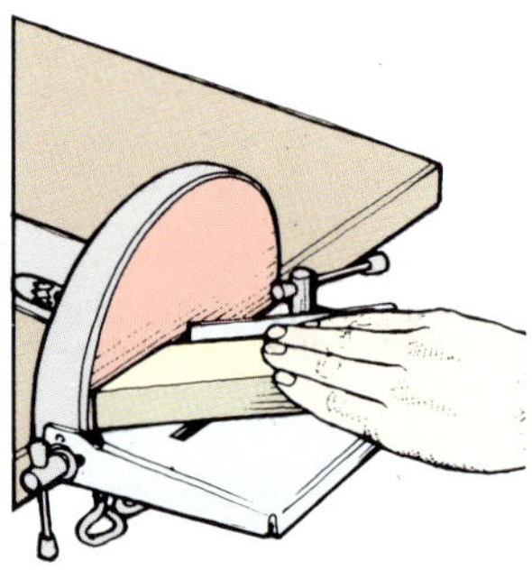

2 Mit einem Anschlag arbeiten
Rechtwinklige oder schräge Enden werden an dem entsprechend eingestellten Anschlag geschliffen.

KOMBI-MASCHINENTISCHE

Die Hersteller von Elektrowerkzeugen bieten verschiedene Zubehörteile an, mit Hilfe derer sich Handkreissägen, Oberfräsen und Stichsägen zu kleinen, auf der Werkbank montierten Stationärmaschinen umbauen lassen. Leider entsprechen die Ergebnisse nur selten hohen Qualitätsansprüchen. Oft ist der Arbeitstisch so klein, daß sich grössere Platten gar nicht auflegen lassen. Die Anschläge und Führungsschienen sind häufig zu kurz und zu schwach. Diese Zubehörteile mögen vielleicht billig sein, aber sie lassen sich nicht vergleichen mit einem gut gebauten Kombi-Maschinentisch, der Ihnen einen großdimensionierten Säge- oder Frästisch bietet.

Die Kombi-Tische sind relativ leicht und transportabel. Sie enthalten Universal-Grundplatten, in die sich die gängigsten Kreissägen oder Oberfräsen einsetzen lassen. Für die meisten Schreiner ist es aber praktischer, jedes Gerät in eine eigene Grundplatte einzusetzen und diese bei Bedarf schnell gegen die andere auszuwechseln.

WESENTLICHE MERKMALE

Bei der Wahl eines Kombi-Maschinentischs sollten Sie auf folgende Ausstattungsmerkmale achten:

- Stabile Konstruktion mit einem starren Untergestell, auf dem der Auflagetisch in einer bequemen Arbeitshöhe liegt.
- Großdimensionierter Tisch mit einer anbaubaren Tischverbreiterung, um auch große Span- und Tischlerplatten usw. auflegen zu können.
- Gut funktionierende Schutzeinrichtungen.
- Stabile Anschläge, die sich nicht deformieren, wenn das Werkstück durch das Blatt oder gegen den Fräser geführt wird.
- Ein leichtlaufender Schiebe- und Gehrungsanschlag. Er sollte eine breite Anschlagfläche haben, um das Werkstück sicher abzustützen, und so nah wie möglich am Blatt befestigt sein, damit überstehende Werkstücke sich beim Durchsägen nicht verbiegen können.
- Anschläge mit gut lesbaren Maßskalen für die Feineinstellung.
- Leichter Umbau von der Untertischmontage zur Gerätemontage von oben und von einer Geräteeinheit zur anderen.
- Ein gut erreichbarer Ein/Aus-Schalter – unter den Tisch greifen zu müssen, um die Maschine bei einem Notfall schnell auszuschalten, kann das Abschalten unnötig verzögern.
- Bei der Gerätemontage von oben müssen sich die Maschinen leicht und ohne Querbewegung vorwärtsschieben lassen.
- Ein Kombi-Tisch, der sich auch als Montagetisch verwenden läßt, ist in einer kleinen Werkstatt sehr praktisch.

Kombi-Maschinentisch als Tischkreissäge

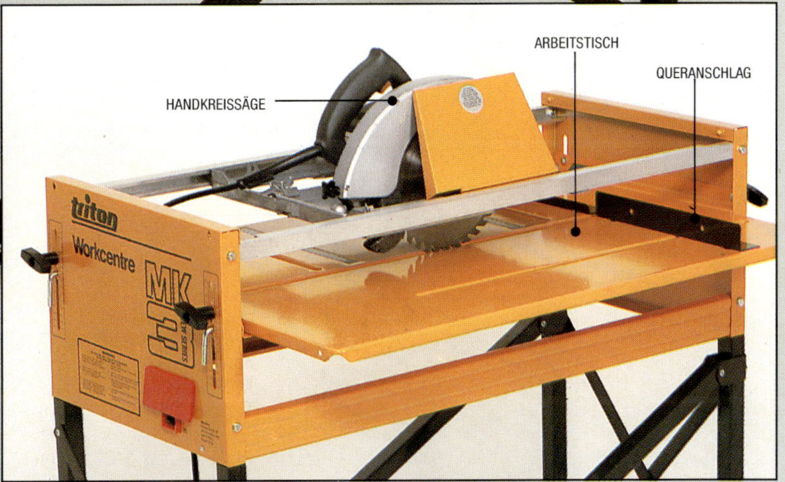

Kombi-Maschinentisch mit hängend geführter Kreissäge

DER KOMBI-MASCHINENTISCH ALS TISCHKREISSÄGE

Obwohl ein guter Maschinentisch jede Größe einer Handkreissäge aufnehmen können sollte, werden Sie die besten Ergebnisse mit einem 230 mm großen, hartmetallbestückten Sägeblatt erzielen. Wenn die Säge genau schneiden soll, darf das Lager seitlich kein Spiel haben.

Siehe auch

Handkreissägen	132-133
Kombi-Maschinentisch	151
Absauggeräte	160
Schutzbrillen	160

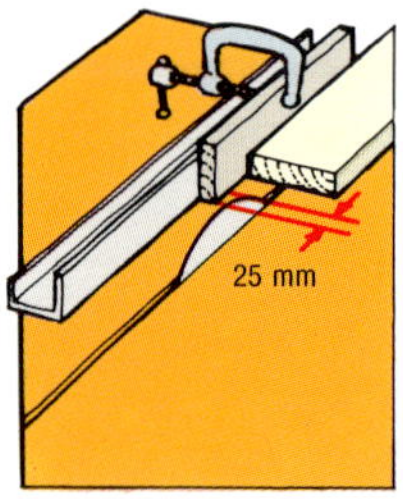

Auftrennen von vorgetrocknetem Holz
Beim Aufsägen von vorgetrocknetem Holz können Spannungen frei werden, die zum Aufspringen der Schnittfuge führen. Dadurch kann das Werkstück seitlich gegen das Blatt gedrückt werden und das Holz daraufhin verklemmen oder zurückschlagen. Um Raum zwischen Sägeblatt und Längsanschlag zu schaffen, spannen Sie zum Schutz ein Vorsatzholz an den Anfang des Längsanschlags.

Längsschnitte

Die Herstellerfirma eines Kombi-Maschinentischs wird genaue Anweisungen mitliefern, wie man den Tisch zu einer Längsschnittsäge umbaut. Ist die Kreissäge eingebaut, stellen Sie die Blatthöhe so ein, daß die Zähne die Werkstückoberfläche gerade durchbrechen. Dann senken Sie die Schutzhaube bis auf 6 mm über der Holzoberfläche ab. Der Längsanschlag muß genau parallel zum Blatt stehen. Sollte das hintere Ende des Anschlags näher am Sägeblatt sein als das vordere, wird das Werkstück klemmen und vom Sägeblatt in Ihre Richtung zurückgedrückt werden.

Beim Sägen breiter Bretter drücken Sie das Werkstück mit einer Hand fest gegen den Anschlag und halten den Abschnitt mit der anderen Hand gleichzeitig fest **(1)**. Schieben Sie das Brett gleichmäßig, aber nicht zu schnell vorwärts und versuchen Sie während des ganzen Sägevorgangs nicht innezuhalten, denn sonst können kleine Absätze an der Schnittkante entstehen.

Ist der Schnitt beendet, schieben Sie das Werkstück bis hinter das Blatt durch. Ziehen Sie das Werkstück oder den Abschnitt niemals zurück, solange das Blatt noch läuft. Bei einem sehr langen Brett sollten Sie sich helfen lassen.

Zum Auftrennen eines schmalen Bretts benutzen Sie einen Schiebestock, um das Werkstück zwischen Anschlag und Sägeblatt durchzuschieben **(2)**, während Sie das Werkstück gegen den Anschlag drücken.

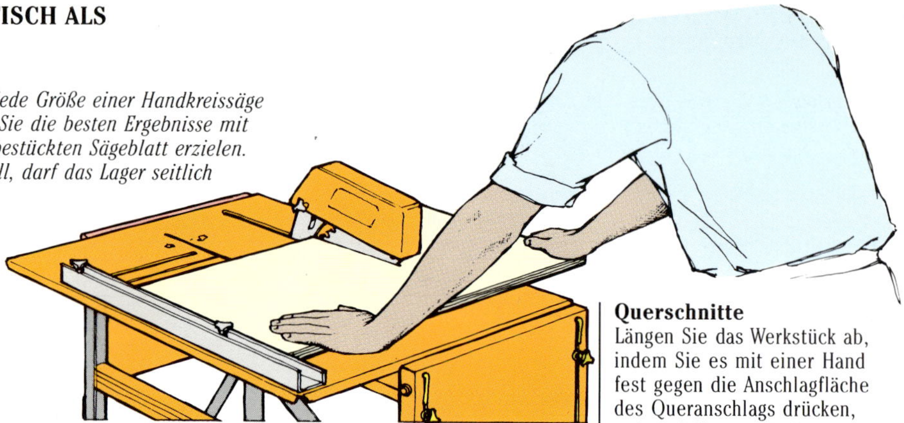

1 Sägen eines breiten Bretts
Drücken Sie es gegen den Anschlag und halten Sie den Abschnitt fest.

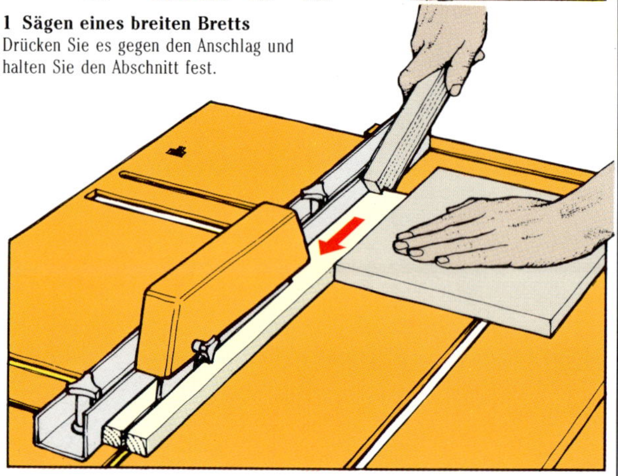

2 Sägen eines schmalen Bretts
Mit dem Schiebestock durchschieben.

Querschnitte

Längen Sie das Werkstück ab, indem Sie es mit einer Hand fest gegen die Anschlagfläche des Queranschlags drücken, während Sie es mit der anderen vorwärts schieben **(1)**. Wenn Sie nur etwa 5–6 mm Holz absägen wollen, tun Sie das mit zwei Schnitten in Blattstärke. Auf diese Weise wird der Abfall bei jedem Schnitt zu Staub zersägt.

Um eine Gehrung anzuschneiden, stellen Sie den Gehrungsanschlag auf den gewünschten Winkel ein und gehen genauso vor **(2)**.

Verbindungen schneiden

Indem Sie das Blatt absenken, um nur teilweise durch das Holz zu schneiden, ist es möglich, Zapfen, Nuten, Federn, Fälze und Überblattungen anzuschneiden. Schneiden Sie immer zuerst die Brüstungen und entfernen Sie dann den Rest mit mehreren Schnitten in Blattstärke.

1 Querschnitte mit dem Queranschlag

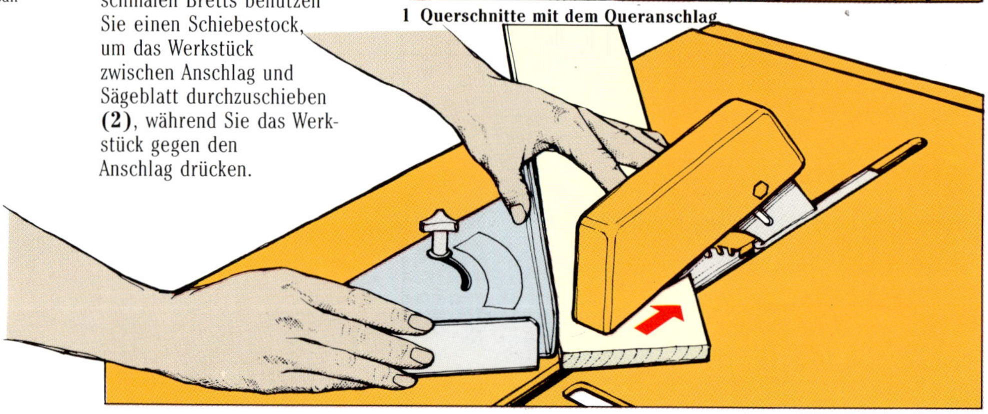

2 Eine Gehrung anschneiden

SICHERHEIT

- Kommen Sie mit den Fingern nicht in die Nähe des Blattes und verwenden Sie, wenn nötig, einen Schiebestock.
- Beugen Sie sich niemals über ein noch laufendes Blatt.
- Achten Sie darauf, daß Werkstück und Abfallstück während des ganzen Sägevorgangs sicher aufliegen.
- Tragen Sie eine Schutzbrille.
- Tragen Sie keine weite Kleidung (Ärmel!).
- Legen Sie Schmuck ab und binden Sie langes Haar zusammen.
- Trennen Sie die Maschine nach der Arbeit vom Netz.
- Halten Sie Kinder vom Maschinentisch fern, wenn daran gearbeitet wird.

DER KOMBI-MASCHINENTISCH MIT OBENLIEGENDER SÄGE

Mit der von oben eingesetzten Handkreissäge können Sie alle Querschnitte und Verbindungen ausführen, die mit einer Handkreissäge möglich sind. Mit der hängend geführten Säge lassen sich besonders gut Quer- und Schrägschnitte an breiten Brettern oder Platten ausführen.

Querschneiden breiter Bretter

Nachdem Sie die Säge eingesetzt und das Blatt auf die gewünschte Schnittiefe eingestellt haben, schieben Sie sie erst einmal über die gesamte Länge der Laufstrecke, um sicherzugehen, daß das Blatt ungehindert durchläuft.

Drücken Sie das Werkstück fest gegen den Queranschlag und schieben Sie die Säge ruhig und gleichmäßig vorwärts, bis das Holz durchgesägt ist.

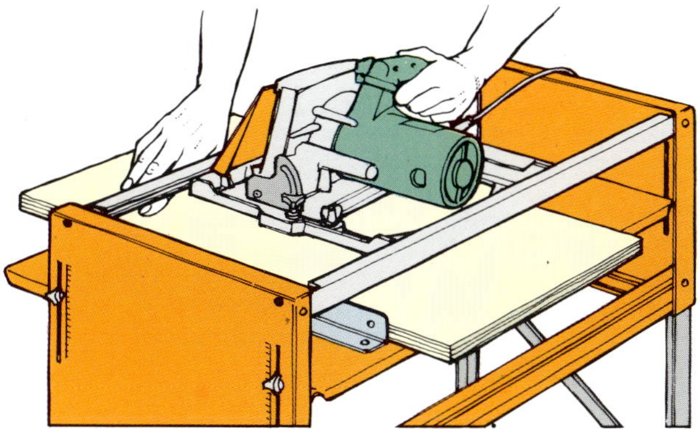

Breite Bretter oder Platten durchsägen
Das Werkstück fest gegen den Anschlag drücken und die Säge vorschieben.

Mehrfachschnitte

Um mehrere Werkstücke auf einmal abzulängen, richten Sie sie in einer Linie aus, kleben sie mit Klebeband zusammen und längen sie wie oben beschrieben ab.

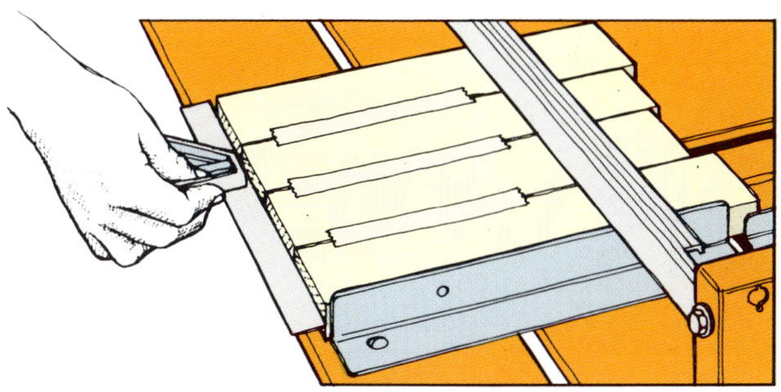

Querschneiden von gleichen Stücken
Bringen Sie die Enden in eine Linie und längen Sie sie alle mit einem Schnitt ab.

Nuten und Falze schneiden

Um eine Nut oder einen Falz in ein Brett zu schneiden, stellen Sie das Blatt höher, damit es das Brett nur teilweise einsägt. Sägen Sie zuerst die Nutseiten ein und entfernen Sie dann den Mittelbereich durch mehrmaliges Einsägen mit dem Sägeblatt.

Für eine Nut das Sägeblatt höher stellen

Schräge Querschnitte

Um ein Werkstück schräg abzulängen, legen Sie als erstes ein Zwischenbrett darunter, um es anzuheben. Schwenken Sie das Blatt auf 45° und führen Sie den Schnitt aus. Der in das Zwischenbrett geschnittene Schlitz dient bei Folgeschnitten als Anschlaglinie.

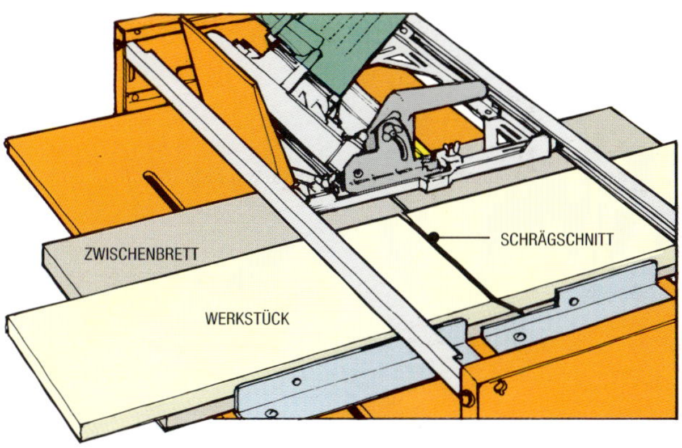

Für Gehrungsschnitte ein Brett unter das Werkstück legen

Einschnitte

Um ein starkes Holzstück biegen zu können, macht man mit der Säge Einschnitte. Mit einer hängend geführten Säge ist das ganz einfach. Die Abstände zwischen den Einschnitten sollten gleich groß und die Einschnitte selbst sehr tief sein, so daß nur ein 2–6 mm dicker Streifen stehenbleibt.

Nehmen Sie eine Leiste, die höher ist als das Werkstück, und schrauben Sie sie an den Queranschlag. Dann fahren Sie mit der Säge einmal darüber, um so eine Kerbe in die Leiste zu schneiden. Markieren Sie mit einem Bleistiftstrich den Abstand zum nächsten Einschnitt **(1)**. Wenn Sie den ersten Einschnitt in das Werkstück gemacht haben, verschieben Sie das Brett so, daß der zuletzt ausgeführte Schnitt genau an der Bleistiftmarkierung liegt, und machen den nächsten Einschnitt. Das wiederholen Sie so lange, bis sich das Brett biegen läßt.

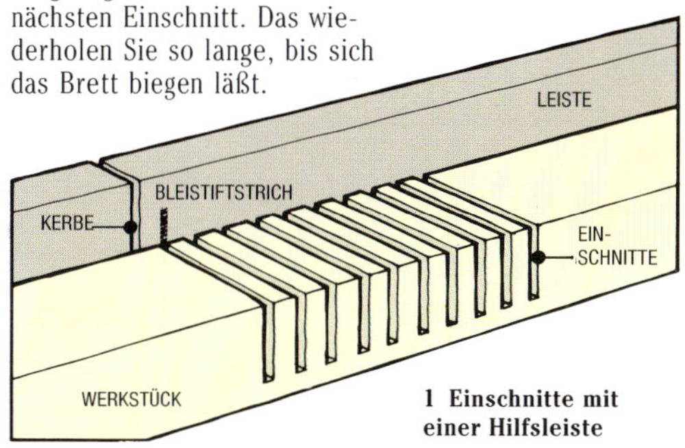

1 Einschnitte mit einer Hilfsleiste

SICHERHEIT

Eine in einem Maschinentisch eingesetzte Kreissäge ist in der Regel sicherer zu handhaben als eine handgeführte. Die folgenden Sicherheitsmaßnahmen sind jedoch wichtig:

- Konzentrieren Sie sich auf die Arbeit und benützen Sie nie eine Kreissäge, wenn Sie müde sind.
- Überprüfen Sie Ihre Einstellungen der Säge und gehen Sie in Gedanken den ganzen Arbeitsablauf durch, bevor Sie die Säge einschalten.
- Spannen oder halten Sie das Werkstück sicher fest.
- Tragen Sie beim Sägen immer eine Schutzbrille.
- Bleiben Sie mit den Händen vom Sägeblatt weg.
- Schalten Sie am Ende eines Sägeschnitts ab, bevor Sie die Säge zurückziehen.

DER KOMBI-MASCHINENTISCH ALS TISCHFRÄSE

Quernuten lassen sich mit einer Oberfräse sogar in breite Bretter sehr schnell und einfach fräsen. Für Längsnuten, Fälze und Kantenprofile bauen Sie den Maschinentisch in eine Tischfräse um. Beachten Sie hierbei die mitgelieferten Anweisungen des Herstellers.

Siehe auch

Oberfräsen	140 - 141
Fräser	142
Absauganlagen	160
Schutzbrillen	160

Der Kombi-Tisch als Tischfräse

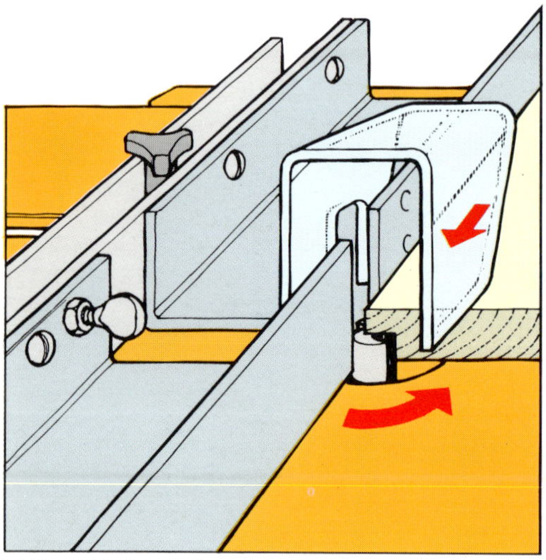

1 Führen Sie das Werkstück gegen die Drehrichtung

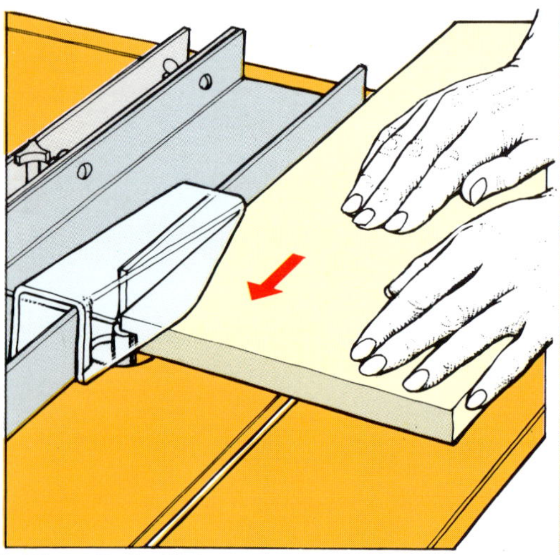

2 Führen Sie das Werkstück mit beiden Händen

Nuten und Falze fräsen

Um eine Längsnut oder einen Falz in die Kante eines Werkstücks zu fräsen, setzen Sie die beiden Anschläge nebeneinander und stellen die gewünschte Frästiefe ein. Beim Fälzen schieben Sie das Werkstück immer gegen die Drehrichtung des Fräsers **(1)**. Legen Sie beide Hände auf das Werkstück auf und drücken Sie es gegen die Anschläge, während Sie es am Fräser vorbeischieben **(2)**.

SICHERHEIT AN DER TISCHFRÄSE

- Benützen Sie, wenn möglich, immer eine Schutzhaube.
- Lassen Sie Ihre Finger oder Daumen niemals hinter dem Werkstück, wenn Sie es über den Fräser schieben.
- Beim Profilieren oder Fälzen führen Sie das Werkstück immer gegen die Drehrichtung des Fräsers; beim Fräsen im Gleichlauf kann Ihnen das Werkstück aus den Händen gerissen werden. Zur Erinnerung können Sie sich einen Pfeil auf den Tisch malen.
- Fräsen Sie nur mit scharfen Fräsern.
- Größere Einschnitte fräsen Sie lieber in zwei oder mehreren Arbeitsgängen.
- Tragen Sie immer eine Schutzbrille.

Einen Schlitz fräsen

Um einen Schlitz zu fräsen, stellen Sie die Fräse wie zum Nuten ein. Halten Sie das Werkstück gegen den Anschlag und senken Sie es auf den sich drehenden Fräser ab **(1)**. Schieben Sie es bis zum Ende des Schlitzes und heben Sie es wieder hoch **(2)**. Um mehrere gleich große Schlitze zu fräsen, spannen Sie einen Stoppklotz an den Anschlag, und zwar einen am Anfang und einen am Ende des Werkstücks **(3)**.

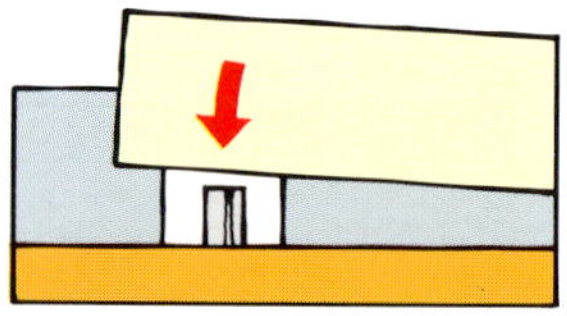

1 Senken Sie das Werkstück ab

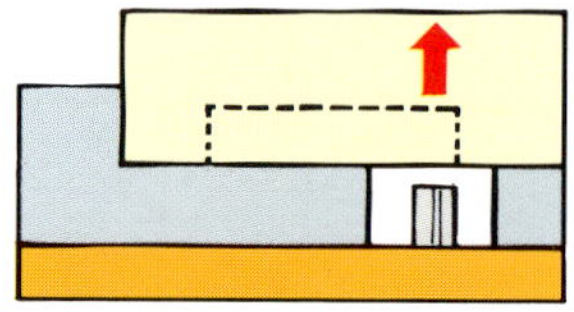

2 Ziehen Sie es nach oben weg

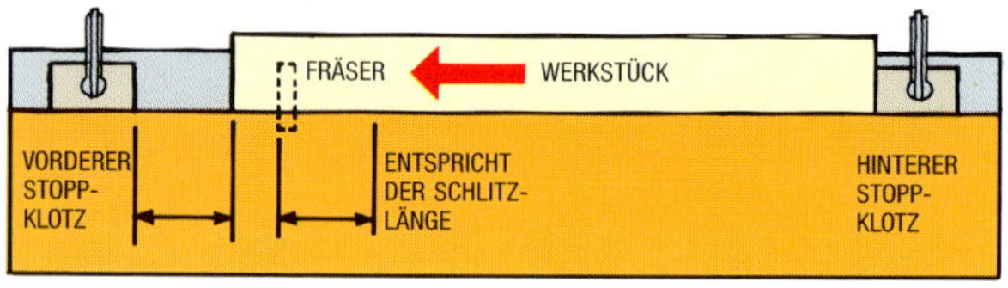

3 Gleich große Schlitze fräsen

Kanten bündig fräsen

Nehmen Sie einen Nut- oder Kantenfräser, um die Kante sauber und rechtwinklig bündig zu fräsen. Stellen Sie den hinteren Anschlag so ein, daß er mit dem Schneidkreis des Fräsers exakt übereinstimmt. Die Stellung des vorderen Anschlags bestimmt die Schnittiefe **(1)**.

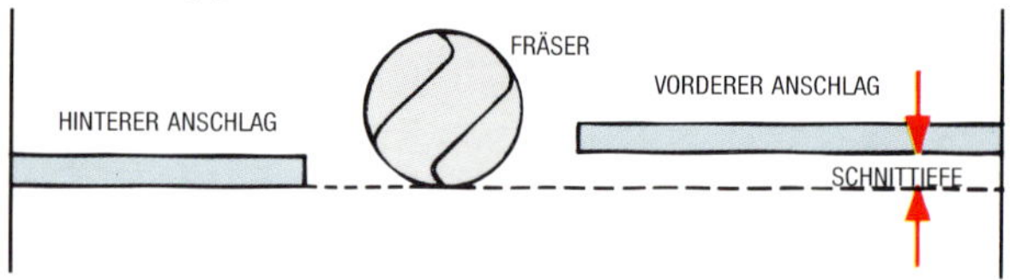

Eine beschichtete Platte bündig fräsen

Eine Kante profilieren

Wenn Sie einen Profilfräser mit Führungszapfen verwenden, um ein Profil an eine Kante zu fräsen, schieben Sie die Anschläge zur Sicherheit dicht an den Fräser heran und führen das Werkstück wie sonst am Führungszapfen entlang **(1)**.

Wenn Sie lieber am Anschlag fräsen, stellen Sie die Anschläge so ein, daß der Führungszapfen des Fräsers genau hinter den Anschlägen liegt **(2)**.

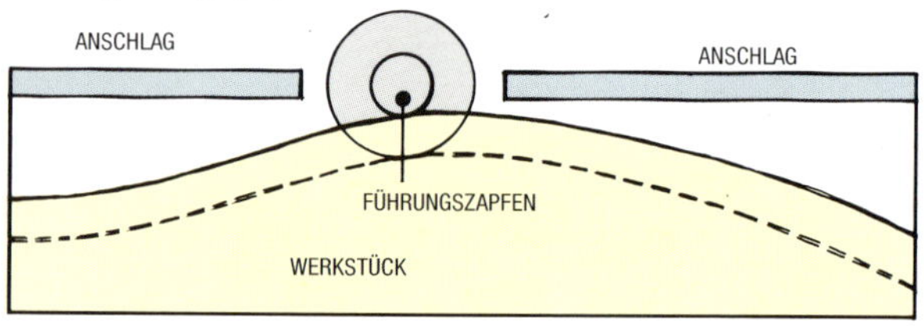

1 Profilieren geschweifter Kanten am Fräser mit Führungszapfen

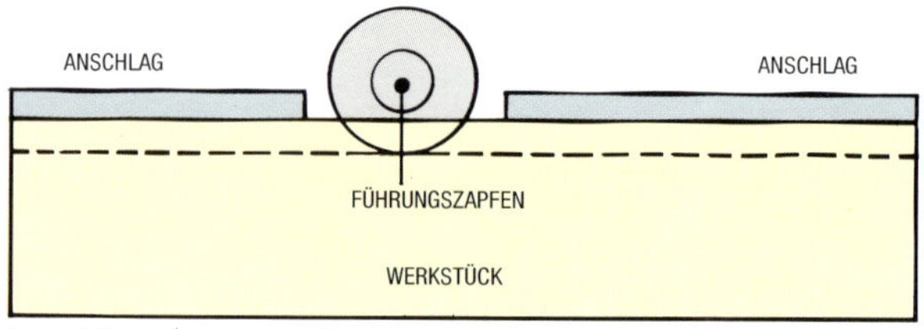

2 Profilieren einer geraden Kante am Anschlag

Kapitel 5

Werkstatt

Manche Schreiner bringen auch in einer völlig chaotischen Werkstatt erstaunliche Arbeiten zustande. Doch die meisten Schreiner stimmen darin überein, daß eine saubere, ordentliche Werkstatt für ein erfolgreiches Arbeiten wichtig ist. Abgesehen davon ist es auch angenehmer und sicherer, in solch einer Werkstatt zu arbeiten. Wenn Sie Ihre Werkstatt planen, versuchen Sie vorauszudenken und künftige Bedürfnisse vorsorglich mit einzuplanen. Beabsichtigen Sie, sich in Zukunft auch einige große Maschinen anzuschaffen, dann sollten Sie den Platz dafür bei der Planung berücksichtigen oder zumindest so planen, daß sich die Werkstatt zu einem späteren Zeitpunkt leicht umbauen läßt. Die meisten Schreiner bewahren Unmengen von Holzresten auf, die sich ihnen irgendwann als nützlich erweisen könnten. Aber eine kleine Werkstatt wird dadurch sehr schnell unübersichtlich. Es lohnt sich deshalb, die Werkstatt alle paar Monate radikal aufzuräumen, Holzreste auszusortieren und nur das Material aufzuheben, das Sie voraussichtlich wirklich brauchen werden.

DIE WERKSTATT

Sollten Sie sich nicht gerade eine Werkstatt ganz neu einrichten, werden Sie wahrscheinlich immer Probleme haben, sich „den" idealen Arbeitsplatz zu schaffen. Doch mit sorgfältiger Planung können Sie ein bestehendes Gebäude zu einer Werkstatt umbauen. Haben Sie die Absicht, schwere Maschinen aufzustellen, muß der Raum im Erdgeschoß liegen. Das ist auch für das Anliefern von Platten und Brettern bequemer. Die Werkstatt sollte getrennt von Ihren Wohnräumen liegen, um Lärm- und Staubbelästigung zu vermeiden. Installieren Sie eine Heizung mit Temperaturregler und eventuell eine Klimaanlage, damit es in der Werkstatt gleichbleibend warm und trocken ist.

Siehe auch

Handwerkzeuge	76 - 122
Sicherheit	160
Hobelbänke	158 - 159
Absauganlagen	160

Steckdosen
Prüfen Sie, ob Sie genügend Steckdosen in der Nähe der Werkbank zur Verfügung haben.

Schmale Regalbretter
Kleine Gefäße mit Schrauben und anderem Zubehör stellen Sie auf schmale Regalbretter, so daß Sie Ihren Vorrat mit einem Blick überprüfen können.

Werkzeugablage
Bringen Sie das Werkzeug in Reichweite Ihrer Hobelbank unter. Hängen Sie es über Dübelstangen oder bauen Sie sich ein an der Wand hängendes Werkzeuggestell.

Licht
Hängen Sie mehrere Leuchtstofflampen unter die Decke, um für eine schattenlose Beleuchtung zu sorgen. Nehmen Sie Tageslichtlampen, um Holzfärbung und Furniere passend auswählen zu können. Leuchtstofflampen können den Effekt hervorrufen, daß man meint, ein laufendes Maschinenteil steht still, vor allem wenn es nach dem Ausschalten ausläuft.

Abzuggebläse
Bauen Sie einen Abzug zur besseren Entlüftung ein.

Tageslicht
Das Tageslicht sollte idealerweise von Norden her in den Raum einfallen.

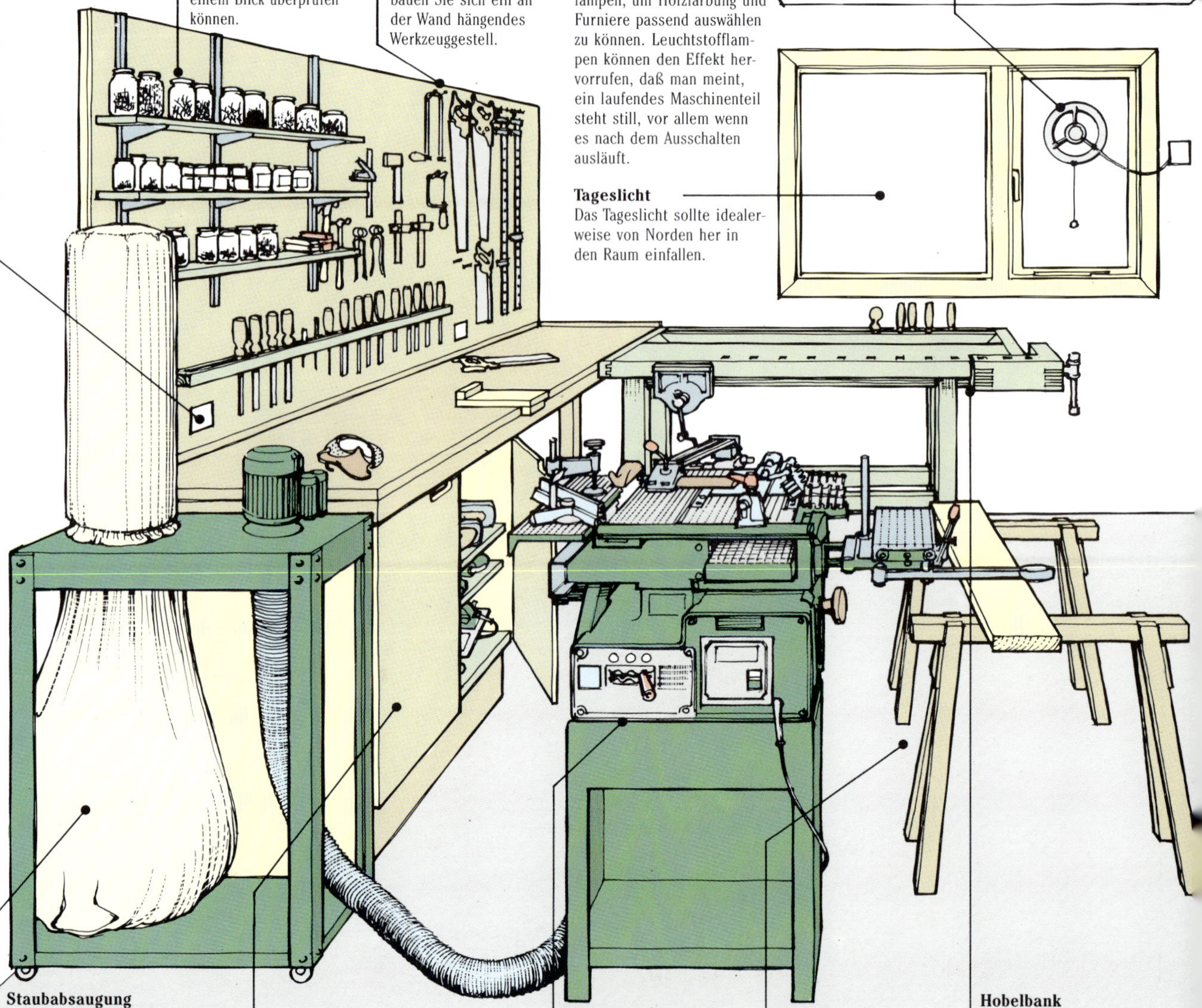

• Innenausstattung
Streichen Sie die Wände und die Decke weiß, um so viel Licht wie möglich in den Arbeitsbereich zu reflektieren.

Staubabsaugung
Um die Werkstatt sauberzuhalten und das Gesundheitsrisiko zu verringern, schließen Sie ein mobiles Absauggerät an Ihre Maschinen an. Für Handmaschinen sind kleine Absauggeräte erhältlich.

Werkzeugschränke
Hobel und Handmaschinen bringen Sie in einem niedrigen Schrank unter.

Universalmaschinen
Wenn Sie verschiedene Maschinen brauchen, der Platz dafür aber nicht ausreicht, können Sie eine Universalmaschine aufstellen, die mehrere Funktionen kombiniert.

Montagebereich
Lassen Sie sich ausreichend Platz, um etwa Schränke zusammenzubauen oder eine provisorische Werkbank auf zwei Sägeböcken aufstellen zu können.

Hobelbank
Eine solide Hobelbank ist unentbehrlich. Eine Schreiner-Hobelbank mit Vorder- und Hinterzange ist ideal. Sie können sich aber auch eine einfachere Werkbank nach Ihren Vorstellungen bauen.

EINEN MASCHINENRAUM EINRICHTEN

Die Mehrzahl derjenigen, die das Schreinern als Hobby oder als Nebenerwerb betreiben, können sich wahrscheinlich keinen getrennten Maschinen- und Bankraum einrichten, auch wenn das eine ideale Raumaufteilung wäre. Folglich müssen die meisten Hobbyschreiner eine Lösung finden, wie sie trotz Platzmangel einige Maschinen aufstellen können.

Messen Sie Ihre Werkstatt aus und zeichnen Sie sich den Grundriß auf Millimeterpapier. Dann probieren Sie verschiedene Anordnungen mit maßstabgetreuen Papiermodellen der Maschinen. Das ermöglicht Ihnen, einen Durchlauf der Werkstücke durch die Maschinen zu simulieren. Wenn Sie bedenken, daß Sie eine 2,44 x 1,22 m große Platte über eine Tischkreissäge schieben wollen, dann wird klar, wie wichtig es ist, für einen ausreichend großen Arbeitsbereich um die Maschinen zu sorgen.

Meist werden die Maschinen in der Mitte der Werkstatt so gruppiert, daß die Zuführstrecken der Werkstücke rechtwinklig zueinander verlaufen (siehe unten). Diese Art der Anordnung funktioniert sehr gut, vorausgesetzt, Sie müssen nicht alle Maschinen auf einmal bedienen. Ein weiterer Vorteil liegt außerdem darin, die Stromleitungen zu einem Zentralbereich führen zu können.

Falls die Werkstatt für diese Anordnung zu schmal ist, lassen sich die Maschinen besser nebeneinander aufstellen, wenn möglich leicht versetzt, so daß ein Brett, das über eine Maschine geschoben wird, auf dem Tisch der benachbarten Maschine aufgelegt werden kann. Dazu müssen Sie eventuell die Höhe der Zuführtische aufeinander abstimmen. Andererseits kann es sehr bequem sein, ein fahrbares Rollgestell hinter die Maschine zu stellen, um ein langes Brett aufzulegen.

Um noch mehr Platz zu schaffen, können Sie eine Maschine auch an ein zu öffnendes Fenster oder eine Tür stellen oder sogar an einen Durchbruch durch die Werkstattwand, solange Sie damit niemand anderen gefährden. Eine Drehbank oder ein Bohrständer läßt sich an einer Wand aufstellen, wobei jedoch rechts und links der Maschine genügend Platz sein muß.

Verbandskasten
Hängen Sie einen gut ausgestatteten Verbandskasten an einer deutlich sichtbaren Stelle auf.

Offene Regale
Nutzen Sie offene Regale für die Unterbringung von Oberflächenmitteln und anderen Materialien. Feuergefährliche Materialien sollten Sie getrennt und abgeschlossen aufbewahren.

Holzlagerung
Massivholz und Furniere lagern Sie auf kräftigen Wandkonsolen, die Sie an Wandpfosten festschrauben.

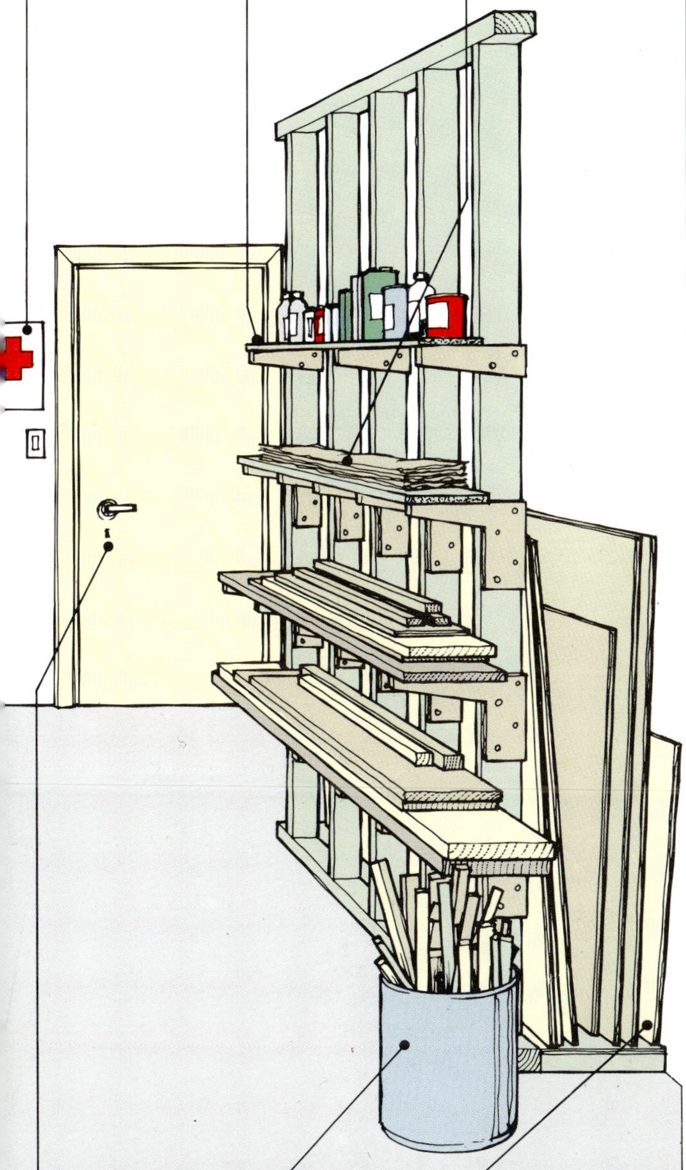

Sicherheit
Versehen Sie Türen und Fenster der Werkstatt mit Schlössern, nicht nur, um Diebe abzuhalten, sondern auch, um Kinder von möglichen gefährlichen Chemikalien und Maschinen fernzuhalten.

Reste
Kurze Abfallstücke stecken Sie senkrecht in Plastikeimer.

Plattenlager
Stellen Sie Holzwerkstoffplatten aufrecht zwischen eine eingebaute Pfostentrennwand und die Werkstattwand. So können Sie eine Platte bequem herausziehen. Richten Sie das Lager möglichst nahe am Eingang ein.

Brandverhütung
Schaffen Sie Sägemehl und Sägespäne regelmäßig aus der Werkstatt. Heben Sie niemals ölgetränkte Lappen in Ihrer Werkstatt auf. Halten Sie immer eine Brandschutzdecke und einen Feuerlöscher bereit und bauen Sie einen zuverlässigen Rauchmelder ein.

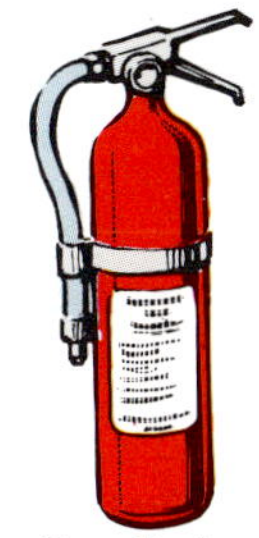

Feuerlöscher

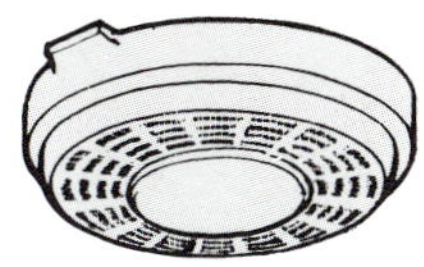

Batteriebetriebener Rauchmelder

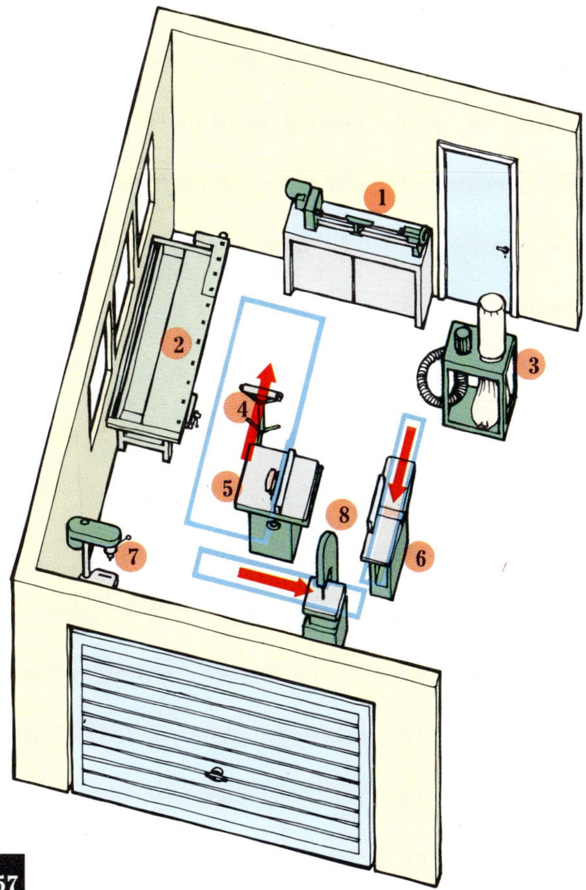

Der Maschinenraum
Bei dieser Einrichtung eines kombinierten Maschinen- und Bankraums stehen die Maschinen in der Mitte. Die Transportwege der Werkstücke überschneiden sich im rechten Winkel.

1 Drehbank
2 Hobelbank
3 Absauggerät
4 Rollbock
5 Tischkreissäge
6 Abricht-/Dicktenhobelmaschine
7 Ständerbohrmaschine
8 Bandsäge

Die Hobelbank ist einer der wichtigsten Einrichtungsgegenstände in der Werkstatt. Es ist praktisch unmöglich, Qualitätsarbeit auf einer Bank zu produzieren, die nicht robust gebaut ist und keine guten Einspannvorrichtungen hat. Suchen Sie sich Ihre Hobelbank also sehr sorgfältig aus. Die meisten Hobelbänke sind zwischen 80 und 85 cm hoch, höhere oder niedrigere lassen sich bestellen. Manche Hersteller bieten sogar Bänke für Linkshänder an, die das Spiegelbild des Standardformats sind.

Siehe auch
Sägen von Brettern und Platten 82
Rückensägen 83
Bankhobel 88 - 91

Hobelbank

Eine gute Hobelbank hat eine Bankplatte aus Hartholz, die mindestens 50 mm stark ist. Hochwertiges gedämpftes Buchenholz ist das am meisten verwendete Material. Es gibt jedoch auch Bänke mit Platten aus Birke oder Ahorn. Die Platten einiger Hobelbänke bestehen teilweise aus Sperrholz. Ein solcher Verbundaufbau ist nicht unbedingt ein Nachteil, vorausgesetzt, die Sperrholzfurniere sind dick genug, um einem gelegentlichen Abziehen der Oberfläche standzuhalten, wenn man Leimreste und verschüttete Oberflächenmittel entfernen will. Sie können eine Bank mit einer einfachen, flachen Platte wählen. Die meisten Hobelbänke haben jedoch eine vertiefte Werkzeugablage. In diese „Beilade" lassen sich Werkzeuge ablegen, wenn Sie ein großes Brett oder einen Rahmen über die Werkbank legen müssen. Andere Bänke sind mit einer Werkzeugablage versehen, die an die Kante der Bank geschraubt wird. Ein Schlitz oder eine Reihe von Löchern an der Hinterkante der Bankplatte zum Hineinstecken von Sägen und Stecheisen ist eine weitere Möglichkeit.

Einige Modelle haben ein Untergestell aus Weichholz, die meisten Hobelbänke sind aber vollständig aus Hartholz gebaut. Achten Sie auf ein kräftiges Gestell, dessen Füße quer miteinander verzapft und die mit den langen Schwingen fest verschraubt sind. Überprüfen Sie, ob das Gestell so stabil ist, daß es sich nicht verzieht, wenn Sie auf die Platte seitlichen Druck ausüben. Die meisten Hersteller bieten mindestens eine einfache Schublade als Zubehör an. Es gibt sogar Bänke, deren Untergestell zu einem vollständig geschlossenen Werkzeugschrank ausgebaut ist.

Spannzangen

Jeder Schreiner braucht mindestens eine große Vorderzange, die an der Vorderkante der Bankplatte ist, und zwar so dicht wie möglich an einem der Gestellfüße befestigt ist. Der Fuß verhindert ein Nachgeben der Bankplatte, wenn in der Spannzange ein Stück Holz bearbeitet wird. Die meisten Hobelbänke haben Vorderzangen aus Holz, die keine Druckstellen auf dem eingespannten Werkstück hinterlassen. Es gibt aber auch Spannzangen mit Metalldruckbacken, die aber mit Holz belegt werden sollten. Beide Spannzangen werden mit Hilfe eines großen Knebelgriffs auf- und zugedreht. Einige Metallspannzangen sind außerdem mit einem Schnellauslösehebel versehen.

Hinterzange

Gute Hobelbänke haben auf ihrer rechten Seite eine Hinterzange. Sie dient zum Einspannen liegender Werkstücke zwischen die Bankhaken. Die Bankhaken aus Holz oder Metall sitzen in quadratischen Löchern in der Hinterzange und in der Vorderkante der Bankplatte. Außerdem kann in die Hinterzange ein Werkstück auch senkrecht eingespannt werden.

Bankzwinge

Eine Bankzwinge ist ein beweglicher Spannstock mit einem langen Schaft, der in ein in die Bankplatte gebohrtes und mit einem Metallring eingefaßtes Loch eingesetzt wird. Dreht man an der Schraube, wird der schwenkbare Druckarm auf das Werkstück gepreßt und spannt es so flach auf die Bankplatte. Wenn Sie ein zweites Loch in einen Gestellfuß bohren, können Sie die Bankzwinge auch dazu nutzen, ein in die Vorderzange eingespanntes langes Werkstück am anderen Ende abzustützen.

Schreinerhobelbank

Klassische Vorderzange aus Holz

Eingesetzte Bankzwinge

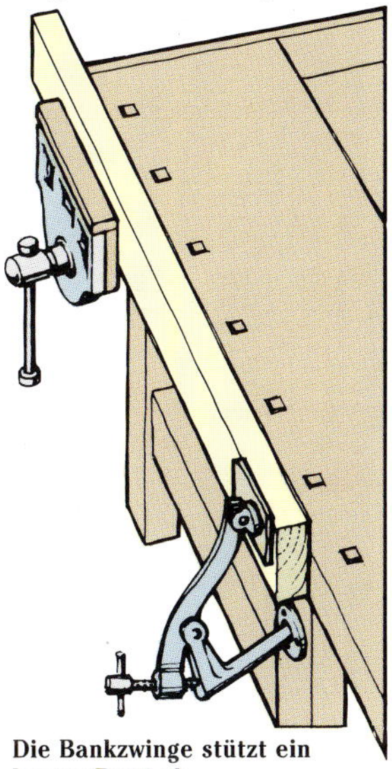

Die Bankzwinge stützt ein langes Brett ab

Sägeböcke

Diese leichten Böcke werden eingesetzt, um Bretter oder Platten zum Sägen aufzulegen. Die Füße sind ausgestellt und verstrebt, um eine stabile Auflagebrücke zu erhalten. Sie sind etwa 60 cm hoch.

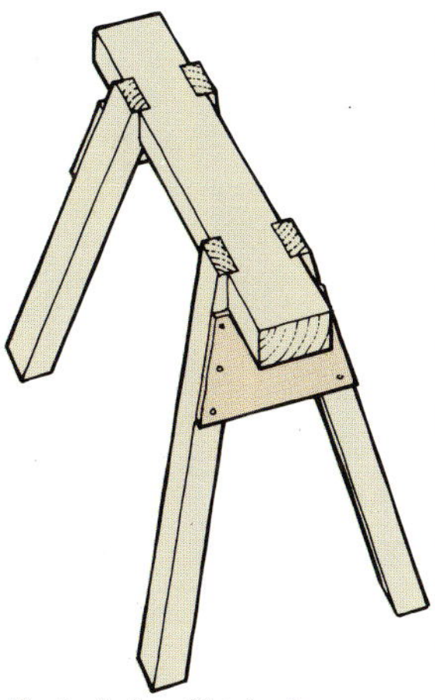

Ein typischer Sägebock

HOBELBANK-ZUBEHÖRTEILE

Um die Bankplatte nicht zu beschädigen, darf nicht direkt darauf gesägt werden. Verwenden Sie ein entsprechendes Zubehörteil, das Ihnen gleichzeitig als Unterlage für das Werkstück und als Führung für das Werkzeug dient.

Sägelade

Eine Sägelade aus Hartholz wird zum Quersägen kurzer Stücke mit einer Rückensäge benützt. Eine Holzleiste auf der Unterseite dient als Anschlag. Das Werkstück selbst wird gegen eine zweite Leiste auf der Oberseite gestoßen. Diese Sägeladen gibt es zu kaufen oder Sie fertigen sie sich selbst, indem Sie an ein Brett zwei Leisten dübeln.

Rechtwinklig absägen

Gehrungsschneidlade

Das ist eine einfache Lade aus Holz zum Anschneiden von Gehrungen oder rechtwinkligem Ablängen mit einer Rückensäge. Sie hat zwei seitliche Wangen mit Einschnitten, in denen die Säge geführt wird. Das Werkstück wird gegen die hintere Wange gestoßen. Bei manchen teureren Ausführungen sind die Einschnitte zusätzlich nylonverstärkt.

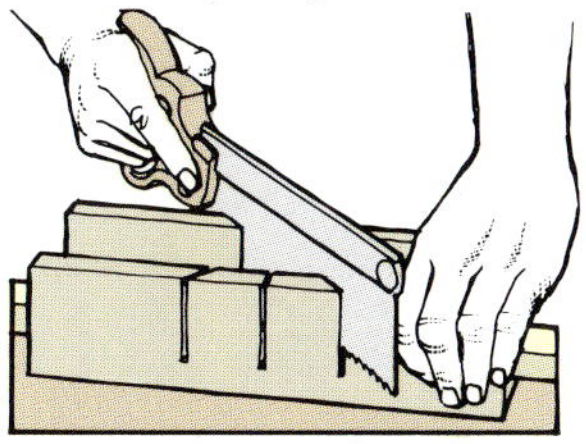

Gehrungen in einer Gehrungsschneidlade anschneiden

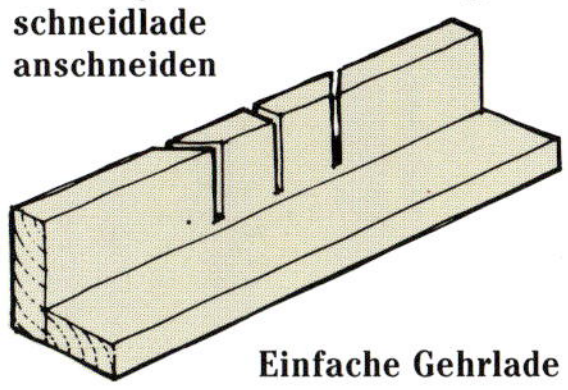

Einfache Gehrlade

Einfache Gehrlade

Es ist die einfachere Ausführung einer Gehrungsschneidlade mit nur einer Wange.

Stoßlade

Diese Art von Lade wird zum Bestoßen von Hirnholz verwendet. Sie besteht aus zwei Brettern, die versetzt aufeinandergeleimt sind, so daß sie eine Art breiten Falz bilden. Das Werkstück wird an eine Anschlagleiste auf dem oberen Brett angeschoben und ein Hobel auf dem unteren Brett vorbeigeschoben, um das Hirnende fein zu bestoßen. Gehrungsflächen werden besser auf einer Stoßlade mit zwei schrägen Leisten bestoßen.

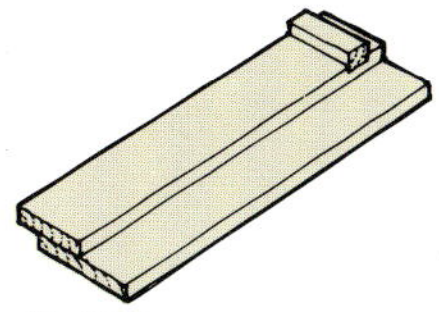

Stoßlade

Auf einer Stoßlade hobeln

Gehrungsstoßlade

Die Gehrungsstoßlade ist ein Spanngerät mit einem beweglichen Druckbacken zum Bestoßen größerer Gehrungsflächen. Mit einem fein eingestellten Hobel werden die eingespannten, aber nur wenig überstehenden Hirnholzflächen bestoßen. Die Gehrungsstoßlade wird zwischen den Bankhaken der Hobelbank gehalten.

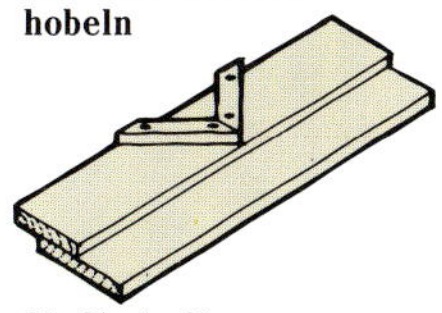

Stoßlade für Gehrungen

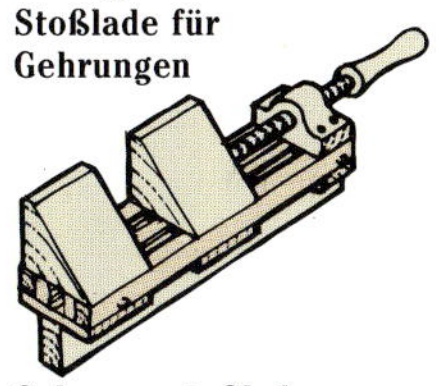

Gehrungsstoßlade

KLAPPWERKBANK

Wenn im Werkstattraum zu wenig Platz für eine feste Werkbank ist, können Sie solch eine zusammenklappbare Bank verwenden. Die Arbeitsfläche besteht aus zwei großen Spannbacken, von denen sich eine zum Einspannen konischer Werkstücke schwenken oder zum Einspannen parallelseitiger Werkstücke gerade ausrichten läßt. Auf der Arbeitsfläche können Sie ein Werkstück zwischen Plastikstöpseln einspannen. Die Bank läßt sich zum Hobeln oder zu Stemmarbeiten auf normale Bankhöhe ausklappen, kann aber auch niedrigerer eingestellt werden.

Klappwerkbank

Hier können auch sperrige Werkstücke eingespannt werden

SICHERHEIT UND GESUNDHEITSSCHUTZ IN DER WERKSTATT

Gewerbe- und Industriebetriebe müssen strenge Vorschriften und Auflagen einhalten, die die Gesundheit und Sicherheit ihrer Mitarbeiter betreffen. Obwohl diese Regeln nicht auf eine kleine Werkstatt zu Hause anwendbar sind, ist es doch sinnvoll, sich vor schädlichen Dämpfen und Staub oder Lärm zu schützen.

Siehe auch
Elektrowerkzeuge 124 -154

Schutzbrille

Staubschutzbrille

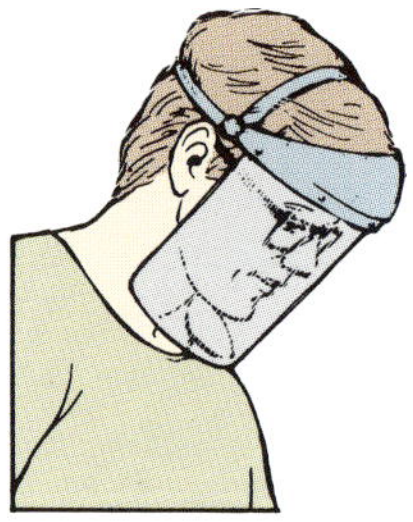
Gesichtsschutzmaske

Gehörschutz

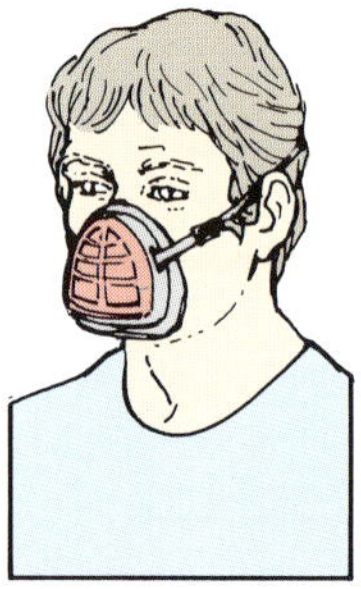
Staubschutzmaske

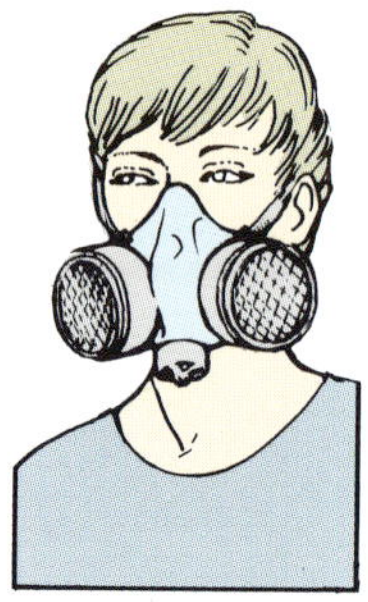
Atemschutzmaske

Schutzbrillen
Die Gläser der Schutzbrillen sind aus einem schlagfesten, splitterfreien Kunststoff. Sie schützen Ihre Augen nicht nur vor auffliegenden Splittern und Spänen, sondern auch vor Staub und Luftwirbeln, die von Elektrowerkzeugen verursacht werden. Eine seitliche Abschirmung liefert zusätzliche Sicherheit.

Staubschutzbrille
Diese dicht anliegenden, großen Schutzbrillen bieten einen umfassenden Augenschutz. Das Brillenglas ist aus einem farblosen, halbstarren Kunststoff und sitzt in einer elastischen Kunststoffassung, die durchlöchert ist, um ein Beschlagen der Brille zu verhindern. Es sind auch Ausführungen erhältlich, die über einer normalen Brille getragen werden können.

Gesichtsschutzmaske
Das aufklappbare Visier der Schutzmaske bietet vollflächigen Gesichtsschutz. Diese Form ist für Brillenträger sehr angenehm.

Gehörschutz
Gepolsterte Gehörkapseln oder Ohrenstöpsel schützen Ihr Gehör vor zu großer Lärmeinwirkung, die auf Dauer bleibende Schäden verursachen könnte. Bei der Arbeit an lauten Maschinen sollten Sie deshalb einen Gehörschutz tragen.

Staubschutzmaske
Diese Maske mit einem austauschbaren Filter schützt vor Staub, ungiftigen Dämpfen sowie Lack- oder Farbnebeln.

Atemschutzmaske
Eine professionelle Atemschutzmaske mit Doppelfilter bietet einen wirksamen Schutz vor den schädlichen Dämpfen von Farben, Lacken, Klebern und vor giftigem Holzstaub. Die austauschbaren, durch verschiedene Farben gekennzeichneten Filtereinsätze filtern ganz bestimmte Stoffe heraus. Diese Maske kann zusammen mit einer Schutzbrille getragen werden.

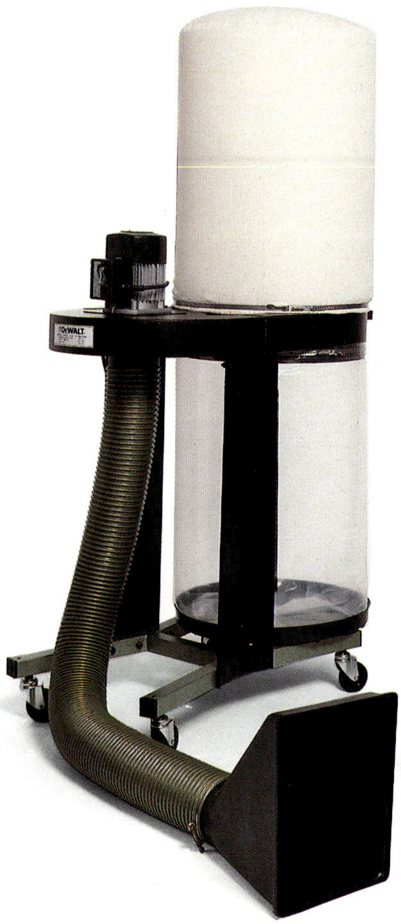

◀ **Großes Absauggerät**
Dieses Gerät ist zum Anschluß an Holzbearbeitungsmaschinen gedacht.

▼**Industriestaubsauger**
Dieses Gerät kann auch als Absauganlage für Handmaschinen eingesetzt werden.

STAUBABSAUGUNG

Hobelspäne und Sägemehl auf dem Werkstattboden können eine ernsthafte Brandgefahr bilden. Aufgewirbelter feiner Holzstaub vergrößert das Risiko einer Staubexplosion. Außerdem macht Staub den Fußboden rutschig, schadet Ihrer Gesundheit und kann lackierte oder gestrichene Oberflächen verderben. Industriebetriebe sind mit speziellen Absauganlagen ausgestattet, an die jede einzelne Maschine angeschlossen ist. Dieses Absaugsystem ist natürlich für den Heimwerker viel zu teuer. Es gibt jedoch auch einfache mobile Absauggeräte, die für eine kleine Werkstatt völlig ausreichen.

Absauggeräte
Mobile Absauggeräte mit einem großen Filtersack sind für einen kleinen Maschinenraum ideal. Der Staub, der durch einen flexiblen Schlauch angesaugt wird, wird durch einen Filtersack aus Baumwolle aus der Luft gefiltert und in einem darunterhängenden Plastiksack gesammelt. Auf den Schlauch können unterschiedlich geformte Absaugstutzen gesteckt werden, die an die verschiedenen Holzbearbeitungsmaschinen passen. Manche Geräte haben sogar Absaugschläuche, um zwei Maschinen gleichzeitig anschließen zu können.

Industriestaubsauger
Ein leistungsstarker Staubsauger gehört zu einer guten Werkstattausrüstung. Er wird mit den üblichen Rohren und Düsen geliefert, mit denen man den Boden und die Maschinen absaugen kann. Mit dem entsprechenden Zubehör ausgerüstet, läßt er sich auch direkt an Handmaschinen anschließen, um Staub oder Späne sofort abzusaugen. Hier wird der Sauger durch Fernbedienung am Maschinenschalter eingeschaltet.

Kapitel 6

Holz-verbindungen

Es überrascht nicht, daß das handwerkliche Geschick eines Schreiners oft an seinen Holzverbindungen gemessen wird, denn die Fähigkeit, feine Verbindungen herzustellen, erfordert Übung und die Beherrschung exakter Schneidtechniken. Die Wahl der Verbindung ist jedoch nicht weniger wichtig als die Qualität der Ausführung. In erster Linie muß die Verbindung funktional, also stark und haltbar sein. Gleichzeitig sollte sie aber auch zu der Gesamtästhetik des Entwurfs passen. Die meisten Holzverbindungen haben die Funktion, die Art und Weise, wie die Teile verbunden sind, zu kaschieren, während andere, wie dekorative Zinken, ein bewußter Blickfang sind. Im folgenden Kapitel werden die gängigsten handgearbeiteten Verbindungen vorgestellt und ihre Ausführung erklärt. Die Abmessungen werden im allgemeinen nicht angegeben, weil verschiedene Entwürfe auch Verbindungen unterschiedlicher Größe erfordern. Statt dessen wird auf Größenverhältnisse hingewiesen, die Ihnen helfen werden, solide, kräftige Verbindungen herzustellen, die Ihren Vorstellungen entsprechen.

STUMPFE FUGE

Die stumpfe Fuge ist die einfachste Form der Verbindung, bei der die beiden Teile der Verbindung stumpf aneinanderstoßen, ohne daß ineinandergreifende Elemente an die Teile angeschnitten werden. Sie ist keine sehr haltbare Verbindung und wird deshalb oft verstärkt. Verbindungen dieser Art verwendet man z. B. bei leichten Rahmen.

Siehe auch

Werkzeuge zum Anreißen und Messen	76 - 79
Hobel	88, 96
Hirnholz hobeln	96
Zwingen	120 - 122
Lamello-Fräsmaschine	136 - 137
Hobel- und Werkbänke	158 - 159

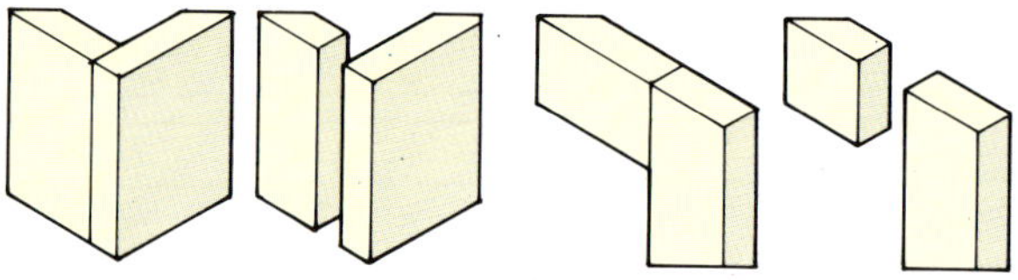

STUMPFE ECKVERBINDUNG

Bei stumpfen Eckverbindungen für Kästen wird das Ende eines Teiles auf die Innenfläche des anderen Teils geleimt. Bei Rahmen wird das Ende an die Schmalseite des anderen Teils geleimt.

Ausführen der Verbindung
Reißen Sie die Länge der Teile an und winkeln Sie mit einem Reißmesser die Rißlinie um das Werkstück herum. Sägen Sie dann auf einer Sägelade das Stück dicht am Riß ab **(1)**.

Bestoßen Sie das Hirnholzende mit einem Hobel, um für eine gute Leimfläche zu sorgen. Verwenden Sie dazu eine Stoßlade, damit das Ende wirklich rechtwinklig bestoßen wird **(2)**.

Geben Sie Leim an und spannen Sie die Teile zusammen. Sorgen Sie dafür, daß die Teile bündig aufeinanderstoßen.

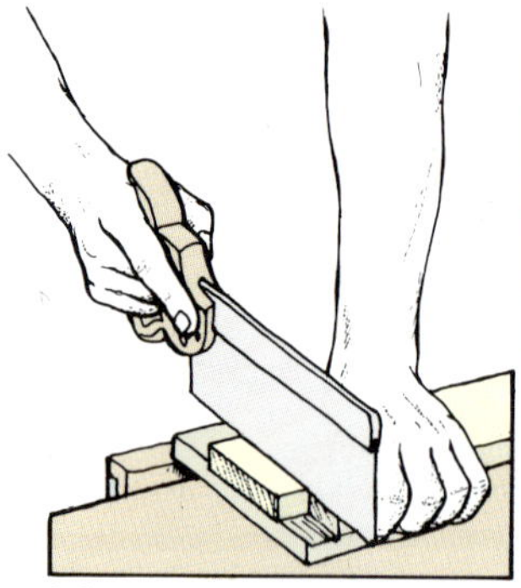

1 Sägen Sie das Stück auf Maß ab

2 Bestoßen Sie die Enden rechtwinklig

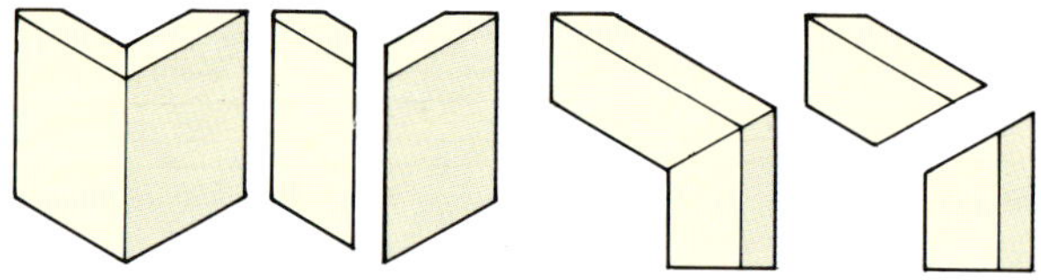

STUMPFE ECKVERBINDUNG AUF GEHRUNG

Eine Gehrung halbiert den Winkel zwischen den zu verbindenden Teilen. In den meisten Fällen stehen die Teile rechtwinklig zueinander, so daß die Gehrung genau 45° beträgt. Hirnholz auf Hirnholz bietet keine gute Leimfläche. Die größere Fläche einer Gehrung, verglichen mit der geraden Stoßfuge, gleicht das aber in gewissem Maße aus. Die stumpfe Gehrung wird meist noch mit Nägeln oder Federn verstärkt.

Winkelgenauigkeit
Gehrungen müssen ganz genau angeschnitten werden. Wenn die Gehrung nicht exakt 45° hat, klafft die Fuge auf der Innen- oder Außenseite auf. Verwenden Sie abgelagertes Holz, sonst geht die Fuge auf der Innenseite auf.

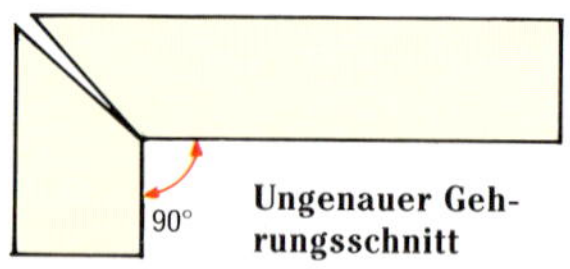

Ungenauer Gehrungsschnitt

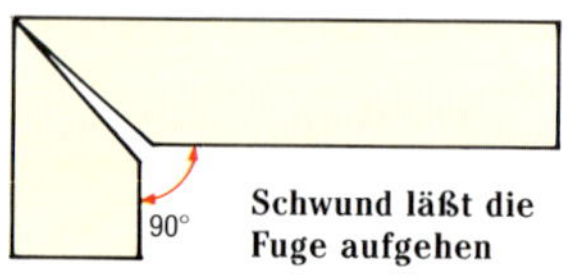

Schwund läßt die Fuge aufgehen

Ausführen der Verbindung
Reißen Sie die Schnittlinien mit einem Messer und einem Gehrmaß auf der Fläche oder der Kante an. Winkeln Sie die Linien von dem Gehrungswinkel ausgehend auf die angrenzenden Flächen über. Schneiden Sie die Gehrung mit einer Zapfensäge. Für größtmögliche Genauigkeit verwenden Sie eine Gehrungsschneidlade **(1)**. Bestoßen Sie die Hirnenden mit einem Hobel auf einer Stoßlade **(2)**. Bei breiten Brettern nehmen Sie dazu die Gehrungsstoßlade **(3)**, oder Sie spannen das Werkstück mit einer Zulage an der Hinterkante in die Vorderzange der Hobelbank, um ein Ausreißen zu verhindern **(4)**.

Stumpf verleimte Eckverbindung

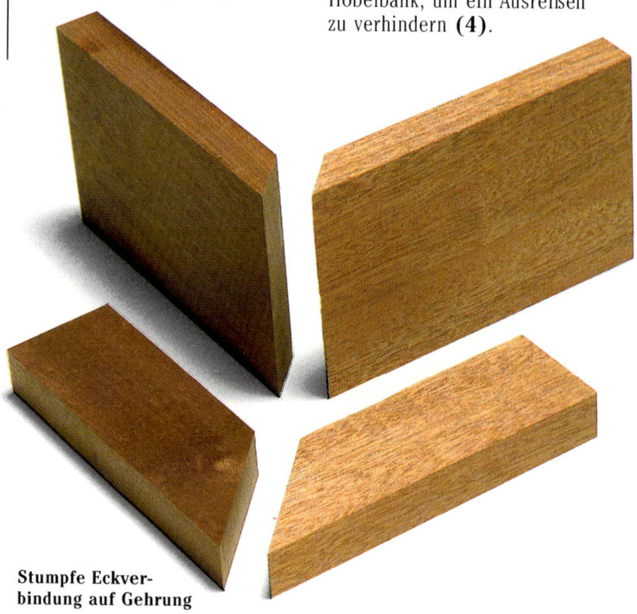

Stumpfe Eckverbindung auf Gehrung

1 Exakt ablängen

2 Die Enden glatt bestoßen

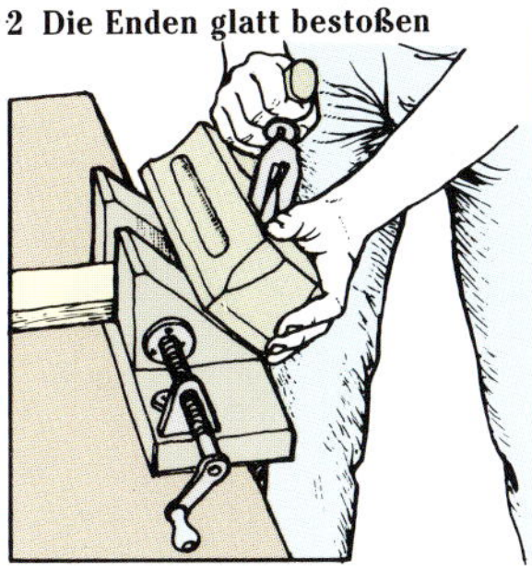

3 Gehrungsstoßlade benützen

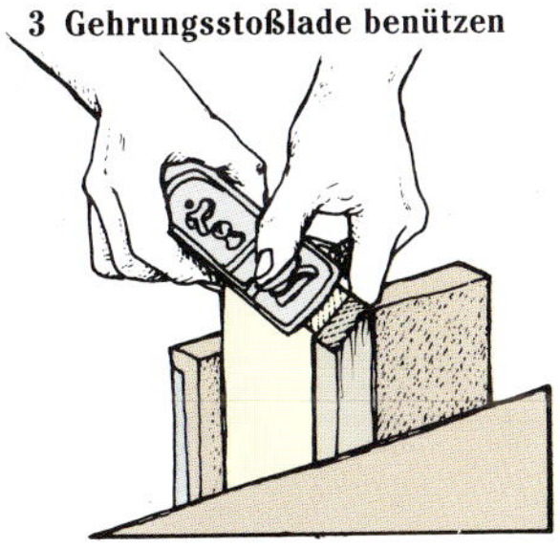

4 oder eine Zulage

Eine stumpf verleimte Eckverbindung verstärken

Da sich Hirnholz schlecht verleimen läßt, muß diese Verbindung meist zusätzlich noch verstärkt werden. Sie können dazu feine Nägel mit Stauchkopf nehmen oder innen Eckklötze aufleimen. Die Nägel werden schwalbenschwanzförmig in die Verbindung geschlagen, um die Haltbarkeit der Nagelung zu erhöhen. Manchmal können die Nägel auch die Zwingen beim Verleimen ersetzen. Bei der Verwendung von Eckklötzen reiben Sie diese mit etwas Leim in die Innenecken und lassen den Leim abbinden.

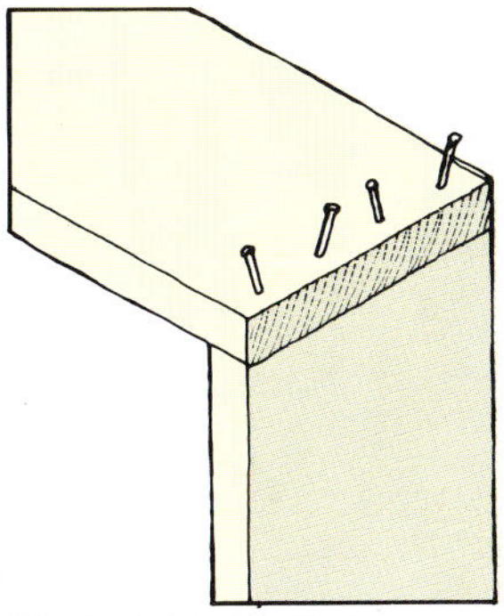

Nägel schräg einschlagen

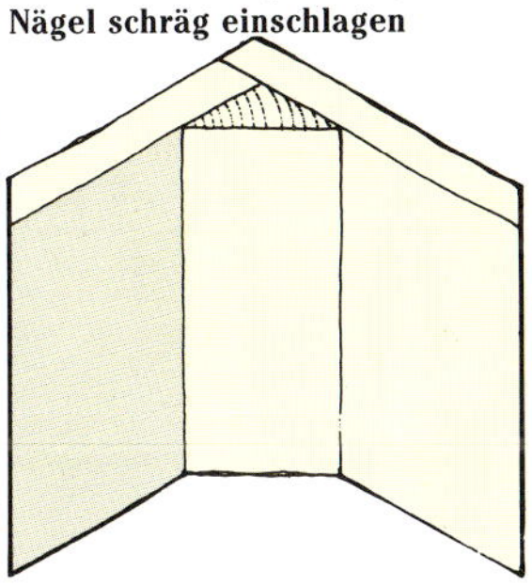

Eckklötze in die Ecken leimen

EINE STUMPFE GEHRUNG VERSTÄRKEN

Die einfachste Art, eine Verbindung auf Gehrung zu verstärken, ist, sie zuerst zu verleimen und, wenn der Leim abgebunden hat, die Verstärkung anzubringen. Verwenden Sie eine Gehrungszwinge oder einen Spanngurt zum Verleimen.

Nägel

Je nach Größe der Verbindung nehmen Sie gestauchte oder dünne Nägel. Versenken Sie die Köpfe und füllen Sie die Löcher mit farblich passendem Holzkitt aus.

Furnierfedern

Bei kleineren Verbindungen können Furnier- oder dünne Sperrholzfedern von außen in in die Ecke gesägte Schlitze eingesetzt werden. Sägen Sie die Schlitze rechtwinklig oder leicht schräg ein, um für einen zusätzlichen Halt zu sorgen. Leimen Sie die Federn in die Schlitze und hobeln Sie sie bündig ab, wenn der Leim trocken ist.

Lose Zapfen oder Federn

Bei größeren Gehrungen können lose Zapfen oder Federn aus Vollholz oder Sperrholz eingeleimt werden. Stellen Sie ein Zapfenstreichmaß auf die Zapfendicke ein, die etwa ein Drittel der Materialstärke betragen soll. Reißen Sie die Größe und die Lage des Zapfens auf der Rahmenecke genau an. Spannen Sie die Verbindung so in einen Schraubstock, daß die Gehrfuge senkrecht steht. Sägen Sie jetzt an den Rißlinien sorgfältig ein und stemmen Sie die Nut mit einem Stecheisen von beiden Seiten her zur Mitte hin aus. Leimen Sie die Zapfen ein und hobeln Sie sie bündig, wenn der Leim trocken ist. Wenn Sie Zapfen aus Vollholz verwenden, muß dessen Maserung quer über die Ecke verlaufen.

Gefederte Gehrungsfuge

Zur Verstärkung einer Gehrung kann eine Feder auch vor der Verleimung der Verbindung eingesetzt werden.

Fertigen Sie aus 3 mm dikkem Sperrholz eine etwa 12 mm breite Feder. Wenn Sie eine Vollholzfeder nehmen, muß die Maserung quer verlaufen. Schneiden Sie mit Säge und Stecheisen oder einem Nuthobel entsprechende Nuten. Bei einer Rahmeneckverbindung sollte die Feder mittig sitzen **(1)**. Bei einer Kasteneckverbindung muß die Feder dicht an die Innenkante gesetzt werden, um ein Abscheren zu vermeiden **(2)**.

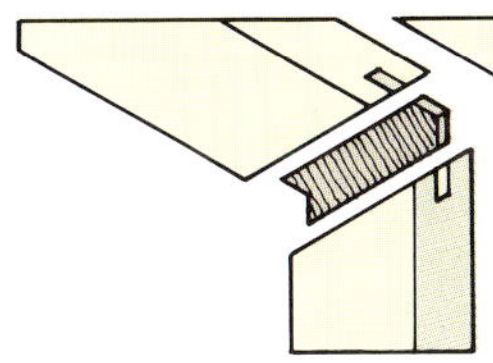

1 Nut mittig

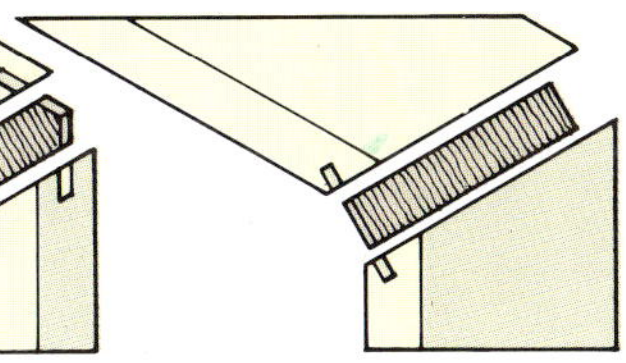

2 Nut dicht an der Innenkante

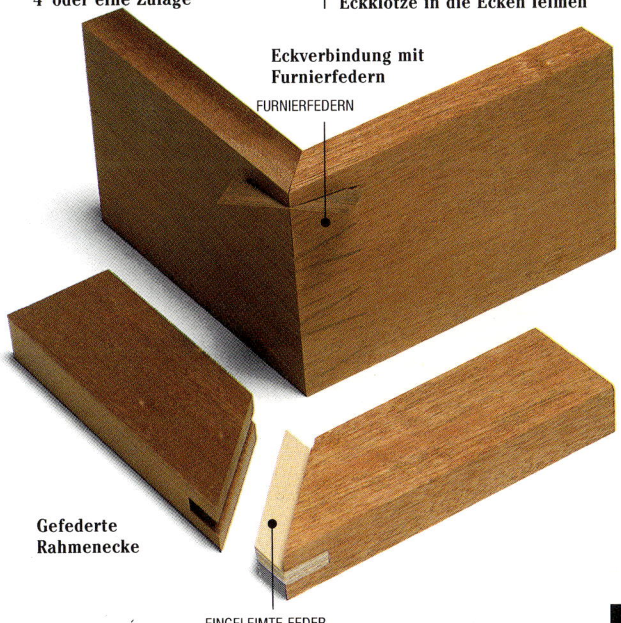

Eckverbindung mit Furnierfedern

Gefederte Rahmenecke

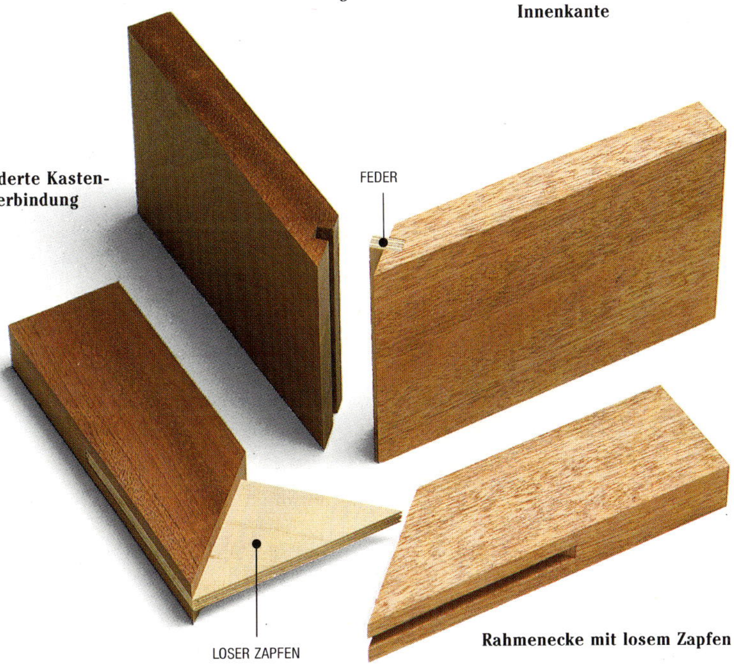

Gefederte Kasteneckverbindung

Rahmenecke mit losem Zapfen

AUSGEFÄLZTE ECKVERBINDUNGEN

Es ist eine unkomplizierte Eckverbindung für schlichte Kasten- und Korpuskonstruktionen. Das stumpfe Ende des einen Teils wird in einen Falz eingesetzt, der in das andere Teil eingeschnitten wurde. Der durch den Falz entstandene Überstand deckt das Hirnholz des stumpfen Teils ab und macht die Verbindung ansehnlicher.

Siehe auch

Werkzeuge zum Anreißen und Messen	76 - 79
Rückensägen	83
Simshobel	92 - 93
Stemmeisen	98, 101
Fräser	142, 146
Leime und Kleber	222 - 223

AUSGEFÄLZTE ECKVERBINDUNG

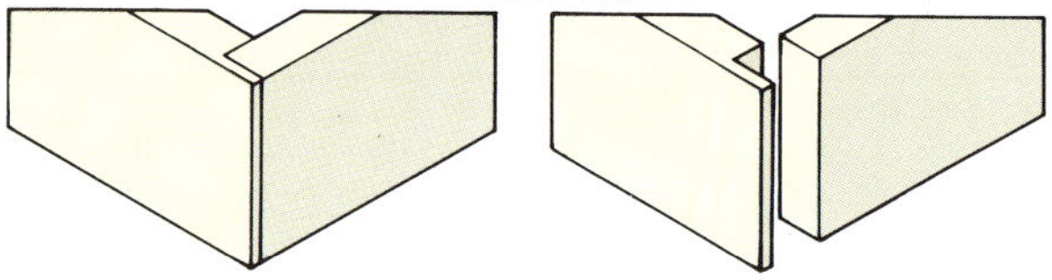

Da es sich um keine besonders stabile Eckverbindung handelt, wird sie meist noch zusätzlich genagelt.

Die Verbindung anschneiden

Schneiden Sie das Holz auf Maß. Stellen Sie ein Streichmaß auf ¼ bis ⅓ der Stärke des auszufälzenden Teiles ein. Ziehen Sie einen Riß über die Stirnseite und über die Ober- und Unterkante, wobei Sie das Streichmaß auf der Außenseite anlegen **(1)**. Stellen Sie dann das Streichmaß auf die Stärke des stumpfen Teils ein und legen Sie es an der Stirnseite des Falzteils an, um so einen Riß über die Innenseite und die Seitenkanten zu ziehen **(2)**. Kennzeichnen Sie den Abfall mit einem Bleistift.

Spannen Sie das Falzteil in die Vorderzange und sägen Sie bis auf Falztiefe herunter. Legen Sie das Brett dann auf eine Sägelade und entfernen Sie mit einem Schnitt über die Breite den Falzabschnitt **(3)**. Falls nötig, können Sie den Falz mit einem Simshobel noch nachstoßen.

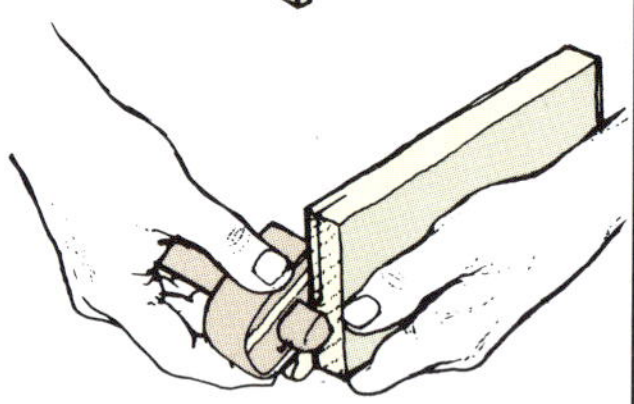

1 Reißen Sie die Falztiefe an

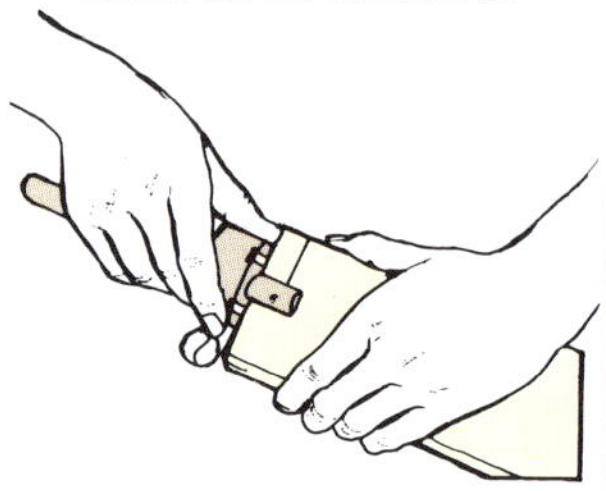

2 Reißen Sie die Falzbreite an

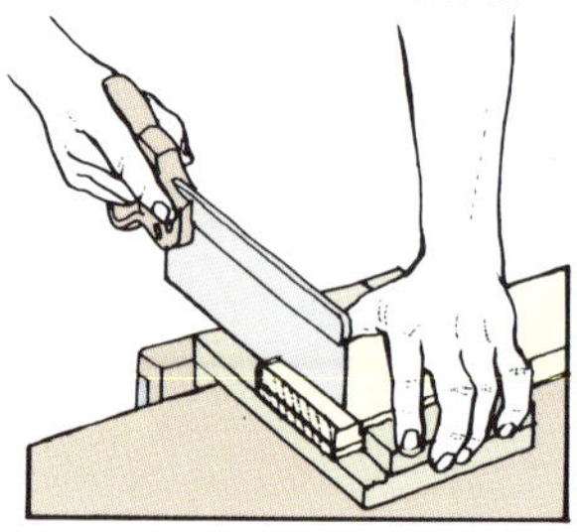

3 Sägen Sie den Falz heraus

- **Schäftung**
  Die Schäftung ist eine Längsverbindung, bei der ein Holzstück das andere schräg überlappt. Die lange, flache Schräge liefert eine große Leimfläche. Die Länge der Schräge sollte mindestens das Vierfache der Holzstärke betragen.

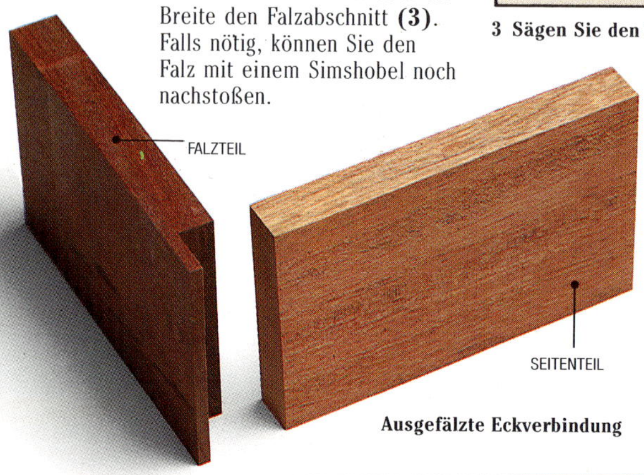

Ausgefälzte Eckverbindung

Schäftung

AUSGEFÄLZTE ECKVERBINDUNG AUF GEHRUNG

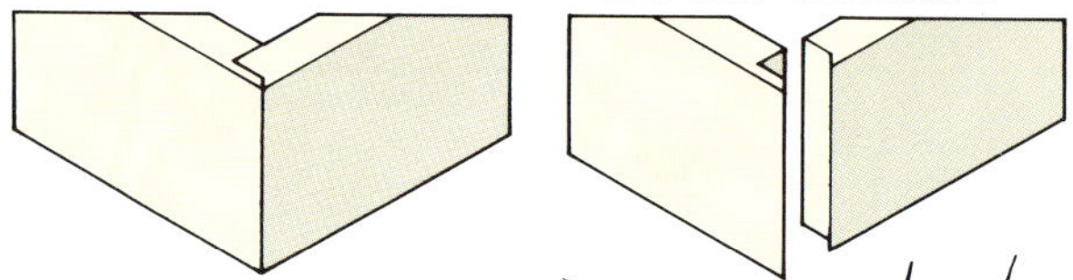

Die Verbindung anschneiden

Reißen und sägen Sie den Falz so an, wie links beschrieben. Reißen Sie dann auf den Kanten des Falzanschlags einen 45°-Winkel an **(1)**. Ziehen Sie eine Linie über die Innenseite des Anschlags. Hobeln Sie die Gehrung vorsichtig bis auf diese Linie herunter.

Mit dem Streichmaß und der gleichen Einstellung reißen Sie von dem Stirnende aus eine Linie über die Innenseite und die Kanten des stumpfen Teils. Dann legen Sie das Streichmaß an der Außenseite an und ziehen eine Linie über das Stirnende und die Kanten bis zu der Absatzlinie. Reißen Sie auf beiden Seiten eine Gehrung, von der Außenseite bis zu dem Schnittpunkt der Grundlinien, an **(2)**.

Sägen Sie die Absatzlinie bis zu der Gehrung herunter. Spannen Sie es senkrecht in die Vorderzange und sägen Sie an der senkrechten Rißlinie herunter, um den Verschnitt zu entfernen. Mit einem Simshobel hobeln Sie nun die Gehrung an **(3)**.

1 Reißen Sie die Gehrung an

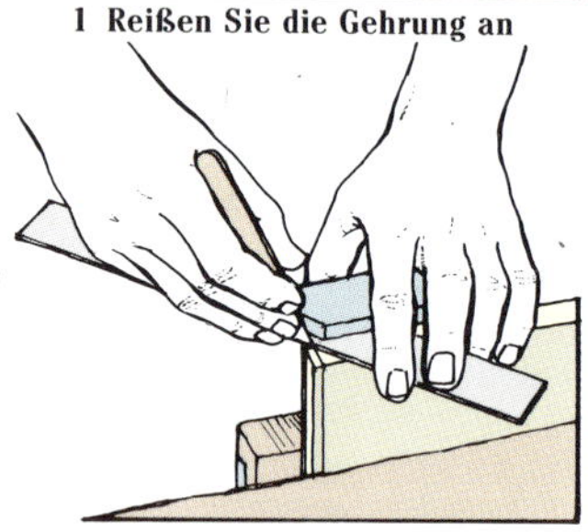

2 Auf dem stumpfen Teil

3 Hobeln Sie die Gehrung an

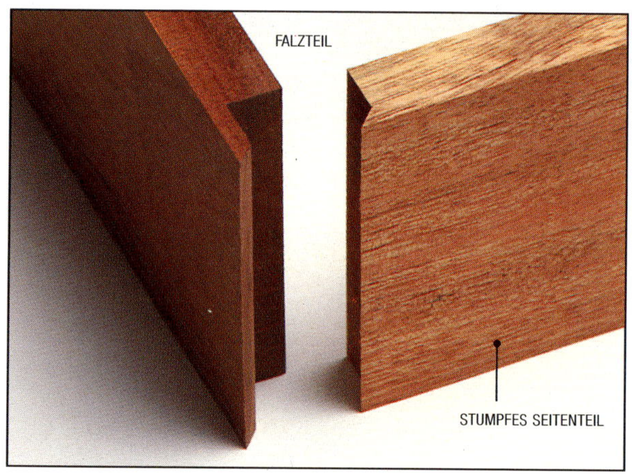

Ausgefälzte Eckverbindung auf Gehrung

ÜBERBLATTUNGEN

Die Überblattung ist eine Verbindung gleich starker Teile, die jeweils auf die Hälfte ausgeklinkt werden. Überblattungen sind relativ einfach auszuführen und werden im Rahmenbau angewandt, wenn ein Teil bündig auf ein anderes stoßen oder dieses kreuzen muß. Die Verbindung kann mit Säge und Stemmeisen oder mit der Maschine ausgeführt werden. Wir zeigen hier, wie verschiedene Formen der Überblattung mit der Hand geschnitten werden.

KREUZÜBERBLATTUNG

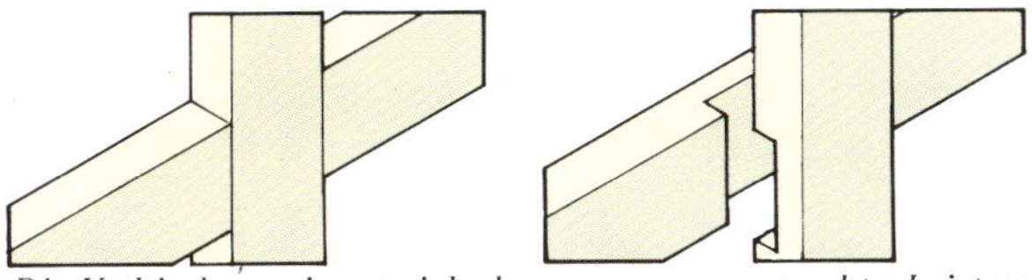

Die Verbindung eignet sich dann, wenn waagrechte Leisten senkrechte Rahmenhölzer kreuzen, wie z. B. die Unterteilung einer Schrankfront oder die Sprossen einer verglasten Tür oder eines Fensters.

Die Verbindung anreißen
Reißen Sie die Breite des senkrechten Frieses auf dem waagrechten an **(1)**. Mit einem Winkel und einem Reißmesser ziehen Sie rechtwinklige Linien über die Oberseite des Querfrieses und winkeln diese bis zur Hälfte der Kanten herunter **(2)**. Drehen Sie beide Teile um und reißen Sie jetzt die Breite des Querfrieses auf der Rückseite des senkrechten Frieses an.

Stellen Sie ein Streichmaß auf die halbe Holzstärke ein. Legen Sie das Streichmaß bei beiden Teilen an der Oberseite an und ziehen Sie eine Linie auf den Seitenkanten zwischen den angerissenen Linien **(3)**. Kennzeichnen Sie den Verschnitt.

Die Verbindung anschneiden
Auf einer Sägelade sägen Sie die Brüstungslinien bis zu der mit dem Streichmaß angerissenen Mittenlinie herunter. Achten Sie dabei darauf, daß Sie genau auf der Innenseite des Risses sägen. Machen Sie noch ein oder zwei Sägeschnitte durch das wegfallende Holz. Das erleichtert später das Ausstemmen **(4)**.

Spannen Sie das Werkstück ein und stemmen Sie mit einem passenden Stecheisen und einem Klüpfel die Vertiefung aus. Arbeiten Sie mit dem nur leicht angestellten Stecheisen in Richtung der Mitte **(5)**. Drehen Sie das Holz dann um, um von der anderen Seite in Richtung der Mitte zu stemmen. Wenn der Großteil des Holzes weggestochen ist, ebnen Sie die Mittelfläche mit schälenden Schnitten ein.

Kreuzüberblattung

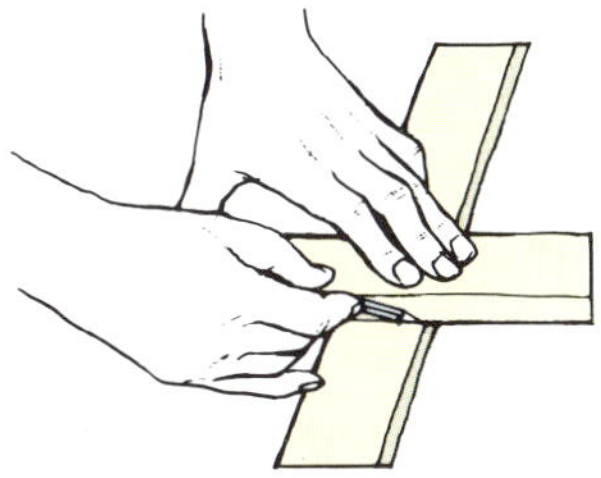
1 Kennzeichnen der Breite

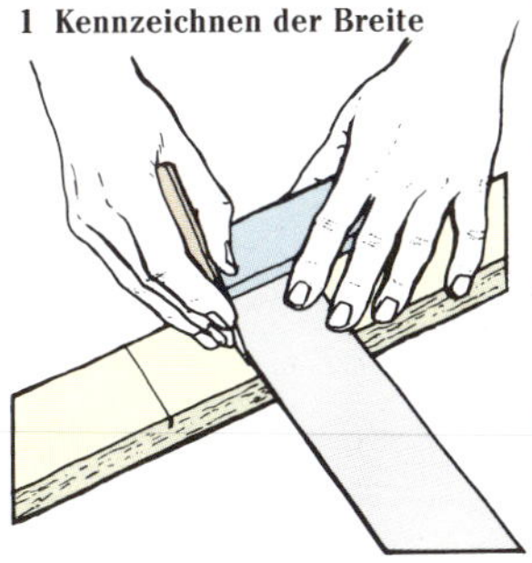
2 Schnittlinien anreißen

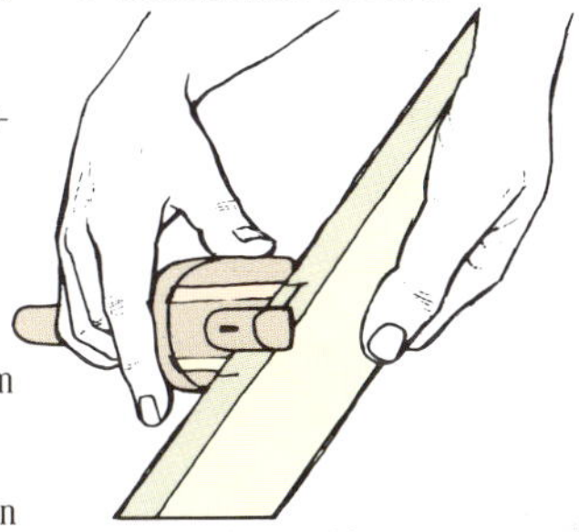
3 Die Tiefe anreißen

4 Den Verschnitt mehrmals durchsägen

5 Den Verschnitt ausstemmen

ECKÜBERBLATTUNG

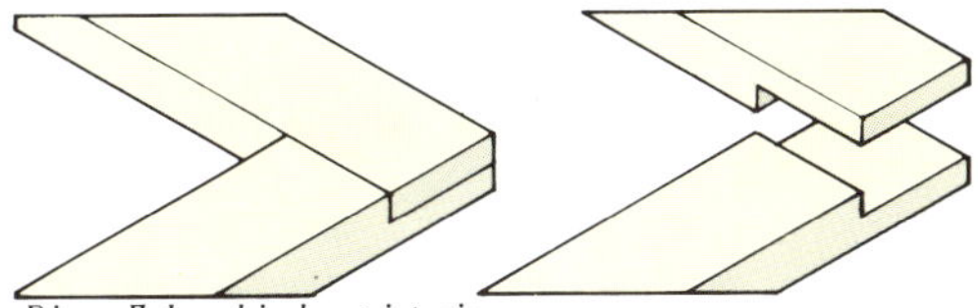

Diese Eckverbindung ist einfach auszuführen, muß aber verleimt werden und sollte, um haltbarer zu sein, durch Dübel oder Schrauben zusätzlich gesichert werden. Die Überblattung auf Gehrung ist eine schönere Variante, jedoch aufgrund der geringeren Leimfläche noch weniger haltbar.

Eckiiberblattung

Eckiiberblattung auf Gehrung

SPROSSENÜBERBLATTUNG

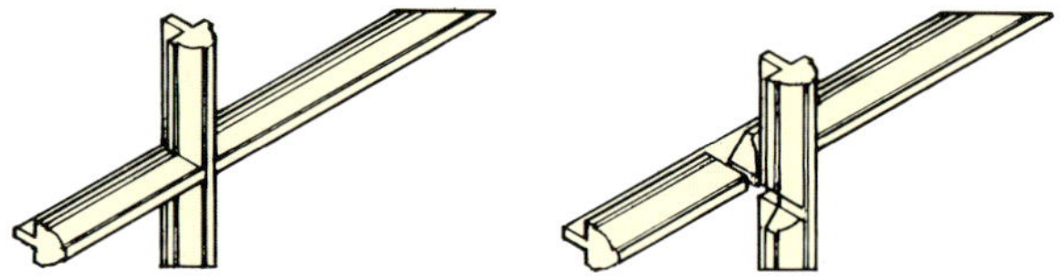

Das Herstellen einer Überblattung mit profilierten Sprossen geschieht nach dem gleichen Prinzip wie bei einer normalen Kreuzüberblattung, aber der Schnitt durch das Sprossenprofil ist schwieriger.

Ausführen der Verbindung

Schneiden Sie nach dem Anreißen der Verbindung das Profil auf beiden Seiten weg. Sägen Sie von beiden Seiten bis auf die Oberkante der Sprosse herunter. Die Breite des Ausschnitts entspricht der Breite der Oberkante **(1)**. Da es schwierig ist, auf einer Profilfläche eine Linie anzureißen, nehmen Sie für die Einschnitte eine Gehrungsschneidlade **(2)**.

Fertigen Sie sich einen Gehrklotz, um das Profil wegzustechen. Spannen Sie den Klotz über das Werkstück und stechen Sie mit einem Stecheisen die Ecken des Profils schräg ab **(3)**.

Jetzt schneiden Sie in jedes Teil die Überblattung ein. Die Tiefe des Ausschnitts sollte genau der Tiefe des Falzes entsprechen **(4)**.

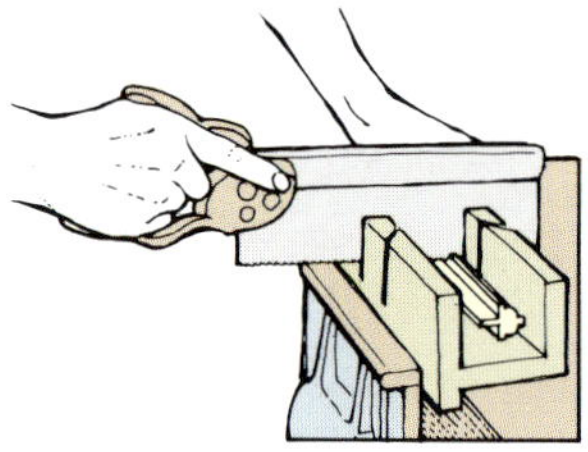

2 Verwenden Sie eine Gehrungsschneidlade

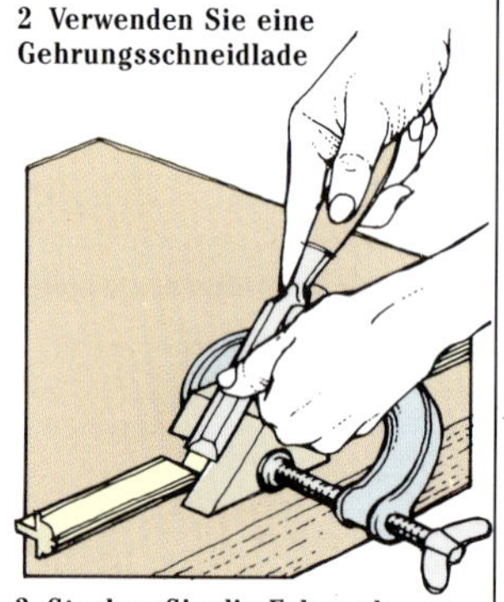

3 Stechen Sie die Ecken ab

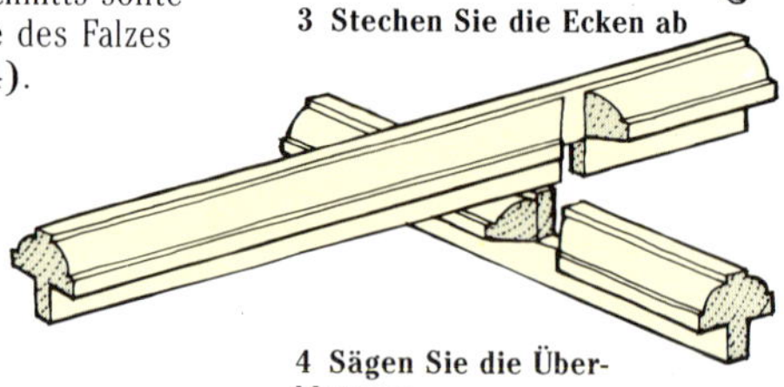

4 Sägen Sie die Überblattung

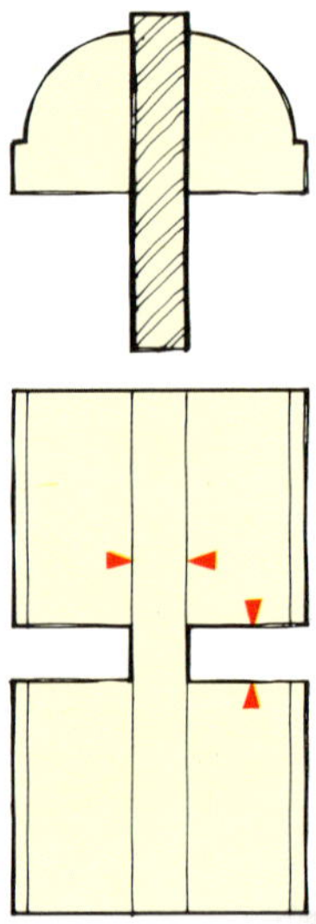

1 Breite des Ausschnitts
Der Ausschnitt muß genauso breit sein wie die Oberkante.

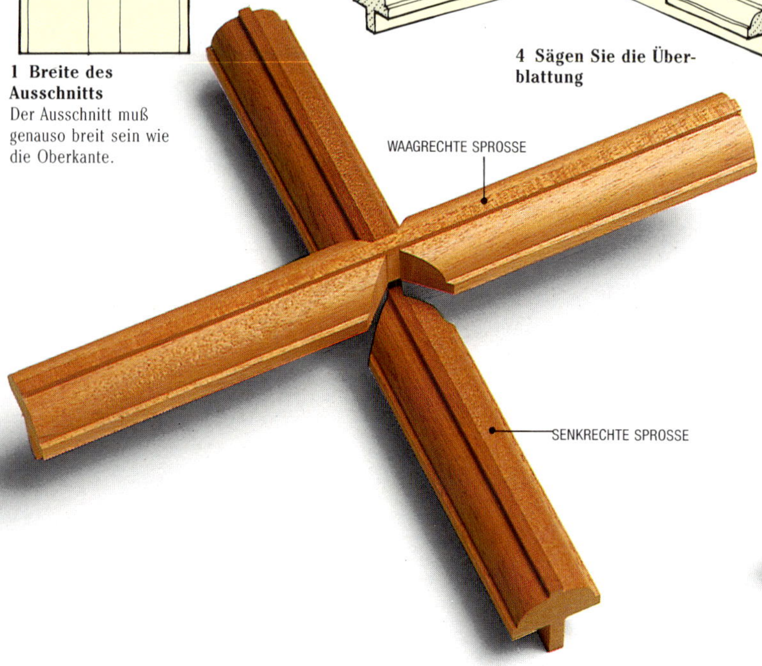

Sprossenüberblattung

SCHRÄGE ÜBERBLATTUNG

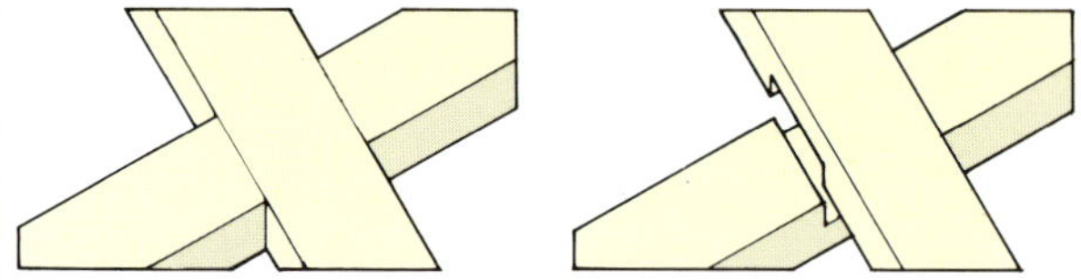

Die schräge Überblattung wird ganz ähnlich wie eine Kreuzüberblattung angeschnitten, jedoch verlaufen die Sägeschnitte schräg. Der Hauptunterschied liegt im Anreißen.

Anreißen der Verbindung

Das Anreißen eines 45°-Winkels ist mit einem Gehrmaß ganz einfach. Für andere Schrägwinkel muß man eine Schmiege nehmen, die man mit Hilfe eines Winkelmessers einstellt. Man kann den Winkel auch aus einer exakten Zeichnung abnehmen.

Reißen Sie auf der Oberseite des unteren Verbindungsteils eine schräge Brüstungslinie an. Legen Sie das obere Teil an diese Linie und reißen Sie so seine Breite an **(1)**. Winkeln Sie beide Linien auf jeder Kante bis zur Hälfte herunter und ziehen Sie zwischen diesen Linien einen Riß mit dem Streichmaß, das auf die halbe Holzstärke eingestellt ist.

Legen Sie das obere Teil auf das untere und markieren Sie die Breite des unteren Teils auf beiden Kanten **(2)**. Reißen Sie die Vertiefung auf der Unterseite mit dem Gehrmaß oder der Schmiege exakt an.

Ausführen der Verbindung

Die beiden Vertiefungen werden wie bei einer Kreuzüberblattung eingesägt und ausgestemmt.

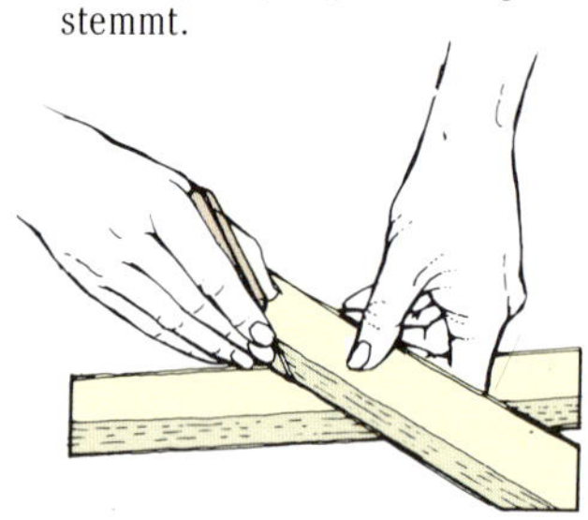

1 Anreißen der Breite

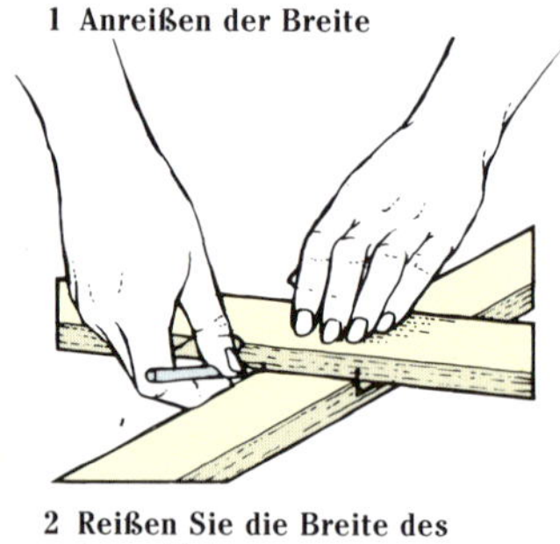

2 Reißen Sie die Breite des unteren Teils an

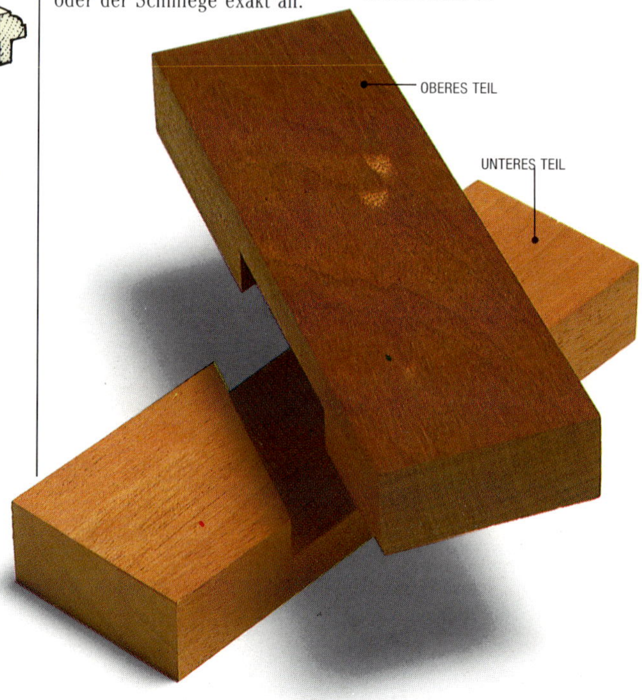

Schräge Überblattung

T-ÜBERBLATTUNG

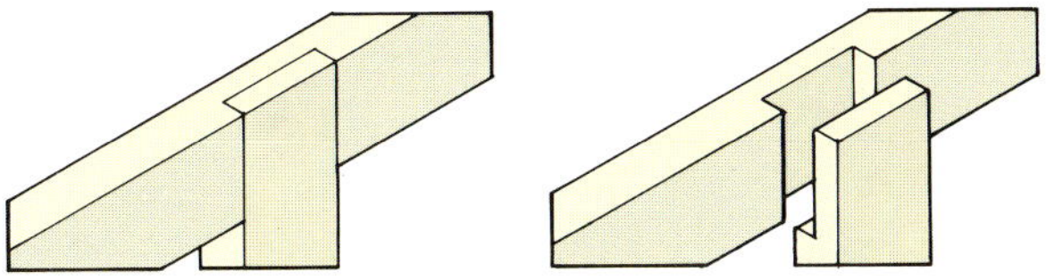

Diese relativ starke Rahmenverbindung wird angewandt, wo ein Rahmenteil ein anderes kreuzt, an der Außenkante jedoch bündig abschließt.

Anreißen der Verbindung
Nachdem auf dem Querfries die Vertiefung wie bei einer Kreuzüberblattung angerissen wurde, längen Sie das Ende des senkrechten Frieses rechtwinklig ab und markieren auf seiner Unterseite die Breite des Querfrieses. Winkeln Sie diese Linie auf die Seitenkanten über und ziehen Sie mit dem Streichmaß einen Riß über die Seitenkanten und das Stirnende **(1)**.

Ausführen der Verbindung
Sägen und stemmen Sie die Vertiefung in das Querfries **(2)**. In das senkrechte Fries sägen Sie zuerst dicht am Streichmaßriß ein und sägen dann die wegfallende Hälfte an der Brüstungslinie ab **(3)**.

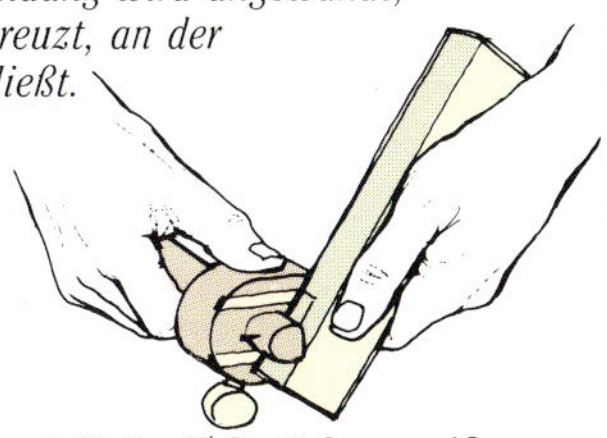

1 Halbe Holzstärke anreißen

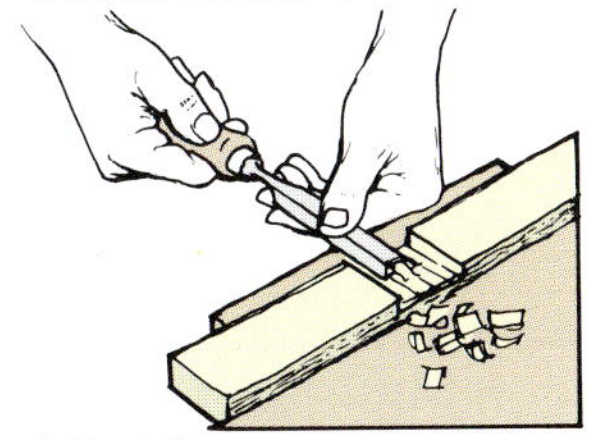

2 Vertiefung ausstemmen

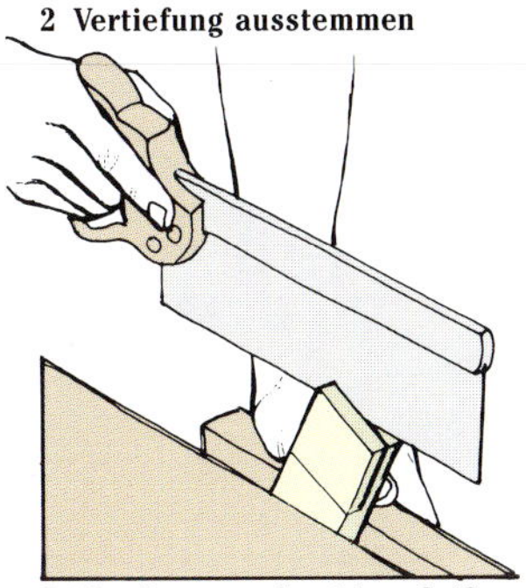

3 Einsägen am Streichmaßriß

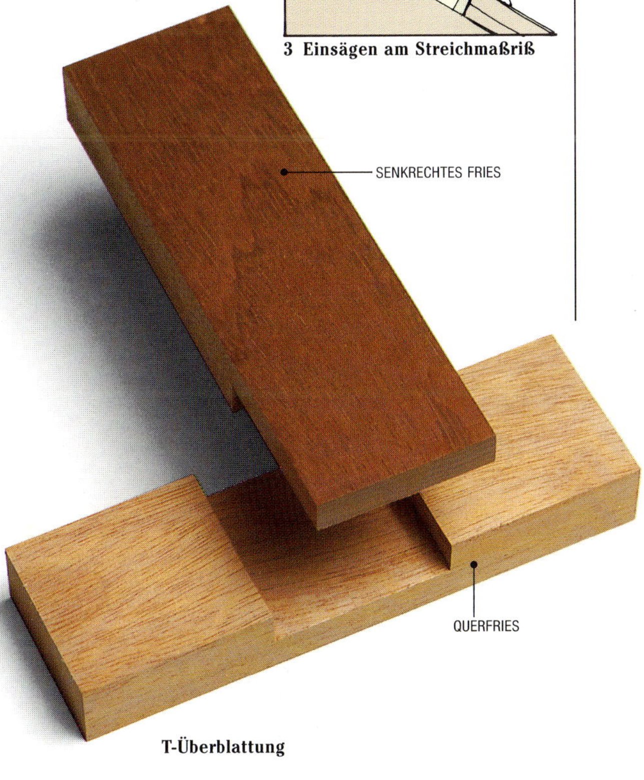

T-Überblattung

EINZINKER

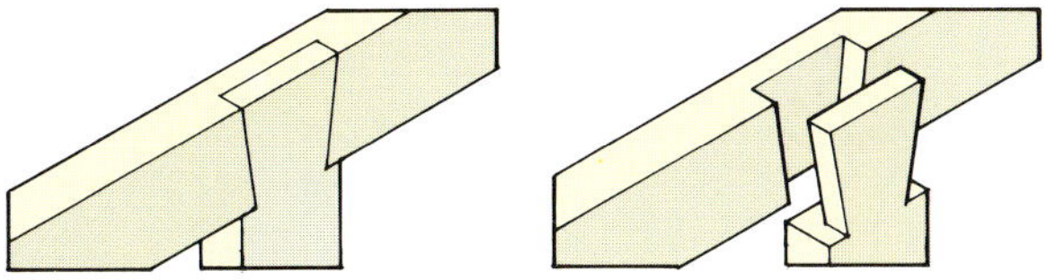

Der Ein- oder Aufzinker ist der T-Überblattung ähnlich, jedoch stärker, da die Verbindung Zugkräften besser widerstehen kann.

Anreißen und Ausführen der Verbindung
Zuerst wird an das senkrechte Teil, das den Schwalbenschwanz erhält, so wie bei einer T-Überblattung die Überlappung angerissen und eingeschnitten. Reißen Sie dann die Schräge des Schwalbenschwanzes mit einer Schablone **(1)** oder einem Maßstab an. Sägen oder stechen Sie die Schräge ab **(2)**.

Legen Sie das Schwalbenschwanzende auf das Querfries auf und zeichnen Sie seinen Umriß auf **(3)**. Winkeln Sie die Linien über die Kanten herunter und markieren Sie mit dem Streichmaß die Ausstemmtiefe.

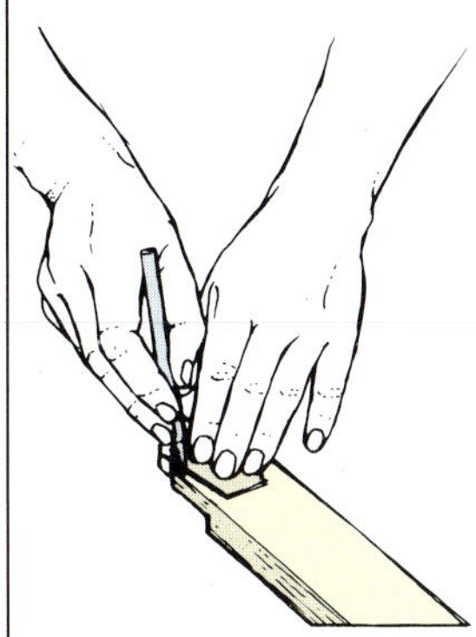

1 Die Schräge des Schwalbenschwanzes anreißen

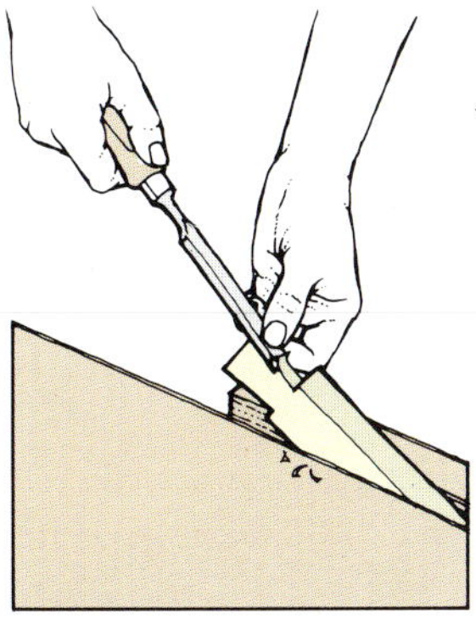

2 Die Schräge anstechen

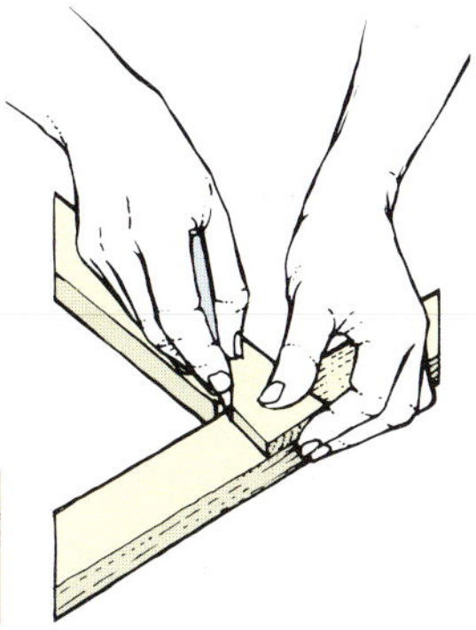

3 Den Umriß der Schwalbe aufzeichnen

Einzinker

BREITENVERBINDUNGEN

Um breite Brettflächen für Tischplatten oder Korpusseiten zu erhalten, werden häufig schmale Bretter aneinandergeleimt. Die Fuge kann stumpf oder auch bearbeitet sein. Das Bearbeiten der Fuge geschieht, um die Leimfläche zu vergrößern, um für eine höhere Fugenfestigkeit zu sorgen und um die Brettkanten gegen ein Verrutschen zu sichern. Welche Methode auch immer Sie anwenden, sie alle beruhen auf der Stärke der Leimverbindung. Die heutigen Leime binden sehr gut, vorausgesetzt die Brettkanten sind exakt gefügt.

Siehe auch

Schnittholzerzeugung	12
Werkzeuge zum Anreißen und Messen	76 - 79
Hobel	88 - 97
Schraubzwingen und -knechte	120 - 122
Fräser	142, 146
Leime und Kleber	222 - 223

VORBEREITEN DES HOLZES

Beginnen Sie mit den auf Dicke gehobelten Brettern. Verwenden Sie wenn möglich Bretter mit stehenden Jahren.

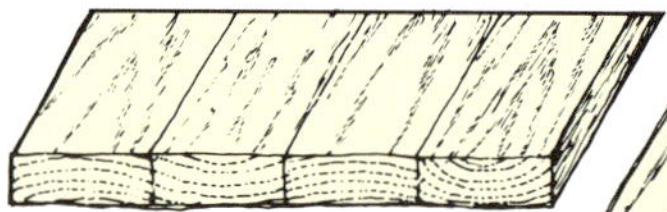

1 Seitenbretter gestürzt verleimen

2 Die Bretter numerieren

Auswahl und Zusammenlegen der Bretter
Legen Sie die Bretter so zusammen, daß sich der Verlauf der Jahresringe abwechselt **(1)**. Man nennt das „stürzen". Achten Sie auch darauf, daß der Faserverlauf der Bretter in die gleiche Richtung geht, um später das Putzen der Brettfläche zu erleichtern. Numerieren Sie jedes Brett auf der Sichtseite **(2)**. Beim weiteren Bearbeiten sollen die Zahlen immer in die gleiche Richtung weisen.

Stumpfe Fuge

Gespundete Fuge

Gefederte Fuge

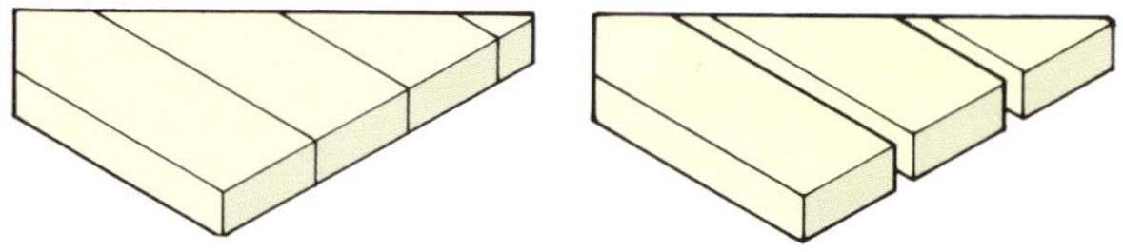

STUMPFE FUGE

Wenn man zwei Bretter aneinanderleimen will, werden zuerst die aufeinanderstoßenden Kanten rechtwinklig zur Fläche gehobelt.

Rechtwinkligkeit überprüfen
Nehmen Sie eine Rauhbank, um die Kanten zu fügen **(1)**. Mit einem Winkel prüfen Sie jede Kante auf Rechtwinkligkeit. Und mit einem langen Metallrichtscheit überprüfen Sie, ob die gefügte Kante auch ganz gerade ist **(2)**.

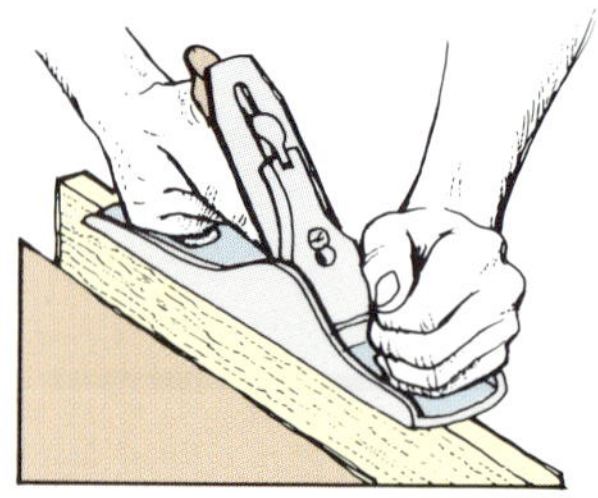

1 Die Kante rechtwinklig fügen

2 Die Kante auf Geradheit überprüfen

Die Fuge
Eine leichte Hohlfuge in der Länge **(1)** ist nicht problematisch, wenn die Bretter zusammengespannt werden sollen. Beim Zusammenzwingen der Bretter wird die in der Mitte leicht hohle Fuge dicht. Der zusätzliche Druck auf die Enden wird sich durch das Schwinden des Holzes lösen und Endeinrisse verhindern.

Eine an den Enden auseinanderklaffende Fuge, eine sogenannte Spitzfuge **(2)**, darf hingegen nicht entstehen.

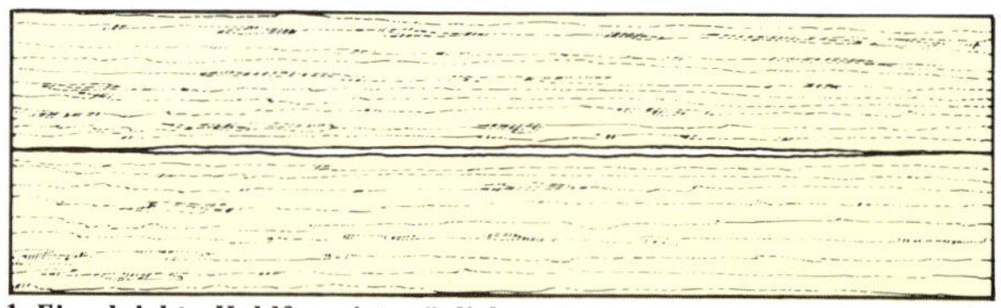

1 Eine leichte Hohlfuge ist möglich

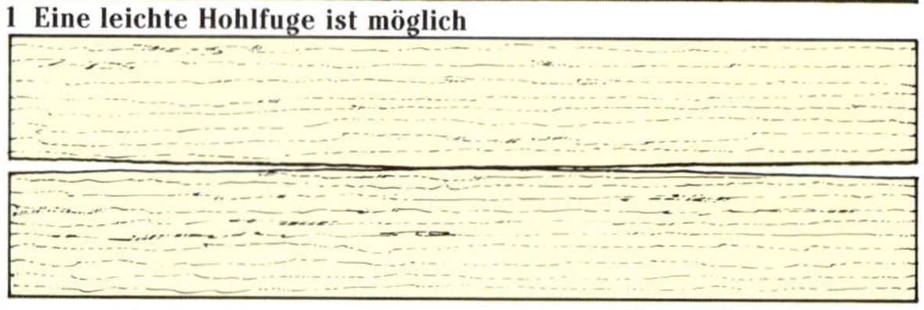

2 Eine Spitzfuge ist zu vermeiden

Brettkanten passend hobeln

Einzelne Brettkanten gerade und rechtwinklig zu fügen, ist nicht einfach. Richtet man die beiden Brettkanten zusammen ab, wird dies unproblematischer. Spannen Sie beide Bretter Rücken an Rücken in die Vorderzange, die Sichtseiten zeigen nach außen **(3)**. Hobeln Sie die Kanten gerade. Falls die Kante noch nicht ganz rechtwinklig ist, werden die Bretter dennoch zusammenpassen und eine ebene Fläche bilden **(4)**.

Wenn Sie drei oder vier Bretter aneinanderfügen wollen, müssen bei den inneren Brettern beide Kanten gefügt werden. Verwenden Sie die Rücken-an-Rücken-Methode, um die Kanten zu fügen. Spannen Sie das erste und das zweite Brett in die Zange und fügen Sie die Kanten. Dann entfernen Sie das erste Brett, drehen das zweite um und spannen das dritte dagegen **(5)**.

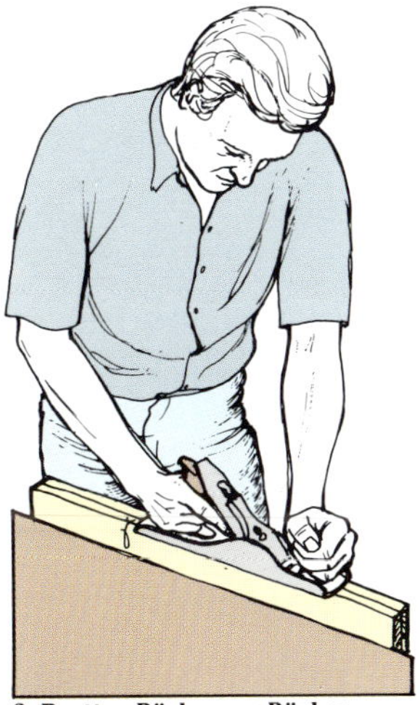

3 Bretter Rücken an Rücken

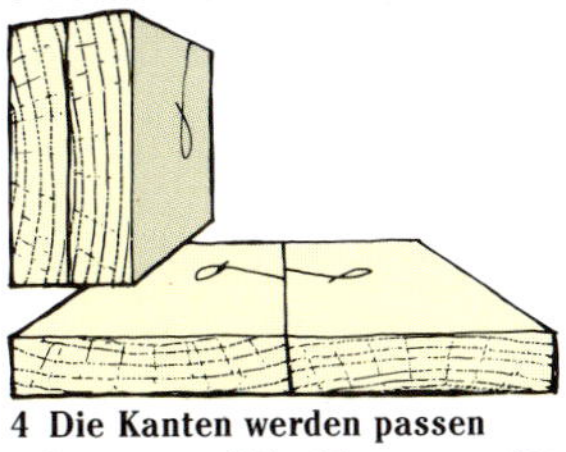

4 Die Kanten werden passen

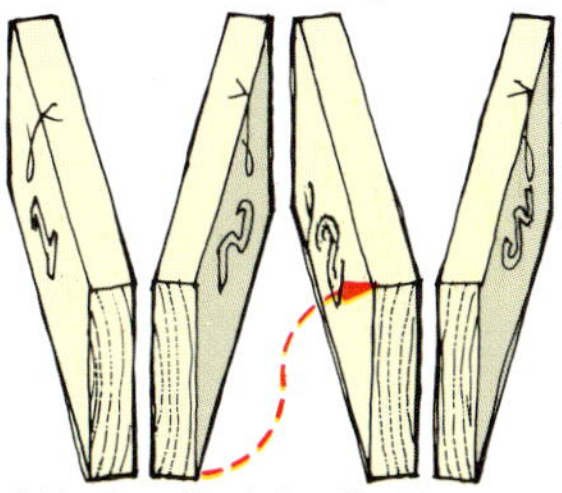

5 Drehen Sie jedes Brett um

BRETTER IN DER BREITE VERLEIMEN

Vor dem Verleimen überprüfen Sie noch einmal, ob die Bretter zusammenpassen, indem Sie sie trocken zusammenspannen.

Die Anzahl der benötigten Schraubknechte oder Zwingen hängt von der Größe des Werkstücks ab; Sie sollten jedoch mindestens drei davon ansetzen. Verwenden Sie Zulagen aus Abfallstücken, die Sie zwischen die Brettkanten und die Druckbacken bringen. Legen Sie die zu verleimenden Bretter auf zwei Querleisten.

Das Verleimen

Geben Sie an den Kanten dünn und gleichmäßig Leim an. Setzen Sie an jedem Ende, etwa um ¼ der Brettlänge nach innen versetzt, einen Spannknecht an **(1)**. Die Knechte sollten möglichst nicht in Kontakt mit der Fläche kommen, damit der Leim nicht mit dem Eisen reagiert und das Holz verfärbt. Falls nötig, klopfen Sie mit einem Hammer und einer Holzzulage die Verbindungsfugen bündig **(2)**.

Drehen Sie das Brett dann um und setzen Sie einen dritten Spannknecht in der Mitte an **(3)**. Dieser Knecht zieht die Bretter nicht nur dicht zusammen, sondern verhindert auch weitgehend das Verziehen. Wischen Sie den Leim ab, der aus den Fugen gequollen ist.

Lassen Sie das Brett eingespannt, bis der Leim trocken ist. Falls Sie das Brett von der Werkbank entfernen müssen, stellen Sie es am besten gegen eine Wand, aber so, daß es gleichmäßig abgestützt ist. Sonst könnte es sich verziehen.

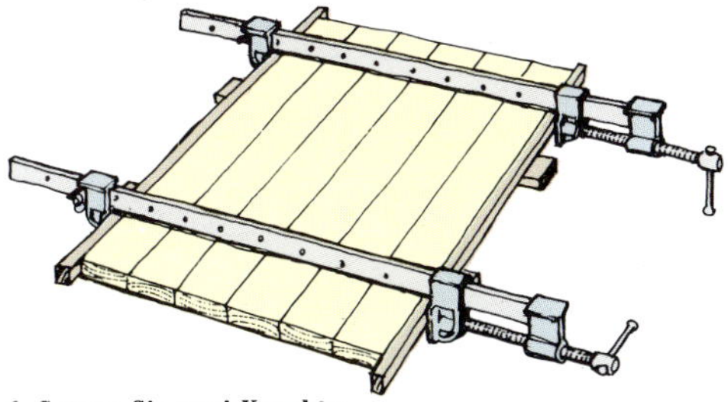

1 Setzen Sie zwei Knechte quer über die Bretter an

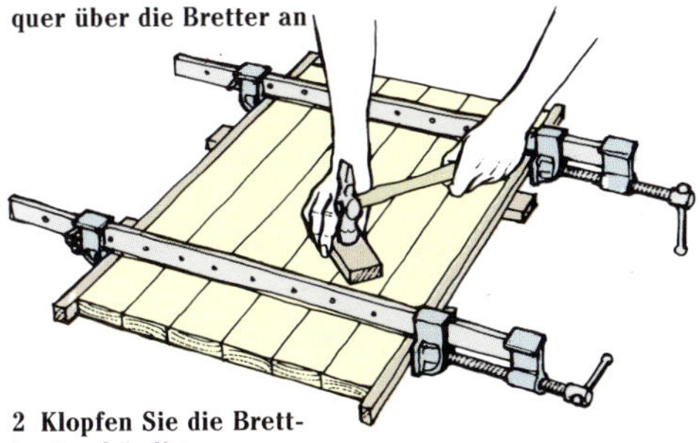

2 Klopfen Sie die Brettkanten bündig

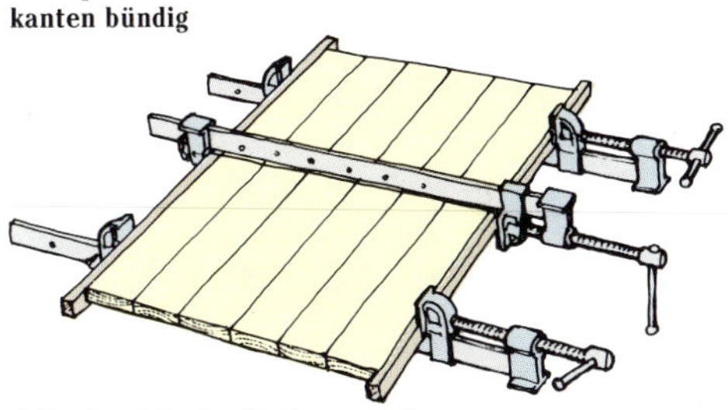

3 Drehen Sie das Brett um und setzen Sie einen dritten Knecht an

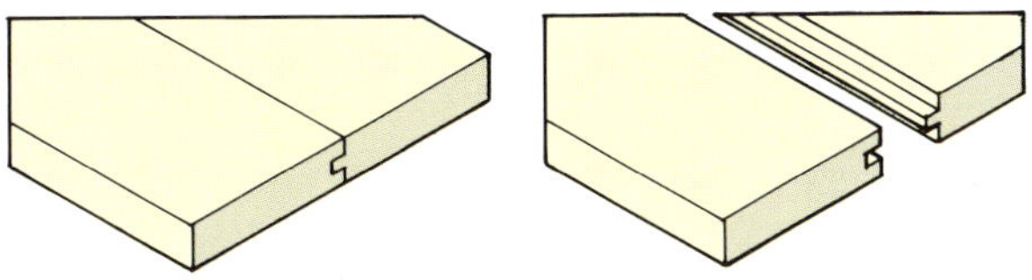

GESPUNDETE FUGE

Das geeignetste Werkzeug zum Anschneiden einer Nut-und-Feder-Verbindung ist der Kombinationshobel. Schneiden Sie zuerst die Feder mit einem Federeisen an.

Die Feder anhobeln

Spannen Sie das Werkstück in die Vorderzange mit der Sichtseite nach vorne. Stellen Sie den Anschlag des Hobels so ein, daß die Feder genau in der Mitte der Brettkante angeschnitten wird **(1)**. Das prüfen Sie, indem Sie mit dem Hobel eine ganz leichte Einkerbung machen, ihn dann umdrehen und an der anderen Brettseite anschlagen. Stimmt das Eisen jetzt mit der Einkerbung überein, dann ist es mittig eingestellt **(2)**.

Die Nut aushobeln

Um die Nut auszuhobeln, setzen Sie ein Nuteisen in den Hobel ein, das der Breite der Feder entspricht. Setzen Sie das Eisen auf die Feder und stellen Sie den Parallelanschlag ein **(3)**. Dann stellen Sie den Tiefenanschlag so ein, daß die Nut ein klein wenig tiefer wird als die Feder.

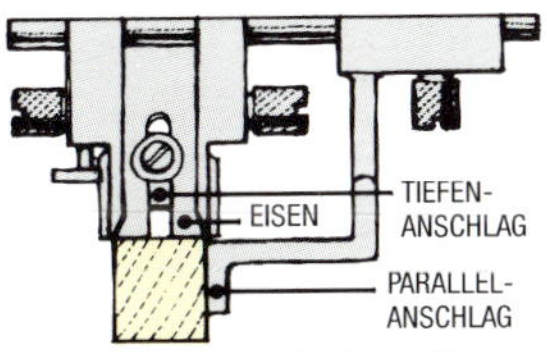

1 Das Eisen mittig einstellen

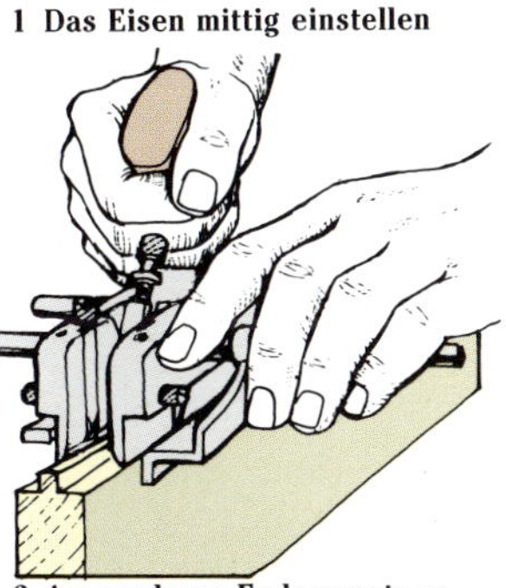

2 Am vorderen Ende ansetzen

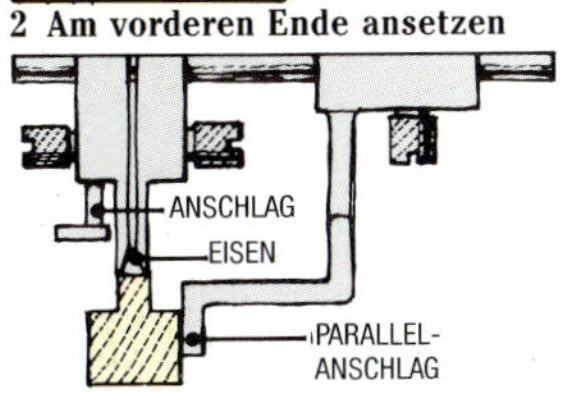

3 Den Hobel einstellen

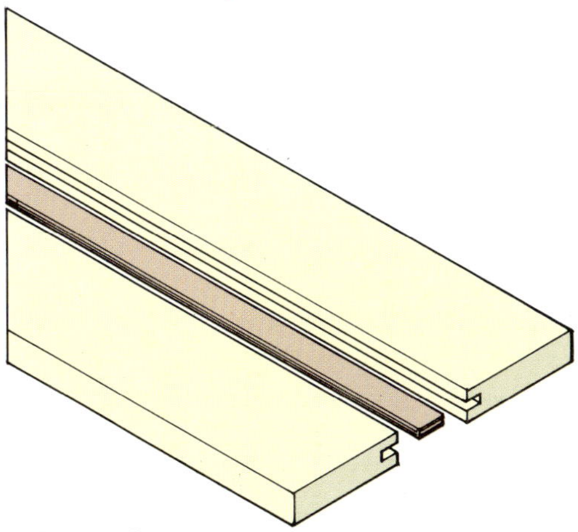

Gefederte Fuge

Eine Feder kann entweder angehobelt oder aus Sperrholz extra hergestellt werden. Sie wird lose in die Nut eingelegt, die in beide Brettkanten geschnitten wurde. Die Verbindung läßt sich mit jedem Nuthobel, mit der Oberfräse oder einer Kreissäge ausführen.

NUTVERBINDUNGEN

Breite, flache Nuten, die quer zur Faserrichtung in Korpusseiten eingefräst werden, dienen vor allem zur Aufnahme von festen Zwischenböden oder Unterteilungen. Die verschiedenen Ausführungen dieser Verbindung können mit Hand- oder Elektrowerkzeugen gearbeitet werden. Die durchgehende gerade Nut ist die am meisten verwendete und auch die am einfachsten auszuführende Verbindung dieser Art. Die stärkste und haltbarste Verbindung ist die Gratnut. Beide Arten von Nuten können auch an einem Ende abgesetzt werden, damit die Nut an der Vorderkante des Seitenbretts nicht sichtbar ist.

Siehe auch

1 Die Stärke des Bodens anzeichnen

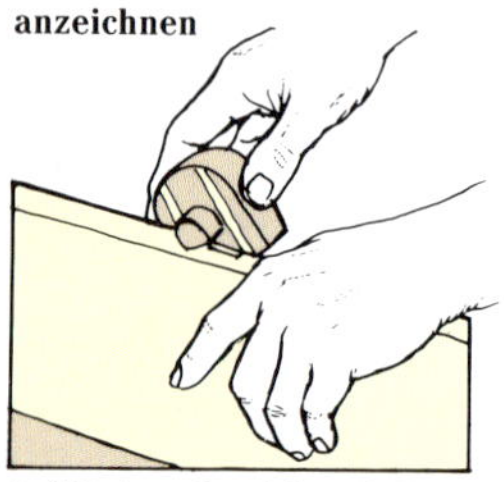

2 Mit dem Streichmaß die Nuttiefe anreißen

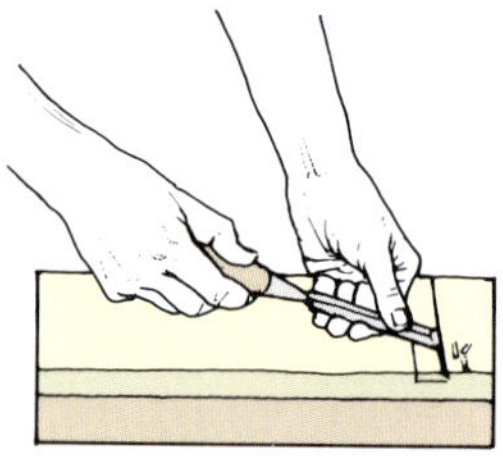

3 Eine Führungskerbe ausstechen

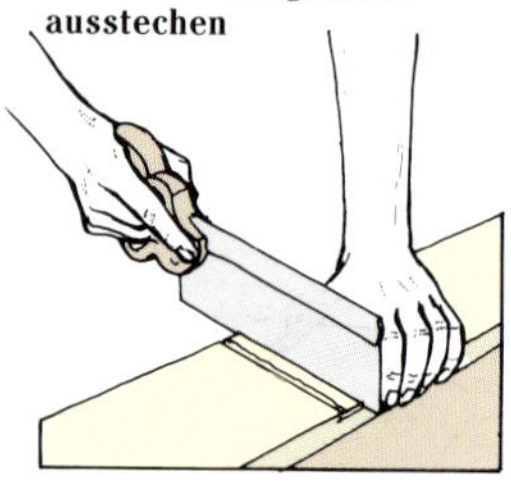

4 An der Linie einsägen

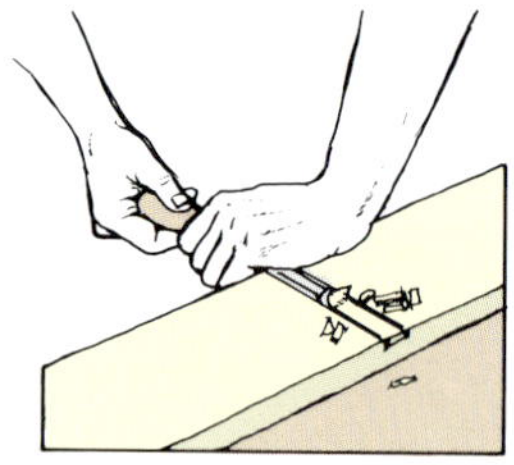

5 Die Nut grob ausstemmen

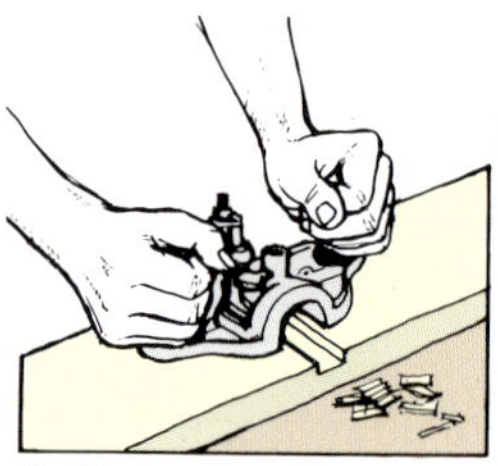

6 Mit dem Grundhobel den Nutgrund einebnen

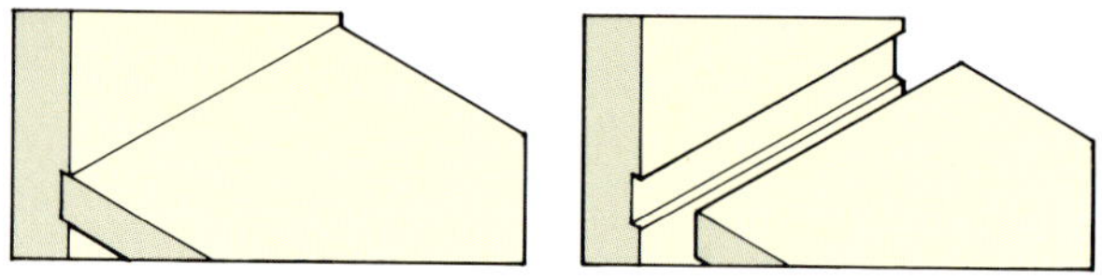

DIE DURCHGEHENDE GERADE NUT

Nuten können in Plattenmaterial oder in Massivholzbretter geschnitten werden. Bereiten Sie die Oberflächen und Kanten vor und wählen und kennzeichnen Sie die Sichtseite und -kante. Soll eine Platte überfurniert werden, dann leimen Sie Umleimer und Furnier vor dem Anschneiden der Verbindungen auf.

Anreißen der Verbindung
Messen und reißen Sie die Grundlinie der Nut auf der Innenseite der Korpusseite an. Kennzeichnen Sie die Breite der Nut entsprechend der Stärke des einzuschiebenden Bodens **(1)**. Mit einem Reißmesser und einem großen Winkel reißen Sie die Schnittlinien quer über das Seitenteil und winkeln sie auf die Kanten über. Die Nut darf höchstens ein Drittel der Seitendicke tief in das Holz eingeschnitten werden. Stellen Sie das Streichmaß dementsprechend ein und reißen Sie so auf den Kanten die Nuttiefe an **(2)**.

Ausführen der Verbindung
Mit einem breiten Stecheisen stechen Sie eine flache, keilförmige Kerbe entlang der Schnittlinie **(3)**. Den so entstandenen Absatz benützen Sie als Führung für die Feinsäge, mit der Sie bis auf den Streichmaßriß heruntersägen **(4)**. Falls Sie sich mit der Säge nicht sicher fühlen, können Sie sich auch eine Leiste an die Schnittlinie spannen.

Stemmen Sie den Großteil der Nut mit einem Stecheisen heraus **(5)** und hobeln Sie den Rest mit einem Grundhobel eben **(6)**. Arbeiten Sie dabei immer von den Seitenkanten in Richtung der Mitte, um ein Ausbrechen der Kanten zu vermeiden. Bei sehr breiten Seitenteilen verwenden Sie nur den Grundhobel zum Aushobeln der Nut. Aber versuchen Sie nicht, die volle Tiefe der Nut mit einem Hobeldurchgang zu erreichen. Machen Sie lieber mehrere Hobelstöße und stellen Sie das Eisen nach und nach tiefer.

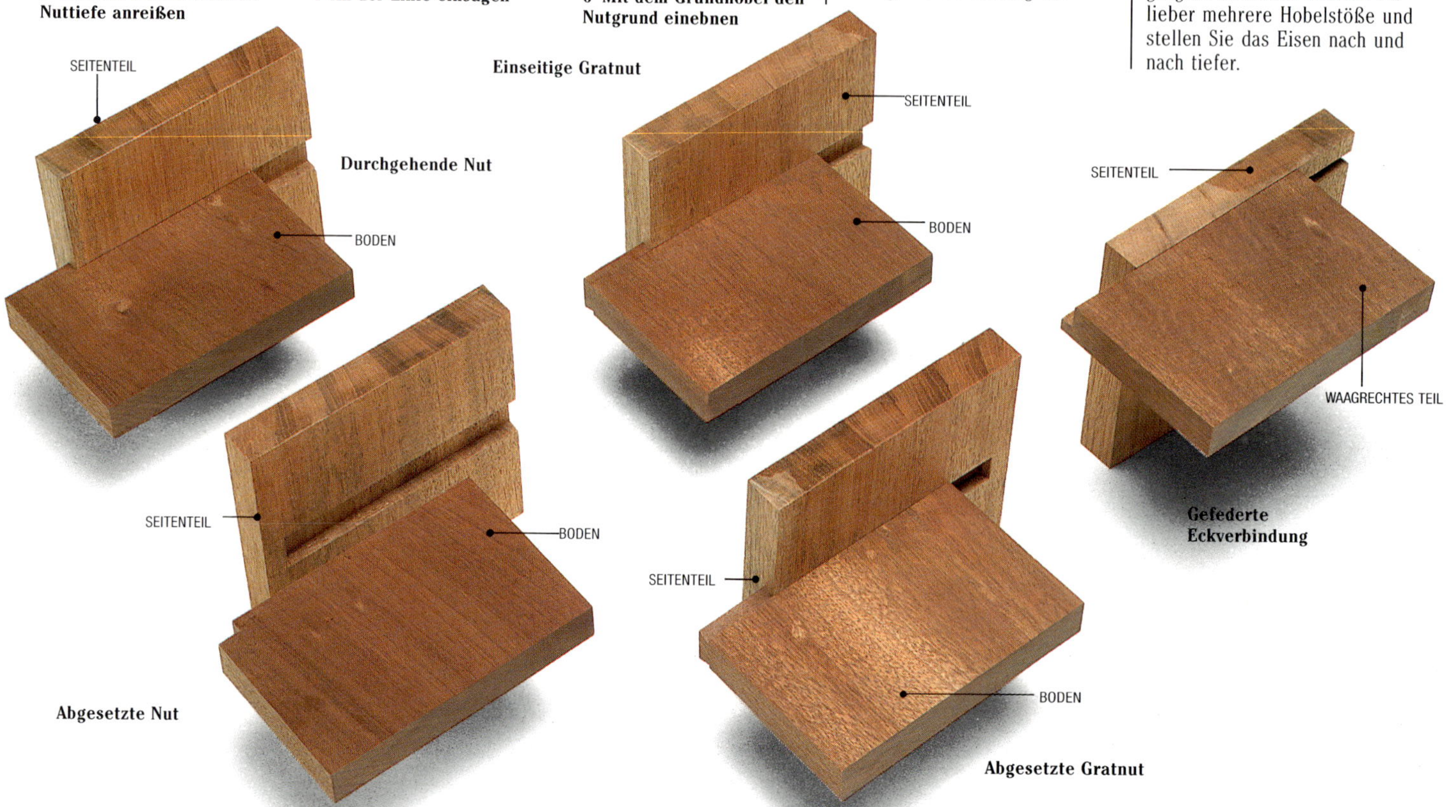

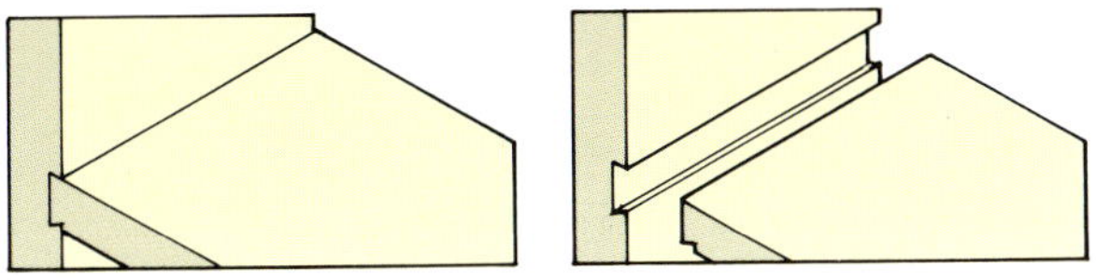

DIE GRATNUT

Die Gratnut kann ein- oder zweiseitig schräggeschnitten sein. Die einseitige Ausführung kann man gut von Hand sägen, während die zweiseitige Gratnut besser mit der Maschine ausgeführt wird. Sie muß sehr genau eingeschnitten werden, weil der Grat von einer Seite aus in die Nut eingeschoben wird.

Einseitige Gratverbindung
Stellen Sie ein Streichmaß auf ein Drittel der Holzstärke des Seitenteils ein und ziehen Sie damit eine Linie auf der Unterseite des einzugratenden Bodens **(1)**. Winkeln Sie die Linie auch auf die Kanten über. Messen Sie auf beiden Kanten 3 mm von der Unterseite nach innen. Von der äußeren Ecke bis zu diesem Punkt reißen Sie die Schräge des Grats an **(2)**. Sägen Sie nun entlang der Streichmaßlinie bis zur Gratschräge ein und stechen Sie den Abfall mit einem Stecheisen weg **(3)**.

Reißen Sie Position und Breite des Bodens auf dem Seitenteil mit dem Bleistift auf. Winkeln Sie die Linien auf die Kanten über. Markieren Sie mit dem Streichmaß auf den Kanten die Tiefe der Gratnut. Zeichnen Sie den Umriß des Grats auf die Kante des Seitenteils auf. Sägen Sie die Gratnut wie angerissen schräg ein. Benützen Sie eventuell einen Führungsklotz, um den gewünschten Schrägwinkel einhalten zu können **(4)**. Stemmen Sie die Nut mit einem Stecheisen aus.

Eine abgesetzte Gratnut
Verfahren Sie wie bei einer normalen abgesetzten Nut, nur daß die Nut schräg eingeschnitten wird. Für einen zweiseitigen Grat wird auch die Gratnut beidseitig schräg eingeschnitten.

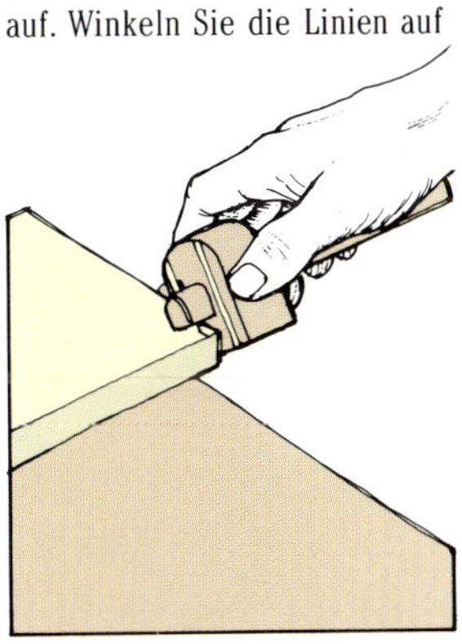

1 Anreißen auf der Unterseite

3 Stechen Sie den Grat an

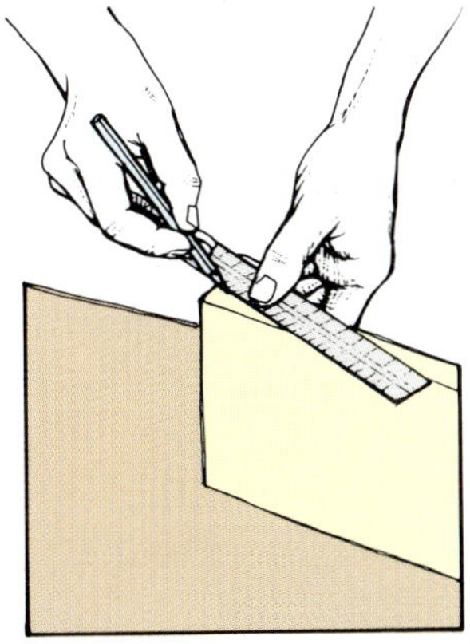

2 Reißen Sie die Gratschräge an

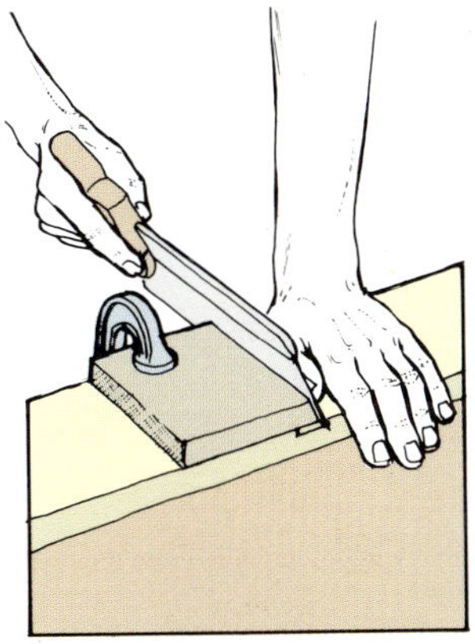

4 Führungsklotz zum Einsägen

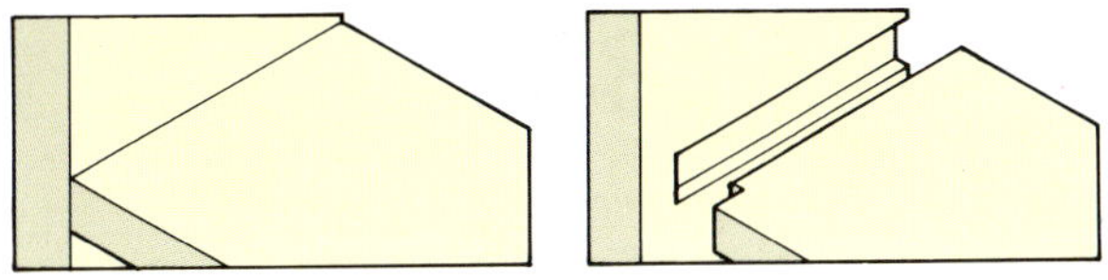

DIE ABGESETZTE NUT

Eine abgesetzte Nut läuft nicht durch, sondern endet etwa 9–12 mm vor der Vorderkante. (Der eingeschobene Boden wird ebenfalls um das gleiche Maß abgesetzt.) Die Vorderkante des Bodens kann bündig mit der Vorderkante des Seitenteils abschließen oder leicht zurückspringen.

Anreißen der Verbindung
Reißen Sie die Breite der Nut an. Stellen Sie ein Streichmaß auf die Nuttiefe ein und markieren Sie diese auf der Hinterkante des Seitenteils. Mit der gleichen Einstellung ziehen Sie eine Linie über die Vorderkante des Bodens und klinken den Boden mit der Säge ein Stück aus **(1)**. Reißen Sie die Länge der Nut nach dem Boden an **(2)**.

Ausführen der Verbindung
Stemmen oder bohren Sie eine Reihe sich überlappender Löcher in das abgesetzte Nutende bis zur gewünschten Nuttiefe. Verwenden Sie möglichst einen Forstnerbohrer, weil dieser eine kurze Zentrierspitze hat. Dann stechen Sie das abgesetzte Nutende sauber nach **(3)**. Schneiden Sie dann den Rest der Nut ein und hobeln Sie sie aus.

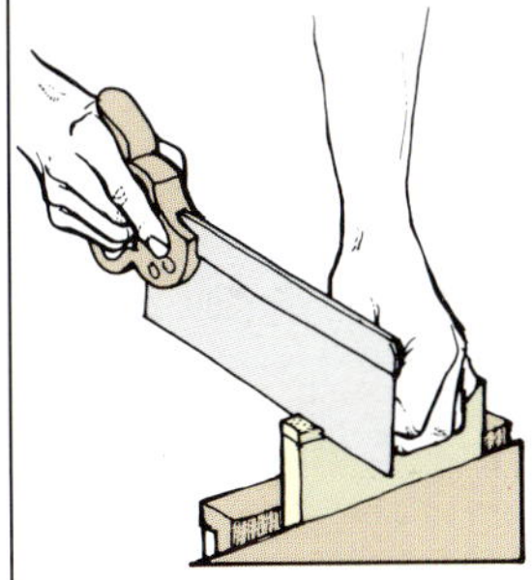

1 Den Boden ausklinken

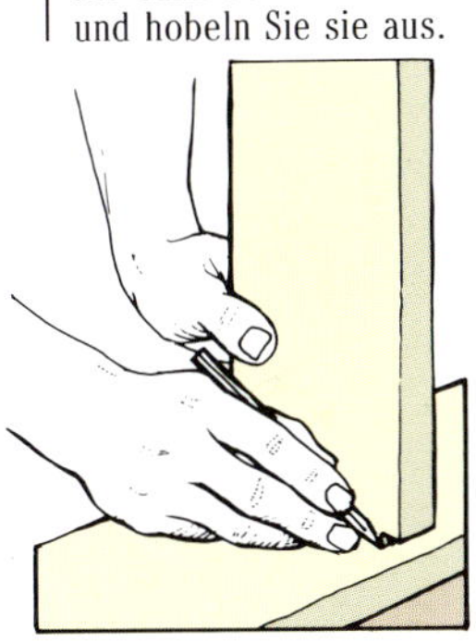

2 Die Nutlänge anreißen

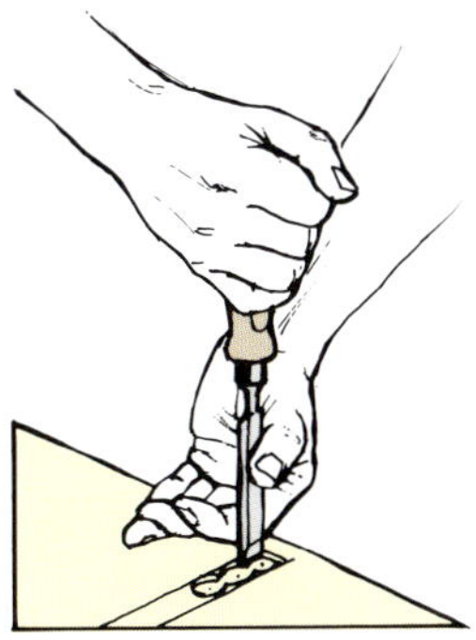

3 Nutende nachstechen

GEFEDERTE ECKVERBINDUNG

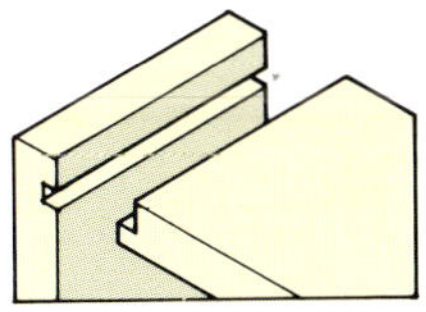

Die gefederte Verbindung ist eine Nut-und-Feder-Verbindung, die stärker und haltbarer ist als eine stumpfe Nutverbindung. Sie eignet sich für Zwischenböden und auch an Außenecken. Durch die an den Boden angeschnittene dünne Feder wird das Seitenteil weniger geschwächt, weil weniger tief eingenutet werden muß. Das Verputzen der Flächen führt nicht zu einer lockeren Verbindung.

Anreißen der Verbindung
Für eine gefederte Eckverbindung müssen Sie zuerst die Dicke des waagrechten Bodens auf der Innenseite des Seitenteils anreißen und über die Kanten winkeln. Stellen Sie das Streichmaß auf nicht mehr als ein Drittel der Stärke des Seitenteils ein. Ziehen Sie damit eine Linie über die Oberseite und die Kanten des Bodenteils **(1)**. Dann reißen Sie auf der Stirnseite des Bodens die Stärke der Feder an. Legen Sie dabei das Streichmaß auf der Unterseite des Bodens an **(2)**. Sägen Sie den Falz heraus und verputzen Sie ihn falls nötig mit einem Simshobel.

Legen Sie die Unterseite des Bodens an die gezogene Linie auf dem Seitenteil an. Markieren Sie sich die Nutbreite nach der Feder und winkeln Sie eine Linie über die Fläche und die Kanten. Reißen Sie auf den Kanten die Nuttiefe an und schneiden Sie die Nut ein, wie es bereits beschrieben wurde.

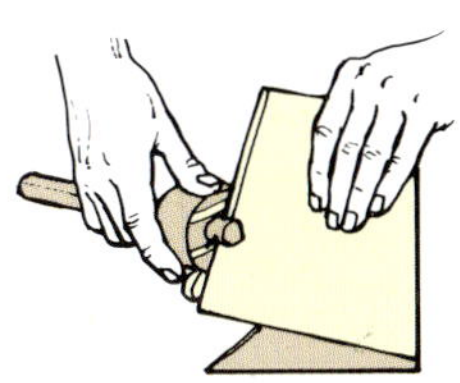

1 Falzabsatz anreißen

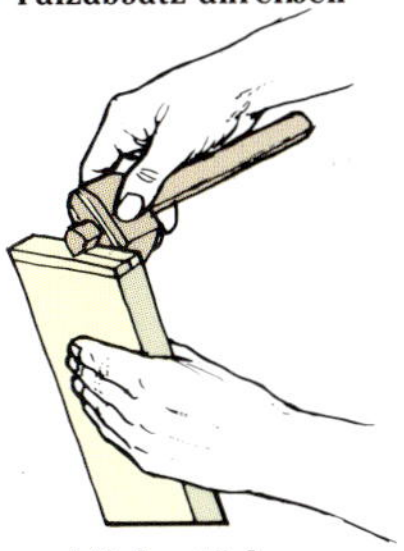

2 und Federstärke

SCHLITZ-UND-ZAPFEN-VERBINDUNGEN

Die Schlitz-und-Zapfen-Verbindung ist eine häufig vorkommende klassische Eckverbindung im Rahmenbau. Ein Rahmenteil wird in den Schlitz eines anderen gesteckt, um für eine feste, mechanische Verbindung zu sorgen. Diese Verbindung verwendete man aber auch in der Fachwerkbauweise. Die Verbindung wurde von den Schreinern und Möbelbauern immer weiter verfeinert, und es entwickelten sich verschiedene Varianten. Schlitz und Zapfen bieten eine große Leimfläche und werden häufig bei Tischen und Stühlen eingesetzt.

Siehe auch

Werkzeuge zum Anreißen und Messen	76 - 79
Lochbeitel	100 - 101
Elektrobohrmaschinen	124 - 127
Fräser	142, 146

DAS VERHÄLTNIS VON SCHLITZ UND ZAPFEN

Das Größenverhältnis zwischen Schlitz und Zapfen ist ausschlaggebend für die Haltbarkeit der Verbindung. Die Form der Verbindung wird weitgehend vom Querschnitt des Zapfenteils bestimmt.

Meistens ist das Zapfenteil ein Rahmenholz mit rechteckigem Querschnitt, dessen Breite in der senkrechten Ebene liegt. Manchmal liegt die Breite des Rahmenteils auch in der waagrechten Ebene. Auf jeden Fall werden die Zapfenwangen in der senkrechten Ebene angeschnitten, um im Schlitz eine möglichst große Längsholzleimfläche zu bieten (siehe unten). Bei waagrecht liegenden Rahmenhölzern können zwei oder mehr Zapfen erforderlich sein, weil die Stärke des Zapfens nicht größer als seine Breite sein sollte.

Die Stärke eines Zapfens beträgt üblicherweise ein Drittel der Holzstärke, wenn zwei gleich starke Rahmenteile aufeinandertreffen. Die genaue Zapfenstärke wird auch von dem Lochbeitel bestimmt, mit dem der Schlitz ausgestemmt wird. Ein dünner Zapfen ist relativ schwach, und ein breiter Schlitz bewirkt dünne Seitenwände, die bei Drehbeanspruchung ausreißen könnten.

Wo ein Zapfenteil mit einem Rahmenteil verbunden wird, das stärker als das Zapfenteil ist, darf der Zapfen die Hälfte der Stärke betragen.

Der Zapfen ist üblicherweise genauso breit wie das Rahmenteil selbst. Ist das allerdings zu breit, etwa bei einer großen Rahmentür, wird der Zapfen zweigeteilt. Dies ist dann eine doppelte Zapfenverbindung.

Die Länge des Zapfens wird durch die Art der Verbindung bestimmt. Der Zapfen eines durchgestemmten Schlitzes wird der Breite des Schlitzteils entsprechen. Die Länge eines nicht durchgehenden, „blinden“ Zapfens in einem gestemmten Schlitz beträgt etwa ¾ der Breite des Schlitzteils.

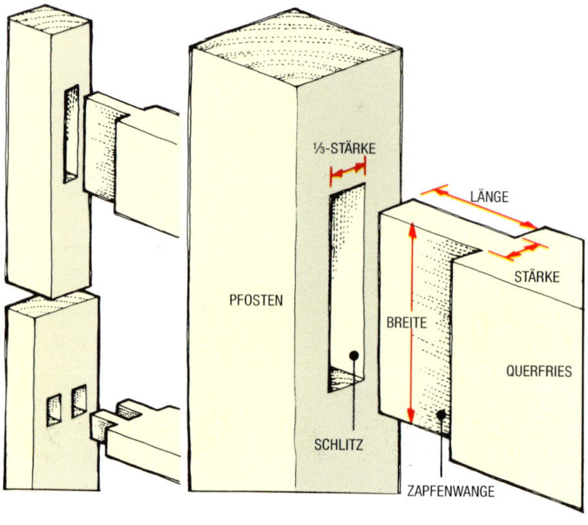

Zapfen
Die Zapfen werden so angeschnitten, daß ihre Seiten oder Wangen dem Faserverlauf des geschlitzten Pfostens oder Beins folgen.

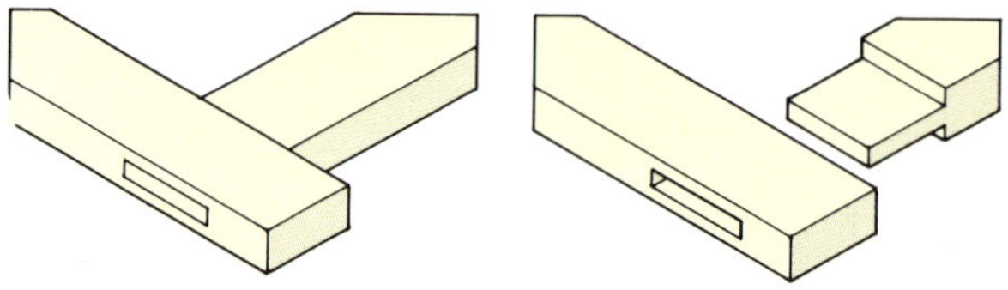

DURCHGESTEMMTE SCHLITZ-UND-ZAPFEN-VERBINDUNG

Der durchgehende Zapfen wird im Rahmenbau häufig angewendet. Das Hirnholz des Zapfens ist auf der Kante des senkrechten Rahmenteils sichtbar. Die Verbindung muß sehr genau angeschnitten werden.

Anreißen der Verbindung
Schneiden Sie das Zapfenstück auf Länge. Ein kleiner Überstand kann nach dem Verleimen noch bündig gehobelt werden. Falls das Werkstück einen Zapfen an jedem Ende benötigt, müssen Sie den Abstand zwischen den Zapfenbrüstungen ganz genau vermessen. Winkeln Sie die Brüstungslinien mit einem Reißmesser um das ganze Fries herum **(1)**. Reißen Sie die Position des Schlitzes auf der Kante des Schlitzteils an. Für die Schlitzlänge nehmen Sie das Zapfenteil als Anhaltspunkt **(2)**. Winkeln Sie die Linien um das ganze Werkstück.

Wählen Sie einen Lochbeitel. Denken Sie daran, daß der Schlitz etwa ⅓ der Holzstärke betragen soll. Stellen Sie die Spitzen des Zapfenstreichmaßes auf die Breite des Lochbeitels ein und reißen Sie den Schlitz mittig auf der Holzkante an. Das Streichmaß sollte dabei immer auf der Sicht- oder Vorderseite angelegt werden. Ziehen Sie die Schlitzlinien auf beiden Kanten zwischen den Rissen für die Schlitzlänge **(3)**. Mit der gleichen Einstellung reißen Sie auch den Zapfen an. Legen Sie das Streichmaß wieder auf der Vorderseite an und ziehen Sie es von der Brüstungslinie auf der einen Kante über das Hirnende bis zur Brüstungslinie auf der anderen Kante **(4)**. Falls das Zapfenteil dünner ist als das Schlitzteil, verstellen Sie nur den Anschlag des Streichmaßes.

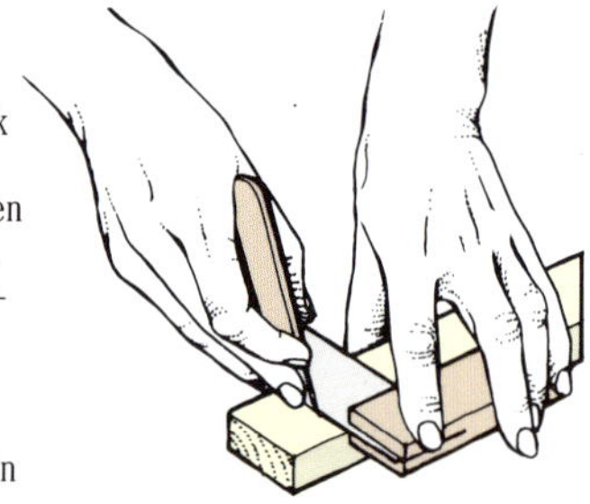

1 Anreißen der Brüstungslinien

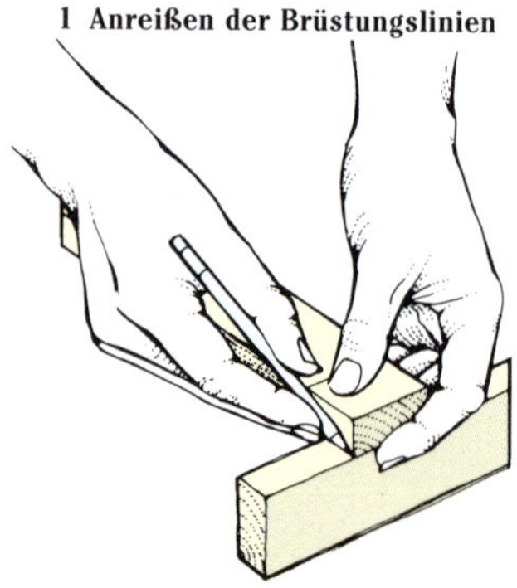

2 Reißen Sie die Schlitzlänge an

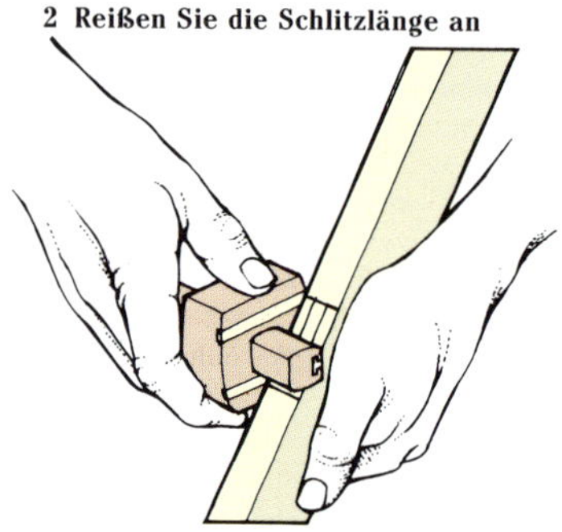

3 Den Schlitz mit dem Streichmaß anreißen

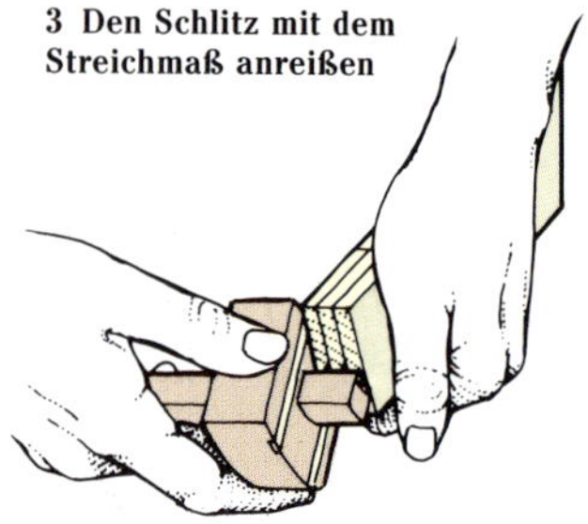

4 Reißen Sie den Zapfen an

Ausführen der Verbindung
Schneiden Sie den Schlitz immer vor dem Zapfen. Es ist einfacher, einen Zapfen dem Schlitz anzupassen. Spannen

Sie das Werkstück zum Ausstemmen des Schlitzes mit einer Unterlage auf die Werkbank.

Stellen Sie sich so neben die Arbeit, daß Sie sehen können, ob Sie den Lochbeitel auch senkrecht halten. Setzen Sie in der Mitte an, die Schneidfase zeigt dabei von Ihnen weg **(5)**. Schlagen Sie den Lochbeitel mit einem Klüpfel ungefähr 3 mm tief in das Holz. Arbeiten Sie so schrittweise rückwärts bis etwa 2–3 mm vor dem Schlitzende. Drehen Sie den Beitel um und arbeiten Sie bis zum anderen Ende. Räumen Sie die Späne aus dem Schlitz, indem Sie sie mit dem Locheisen heraushebeln **(6)**.

Um ein Aussplittern auf der Unterseite zu verhindern, stemmen Sie das Loch nur etwa bis zur Hälfte aus. Stechen Sie die Enden des Schlitzes mit dem senkrecht gehaltenen Lochbeitel sauber aus **(7)**. Dann drehen Sie das Holz um, schütteln alle losen Späne heraus und säubern die Oberfläche, bevor Sie das Teil wieder festspannen. Stemmen Sie das Loch nun von dieser Seite bis zur Mitte aus.

Den Schlitz ausbohren
Anstatt den Schlitz auszustemmen, kann man ihn auch ausbohren. Man muß dann nur noch mit dem Eisen rechtwinklig nachstechen.

Setzen Sie eine Bohrmaschine in einen Ständer. So können Sie kontrollierter und genauer bohren. Setzen Sie einen Bohrer ein, dessen Durchmesser der Breite des Schlitzes annähernd entspricht. Spannen Sie ein Brett mit einem Führungsanschlag auf den Bohrständer und positionieren Sie das Schlitzteil genau unter dem Bohrer.

Stellen Sie den Tiefenanschlag so ein, daß der Bohrer bis zur Hälfte durch das Holz bohrt. Bohren Sie zuerst ein Loch an jedem Schlitzende **(1)**, dann eine Reihe sich überlappender Löcher dazwischen **(2)**. Drehen Sie das Holz um und, mit der gleichen Seite gegen den Anschlag, bohren Sie von der anderen Seite aus in das Holz.

Säubern Sie den Schlitz und stechen Sie die Enden mit einem Lochbeitel sauber und rechtwinklig nach.

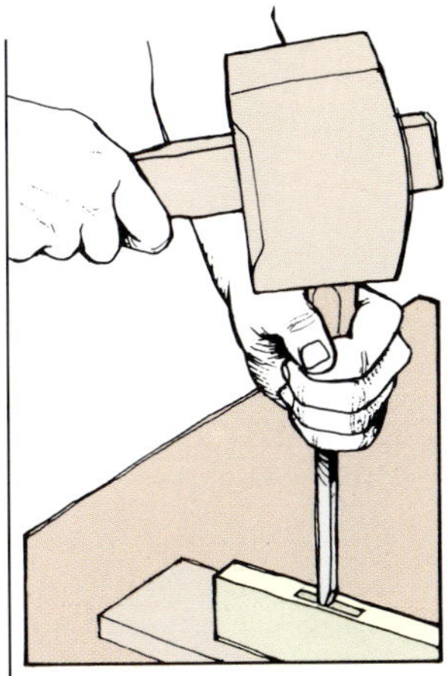
5 Ausstemmen ab der Mitte

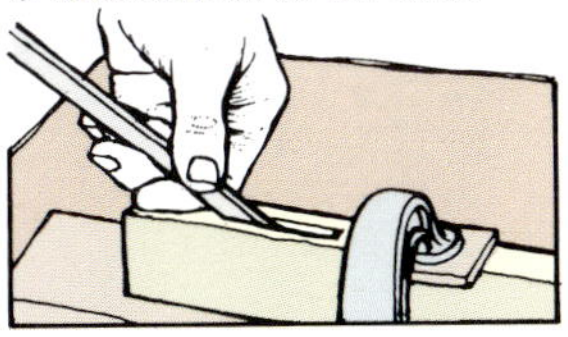
6 Räumen Sie die Späne heraus

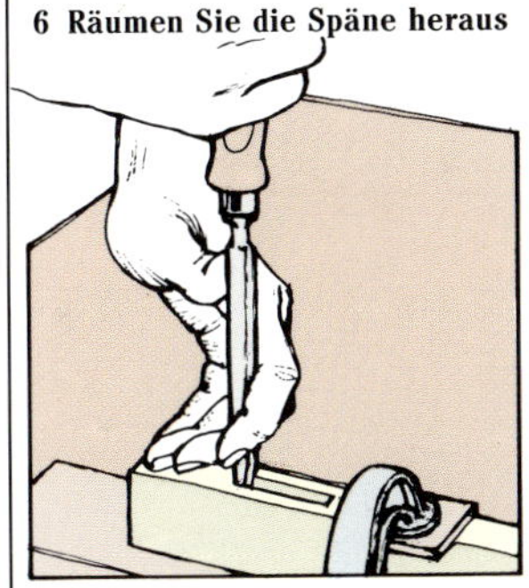
7 Stechen Sie die Enden rechtwinklig nach

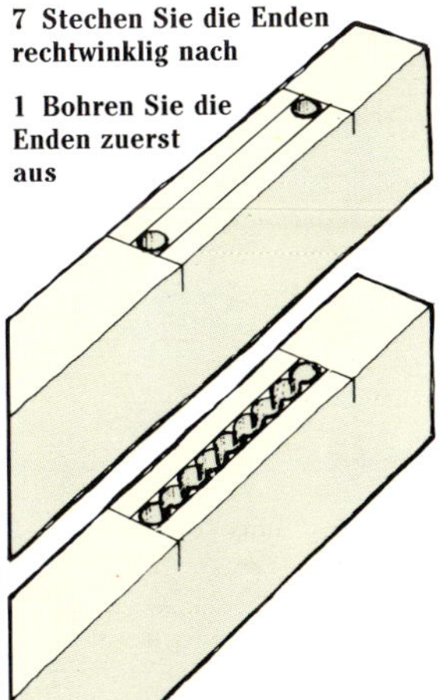
1 Bohren Sie die Enden zuerst aus

2 Bohren Sie nebeneinander Löcher

Den Zapfen anschneiden
Spannen Sie das Zapfenteil leicht schräg in die Vorderzange, so daß das Hirnende von Ihnen wegzeigt. Mit einer Zapfensäge sägen Sie auf der wegfallenden Seite des Risses bis auf die Brüstungslinie herunter, wobei die Zahnlinie immer parallel zur Bank bleibt **(1)**.

Dann spannen Sie das Werkstück andersherum schräg ein und sägen die andere Zapfenseite ein **(2)**. Jetzt spannen Sie das Werkstück senkrecht ein und sägen beide Seiten genau bis zur Brüstung herunter **(3)**. Legen Sie das Werkstück auf eine Sägelade und setzen Sie den Zapfen an der Brüstung ab. Der Zapfen sollte eigentlich direkt nach dem Sägen in den Schlitz passen. Falls er zu stramm ist, stechen Sie an den Wangen etwas Holz weg. Achten Sie darauf, daß der Zapfen symmetrisch bleibt.

1 Den Zapfen einsägen

2 Neu einspannen und die andere Seite einsägen

3 Bis zur Brüstung heruntersägen

DURCHGESTEMMTE UND VERKEILTE SCHLITZ-UND-ZAPFEN-VERBINDUNG

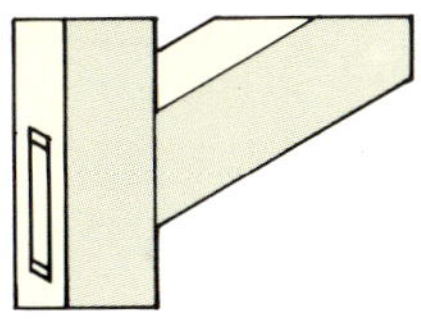

Eine Schlitz-und-Zapfen-Verbindung ist auf Grund der relativ großen Leimfläche sehr fest. Die mechanische Festigkeit läßt sich durch Keile noch erhöhen. Dazu gibt es zwei Möglichkeiten: Die Keile können an den Seiten oder in Sägeschlitze in den Zapfen eingesetzt werden.

Einsetzen der Keile
Erweitern Sie den Schlitz von außen, indem Sie eine flache Schräge an beide Enden des Schlitzes anschneiden. Richten Sie die Keile etwas steiler als die angeschnittene Schräge. Machen Sie zwei Sägeschnitte in den Zapfen, um etwa die Stärke des Zapfens nach innen versetzt. Bohren Sie ein Loch am Ende des Einschnitts, um ein Einreißen zu verhindern.

Wenn die Verbindung verleimt ist, geben Sie an die Keile etwas Leim an und klopfen sie abwechselnd hinein, damit Sie beide gleichmäßig drücken. Wenn der Leim trocken ist, werden die Überstände abgesägt und bündig gehobelt.

Durchgestemmter Zapfen

Durchgestemmter und verkeilter Zapfen

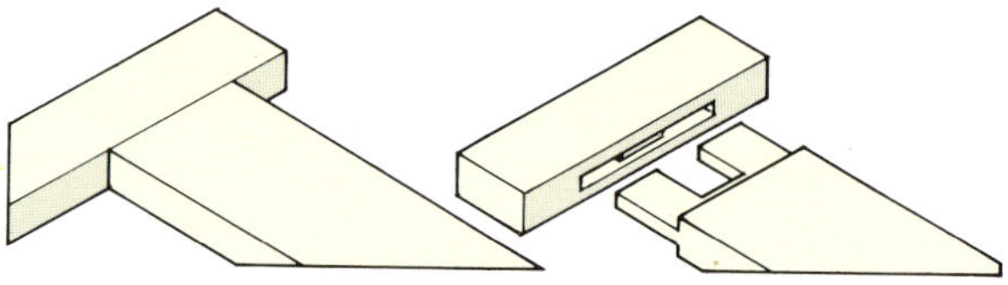

DOPPELTE SCHLITZ-UND-ZAPFEN-VERBINDUNG

Siehe auch
Möbelbau 64, 66, 69, 70
Stuhlverbindungen 52
Werkzeuge zum Anreißen und Messen 76 - 79
Zapfenstreichmaß 78, 79
Bügelsäge 84
Lochbeitel 100, 101

Die doppelte Schlitz-und-Zapfen-Verbindung wird bei Rahmen angewandt, deren Friese sehr breit sind und bei denen ein einziger, breiter Zapfen das senkrechte Rahmenfries zu sehr schwächen würde. Das mittlere Querfries einer Rahmentür ist meist auf diese Weise eingezapft. Die hier beschriebene Verbindung zeigt einen doppelten, durchgestemmten Zapfen in einem flachen, senkrechten Rahmenfries.

Anreißen der Verbindung

Beginnen Sie damit, daß Sie die Brüstungslinien auf dem Querfries anreißen. Winkeln Sie die Linie mit einem Reißmesser und einem Winkel um das Querfries herum. Setzen Sie das Querfries auf die Kante des senkrechten Rahmenteils und reißen Sie Position und Breite des Querfrieses an. Winkeln Sie diese Linien mit einem Bleistift um das senkrechte Rahmenteil.

Stellen Sie die Spitzen eines Zapfenstreichmaßes auf die Breite eines Lochbeitels ein, der ungefähr ein Drittel der Holzstärke des senkrechten Rahmenfrieses haben sollte. Reißen Sie dann auf beiden Kanten des senkrechten Rahmenfrieses den Schlitz mittig an. Über die äußere Kante sollten Sie das Streichmaß nur mit leichtem Druck ziehen. Mit der gleichen Einstellung reißen Sie auch die Zapfen am Zapfenteil an.

Bei dieser Verbindung liegen zwei Zapfen in einem bestimmten Abstand nebeneinander. Um das Querfries nicht zu schwächen, läßt man zwischen den beiden Zapfen eine Feder stehen. Die Breite der Zapfen und der entsprechenden Schlitze wird von der Breite des Querfrieses bestimmt. Üblicherweise ist aber jeder Zapfen mindestens viermal so breit wie stark.

Stellen Sie ein Streichmaß auf die gewünschten Abmessungen ein und reißen Sie von den Kanten aus die Breite der Zapfen an. Ziehen Sie die Linien über das Hirnende und auf beiden Breitflächen bis zur Brüstungslinie.

Reißen Sie auf einer Kante die Länge der Feder an, die gleich der Stärke der Zapfen ist. Winkeln Sie die Linie auf die Breitflächen über. Kennzeichnen Sie die wegfallenden Teile wie abgebildet **(1)**, um die Größe der Zapfen deutlich zu machen.

Legen Sie das Querfries auf das Schlitzteil und reißen Sie darauf die Zapfen an **(2)**.

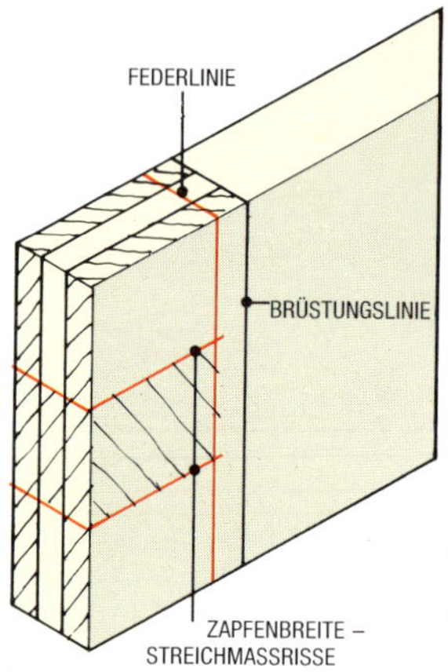

1 Verschnitt kennzeichnen

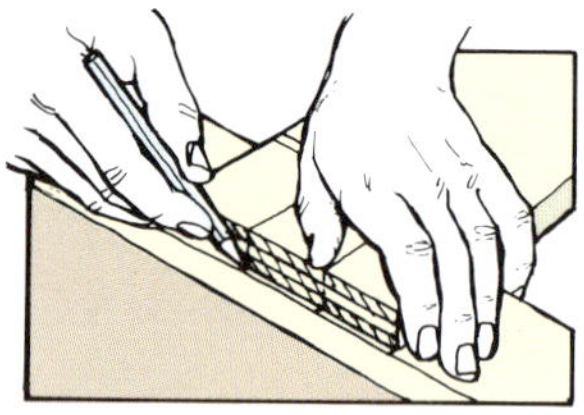

2 Zapfenbreite anreißen

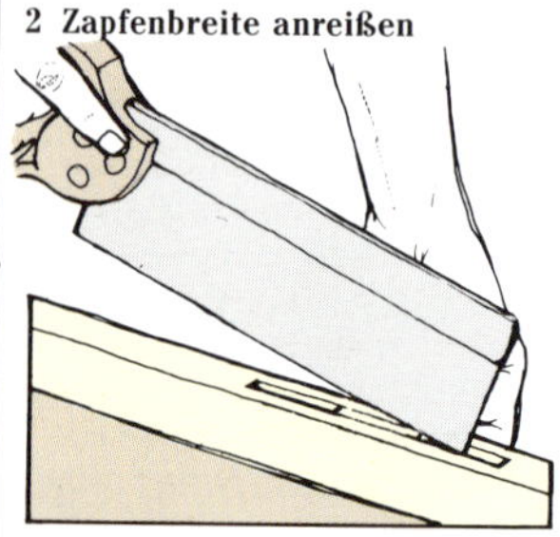

3 Nut für Feder einsägen

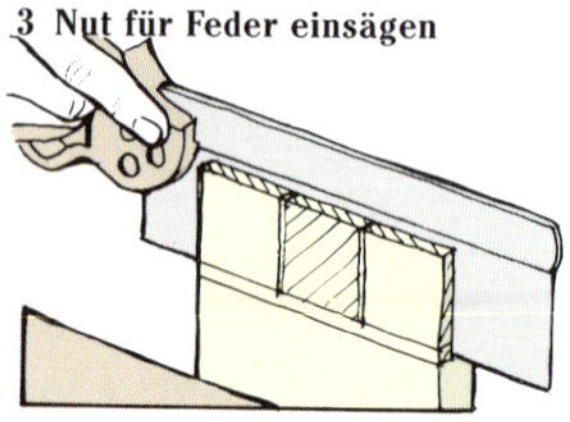

4 Zapfenwangen einsägen

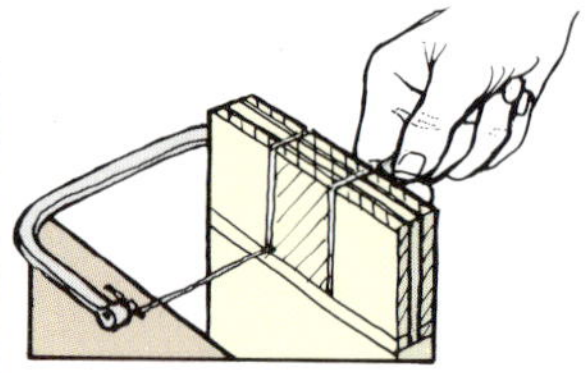

5 Den Verschnitt heraussägen

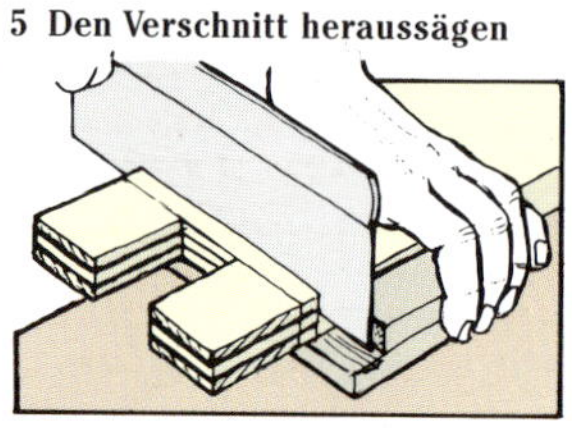

6 Zapfen an der Brüstung absetzen

Ausführen der Verbindung

Stemmen Sie die Schlitze so aus, wie das bereits für durchgestemmte Zapfen beschrieben wurde. Falls der Abstand ausreicht, sägen Sie auf der Innenseite des Streichmaßrisses ein, um die Nut für die Feder herauszusägen **(3)**. Mit dem Stecheisen stechen Sie sie sauber nach. Falls sich das Einsägen als schwierig erweist, stemmen Sie die Nut wie üblich heraus.

Spannen Sie das Zapfenteil in die Vorderzange und sägen Sie zuerst die Innenkanten der Zapfen bis auf die Federlinie herunter ein. Dann sägen Sie die Zapfenwangen bis zur Brüstungslinie herunter **(4)**. Mit einer Bügelsäge sägen Sie den wegfallenden Teil zwischen den Zapfen weg **(5)**. Dann setzen Sie die Zapfen an der Brüstungslinie ab **(6)**. Verleimen und verkeilen Sie die Verbindung wie bereits beschrieben.

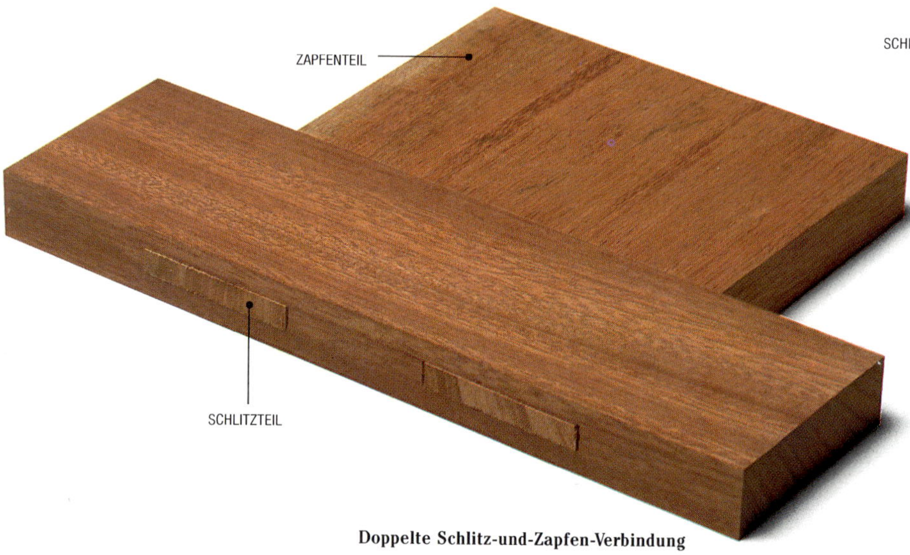

Doppelte Schlitz-und-Zapfen-Verbindung

Doppelzapfenverbindung – schwere Bauweise

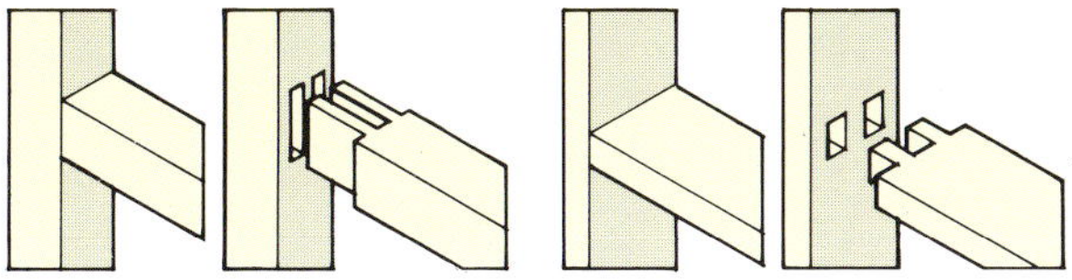

DOPPELZAPFENVERBINDUNG

Doppelzapfen sind belastbarer als einfache Zapfenverbindungen. Die Schlitze werden meist in die Breitfläche, also in die Kante des aufrechten Rahmenfrieses geschnitten. Die Proportionen der Verbindung hängen davon ab, ob es sich um einen schweren Rahmen oder um eine leichte Konstruktion wie eine Schubladentraverse handelt.

Anreißen der Verbindung
Messen und reißen Sie die Brüstungslinie am Zapfenteil an. Die Dicke der Zapfen wird auf der Breitfläche angerissen. In der Regel sind die Zapfen und der dazwischenliegende Abstand gleich breit. Ziehen Sie mindestens 6 mm von jeder Kante entfernt eine Linie und teilen Sie die Strecke dazwischen in drei Teile für die Zapfen und den Zwischenraum **(1)**. Die Zapfendicke wird außerdem von der Breite des Lochbeitels abhängen. Stellen sie ein Zapfenstreichmaß auf die Breite des verwendeten Lochbeitels ein und reißen Sie die Zapfen von beiden Kanten des Zapfenteils aus an **(2)**. Legen Sie das angerissene Ende des Zapfenteils auf das Schlitzteil und übertragen Sie seine Breite und die Zapfenlinien **(3)**. Winkeln Sie diese Linien mit einem Bleistift ganz herum. Reißen Sie die Schlitzlinien mit einem Streichmaß an. Wenn das Schlitzteil breiter ist als das Zapfenteil, müssen Sie dazu das Streichmaß verstellen.

Ausführen der Verbindung
Stemmen Sie jeden Schlitz wie bereits beschrieben aus. Sägen Sie die Zapfen auf die übliche Art und Weise. Setzen Sie die Zapfen auf beiden Seiten an der Brüstungslinie ab. Das Holz zwischen den Zapfen sägen Sie mit einer Bügelsäge heraus **(4)** und stechen die Brüstung rechtwinklig nach. Die Zapfenbrüstungen müssen auf jeden Fall immer sauber nachgestochen werden, damit die Verbindung gut paßt.

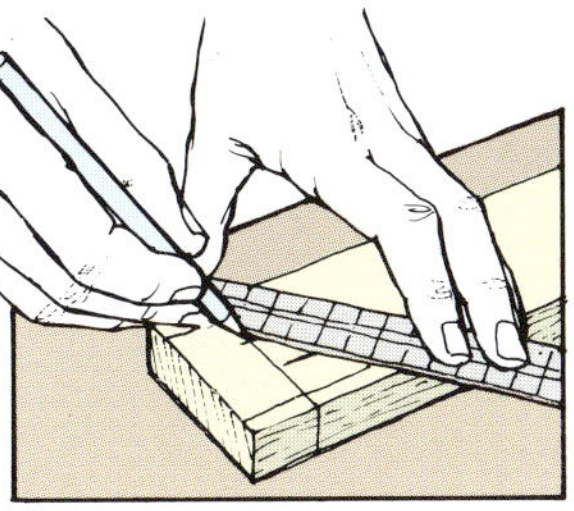

1 Die Zapfendicke anzeichnen

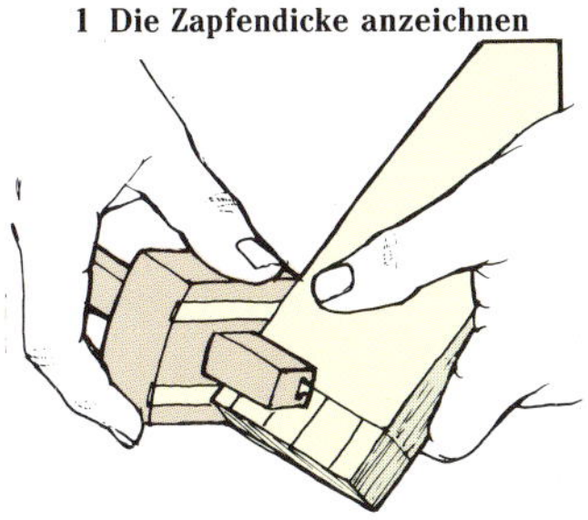

2 Mit dem Streichmaß anreißen

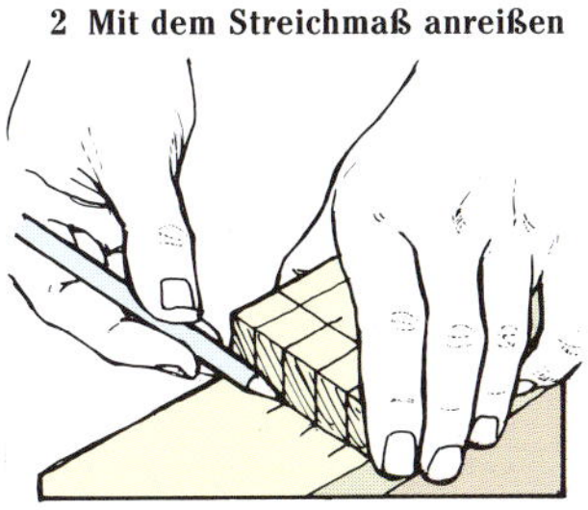

3 Die Zapfenlinien übertragen

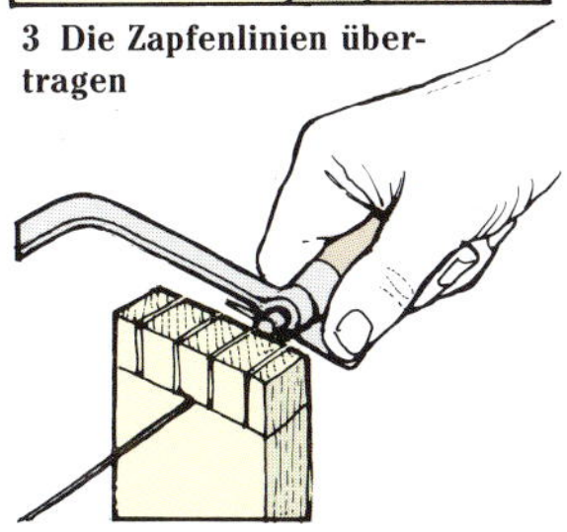

4 Den Zwischenraum heraussägen

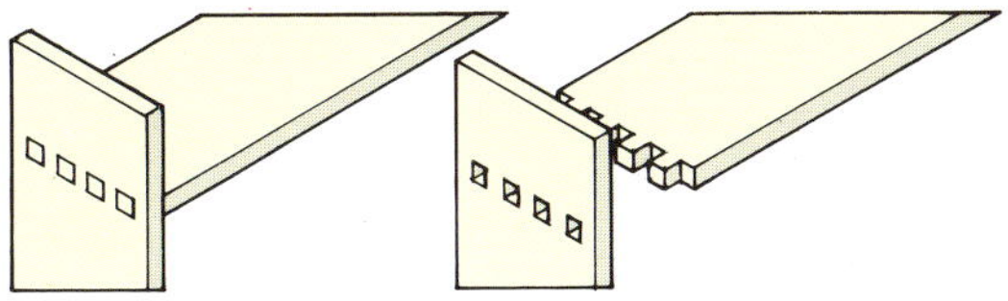

FINGERZAPFEN

Fingerzapfen sind eine gute Korpusverbindung für senkrechte Unterteilungen oder waagrechte Zwischenböden.

Die Zapfen
Die Zapfen sind meist rechteckig und stehen gleich weit auseinander. Sie können durchgestemmt oder auch nur eingestemmt werden. Durchgestemmte Fingerzapfen werden häufig von außen verkeilt, wobei die Keile diagonal **(1)** oder quer zur Holzfaser eingesägt und eingetrieben werden.

Anreißen und Ausführen der Verbindung
Reißen und sägen Sie die Verbindung ähnlich wie einen Doppelzapfen. Manchmal wird auch zusätzlich eine abgesetzte Quernut eingeschnitten **(2)**.

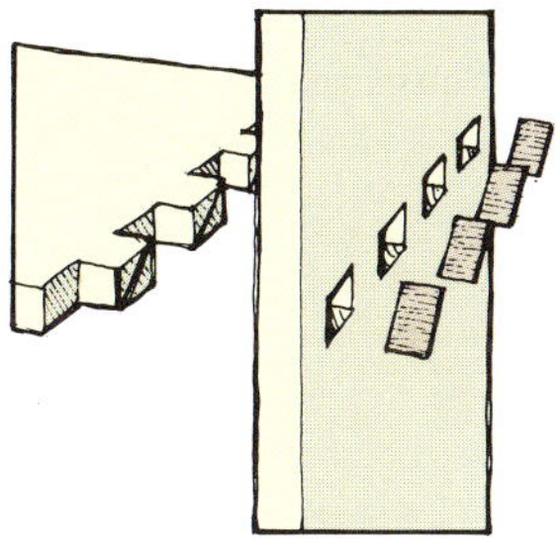

1 Diagonal eingesetzte Keile

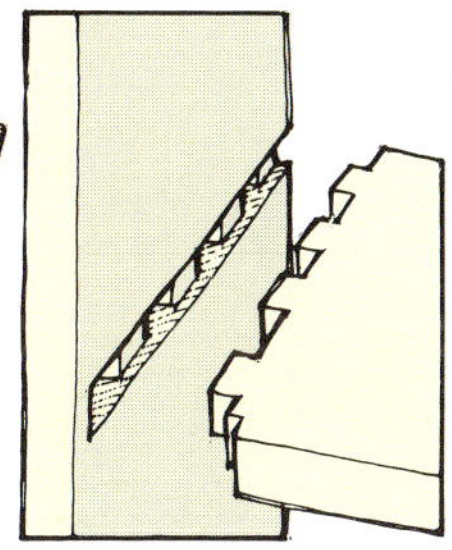

2 Ausführung mit abgesetzter Quernut

Doppelzapfenverbindung – leichte Bauweise

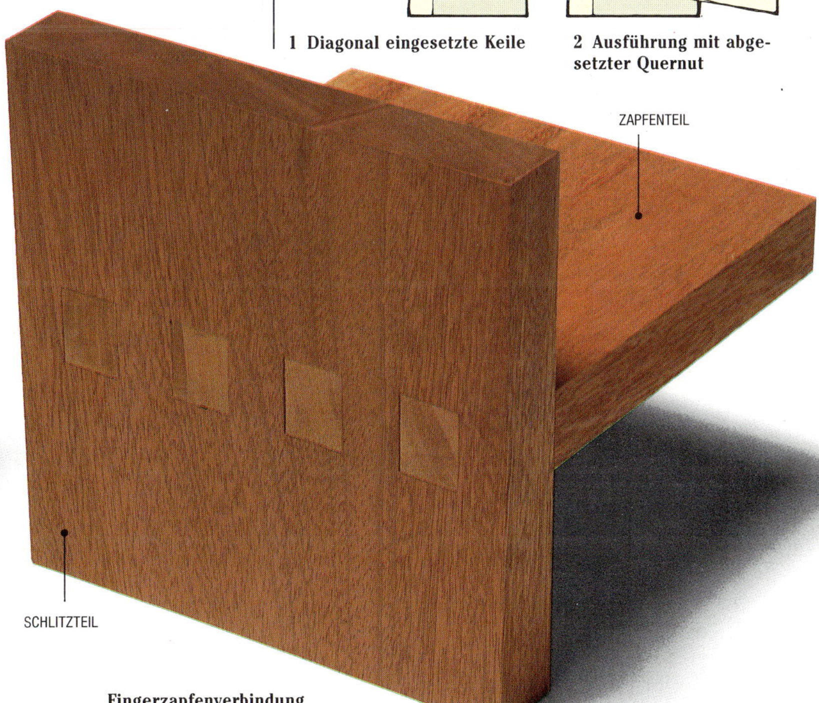

Fingerzapfenverbindung

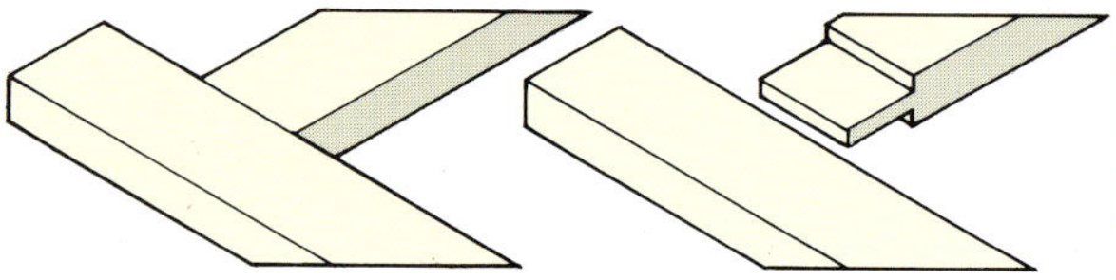

EINGESTEMMTE ZAPFENVERBINDUNG

Der eingestemmte Zapfen steckt in einem blinden Zapfenloch und ist von außen nicht sichtbar. Er wird im allgemeinen im Möbelbau verwendet, wo eine hoher Fertigungsstandard gefordert ist. Die Tiefe des Zapfenlochs sollte etwa 3/4 der Breite oder Stärke des Lochteils betragen. Japanische „Shoji"-Schreiner (Schiebetürbauer) sind stolz darauf, daß sie tiefe Zapfenlöcher stemmen, bei denen am Ende nur noch eine papierdünne Holzschicht stehenbleibt.

Anreißen der Verbindung

Messen Sie die Breite des Zapfenlochteils, um die Tiefe des Loches und die Länge des Zapfens bestimmen zu können **(1)**.

Mit einem Winkel und einem Reißmesser winkeln Sie die Brüstungslinie im erforderlichen Abstand vom Ende um das Zapfenteil **(2)**.

Stellen Sie ein Zapfenstreichmaß auf die Breite eines Lochbeitels ein und reißen Sie den Zapfen so an, daß er genau in der Mitte sitzt. Markieren Sie dann auf der Innenkante des Lochteils die Lage und die Breite des Zapfenteils **(3)** und reißen Sie mit dem Streichmaß die Linien des Zapfenlochs.

Damit Sie das Zapfenloch nicht zu tief ausstemmen, wikkeln Sie entsprechend der Länge des Zapfens ein Klebeband um die Klinge des Lochbeitels **(4)**.

Ausführen der Verbindung

Sägen Sie den Zapfen so wie zuvor beschrieben. Stemmen Sie das Zapfenloch so tief aus, bis das Klebeband auf gleicher Höhe mit der Oberkante ist **(5)**. Vergewissern Sie sich, daß der Lochgrund eben und sauber ist.

Eingestemmter Zapfen

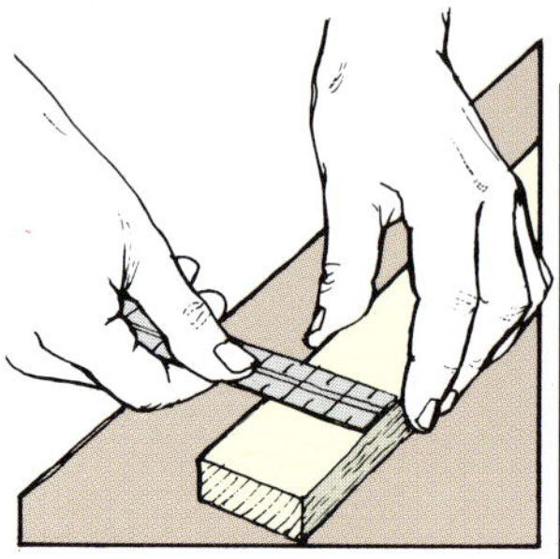

1 Messen Sie die Breite

2 Reißen Sie die Brüstung an

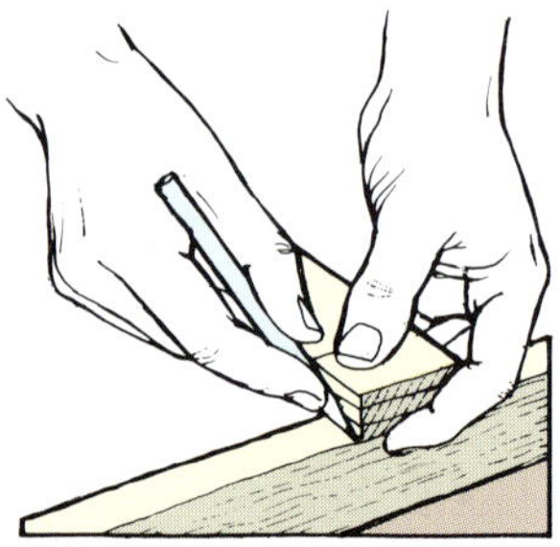

3 Übertragen der Breite

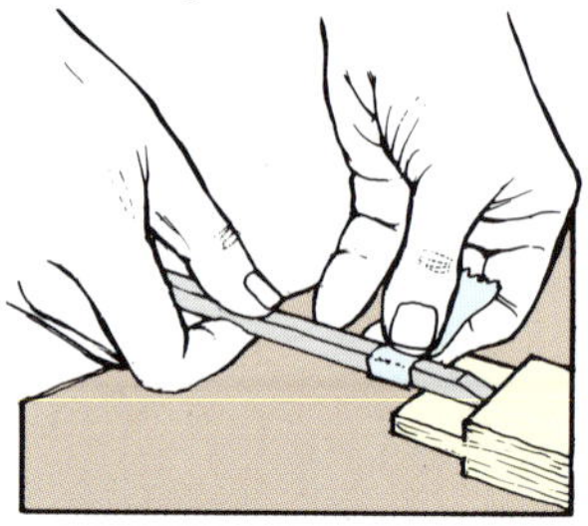

4 Klebeband als Tiefenanschlag

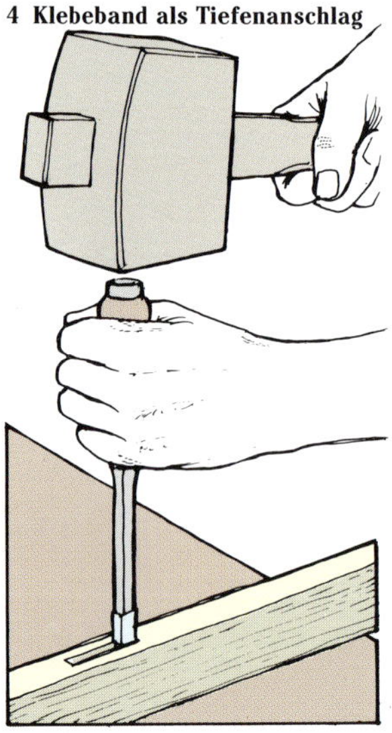

5 Das Zapfenloch ausstemmen

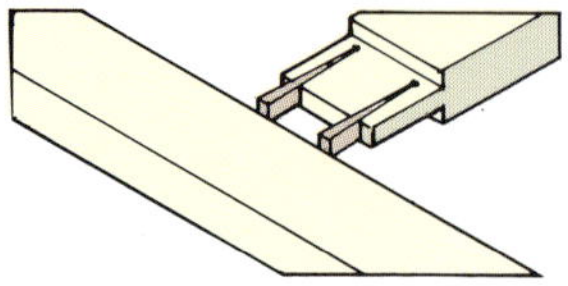

VERKEILTER EINGESTEMMTER ZAPFEN

Eingestemmte Zapfen bekommen durch eine Verkeilung zusätzlichen Halt. Die Teile müssen sehr genau geschnitten werden, da die Verbindung, wenn sie einmal zusammengesteckt ist, zum Nachpassen nicht mehr auseinandergenommen werden kann.

Das Verkeilen

Die Enden der Keile werden gegen das Ende des blinden Zapfenlochs gedrückt. Es sollten dort noch mindestens 9 mm Holz stehen. Machen Sie etwa 6 mm von jeder Kante zwei Einschnitte in den Zapfen und bohren Sie an dessen Ende ein kleines Loch.

Fertigen Sie zwei Keile, die genauso breit und lang wie der Zapfen und an ihrem dicksten Ende etwa 3 mm stark sind. Hinterstechen Sie das Zapfenloch vorsichtig auf beiden Seiten, jedoch nicht mehr als 3 mm am Blindende des Lochs.

Geben Sie an den Keilen und an die Verbindung selbst Leim an. Stecken Sie die Keile in die Einschnitte und drücken Sie die Verbindung zusammen. Ziehen Sie die Verbindung mit Zwingen zusammen.

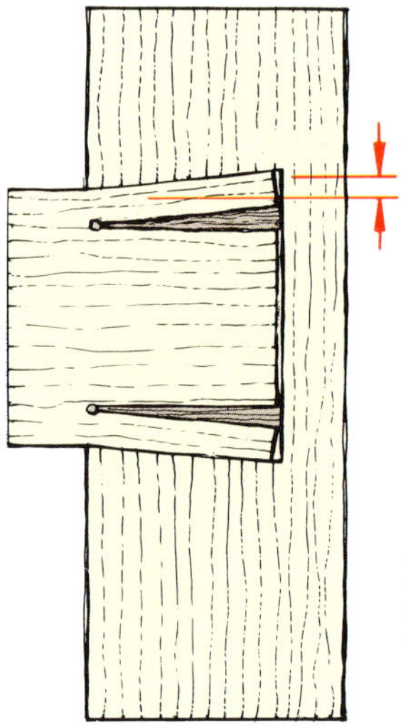

Keile
Die unsichtbaren Keile spreizen den Zapfen im Zapfenloch auseinander und halten ihn so fest.

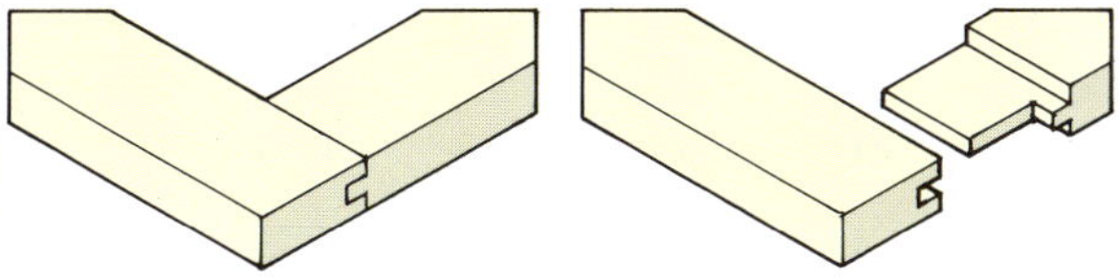

GESTEMMTER ZAPFEN MIT NUTZAPFEN

Eine Schlitz-und-Zapfen-Verbindung an einer Rahmenecke macht Probleme, wenn die Außenkanten bündig abschließen sollen. Damit sich das Fries nicht wirft, sollte der Zapfen möglichst breit sein. Das würde aber bedeuten, daß das Rahmenfries offen geschlitzt und dadurch ziemlich labil würde. Der Nutzapfen soll dieses Problem lösen. Der Zapfen kann schmaler gearbeitet werden und das Zapfenloch nicht geschlitzt, sondern eingestemmt werden. Der Nutzapfen selbst kann schräg oder rechtwinklig sein. Der schräge Nutzapfen wird dort angewandt, wo es auf das Aussehen des Werkstücks ankommt, z.B. bei dem Rahmen einer Möbeltür oder der Verbindung von Vorderzarge und Stuhlbein.

Anreißen der Verbindung

Die Größe des Nutzapfens in bezug auf Zapfen und Zapfenloch ist ganz entscheidend für die Funktion der Verbindung. Normalerweise beträgt die Breite des Nutzapfens nicht mehr als ein Drittel der Zapfenbreite, während die Länge des Nutzapfens gleich der Dicke des Zapfens ist **(1)**.

Die Arbeitsmethode bezieht sich auf einen gestemmten Zapfen mit einem geraden Nutzapfen bei gleich starken Rahmenfriesen.

Reißen Sie zuerst die Länge des Zapfens an, normalerweise ¾ der Breite des aufrechten Rahmenfrieses mit dem Zapfenloch. Winkeln Sie mit einem Streichmaß die Brüstungslinie um das Zapfenteil herum. Stellen Sie ein Zapfenstreichmaß auf die Breite Ihres Lochbeitels ein und reißen Sie den Zapfen mittig an. Die Zapfenbreite reißen Sie mit einem Streichmaß an, das Sie auf ⅔ der Breite des Zapfenteils eingestellt haben **(2)**. Winkeln Sie diese Linie über beide Seiten und das Hirnende. Legen Sie das Streichmaß dabei an der Innenkante an. Markieren Sie die Länge des Nutzapfens auf der Oberkante. Winkeln Sie eine Linie über die Oberkante und die Seiten bis zu der oberen Kante des Zapfens **(3)**. Kennzeichnen Sie die wegfallenden Teile.

Schneiden Sie das Zapfenlochteil grob auf Länge. Lassen Sie das Teil etwa 18 mm länger. Dieser Überstand stützt das Holzende, während das Zapfenloch ausgestemmt wird, und wird später nach dem Verleimen der Verbindung abgesägt.

Übertragen Sie die Zapfenbreite auf die Kante des Zapfenlochteils **(4)** und winkeln Sie die Linie um das Holz. Reißen Sie die Breite des Zapfenlochs auf der Kante an und ziehen Sie die Linien bis auf das Hirnende **(5)** herüber. Stellen Sie ein Streichmaß auf die Länge des Nutzapfens ein und ziehen Sie eine Linie auf dem Hirnende zwischen den Rißlinien des Zapfenlochs **(6)**. Schraffieren Sie das wegfallende Holz.

Ausführen der Verbindung

Stemmen Sie das Zapfenloch aus, bevor Sie den Nutzapfen schneiden. Wenn Sie ein Stemmeisen nehmen, dann umwickeln Sie es mit Klebeband, um die Stemmtiefe zu kennzeichnen. Falls Sie das Loch auf der Ständerbohrmaschine ausbohren, stellen Sie den Bohrtiefenanschlag ein.

Jetzt sägen Sie den Einschnitt für den Nutzapfen. Spannen Sie das Teil ein und sägen Sie entlang der Rißlinien bis auf die Tiefenmarkierung am Ende herunter **(7)**. Stechen Sie die Nut vom Ende her heraus, indem Sie das Stemmeisen parallel zum Werkstück ansetzen **(8)**. Stechen Sie das Holz lieber in dünnen Schichten weg, anstatt alles auf einmal herauszustemmen.

Schneiden Sie den Zapfen an, indem Sie seine Wangen zuerst einsägen. Spannen Sie dann das Teil senkrecht ein und sägen Sie die Oberkante des Zapfens ein. Dann spannen Sie es waagrecht ein und klinken den Zapfen so aus, daß der Nutzapfen stehenbleibt. Setzen Sie den Zapfen an den Brüstungen ab.

Stecken Sie den Zapfen zur Probe in das Zapfenloch. Falls die Brüstungen nicht dicht sitzen, vertiefen Sie das Zapfenloch oder den Einschnitt für den Nutzapfen noch ein wenig. Nach dem Verleimen sägen Sie den Überstand bündig zur Rahmenkante ab.

Gestemmter Zapfen mit Nutzapfen

Schräger Nutzapfen

Das Zapfenteil wird genauso angerissen, wie bei einem geraden Nutzapfen. Dann müssen Sie noch die Schräge des Nutzapfens einzeichnen **(1)**. An diesem Riß wird gesägt, wenn Sie den Zapfen ausklinken.

Beim Anreißen der Zapfenlochlinien auf dem Lochteil brauchen Sie diese nicht bis über das Hirnende zu ziehen. Stechen Sie die Schräge für den Nutzapfen an, nachdem Sie das Zapfenloch ausgestemmt haben **(2)**.

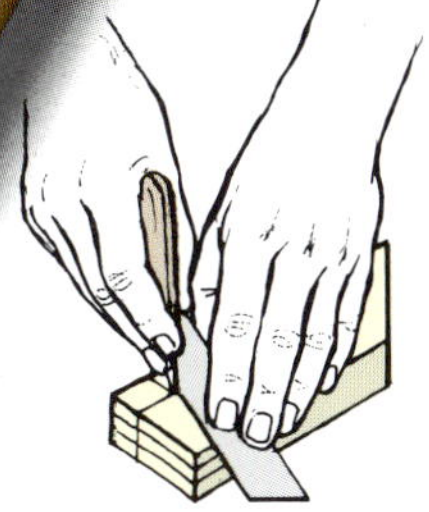

1 Schräge anreißen

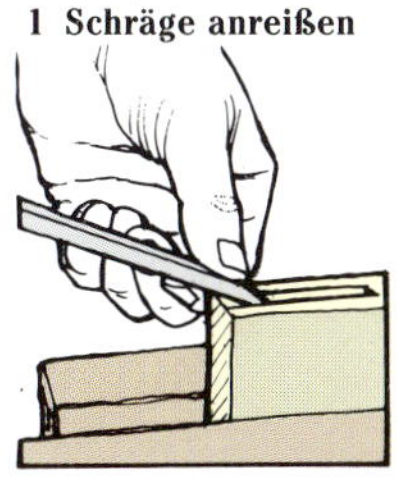

2 Schräge abstechen

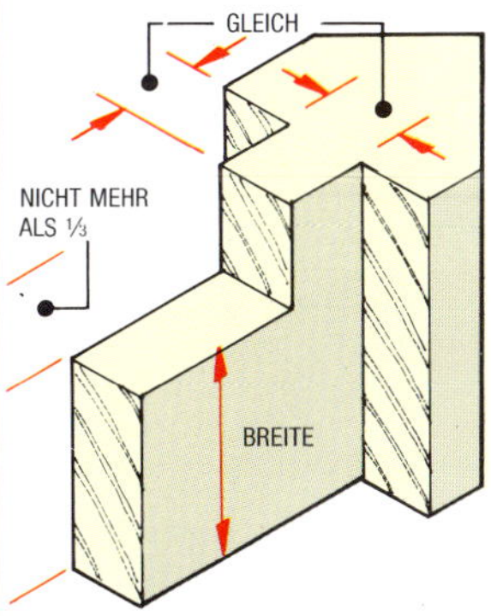

1 Allgemeine Größenverhältnisse

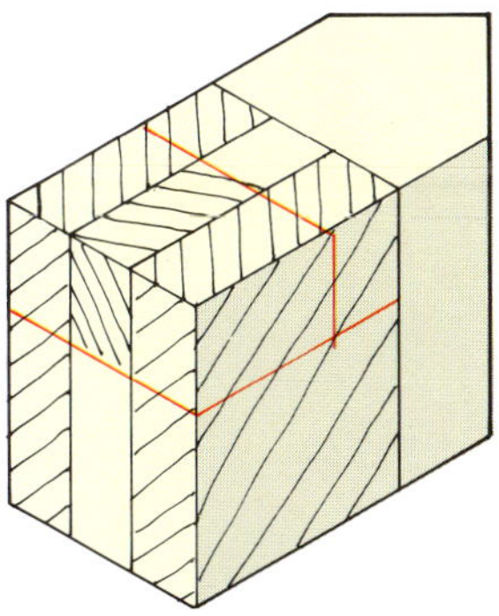

3 Nutzapfenlänge anreißen

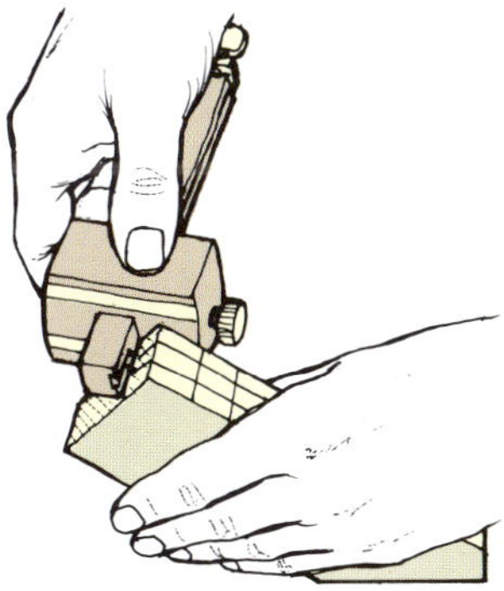

5 Zapfenstärke anreißen

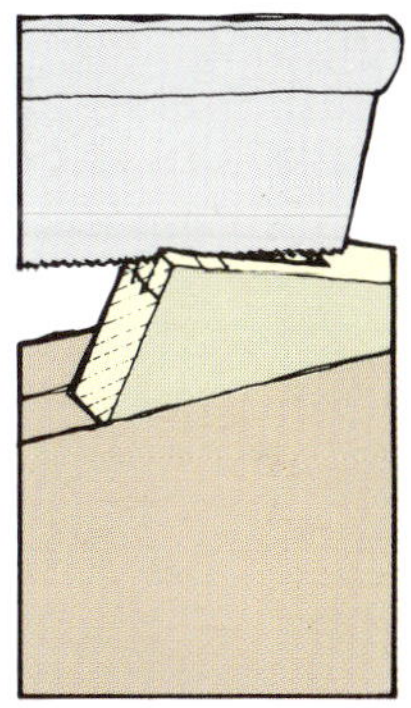

7 Tiefe heruntersägen

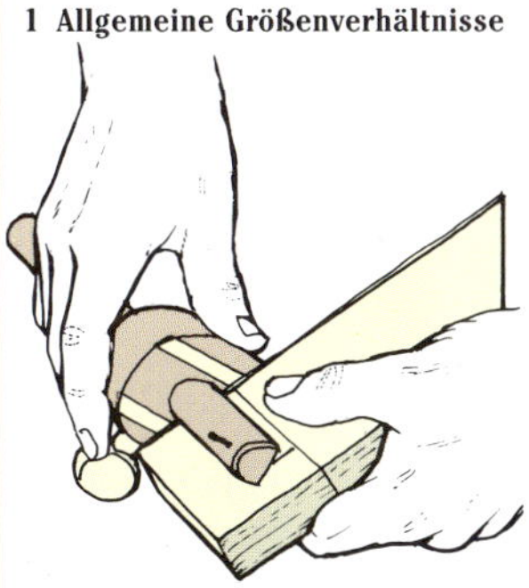

2 Zapfenbreite anreißen

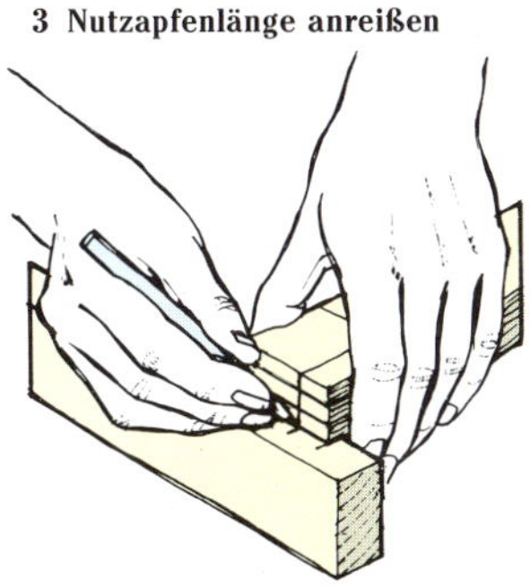

4 Zapfenmaße übertragen

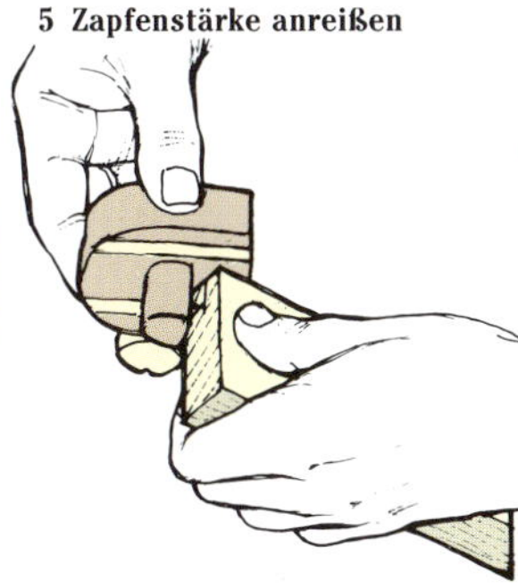

6 Nutzapfenlänge anreißen

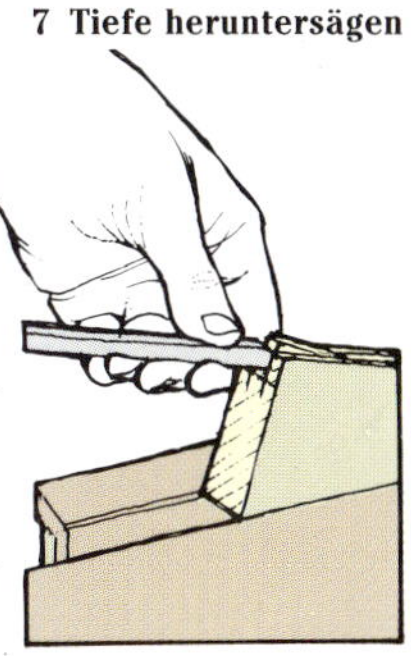

8 Die Nut ausstemmen

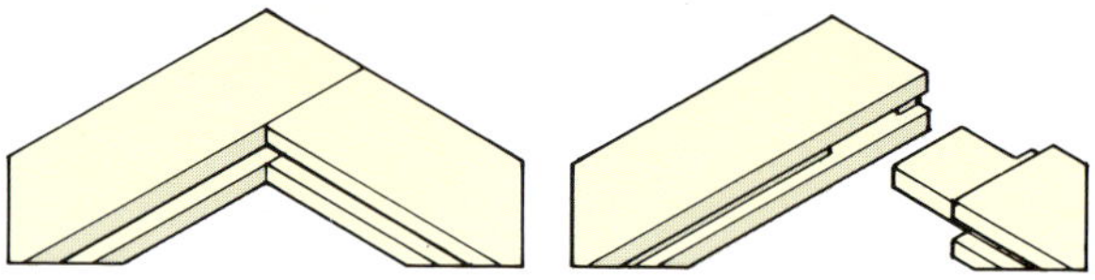

GESTEMMTE RAHMENECKE MIT NUT

Der Rahmen einer Möbeltür mit Füllungen ist üblicherweise genutet. In dieser Nut sitzen die Füllungen. Der eingestemmte Zapfen mit Nutzapfen verstärkt das Querfries, der Nutzapfen füllt aber gleichzeitig das Ende der Nut im Höhenfries aus. Die Dicke des Zapfens und des passenden Zapfenlochs entsprechen der Breite der Rahmennut. Die Nutbreite beträgt meist ein Drittel der Holzstärke der Rahmenteile. Die Nut wird in der Regel mittig in die Kante eingeschnitten. Je nach Größe und Anordnung der Nut können jedoch manchmal Stärke und Lage der Verbindung variieren. Die Nut selbst kann vor oder nach der Verbindung eingeschnitten werden.

Siehe auch

Stuhlkonstruktion	51
Türkonstruktion	66
Werkzeuge zum Anreißen und Messen	76 - 79
Falzhobel	92
Nut- und Kombinationshobel	96 - 97
Fräser	142, 146

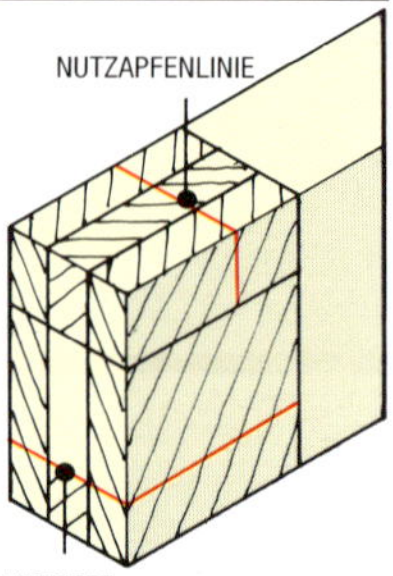

1 Kennzeichnen der Schnittlinien

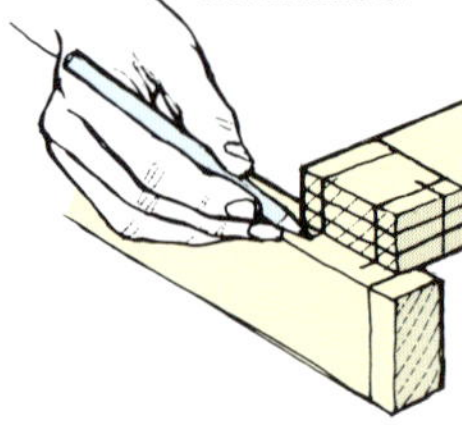

2 Zapfenloch anreißen

Anreißen der Verbindung

Stellen Sie ein Zapfenstreichmaß auf die erforderliche Breite des Nuthobeleisens und des entsprechenden Locheisens ein. Reißen Sie die Nut auf den Rahmeninnenkanten an. Übertragen Sie die Linien auf die Hirnenden der Friese und reißen Sie Zapfen, Nutzapfen und Zapfenloch wie gewohnt an. Stellen Sie ein Streichmaß auf die Länge des Nutzapfens ein und reißen Sie so die Tiefe der Nut auf den Enden und den Seiten an **(1)**. Diese Linie ist gleichzeitig die Unterkante des Zapfens. Sie können auch zuerst die Tiefe der Nut bestimmen und reißen danach die Länge des Nutzapfens an. Wenn Sie die Zapfenmaße auf das Höhenfries (mit dem Zapfenloch) übertragen, müssen Sie mit bedenken, daß die Breite des Zapfenlochs geringer ist, da der Zapfen um die Tiefe der Nut schmaler ist **(2)**.

Ausführen der Verbindung

Folgen Sie dem üblichen Arbeitsablauf für gestemmte Zapfen mit Nutzapfen. Bevor Sie aber die Brüstungen anschneiden, müssen Sie die Unterkante des Zapfens einsägen. Es ist nicht nötig, den Einschnitt für den Nutzapfen im senkrechten Rahmenfries herauszustemmen. Dies geschieht beim Einschneiden der Nut, nachdem das Zapfenloch ausgestemmt wurde. Schneiden Sie die Nut in die Querfriese und die Höhenfriese. Stecken Sie die Verbindung zur Probe zusammen. Passen Sie die Füllungen ein, bevor Sie die Verbindungen verleimen.

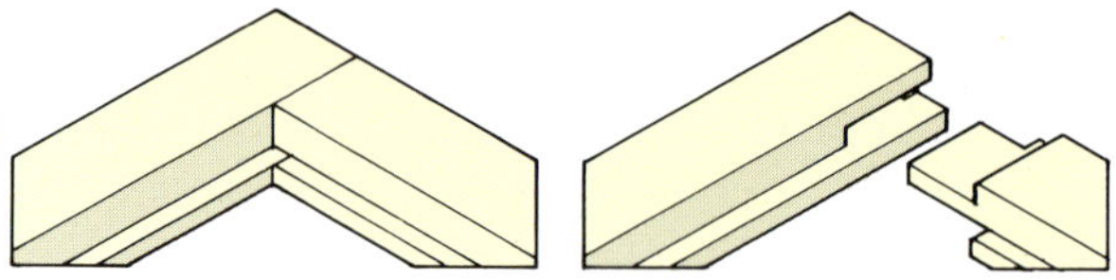

GESTEMMTE RAHMENECKE MIT FALZ

Die Rahmen verglaster Möbeltüren sind meist eher gefälzt als genutet, so daß man die Glasscheiben einpassen und auch herausnehmen kann. Ein gestemmter Zapfen in einem gefälzten Rahmen hat eine lange und eine kurze Brüstung. Die kurze Brüstung füllt den durch das Fälzen entstandenen Zwischenraum aus. Wie schon bei dem genuteten Rahmen, ist es auch hier einfacher, die Verbindung vor dem Fälzen anzureißen und auszuarbeiten.

Anreißen der Verbindung

Reißen Sie mit einem Streichmaß die Breite und Tiefe des Falzes auf den Innenkanten der Rahmenhölzer an. Die Falztiefe sollte ⅔ der Holzstärke betragen, um mit der Linie des Zapfens übereinzustimmen. Messen und reißen Sie die lange Brüstung auf der Sichtseite des Zapfenteils an. Winkeln Sie die Linie mit dem Bleistift auf die Ober- und die Unterkante. Messen Sie die Breite des Falzes von dieser Linie, um die kurze Brüstung auf der Innenfläche anzureißen, und winkeln Sie sie auf die Kanten über. Reißen Sie Länge und Breite des Nutzapfens von der kurzen Brüstung ausgehend an und nehmen Sie das Zapfenstreichmaß, um die Dicke des Zapfens anzureißen.

Übertragen Sie die Zapfenbreite auf das andere Rahmenfries und kennzeichnen Sie die Breite des Zapfenlochs. Verlängern Sie die Rißlinien über die Enden und markieren Sie die Einschnittiefe für den Nutzapfen, die Sie von der langen Brüstungslinie auf dem Zapfenteil abgenommen haben.

Ausführen der Verbindung

Schneiden Sie diese Verbindung ganz ähnlich wie die gestemmte Rahmenecke mit Nut an. Hobeln Sie den Falz erst nach dem Ausarbeiten der Verbindung.

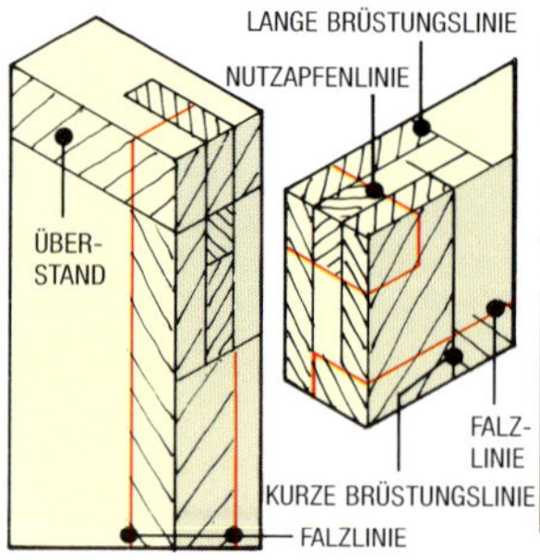

Gestemmte Rahmenecke mit Nut

Gestemmte Rahmenecke mit Falz

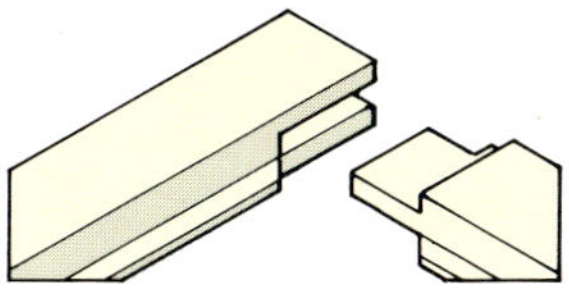

GESTEMMTE RAHMENECKE MIT PROFIL

Schlitz-und-Zapfen-Verbindungen bei Rahmen mit gefälzten oder profilierten Kanten erfordern ein Abstechen des Profils auf Gehrung. Meist stimmen die Tiefe des Falzes und die des Profils überein. Also kann das Profil mit einem Stecheisen ausgearbeitet werden, damit ein gerader Brüstungsstoß entsteht. Das Profil des Höhenfrieses wird entsprechend der Breite des Querfrieses abgestochen.

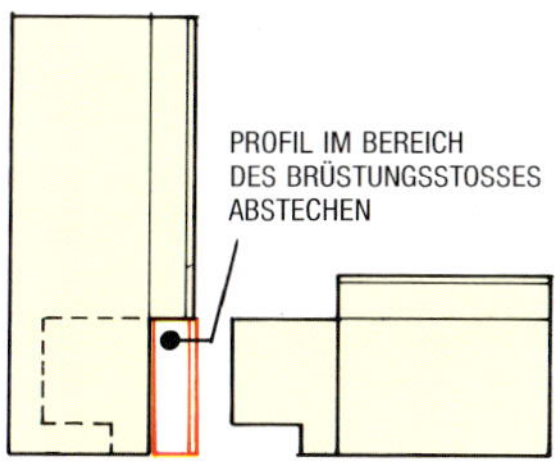

Profil des Höhenfrieses absetzen

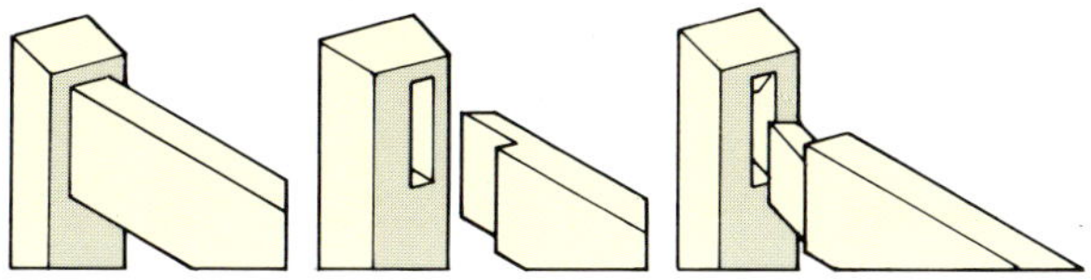

ABGEWINKELTE SCHLITZ-UND-ZAPFEN-VERBINDUNG

Bei Stuhlgestellen werden die Zargen mit den Beinen durch Zapfen mit oder ohne Nutzapfen verbunden. Manchmal ist ein Stuhlrahmen vorn breiter als hinten. Wenn die Seitenzargen in die Vorder- und Hinterbeine gezapft werden, müssen die Zargen schräg auf die Beine stoßen. Je nach Größenverhältnissen gibt es dafür verschiedene Lösungen. Der Zapfen kann in der gleichen Achse wie die Zarge stehen. Er kann auch abgewinkelt dazu stehen. Manchmal muß der Zapfen auch seitlich versetzt werden, um eine Blattzapfenverbindung zu schaffen.

Reißen Sie die Verbindung genauso an wie eine rechtwinklige Rahmenverbindung, aber benützen Sie eine Schmiege, die Sie auf den gewünschten Winkel einstellen. Fertigen Sie eine Zeichnung im Maßstab 1:1, um davon den Winkel abnehmen zu können.

Abgewinkeltes Zapfenloch

Ein Zapfen, der in der gleichen Linie wie die Zarge steht, läßt sich leichter anreißen und ist auch stärker. Hierbei ist aber das Zapfenloch abgewinkelt. Um Locheisen oder Bohrer senkrecht halten und somit besser kontrollieren können, machen Sie sich eine einfache Schablone, um das Bein im gewünschten Winkel einspannen zu können. Hobeln Sie ein kurzes Brett auf den gleichen Schrägwinkel wie die Zapfenbrüstung und leimen Sie einen Anschlag an seine Kante.

Blattzapfen

Wenn die Außenseite der Zarge bündig mit dem Bein abschließen soll, würde ein abgewinkeltes Zapfenloch das Bein unnötig schwächen. Schneiden Sie in diesem Fall einen Blattzapfen an, damit das Zapfenloch weiter innen liegt.

Abgewinkelter Zapfen

Sie können das Zapfenloch auch rechtwinklig ausstemmen und dafür den Zapfen selbst abwinkeln. Auf diese Weise stehen die Zapfen jeder Zarge parallel zueinander. Das macht es einfacher, die bereits zusammengesetzten Stuhlrahmen zusammenzubauen.

Winkeln Sie den Zapfen nicht zu stark ab, denn zuviel „kurzes" Holz schwächt den Zapfen. Zum Anreißen des Zapfens halten Sie ein Zeichendreieck an die Schmiege, denn Sie werden kein Zapfenstreichmaß ansetzen können.

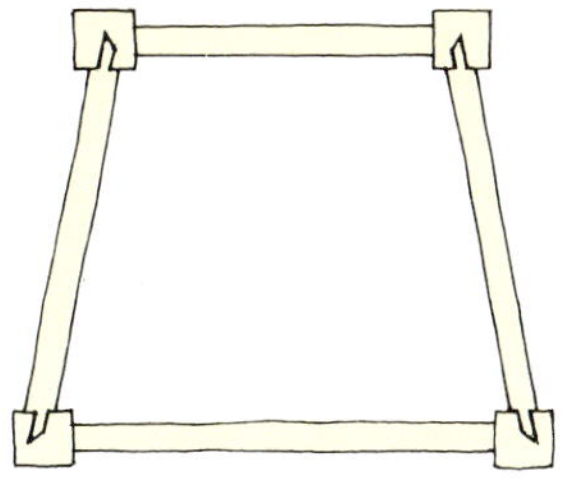

Abgewinkeltes Zapfenloch
Schablone, um das Schneidwerkzeug senkrecht halten zu können.

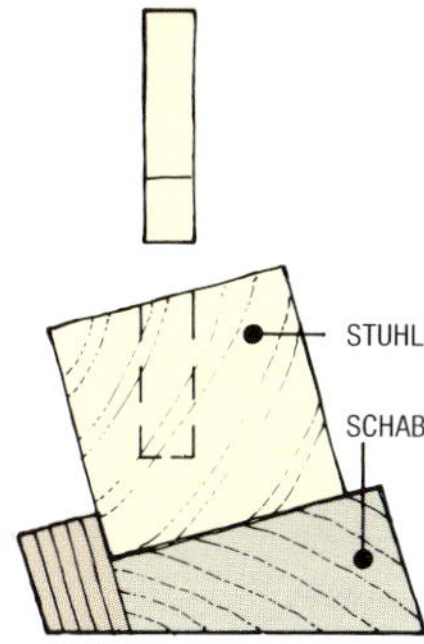

Schablone
Befestigen Sie den Anschlag am Grundbrett.

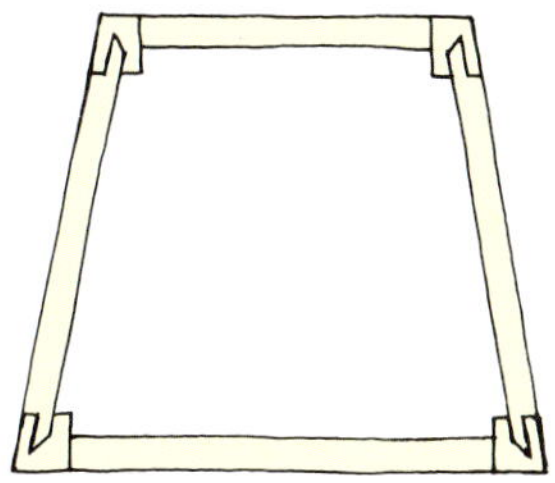

Blattzapfen
Schneiden Sie einen Blattzapfen an, damit das Zapfenloch das Stuhlbein nicht schwächt.

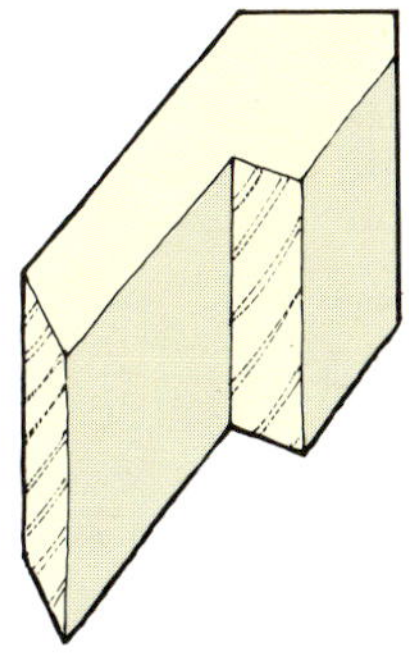

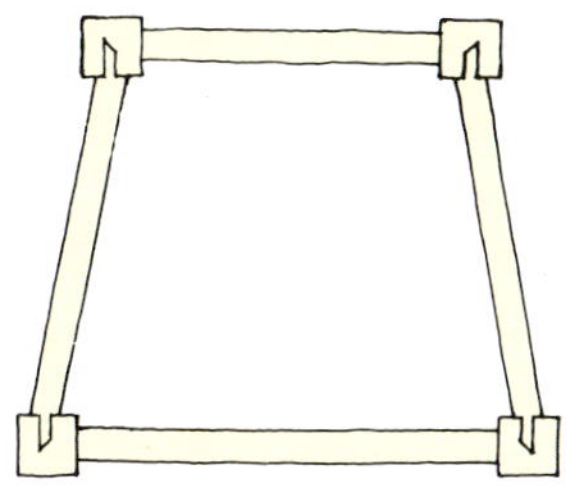

Abgewinkelter Zapfen
Abgewinkelte Zapfen machen das Verleimen des Stuhlrahmens einfacher.

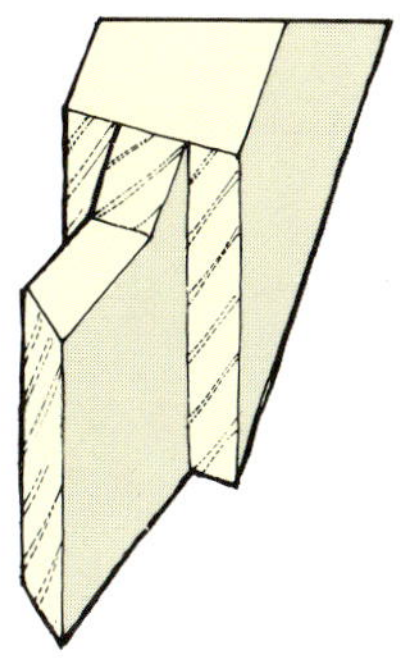

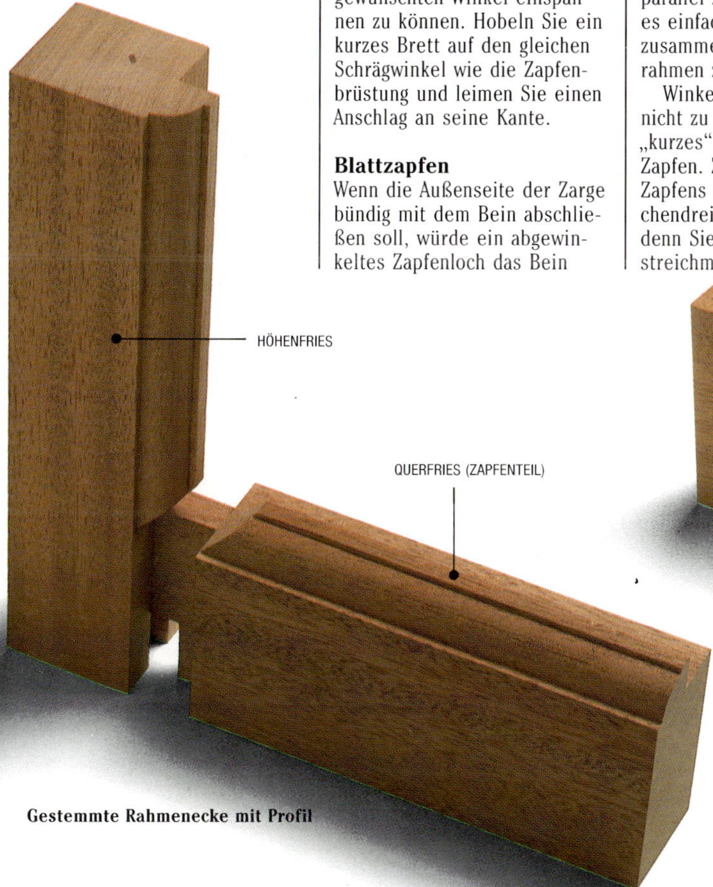

Gestemmte Rahmenecke mit Profil

Abgewinkelter Zapfen

Blattzapfen

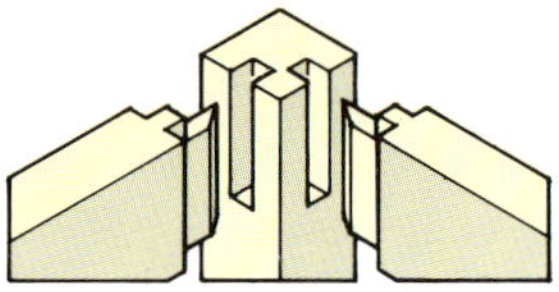

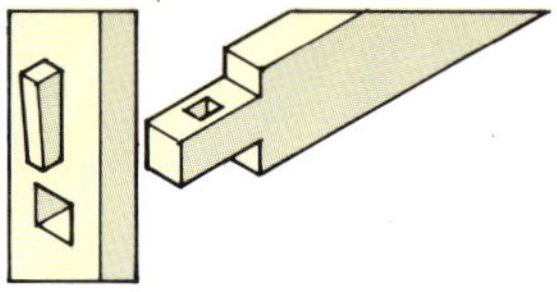

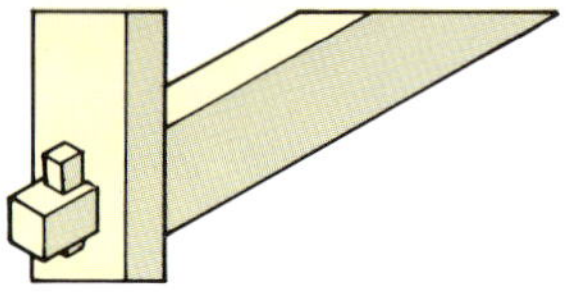

ZARGEN-ECKVERBINDUNG

Siehe auch

Stuhlkonstruktion	51 - 54
Tischkonstruktion	56 - 60
Werkzeuge zum Anreißen und Messen	76 - 79
Hohlbeitel	100

Eckverbindungen mit Schlitz und Zapfen, wie sie bei der Konstruktion eines Tischs oder eines Stuhls verwendet werden, werden auf die bereits beschriebene Weise angerissen und ausgeführt. Bei dem Tisch- oder Stuhlbein werden die Zapfenlöcher auf angrenzenden Flächen angerissen. Da die Verbindung oft symmetrisch gearbeitet ist, treffen die Zapfenlöcher auch meist aufeinander. Damit die Zapfen lang sein können, setzt man sie an den Enden schräg ab.

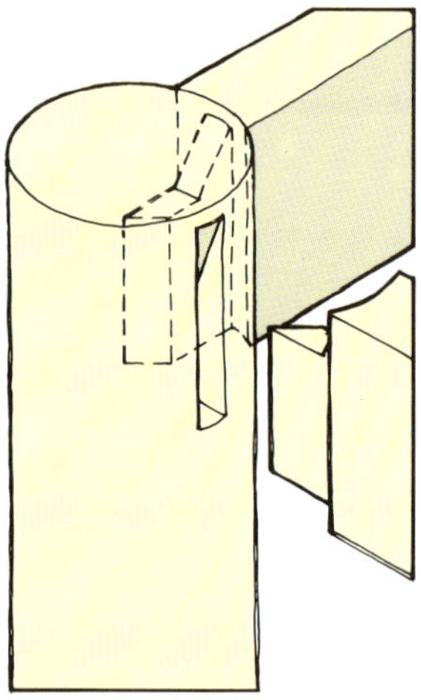

Eckverbindung mit rundem Stollen
Die Zapfenlöcher werden angerissen und ausgestemmt, bevor der Stollen rundgedrechselt wird.

LOSE VERKEILTER ZAPFEN

Dies ist eine lösbare Schlitz-und-Zapfen-Verbindung. Die Verbindung ähnelt der traditionellen Brustzapfenverbindung im Holzbau. Der Zapfen sollte eine ausreichend breite Brüstung bieten und sollte selbst so stark sein, daß er durch den Keil nicht gespalten werden kann. Der Keil wird meist senkrecht eingetrieben, kann jedoch auch waagrecht eingesetzt werden.

Anreißen der Verbindung

Die Länge des überstehenden Zapfenendes sollte mindestens das Anderthalbfache der Holzstärke des Schlitzteils betragen. Berechnen Sie die Gesamtlänge des Zapfens und winkeln Sie die Brüstungslinie ganz um das Zapfenteil herum **(1)**. Reißen Sie mit dem Streichmaß die Dicke des Zapfens an, die nicht weniger als ein Drittel der Breite des Zapfenteils betragen sollte **(2)**. Reißen Sie auf dem Zapfenteil von der Brüstungslinie ausgehend die Stärke des Schlitzteils an **(3)** und winkeln Sie auch diese Linie ganz herum. Markieren Sie den Verschnitt.

Reißen Sie auf dem Schlitzteil die Lage und die Breite des Zapfens an, winkeln Sie die Linien herum und reißen Sie dann mit dem Streichmaß die Dicke des Zapfens mittig zwischen diesen Linien an **(4)**.

Ausführen der Verbindung

Bohren oder stemmen Sie den Zapfenschlitz aus, arbeiten Sie dabei von beiden Seiten. Schneiden Sie den Zapfen an und passen Sie ihn in den Schlitz ein. Er sollte sich leicht durchschieben lassen. Liegt die Brüstungsfuge dicht an, markieren Sie die Stärke des Schlitzteils auf dem Zapfen **(5)**. Nehmen Sie die Verbindung wieder auseinander und reißen Sie die Länge des Keillochs an, das etwa 3 mm gegen die Außenfläche des Schlitzteils zurückspringen muß **(6)**. Winkeln Sie diese Linien um den Zapfen herum. Stellen Sie ein Zapfenstreichmaß auf ein Drittel der Stärke des Zapfens ein und reißen Sie so die Breite des Keillochs an **(7)**. Fertigen Sie einen einseitig schrägen Keil, der etwa dreimal so lang ist wie die Breite des Zapfens. Machen Sie die Schräge im Verhältnis 1 : 6. Legen Sie den Keil auf die Zapfenseite an die innere Keillochlinie an und zeichnen Sie die Keilschräge auf **(8)**. Winkeln Sie die Linie auf die Unterseite des Zapfens über. Stemmen Sie das Keilloch aus, achten Sie dabei besonders auf die schräge Innenfläche. Stecken Sie die Verbindung zusammen und treiben Sie den Keil ein.

1 Die Zapfenbrüstung anreißen

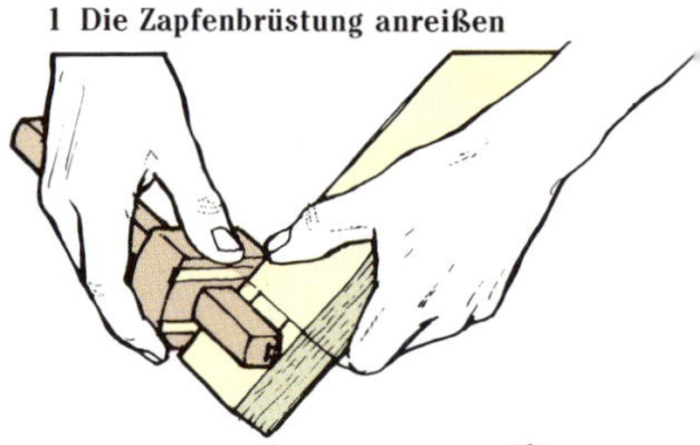

2 Die Zapfenbreite anreißen

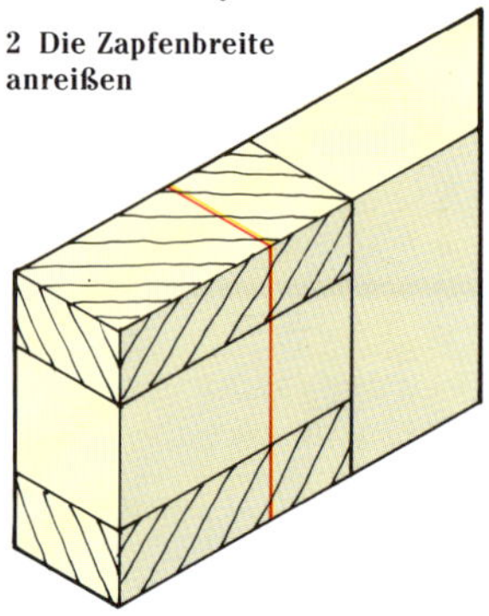

3 Das Schlitzteil anzeichnen

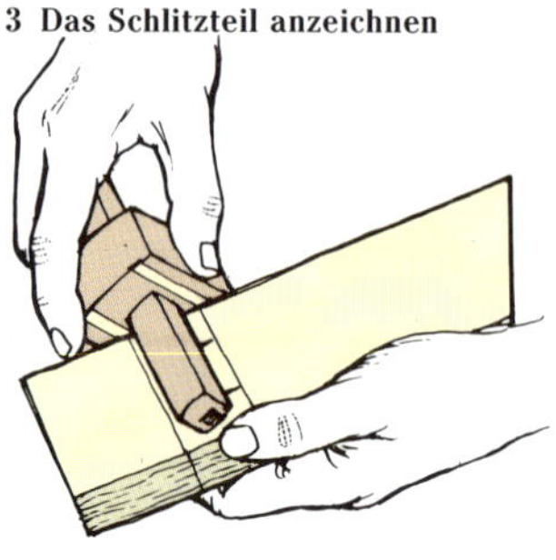

4 Die Dicke des Zapfens aufreißen

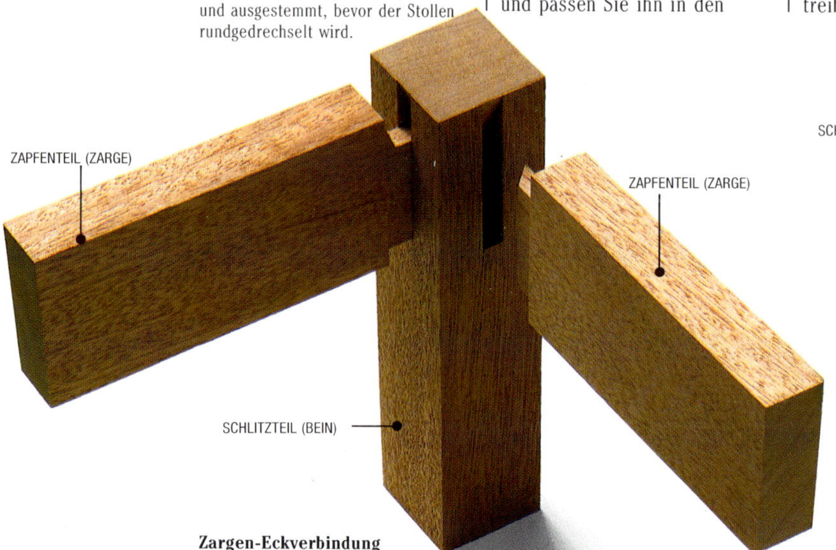

Zargen-Eckverbindung

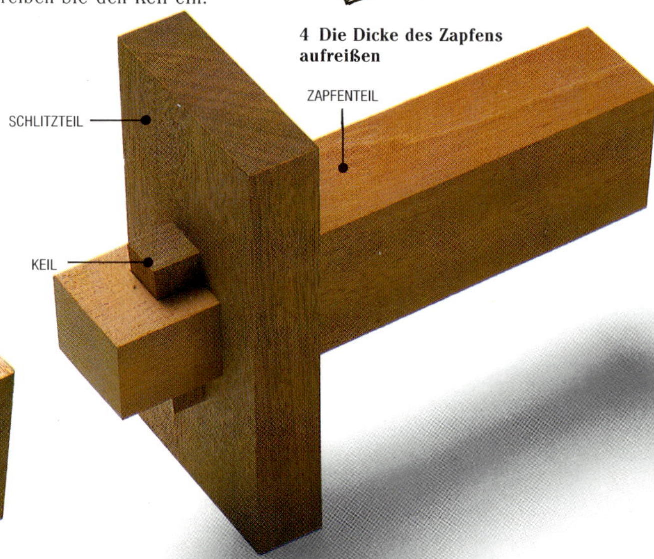

Lose verkeilter Zapfen

BÜGELZAPFEN

Diese auch Reiterklaue genannte Verbindung gehört zu den Schlitz-und-Zapfen-Verbindungen. Das An- und Einschneiden der Verbindung ähnelt jedoch eher einer Überblattung. Der Zapfen beträgt hier meist ein Drittel der Holzstärke, kann jedoch auch stärker sein, wenn ein Querfries in einen dickeren senkrechten Stollen (oder ein Tisch oder Stuhlbein) eingezapft wird.

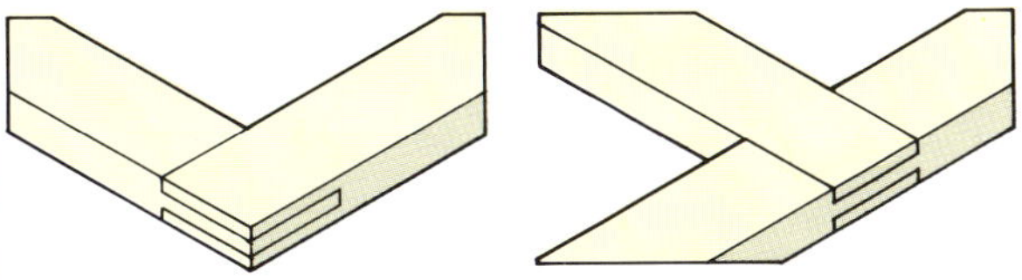

Anreißen der Verbindung
Um eine Eckverbindung herzustellen, reißen Sie die Breite des Schlitzteils auf dem Ende des Zapfenteils an. Lassen Sie ein wenig Holz überstehen, das Sie nach dem Verleimen bündig abhobeln können. Reißen Sie die Brüstungslinien mit einem Reißmesser an, auf den Kanten nur mit leichtem Druck.

Reißen Sie die Breite des Zapfenteils auf dem Schlitzteil an und winkeln Sie die Brüstungslinie mit einem Bleistift herum. Stellen Sie ein Zapfenstreichmaß auf ein Drittel der Holzstärke des Zapfenteils ein. Es ist nicht nötig, das Streichmaß wie sonst nach der Breite eines Lochbeitels einzustellen. Dies kann aber hilfreich sein, wenn Sie den Schlitzgrund sauber nachstechen müssen.

Reißen Sie den Zapfen mittig auf den Kanten und dem Hirnende an. Und genauso reißen Sie auch den Schlitz an. Schraffieren Sie die wegfallenden Bereiche, denn in diesem Stadium sehen beide Teile gleich aus **(1)**.

Ausführen der Verbindung
Wählen Sie einen Bohrer, der der Schlitzbreite entspricht, und bohren Sie damit von beiden Seiten ein Loch dicht an der Brüstungslinie **(2)**. Spannen Sie das Schlitzteil senkrecht ein, und sägen Sie die Schlitzwangen bis zu dem gebohrten Loch hinunter ein **(3)**. Stechen Sie den Schlitzgrund rechtwinklig nach **(4)**. Sie können auch mit einer Zapfensäge zuerst die Schlitzwangen einsägen und dann mit einer Bügelsäge den Verschnitt herausschneiden. Der Zapfen wird wie gewohnt angeschnitten.

Um eine T-förmige Verbindung anzureißen und einzuschneiden **(5)**, folgen Sie im wesentlichen der oben beschriebenen Arbeitsweise. Das Zapfenteil wird allerdings wie eine Überblattung ausgearbeitet.

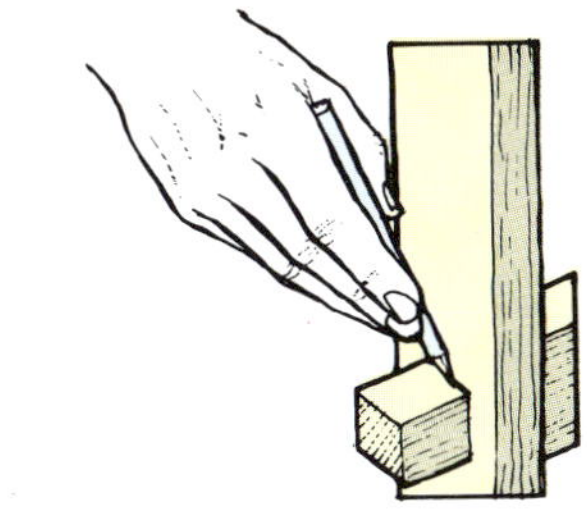
5 Wangenstärke auf dem Zapfen anreißen

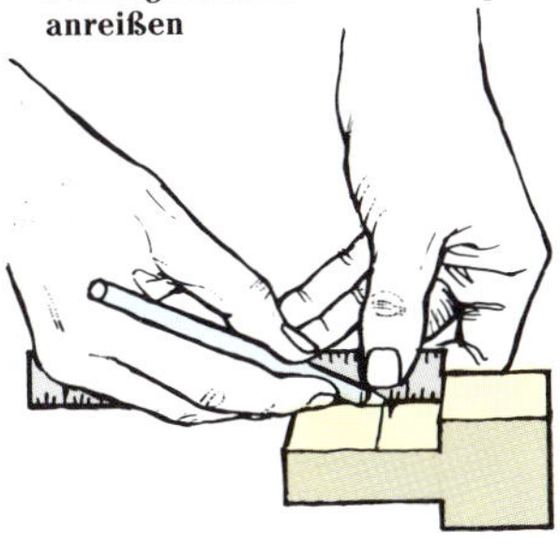
6 Keilloch 3 mm nach innen

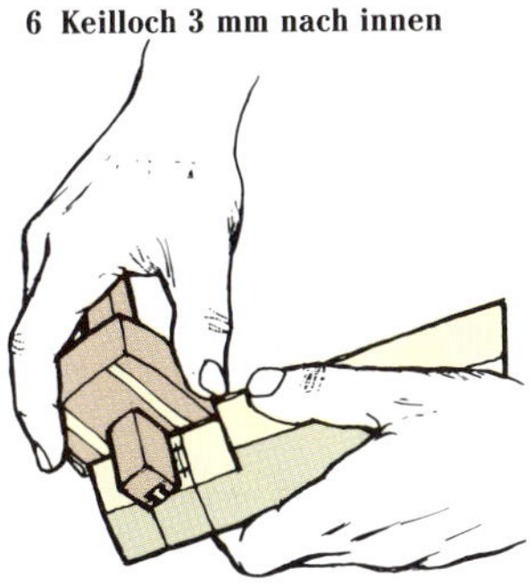
7 Keilloch anreißen

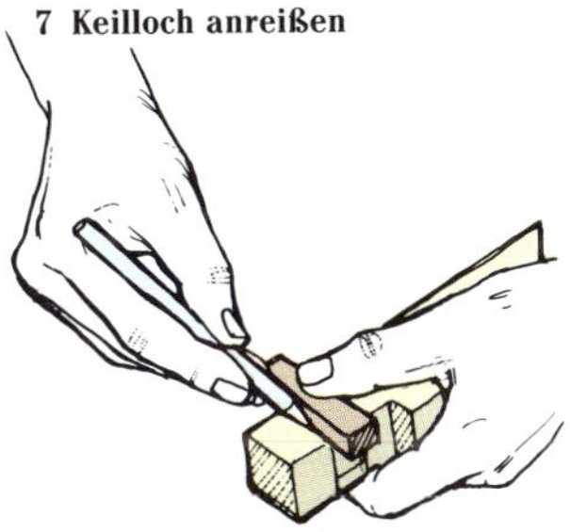
8 Keilschräge aufzeichnen

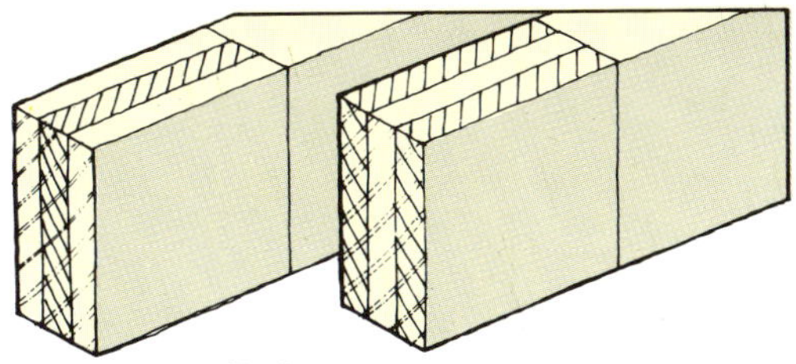
1 Schraffieren Sie den Verschnitt

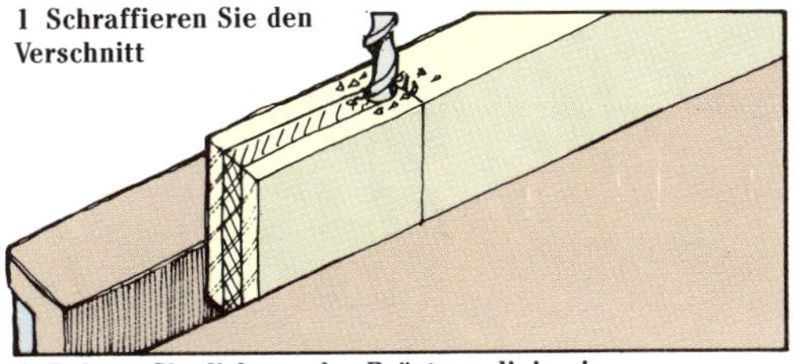
2 Bohren Sie dicht an der Brüstungslinie ein

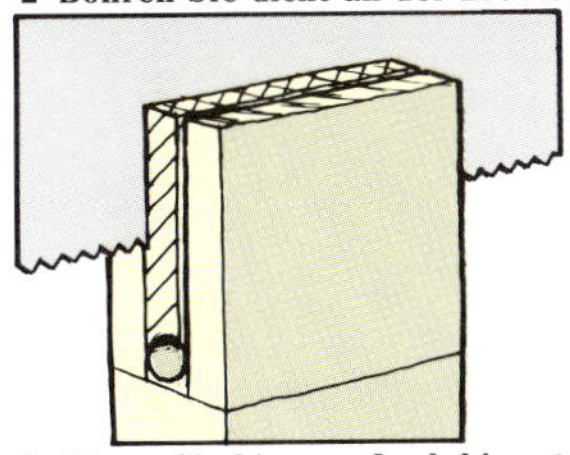
3 Sägen Sie bis zum Loch hinunter ein

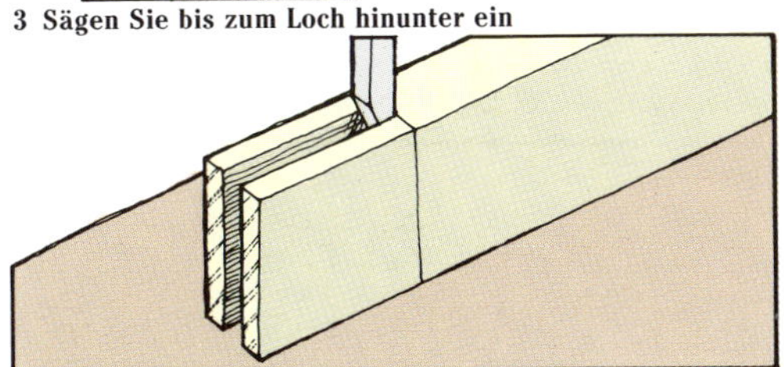
4 Stechen Sie den Schlitzgrund winklig nach

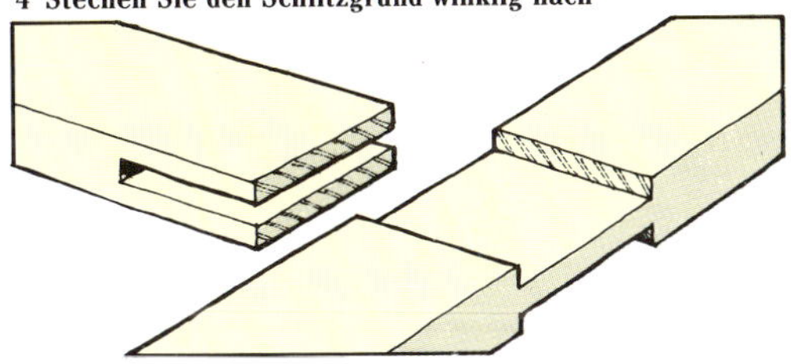
5 T-Verbindungen werden auf ähnliche Weise gearbeitet

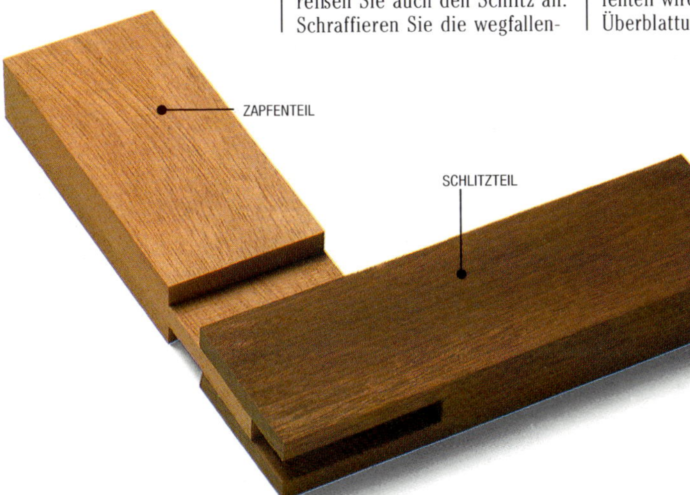

Eckverbindung

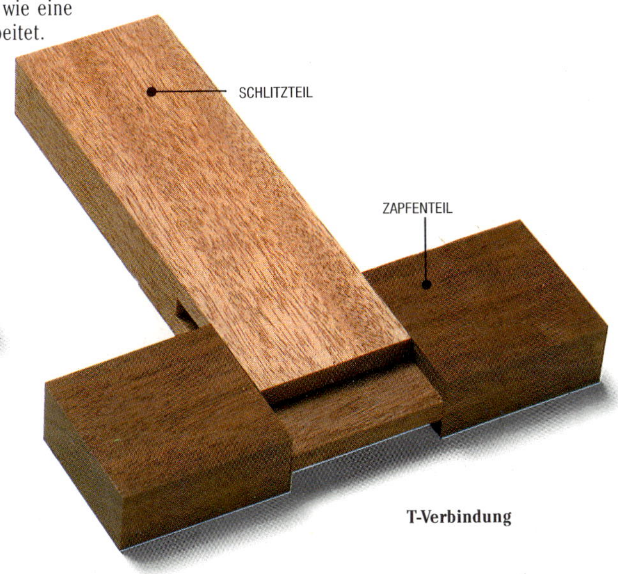

T-Verbindung

DÜBELVERBINDUNGEN

Die Dübelverbindung ist eine relativ einfache und schnell auszuführende Verbindung. Im Grunde handelt es sich um eine stumpfe Fuge, die mit Holzdübeln verstärkt wird. Die Dübel werden in Löcher geleimt, die in beide Brettkanten gebohrt werden. Die kostensparende Dübelverbindung wird von den Möbelherstellern häufig anstelle von Schlitz und Zapfen eingesetzt. Die Verbindung bedarf keiner komplizierten Anreißmethode.

Siehe auch
Stuhlkonstruktion 51-54
Tischkonstruktion 56-60
Möbelbau 63
Handbohrmaschinen und Bohrwinden 112-113
Elektrobohrmaschine 124-127
Dübelbohrlehre 127

Dübelstäbe
Dübelstäbe sind glatte oder geriffelte Rundstäbe mit verschieden großen Durchmessern von 6–47 mm. Die gebräuchlichsten Durchmessermaße sind 6, 8, 10 und 12 mm. Überprüfen Sie die Qualität, denn manchmal können die Stäbe aufgrund von Feuchtigkeit verzogen oder auch ungenau hergestellt sein.

Dübelstab

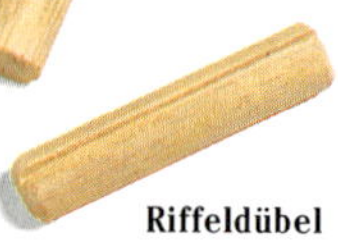

Fertigdübel

Riffeldübel

DÜBEL

Dübel werden aus Holzarten mit gleichmäßiger Struktur wie Buche, Ahorn oder Ramin hergestellt. Sie können sich eigene Dübel von handelsüblichen Dübelstäben schneiden oder Fertigdübel kaufen oder die Dübel mit einem Dübeleisen selber herstellen.

Dübel schneiden

Nehmen Sie eine feinzahnige Säge, um Dübel auf Länge zu schneiden. Legen Sie den Dübelstab dazu in eine Säge- oder Gehrungsschneidlade. Um ein Ausbrechen der Holzfasern zu vermeiden, drehen Sie den Dübel beim Absägen. Wenn Sie eine Reihe von Dübeln auf gleiche Länge sägen wollen, benützen Sie am besten einen Längenanschlag.

In glatte Dübel sollten Sie längs eine kleine Rille einsägen, damit überschüssiger Leim aus dem Loch austreten kann. Tun Sie das nicht, kann das Holz durch den Druck reißen. Fasen Sie die Dübelenden an, damit sie sich leichter in die Dübellöcher einführen lassen. Sie können dazu entweder einen speziellen Dübelspitzer, eine Schleifmaschine oder einen Bleistiftspitzer für die kleineren Größen verwenden.

Fertigdübel haben bestimmte Abmessungen und bereits abgefaste Enden. Sie sind meist längs oder spiralförmig geriffelt.

Ein Dübeleisen ist eine dicke Stahlplatte mit Löchern in verschiedenen Größen. Damit kann man aus grob zugerichteten Holzstücken Dübel herstellen, indem man die Stücke durch das Loch der gewünschten Dübelgröße durchschlägt. Für glatte, runde Dübel können Sie sich ein Dübeleisen selber bohren. Die im Handel erhältlichen Eisen haben gezackte Löcher, die beim Durchschlagen in die Dübel Rillen einschneiden.

Die Länge des Dübels wird von der Holzdicke der Verbindungsteile bestimmt. In der Regel sollte der Dübel mindestens fünfmal so lang sein wie sein Durchmesser. Je länger der Dübel, desto größer ist auch die Leimfläche. Der Durchmesser des Dübels kann die halbe Holzstärke betragen.

Bohren der Dübellöcher

Die Haltbarkeit der Dübelverbindung hängt von dem dichten Sitz des Dübels im Loch ab. Das Dübelloch muß sauber und gerade sein und die richtige Tiefe haben. Dübellöcher können mit einem Schlangenbohrer und einer Bohrwinde oder mit einer Elektrobohrmaschine und einem Dübelbohrer ausgebohrt werden. Wenn Sie von Hand bohren, stellen Sie sich so hin, daß Sie genau auf die Mittellinie der Löcher blicken können **(1)**, denn es ist äußerst wichtig, ganz gerade in das Holz zu bohren.

Um noch präziser zu bohren, sollte man eine Dübelbohrlehre benützen.

Die Löcher müssen alle gleichmäßig tief und nur wenig tiefer als die halbe Dübellänge gebohrt werden. Verwenden Sie einen handelsüblichen Bohrtiefensteller oder fertigen Sie sich einen eigenen Tiefenanschlag aus einem durchbohrten Holzstück an, das Sie über den Bohrer schieben.

Die Dübellöcher sollten angesenkt werden, das erleichtert den Zusammenbau. Wenn Sie ein Loch falsch gebohrt haben, füllen Sie es mit einem Holzstöpsel aus.

Anreißen der Verbindung

Wenn Sie nur wenige Dübelverbindungen herstellen müssen, genügt es, sie mit den üblichen Methoden anzureißen.

Für eine Breitenverbindung spannen Sie die Bretter bündig und mit der Sichtseite nach außen in die Vorderzange ein. Reißen Sie die Dübellöcher in gleichmäßigen Abständen an, stellen Sie ein Streichmaß auf die halbe Holzstärke ein und ziehen Sie eine Mittellinie über beide Brettkanten **(2)**.

Die Anzahl der Dübel und die Abstände zwischen ihnen hängen bei Rahmeneckverbindungen von der Breite der Rahmenhölzer ab. Meist sind zwei Dübel erforderlich. Der Abstand zwischen den Dübeln ist nicht entscheidend. Die Dübel sollten aber nicht weniger als 6 mm von der Außenkante eingebohrt werden.

Zeichnen Sie die Rahmenfriese zusammen, reißen Sie die genaue Länge an und hobeln Sie die Enden auf einer Stoßlade rechtwinklig. Die senkrechten Höhenfriese können etwas länger bleiben. Spannen Sie die zusammengehörenden Rahmenfriese so ein, daß die zu verbindenden Kantenflächen bündig sind. Winkeln Sie die Rißlinien über beide Teile. Stellen Sie ein Streichmaß auf die halbe Holzstärke des Querfrieses ein und reißen Sie von der Außenseite die Mittellinie an **(3)**. Setzen Sie den Bohrer im Schnittpunkt der Rißlinien an.

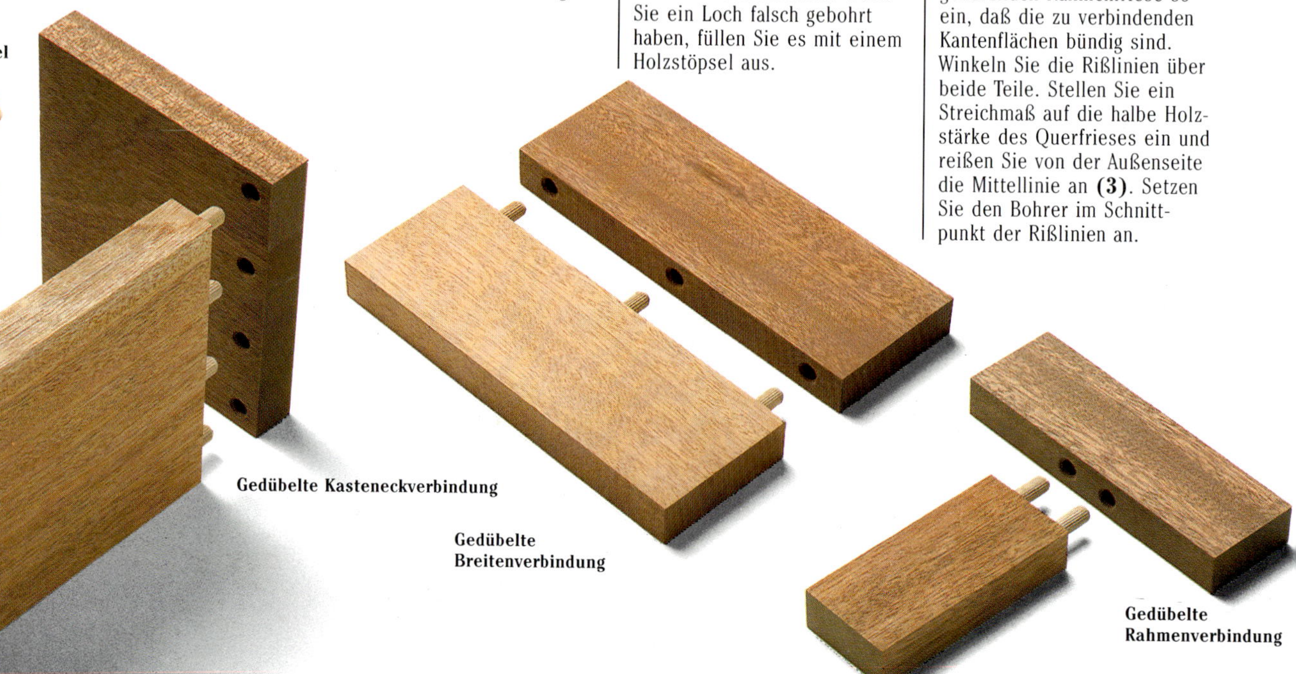

Gedübelte Kasteneckverbindung

Gedübelte Breitenverbindung

Gedübelte Rahmenverbindung

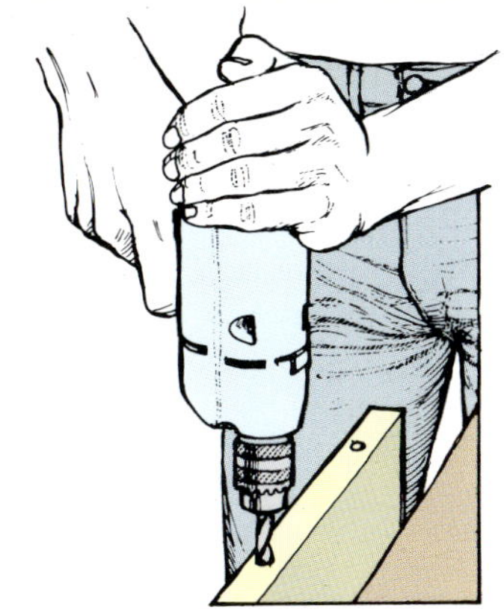

1 Stehen Sie parallel zur Kante

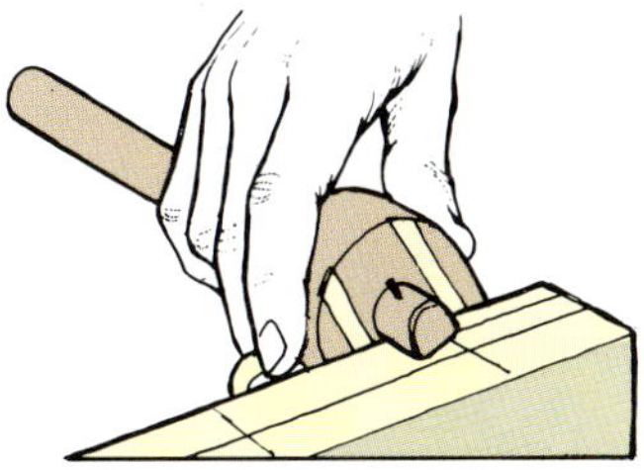

2 Die Mittellinie anreißen

3 Mitte anreißen

4 Winkelschablone bauen

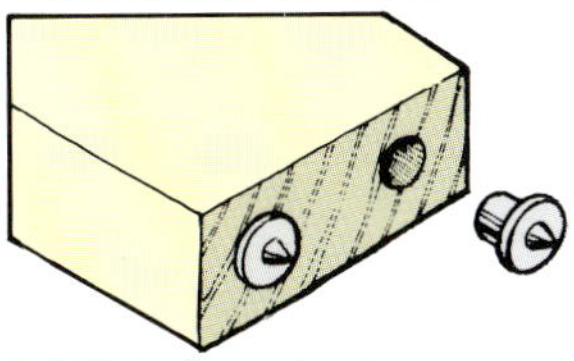

5 Dübelspitzen einsetzen

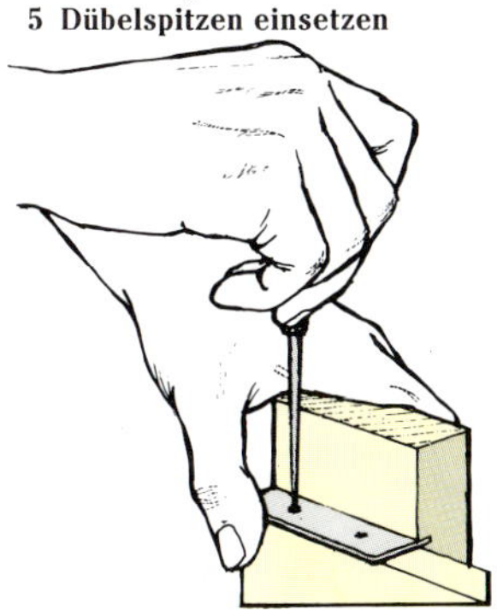

6 Höhenfries anreißen

Dübelspitzen

Dübelspitzen erleichtern das Anreißen vor allem bei unhandlichen Teilen. Sie können Dübelspitzen in verschiedenen Größen kaufen.

Reißen Sie die Dübellochpositionen auf einem Teil an. Bei Breitenverbindungen ist es egal, auf welcher Kante es geschieht: bei der hier beschriebenen Rahmeneckverbindung auf dem Hirnende des Querfrieses.

Schlagen Sie die Nägel in die angerissenen Lochmittelpunkte und zwicken Sie die Köpfe ab. Legen Sie Quer- und Höhenfries auf eine ebene Fläche und stoßen Sie sie gegeneinander, so daß sich die Nagelspitzen auf der Innenkante des Höhenfrieses markieren. Sie können sich auch eine einfache Winkelschablone bauen **(4)**.

Wenn Sie gekaufte Dübelspitzen verwenden, bohren Sie zunächst die Löcher in das Hirnende des Querfrieses. Dann stecken Sie passende Dübelspitzen in jedes Loch und drükken die Teile zusammen **(5)**.

Anreißschablone

Wenn Sie eine Reihe identischer Dübelverbindungen ausführen müssen, wird eine Schablone das Anreißen erleichtern. Schneiden Sie einen Anschlagklotz aus Hartholz auf die Breite des Rahmenfrieses zu. Machen Sie in die Mitte einen Sägeschnitt, in den eine dünne Stahlplatte gesteckt wird. Bevor Sie die Platte in den Schlitz leimen, bohren Sie in dem gewünschten Dübellochabstand kleine Führungslöcher in die Platte.

Reißen Sie mit einem spitzen Werkzeug durch diese Löcher die Mittelpunkte der geplanten Dübellöcher an. Legen Sie den Anschlagklotz der Schablone immer an die Sichtseite des Bretts an. Markieren Sie die Löcher zuerst auf dem Querfriesende, dann mit der umgedrehten Schablone auch auf der Längskante des Höhenfrieses **(6)**.

Dübelbohrlehre

Eine Dübelbohrlehre wird auf dem Werkstück festgespannt, um den Bohrer genau in der richtigen Position ansetzen und gerade führen zu können. Manche Dübelbohrlehren sind voreingestellt und haben feste Führungslöcher.

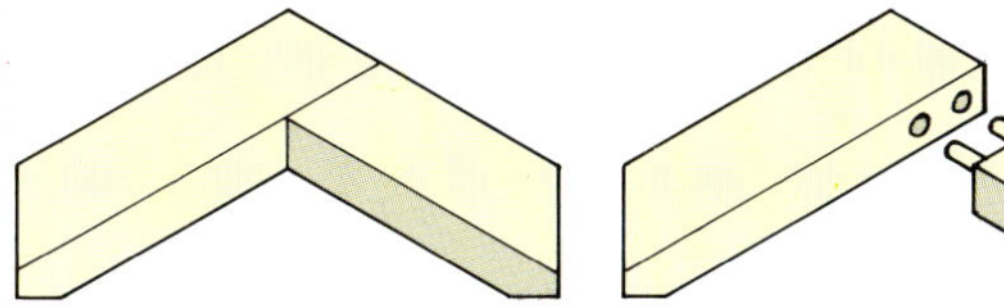

GEDÜBELTE RAHMENECKVERBINDUNG

Bei einer einstellbaren Dübelbohrlehre verschieben Sie die Bohrführungshülsen auf den Stangen entsprechend den gewünschten Abständen. Messen Sie von dem festen Anschlagkopf der Bohrlehre aus. Verstellen Sie die Seitenanschläge so, daß die Führungshülsen mittig auf der Kante sitzen. Setzen Sie die Bohrlehre auf das Ende des Querfrieses und spannen Sie es mit dem verschiebbaren Anschlag fest. Vergewissern Sie sich, daß alle Anschläge auf der Bezugsfläche oder -kante des Bretts anliegen. Bohren Sie die Löcher in der gewünschten Tiefe **(1)**.

Entfernen Sie den Schiebeanschlag und drehen Sie, ohne die anderen Einstellungen zu verändern, die Bohrlehre um und spannen Sie sie mit einer Zwinge auf die Innenkante des Höhenfrieses.

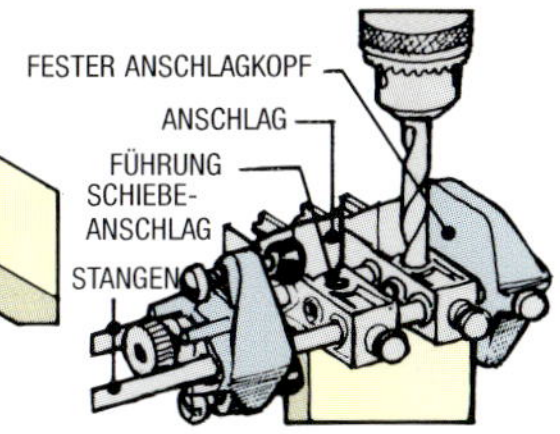

1 Löcher in das Querfries

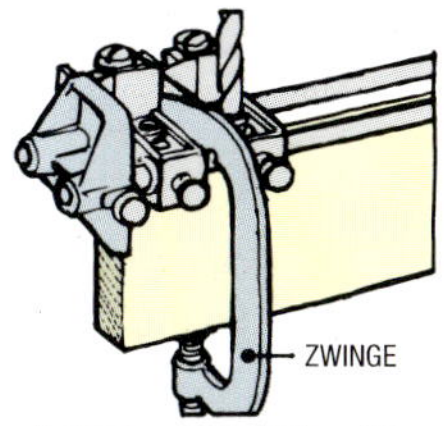

2 Löcher ins Höhenfries

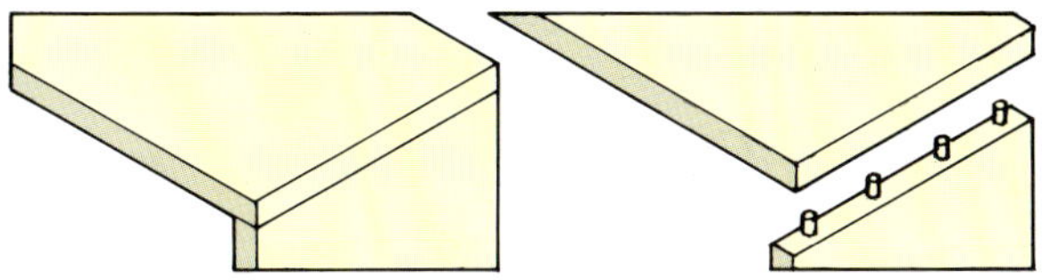

GEDÜBELTE KASTENECKVERBINDUNG

Die Bohrlehre läßt sich mit verschiedenen Schiebestangen ausstatten, um auch breite Bretter verbinden zu können. Außerdem kann man Führungshülsen dazukaufen, um viele Löcher auf einmal bohren zu können. Setzen Sie die entsprechenden Führungshülsen ein. Die Endhülsen sollten etwa 25 mm von den Kanten entfernt sitzen, die anderen etwa 75 mm auseinander.

Für eine Eckverbindung stellen Sie die Anschläge so ein, daß die Löcher in die Mitte der Holzdicke gebohrt werden. Spannen Sie die Bohrlehre auf das Hirnende des Querbretts **(1)**.

Spannen Sie nun die Bohrlehre auf das Ende des anderen Bretts. Lösen Sie die untere Klemmschraube und drehen Sie das Brett mit der befestigten Bohrlehre. Bohren Sie die Löcher in die Innenseite des Bretts **(2)**.

Für eine T-Verbindung bohren Sie in das Hirnende wie zuvor beschrieben. Entfernen Sie die Anschläge und spannen Sie die Bohrlehre so auf das andere Brett, daß die Bohrführungshülsen genau auf einer angerissenen Lochmittellinie liegen **(3)**.

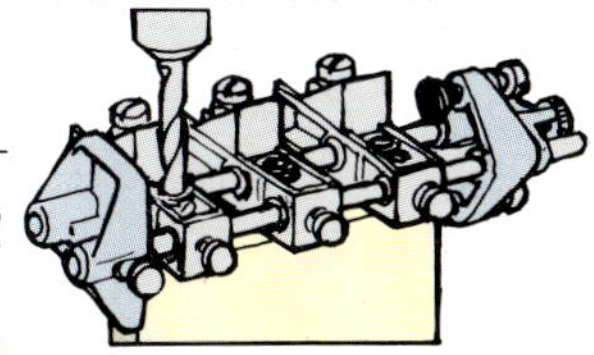

1 Stirnlöcher bohren

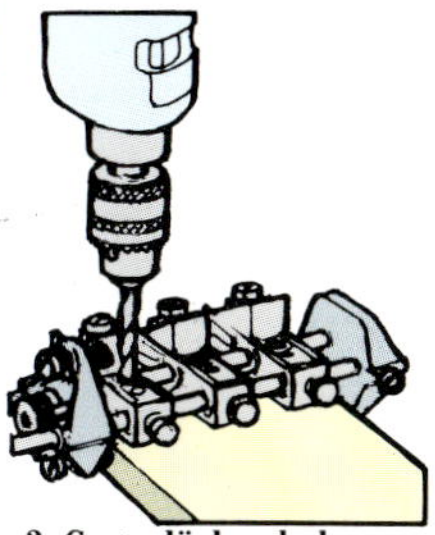

2 Gegenlöcher bohren

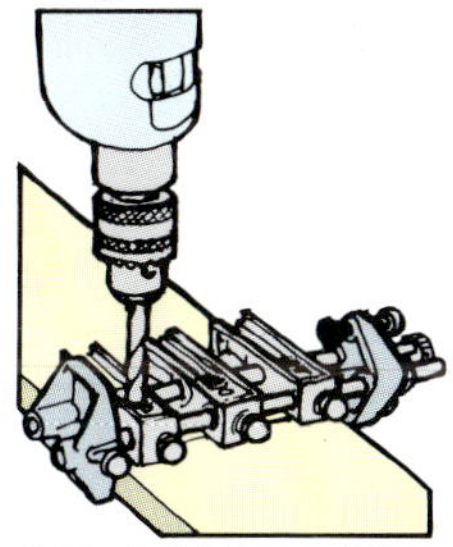

3 Die Bohrlehre auf den Mittenriß ausrichten

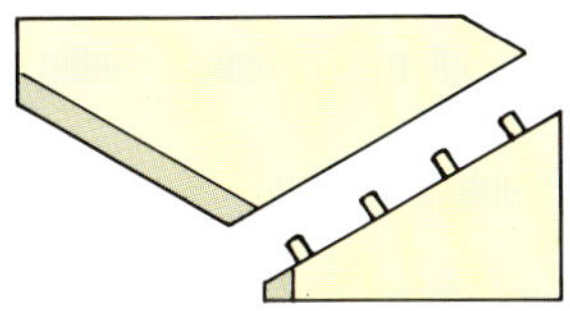

GEDÜBELTE KASTENECKE AUF GEHRUNG

Schneiden Sie die Brettenden auf Gehrung. Setzen Sie die Bohrlehre wie bei einer stumpfen Eckverbindung an, jedoch auf der Schrägfläche der Gehrung. Stellen Sie die Anschläge so ein, daß die Dübellöcher dicht an der Innenfläche gebohrt werden, wo das Brett am stärksten ist.

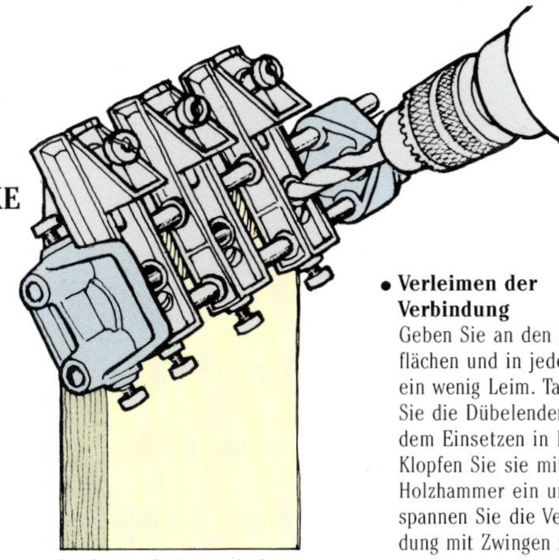

Löcher schräg einbohren

- **Verleimen der Verbindung**
  Geben Sie an den Stoßflächen und in jedes Loch ein wenig Leim. Tauchen Sie die Dübelenden vor dem Einsetzen in Leim. Klopfen Sie sie mit einem Holzhammer ein und spannen Sie die Verbindung mit Zwingen zusammen.

ZINKENVERBINDUNGEN

Die Zinkung zeigt vielleicht mehr als andere Verbindungsarten den Zweck der Holzverbindungen. Meistens sind die miteinander verzahnten keilförmigen Elemente deutlich sichtbar und zeigen, daß die Verbindung auch ohne Leim zusammenhalten würde. Auf traditionelle Weise gearbeitete Schubladen sind immer gezinkt und sind ein gutes Beispiel für die Belastbarkeit der Zinken- und Schwalbenschwanzverbindung.

Es gibt verschiedene Zinkungsarten. Einige Verbindungen nützen die dekorative Wirkung der sich wiederholenden Formen, während andere diese völlig verdecken. Das Zinken ist jedoch immer eine handwerkliche Herausforderung für den Schreiner.

Siehe auch

Schubladenkonstruktion	71
Werkzeuge zum Anreißen und Messen	76-79
Feinsägen	83
Bügelsäge	84
Fräser	146
Stoßlade	159

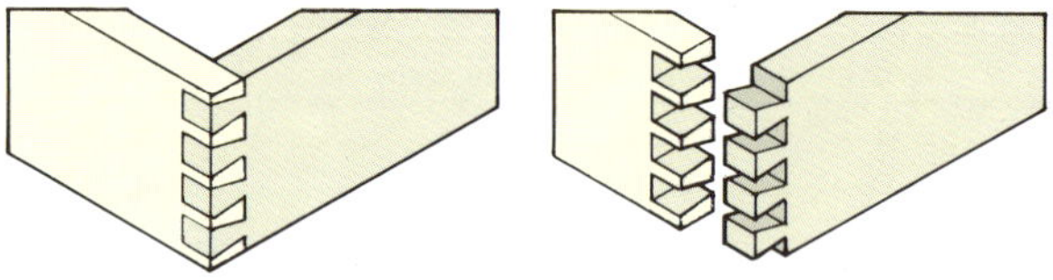

DIE EINFACHE ZINKUNG

Die einfache oder offene Zinkung ist die traditionelle Eckverbindung von Massivholzbrettern. Sie wird vor allem bei Kasten- und Korpuskonstruktionen angewandt. Zinken und Schwalben können sowohl mit der Hand gesägt als auch maschinell mit einer Oberfräse und einer speziellen Schablone angefräst werden. Die Maschinenzinkung mit ihren gleichmäßigen Abständen wird, obwohl genauso haltbar, von traditionellen Handwerkern eher abgelehnt als die von Hand gesägten und bewußt eingeteilten Zinken, wie sie hier beschrieben werden. Die einfache Zinkung ist von allen Zinkungsarten am leichtesten auszuführen.

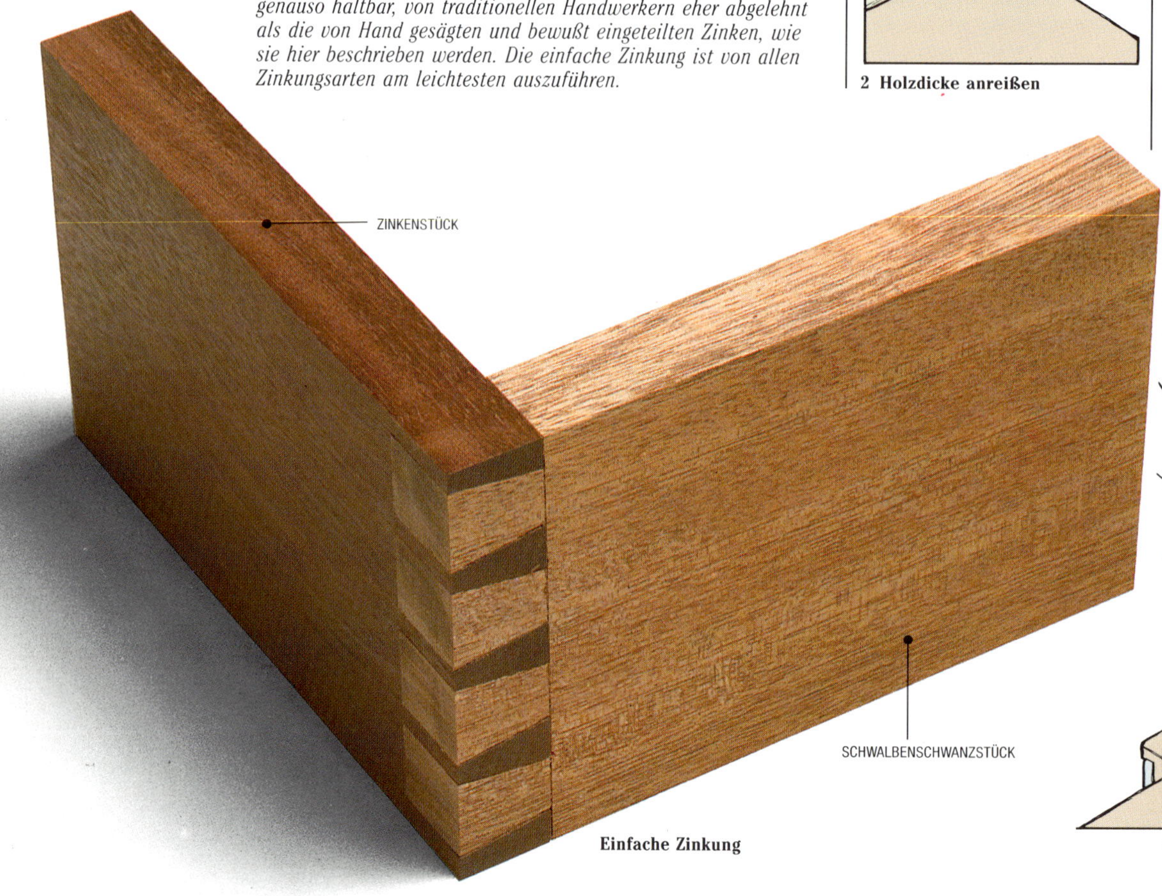

Einfache Zinkung

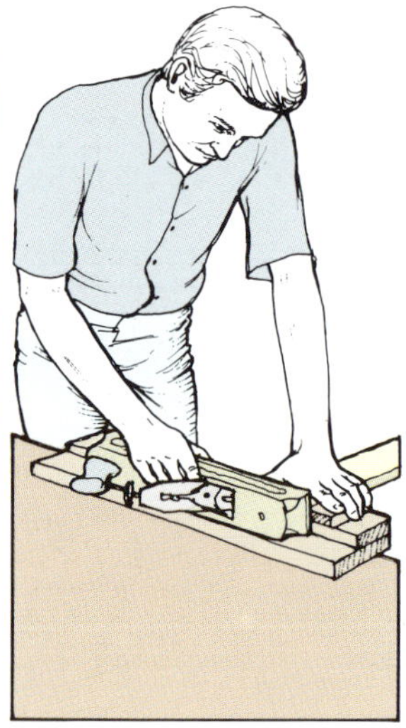

1 Die Enden rechtwinklig bestoßen

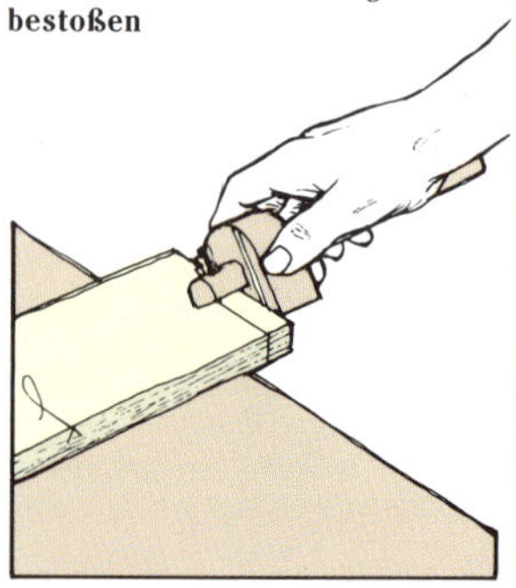

2 Holzdicke anreißen

Anreißen der Schwalbenschwänze

Kennzeichnen Sie die Bezugsseite, die Winkelkante und die zu verbindenden Brettenden. Schneiden Sie die Teile auf die korrekte Breite und Länge und hobeln Sie die Hirnenden glatt und rechtwinklig **(1)**.

Stellen Sie ein Streichmaß auf die Holzdicke ein. Reißen Sie damit rund um das Schwalbenschwanzstück die Grundlinie für die Schwalben an **(2)**. Ebenso auf den Seiten des Zinkenstücks. Als nächstes reißen Sie die Schwalben an. (In Deutschland ist es üblich, zuerst die Zinken und danach die Schwalben anzureißen und auszuarbeiten. A.d.Ü.) Die Größe und Anzahl der Schwalben kann je nach Breite der zu verbindenden Bretter und der Holzart variieren. Auch das Aussehen der Verbindung spielt dabei eine Rolle. Normalerweise sind die Schwalben alle gleich groß und stehen gleich weit auseinander. Sie sind breiter als die Zinken.

Ziehen Sie als erstes im Abstand von 6 mm zu jeder Seitenkante eine Bleistiftlinie über das Hirnende. Teilen Sie dann die Entfernung zwischen den Bleistiftlinien in eine gerade Anzahl gleicher Teile. Messen Sie nun von jedem Teilstrich 3 mm nach rechts und nach links und winkeln Sie mit einem Bleistift diese Linien über die Hirnkante **(3)**. Mit einer Schmiege oder einer Zinkenschablone reißen Sie die Schräge der Schwalben auf der Außenfläche an. Kennzeichnen Sie die wegfallenden Zwischenräume, damit Sie nicht durcheinanderkommen.

3 Anreißen der Schwalbenenden

Einsägen der Schwalben
Spannen Sie jedes Werkstück leicht schräg in die Vorderzange, so daß jeweils die eine Seite jeder Schwalbe senkrecht steht. Mit einer Feinsäge sägen Sie nun eine Seite der Schwalben ein. Sägen Sie dicht am Riß und nur genau bis auf die Grundlinie herunter **(4)**. Zum Einsägen der anderen Seite spannen Sie die Stücke dann andersherum schräg ein.

Dann spannen Sie das Werkstück waagrecht ein und setzen die Eckstücke genau an der Grundlinie ab **(5)**. Stemmen oder sägen Sie die Zwischenräume heraus **(6)** und stechen Sie die Ecken von beiden Seiten mit einem Stecheisen sauber nach **(7)**.

Anreißen der Zinken
Reiben Sie die Hirnkante des Zinkenstücks mit etwas Kreide ein und spannen Sie es senkrecht in die Vorderzange. Legen Sie das Brett mit den fertigen Schwalben so auf das Zinkenbrett, daß es mit der Hirnkante genau bündig ist und auch die Grundlinie übereinstimmt **(8)**. Reißen Sie mit einem Spitzbohrer oder einem Messer die Form der Schwalben auf dem mit Kreide bestrichenen Hirnende an **(9)** und winkeln Sie die Linien auf beide Brettflächen über **(10)**. Kennzeichnen Sie die Zwischenräume mit einem Bleistift.

Einsägen der Zinken
Spannen Sie jedes Stück einzeln in die Vorderzange. Sägen Sie die Zinken genau am Riß bis auf die Grundlinie ein **(11)**. Der Riß soll durch den Sägeschnitt genau geteilt werden. Sägen Sie den Großteil der Zwischenräume mit der Bügelsäge heraus und stechen Sie die Grundlinie mit einem Stecheisen nach. Stechen Sie dabei immer von beiden Seiten zur Mitte hin. Die Ecken stechen Sie mit einem schräggehaltenen Eisen aus **(12)**.

Zusammenbauen der Verbindung
Schwalben und Zinken passen fest zusammen und sollten nur einmal ganz zusammengesetzt werden. Um die Passung zu überprüfen, stecken Sie die Verbindung teilweise zusammen und ebnen eventuelle Hochpunkte noch ein. Verputzen Sie die Innenseiten der Bretter vor dem Verleimen. Geben Sie an Zinken und Schwalben Leim an und klopfen Sie die Teile mit einem Hammer und unter Verwendung einer Hartholzzulage zusammen **(13)**. Handelt es sich um eine sehr breite Verbindung, müssen Sie beim Zusammenklopfen über die ganze Breite verteilt klopfen, damit die Verbindung nicht verklemmt. Entfernen Sie überschüssigen Leim, bevor er antrocknet. Wenn der Leim abgebunden hat, verputzen Sie die Verbindung mit einem Putzhobel, wobei Sie von den Kanten zur Mitte hin hobeln.

4 Die Schwalben einsägen

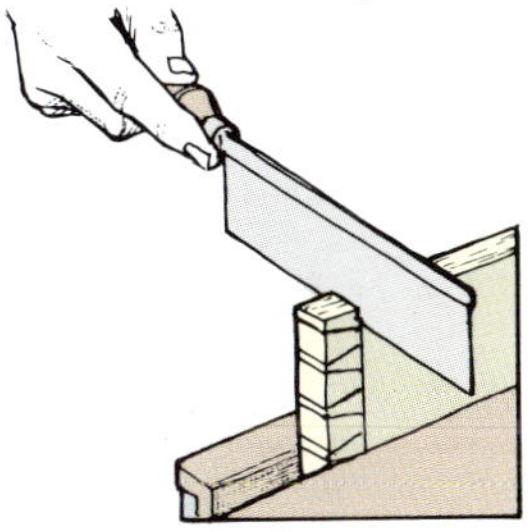
5 Die Eckstücke absetzen

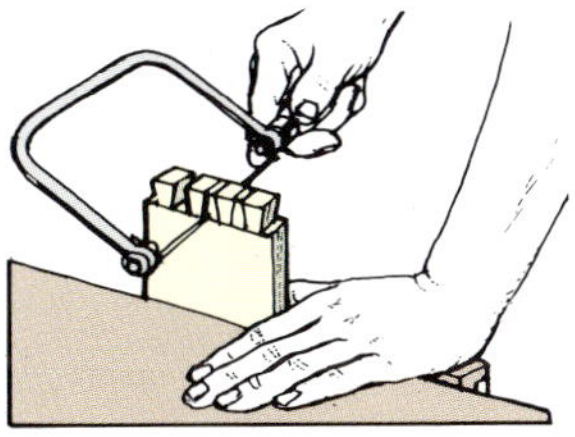
6 Zwischenräume heraussägen

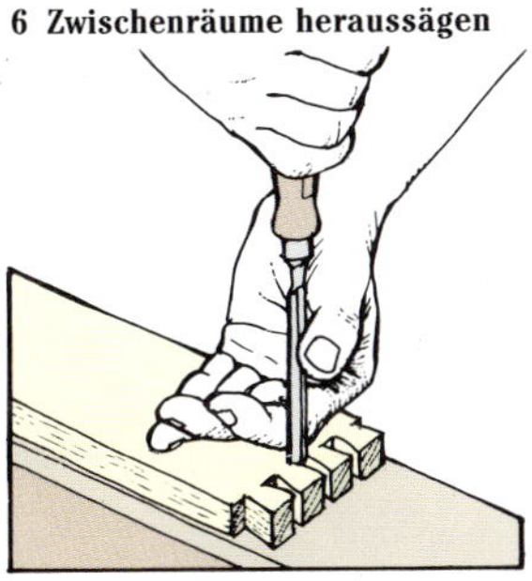
7 Sauber nachstechen

8 Das Schwalbenstück exakt bündig auflegen

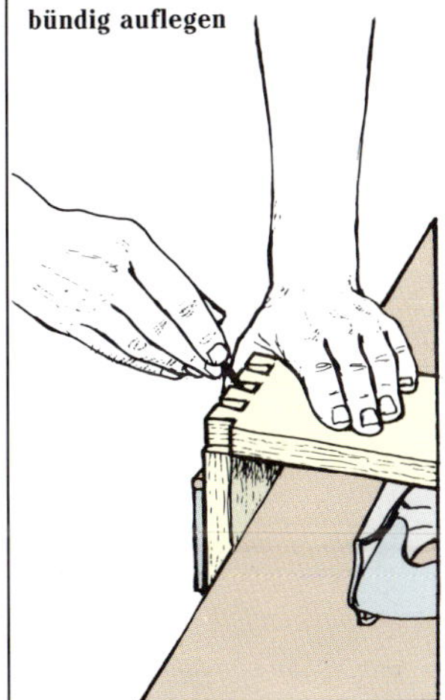
9 Die Schwalben umreißen

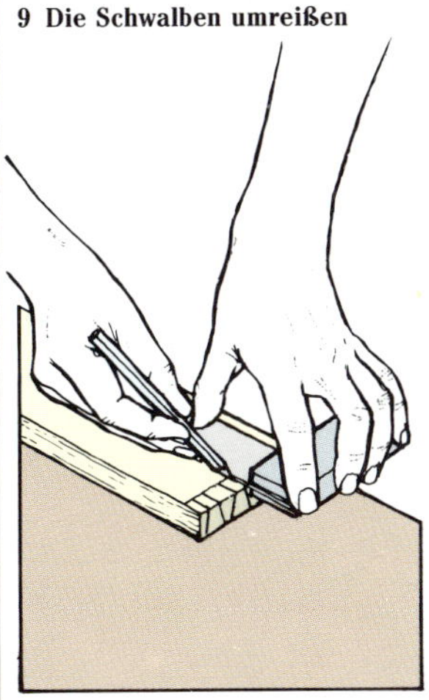
10 Die Risse übertragen

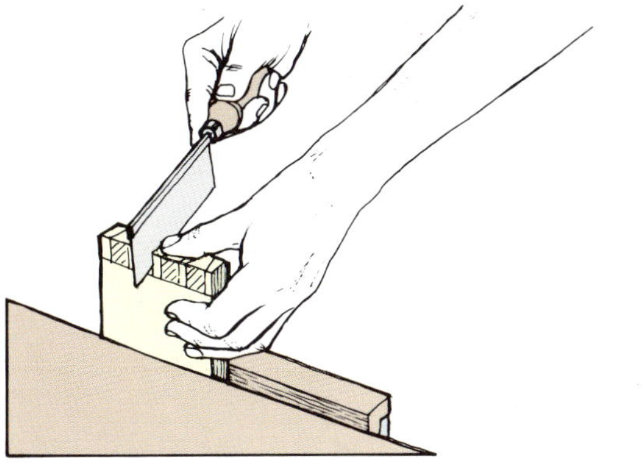
11 Die Zinken einsägen

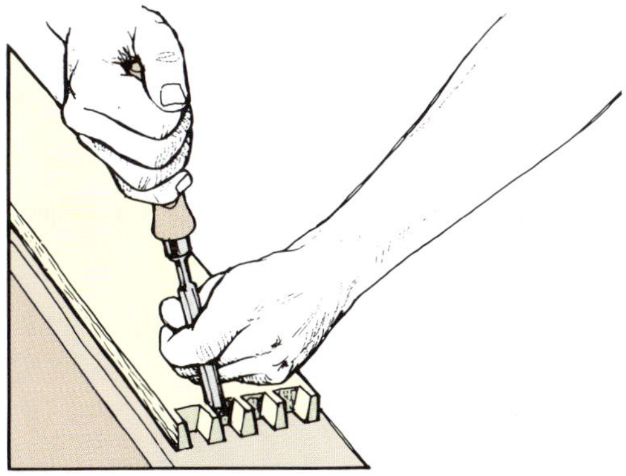
12 Mit schräg geführtem Stecheisen die Ecken ausstechen

13 Die Verbindung zusammenklopfen

DIE ZINKENSCHRÄGE

Der Steigungswinkel einer Schwalbe oder eines Zinken darf weder zu flach noch zu steil sein.

Eine zu starke Zinkenschräge führt zum Abscheren des kurzen Holzes an den Ecken der Schwalben **(1)**, während eine zu flache Schräge die Formschlüssigkeit der Verbindung verringert **(2)**. Zeichnen Sie sich das Steigungsverhältnis auf ein Holzstück und stellen Sie danach eine Schmiege ein. Sie können auch eine Zinkenschablone verwenden. Für Hartholz sollte das Steigungsverhältnis 1:8, für Weichholz 1:6 betragen.

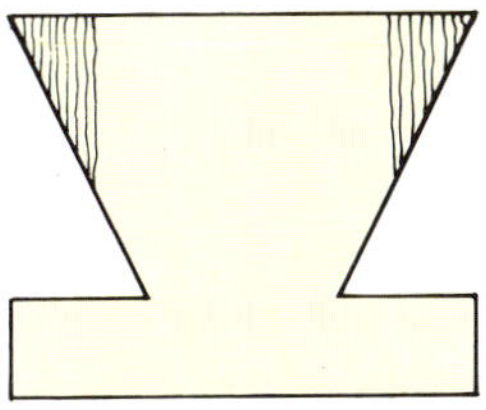
1 Zu steile Schräge

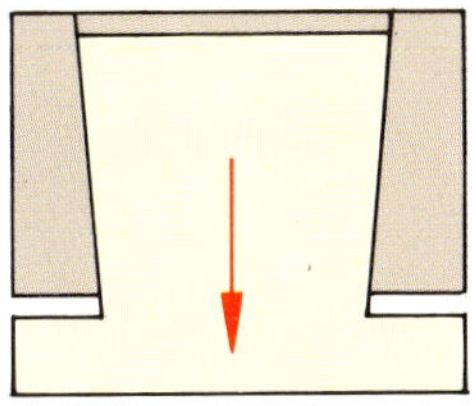
2 Zu flache Schräge

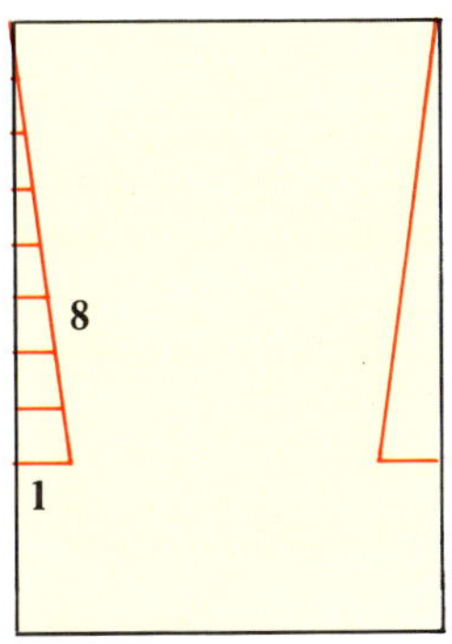

In Hartholz

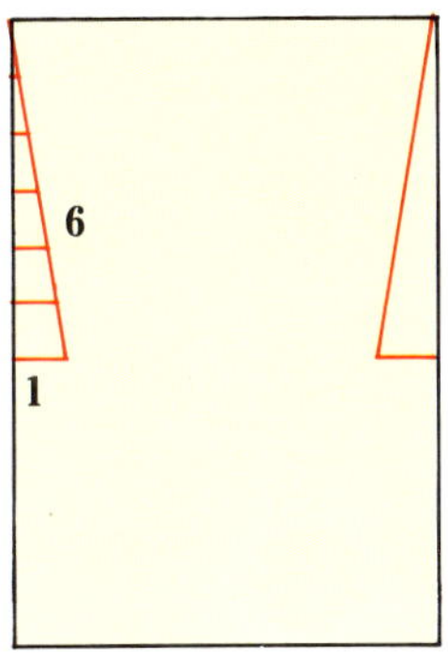

In Weichholz

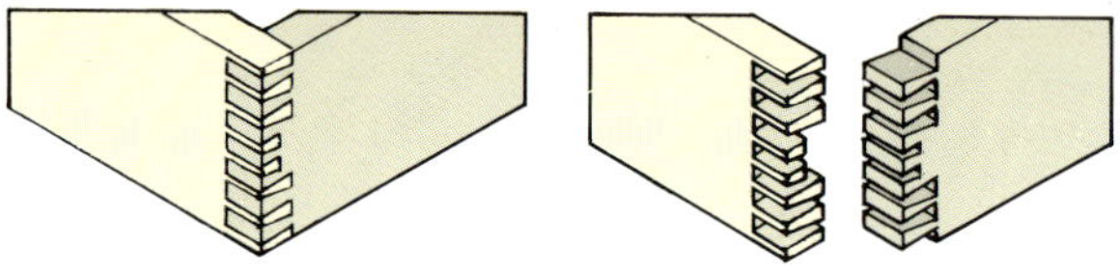

ZIERZINKEN

Siehe auch

Siehe auch	
Werkzeuge zum Anreißen und Messen	76 - 79
Feinsägen	83
Bügelsäge	84
Falzhobel	92
Fräser	144

Eine harmonische und sauber gearbeitete offene Zinkung ist ein dekorativer Blickfang an einem Möbel und wird deshalb oft schon im Entwurf als Gestaltungsmerkmal eingeplant. Die Ausarbeitung der Verbindung folgt dem Grundprinzip einer Zinkenverbindung. Das Größenverhältnis und die Anordnung der Zinken und Schwalben aber sind Sache der persönlichen Vorliebe. Das hier gezeigte Beispiel zeigt ganz schmale Zinken und halblange Schwalben.

Anreißen der Schwalben
Reißen Sie mit dem Bleistift oder dem Streichmaß die Grundlinie auf dem Schwalbenstück an. Stellen Sie dazu das Streichmaß auf die Holzdicke des Zinkenstücks ein. Reißen Sie die Grundlinie der kleinen Schwalben mit dem auf halbe Holzdicke eingestellten Streichmaß an **(1)**.

Wo der Streichmaßriß Schnittlinie ist, ziehen Sie die Linie später nach dem Anreißen der Schwalben mit einem Reißmesser nach.

Bestimmen Sie die Größe und Einteilung der Schwalben und reißen Sie die Schräge mit einer Schablone an **(2)**. Die feinen Zinken entstehen, indem die Schwalben dicht nebeneinander angerissen werden. Der Abstand zwischen ihnen braucht nicht größer als ein Sägeschnitt zu sein. Winkeln Sie die Risse auf das Hirnende über **(3)**.

Einschneiden der Schwalben
Sägen Sie die Schwalben wie bei einer normalen einfachen Zinkung mit der Feinsäge ein, sägen Sie die Zwischenräume mit einer Bügelsäge heraus. Stechen Sie die Grundlinie von beiden Seiten mit einem Stecheisen sauber nach.

Anreißen der Zinken
Reiben Sie das Ende des Zinkenstücks mit Kreide ein. Stellen Sie ein Streichmaß auf die Länge der kleinen Schwalben ein und reißen Sie so die Dicke der kleinen Zinken auf dem Hirnende an **(4)**. Reißen Sie die Zinken nach den Schwalben an. Benützen Sie dazu die Spitze der Säge **(5)** oder eine Reißahle. Winkeln Sie die Risse auf beiden Seiten bis auf die Grundlinie herunter und kennzeichnen Sie die Zwischenräume.

Einschneiden der Zinken
Sägen Sie die Zinken mit der Feinsäge ein und die Zwischenräume mit einer Bügelsäge grob heraus. Die Grundlinie stechen Sie wieder mit dem Stecheisen nach. Stechen Sie mit einem Stecheisen dicht an der Grundlinie quer zur Holzfaser ein **(6)** und stemmen Sie den Verschnitt von vorne parallel zur Holzfaser ab **(7)**. Wiederholen Sie den Vorgang, bis Sie das Holz bis auf den mittleren Streichmaßriß herunter weggestemmt haben. Verleimen Sie die Verbindung.

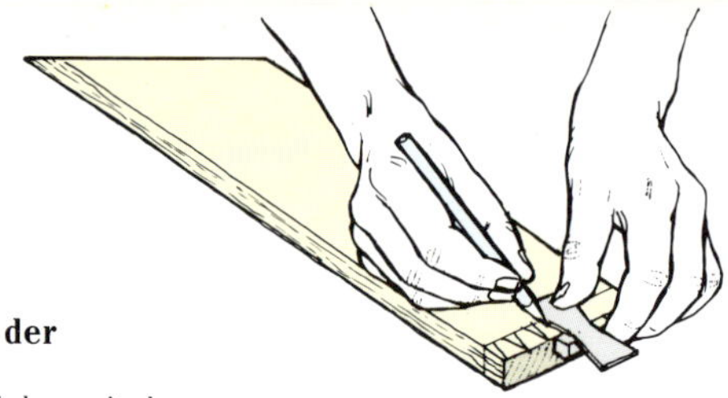

2 Schwalbenschräge anreißen

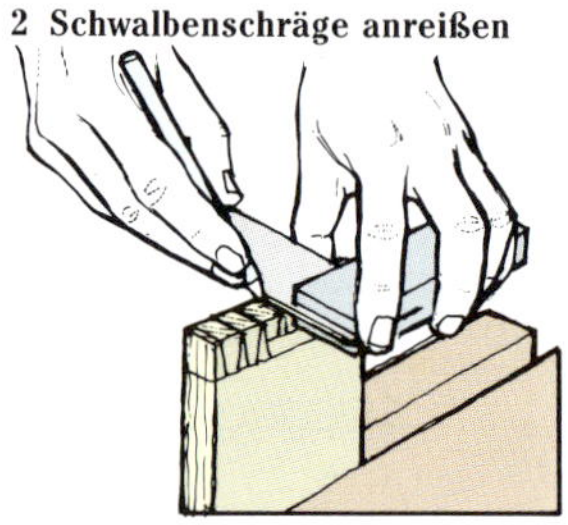

3 Auf die Hirnkante überwinkeln

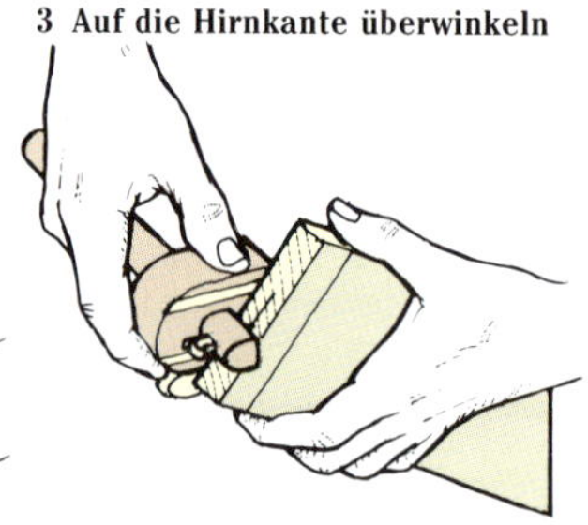

4 Die kleinen Zinken anreißen

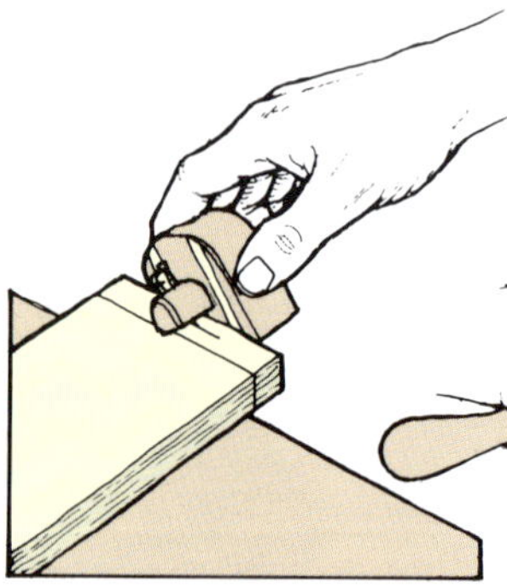

1 Die Grundlinie der kleinen Schwalben anreißen

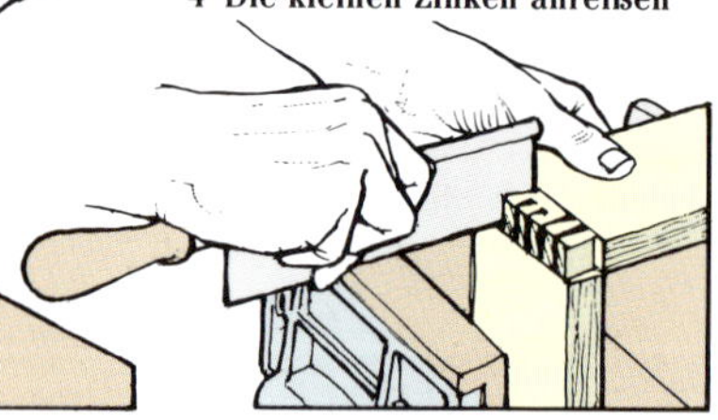

5 Die Zinken anreißen

6 Quer zur Faser einstechen

7 Den Verschnitt ausstemmen

Zierzinken

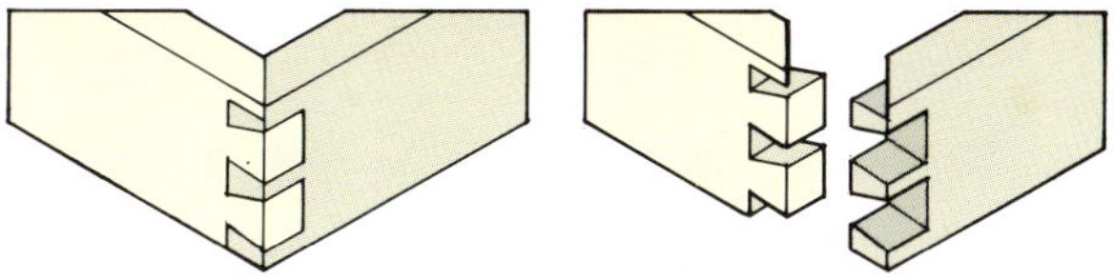

EINFACHE ZINKUNG AUF GEHRUNG ABGESETZT

Sollen die Vorder- oder Oberkanten eines Kastens ein Profil erhalten, werden die Eck- oder Randzinken einer offenen Zinkung auf Gehrung abgesetzt.

Anreißen der Schwalben
Reißen Sie an dem Schwalbenstück auf beiden Seiten und auf der Hinterkante die Grundlinie an. Reißen Sie auf der Vorderkante der Arbeit die Gehrung an **(1)**.

Messen Sie von der Vorderkante die gewünschte Profiltiefe ab. Ziehen Sie eine Linie über das Hirnende und bis zur Grundlinie herunter **(2)**.

Ziehen Sie 6 mm unterhalb dieser Linie und ebenso 6 mm von der Hinterkante einen Bleistiftstrich nach innen. Teilen Sie den Abstand zwischen diesen Linien ein und reißen Sie die Schwalben an.

Einschneiden der Schwalben
Sägen Sie die Seiten der Schwalben und die Profiltiefenlinie ein und sägen Sie die Zwischenräume mit einer Bügelsäge heraus. Stechen Sie die Grundlinie mit dem Stecheisen nach.

Anreißen der Zinken
Reißen Sie auf beiden Seiten des Zinkenstücks die Grundlinie und auf der Vorderkante die Gehrungsfuge an. Reiben Sie das Hirnende mit Kreide ein und reißen Sie die Zinken nach den Schwalben an. Winkeln Sie die Risse auf beiden Seiten bis zur Grundlinie herunter, den Gehrungsabschnitt nur auf der Innenseite. Kennzeichnen Sie die Zwischenräume.

Einschneiden der Zinken
Sägen Sie die Zwischenräume zwischen den Zinken heraus. Dann sägen Sie an der Vorderkante des Stücks die Gehrung an **(3)**. Setzen Sie auch die Gehrung an dem Schwalbenschwanzstück ab **(4)**. Hobeln Sie das Profil an.

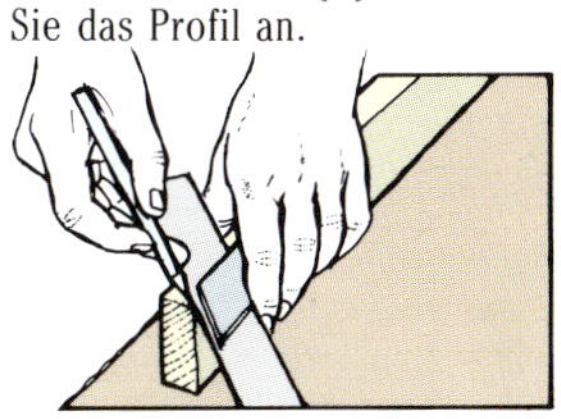

1 Die Gehrung anreißen

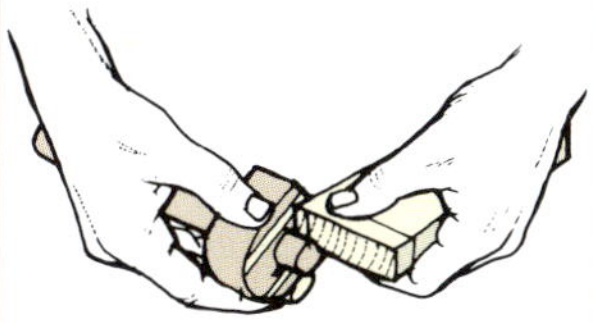

2 Die Profiltiefe anreißen

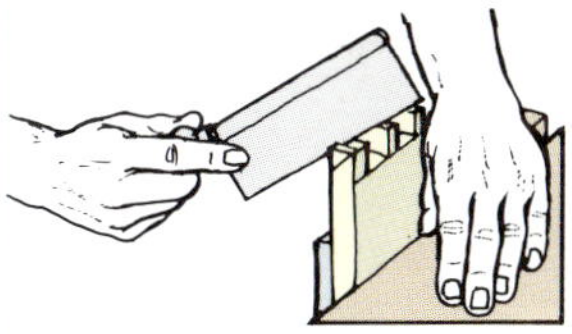

3 Die Gehrung am Zinkenstück absetzen

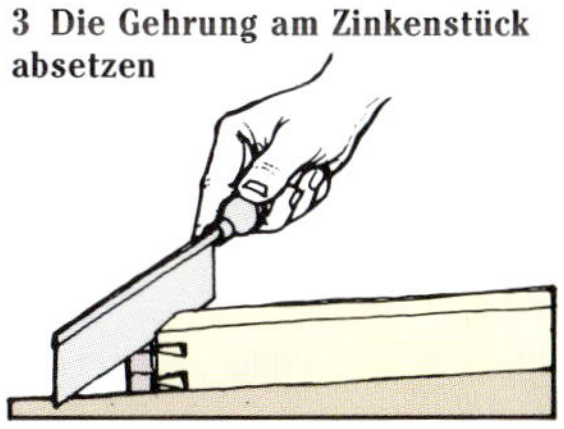

4 Die Gehrung am Schwalbenstück ansägen

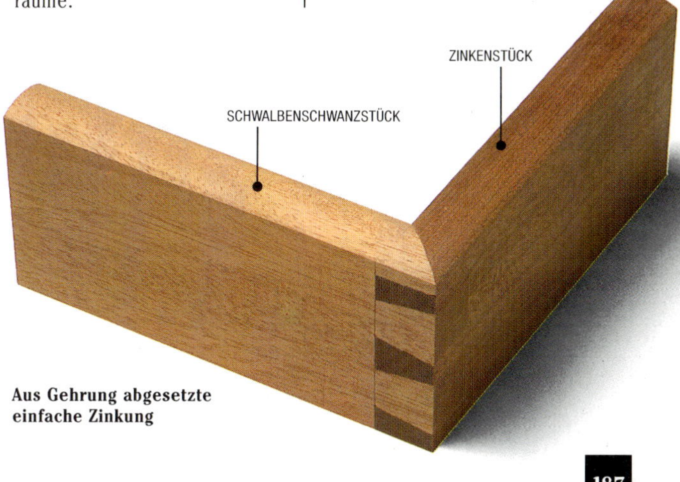

Aus Gehrung abgesetzte einfache Zinkung

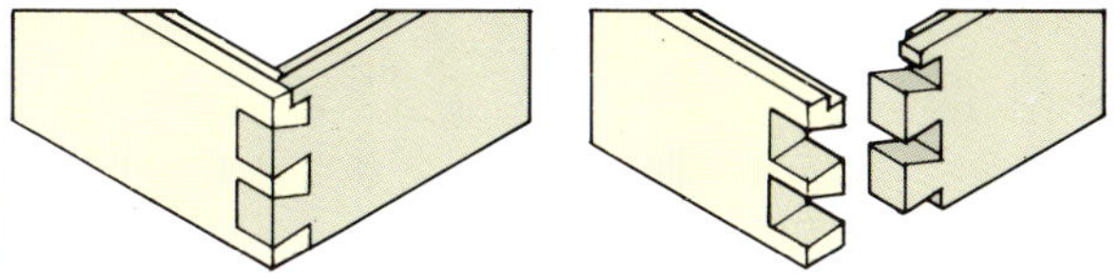

EINFACHE ZINKUNG MIT FALZ

Bei einem gezinkten Kasten mit eingefälztem Boden muß die Eckverbindung so gestaltet werden, daß der Falz von außen nicht sichtbar ist.

Anreißen der Schwalben
Reißen Sie auf den Seiten und auf der Oberkante des Schwalbenstücks die Grundlinie an. Mit einem Streichmaß reißen Sie dann die Falztiefe auf der Innenseite über die Hirnkante bis zur Grundlinie auf der Außenseite an **(1)**. Mit der gleichen Einstellung reißen Sie auch auf der Innenseite des Zinkenstückes die Falztiefe an. Verstellen Sie, falls nötig, das Streichmaß und reißen Sie die Falzbreite an **(2)**.

Ziehen Sie auf dem Schwalbenstück einen Bleistiftstrich 6 mm unterhalb der geplanten Falztiefe und einen zweiten 6 mm von der gegenüberliegenden Kante entfernt. Teilen Sie auf diesem Stück die Schwalben ein.

Winkeln Sie eine Linie über die Falzkante des Schwalbenstücks an der Stelle, wo der Falz des Zinkenstücks auf das Schwalbenstück stößt **(3)**.

Einschneiden der Schwalben
Sägen Sie die Seiten der Schwalben und die Falztiefenlinie ein. Sägen Sie die Zwischenräume säge heraus.

Anreißen der Zinken
Reißen Sie auf dem Zinkenstück die Grundlinie an, reiben Sie das Hirnende mit Kreide ein und reißen Sie die Zinken mit einem spitzen Bleistift oder einer Reißahle nach den Schwalben an.

Einschneiden der Verbindung
Sägen Sie die Seiten der Zinken ein und entfernen Sie die Zwischenstücke mit der Bügelsäge und einem Stecheisen. Hobeln Sie den Falz an Zinken- und Schwalbenstück an. Sägen Sie zum Schluß den noch überstehenden Absatz ab **(4)**.

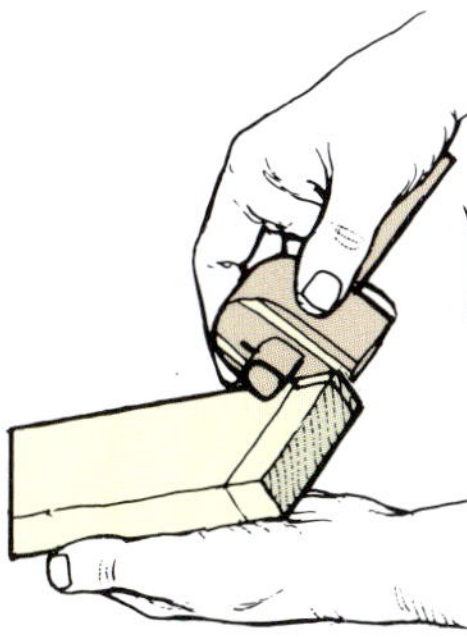

1 Die Falztiefe anreißen

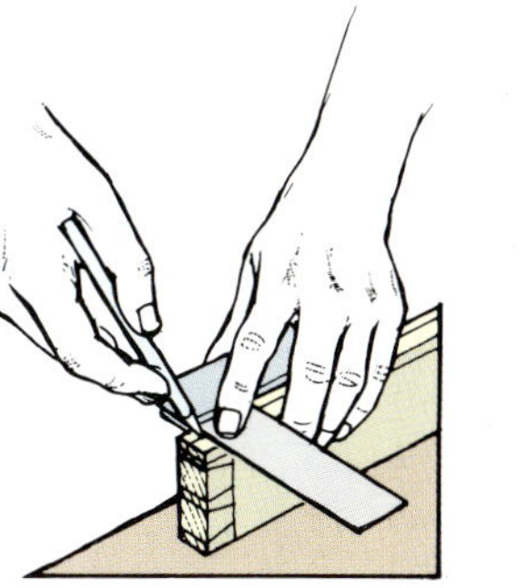

3 Linie über die Kante winkeln

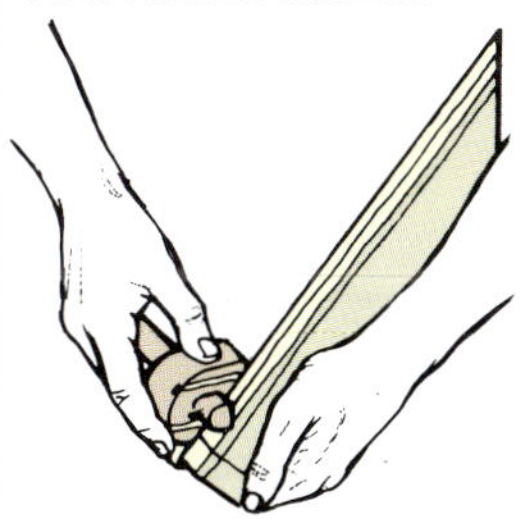

2 Die Falzbreite anreißen

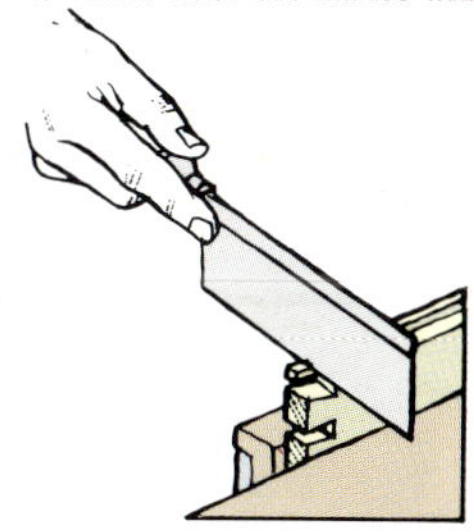

4 Den Überstand absägen

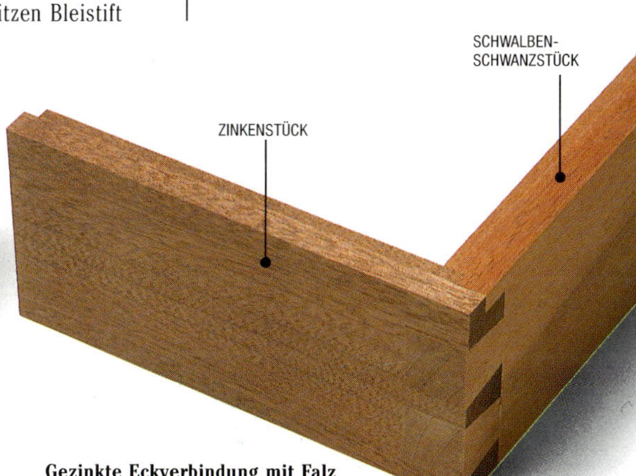

Gezinkte Eckverbindung mit Falz

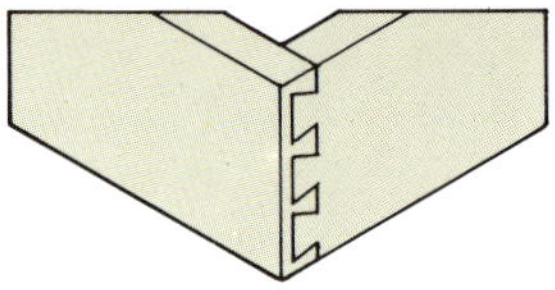

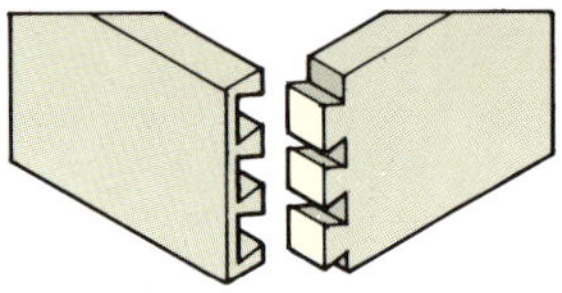

Siehe auch

Möbelbau	62
Werkzeuge zum Anreißen und Messen	76 - 79
Feinsägen	83
Simshobel	92 - 93
Stecheisen mit Fase	98, 101

HALBVERDECKTE ZINKUNG

Die halbverdeckte Zinkung wird angewendet, wenn die Ecke zwar gezinkt, die Zinkung von einer Seite aber nicht sichtbar sein soll. Diese Verbindung wird bei Schubkastenvorderstücken eingesetzt, damit man die eingezinkten Seiten von vorne nicht sieht.

Anreißen der Schwalben

Vor dem Ablängen des Schwalbenstücks muß zuerst die Dicke des Verdecks bestimmt werden. In der Regel sollte das Verdeck etwa ein Drittel der Holzdicke des Zinkenstücks betragen, jedoch nicht weniger als 3 mm. Stellen Sie ein Streichmaß auf die Länge der Schwalben ein (die Dicke des Zinkenstücks minus Verdeck) und reißen Sie so die Grundlinie der Schwalben auf dem Schwalbenstück an. Die Schwalben werden wie üblich angerissen.

Sägen Sie die Schwalben mit der Feinsäge ein, entfernen Sie die Zwischenräume mit der Bügelsäge.

Anreißen der Zinken

Stellen Sie das Streichmaß auf die Länge der Schwalben ein und reißen Sie von der Innenseite aus die Verdecklinie am Ende des Zinkenstücks an. Stellen Sie dann das Streichmaß auf die Holzdicke des Schwalbenstücks ein und reißen Sie vom Hirnende aus auf der Innenseite des Zinkenstücks die Grundlinie der Zinken an. Reiben Sie das Ende des Zinkenstücks mit Kreide ein und reißen Sie die Zinken nach den Schwalben an **(1)**.

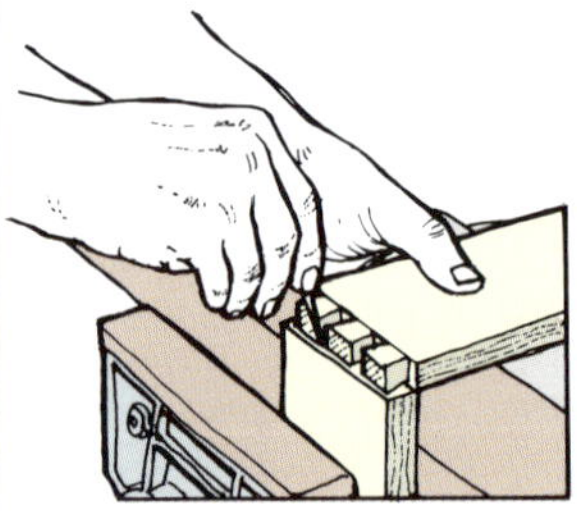

1 Die Zinken anreißen

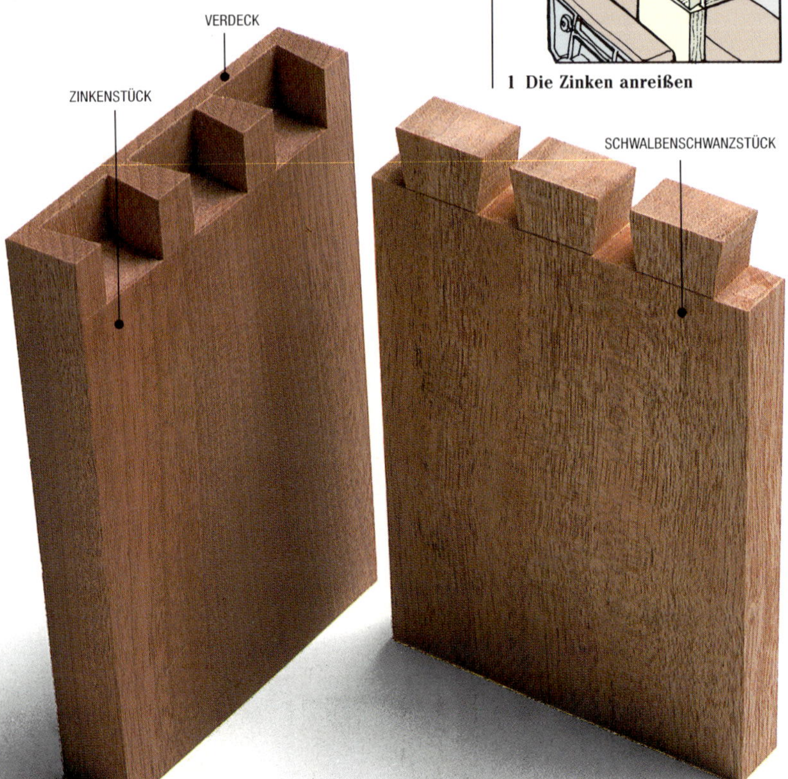

Halbverdeckte Zinkung

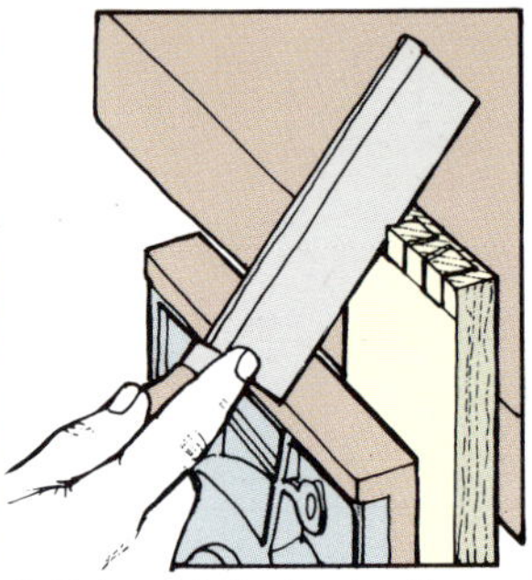

2 Zinken schräg einschneiden

Einschneiden der Zinken

Spannen Sie das Zinkenstück senkrecht ein und sägen Sie die Zinkenseiten genau am Riß schräg ein **(2)**. Die Schnitte enden am Verdeck und an der Grundlinie. Sägen Sie einen Teil der Zwischenräume heraus, solange das Werkstück noch eingespannt ist **(3)**.

Spannen Sie das Werkstück auf einem Brett auf die Werkbank. Stemmen Sie die Zwischenräume mit einem Stecheisen sauber aus **(4)**. Das Holz parallel zur Holzfaser von vorne ausstemmen **(5)**.

Setzen Sie das Stecheisen immer exakt am Streichmaßriß an, ohne diesen zu hinterstemmen. Die Ecken stechen Sie mit einem schmalen Stecheisen sauber nach.

3 Zwischenräume aussägen

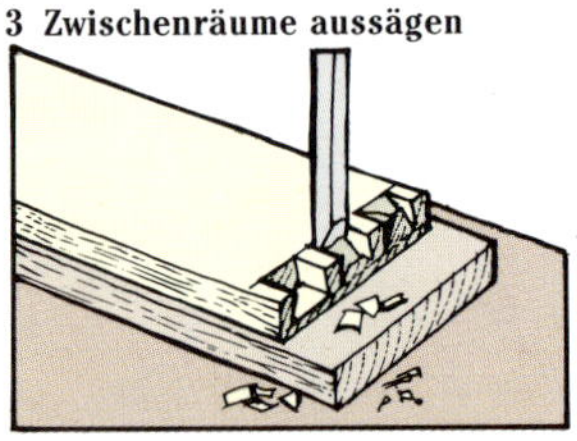

4 Senkrecht von oben einstechen

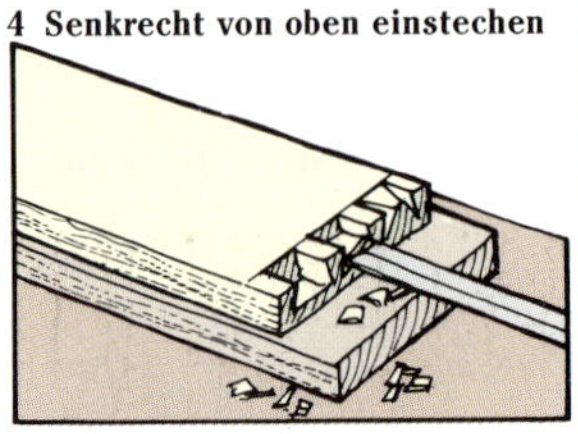

5 Von vorne ausstemmen

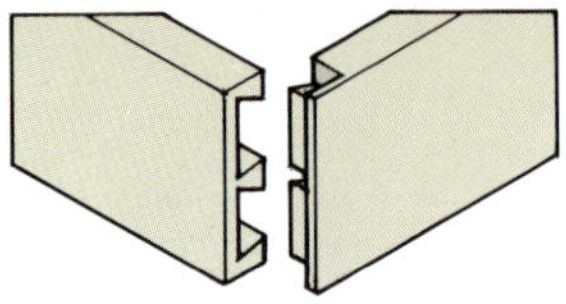

DOPPELT VERDECKTE ZINKUNG

Die doppelt verdeckte Zinkung wird bei Kasten- oder Möbelkonstruktionen angewendet, bei denen die Schwalben unsichtbar sein sollen. Alles, was man von der Verbindung sieht, ist das Hirnholz eines Verdecks. Das Verdeck kann am Schwalben- oder am Zinkenstück sein.

Anreißen und Einschneiden der Schwalben

Schneiden Sie das Holz auf Länge und hobeln Sie die Hirnenden rechtwinklig. Stellen Sie ein Streichmaß auf die Dicke des Zinkenstücks und reißen Sie die Grundlinie auf der Innenseite und den Kanten des Schwalbenstücks an.

Reißen Sie die Dicke des Verdecks von der Außenseite aus auf der Hirnkante und den Seitenkanten an. Reißen Sie mit der gleichen Einstellung von der Hirnkante aus die Falztiefe auf der Innenseite und auf den Kanten an **(1)**.

Bevor Sie die Schwalben anreißen können, müssen sie jetzt den Falz einschneiden. Sägen Sie diesen dicht am Riß ein **(2)**. Um die Säge exakt am Riß ansetzen zu können, stechen Sie eine Kerbnut auf der wegfallenden Seite des Risses. Hobeln Sie den Falz mit einem Simshobel nach **(3)**. Teilen Sie jetzt die Schwalben ein und reißen Sie deren Schräge mit einer Schablone an **(4)**. Winkeln Sie die Risse auf die Hirnkante.

Anreißen und Einschneiden der Zinken

Reißen Sie die Dicke des Verdecks auf dem Hirnende des Zinkenstücks an. Stellen Sie das Streichmaß auf die Dicke der Schwalben ein und reißen Sie damit vom Hirnende aus eine Linie auf der Innenseite an. Reiben Sie das Ende mit Kreide ein und reißen Sie die Zinken nach den Schwalben an **(5)**. Winkeln Sie die Risse auf die Innenseite über. Kennzeichnen Sie die Zwischenräume, sägen Sie die Zinken ein und stemmen Sie sie aus.

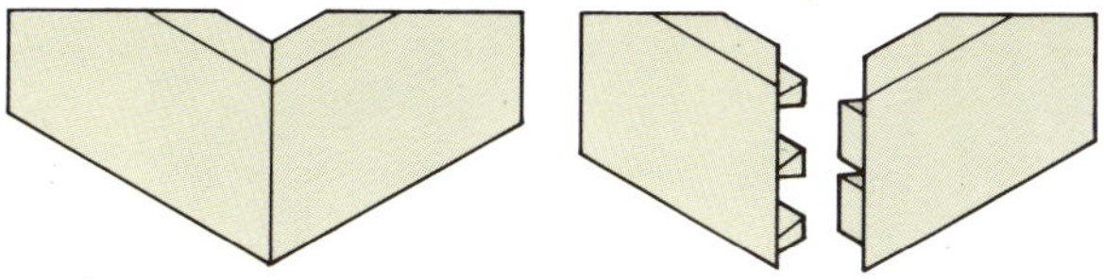

GEHRUNGSZINKUNG

Bei der Gehrungszinkung sind die Schwalben und Zinken völlig von den auf Gehrung geschnittenen Verdeckwangen verdeckt. Die zu verbindenden Teile müssen die gleiche Dicke haben und exakt auf Länge geschnitten werden. Die Schwalben können nur nach den Zinken angerissen werden.

Anreißen und Einschneiden der Verbindung

Stellen Sie ein Streichmaß auf die Holzdicke ein und reißen Sie von der Hirnkante aus die Grundlinie an. Mit einem Reißmesser und einem Gehrmaß reißen Sie auf jeder Kante zwischen Grundlinie und Außenecke die Gehrung an.

Stellen Sie das Streichmaß auf die Dicke des Verdecks ein und reißen Sie so den Falz an. Die Hirnkante reißen Sie von der Außenseite aus und die Falztiefe von der Hirnkante aus **(1)** an. Sägen Sie den Falz heraus.

Reißen Sie nun die Zinken an, indem Sie zunächst eine Linie parallel zu jeder Kante von der Grundlinie zum Verdeck ziehen. Diese Linie sollte nicht mehr als 6 mm Abstand zur Kante haben **(2)**. Reißen Sie die Zinken auf dem Hirnende zwischen diesen Streichmaßrissen an. Nehmen Sie dazu eine Zinkenschablone, die Sie gegen die Verdeckwange stoßen, um sie gerade zu halten.

Die Zwischenräume zwischen den Zinken werden wie bei einer halbverdeckten Zinkung angeschnitten und ausgestemmt. Sie dürfen dabei ruhig etwas in das Verdeck einsägen **(3)**. Setzen Sie die Kanten auf Gehrung ab.

Spannen Sie das Werkstück senkrecht ein und schneiden Sie die Verdeckwange mit einem Stecheisen grob auf Gehrung **(4)**. Stoßen Sie die Gehrung mit einem Simshobel sauber nach. Spannen Sie einen auf Gehrung geschnittenen Holzklotz gegen die Kante.

Anreißen und Einschneiden der Schwalben

Verfahren Sie mit dem Schwalbenstück genauso wie mit dem Zinkenstück bis hin zum Einschneiden des Falzes.

Stellen Sie das Zinkenstück nun so auf das Schwalbenstück, daß es mit seiner Innenseite genau auf der angerissenen Grundlinie steht. Umreißen Sie die Form der Zinken mit einer Reißahle **(5)**.

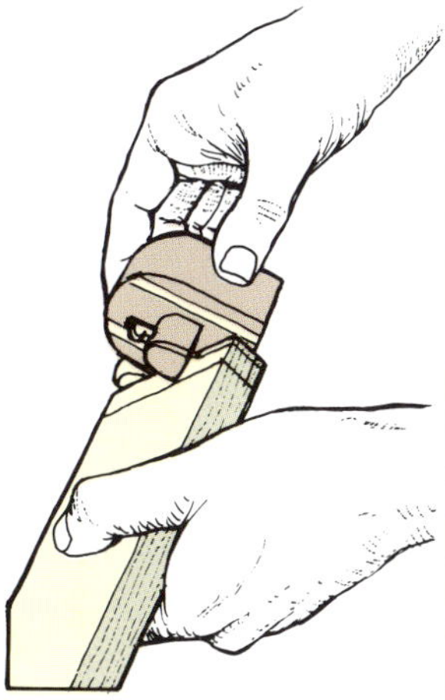

1 Die Falztiefe anreißen

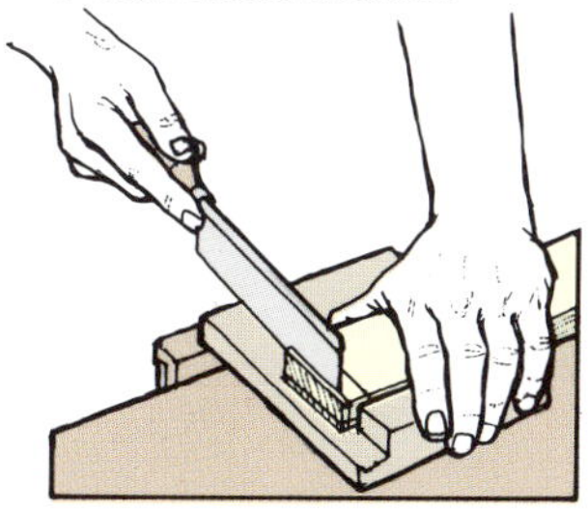

2 Den Falz einsägen

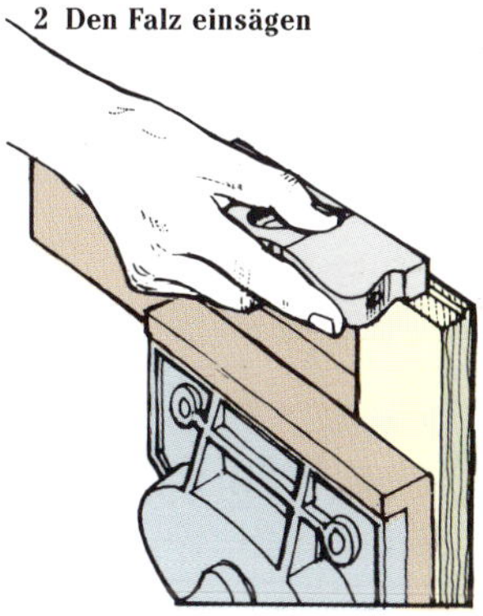

3 Den Falz nachhobeln

4 Die Schwalben anreißen

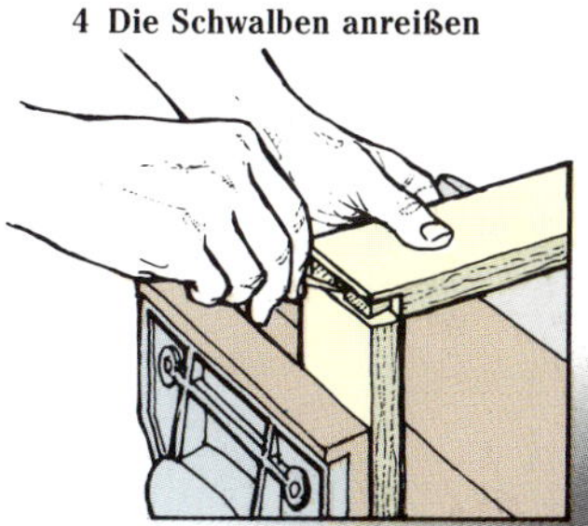

5 Die Zinken anreißen

Setzen Sie die Kanten auf Gehrung ab **(6)**. Sägen Sie dann die Schwalben ein und stemmen Sie die Zwischenräume zwischen den Schwalben und zwischen den Endschwalben und der Gehrungsschulter aus **(7)**. Schneiden und hobeln Sie genauso wie bei dem Zinkenstück an der Verdeckwange die Gehrung an. Überprüfen Sie vor dem Verleimen das Passen.

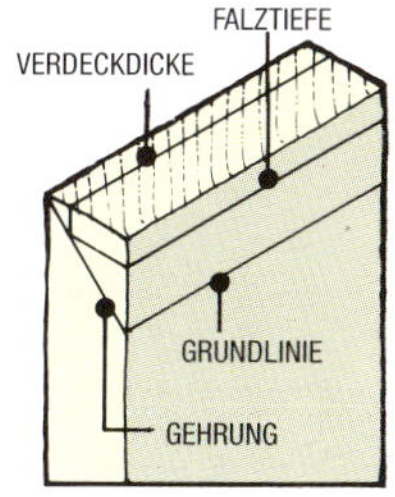

1 Konturlinien

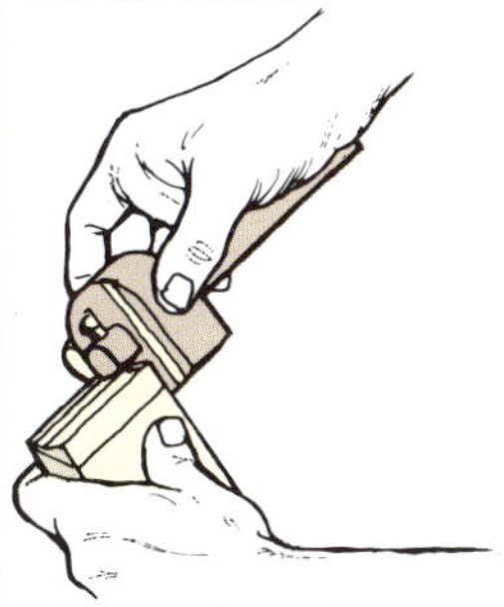

2 Zinkenende anreißen

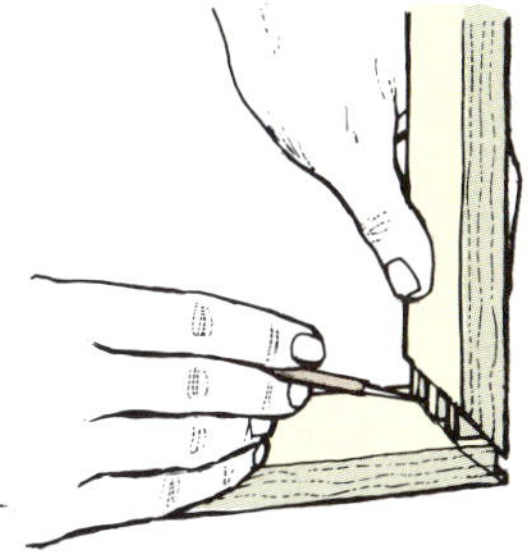

5 Schwalben anreißen

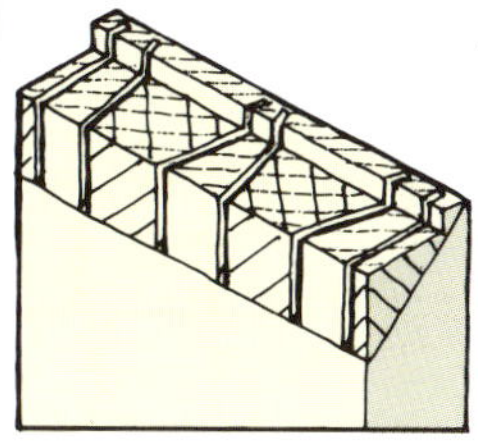

3 Die Zinken einsägen

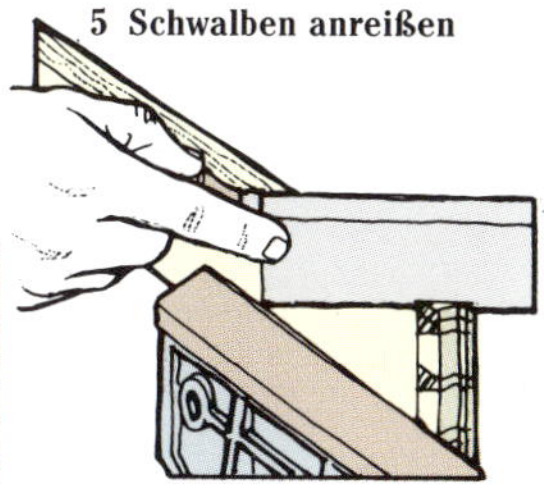

6 Die Gehrung absetzen

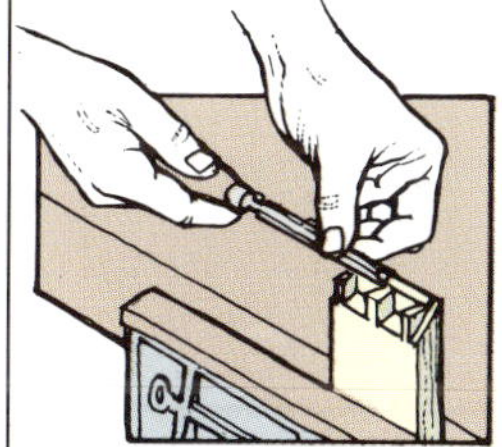

4 Auf Gehrung stechen

7 Zwischenräume ausstemmen

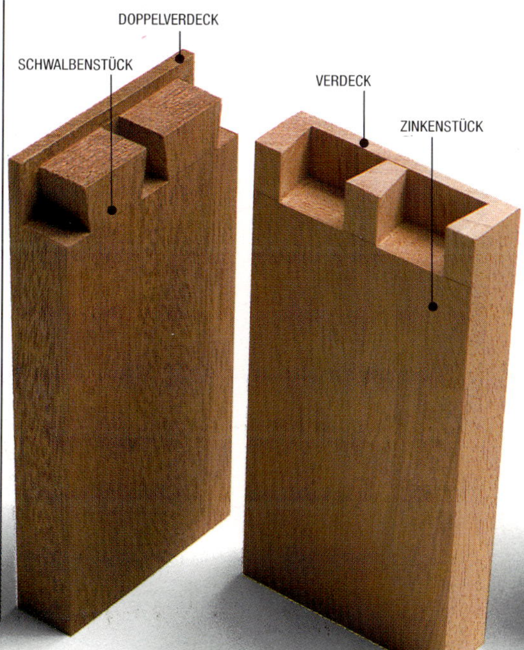

Doppelt verdeckte Zinkung

Gehrungszinkung

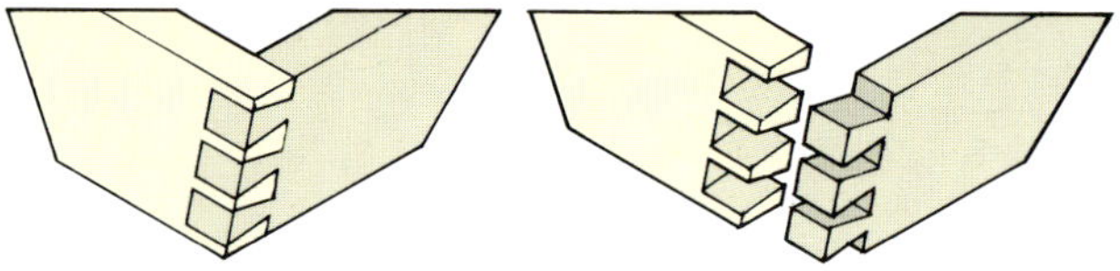

TRICHTERZINKUNG

Trichterzinken bieten eine sehr stabile Verbindung schräger Seiten, die in einem Verbundwinkel aufeinanderstoßen. Diese Verbindung ist nicht einfach auszuführen. Das Anreißen ist sehr kompliziert, weil alle Kanten schräg sind. Das Holz muß die gleiche Dicke haben und muß in der Länge und in der Breite auf Übermaß zugeschnitten werden. Bevor die Verbindung angerissen werden kann, müssen Sie einen exakten Aufriß zeichnen, aus dem Sie die genaue Form der Teile errechnen können.

Siehe auch

Werkzeuge zum Anreißen und Messen	76-79
Schmiege	76
Feinsägen	83
Stecheisen mit Fase	98, 101
Spannknechte	120
Bandspanner	121

Der Aufriß

Zeichnen Sie zunächst die Seitenansicht der Eckverbindung auf, wie sie im fertigen Zustand aussehen soll. Zeichnen Sie die Holzdicke ein und deuten Sie mit gestrichelten Linien die Ausgangsbreite und -länge der Holzteile an.

Um die reale Ansicht zu erhalten, zeichnen Sie die Seite flachliegend ein **(1)**. Dazu setzen Sie einen Zirkel im Punkt A an und schlagen einen Bogen von Punkt A^1 bis zu Punkt B auf der Grundlinie. Dann schlagen Sie einen zweiten Bogen von Punkt A^2. Stechen Sie den Zirkel in Punkt A^3 ein und schlagen Sie einen Bogen, um die vertikale Linie bei C zu schneiden. Ziehen Sie durch C eine Parallele zur Grundlinie. Verbinden Sie die Punkte B und D und zeichnen Sie durch den Punkt A eine Parallele dazu. So erhalten Sie den realen Querschnitt der Seite.

Fällen Sie eine senkrechte Linie von A auf Punkt E in der Draufsicht. Fällen Sie eine senkrechte Linie von B nach F auf einer Verlängerung der Außenkante der Draufsicht. Genauso fällen Sie eine Senkrechte von C^1 auf G und von D auf H. Verbinden Sie G und H mit einer durchgezogenen Linie, die die Innenseite des Hirnendes darstellt. Verbinden Sie E und F mit einer gestrichelten Linie, die die Außenkante darstellt. Der Winkel X ist der echte Winkel des Endes.

Um den tatsächlichen Schrägwinkel zu finden, ziehen Sie rechtwinklig zur Linie E/F eine Linie durch I. Ziehen parallel dazu eine zweite Linie, und zwar im Abstand von der Holzdicke, um Punkt J zu erhalten. Verbinden Sie I und J. Der Winkel Y ist der reale Schrägwinkel.

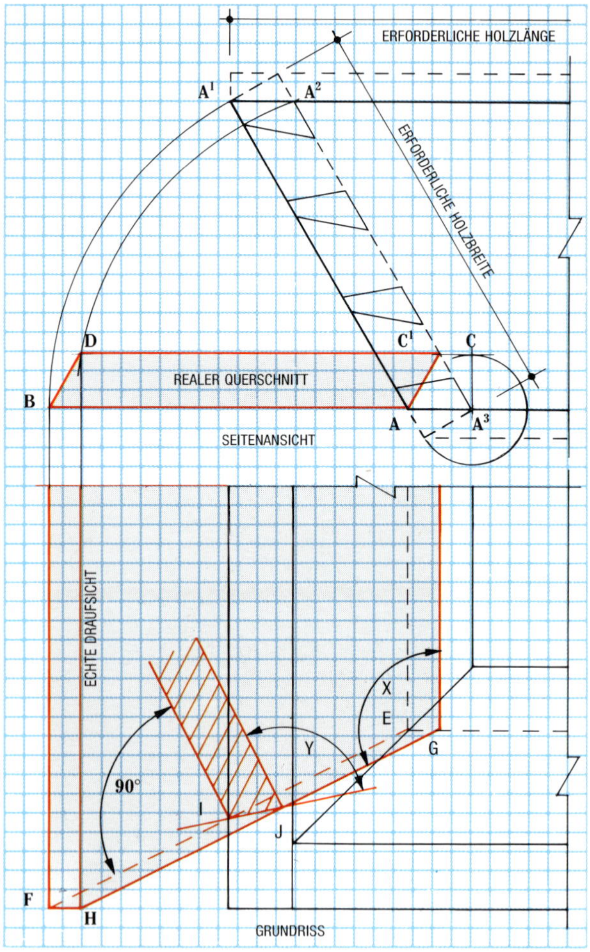

1 Zeichnen Sie Seitenansicht und echte Draufsicht der Verbindung

Trichterzinkung

Anreißen und Anschneiden der Enden
Schneiden Sie die Teile entsprechend der gestrichelten Linien in der Seitenansicht auf Länge und Breite. Stellen Sie eine Schmiege auf den Endwinkel X ein **(2)**. Reißen Sie den Winkel auf der Innenseite des Holzes von der Ecke aus an **(3)**. Sägen Sie die Enden auf diesen Winkel ab **(4)**. Stellen Sie eine zweite Schmiege auf den Endwinkel Y ein.

Reißen Sie diesen Winkel von der Außenseite auf den Kanten an **(5)**. Verbinden Sie die Kantenrisse, um eine Leitlinie für das Anhobeln der Endschräge zu haben. Während des Anhobelns sollte die Schräge immer wieder mit der rechtwinklig an die Kante gehaltenen Schmiege überprüft werden **(6)**. Spannen Sie das Teil so ein, daß die Hirnkante waagrecht ist, und hobeln Sie die Schräge sorgfältig an jedes Ende an.

2 Stellen Sie die Schmiege auf den Endwinkel ein

3 Reißen Sie den Winkel an

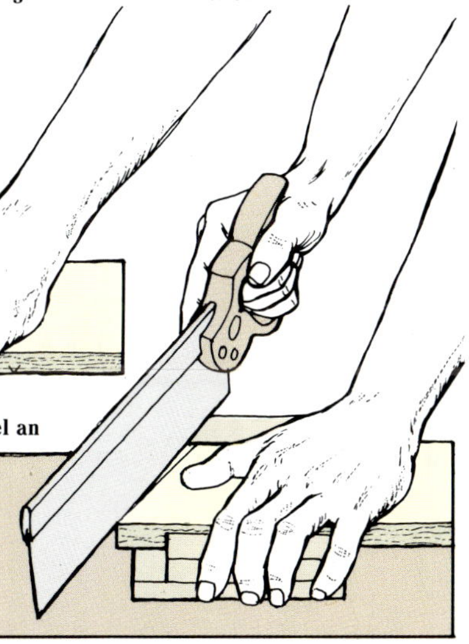
4 Sägen Sie die Enden schräg ab

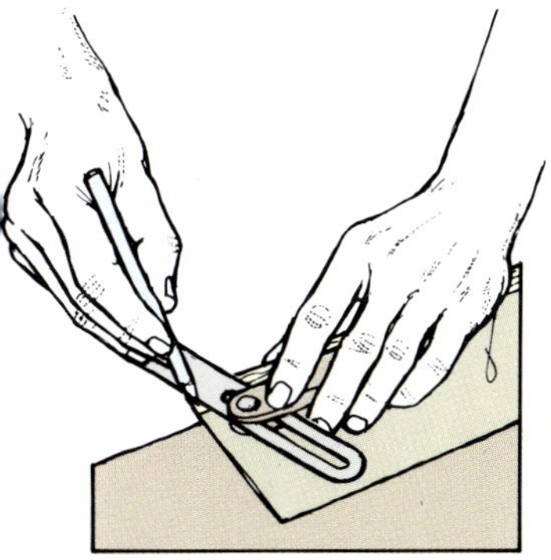
5 Schrägwinkel anreißen

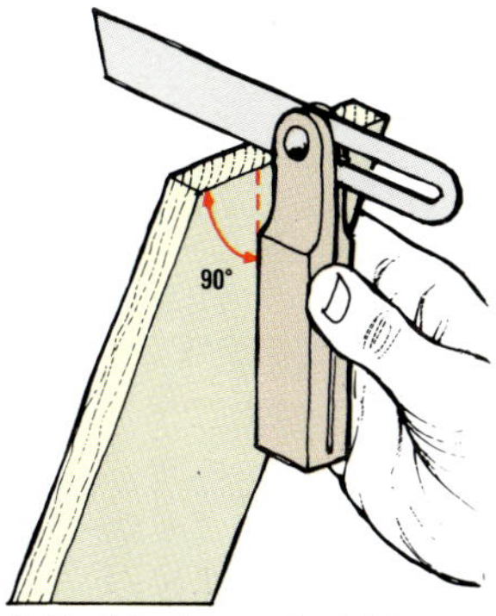

6 Die Schmiege rechtwinklig

Anreißen und Einschneiden der Verbindung
Reißen Sie die Schwalben auf der Bezugsseite des Schwalbenstücks an. Reißen Sie zuerst die Holzdicke auf beiden Seiten beider Teile an, indem Sie die Schrägenden aufeinanderstellen **(7)**. Verbinden Sie die Linien auf beiden Kanten des Schwalbenstücks.

Mit der auf den Winkel Y eingestellten Schmiege reißen Sie eine Linie von der unteren Innenecke über das Hirnende des Schwalbenstückes. Messen Sie 6 mm von der Oberkante nach unten und von der Unterkante nach oben. Bestimmen Sie die Größe und Anzahl der Schwalben zwischen diesen Rissen. Dann legen Sie eine Zinkenschablone an einen Anschlagwinkel an **(8)**.

Reißen Sie die Schräge der Schwalbenenden auf der schrägen Hirnkante des Schwalbenstücks an. Benützen Sie die auf den Endwinkel X eingestellte Schmiege dazu. Halten Sie den Anschlag der Schmiege senkrecht zur Hirnfläche **(9)**, da so auch der Winkel aus der Zeichnung abgenommen wurde.

Mit dem Anschlagwinkel und der Zinkenschablone reißen Sie die Schwalben auf der Innenseite an.

Sägen Sie die Schwalben entlang der angerissenen Schräglinien ein. Spannen Sie das Werkstück so leicht schräg in die Vorderzange **(10)**.

Übertragen Sie die ausgesägten Schwalben auf das Zinkenstück. Setzen Sie das Schwalbenstück bündig auf das Ende des Zinkenstücks und reißen Sie so die Zinken nach den Schwalben an.

Mit der auf den Endwinkel X eingestellten Schmiege ziehen Sie von jeder Schwalbe eine parallele Linie auf die Grundlinie herunter **(11)**. Sägen und stemmen Sie sie genau am Riß sorgfältig aus.

Die Schräge an den Längskanten können Sie vor oder nach dem Verleimen der Verbindung anhobeln. Nehmen Sie die auf den Endwinkel X eingestellte Schmiege, um die angehobelte Schräge nachzuprüfen. Da die Seiten schräg stehen, können beim Verleimen Schwierigkeiten auftreten. Wenn Sie die Verbindung zusammenklopfen, sollten Sie eine Zulage benützen.

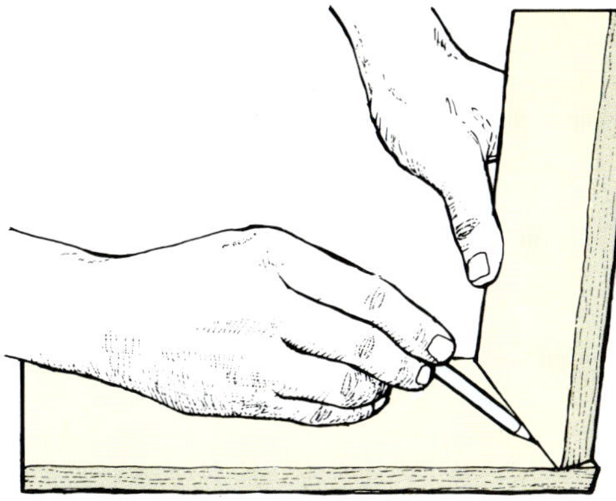
7 Die Holzdicke anreißen

8 Mit einer Schablone die Schwalben anreißen

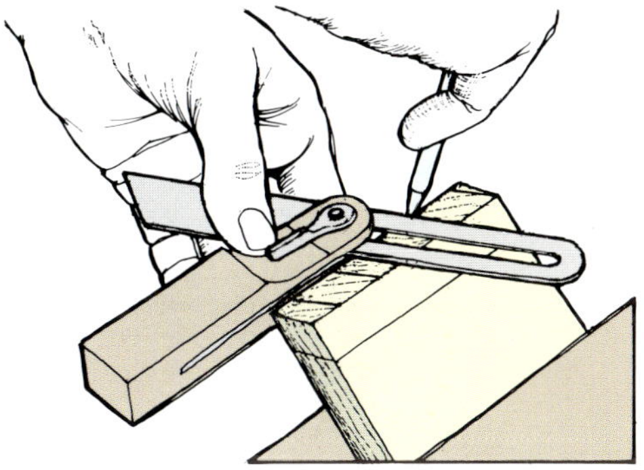
9 Den Anschlag der Schmiege senkrecht zur Hirnfläche halten

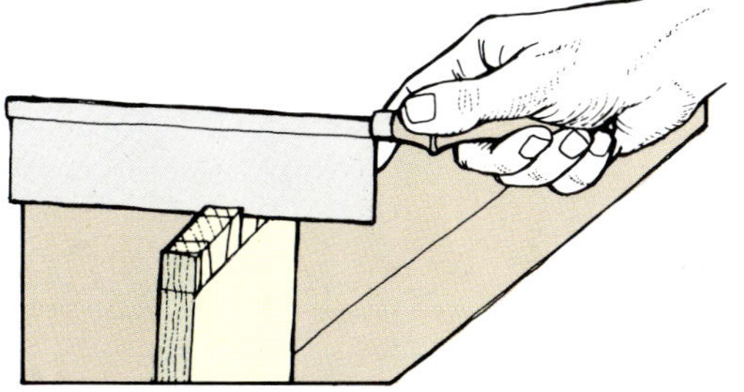
10 Die Linien senkrecht einsägen

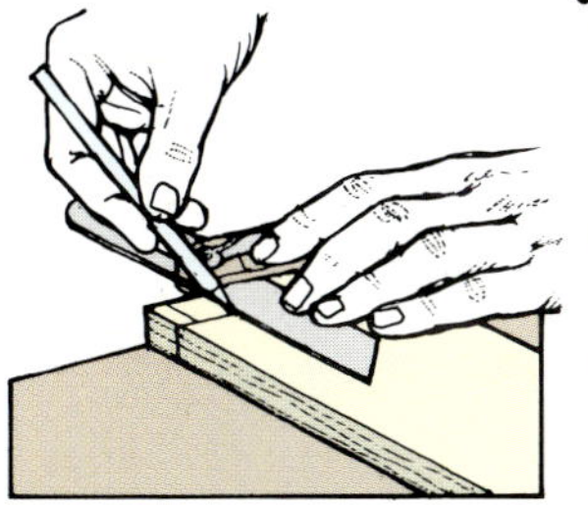
11 Die Zinkenseiten anreißen

- **Verleimen der Verbindung**
Benützen Sie Bandspanner zum Verleimen der Verbindung oder leimen Sie keilförmige Holzklötze auf die Oberfläche und setzen Sie daran Spannknechte an. Legen Sie dickes Papier zwischen die Klötze und die Oberfläche, so daß Sie die Klötze wieder entfernen können.

PLATTENVERBINDUNGEN

Sperrholzplatten, Stab- und Stäbchenplatten, Spanplatten und MDF-Platten werden alle für Korpuskonstruktionen eingesetzt. Holzwerkstoffplatten sind stabiler als Flächen aus Massivholz. Sie haben jedoch nicht deren Druck- und Biegefestigkeit parallel zur Faser. Je nach Aufbau und Zusammensetzung der Platten werden verschiedene Verbindungsarten verwandt. Die meisten für Massivholz geeigneten Verbindungen sind auch im Plattenbau möglich. Rahmeneckverbindungen, wie Schlitz und Zapfen oder Überblattungen, sind für die Verbindung von Holzwerkstoffplatten nicht geeignet.

Siehe auch
Lamelloverbindungen 136-137
Breitenverbindungen 168-169
Nutverbindungen 170-171
Dübelverbindungen 182-183
Zinkenverbindungen 184-189

VERBINDUNGS-WEGWEISER

Die nebenstehende Tabelle zeigt eine typische Auswahl von Holzwerkstoffplatten und die Korpusverbindungen, die für ein bestimmtes Material geeignet sind. Die erste Spalte gibt die Stärke jeder Verbindung in jedem Material an. In der zweiten Spalte wird die am besten geeignete Arbeitsweise angegeben. Die dritte Spalte gibt den Schwierigkeitsgrad in bezug auf die handwerkliche oder maschinelle Ausführung der Verbindung an.

Behandeln Sie Stab- und Stäbchenplatten genauso wie Massivholz, wenn Sie eine Verbindungsart auswählen. Zinken und Schwalben z. B. werden immer in Hirnholz geschnitten, niemals in Längsholz. In Plattenwerkstoffe sind Schwalben und Zinken wegen des unterschiedlichen Faserverlaufs innerhalb der Platte schwieriger zu schneiden. Eine Maschinenzinkung ist deshalb vorzuziehen. Für gezinkte Kästen, die später überfurniert werden, sollten verdeckte Zinkungsarten angewandt werden. Die Gehrungszinkung eignet sich hierfür am besten, da sich diese Verbindung nicht durch das Furnier abzeichnet, wenn das Holz schwindet oder quillt.

Holzwerkstoffplatten, die bereits mit einem Dekorfurnier beschichtet sind, müssen auf Gehrung verbunden werden, wenn die Mittellage von der Seite aus nicht sichtbar sein soll. Oder Sie bringen einen Anleimer an, der die Ecke dekorativ verkleidet.

KORPUS-VERBINDUNGEN

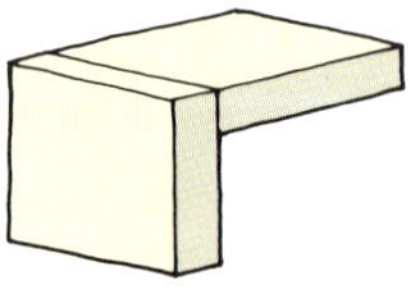

Eckverbindung

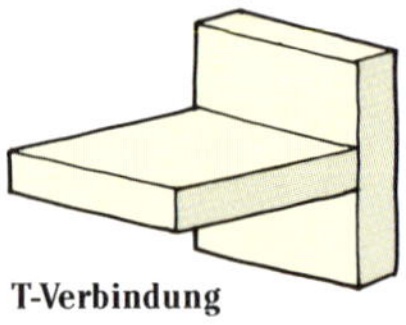

T-Verbindung

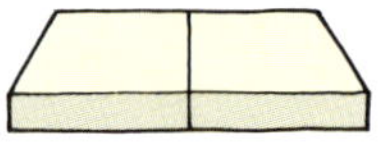

Breitenverbindung

ECKVERBINDUNGEN	EIGNUNG UND RELATIVE FESTIGKEIT: SPERRHOLZ	STABPLATTE	STÄBCHENPLATTE	SPANPLATTE	MDF	GEEIGNETE ARBEITSMETHODE: VON HAND	VON HAND / MIT SCHABLONE	MIT MASCHINE	MIT MASCHINE	SCHWIERIGKEIT DER AUSFÜHRUNG: VON HAND	MIT MASCHINE	HINWEISE
STUMPF 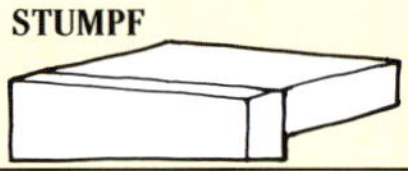	▮ (rot)	▮ (rot)	▮ (rot)	▮ (rot)	▮ (rot)	▲ (gelb)			▲ (violett)	■	■	Sichtbare Mittellage. Nägel, Schrauben oder Eckklötze verbessern die Festigkeit
AUF GEHRUNG 	▮ (türkis)	▮ (türkis)	▮ (türkis)	▮ (rot)	▮ (türkis)			▲ (grün)	▲ (violett)	●	■	Unsichtbare Mittellage. Gut zum Überfurnieren. Ähnlich haltbar wie die stumpfe Eckverbindung
MIT FURNIERFEDERN 	▮ (türkis)	▮ (türkis)	▮ (türkis)	▮ (türkis)	▮ (türkis)			▲ (grün)		●	■	Haltbarer als die einfache Gehrung. Gehört zu den dekorativen Verbindungen
MIT LOSER FEDER 	▮ (orange)	▮ (orange)	▮ (orange)	▮ (orange)	▮ (orange)				▲ (violett)	●	■	Sehr haltbare Gehrungsverbindung. Mittellage unsichtbar. Gut zum Überfurnieren
AUSGEFÄLZT 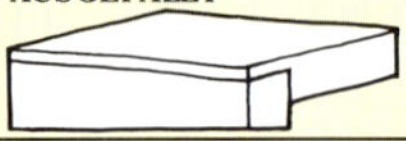	▮ (türkis)	▮ (türkis)	▮ (türkis)	▮ (türkis)	▮ (türkis)	▲ (gelb)		▲ (grün)	▲ (violett)	■	■	Schöner und haltbarer als die stumpfe Eckverbindung. An der Ecke ist die Platte etwas sichtbar
AUF GEHRUNG 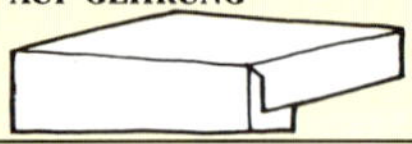	▮ (türkis)	▮ (türkis)	▮ (türkis)	▮ (türkis)	▮ (türkis)	▲ (gelb)			▲ (violett)	●	■	Verdeckte Mittellage. Optisch schöner, aber schwieriger auszuführen
GEFEDERT 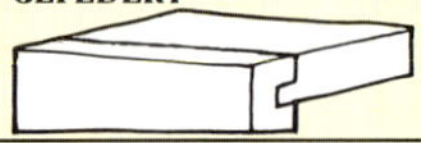	▮ (türkis)	▮ (türkis)	▮ (türkis)	▮ (türkis)	▮ (orange)	▲ (gelb)		▲ (grün)	▲ (violett)	■	■	Sichtbare Mittellage. Haltbarer als stumpfe Fuge
GEDÜBELT 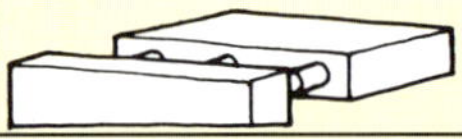	▮ (orange)	▮ (orange)	▮ (orange)	▮ (orange)	▮ (orange)	▲ (gelb)	▲ (rot)	▲ (grün)		■	■	Optisch der stumpfen Fuge ähnlich, aber wesentlich haltbarer
AUF GEHRUNG GEDÜBELT 	▮ (orange)	▮ (orange)	▮ (orange)	▮ (orange)	▮ (orange)		▲ (rot)	▲ (grün)		●	■	In Haltbarkeit und Aussehen der Gehrung mit loser Feder ähnlich. Wird mit Schablone gebohrt
OFFENE ZINKUNG 	▮ (violett)	▮ (violett)	▮ (violett)	▮ (blau)	▮ (blau)	▲ (gelb)		▲ (grün)		●	■	Sehr haltbare Verbindung. Kann sich durch Furnier hindurch abzeichnen
HALBVERDECKT 	▮ (violett)	▮ (violett)	▮ (violett)	▮ (blau)	▮ (blau)	▲ (gelb)		▲ (grün)		●	■	Ähnlich wie die einfache Zinkung, jedoch von einer Seite aus unsichtbar
DOPPELT VERDECKT 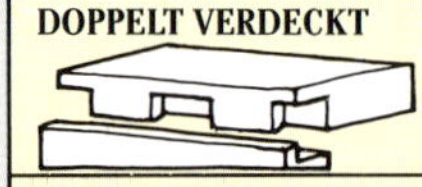	▮ (violett)	▮ (violett)	▮ (violett)	▮ (blau)	▮ (blau)	▲ (gelb)				●		Ähnlich wie die halbverdeckte Zinkung, aber nur eine dünne Kante der Mittellage sichtbar
GEHRUNGSZINKUNG 	▮ (violett)	▮ (violett)	▮ (violett)	▮ (blau)	▮ (blau)	▲ (gelb)				●		Sehr haltbare Verbindung. Mittellage völlig verdeckt. Gut zum Überfurnieren
LAMELLO 	▮ (violett)	▮ (violett)	▮ (violett)	▮ (violett)	▮ (violett)			▲ (grün)			■	Maschinell gearbeitete Verbindung. Sehr haltbar. Kann auf Gehrung oder stumpf ausgeführt werden

		Eignung und relative Festigkeit					Geeignete Arbeitsmethode				Schwierigkeit der Ausführung		Hinweise
		Sperrholz	Stabplatte	Stäbchenplatte	Spanplatte	MDF	Von Hand	Von Hand / mit Schablone	Mit Maschine	Mit Maschine	Von Hand	Mit Maschine	
T-VERBINDUNGEN	**STUMPF** 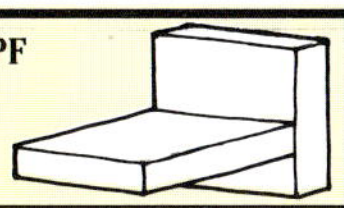	Schlecht	Schlecht	Schlecht	Schlecht	Schlecht	▲ (gelb)		▲ (grün)	▲ (violett)	■	■	Relativ schwach. Muß mit Nägeln oder Schrauben verstärkt werden
	QUERNUT 	Gut	Gut	Gut	Gut	Gut	▲ (gelb)		▲ (grün)	▲ (violett)	■	■	Höhere Haltbarkeit als die stumpfe Verbindung. Muß nicht verstärkt werden
	ABGESETZTE NUT 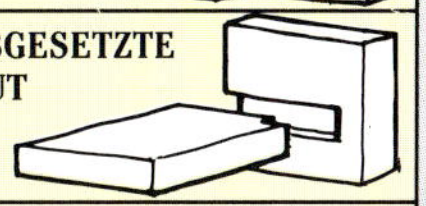	Gut	Gut	Gut	Gut	Gut	▲ (gelb)		▲ (grün)		■	■	Wie oben, aber an der Vorderkante schöner
	GEFEDERT 	Gut	Gut	Gut	Gut	Gut	▲ (gelb)		▲ (grün)	▲ (violett)	■	■	Ähnlich wie eingenutet
	EINGEGRATET 	Gut	Gut	Gut	Ungeeignet	Gut	▲ (gelb)		▲ (grün)		●	■	Haltbarer als stumpf eingenutet, aber schwieriger anzuschneiden
	GEDÜBELT 	Ausgezeichnet	Ausgezeichnet	Ausgezeichnet	Ausgezeichnet	Ausgezeichnet	▲ (gelb)	▲ (rot)	▲ (grün)		■	■	Sehr haltbar, einfach auszuführen mit Hilfe einer Dübelschablone
	LAMELLO 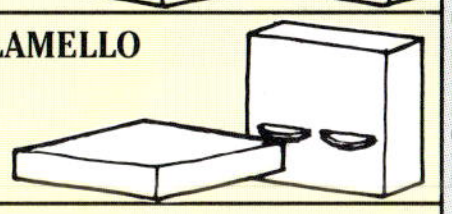	Ausgezeichnet	Ausgezeichnet	Ausgezeichnet	Ausgezeichnet	Ausgezeichnet			▲ (grün)			■	Sehr haltbare maschinell gearbeitete Verbindung
BREITENVERBINDUNGEN	**STUMPF** 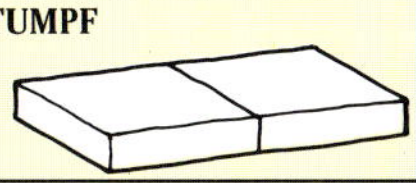	Gut	Gut	Gut	Gut	Gut	▲ (gelb)		▲ (grün)	▲ (violett)	■	■	Einfach auszuführen. Mit modernen Kunstharzleimen verleimt sehr haltbar
	GEFEDERT 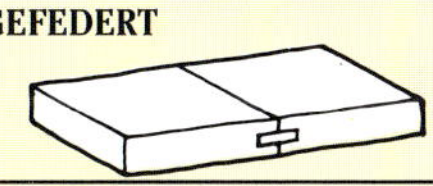	Ausgezeichnet	Ausgezeichnet	Ausgezeichnet	Ausgezeichnet	Ausgezeichnet	▲ (gelb)		▲ (grün)	▲ (violett)	■	■	Haltbarer als die stumpfe Fuge. Feder hilft beim Bündigverleimen
	GESPUNDET 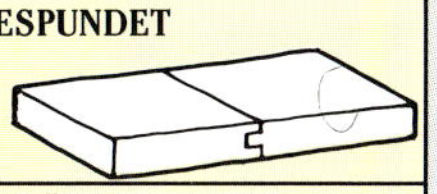	Ausgezeichnet	Ausgezeichnet	Ausgezeichnet	Ausgezeichnet	Ausgezeichnet	▲ (gelb)		▲ (grün)	▲ (violett)	■	■	wie oben
	GEDÜBELT 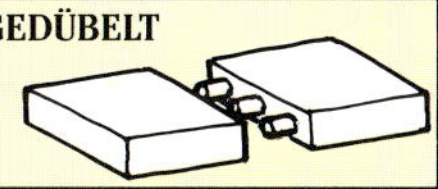	Ausgezeichnet	Ausgezeichnet	Ausgezeichnet	Ausgezeichnet	Ausgezeichnet	▲ (gelb)	▲ (rot)	▲ (grün)		■	■	wie oben
	LAMELLO 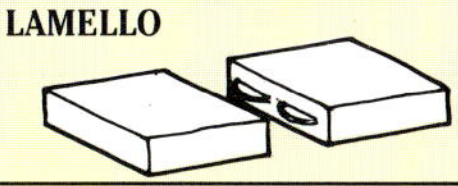	Ausgezeichnet	Ausgezeichnet	Ausgezeichnet	Ausgezeichnet	Ausgezeichnet			▲ (grün)			■	wie oben

ZEICHENERKLÄRUNG

Eignung und relative Festigkeit

- ▮ (violett) Ausgezeichnet
- ▮ (orange) Gut
- ▮ (türkis) Ziemlich gut
- ▮ (rosa) Schlecht
- ▮ (hellblau) Ungeeignet

Geeignete Arbeitsmethode

- ▲ (gelb) Von Hand (mit Handwerkzeugen)
- ▲ (rot) Von Hand / mit Schablone (mit Werkzeugen)
- ▲ (grün) Mit Maschine (mit Elektrowerkzeugen)*
- ▲ (violett) Mit Maschine (mit Werkzeugmaschinen)

* Auch mit Schablone

Schwierigkeit der Ausführung

- ● Schwierig
- ■ Einfach

Siehe auch	
Regalböden	62
Handsägen	80 - 82
Nut und Feder	96 - 97
Handkreissägen	132 - 135
Kanten profilieren	142
Kantenfräser	142
Oberfräse	146

Kantenprofile

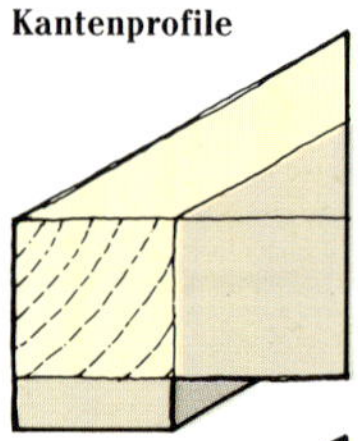

Kantig

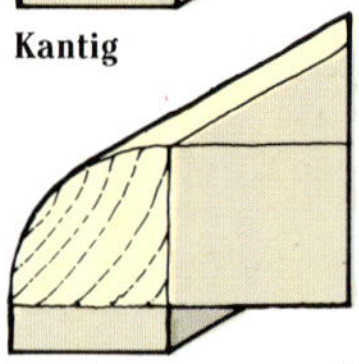

Rund

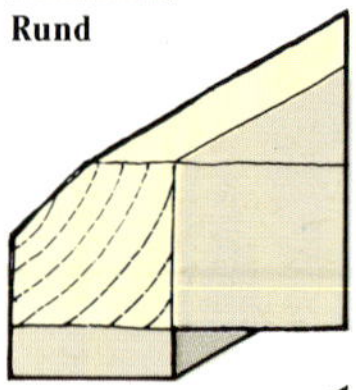

Gefast

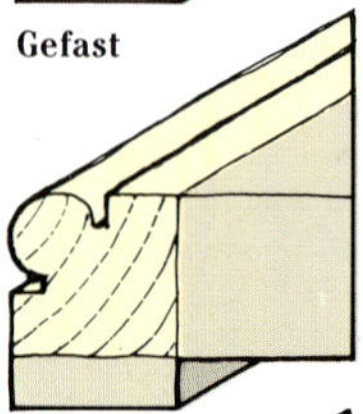

Profiliert

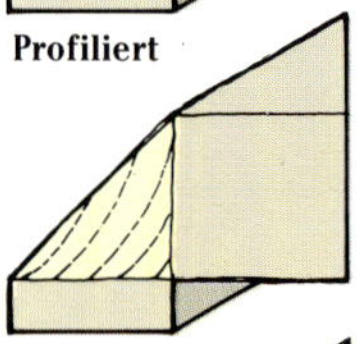

Schräg

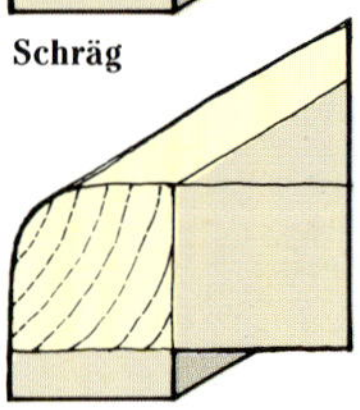

Abgerundet

ECKANLEIMER IM STOLLENBAU

Bei vorfurnierten Spanplatten kann eine Kantenleiste auch als Eckverbindung eingesetzt werden, die gleichzeitig die Plattenkanten abdeckt. Die Faserrichtung der Leiste sollte rechtwinklig zum Deckfurnier verlaufen.

Verbindung der Eckanleimer

Leimen Sie die Kantenleiste stumpf auf oder fertigen Sie eine Nut-und-Feder-Verbindung. Verwenden Sie eine lose eingesetzte Feder oder schneiden Sie die Nut in die Plattenkante und die Feder an die Eckleiste an. Nut und Feder müssen immer abgesetzt werden, so daß sie an den Kanten nicht sichtbar sind **(1)**.

Eine stärkere Verbindung, die sich für Sockelleisten oder Korpuskonstruktionen eignet, erreichen Sie durch eine dikkere Kantenleiste. Schneiden Sie an die Plattenkante eine Feder an und in die Kantenleiste eine entsprechende Nut. Die Eckleiste kann profiliert werden **(2)**.

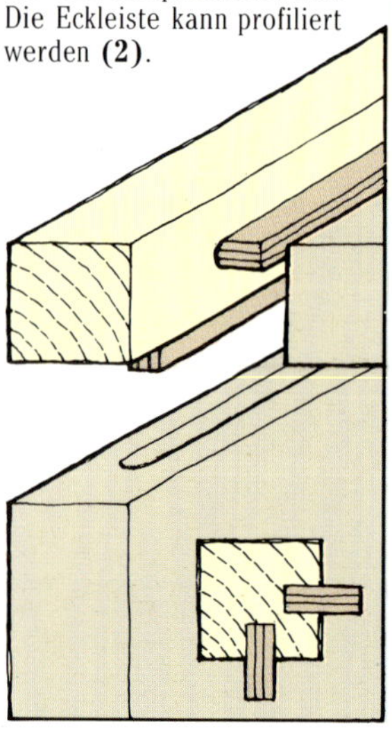

1 Verbindung mit loser Feder

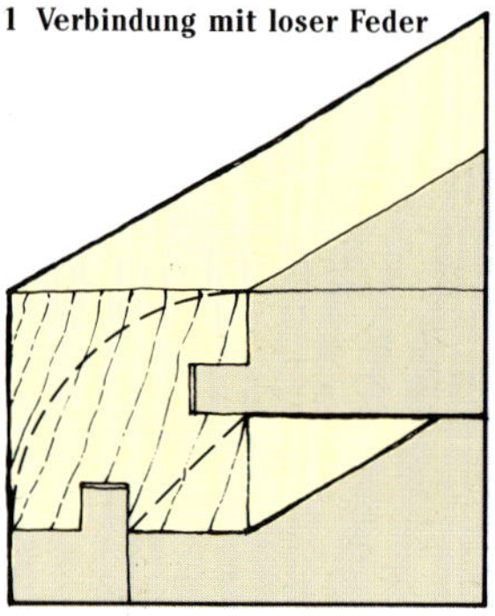

2 Profilierte Eckleiste

VERSCHIEDENE ARTEN KANTENANLEIMER

Die Kanten von Holzwerkstoffplatten müssen mit einem Anleimer versehen werden, um das Blindholz abzudecken. Sie können entweder Furnierkanten aus Längs- oder Querholz oder dickere Vollholzanleimer aus passendem oder kontrastierendem Holz verwenden. Die Kantenanleimer können vor oder nach dem Furnieren der Fläche aufgeleimt werden. Bei vorfurnierten Platten können Sie die Anleimer nur zuletzt anbringen.

Anbringen der Anleimer

Der am einfachsten aufzubringende Anleimer ist die vorgeleimte Furnierkante, die auf die Kanten nur noch aufgebügelt werden muß.

Dickere Anleimer, die sich auch profilieren lassen, werden aus der gleichen Holzart wie das Deckfurnier geschnitten. Sie werden stumpf aufgeleimt oder mit Nut und Feder verbunden. Letztere halten besser. Dicke Massivholzanleimer werden an den Ecken auf Gehrung geschnitten. Das sieht besser aus und ist dann nötig, wenn die Kante profiliert wird.

Beim Aufleimen langer Anleimer wird zwischen den Anleimer und die Druckbacken der Spannknechte eine Holzleiste gelegt, die den Druck über die ganze Länge des Anleimers verteilt.

Beim Bündighobeln der aufgeleimten Kantenanleimer müssen Sie aufpassen, das Deckfurnier nicht zu beschädigen. Das gilt vor allem, wenn Sie quer zur Faserrichtung arbeiten. Die Kante wird zum Schluß noch geschliffen.

Zum Versteifen von Platten, die als Regalböden oder Arbeitsplatten dienen sollen, können überbreite Anleimerkanten eingesetzt werden. Fälzen Sie den Anleimer auf Plattenstärke aus und leimen Sie ihn auf die Plattenvorderkante.

Breiter Anleimer versteift die Platten

VERARBEITUNG VON PLATTENMATERIAL

Auf der Maschine zuschneiden

Holzwerkstoffplatten werden am besten mit der Kreissäge auf Format geschnitten. Nehmen Sie ein Universalblatt mit hartmetallbestückten Zähnen, wenn Sie viele Platten zuschneiden müssen. Die Zähne des Sägeblatts sollen auf der Güteseite in die Platte eindringen. Wenn Sie eine Handkreissäge benützen, legen Sie die Platte deshalb mit der Güteseite nach unten und auf einer Tischkreissäge mit der Güteseite nach oben. Schieben Sie die Platte relativ schnell durch das Blatt.

Von Hand zuschneiden

Nehmen Sie eine Handsäge mit etwa 10–12 Zähnen auf 25 mm. Für kleinere Stücke können Sie auch eine Zapfensäge verwenden. Um ein Ausbrechen der Oberfläche zu verhindern, schneiden Sie alle Schnittlinien mit einem Reißmesser vor. Halten Sie die Säge in einem flachen Winkel. Stützen Sie die Platte dicht an der Schnittlinie ab. Legen Sie sie mit der Güteseite nach oben.

Beim Durchsägen einer langen Platte knien Sie sich gegebenenfalls auf die Platte, damit Sie die Schnittlinie bequem erreichen. Lassen Sie einen Helfer den Abschnitt festhalten, wenn dieser sehr unhandlich ist. Ansonsten müssen Sie den Abschnitt auf andere Weise abstützen, damit er nicht abbricht.

Die Kanten hobeln

Bestoßen Sie die Kanten wie bei Massivholz, aber behandeln Sie jede Kante so, als wäre es Hirnholz. Hobeln Sie deshalb von beiden Kantenenden in Richtung der Mitte, um ein Ausbrechen der Mittellage oder des Deckfurniers zu verhindern.

Den Abschnitt unterstützen

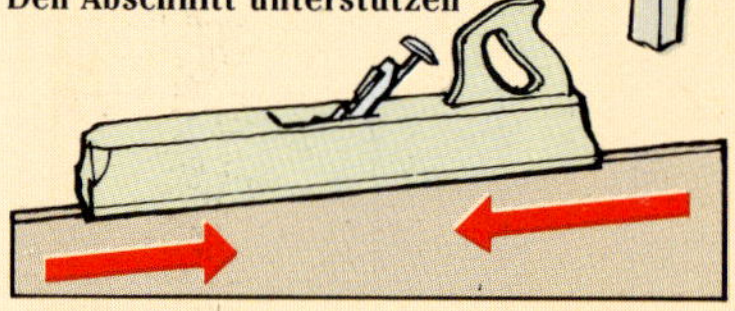

Bestoßen der Kanten von beiden Enden

Stützbretter unterlegen

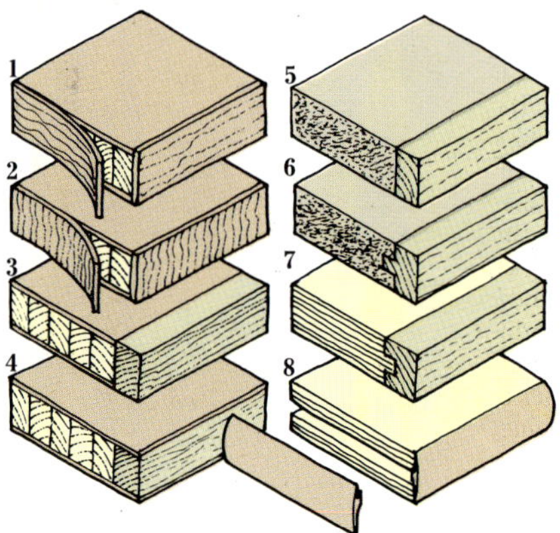

1 Längsfurnier
2 Querfurnier
3 Nach dem Furnieren aufgeleimt
4 Vor dem Furnieren aufgeleimt
5 Stumpf aufgeleimt
6 Gefederter Anleimer
7 Genuteter Anleimer
8 Auf Gehrung geschnittener Anleimer

Kapitel 7

Furnieren und Einlegen

Das Furnieren ist eine Arbeit, die sowohl Kunstfertigkeit wie auch manuelle Geschicklichkeit erfordert. Die Tradition des Furnierens ist uralt und reicht zurück bis ins alte Ägypten. In Europa erreichten furnierte Möbel ihren Zenit an Vielfalt und Eleganz im 18. Jahrhundert. Heute werden Furniere nicht mehr nur aus Holz hergestellt, sondern auch aus Papierfolien, die einfarbig oder mit einer Holzstruktur bedruckt sind. Echte Holzfurniere werden mitunter in ihrer Bedeutung falsch bewertet. Einige der attraktivsten Hölzer sind das Resultat unregelmäßigen oder abnormalen Wachstums. Sie wären als massives Schnittholz unerschwinglich und würden aufgrund ihrer Instabilität beispielsweise den Anforderungen des Möbelbaus nicht genügen. Mit Hilfe moderner Kleber auf die neuartigen Holzwerkstoffplatten geleimt, ist Furnier jedoch ein attraktives und zugleich relativ preiswertes Material, das den ästhetischen und taktilen Qualitäten von Massivholz völlig gleichkommt. Hinzu kommt, daß es heute Holzwerkstoffe in einer Vielzahl von Formen gibt, die sich alle furnieren, also auch ökonomisch vernünftig veredeln lassen.

FURNIERWERKZEUGE

Furnieren kann das relativ einfache Aufleimen eines einzelnen Furnierblatts aber auch das komplizierte Zuschneiden und Zusammensetzen verschiedener Furniere zu einem Muster bedeuten. Zur Grundausstattung des Schreiners gehören auch einige der Werkzeuge, die für das Furnieren benötigt werden – unter anderem die Werkzeuge zum Anreißen und Messen, eine Laubsäge, eine Hobelbank, verschiedene Hobel, Stecheisen und Schleifzubehör. Wenn Sie sich besonders auf das Furnieren konzentrieren wollen, werden Sie zusätzlich noch einige Spezialwerkzeuge brauchen. Sie werden außerdem ein paar Dinge benötigen, die Sie sich selber herstellen, wie einen Kratzstock, eine Stoßlade und eine einfache Schnittschablone für Parkett-Marketerie.

Siehe auch

Stabilität von Holz	13
Furniere	30 - 33
Sperrholz	34
Holzwerkstoffplatten	34 - 38
Kratzstock	96
Abziehsteine	102 - 103
Leime und Kleber	222 - 223

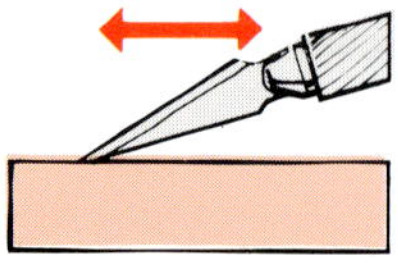

Ein Messer abziehen
Meist ist es nur die Spitze einer Messerklinge, die stumpf wird. Um die Spitze wieder scharf zu machen, ziehen Sie nur den Rücken auf einem Ölstein ab.

Lineal und Richtscheit
Außer einem Stahlbandmaß werden Sie ein 300 mm langes, gutes Metallineal mit Maßeinteilung gut gebrauchen können. Es dient Ihnen beim Zuschneiden kleinerer Stücke als Richtscheit. Ein solches Metalllineal haftet gut auf dem Werkstück, so daß es nicht wegrutscht, wenn man ein Furniermesser anlegt, und es ist breit genug, um Ihre Finger zu schützen. Für das Zuschneiden langer Furniere nehmen Sie ein Stahlrichtscheit.

Schneidmatte
Verwenden sie ein Sperrholzbrett oder eine andere Platte mit feiner Oberfläche, um darauf Furnier zuzuschneiden. Noch besser ist allerdings eine spezielle Schneidunterlage. Es ist eine rutschfeste Matte aus einer gummiartigen Mischung, in deren Oberfläche die Spitze des Messers eindringen kann, ohne daß die Klinge davon stumpf wird.

Furniersäge
Eine Furniersäge dient zum Zuschneiden der Furniere. Man legt sie an einem Stahllineal an. Sie durchtrennt das Furnier scharfkantig, so daß zusammengehörende Furniere dicht aneinandergefügt werden können.

Bügeleisen
Ein altes Bügeleisen läßt sich sehr gut zum Verflüssigen des auf Trägermaterial und Furnier aufgetragenen Glutinleims verwenden. Es wird beim traditionellen Aufreiben des Furniers eingesetzt und auch, um einen Klebfilm zu aktivieren.

Messer
Nehmen Sie ein Skalpell oder ein spitzes Schneidmesser zum Ausschneiden komplizierter Formen und eine steifere Klinge mit runder Schneide für lange, gerade Schnittlinien.

Diese Klingen sind beidseitig angeschliffen, so daß sie einen V-förmigen Schnitt machen. Falls eine Furnierkante ganz gerade geschnitten werden muß, müssen Sie das Messer leicht schräg anlegen.

Furnierstanzeisen
Furnierstanzeisen gibt es in acht Größen. Sie werden zum Ausflicken schadhafter Furnierstellen benützt. Die Eisen haben eine unregelmäßig geformte Schneide, die ein Loch aus dem fehlerhaften Furnier ausstanzen kann. Mit dem gleichen Eisen wird ein Ersatzstück aus einem passenden Furnier ausgestanzt.

Furnierkantenbeschneider
Mit diesem Werkzeug werden überstehende Furniere mit der Trägerplatte bündig geschnitten. Das verstellbare Messer sitzt in einem handlichen Holzgriff. Der Kantenbeschneider wird einfach an der Kante der Trägerplatte entlanggeschoben und schneidet das Furnier sowohl längs wie auch quer zur Faser sauber ab.

Zahnhobel
Mit einem Zahnhobel wird die Oberfläche der Trägerplatte vor dem Leimen aufgerauht. Er unterscheidet sich von einem normalen Holzhobel darin, daß sein Eisen beinahe senkrecht steht. Das Eisen hat auf der Spiegelfläche feine Rillen, die an der Schneide ähnlich wie bei einer Säge eine Reihe feiner Zähnchen bilden. Das Eisen kann geschärft werden, indem man seine Fase abzieht.

Die Schneide eines Zahnhobels

Leimkocher
Früher verwendete man zum Furnieren den sogenannten Heiß- oder Glutinleim, der in einem doppelwandigen Leimkocher erhitzt wurde. Der Leim kam in den inneren Kessel. Im äußeren Bereich befand sich Wasser, das erhitzt wurde, um den Leim bei Arbeitstemperatur zu halten, ohne anzubrennen.

Ursprünglich waren die Leimkocher aus Gußeisen. Die heutigen Kocher sind meist aus Aluminium. Man kann sie auf jede Heizquelle stellen.

Um Glutinleim anzusetzen, füllen Sie den Einsatz zu einem Viertel mit den Leimperlen und fügen die gleiche Menge Wasser hinzu. Lassen Sie die Perlen quellen und füllen Sie dann den äußeren Teil des Behälters zur Hälfte mit Wasser und erhitzen Sie es. Rühren Sie den Leim glatt. Geben Sie, falls nötig, noch etwas Wasser dazu. Lassen Sie den Leim nicht kochen und das Wasser im äußeren Behälterteil nie völlig verdampfen.

Fugenpapier
Das 25 mm breite Papierklebeband wird zum Zusammenhalten von Furnierstücken benützt. Es verhindert, daß die Stoßfugen von frischgefügtem Furnier aufgrund des Schwundes aufgehen. Das Fugenpapier wird nach Abbinden des Leims angefeuchtet und abgekratzt.

Furniernadeln
Dünne, kurze Nadeln mit großen Plastikköpfen werden zum vorübergehenden Festhalten von Furnieren eingesetzt, während man die Fugen zusammenklebt.

Furnierhammer
Ein Furnierhammer wird zum Aufreiben von Furnieren verwendet. Bei dem Hammer aus Holz ist ein abgerundeter Messingstreifen in die Kante des Kopfstücks aus Hartholz eingesetzt. Der Hammer aus Metall ist einem normalen Hammer ähnlich, jedoch ist sein Kopfstück zum Ausdrücken von Blasen gedacht. Schieben Sie den Hammer im Zickzack und mit Druck über die Platte, um das Furnier aufzureiben und überschüssigen Leim und eingeschlossene Luftblasen zu den Kanten zu drücken.

DER FURNIERTRÄGER

Furnier wird immer auf ein Trägermaterial, die Trägerplatte, aufgeleimt. Die Wahl und die Vorbereitung der Trägerplatte ist ausschlaggebend für die Qualität der Arbeit, denn etwaige Fehlstellen werden sich durch das Furnier abzeichnen. Eine unebene Oberfläche wird vor allem dann deutlich sichtbar, wenn die Fläche poliert wird.

Ursprünglich wurde bei furnierten Möbeln Massivholz, meist Nadelholz, als Trägermaterial verwendet. Heute wird das Furnier auf Holzwerkstoffplatten geleimt. Für bestimmte Furnierarbeiten wird aber noch heute Massivholz als Trägermaterial verwendet.

VORBEREITEN DES FURNIERTRÄGERS

Die Trägerplatte sollte eine möglichst glatte, ebene Oberfläche aufweisen. Massivholz eignet sich nicht gut, da es bei Luftveränderungen arbeiten. Holzwerkstoffplatten bieten ein formstabiles Trägermaterial. Sie werden außerdem als große Platten mit ebengeschliffenen Oberflächen angeboten. Ganz gleich, welches Material Sie verwenden, es muß absolut eben, glatt und staubfrei sein.

Massivholz
Wenn Sie eine Massivholzfläche furnieren, muß das Furnier parallel zur Faserrichtung der Trägerplatte aufgeleimt werden, so daß das Holz zusammen arbeiten kann. Wenn nur eine Seite eines tangential geschnittenen Brettes furniert werden soll, muß immer die rechte (die dem Herz zuliegende) Seite furniert werden. Bei diesen Brettern wölbt sich meist die rechte Seite, die dann aber durch das Furnier wieder geradegezogen wird.

Wenn möglich, sollten Sie radial geschnittene Bretter verwenden, weil diese sich weniger verziehen und in der Breite nur geringfügig schwinden.

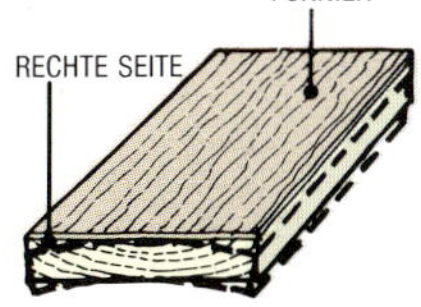

Tangential geschnittenes Brett
Legen Sie das Furnier auf die rechte Seite des Bretts, um einem Wölben der Fläche entgegenzuwirken.

Holzwerkstoffplatten
Die meisten Holzwerkstoffplatten sind zum Überfurnieren vorbereitet. Man muß sie eventuell noch auf Format schneiden und (im Falle von beschichteten Platten) die Oberfläche noch aufrauhen und vorstreichen. Bei beschichteten Platten muß zusätzlich ein Blindfurnier aufgeleimt werden, wenn die Holzfaser nicht quer zur Faserrichtung des Deckfurniers verläuft.

Fehlstellen in Massivholz ausbessern
Wählen Sie möglichst fehlerfreies Holz aus. Unvermeidbare Fehler, wie kleine Äste, schneiden Sie heraus und setzen runde oder rautenförmige Flicken ein, die so eingeleimt werden, daß ihre Faserrichtung der des Holzes folgt.

Rautenförmiges Flickstück

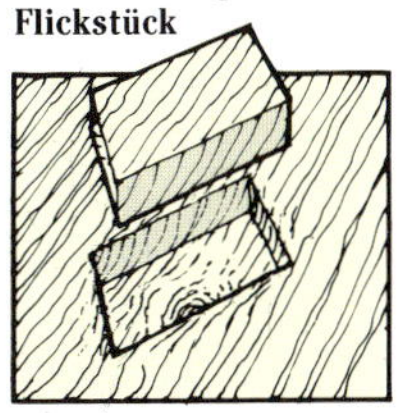

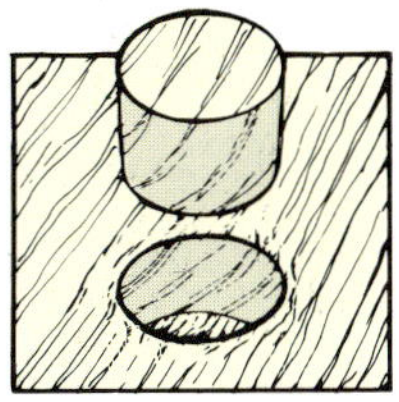

Rundes Flickstück

Aufrauhen der Oberfläche
Um die Adhäsion des Leims zu verbessern, wird die Oberfläche massiver oder beschichteter Platten mit dem Zahnhobel aufgerauht. Schieben Sie den Zahnhobel dazu diagonal über die Fläche. Vor dem Vorstreichen muß der Staub entfernt werden.

Vorstreichen der Oberfläche
Das Vorstreichen der Oberfläche mit einer Leimbrühe versiegelt die Poren, reguliert die Saugfähigkeit und erleichtert dadurch den nachfolgenden Leimauftrag. Die Aufnahmefähigkeit variiert je nach Aufbau des Trägermaterials. Sie können entweder heißen, verdünnten Glutinleim (etwa ein Teil Leim auf zehn Teile Wasser) oder kalten Kunstharztapetenkleister nehmen. Tragen Sie die Leimbrühe gleichmäßig auf die Fläche auf und streichen Sie auch die Kanten dick ein. Wenn der Leim trocken ist, schleifen Sie die Fläche gründlich ab, um eventuelle Körnchen zu entfernen.

GEBOGENE TRÄGERFLÄCHEN

Da Furnier dünn und biegsam ist, kann es auch auf gekrümmte Flächen gelegt und parallel oder quer zur Faser gebogen werden.

Siehe auch

Furniere	30 - 33
Sperrholz	34
Schiffhobel	95
Schabhobel	108

Massivholz
Kleine, wenig gebogene Trägerflächen können auf einer Bandsäge direkt aus einem massiven Holzstück herausgesägt werden. Die gekrümmten Flächen werden mit Schiff- und Schabhobel ebengehobelt und die Oberfläche vor dem Aufleimen des Furniers aufgerauht.

Schichtverleimung
Beim Zuschneiden bogenförmiger Stücke aus Massivholz entsteht viel Verschnitt, außerdem ist das Werkstück aufgrund des kurzen Holzes nicht widerstandsfähig. Die Schichtverleimung einzelner Teile ist die traditionelle Methode der Herstellung gebogener Trägerflächen, z. B. eines gewölbten Schubladenvorderstücks. Die Holzfasern folgen dabei in etwa der Krümmungsrichtung.

Die kurzen Stücke oder „Rippen“ werden aus Holzleisten geschnitten, die etwas breiter sind als der fertige Furnierträger. Sie werden so aufeinandergeleimt, daß die Stoßfugen in den einzelnen Schichten genauso wie bei einer Ziegelmauer versetzt sind. So entsteht eine sehr stabile Längs- und Querverbindung.

Faßverleimung
Bei dieser Methode werden konisch gehobelte Leisten mit ihren Längskanten aneinandergeleimt. So werden manchmal gewölbte Türen gebaut. Die Kanten der Leisten werden auf den gewünschten Winkel schräg gehobelt, verleimt und mit Hilfe entsprechend geformter Auflager zusammengespannt. Bei kleineren und dünneren Flächen können Sie die verleimten Leisten auch mit Klebeband zusammenhalten. Wenn der Leim trocken ist, werden die gewölbten Flächen mit einem Schiffhobel ebengehobelt und mit dem Zahnhobel aufgerauht, um dann das Unterfurnier mit Zulagen aufleimen zu können.

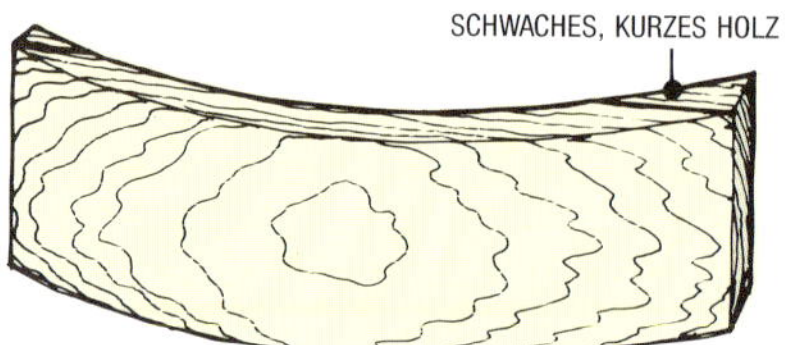

Massivholz

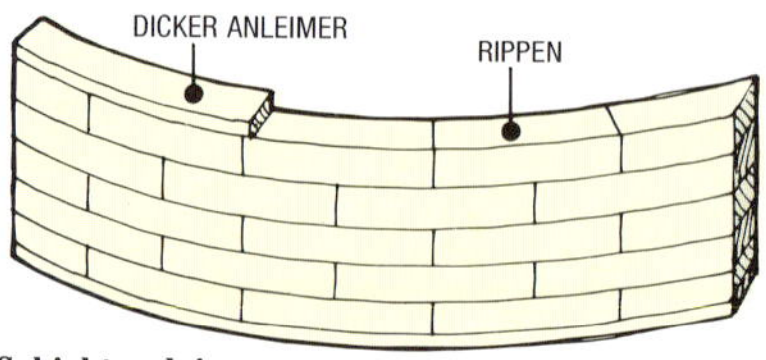

Schichtverleimung

Faßverleimung

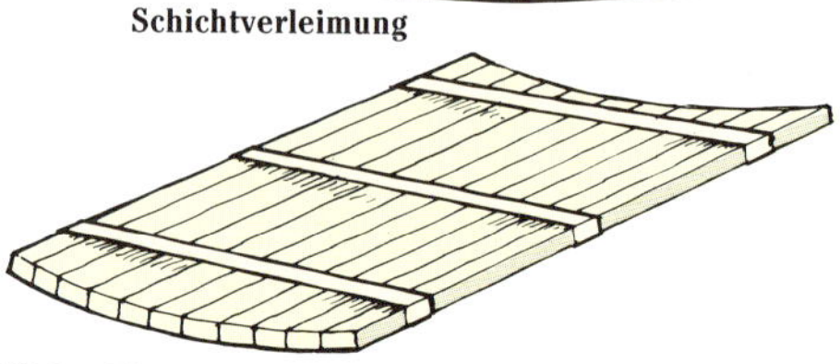

Kleine Flächen mit Klebeband zusammenhalten

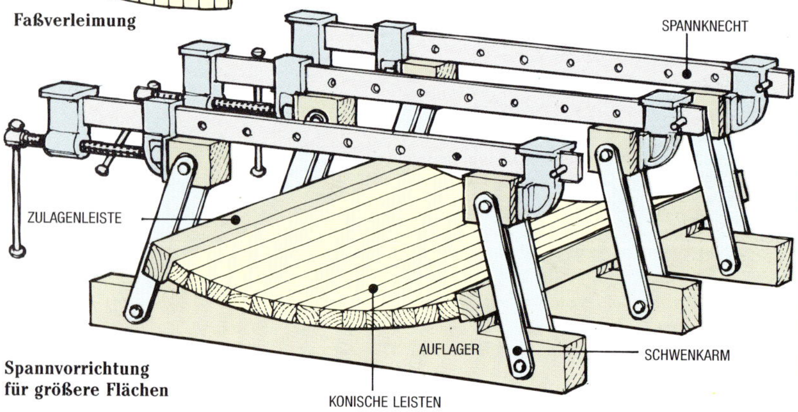

Spannvorrichtung für größere Flächen

VORBEREITEN DES FURNIERS

Beim Furnieren kann man die Holzart unter rein optischen oder rein ästhetischen Aspekten auswählen, ohne auf seine strukturellen Eigenschaften Rücksicht nehmen zu müssen. Die Zeichnung und Farbe des Furniers kann nach Belieben eingesetzt werden. Man kann die Furnierblätter auch zu Mustern zusammensetzen.

Der Umgang mit Furnier
Furnier ist ein empfindliches Material. Man sollte besonders sorgfältig damit umgehen. Lagern Sie Furniere flach und lassen Sie sie in der Reihenfolge, in der sie zusammengehören. Wenn Sie aus einem Furnierpaket einzelne Blätter auswählen, sollten Sie sie nicht einfach herausziehen.

Flachpressen von Furnieren
Sie werden merken, daß manche Furniere vor der Verarbeitung noch flachgepreßt werden müssen. Ist das Furnier nur leicht wellig, befeuchten Sie es mit Wasserdampf oder reiben es mit einem nassen Schwamm ab und legen es zwischen zwei Spanplatten, bis es wieder trocken ist. Legen Sie schwere Gewichte auf die Platten oder spannen Sie sie mit Zwingen zusammen.

Verzogenes oder sprödes Furnier reagiert besser, wenn beim Dämpfen ein Bindemittel zugesetzt wird. Sie können dazu Tapetenkleister oder stark verdünnten Glutinleim nehmen. Pinseln Sie den Kleister oder die Leimbrühe dünn auf das Furnier und legen Sie es zwischen zwei kunststoffbeschichtete Platten. Pressen Sie das Furnier mindestens 24 Stunden. Ein Erwärmen der Platten beschleunigt den Prozeß.

FURNIER ZUSAMMENSETZEN

Wenn das von Ihnen gewählte Furnier schmaler ist als die Trägerplatte, müssen Sie Furnierblätter aneinanderfügen.

Ungestürztes Furnierbild
Ungestürzt werden schmale Furnierstreifen zu einer breiten Fläche zusammengefügt. Die Furnierblätter werden dazu einfach in der Reihenfolge, in der sie aufeinanderliegen, nebeneinandergelegt, ohne ihre Faserrichtung zu ändern.

Diese Methode eignet sich am besten für Furniere mit streifigem Maserbild, wenn die Fugen nicht auffallen sollen. Verlaufen die Streifen nicht parallel zu den Furnierfugen, kann es sein, daß die Fugen nicht dicht werden.

Gestürztes Furnierbild
Für ein gestürztes Furnierbild werden zwei aufeinanderliegende Furnierblätter auseinandergeklappt und aneinandergelegt. Es entsteht ein symmetrisches Bild. Die Richtung, in die die Furnierblätter gedreht werden, hängt von dem Verlauf der Maserung ab. Zeigt das Maserbild nach links, klappen Sie das obere Blatt nach links, so wie eine Buchseite, auf **(1)**. Weist es nach rechts, klappen Sie das obere Blatt nach rechts **(2)**. Die Zeichnung muß exakt ausgerichtet werden.

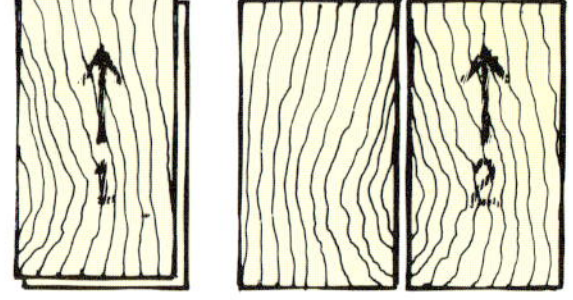

1 Das obere Blatt nach links

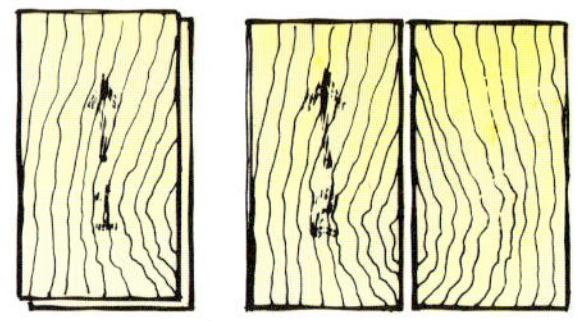

2 Das obere Blatt nach rechts

Kreuzfuge (Fladenfurnier)
Suchen Sie vier aufeinanderfolgende Blätter und wählen Sie einen Abschnitt, bei dem der Mittelpunkt der Zeichnung unten liegt.

Nehmen Sie das erste Furnierpaar und stürzen Sie es um die Längsfuge. Fügen Sie zunächst die Längskante des einen Blatts. Legen Sie diese Kante auf die Kante des zweiten Blatts. Richten Sie die Zeichnung symmetrisch aus und fügen Sie das zweite Blatt entsprechend. Kleben Sie die Furniere mit Fugenpapier zusammen **(1)**. Dann schneiden Sie die Querfuge, also die Unterkante, gerade und rechtwinklig zur Längsfuge.

Stürzen Sie das zweite Furnierpaar so wie das erste, aber klappen Sie dieses auch um die Querfuge, so daß es umgekehrt liegt **(2)**.

Bringen Sie jetzt die Querkanten zusammen, indem Sie das erste Paar auf das zweite legen und das Furnier an dem Punkt, wo die Zeichnung genau übereinstimmt, zusammenstoßen. Kleben Sie die Querfuge mit Fugenpapier zusammen.

Kreuzfuge (Streifenfurnier)
Für diese Art der Kreuzfuge nehmen Sie streifiges Furnier. Legen Sie vier aufeinanderfolgende Blätter zusammen und fügen Sie die Längskanten. Schneiden Sie beide Enden genau auf 45°, die Schnitte verlaufen parallel zueinander **(1)**. Stürzen Sie die oberen zwei Furnierblätter, drehen Sie sie aber um die obere Diagonalkante, so daß ein umgekehrtes V entsteht, und kleben Sie die Fuge zusammen **(2)**. Als nächstes schneiden Sie das Furnier genau waagrecht von Ecke zu Ecke durch **(3)**. Passen Sie das dreieckige Stück in das V ein, um so ein Rechteck zu bilden **(4)**.

Wiederholen Sie den Vorgang mit dem zweiten Furnierpaar, drehen Sie dieses jedoch zuerst um, so daß es umgekehrt liegt. Legen Sie dann die zwei Furnierrechtecke in der Mittelfuge zusammen **(5)**.

Das Furnierbild überprüfen
Um zu sehen, wie sich das Maserbild wiederholen wird, halten Sie einen Spiegel senkrecht auf das Furnier und schieben ihn über die Fläche.

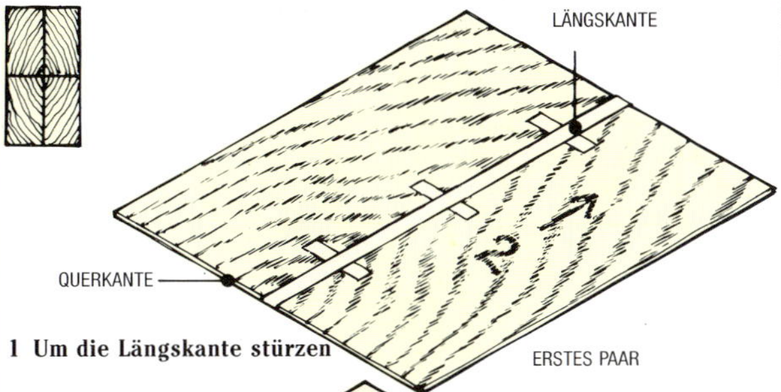

1 Um die Längskante stürzen

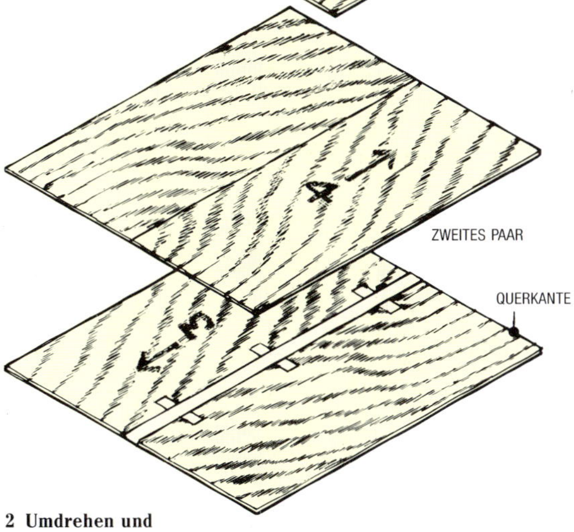

2 Umdrehen und das zweite Paar fügen

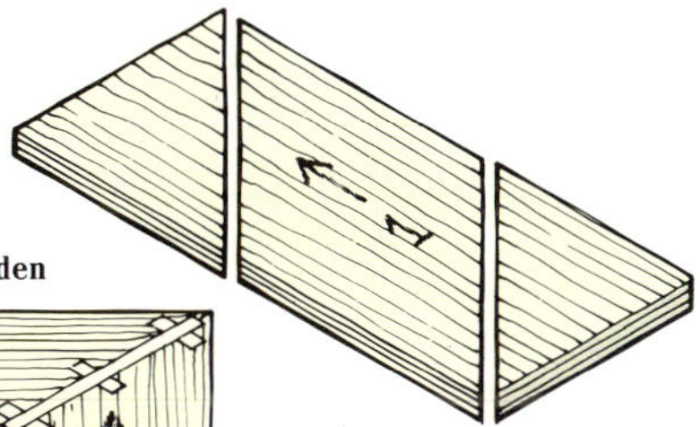
1 Die Enden auf 45° schneiden

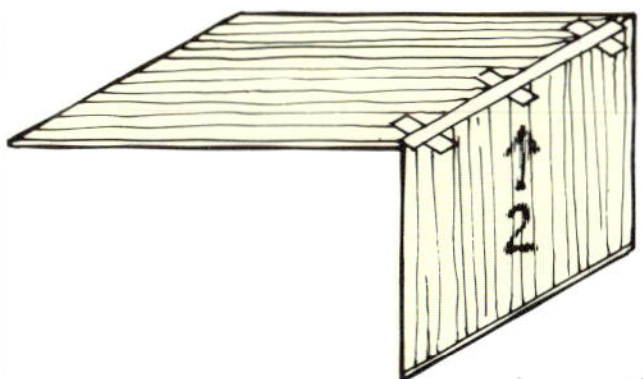
2 Drehen und an den Diagonalkanten zusammenkleben

3 Von Ecke zu Ecke schneiden

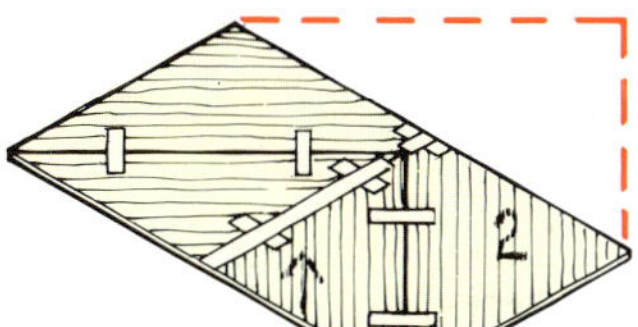
4 Dreieck in das V einpassen

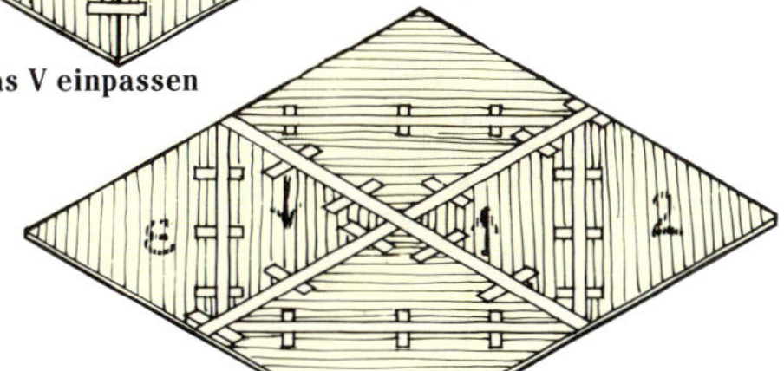
5 Die beiden Rechtecke zusammenfügen

FARBTON-UNTERSCHIEDE

Furniere erscheinen bei unterschiedlichem Blickwinkel oft dunkler oder heller. Deshalb sieht man einen Unterschied des Farbtons, wenn aufeinanderfolgende Furniere in unterschiedlichen Richtungen liegen.

Zeichnen Sie mit Kreide Zahlen und Pfeile auf die Oberseite der Furniere, während Sie sie von dem Paket nehmen. Das erleichtert nicht nur das Erkennen der Faserrichtung, sondern ermöglicht Ihnen auch, sofort sagen zu können, welches die bessere, „geschlossene", rechte Furnierseite und welches die gröbere, „offene" Seite ist.

Fügen der Furniere
Die aneinanderstoßenden Furnierkanten müssen gerade zugeschnitten werden. Wenn Sie zwei Furniere zusammenfügen wollen, legen Sie sie so aufeinander, daß die Zeichnung genau übereinstimmt. Nadeln Sie sie vorübergehend auf der Schneidunterlage fest. Legen Sie ein Richtscheit dicht an die Fügekante, drücken Sie die Furniere zusammen und schneiden Sie mit einem Messer oder einer Furniersäge durch beide Furnierblätter.

Zusammenkleben der Fuge
Legen Sie die Furnierkanten dicht zusammen und kleben Sie etwa 100 mm lange Streifen Fugenpapier in einem Abstand von etwa 150 mm quer über die Fuge. Dann überkleben Sie die Fuge noch der Länge nach. Das Klebeband wird die Fuge dicht zusammenziehen, wenn das Furnier schwindet.

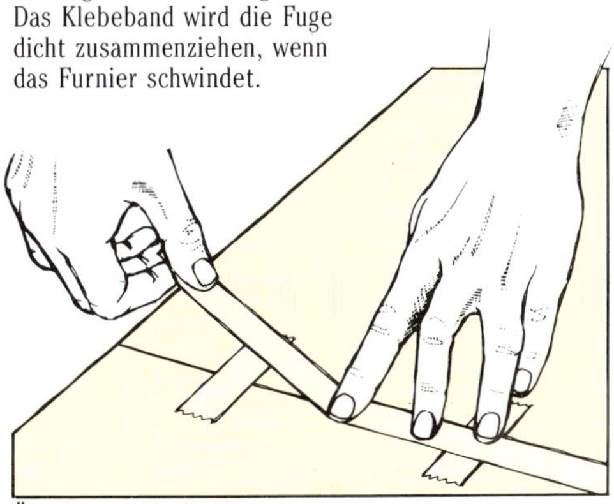
Überkleben Sie die Fuge auch längs

FURNIEREN MIT DRUCKPLATTEN

Beim Furnieren mit Druckplatten wird eine Presse zum Aufleimen der Furniere verwendet. Druckplatten sind flache oder geformte, steife Platten, zwischen die die Trägerplatte und das Furnier gepreßt werden. Anders als das Furnieren von Hand erfordert das Furnieren mit Druckplatten mehr Arbeits- und Materialaufwand, sowohl für das Herstellen der Druckplatten wie auch der Presse. Es ist jedoch die beste Methode, um Furnierflächen aus zusammengeklebten Furnierblättern und empfindliche Furniere wie Maser- oder Pyramidenfurniere aufzuleimen. Mit dieser Technik können außerdem beide Seiten einer Trägerplatte gleichzeitig furniert werden.

Siehe auch

Furniere	32 - 33
Holzwerkstoff-platten	34 - 38
Zwingen	120 - 122

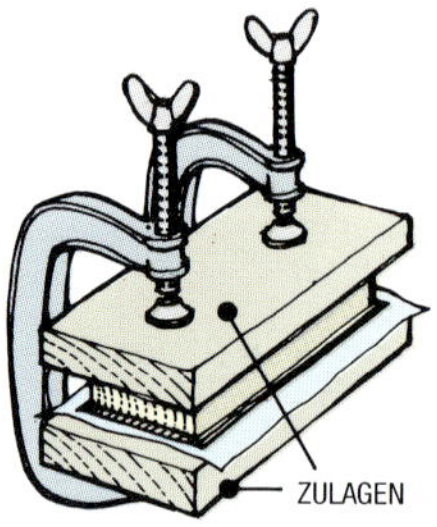

Zwingen kleiner Werkstücke
Spannen Sie die Druckplatten mit Zwingen zusammen.

DIE PRESS-VORRICHTUNG

Der Aufbau der Preßvorrichtung hängt vor allem von der Größe und der Form des Werkstücks ab.

Flache Druckplatten
Für kleine oder schmale Werkstücke fertigen Sie Druckplatten aus dicken Brettern und spannen diese in der Mitte mit Zwingen fest zusammen.

Zum Furnieren breiter Trägerplatten bauen Sie sich eine einfache Presse mit Druckplatten, die Sie aus mindestens 18 mm starkem Plattenmaterial zuschneiden. Sie müssen breiter sein als die Furnierträgerplatte.

Um quer über die Druckplatten Druck auszuüben, fertigen Sie sich mindestens drei Paar kräftige Querholme aus 75 x 50 mm starkem Weichholz. Hobeln Sie jeweils eine Schmalseite leicht konvex, damit der Anfangsdruck auf die Mitte der Druckplatten wirkt und überschüssiger Leim und Luftblasen nach außen gedrückt werden.

Nehmen Sie Zwingen zum Zusammenpressen oder verbinden Sie die Querholme mit Gewindestangen.

Bei der Verwendung eines Kunstharzleims können Sie zur Verkürzung der Abbindezeit eine Aluminiumplatte einfügen, die sich unabhängig aufheizen läßt. Bei der Verwendung von Glutinleim verhindern heiße Druckplatten ein vorzeitiges Gelieren beim Pressen.

Sie werden außerdem eine dämpfende Lage Zeitungspapier und eine Polyethylenfolie benötigen, um sie auf jedes Furnier zu legen. Das Zeitungspapier gleicht jegliche Unebenheiten auf der Oberfläche aus, und die Polyethylenfolie verhindert ein Verkleben des Werkstücks mit dem Papier.

GEFORMTE DRUCKPLATTEN

Wie bei der Schichtverleimung werden auch gewölbte Platten mit Formzulagen furniert. Sie können auch eine Presse ähnlich der für flache Werkstücke verwenden.

Fertigen Sie eine Zeichnung, um den Bogen zu berechnen, den Sie an die Querholme anschneiden müssen.

Sie können sich eine starre Zulage aus konisch gehobelten und verleimten Leisten bauen. Eine flexible Druckzulage ist aber vielseitiger verwendbar.

Fertigen Sie eine flexible Druckplatte aus etwa 12 mm breiten und starken Holzleisten, die Sie auf ein Stück Leinwand aufleimen. Die unteren und oberen Querholme schneiden Sie entsprechend der gewünschten Krümmung zu. Bereiten Sie eine ausreichende Anzahl davon vor, damit Sie etwa alle 150 mm ein Paar aufspannen können.

Legen Sie die Druckplatten mit der Leinwandseite nach oben zwischen die Querholme und belegen Sie sie mit einer Aluminium- oder Hartfaserplatte, um die Oberfläche auszugleichen.

Setzen Sie die Presse so wie für flache Werkstücke zusammen. Spannen Sie ein Paar schwere Druckbalken über die Mittellinie der Krümmung und ziehen Sie dann die Querholme zusammen.

Mit einem Sandsack furnieren
Auf kleinere gebogene Werkstücke können Sie das Furnier auch mit Hilfe eines heißen Sandsacks aufleimen. Erwärmen Sie ihn und pressen Sie ihn um oder in das gebogene Werkstück. Spannen Sie ihn mit einer Zulage und Zwingen fest.

AUFLEIMEN DER FURNIERE

Sie können das Furnier zuerst auf einer Seite oder gleich beidseitig aufleimen. Falls Sie die Seiten getrennt furnieren, sollten Sie das Gegenfurnier zuerst aufleimen.

Der unten abgebildete Aufbau zeigt, wie man beide Seiten gleichzeitig furniert. Legen Sie die Querholme auf und pressen Sie die Druckplatten gleichmäßig zusammen.

Lassen Sie das Werkstück bis zu 12 Stunden eingespannt. Nach dem Ausspannen wird das überstehende Furnier bündig abgeschnitten und die Platte hochkant gestellt, um ein gleichmäßiges Ablüften zu gewährleisten. Dann werden die Kanten gehobelt und mit Anleimern versehen.

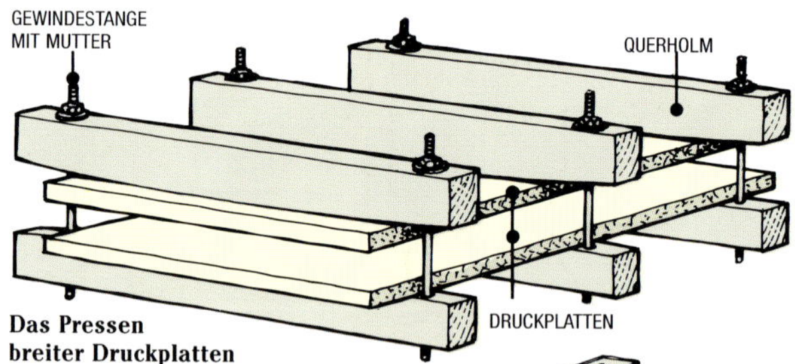

Das Pressen breiter Druckplatten

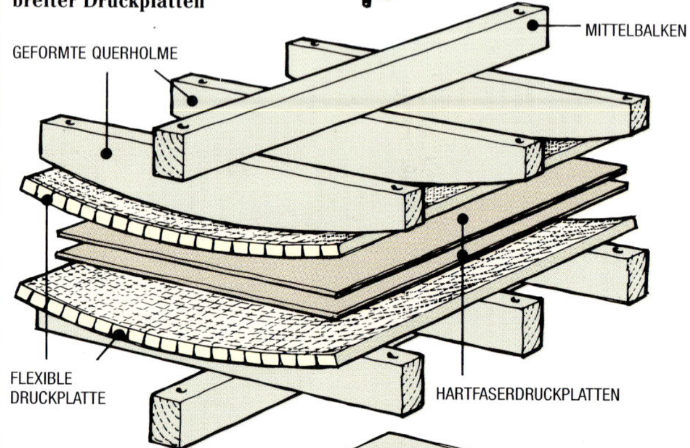

Das Spannen geformter Druckplatten

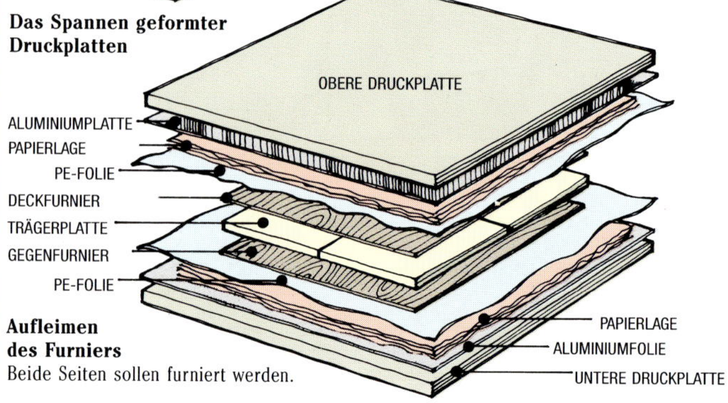

Aufleimen des Furniers
Beide Seiten sollen furniert werden.

HANDFURNIEREN

Die jahrhundertealte Methode des Aufreibens von Furnieren mit der Hand und heißem Glutinleim hat viele Vorteile. Der Leim kann durch Hitze wieder flüssig gemacht werden, sogar noch nach Jahren. Also lassen sich Fehler korrigieren, und ein beschädigtes oder blasenwerfendes Furnier kann leicht ausgebessert werden. Der Rohleim muß jedoch erst geschmolzen werden, um ihn in die gewünschte Konsistenz zu bringen. Das Aufleimen der Furniere erfordert Übung. Die modernen Leime sind zwar sauberer und einfacher anzuwenden, sind jedoch nicht so vielseitig einsetzbar. Welche Methode Sie auch anwenden, die Trägerplatte muß stets gut vorbereitet und vorgestrichen werden. Ansonsten wird zuviel Leim von dem Trägermaterial aufgesogen, und die Leimbindung ist unzureichend. Bei der hier beschriebenen Methode wird vorausgesetzt, daß das Furnier die ganze Trägerfläche abdeckt.

DAS HAMMERFURNIEREN

Das Geheimnis des erfolgreichen Aufreibens der Furniere mit dem Hammer liegt darin, den Leim bei Arbeitstemperatur zu halten. Erhitzen Sie Glutinleim in einem doppelwandigen Leimkocher auf ungefähr 49 °Celsius. Der Leim sollte eine glatte, klumpenfreie Konsistenz haben und von einem Pinsel fadenartig herunterfließen, ohne Tropfen zu bilden. Arbeiten Sie in einer warmen, staubfreien Umgebung, damit der Leim nicht so schnell abkühlt. Halten Sie einen Eimer mit heißem Wasser und einen Schwamm, den Furnierhammer und ein elektrisches Bügeleisen, das Sie auf die Bügeltemperatur von Seide einstellen, bereit.

Auftragen des Leims
Tragen Sie mit dem Pinsel eine dünne, gleichmäßige Leimschicht auf die Trägerplatte und das Furnier auf **(1)**. Legen Sie beides zur Seite, bis der Leim fast trocken, aber immer noch klebrig ist. Streichen Sie das Furnier mit der Hand flach **(2)**.

Aufpressen des Furniers
Tauchen Sie den Schwamm in das heiße Wasser und drücken Sie ihn sehr gut aus. Befeuchten Sie mit dem Schwamm die Oberfläche des Furniers **(3)**.

Schieben Sie das warme Eisen über die Oberfläche **(4)**, um den Leim flüssig zu machen und ihn in das Furnier einziehen zu lassen. Nehmen Sie sofort den Furnierhammer und drücken Sie damit das Furnier auf die Trägerplatte. Beginnen Sie in der Mitte und arbeiten Sie in Zickzackbewegungen zu den Kanten hin **(5)**.

Wenn Luft und flüssiger Leim unter dem Furnier herausgedrückt sind, verstärken Sie den Druck, indem Sie den Hammer mit beiden Händen führen **(6)**. Achten Sie darauf, das Furnier nicht durch zuviel Druck quer zur Faser auszudehnen. Ziehen Sie den Hammer zurück zum anderen Ende der Platte. Wenn der Leim jedoch kalt wird, bevor Sie fertig sind, müssen Sie das Furnier wieder befeuchten und bügeln und den gleichen Prozeß noch einmal wiederholen.

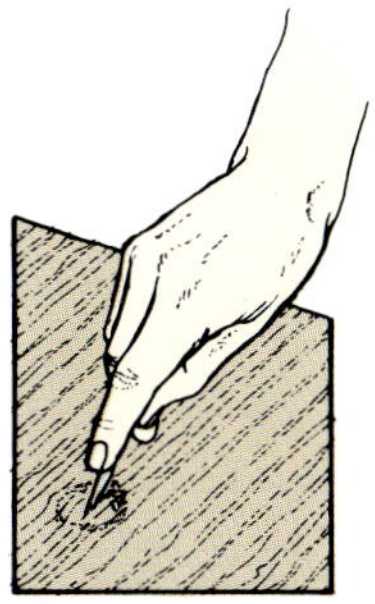

Kürschner erkennen
Um eingeschlossene Luftblasen, sogenannte Kürschner, zu finden, klopfen Sie mit den Fingern auf die Oberfläche. Hohl klingende Stellen erwärmen Sie mit dem Bügeleisen und pressen das Furnier mit dem Furnierhammer wieder an. Nötigenfalls schneiden Sie den Kürschner längs zur Faser auf und lassen die eingeschlossene Luft entweichen.

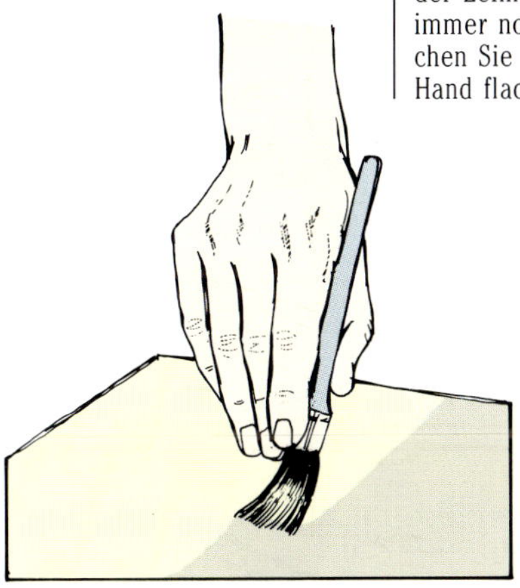

1 Tragen Sie Leim auf Trägerplatte und Furnier auf

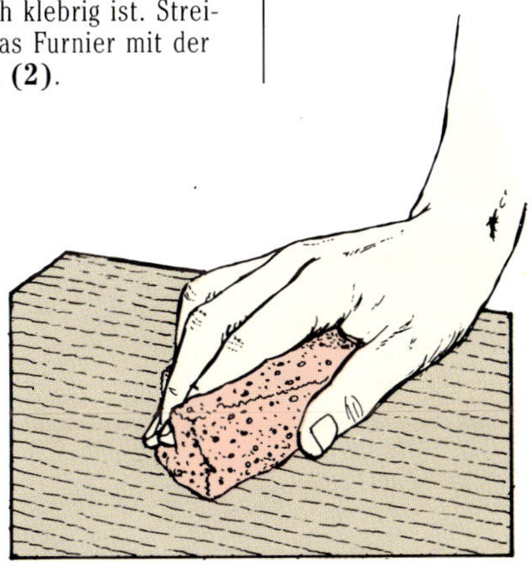

3 Befeuchten Sie die Oberfläche des Furniers

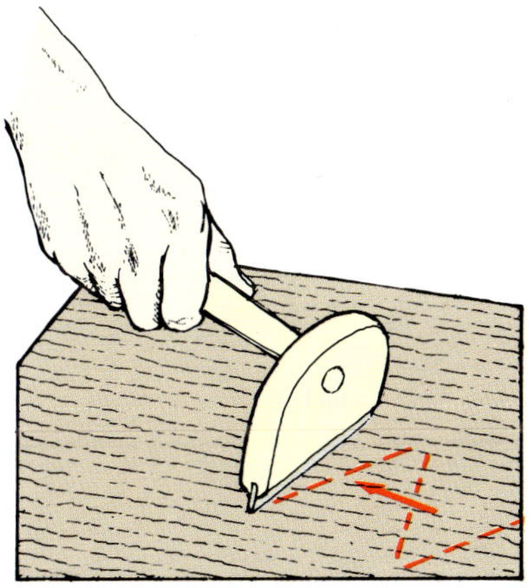

5 Reiben Sie das Furnier mit einem Furnierhammer auf

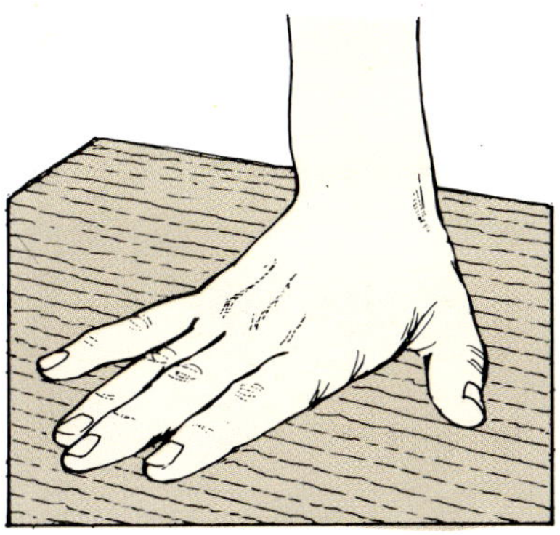

2 Streichen Sie das Furnier glatt

4 Erwärmen mit einem Bügeleisen

6 Drücken Sie fester auf den Hammer

MIT LEIMFILMEN ARBEITEN

Ein Leimfilm auf einer dünnen Papierschicht wird erst durch Erwärmung flüssig. Er ist das moderne Äquivalent zum traditionellen Glutinleim. Er kann wie dieser wieder aufgearbeitet werden, indem er noch mal erwärmt wird.

Siehe auch	
Furniere	32 - 33
Schneid-Streichmaß	78, 79
Anleimer	194
Leime und Kleber	222 - 223

Auflegen des Films
Mit einer Schere schneiden Sie den Leimfilm etwas größer als die Trägerplatte zu. Legen Sie den Film mit der Leimseite nach unten auf die Trägerplatte und glätten Sie ihn leicht mit einem Bügeleisen. Wenn der Leimfilm wieder kalt ist, ziehen Sie die Papierschicht ab **(1)**.

Aufleimen des Furniers
Legen Sie das Furnier auf die mit dem Leimfilm belegte Trägerplatte und legen Sie die Papierschicht darüber, um das Furnier zu schützen. Drücken Sie mit dem heißen Bügeleisen darauf und fahren Sie langsam über die Oberfläche, immer von der Mitte nach außen. Schieben Sie einen Furnierhammer **(2)** oder einen Holzklotz hinterher, um das Furnier flachzudrücken, während der Leim abkühlt. Blasen entfernen Sie, so wie es beim Hammerfurnieren erklärt wurde.

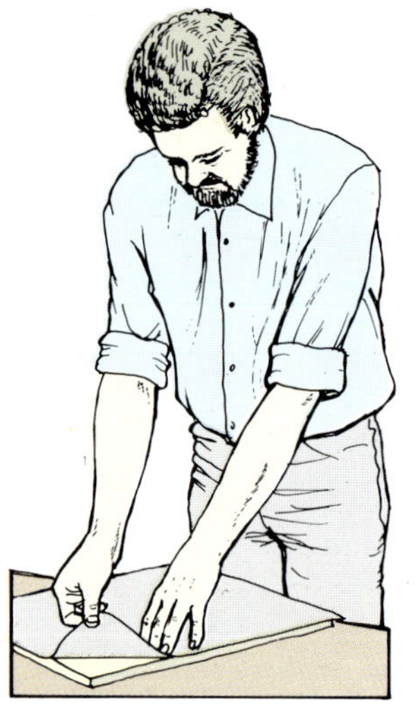

1 Ziehen Sie die Papierschicht ab

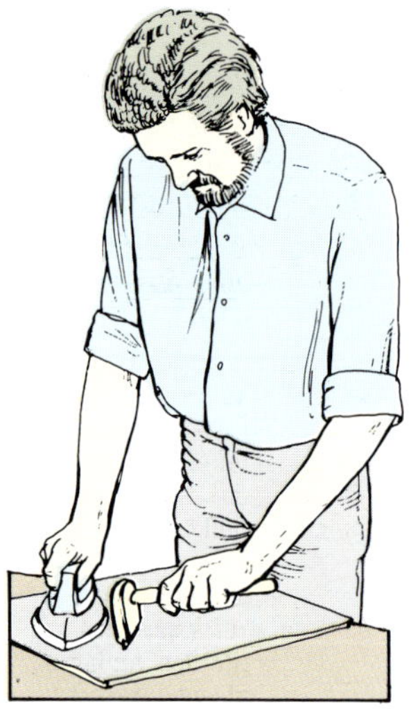

2 Fest aufpressen

MIT KONTAKTKLEBER ARBEITEN

Speziell entwickelter Kontaktkleber ermöglicht Ihnen, flache oder auch gekrümmte Flächen ohne eine Preßvorrichtung oder spezielle Werkzeuge oder Hitze zu furnieren. Ein massiver Anleimer empfiehlt sich, denn das Furnier splittert bei dieser Art Kleber recht schnell ab. Maser- oder Pyramidenfurniere sollten nicht mit Kontaktkleber aufgeleimt werden.

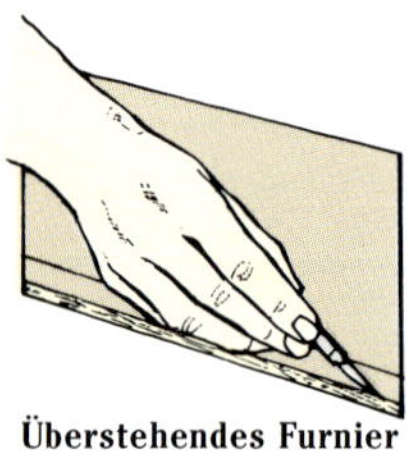

Überstehendes Furnier bündig schneiden
Wenn der Leim trocken ist, schneiden Sie die Furnierüberstände mit einem Furnierkantenbeschneider bündig. Oder Sie legen die Platte umgekehrt auf eine flache Schneidunterlage und schneiden das Furnier mit einem scharfen Messer bündig zu den Kanten ab. Quer zur Faser schneiden Sie von den Ecken zur Mitte hin, damit das Furnier nicht splittert.

Auftragen des Leims
Nehmen Sie einen Pinsel oder ein Stück dickes Furnier und tragen Sie damit auf das Furnier eine dünne, gleichmäßige Leimschicht auf. Arbeiten Sie diagonal von Ecke zu Ecke, zuerst in eine Richtung, dann in die andere, um die Oberfläche gänzlich abzudecken. Tragen Sie auf die gleiche Weise Leim auf die Trägerplatte auf und lassen Sie ihn antrocknen.

Aufleimen des Furniers
Legen Sie einen Bogen Zeitungs- oder Packpapier über die Trägerplatte, lassen Sie aber an einer Kante einen 50 mm breiten Streifen unbedeckt **(1)**. Legen Sie das Furnier darauf, und wenn Sie es auf die Trägerplatte ausgerichtet haben, drücken Sie das Furnier auf den nicht mit Papier abgedeckten Streifen. Ziehen Sie nun das Papier nach und nach zwischen Furnier und Trägerplatte hervor. Drücken Sie dabei die beiden beleimten Flächen mit einem Holzklotz fest aufeinander **(2)**. Zum Schluß reiben Sie mit dem Klotz darüber, um das Furnier zu glätten.

Der Umgang mit Kürschnern
Klopfen Sie die Oberfläche auf eventuelle Luftblasen unter dem Furnier ab. Schneiden Sie den Kürschner längs zur Faser auf und schieben Sie neuen Leim in die Blase. Rollen Sie mit einer Walze aus Hartholz darüber, wie man sie zum Tapezieren nimmt. Wischen Sie den Leim von der Oberfläche.

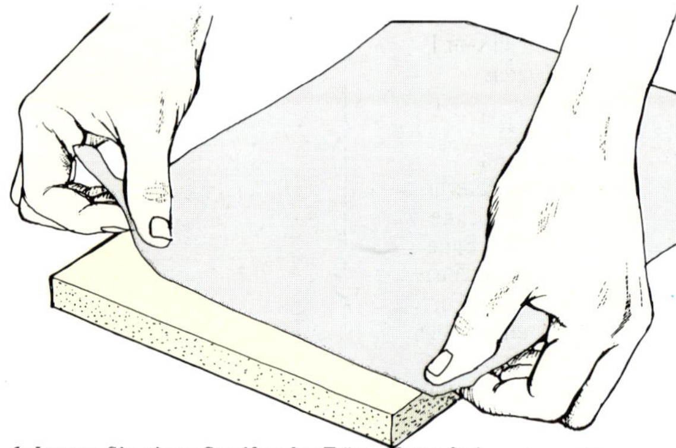

1 Lassen Sie einen Streifen der Trägerplatte frei

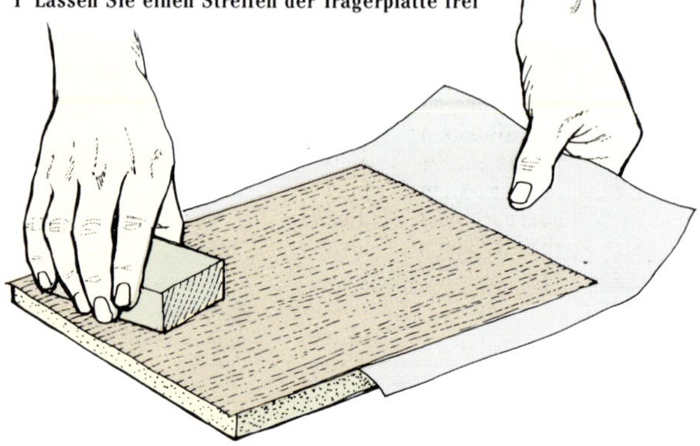

2 Ziehen Sie das Papier unter dem Furnier hervor

FREMDKÖRPER ENTFERNEN

Falls ein Staub- oder Schleifkorn unter dem Furnier eingeschlossen ist, machen Sie einen V-förmigen Einschnitt im Bereich des Fremdkörpers und ziehen das Stück vorsichtig hoch, um das Körnchen mit einer Messerspitze hervorholen zu können. Bei Glutinleim oder Leimfilm pressen Sie das Furnier mit einem heißen Bügeleisen und dem Furnierhammer wieder an; bei Kontaktkleber müssen Sie etwas neuen Leim aufgeben.

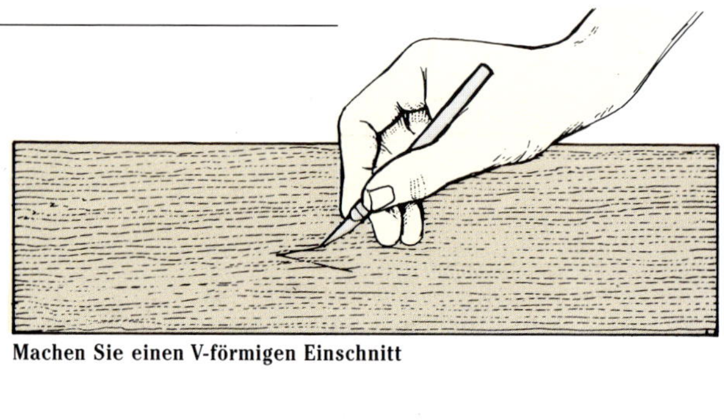

Machen Sie einen V-förmigen Einschnitt

BANDEINLAGEN UND INTARSIEN

Bandeinlagen und Intarsien können eine schlichte Holzfläche ungemein beleben und bereichern. Bandeinlagen sind einfache Furnierstreifen (Adern) oder gemusterte Furnierbänder, die eine Fläche dekorativ umranden. Sie können sie selbst herstellen, es gibt sie jedoch auch fertig und in großer Auswahl zu kaufen. Intarsien nennt man eingelegte Motive und Muster. Es sind Ornamente, Bilder oder Blumenmuster erhältlich. Fertig gekaufte Intarsien sind relativ einfach in massive oder furnierte Flächen einzulegen. Einzelne Motive können Sie von Hand einleimen. Für zusammengesetzte Furnierbilder sollten Sie Druckzulagen verwenden.

Randeinfassung
Leimen Sie das zugeschnittene Furniermittelfeld so in der Mitte auf, daß ringsum ein Rand frei bleibt. Beschneiden Sie das Furnier exakt parallel zu den Kanten mit einem Schneid-Streichmaß, das Sie auf die Breite des geplanten Querfurnierbands eingestellt haben **(1)**. Lösen Sie die Furnierreste und den Leim sauber ab **(2)**. Glutinleim können Sie dazu mit einem Bügeleisen weich machen.

1 Das Furnier abschneiden

2 Den Rest ablösen

3 Die Brettkante als Anschlag

Zuschneiden des Querfurnierbands
Schneiden Sie die Querfurnierstreifen mit einem Schneid-Streichmaß von den Enden aufeinanderfolgender Furniere ab. Bestoßen Sie das Furnierende zuvor mit einem fein eingestellten Hobel. Dann schneiden Sie die Querfurnierstreifen ein wenig länger und breiter als erforderlich ab. Legen Sie das Streichmaß dazu an einer Brettunterlage mit gerader Kante an. **(3)**.

Aufleimen der Querfurnierbänder
Die Enden der Bänder können entweder vor oder erst nach dem Aufleimen auf Gehrung geschnitten werden.

Geben Sie Glutinleim auf der Trägerfläche und auf beiden Seiten des Bandes an. Reiben Sie die Bänder mit einem Furnierhammer auf. Um die Gehrung zu schneiden, legen Sie ein Metallineal über die innere und äußere Ecke der sich überlappenden Querbänder und schneiden vorsichtig durch beide Schichten **(4)**.

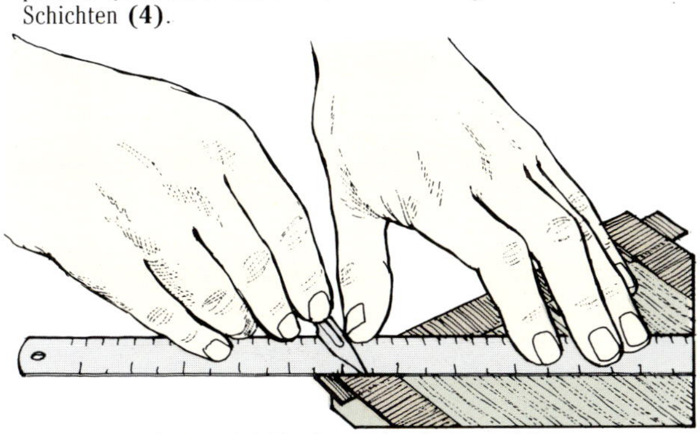

4 Schneiden Sie die sich überlappenden Enden auf Gehrung

Adern und Bänder einlegen
Wenn Sie zwischen dem Mittelfeld und dem Querbandrahmen Adern oder Zierbänder einfügen wollen, leimen Sie diese wie oben beschrieben auf. Dann auf die gleiche Weise das Querband.

ADERN UND BÄNDER

Die im Handel erhältlichen Zierbandeinlagen werden aus ausgewählten und schichtweise verleimten Hölzern gefertigt. Kaufen Sie immer gleich eine ausreichende Menge, denn eine spätere Lieferung kann bereits ein wenig anders ausfallen und dann nicht zu den zuerst gekauften passen. Oft sind nicht nur die Holzarten andere, sondern auch die Maße.

Adern
Adern sind feine Holzstreifen, die in Furnierflächen eingelegt werden, um helle oder dunkle Trennlinien zwischen verschiedenen Furnierarten oder Flächen mit unterschiedlicher Faserrichtung zu schaffen. Ebenholz und Buchsbaum waren die traditionellen Holzarten für Adern. Heute wird statt Ebenholz meist ein schwarz eingefärbtes Holz verwendet.

Bänder
Für Bänder werden Holzquerschnitte unterschiedlicher Farbe längs verleimt und in etwa 1 mm dicke Streifen aufgeschnitten. Sie sind fertig abgerichtet, wahlweise mit Adern aus Buchsbaum oder einem schwarzen Holz eingefaßt und werden für dekorative Randeinfassungen verwendet.

Furnierstreifen, die quer zur Faser geschnitten sind, nennt man Querfurnierbänder. Sie werden für Umrandungen von Mittelfeldern verwendet.

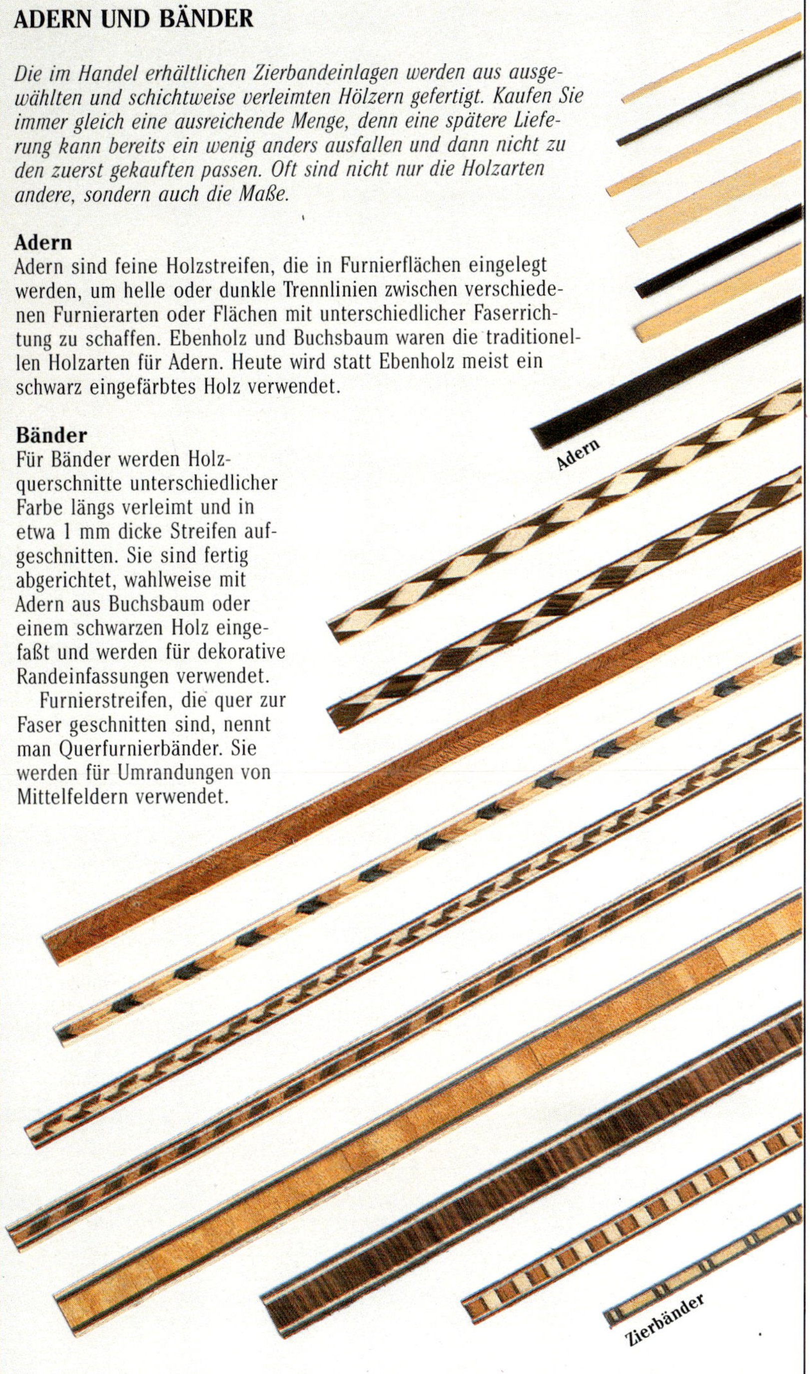

Bänder mit Druckplatten aufleimen

Sie können Druckplatten verwenden, um die Bänder nach dem Mittelfeldfurnier oder gleichzeitig damit aufzuleimen.

Wenn Sie das Mittelfeld zuerst aufleimen und es mit dem Schneid-Streichmaß beschneiden, können Sie sicher sein, daß es genau in der Mitte sitzt und die Randeinfassung überall gleich breit ist. Sie werden aber die furnierte Platte aus der Presse nehmen und beschneiden müssen, bevor der Kunstharzleim ausgehärtet ist. Schneiden Sie die Bänder auf Länge und auf Gehrung. Tragen Sie Leim auf den Rand der Trägerplatte auf, kleben Sie die Bänder mit Fugenpapier fest.

Sie können auch das Mittelfeldfurnier und die Bänder genau auf Maß schneiden, geben vielleicht bei den Bändern etwas zu, und kleben beides mit Fugenpapier zusammen **(1)**. Zeichnen Sie mit dem Bleistift eine Mittellinie über die Länge und die Breite der Platte und auf das zusammengesetzte Furnier. Bestreichen Sie die Trägerplatte mit Leim, legen Sie das Furnier exakt auf und drücken Sie es mit der Hand oder einer Walze fest an.

Siehe auch

Furniere	32-33
Schneid-Streichmaß	78
Grundhobel	95
Laubsäge	84–85
Elektro-Oberfräsen	140-141
Furnieren mit Druckplatten	200
Leime und Kleber	222-223

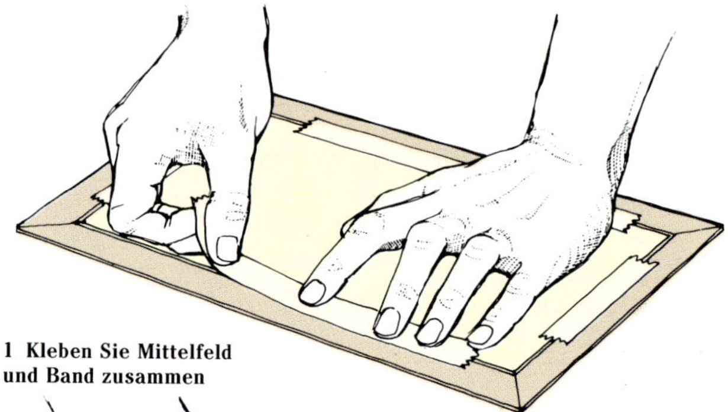

1 Kleben Sie Mittelfeld und Band zusammen

Bänder einlegen

Bänder können auch in eine Massivholzfläche eingelegt werden. Dazu wird eine Nut eingeschnitten. Stellen Sie das Streichmaß auf die Breite der Nut ein und legen Sie es an der Brettkante an. Schneiden Sie die Nut mit einem Kratzstock heraus. Schneiden Sie die Nut etwas weniger tief als das Band dick ist. Schneiden Sie das Band an den Ecken auf Gehrung, geben Sie Leim an und pressen Sie das Band mit einem Hammer in die Nut hinein **(2)**.

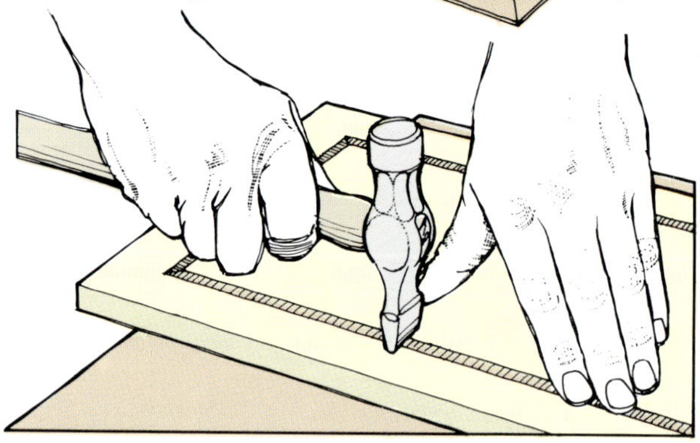

2 Pressen Sie das Band mit einem Hammer in die Nut

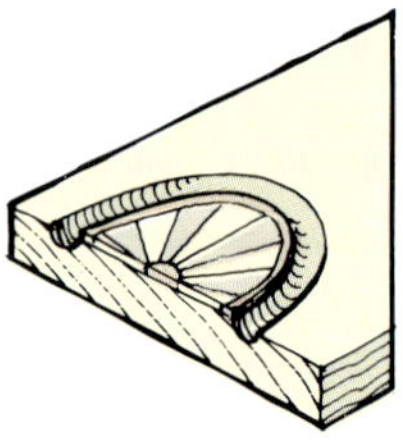

Oberflächen-applikation
Bestimmte Motive können direkt auf eine Massivholzfläche aufgeleimt werden, ohne sie einzulegen. Zur Verbesserung der Wirkung stechen Sie eine Hohlkehle rundherum ein, um eine Schattenwirkung hervorzurufen.

INTARSIENMOTIVE

Fertige Einlegemotive werden mit der Papierschicht nach oben aufgeleimt. Manche sind fertig auf Größe und Form zugeschnitten, bei anderen steht das Furnier um das Bild herum über.

Einleimen eines Intarsienbildes

Sie können das Muster oder Ornament in das Hintergrundfurnier einsetzen, bevor Sie das Ganze in einer Presse aufleimen. Die Intarsie sollte genauso dick sein wie das Furnier.

Für eine Intarsie in der Mitte zeichnen Sie die Mittellinien auf dem Hintergrundfurnier und auf der Intarsie auf. Mit einem Stück Doppelklebeband kleben Sie das Motiv in der richtigen Lage fest und umreißen seine Form mit einem Messer, um die Kontur in das Hintergrundfurnier einzuschneiden **(1)**. Wenn um das Motiv herum noch Furnier übersteht, reißen Sie die gewünschte Form darauf an und schneiden dann durch beide Schichten hindurch.

Kleben Sie das Motiv in der richtigen Position fest und leimen Sie das Furnier mit Druckplatten auf. Ist der Leim hart, feuchten Sie die Papierschicht an und kratzen sie ab. Dann kann geschliffen werden.

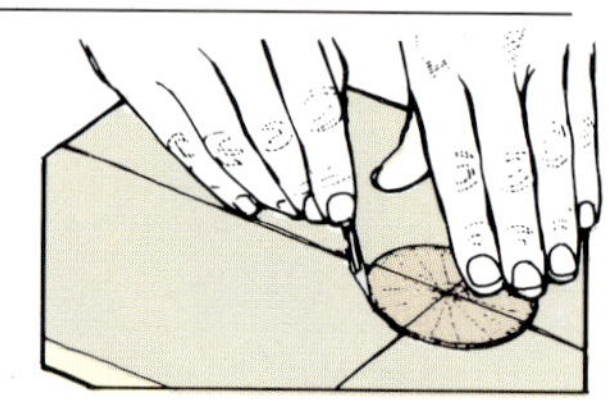

1 Die Kontur in das Furnier einschneiden

Einlagen in Massivholz

Legen Sie die Einlage auf die Fläche und umreißen Sie sie mit einem Messer. Mit Stecheisen und Hohleisen stechen Sie die Umrißlinien der Vertiefung ein **(2)**. Hobeln Sie den Rest der Vertiefung mit einem fein eingestellten Grundhobel heraus. Die Vertiefung sollte etwas weniger tief ausgearbeitet sein als das eingelegte Stück stark ist.

Leimen Sie die Einlage ein und zwingen Sie sie mit einer Holzzulage fest. Legen Sie etwas Wachspapier dazwischen.

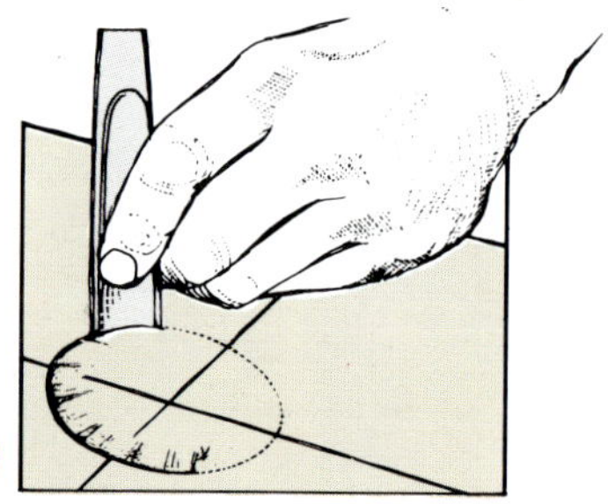

2 Den Umriß nachstechen

MARKETERIE

Schon immer wurden Gebrauchsgegenstände mit Verzierungen und Ornamenten dekoriert und dadurch aufgewertet. Die Mannigfaltigkeit der natürlichen Maserung und Färbung des Holzes hat die Handwerker mit einer reichen „Palette“ versorgt, aus der sie Muster und Bilder schneiden und zusammensetzen konnten. Diese zusammengesetzten Furnierbilder nennt man Marketerie. Die Handwerker vergangener Zeiten, denen viel daran lag, ihr Können unter Beweis zu stellen, entwickelten die Marketerietechnik zu einer Art Kunst und fertigten komplizierte Ornamente und Bilder, die meist auf floralen Formen basierten. Und obwohl diese Arbeit höchste Ansprüche an das handwerkliche Geschick stellt, ist die Marketerie keineswegs eine aussterbende Kunst. Im Gegenteil, die Herstellung von Intarsienbildern wird heute kommerziell betrieben, und ambitionierte Hobbyschreiner, die häufig wunderschöne Werke hervorbringen, haben der Marketerie zu einer neuen Blüte verholfen.

Marketeriearbeiten
Marketeriebilder können mit einer Laubsäge oder einem Messer geschnitten werden.

Es bedarf einer gewissen Geschicklichkeit, die Einzelteile exakt auszusägen. Es lohnt sich, zunächst an Reststücken zu üben. Sie können Ihren Entwurf selbst entwickeln oder sich einen Bastelsatz kaufen, der Mustervorlagen und alle benötigten Materialien enthält.

Wenn Sie einen eigenen Entwurf verwirklichen wollen, beginnen Sie damit, daß Sie eine Vielzahl verschiedener Furniere sammeln. Erst wenn das Furnier in einen Zusammenhang gebracht ist, können Sie erkennen, ob es die richtige Wirkung hat. Der Erfolg der Arbeit hängt nicht nur von dem geschickten Ausschneiden und Zusammensetzen der Einzelstücke ab, sondern auch vom Arrangement der gewählten Furniere.

DAS AUSSÄGEN

Die handelsüblichen Motive werden aus Furnierpaketen auf einer Marketeriesäge ausgesägt. Das ist eine Spezialvorrichtung, auf der der Arbeiter sitzt und eine sich hin- und herbewegende Säge bedient, während er das Furnier mit einem Fußpedal festklemmt.

Mit der Laubsäge sägen
Dem Nichtfachmann wird eine elektrische Laubsäge das Ausschneiden der Furniere enorm erleichtern.

Sie können aber auch die althergebrachte Handlaubsägemethode am Sägetisch anwenden. Es ist schwer, mehrere Furnierschichten von Hand exakt durchzusägen. Einen Entwurf mit zwei andersfarbigen Furnieren werden Sie jedoch relativ einfach sägen können.

Zwei Furniere zusammen aussägen
Wählen Sie Ihr Furnier aus – eines für den Hintergrund und eines für die Einlage. Bei dieser Methode werden zwei identische Konturen hergestellt, die zusammengesetzt die Farben umkehren. Sägen Sie die Stücke etwa 12 mm größer aus als die geplante Form. Kleben Sie die beiden Furniere zusammen und legen Sie sie zur Versteifung zwischen zwei Restfurnierblätter, aber quer zu deren Faserrichtung **(1)**.

Stecken Sie das Sägeblatt durch ein kleines Einsatzloch auf einer Linie nahe der Mitte und spannen Sie es wieder in die Laubsäge. Drücken Sie das Werkstück fest auf den Sägetisch und sägen Sie genau der Rißlinie entlang **(2)**.

Setzen Sie die ausgesägten Stücke zusammen und kleben Sie zur Fixierung ein gummiertes Papier darüber. Füllen Sie die Schnittfuge mit gefärbter Holzspachtelmasse, die Sie von hinten hineinreiben und dann sauber abwischen.

Ein Muster übertragen
Sie können auch eine zweidimensionale Vorlage eines Gegenstandes als Grundlage für Ihren Entwurf wählen.

Fertigen Sie davon eine Zeichnung. Falls der Maßstab nicht stimmt, können Sie sie mit einem Pantographen oder auf einem Fotokopiergerät vergrößern oder verkleinern. Man kann das Muster auch seitenverkehrt auf das Holz übertragen, indem man mit einem heißen Bügeleisen über die Rückseite der aufgelegten Fotokopie fährt.

Früher machte man mehrere identische Kopien und Negativbilder, indem man mit einem Kopierrädchen über die Linien des Originals fuhr. Durch die Löcher wurde Holzkohlepulver aufgetragen und das Muster durch Erhitzen auf Papier fixiert.

Bügeln Sie über die Rückseite der Fotokopie

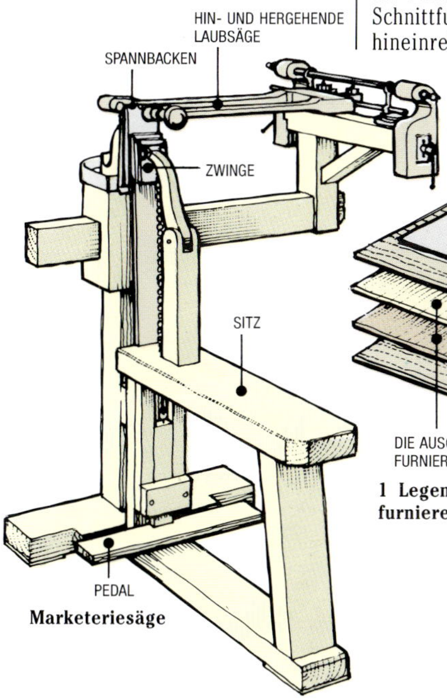

Marketeriesäge

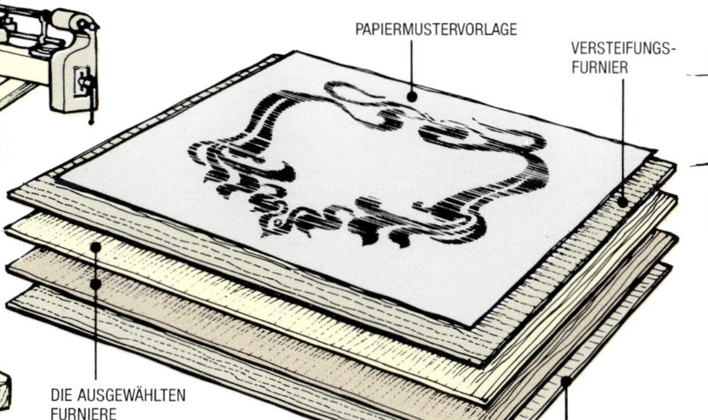

1 Legen Sie die Versteifungsfurniere quer zur Faserrichtung auf

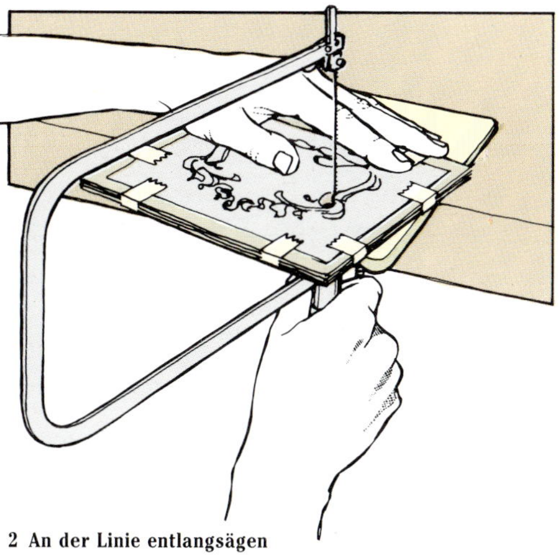

2 An der Linie entlangsägen

EIN BILD MACHEN

Die Kunst, Marketeriebilder zu gestalten, besteht darin, die charakteristischen Eigenschaften der Furniere auszunützen, um Farbe, Struktur, Licht und Schatten der Originalvorlage wiederzugeben.

Siehe auch

Furniere	32-33
Ziehklingen	110
Furnieren mit Druckplatten	200
Bandeinlagen	203
Schleifpapier	211
Leime und Kleber	222-223

Ein Thema wählen

Jedes Thema – Tiere, Pflanzen, Landschaften usw. – läßt sich mit Marketerie darstellen.

Als Vorlagen eignen sich vor allem Fotografien. Sie zeigen jede Feinheit und müssen für ein Marketeriebild vereinfacht werden. Die Umrisse der Formen können einfach kopiert werden, die subtilen Schattierungen aber, die den Dingen Gestalt geben, müssen mit künstlerischen Geschick wiedergegeben werden. Es liegt in der Natur dieser Technik, daß Schatten fast immer recht scharfkantig ausfallen. Durch eine sorgfältige Furnierauswahl und die Anwendung bestimmter Schattierungstechniken lassen sich Farbabstufungen schaffen, die eine dreidimensionale Wirkung hervorrufen.

Die ersten Versuche

Der Anfänger sollte am besten mit einem Marketeriebastelsatz beginnen, in dem sich auf eine beigelegte Entwurfsvorlage abgestimmte und numerierte Furniere befinden. Die Furniere müssen allerdings immer noch richtig zusammengesetzt werden.

Die Fenstermethode

Furniere für Bilder werden einzeln ausgeschnitten und können, da sie sehr dünn sind, mit einem scharfen, spitzen Messer geschnitten werden.

Die „Fenstermethode" macht es möglich, das Bild so aufzubauen, daß der Zusammenhang der Furnierstücke vor dem Zuschneiden ausprobiert werden kann.

Der Entwurf wird entweder auf ein Hintergrundfurnier oder auf einen weichen Karton aufgezeichnet. Es wird eine Form ausgeschnitten und dann das Furnier hinter die „Fensteröffnung" gelegt, um seine Farbe und Wirkung zu testen. Mit dem Fenster als Schablone wird das Furnier genau ausgeschnitten. Nacheinander werden dann Fenster geschnitten und eingepaßt, bis der Entwurf als komplette Furnierfläche vollendet ist.

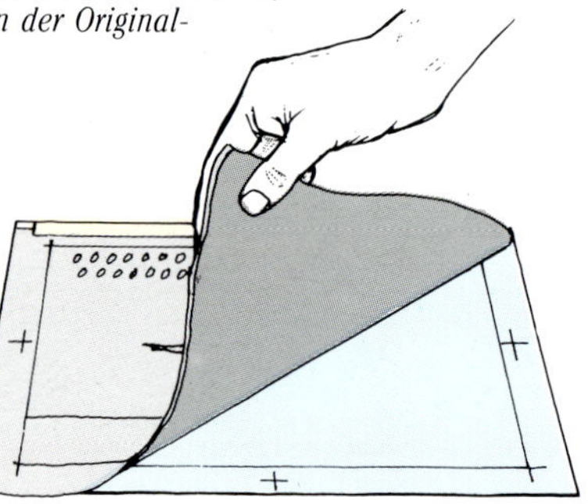

1 Linien und Mittelpunkte aufzeichnen

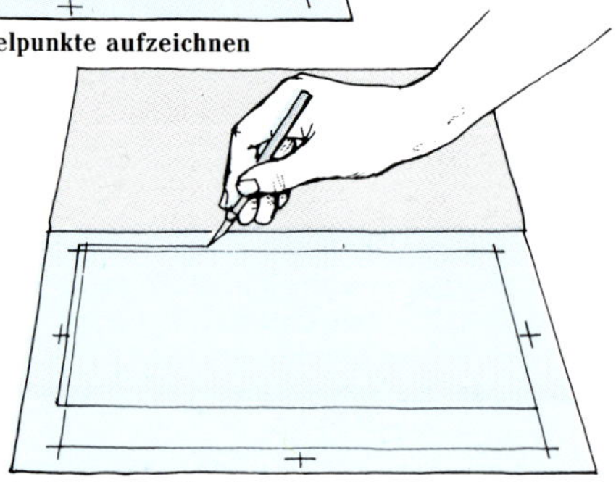

2 Schneiden Sie eines der Hauptelemente heraus

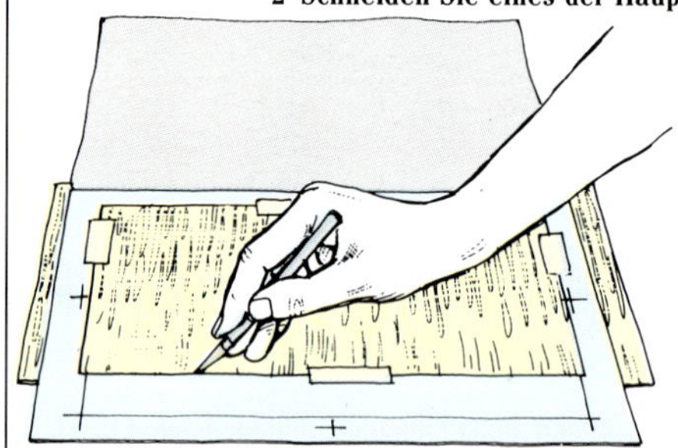

3 Verwenden Sie das Fenster als Schnittschablone

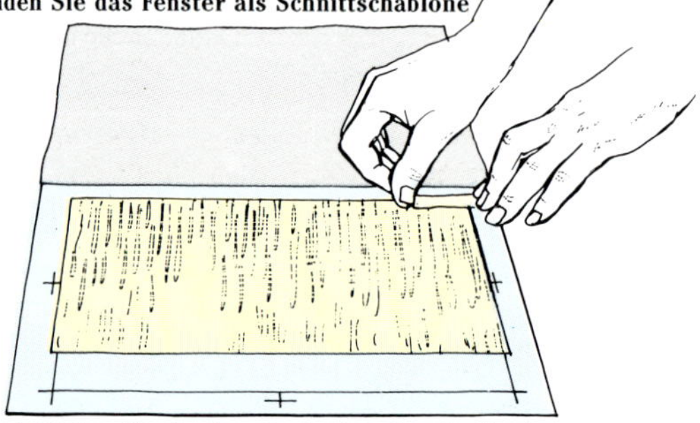

4 Kleben Sie das Furnier in dem Fenster fest

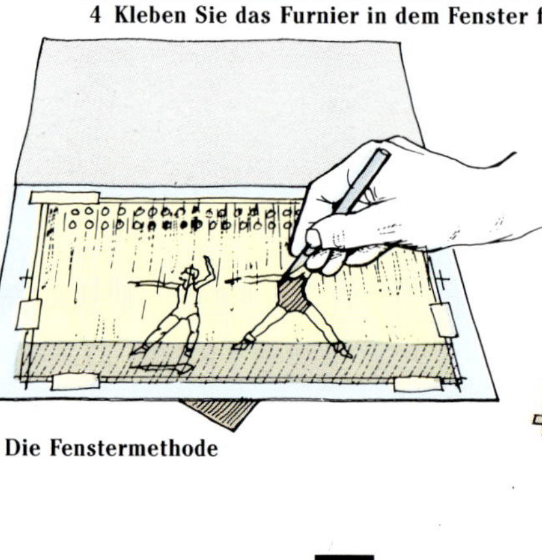

5 Die Fenstermethode

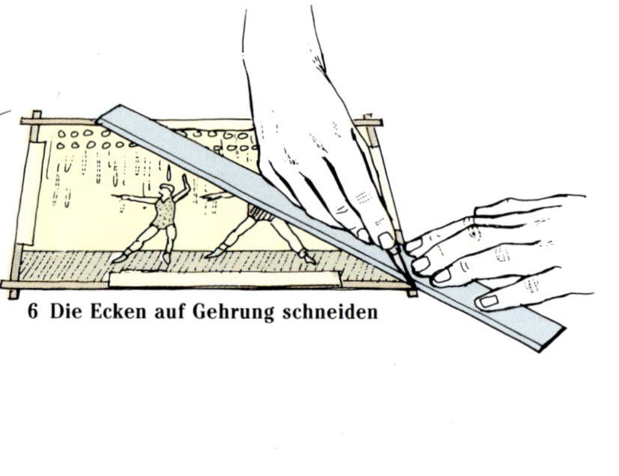

6 Die Ecken auf Gehrung schneiden

Anwendung der Fenstermethode

Befestigen Sie die Entwurfzeichnung mit Klebstreifen an der Oberkante des Kartons. Legen Sie ein Kohlepapier unter die Zeichnung und zeichnen Sie die Begrenzungslinien und die Mittelpunkte an den drei Kanten auf **(1)**.

Ziehen Sie als nächstes die Hauptbestandteile des Entwurfs nach. Schneiden Sie eines der Hauptelemente aus, folgen Sie dabei genau den Konturen, nur die Außenkanten dürfen die Begrenzungslinien überlappen **(2)**.

Legen Sie das gewünschte Furnier hinter das Fenster und richten Sie es so aus, daß seine Maserung gut zur Geltung kommt. Kleben Sie es an Ort und Stelle mit Klebstreifen fest und ritzen Sie das Furnier mit einem Messer entlang der Fensterkanten ein **(3)**. Nehmen Sie das Furnier heraus, schneiden Sie es und kleben Sie es in die Öffnung **(4)**.

Schneiden Sie dann das nächste Fenster und wiederholen Sie den Vorgang. Dieses Mal geben Sie jedoch an der Kante, die an das erste Furnier anstößt, einen Streifen Weißleim an und pressen es mit einer schweren Platte flach. Wiederholen Sie diesen Vorgang, bis der Hauptbildbereich fertig ist.

Klappen Sie die oben befestigte Entwurfszeichnung wieder über das Bild, ziehen Sie die Begrenzungslinien nach und zeichnen Sie die kleinen Details auf das jetzt richtige Furnier auf. Gehen Sie wieder nach der Fenstermethode vor **(5)**, um das Bild zu vollenden.

Lösen Sie das Bild vom Karton. Kleben Sie überlange Zierrandstreifen um das Bild und schneiden Sie die überlappenden Enden auf Gehrung **(6)**. Überkleben Sie auch die Gehrungen. Dann ist das Furnierbild fertig zum Aufleimen.

VERPUTZEN VON MARKETERIE

Bevor man auf die Marketerie ein Oberflächenmittel auftragen kann, muß die Oberfläche sauber vorbereitet werden.

Als erstes entfernen Sie die Klebstreifen. Feuchten Sie sie mit einem in warmes Wasser getauchten Schwamm an. Mit einem breiten Stecheisen oder einer Ziehklinge kratzen Sie sie ab.

Verputzen Sie Unebenheiten in der Oberfläche mit einer Ziehklinge. Bei schlichten Furnierflächen arbeiten Sie in Faserrichtung, bei zusammengesetzten Furnierbereichen mit unterschiedlichem Faserverlauf aber schieben Sie die Ziehklinge diagonal darüber.

Schleifen Sie die Fläche vorsichtig mit immer feiner werdendem Schleifpapier. Wickeln Sie das Papier um einen Schleifklotz aus Kork und schleifen Sie wenn möglich in Faserrichtung.

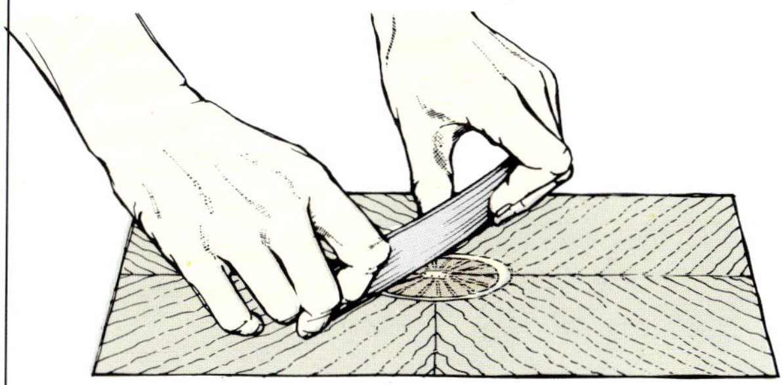

Schieben Sie die Ziehklinge diagonal über das Furnier

Furnier schattieren

Die herkömmliche Methode zur Herstellung dreidimensionaler Effekte bei muschelförmigen, ovalen und fächerartigen Einlagen besteht darin, Teilbereiche des Furniers leicht anzusengen, indem man sie in heißen Sand steckt. Diese Technik können Sie auch für Marketeriebilder anwenden. Das Ziel ist, eine subtile, natürlich aussehende Farbabstufung zu schaffen.

Erhitzen Sie auf einem Backblech eine Schicht feinen, weißen Sand. Behalten Sie eine gleichmäßige Temperatur bei, die die gewünschte Tönung in etwa 10 oder 12 Sekunden bewirkt. Es ist besser, die Temperatur zu steigern, statt das Furnier länger im heißen Sand zu lassen.

Halten Sie das Furnier mit einer Pinzette und stecken Sie es in den Sand. Zählen Sie die Sekunden, die Sie bei Ihren Proben ermittelt haben, und nehmen Sie es wieder heraus **(1)**.

Sehr große Furnierstücke können Sie mit der Fenstermethode behandeln. Sie können die Stücke auch auf das Fertigmaß schneiden. Diese müssen Sie aber sehr schnell schattieren, um zu verhindern, daß sie schwinden oder sich verziehen. Sie können sie, falls nötig, nach dem Schattieren auch anfeuchten und mit einem Brett flachpressen.

Zum Schattieren von Bereichen, die nicht an einer Kante liegen, nehmen Sie einen Löffel, um den heißen Sand auf den Bereich zu schütten, der dunkler getönt werden soll **(2)**.

Decken Sie das Furnier mit Klebstreifen ab, um Schattierungen mit scharfen Außenkonturen zu schaffen, falls Sie das wünschen.

1 Nach Sekunden herausziehen

2 Heißen Sand aufgeben

PARKETT-MARKETERIE

Bei der Parkett-Marketerie werden symmetrisch geformte Furnierstücke zusammengesetzt. Wenn Furniere unterschiedlicher Holzarten, Färbung und Maserung zu quadratischen, rechteckigen, dreieckigen, rautenförmigen oder anderen Formen geschnitten und zusammengesetzt werden, lassen sich unzählige Formen gestalten.

Der Entwurf

Das Zusammensetzen einfacher geometrischer Formen bietet eine scheinbar endlose Auswahl an Mustern. Sie können auf Isometrie- oder Millimeterpapier mit Mustervarianten herumexperimentieren, indem Sie mit verschiedenfarbigen Stiften oder Kugelschreibern die Formen Ihres Entwurfs ausmalen **(1)**.

Muster, die aus sich wiederholenden Streifen aufgebaut sind, sind einfacher auszuschneiden und zusammenzusetzen. Bei Motiven mit ineinandergreifenden Formen, wie Würfel und Sterne, werden Sie die Teile einzeln zusammenfügen müssen.

1 Entwerfen Sie Muster auf einem gerasterten Papier

Vorbereitungen

Wie bei allen sich wiederholenden Schneidarbeiten hilft auch hier eine Schneidvorrichtung.

Fertigen Sie die Schneidvorrichtung aus quadratischem Plattenmaterial mit einer Seitenlänge von etwa 600 mm. Schrauben Sie einen ungefähr 6 mm dicken Metall- oder Hartholzanschlag bündig auf eine Kante des Bretts. Markieren Sie senkrecht dazu zwei Rißlinien **(2)** und eventuell andere Winkelrisse.

Geschnitten wird mit einem Messer oder einer Furniersäge, die dazu an einem Lineal angelegt werden. Um das Lineal genau parallel zum Anschlag einstellen zu können, schneiden Sie sich zwei Abstandklötzchen in der erforderlichen Breite.

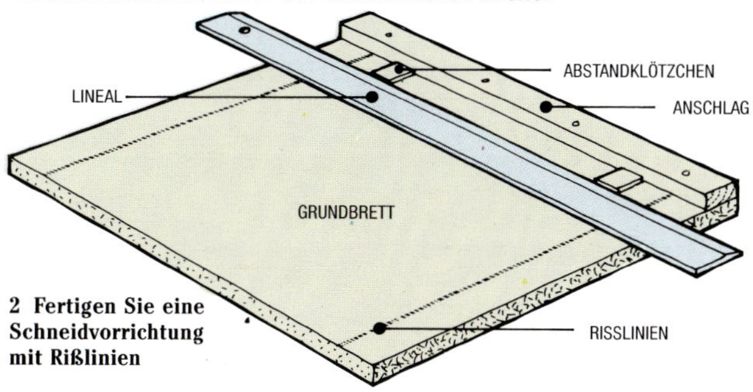

2 Fertigen Sie eine Schneidvorrichtung mit Rißlinien

EIN SCHACHBRETTMUSTER

Das vielleicht einfachste und bekannteste Beispiel ist das Schachbrettmuster aus farblich abwechselnden Quadraten. Die „Farbe“ kann durch die Verwendung unterschiedlicher Holzarten erreicht werden. Raffinierter und subtiler ist die Verwendung der gleichen Holzart jedoch mit unterschiedlichem Faserverlauf. Die beste Wirkung wird im allgemeinen mit geradfaserigen oder schlichten Furnieren erzielt.

Siehe auch	
Furniere	32-33
Holzwerkstoffplatten	34-38
Furnieren mit Druckplatten	200
Bandeinlagen	203

Wählen Sie kontrastierende Furniere und schneiden Sie jede Bahn ein wenig länger als das Grundbrett zu. Schneiden Sie je eine Kante jedes Furniers gerade. Stoßen Sie diese Kante gegen den Anschlag und schneiden Sie mit Hilfe des an die Abstandklötzchen angelegten Lineals Streifen in der gewünschten Breite **(1)**. Schneiden Sie von der einen Farbe vier Streifen und von der anderen fünf; es ist nicht wichtig, von welcher. Das geschieht, damit die Maserung in die gleiche Richtung läuft, wenn die Streifen zusammengesetzt werden. Numerieren Sie die Streifen in der Reihenfolge, in der sie geschnitten wurden.

Stoßen und kleben Sie die Streifen farbig abwechselnd zusammen. Legen Sie die zusammengesetzte Fläche so auf das Schneidbrett, daß eine Seitenkante an der senkrechten Rißlinie anliegt. Legen Sie das Lineal mit den Abstandklötzchen parallel zum Anschlag und schneiden Sie die Enden rechtwinklig ab **(2)**.

Entfernen Sie die Abschnitte und stoßen Sie die geschnittene Kante gegen den Anschlag. Schneiden Sie das zusammengesetzte Furnier wie zuvor beschrieben in Streifen mit abwechselnden Farbquadraten.

Kleben Sie die geschnittenen Kanten wieder zusammen, aber verschieben Sie die Streifen um ein Quadrat gegeneinander **(3)**. Die überstehenden Quadrate schneiden Sie ab, damit die Fläche quadratisch bleibt.

Versehen Sie die Schachbrettfläche noch mit einer Bandeinlage und einer Umrandung aus Querfurnier. Dann ist die Fläche fertig zum Aufleimen auf die Trägerplatte.

1 Streifen gleicher Breite

2 Die Enden geradeschneiden

3 Versetzt zusammenkleben

EIN WÜRFELMUSTER

Der Effekt isometrischer Würfel wird dadurch erzielt, daß man 60°-Rauten aus drei verschiedenfarbigen Holzarten schneidet und diese zu einem Sechseck zusammensetzt.

Um ein sich wiederholendes symmetrisches Muster zu erhalten, schneiden Sie die Rauten zuerst mit der beschriebenen Streifenmethode, kleben sie aber nur leicht zusammen. Trennen Sie dann die Rauten voneinander und setzen Sie die Sechseckfelder auf einer selbstklebenden, durchsichtigen Folie zusammen, die Sie mit der Klebeseite nach oben über Ihr gerastertes Zeichenpapier legen.

Setzen Sie die Rauten zusammen

STREIFENVARIANTEN

Mit der für das Schachbrettmuster beschriebenen Methode können Sie viele verschiedene Muster gestalten. Schneidet man Streifen unterschiedlicher Breite und versetzt die sich ergebenden Quadrate oder Rechtecke um eine halbe oder ganze Einheit, so ergeben sich daraus vielfältige Gestaltungsmöglichkeiten.

Werden die Quadrate diagonal durchgeschnitten, erhält man Streifen mit rechtwinkligen Dreiecken, die um die Hälfte versetzt ein Zickzackmuster ergeben. Werden die Streifen abwechselnd umgedreht und versetzt, ergeben sich Dreiecke alternierender Farbe.

Rautenmuster bekommt man, indem man die Streifen in einem 60°-Winkel durchschneidet. Schneiden Sie zunächst parallele Streifen aus kontrastierendem Furnier in der gewünschten Breite. Legen Sie den ersten Streifen an eine auf das Brett gezeichnete 60°-Rißlinie und nadeln Sie ihn fest. Dann kleben Sie die Streifen zusammen, wobei Sie die Endspitzen gegen den Anschlag stoßen. Schneiden Sie die „gezahnten“ Enden mit Hilfe des Lineals und der Abstandklötzchen ab. Entfernen Sie die Nadeln und schieben Sie die Schnittkante an den Anschlag heran.

Schneiden Sie die zusammengesetzte Fläche mit Hilfe der gleichen Abstandklötzchen noch einmal in Streifen. Jetzt haben Sie Streifen mit 60°-Rauten, die, versetzt man sie um eine Raute und klebt sie wieder zusammen, ein abwechselndes Wiederholungsmuster ergeben.

Wenn Sie nun waagrecht durch die Mitte der Rauten schneiden, erhalten Sie Streifen mit gleichseitigen Dreiecken. Diese Streifen lassen sich umdrehen und versetzen, um neue Muster zu gestalten.

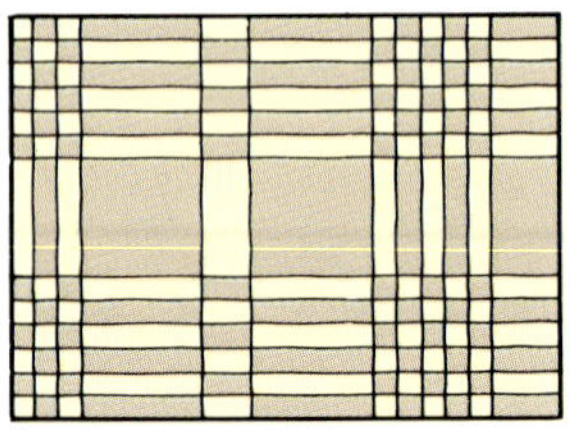

Quadratmuster bilden ...

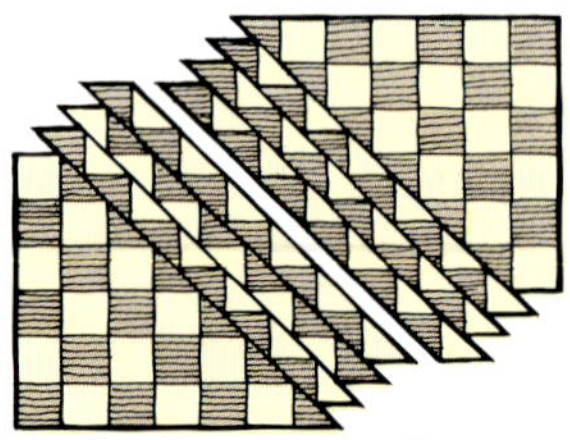

... oder diagonal schneiden

Streifen im 60°-Winkel

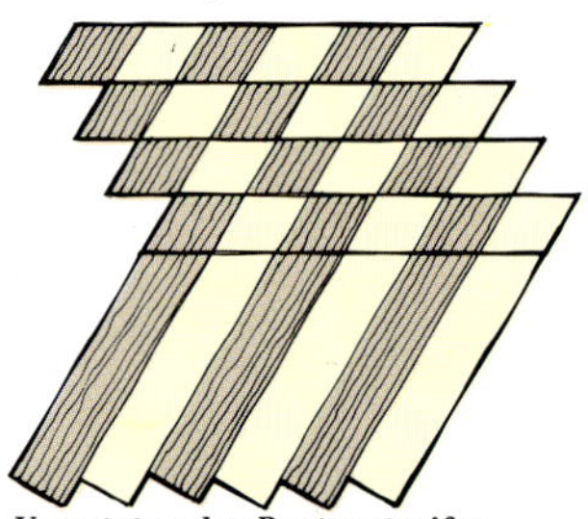

Versetzten der Rautenstreifen

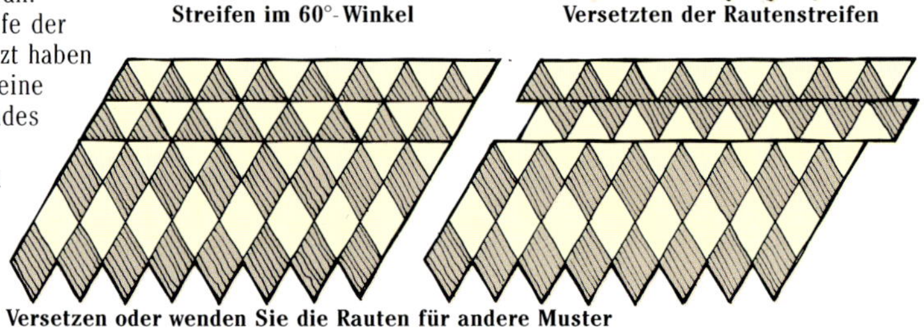

Versetzen oder wenden Sie die Rauten für andere Muster

Kapitel 8

Oberflächen-behandlung

Die natürliche Schönheit des Holzes mit Hilfe von Polituren, Lacken oder Ölfirnis noch zu steigern, ist sicherlich einer der schönsten Aspekte der Holzbearbeitung. Ähnliches geschieht auch durch das Beizen oder Färben von Holz. Die Oberflächenbehandlung hat auch einen ganz praktischen Zweck. Sie schützt das Holz vor Verschmutzung und Beschädigung. Sie müssen sich deshalb, bevor Sie sich für eine bestimmte Oberflächenbehandlung entscheiden, überlegen, wie das Möbelstück später beispielsweise verwendet werden wird und auch wie es aussehen soll. Wird das Möbel stark strapaziert, sollten Sie z. B. besser einen Lacküberzug statt einer Schellackpolitur wählen.

Wichtig für eine geeignete Oberflächenbehandlung ist auch die Faserstruktur des Holzes. Auf Holzarten mit glatter Struktur, wie Mahagoni und Nußbaum, gibt eine Schellackpolitur eine wunderbare Oberfläche. Grobporige Holzarten, wie Eiche, sehen andrerseits mit einer Öl- oder Wachsoberfläche besser aus, weil diese Materialien in das Holz eindringen und keinen Überzug auf der Oberfläche bilden. Ganz gleich, für welche Oberfläche Sie sich entscheiden, Erfolg werden Sie nur dann haben, wenn Sie in einem warmen, sauberen und gut beleuchteten Raum arbeiten.

VORBEREITEN DER OBERFLÄCHE

Holz muß glatt, sauber und fehlerfrei sein, bevor seine Oberfläche behandelt werden kann. Kleinere Mängel lassen sich mit Farbe abdecken, ein klarer Überzug jedoch wird jeden Fehler, einschließlich feiner Kratzer quer zur Faser, noch stärker hervorheben. Das Vorbereiten der Oberfläche ist deshalb die erste unbedingt erforderliche Stufe der Holzoberflächenbehandlung.

Siehe auch	
Ziehklingen	110 - 111
Handschleif-maschinen	147 - 150
Brandverhütung	211
Staubmaske/ Atemschutzmaske	160
Decklacke	216
Grundierung	216
Spritzkabine	218
Klarlacke	214, 216, 220

LÖCHER UND RISSE AUSFÜLLEN

Bei der Holzauswahl sollten Sie nur gutes Material nehmen. Gelegentlich muß man jedoch auch ein nicht ganz fehlerfreies Holz verwenden. Sogar wenn Sie sorgfältigst ausgewählt haben, können sich später noch Risse bilden, die man vor der Oberflächenbehandlung bearbeiten muß.

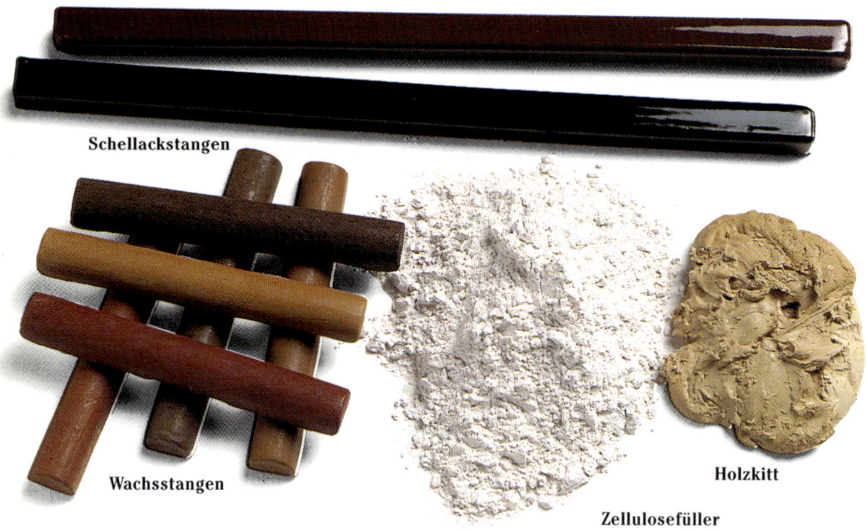

Holzkitt
Kitt ist eine feste Paste, mit der sich kleine Löcher oder Risse ausfüllen lassen, bevor ein deckender oder klarer Überzug aufgetragen wird. Fertigen Holzkitt kann man auf verschiedene Hölzer farblich abgestimmt kaufen. Dennoch dürfen Sie nicht eine genau passende Farbe erwarten, und die ausgekittete Stelle wird niemals perfekt sein. Man kann allerdings die Farbe des Kitts mit einem Tropfen Beize der Holzfarbe anpassen.

Zellulosefüller
Wenn Sie einen deckenden Farbauftrag erwägen, können Sie kleinere Fehler auch mit ganz normalem Maler-Zellulosefüller auskitten, den Sie mit Wasser zu einer festen Paste rühren.

Schellackstangen
Schellackstangen sind ideal zum Ausbessern eines Risses oder kleinen Astlochs und eignen sich für jegliche Art der Oberflächenbehandlung. Es gibt sie in holzähnlichen Farben zu kaufen.

Wachsstangen
Kittstangen aus Karnaubawachs, vermischt mit Harzen und Farbpigmenten, werden dazu benützt, kleine Wurmlöcher und Haarrisse im Holz zu verdecken. Man sollte Sie jedoch möglichst nur auf Flächen verwenden, die wachspoliert werden, denn die meisten Oberflächenmittel würden auf der wachsgefüllten Stelle nicht trocknen. Es gibt auch spezielle Wachsstifte zum Retuschieren von Kratzern in polierten Oberflächen.

- **Leimflecken entfernen**
  Sie sollten überschüssigen Leim immer mit einem feuchten Tuch von der Oberfläche abwischen. Wenn Sie den Leim trocknen lassen, versiegelt er das Holz und zeigt sich nach dem Beizen oder Polieren als heller Fleck. Entfernen Sie hartgewordene Leimflecken vor der Oberflächenbehandlung mit einer Ziehklinge.
- **Versiegeln**
  Harzende Aststellen werden durch alle Lack- oder Farbanstriche „durchbluten" und auf der Oberfläche dunkle Flecken hinterlassen. Bevor Sie eine Grundierung auftragen, entfernen Sie alle Harzkrusten und überstreichen die Aststellen zweimal mit Versiegelungslack (einem Einlaßmittel auf Schellackbasis).

Das Auskitten
Drücken Sie den Holzkitt mit einem kleinen, biegsamen Spachtel in das Loch. Wenn der Holzkitt gehärtet ist, schleifen Sie die Stelle bündig zur Holzfläche. Falls die Farbe nicht ganz stimmt, tupfen Sie mit einem feinen Pinsel eine winzige Menge Künstlerölfarbe auf. Lassen Sie die Farbe trocknen, bevor Sie die Oberfläche weiterbehandeln.

Schellackstangen schmelzen
Bringen Sie den Schellack mit der Spitze eines Lötkolbens zum Schmelzen und lassen Sie ihn auf die zu behandelnde Stelle tropfen. Tauchen Sie die Spitze eines Stecheisens in kaltes Wasser und pressen Sie damit den noch weichen Schellack in das Loch oder den Riß hinein. Wenn der Schellack dann hart und kalt ist, stechen Sie ihn mit einem Stecheisen bündig zur Oberfläche ab.

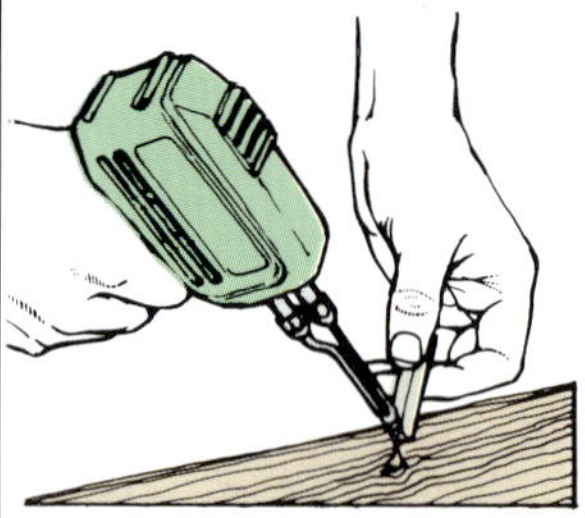

Schmelzen Sie Schellack mit einem Lötkolben

Mit Wachsstangen auskitten
Schleifen Sie die Oberfläche und versiegeln Sie sie mit Schellack, bevor Sie mit Wachs auskitten. Mit einer warmen Messerklinge erweichen Sie das Wachs und drücken es in die Risse oder Löcher.

DRUCKSTELLEN HOCHZIEHEN

Falls Ihr Werkstück eine Delle bekommen hat, legen Sie ein feuchtes Tuch über diese Stelle und drücken ein heißes Bügeleisen darauf. Die Hitze erzeugt Dampf, der die Holzfasern aufquellen läßt und die eingedrückte Stelle wieder hochzieht.

SICHERHEIT BEI HOLZOBERFLÄCHEN

Treffen Sie folgende Vorkehrungen zum Schutz Ihrer Gesundheit und Sicherheit, wenn Sie Holzoberflächen behandeln:

- Die meisten Oberflächenmaterialien sind brennbar. Lagern Sie sie also in einem extra Raum außerhalb Ihrer Werkstatt oder Ihrer Wohnung.
- Bewahren Sie Oberflächen- und Verdünnungsmittel geschützt vor Kindern auf. Falls ein Kind dennoch einmal von einem dieser Mittel trinken sollte, versuchen Sie nicht, es zum Erbrechen zu bringen, sondern suchen Sie sofort einen Arzt auf.
- Ölgetränkte Lappen können sich entzünden. Man sollte sie deshalb in verschließbaren Gläsern aufbewahren oder flach ausbreiten und im Freien trocknen lassen.
- Ein Feuerlöscher und eine Brandschutzdecke müssen immer zur Hand sein.
- Rauchen Sie nicht während der Oberflächenbearbeitung.
- Das Einatmen von Lösungsmitteldämpfen kann sehr unangenehm, wenn nicht sogar schädlich sein. Beachten Sie die Anweisungen des Herstellers im Hinblick auf die Giftigkeit und tragen Sie eine Atemschutzmaske.
- Sorgen Sie für eine ausreichende Belüftung und spritzen Sie keine Lacke, wenn Sie keine geeignete Absaugmöglichkeit haben.
- Tragen Sie beim Beizen Gummihandschuhe.
- Cremen Sie Ihre Hände ein und verwenden Sie ein hautschonendes Reinigungsmittel, um Farbe und andere Stoffe zu entfernen, bevor Sie ihre Hände mit Seife und heißem Wasser waschen. Reinigen Sie Ihre Hände niemals mit Farbverdünnern.
- Falls Sie ein Oberflächenmittel in die Augen bekommen haben, spülen Sie die Augen sofort gründlich mit Wasser aus und gehen Sie unbedingt zu einem Arzt.

HOLZ SCHLEIFEN

Schleifmaschinen erleichtern dem Schreiner das Schleifen großer Flächen. Aber erst durch einen abschließenden Handschliff entsteht eine erstklassige Oberfläche.

Schleifpapier

Eine Vielzahl verschiedenster, auf Papier aufgeleimter Schleifmittel werden zum Glattschleifen von Holz und ausgehärteten Oberflächenmitteln verwendet. Sie werden alle als Schleifpapiere bezeichnet, obwohl dieser Begriff ursprünglich nur für Glaspapier galt.

Glaspapier ist blaßgelblich. Es nützt sich schnell ab und ist, obwohl für die feine Holzbearbeitung nicht wirklich geeignet, eine billige Alternative für das Schleifen von Weichholz. Es wird auch Flintpapier genannt.

Granatschleifpapier wird aus einem rötlichbraunen, natürlichen Mineral hergestellt, das harte Körner mit scharfen Kanten bildet. Granatschleifpapier eignet sich gut zum Schleifen von Hart- wie auch Weichholz.

Elektrokorundpapier (Aluminiumoxid) ist noch härter als Granatschleifpapier. Es wird in verschiedenen Standardblattgrößen für den Handschliff und auch für Schleifmaschinen angeboten. Elektrokorundpapier gibt es in verschiedenen Farben. Dieses Papier eignet sich vor allem zum Schleifen dichter Harthölzer.

Siliziumkarbidpapier hat eine dunkelgraue bis schwarze Färbung. Es wird aus einem künstlichen Material hergestellt und hauptsächlich zum Schleifen von Metall oder, mit Wasser als Schmiermittel, zum Zwischenschleifen von Farbanstrichen verwendet. Trocken, also ohne Schmiermittel, wird es zum Schleifen von Hartholz eingesetzt. Ein hellgraues Siliziumkarbidpapier, mit Zinkoxidpulver bestreut, das wie ein trockenes Schmiermittel wirkt, eignet sich besonders für den Feinschliff von Schellackpolituren, die man mit Wasser als Schmiermittel zerstören würde.

Schleifpapierkörnungen

Schleifpapiere werden nach der Größe ihrer Körner eingestuft. Ganz allgemein teilt man sie in Papiere mit sehr grober, grober, mittlerer, feiner oder sehr feiner Körnung ein. Die Körnungen werden mit Nummern wie 60, 150 oder 600 bezeichnet (in einem anderen System von 9/0 bis 1). Je höher die Nummer, desto feiner ist die Körnung. Verwenden Sie beim Schleifen immer feiner werdende Körnungen, um die Kratzer des vorherigen Papiers mit dem nächstfeineren wegzuschleifen. In der Regel sind die groben bis feinen Körnungen für allgemeine Arbeiten geeignet und die sehr feinen Körnungen für Fein- und Lackschliffe.

Außerdem gibt es eine offene und eine geschlossene Streuung der Schleifkörner. Bei Schleifpapieren mit geschlossener Streuung liegen die Körner dicht aneinander; das Papier schleift sehr schnell. Bei Papieren mit offener Streuung liegen die Körner weit auseinander; das Papier setzt sich also schnell zu.

Schleifpapierkörnungen		
Sehr grob	50 60	1 1/2
Grob	80 100	0 2/0
Mittel	120 150 180	5/0 4/0 5/0
Fein	220 240 280	6/0 7/0 8/0
Sehr fein	320 360 400 500 600	9/0 — — — —

Der Handschliff

Reißen oder schneiden Sie das Schleifpapier über der Kante der Hobelbank in handliche Streifen. Wickeln Sie den Streifen um einen Schleifklotz aus Kork und glätten Sie damit das Werkstück, indem Sie immer mit der Faser schleifen **(1)**. Achten Sie darauf, Kanten nicht aus Versehen abzurunden, wenn Sie darauf zu schleifen. Wenn Sie jedoch die scharfe Kante, an der die beiden Flächen aufeinanderstoßen, leicht brechen wollen, dann sollten Sie mit dem schräggehaltenen Schleifklotz bewußt darüberfahren **(2)**. Legen Sie das Schleifpapier um einen Profilklotz, wenn Sie Profile schleifen wollen **(3)**.

Legen Sie die Schleifklötze zur Seite und nehmen Sie Ihre Fingerspitzen, um Druck auf das Schleifpapier auszuüben, wenn Sie gekrümmte Flächen glätten oder zum Abschluß leicht über eine Fläche schleifen wollen **(4)**. Wenn sich das Schleifpapier mit Schleifstaub zusetzt, klopfen Sie es gegen die Werkbank, damit die Staubpartikel herausfallen.

Wenn die Oberfläche so glatt wie möglich erscheint, „wässern" Sie das Holz mit einem feuchten Tuch, damit sich die Holzfasern aufrichten, und lassen es wieder trocken werden. Danach muß nur noch leicht darübergeschliffen werden, um eine perfekt glatte Oberfläche zu erhalten.

Das Schleifen von Hirnholz

Fahren Sie vor dem Schleifen mit den Fingern über das Hirnholz. Meist fühlt es sich in einer Richtung rauher an. Für eine Topooberfläche schleifen Sie in die glattere Richtung.

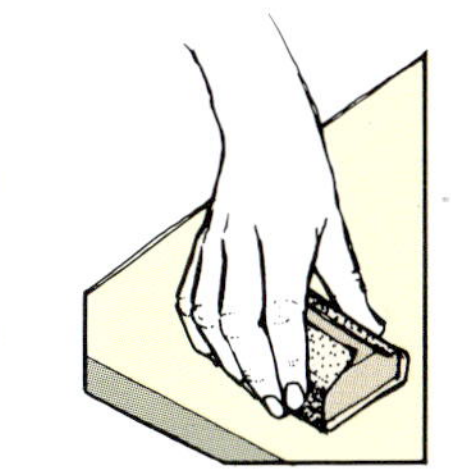

1 Flächen schleifen

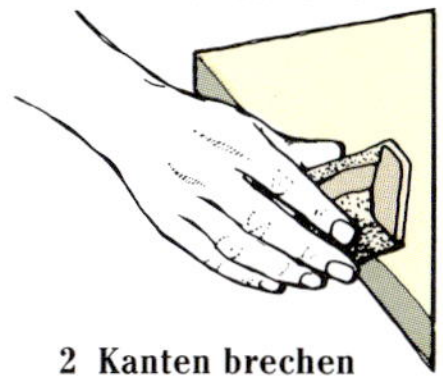

2 Kanten brechen

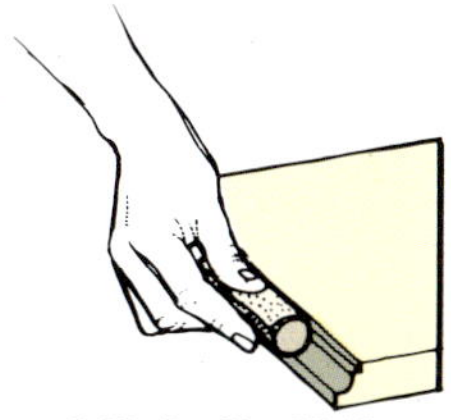

3 Ein Profil schleifen

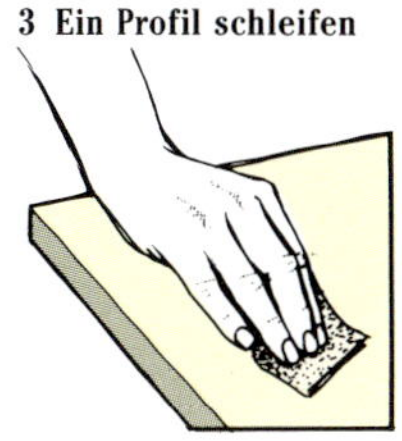

4 Mit den Fingerspitzen feinschleifen

Schleifpapiere
1 Glaspapier
2 Granatschleifpapier
3 Elektrokorundpapier
4 Siliziumkarbidpapier
5 Selbstschmierendes Siliziumkarbidpapier

BLEICHEN UND BEIZEN

Meist wird man eine geschliffene Holzfläche gleich mit einem klaren Lack überziehen. Manchmal ist es jedoch nötig, fehlfarbige Holzflächen vor dem Polieren oder Lackieren zu bleichen. Umgekehrt möchten Sie vielleicht die Farbe eines Holzes mit etwas Beize beleben oder farblich nicht passende Bereiche angleichen.

Siehe auch

Schwingschleifer	148 - 150
Staubmaske/ Atemschutzmaske	160
Schutzbrillen	160
Sicherheitshinweise	210
Schleifpapier	211

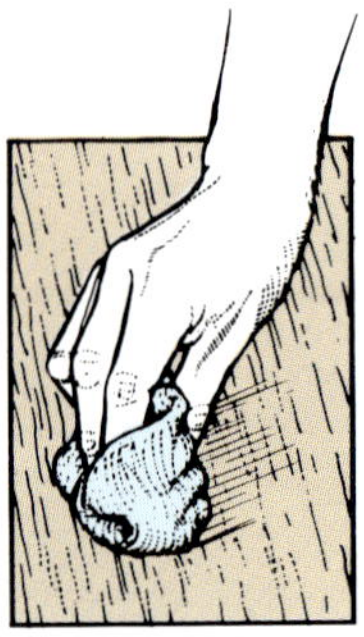

Füllen Sie die Poren von grobporigem Holz

POREN FÜLLEN

Bei grob- und mittelporigen Holzarten, wie Mahagoni, Nußbaum Eiche und Esche, sollten vor dem Auftragen eines glänzenden Lacks die Poren gefüllt werden.

Die beste Methode ist es, mehrere Lack- oder Farbschichten hintereinander aufzutragen und diese fein zwischenzuschleifen, bis die Poren „zu“ sind. Ein farbliches Abstimmen des Porenfüllmittels ist dann nicht nötig. Diese Art der Porenfüllung ist jedoch sehr langwierig, deshalb ziehen die meisten Schreiner es vor, einen käuflichen Porenfüller zu verwenden, eine dünne Paste, die passend zu verschiedenen Holzarten eingefärbt ist. Wählen Sie einen Porenfüller, der etwas dunkler ist als das zu bearbeitende Holz, denn der Füller wird beim Trocknen heller. Sie können ihn immer mit einer entsprechenden Holzbeize noch farblich abstimmen.

Reiben Sie den Porenfüller mit kreisförmigen Bewegungen in das Holz.

Gebeizte Holzflächen mit Porenfüller behandeln
Wenn Sie die Holzporen nach dem Beizen füllen, darf der getrocknete Füller nur leicht geschliffen werden, weil sonst seine Farbe verändert würde. Wenn Sie nach dem Porenfüllen beizen, kann eine ungleichmäßige Farbaufnahme zu Flecken führen. Am besten versiegelt man das gebeizte Holz mit einer Schicht des geplanten Überzugmittels und reibt erst dann den Porenfüller ein. Auf diese Weise schützt das Einlaßmittel die Farbe.

Mit Schleifgrund arbeiten
Statt eines Porenfüllmittels können Sie zur Vorbereitung von feinstrukturierten Hölzern oder Holzwerkstoffplatten auch einen gekauften Schleifgrund verwenden. Tragen Sie den Schleifgrund auf und schleifen Sie ihn, wenn er trocken ist, mit feinem Schleifpapier. Tragen Sie noch eine Schicht auf und reiben Sie die trockene Oberfläche mit ganz feiner Stahlwolle ab. Einige Lacke haften allerdings auf Schleifgrund nicht gut.

HOLZ BLEICHEN

Im Handel erhältliche Holzbleichmittel entfärben das Holz durch einen chemischen Prozeß. Nach dem Auftragen des Bleichmittels muß ein Neutralisationsmittel aufgebracht werden, um den Prozeß zu stoppen. Nicht alle Hölzer lassen sich erfolgreich bleichen. Kastanie und Palisander z. B. reagieren schlecht auf Bleichmittel, während sich Eiche oder Birke sehr gut bleichen läßt. Holzbleichmittel sind hochwirksame Chemikalien – befolgen Sie also die Gebrauchsanweisung des Herstellers mit Sorgfalt. Tragen Sie Gummihandschuhe, eine Schutzbrille, alte Kleidung und eine Schürze, wenn Sie mit Chemikalien umgehen.

Tragen Sie das Bleichmittel mit einem Tuch gleichmäßig auf die Holzfläche auf. Beobachten Sie die Reaktion etwa 20 Minuten. Sobald der gewünschte Bleichton erreicht ist, waschen Sie die Oberfläche mit einem Neutralisationsmittel ab. Nach ungefähr vier Stunden waschen Sie das Holz noch einmal sauber nach.

Bleichmuster

Holzbeizen
1 Wasserlösliche Farbbeize auf Ahorn
2 Wasserlösliche Nußbaumbeize auf Buche
3 Spirituslösliche helle Eichenbeize auf Buche
4 Terpentinöllösliche rote Mahagonibeize auf Buche

1 2 3 4

HOLZBEIZEN

Das zu beizende Holz muß absolut sauber, fettfrei und glattgeschliffen sein. Nach dem Schleifen mit einem Schwingschleifer sollte die Fläche mit der Hand nachgeschliffen werden, um die feinen Schleifkringel, die der Schwingschleifer hinterlassen hat, zu beseitigen. Wenn Sie das Holz nicht zuvor wässern und wieder glattschleifen, werden sich bei einer wasserlöslichen Beize die Holzfasern aufrichten.

DIE BEIZEN

Gebrauchsfertige Beizen sind in einer riesigen Farbauswahl in Fachgeschäften oder auch in Bastelläden erhältlich. Trockene Farbstoffe in Pulverform, die Sie selbst ansetzen müssen, werden Sie wahrscheinlich nur im spezialisierten Fachhandel bekommen.

Wasserbeizen
Wasserbeizen dringen gut ins Holz ein, und da sie relativ langsam trocknen, ist es einfach, eine gleichmäßige Verteilung der Farbe zu erreichen. Wasserbeizen lassen sich sogar noch abtönen, wenn sie auf das Holz aufgetragen sind, indem man mit einem feuchten Lappen die Farbe abwischt. Ist die Beize trocken, kann die Oberfläche auf jede beliebige Weise behandelt werden. Sie können die Beize gebrauchsfertig kaufen oder sich wasserlösliche Teerfarbstoffe in Pulverform besorgen. Um die Beizlösung selbst herzustellen, lösen Sie etwa 30 g des Farbpulvers in 1 ¼ Liter warmem Wasser auf.

Spiritusbeizen
Spiritusbeizen sind bei den Hobbyschreinern nicht so beliebt, weil sie, da sie in Brennspiritus gelöst sind, sehr schnell trocknen und äußerst sorgfältig aufgetragen werden müssen, um Ansätze und Streifen zu vermeiden, die sich nach dem Trocknen zeigen. Aus diesem Grund werden spirituslösliche Beizen auch oft gespritzt. Bei dieser Art Beize richten sich die Holzfasern nicht wieder auf. Kaufen Sie die Beize gebrauchsfertig oder in Pulverform. Das Farbpulver wird im gleichen Verhältnis, wie es für Wasserbeizen empfohlen wurde, angesetzt. Gibt man ein wenig Schellack dazu, läßt sich die Beize leichter auftragen und die Pigmente verbinden sich besser.

Eine Spiritusbeize kann unter Umständen durch eine nachfolgend von Hand aufgetragene Schellack- oder Zelluloselackschicht durchschlagen und Flecken bilden. Bei einer aufgespritzen Lackschicht wird sich das Problem jedoch nicht stellen.

Terpentinölbeizen
Terpentinölbeizen verdunsten verhältnismäßig schnell. Man hat aber genügend Zeit, ein zufriedenstellendes Ergebnis zu erzielen. Diese Beizen, die in Terpentin und Testbenzin auf Ölbasis gelöst werden, bewirken kein Aufrichten der Holzfasern. Die Ölbeizen werden von dem Terpentingehalt in Polyurethanlack und Wachspolitur wieder angelöst. Versiegeln Sie die gebeizte Oberfläche mit einer Schicht Schellack-Schleifgrund, wenn Sie überlackieren, und mit zwei Schichten, wenn Sie die Fläche wachsen wollen. Gebrauchsfertige Ölbeizen sind nicht im Handel zu finden.

AUFTRAGEN DER BEIZE

Zum Auftragen der Beize verwenden Sie einen guten Pinsel oder einen Schwamm. Tragen Sie die Beize damit satt und gleichmäßig auf. Streichen Sie in Richtung der Faser und verteilen Sie die Strichansätze so schnell wie möglich. Sobald Sie eine Schicht Wasserbeize aufgebracht haben, wischen Sie die nasse Oberfläche mit einem weichen, trockenen Tuch ab, um die Farbe gleichmäßig zu verteilen und überschüssige Beize abzunehmen.

Vielleicht ziehen Sie es auch vor, die Beize mit einem zusammengeknüllten sauberen Lappen aufzutragen – vor allem, wenn Sie eine senkrechte Fläche beizen müssen. So lassen sich Laufspuren besser kontrollieren. Auch gedrechselte Teile lassen sich am besten mit so einem Lappen beizen. Ziehen Sie Gummihandschuhe an, tauchen Sie den Lappen ganz in die Beize und drücken Sie ihn dann kräftig aus, um Farbtropfen auf dem Holz zu vermeiden.

EIN BEIZMUSTER HERSTELLEN

Jede Holzart nimmt die Beize anders auf. Dies wirkt sich auch im Farbton aus. Auch die Art der nachfolgenden Oberflächenbehandlung hat einen Einfluß auf die Farbe der Beize.

Bevor Sie ein Werkstück beizen, machen Sie eine Probebeizung auf einem Reststück des gleichen Holzes. Tragen Sie auf das Brettchen eine Beizschicht auf und lassen Sie sie trocknen. Dann streichen Sie eine zweite Schicht darüber, lassen dabei aber zum Vergleich einen Streifen der ersten Schicht unbedeckt. Zwei Beizschichten sind normalerweise ausreichend. Zur Probe tragen Sie drei oder vier Schichten auf und lassen sie dann gründlich trocknen. Überziehen Sie einen Teil des Beizmusters mit klarem Lack, um zu sehen, wie sich das auf jede Beizschicht auswirkt.

Beizmuster

HOLZ RÄUCHERN

Unter der Einwirkung von Ammoniakdämpfen (Salmiakgeist) verfärben sich Holzarten, die Gerbstoffe enthalten. Besonders Eichenholz wird gerne geräuchert. Es bekommt dadurch eine schöne mittel- bis dunkelbraune Tönung, je nachdem, wie lange man das Holz den Dämpfen aussetzt. Mahagoni, Kastanie und Nußbaum lassen sich ebenfalls mit Ammoniak tönen.

Starken Salmiakgeist (27 – 30 %) erhalten Sie in der Apotheke oder Drogerie. Es kann aber sein, daß Sie mindestens 2 Liter davon kaufen müssen. Sie können auch normalen Haushaltssalmiak verwenden, mit dem der Vorgang aber langsamer ablaufen wird. Salmiakgeist oder Ammoniak reizt die Augen, die Nase und den Rachen – bauen Sie die Räucherkammer also entweder draußen im Freien oder in einem gut belüfteten Raum.

Eine Räucherkammer bauen
Um eine provisorische Räucherkammer zu bauen, errichten Sie sich aus Kantleisten ein Rahmengestell, das über das Werkstück gestülpt und mit schwarzer Plastikfolie verkleidet wird, um ein luftdichtes Zelt zu schaffen. Dichten Sie alle Nähte und Fugen mit Klebeband ab. Verwenden Sie keine durchsichtige Plastikfolie, denn das Tageslicht kann die Farbe verändern.

Stellen Sie mehrere kleine Schalen mit Salmiakgeist in das Zelt. Alle Schrauben oder Metallteile müssen zuvor entfernt werden, weil sie das Holz verfärben würden.

Um eine mitteldunkle Tönung zu bewirken, lassen Sie das Zelt etwa 24 Stunden lang verschlossen. Falls Sie einen helleren Ton wünschen, müssen Sie vorher abbrechen.

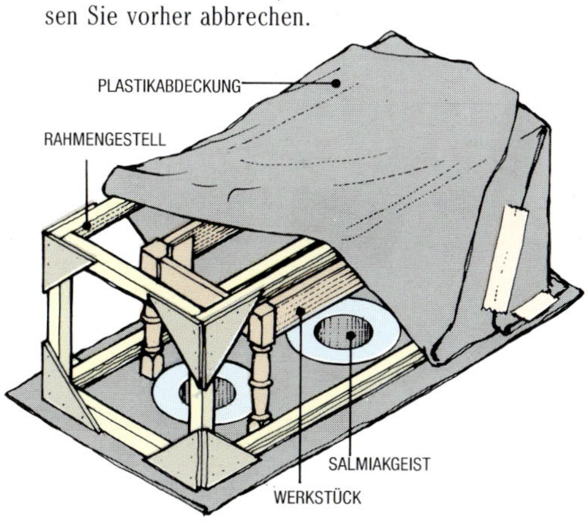

Provisorische Räucherkammer

SCHELLACK-POLITUR

Die Schellackpolitur ist nach wie vor sehr beliebt. Mit ihr lassen sich beinahe glasartige Oberflächen erreichen. Diese Oberflächen sind jedoch leicht anfällig für Kratzer und empfindlich gegenüber Wasser und Alkohol, die auf der Oberfläche weiße Flecken hinterlassen. Trotz dieser Nachteile ist die Schellackpolitur eine reizvolle Oberflächenbehandlung, für die viele Schreiner bereit sind, stundenlang zu üben, um sie zu beherrschen.

Siehe auch

Sicherheitshinweise	210
Schleifpapier	211
Holzbeizen	212 - 213
Wachspolituren	220

Schellackpolituren
1 Unbehandeltes Mahagoni
2 Mit Knopfschellack poliertes Mahagoni
3 Mit Rubinschellack poliertes Mahagoni
4 Weiße Schellackpolitur auf Ahorn

ARTEN DER SCHELLACKPOLITUR

Sie können sich Ihre Schellackpolitur selbst ansetzen, indem Sie Schellackblättchen in Spiritus auflösen. Es ist jedoch bequemer, die Politur gebrauchsfertig in flüssiger Form zu kaufen.

Knopfschellack
Die goldbraune Knopfschellackpolitur wird aus dem besten Schellack gewonnen. Der Name rührt von der Art und Weise her, in der der Schellack in 50 mm großen Scheiben, die Knöpfen ähneln, getrocknet wird.

Blonder Schellack
Aus etwas weniger geklärtem Blättchenschellack aufbereitet, ist diese Schellackpolitur trotzdem praktisch frei von Verunreinigungen. Sie hat einen intensiven mittelbraunen Farbton.

Rubinschellack
Dies ist eine dunkle, rotbraune Schellackpolitur, die für Mahagoni und ähnlich farbige Holzarten verwendet wird.

Weißer Schellack
Die aus gebleichtem Schellackpulver aufbereitete Politur wird für helle Holzarten verwendet.

Klarer Schellack
Die durchsichtige Politur entsteht, indem dem gebleichten Schellack der natürliche Wachsgehalt entzogen wird. Sie wird da eingesetzt, wo ein zusätzlicher Farbton das Aussehen eines besonders hellen Holzes verderben würde.

Gefärbte Polituren
Gefärbte Polituren enthalten rote, schwarze oder grüne Beizen. Die schwarze Politur wird in erster Linie zum Polieren von Klavieren verwendet, die roten und grünen Polituren zum Ausgleichen der Holzfarbe. Grüne Politur z. B. dämpft die Intensität eines blutroten Mahagonis und verleiht ihm eine gewisse Patina. Rote Politur hat die umgekehrte Wirkung. Sie verleiht braunem Holz einen satteren Farbton. Der Farbton jeder Schellackpolitur läßt sich durch Hinzufügen einer spirituslöslichen Holzbeize verändern.

SCHELLACKPOLITUR ZUM STREICHEN

Das klassische Schellackpolierverfahren erfordert viel Geschick und Übung, bevor ein zufriedenstellendes Ergebnis erreicht wird. Folglich ziehen viele Schreiner es vor, etwas verdünnten Schellack mit dem Pinsel aufzutragen und zwischen den verschiedenen Aufträgen zwischenzuschleifen, anstatt die Politur in der traditionellen Weise auszupolieren.

Die Technik des Auftragens spezieller Streichpolituren ist leicht erlernbar. Nehmen Sie einen weichen Pinsel und tragen Sie damit eine gleichmäßige Schicht auf. Nach 15–20 Minuten schleifen Sie die Schicht mit selbstschmierendem Siliziumkarbidpapier (sogenanntem Lackschliffpapier) leicht ab und tragen eine zweite Schicht auf. Nachdem eine dritte Schicht in der gleichen Weise aufgebracht wurde, schleifen Sie diese mit ganz feiner Stahlwolle (0000), die Sie kurz in Wachs getaucht haben, und polieren die Fläche nach weiteren fünf Minuten mit einem weichen Tuch.

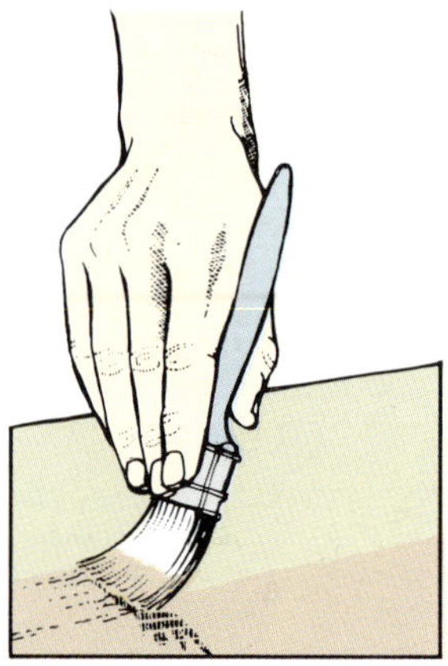

Streichpolitur aufbringen
Nehmen Sie einen weichen Pinsel und tragen Sie eine gleichmäßige Schicht dieser speziellen Streichpolitur auf.

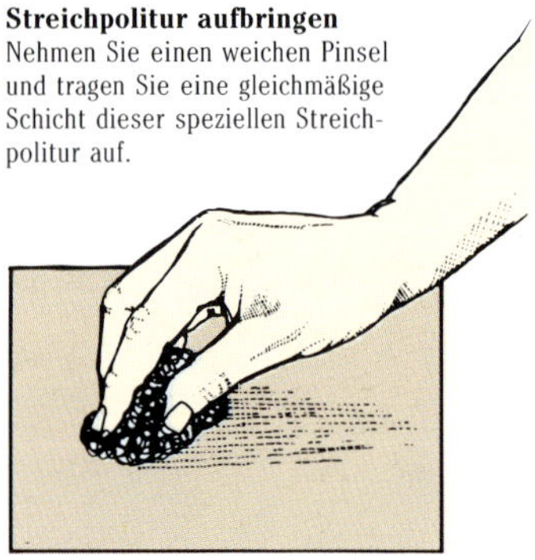

Zwischenschleifen mit Stahlwolle
Die letzte aufgetragene Schicht schleifen Sie leicht in Faserrichtung ab.

DIE KLASSISCHE SCHELLACKPOLITUR

Traditionell wird die Schellackpolitur mit einem Polierballen, einem in weißes Leinen gewickelten Watte- oder Wollbausch, in Schichten aufgetragen.

Herstellung eines Polierballens

Für einen Polierballen eignet sich gute Baumwollwatte (oder Strickwolle) als Einlage am besten. Nehmen Sie eine Handvoll des Materials, pressen Sie es in eine ovale Form und legen Sie den Ballen in die Mitte eines etwa 300 x 300 mm großen Leinenstücks **(1)**. Klappen Sie das Tuch über die Watte **(2)**, falten Sie die Ecken nach innen **(3)** und drücken Sie den Ballen mit Ihrer Handfläche in Form **(4)**.

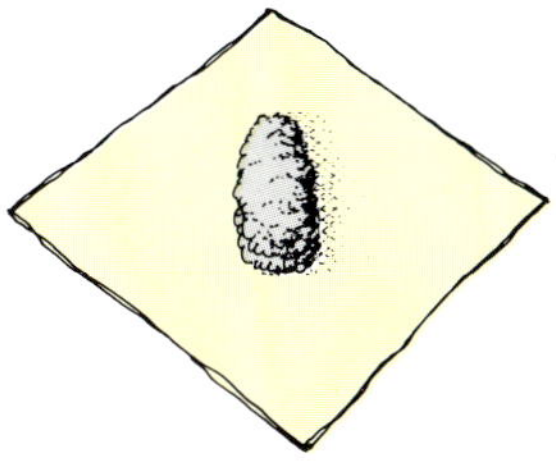

1 Legen Sie den Wattebausch auf ein Leinenstück

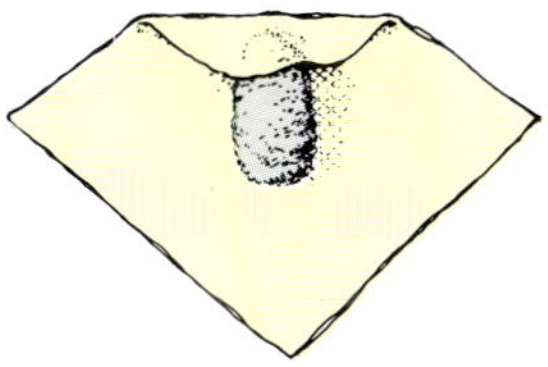

2 Schlagen Sie eine Ecke darüber

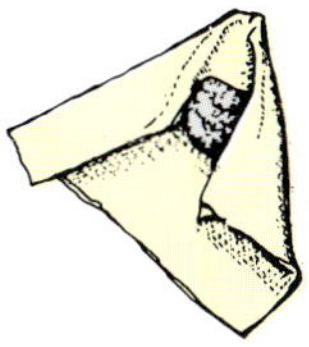

3 Falten Sie die Ecken nach innen

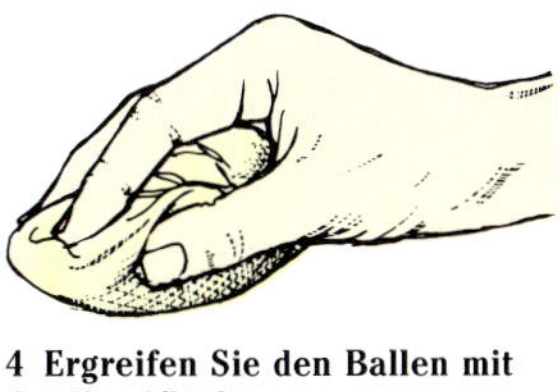

4 Ergreifen Sie den Ballen mit der Handfläche

Füllen des Ballens

Schlagen Sie das Leinen zurück und träufeln Sie auf den Ballen Schellackpolitur auf, bis er zwar durchtränkt, aber nicht tropfnaß ist. Legen Sie das Leinen, wie links beschrieben, wieder darüber und klopfen Sie den Ballen auf ein Brett. Dadurch wird die Politur gleichmäßig im Ballen verteilt und überschüssige Politur herausgedrückt.

Das Polieren

Bei einer glatten Fläche fahren Sie mit dem Ballen zunächst in kreisförmigen, sich überlappenden Bewegungen über die Fläche und tragen so nach und nach auf die ganze Fläche eine Schicht Schellack auf **(1)**. Dann gehen Sie noch einmal über die Oberfläche, diesmal aber in achterförmigen Bewegungen **(2)**. Durch die verschiedenen Bewegungen wird die Politur verteilt. Zum Abschluß fahren Sie mit geraden, sich aber überlappenden Strichen parallel zur Faserrichtung des Holzes über die Fläche **(3)**.

Ein frisch angefeuchteter Ballen darf nur mit mäßigem Druck geführt werden. Verstärken Sie aber im Verlauf der Arbeit den Druck auf den Ballen. Halten Sie den Ballen immer in Bewegung, indem Sie an den Kanten schwungvoll darüberfahren. Der Ballen darf niemals auf der Fläche stehenbleiben, sonst klebt er fest und reißt die Politurschicht auf. Ist das geschehen, müssen Sie die Fläche gründlich durchtrocknen lassen und anschließend mit feinstem Lackschliffpapier abschleifen.

Ist der erste Auftrag makellos, lassen Sie ihn etwa eine halbe Stunde trocknen und wiederholen dann den Vorgang. Tragen Sie auf diese Weise vier bis fünf Politurschichten auf und lassen Sie den Schellack dann über Nacht trocknen.

Am nächsten Tag schleifen Sie eventuelle Staubpartikel und Unebenheiten in der Politur mit feinem Lackschliffpapier heraus, bevor Sie erneut vier oder fünf Polierschichten auftragen. Entscheiden Sie selbst, wann Sie eine ausreichende Politurschicht mit der gewünschten Farbintensität aufgebaut haben.

Polieren von Profilen und Schnitzereien

Breite, flache Profile lassen sich mit einem Ballen polieren. Auf stark profilierte Leisten oder Schnitzereien aber trägt man mit einem weichen Pinsel verdünnten Schellack in dünner Schicht auf. Ein Marderhaarpinsel ist ideal, ein guter Malerpinsel tut es aber auch. Tragen Sie die Politur relativ schnell und gleichmäßig auf, jedoch nicht zu schnell, da sie sonst läuft. Wenn der Schellack trocken ist, polieren Sie ihn mit einem Ballen wie unten beschrieben ab. Fahren Sie jedoch nur ganz leicht darüber, sonst tragen Sie an den Hochpunkten zuviel Politur ab.

Abpolieren

Das Leinöl hinterläßt auf der Polieroberfläche Streifen. Entfernen Sie diese Streifen und polieren Sie die Fläche auf Hochglanz, indem Sie mit einem praktisch „leeren“ Ballen, jedoch mit ein paar Spritzern Polierspiritus auf der Sohle, darüberfahren. Streichen Sie jedoch nur in parallelen Zügen über die polierte Fläche, indem Sie am Anfang und Ende jeden Zuges mit dem Ballen über die Fläche hinausfahren. Benetzen Sie den Ballen mit etwas Spiritus, sobald er anfängt zu ziehen. Lassen Sie die Polierfläche einige Minuten ruhen, um zu sehen, ob die Streifen verschwinden. Wenn nicht, wiederholen Sie den Abpoliervorgang, bis die gewünschte Oberflächenqualität erreicht ist. Nach einer halben Stunde reiben Sie die Fläche mit einem weichen Flanelltuch blank und lassen das Werkstück mindestens eine Woche lang stehen, damit die Politur ganz aushärten kann.

Mattieren

Wenn Sie keine hochglänzende Fläche wünschen, mattieren Sie die ausgehärtete Oberfläche, indem Sie mit extra feiner Stahlwolle (0000), die Sie zuvor in weiches Polierwachs getaucht haben, abreiben. Arbeiten Sie mit geraden, parallelen und sich überlappenden Strichen längs zur Faser, bis die ganze Fläche gleichmäßig matt ist. Dann polieren Sie sie mit einem weichen Tuch ab, eventuell noch mit etwas zusätzlichem Wachs, um einen schönen Seidenglanz zu erzielen.

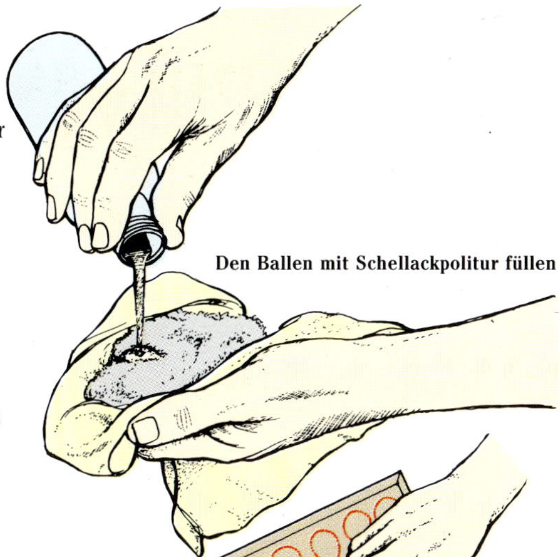

Den Ballen mit Schellackpolitur füllen

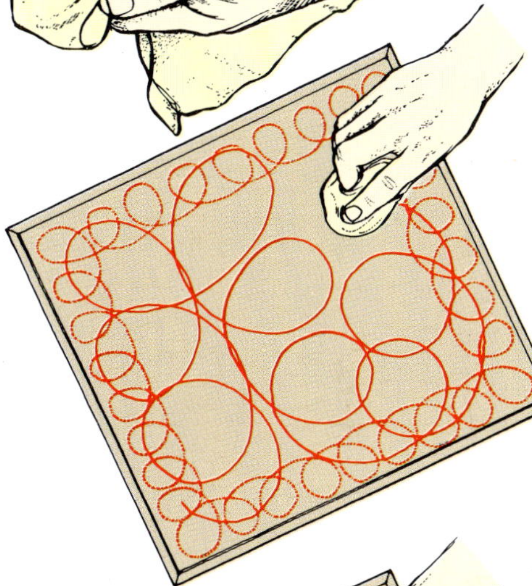

1 Fahren Sie kreisförmig über die Fläche

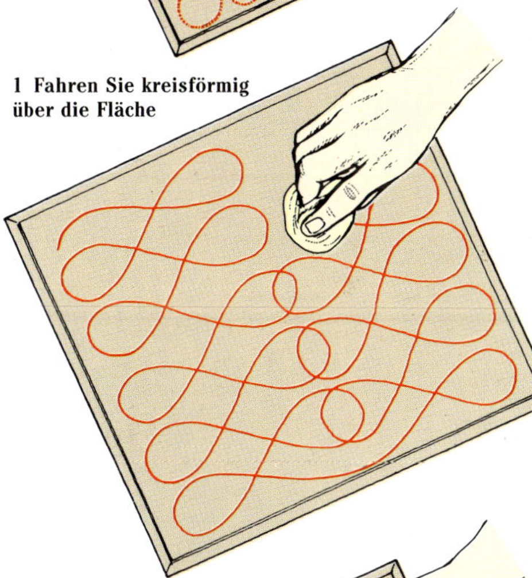

2 Dann in Achtern

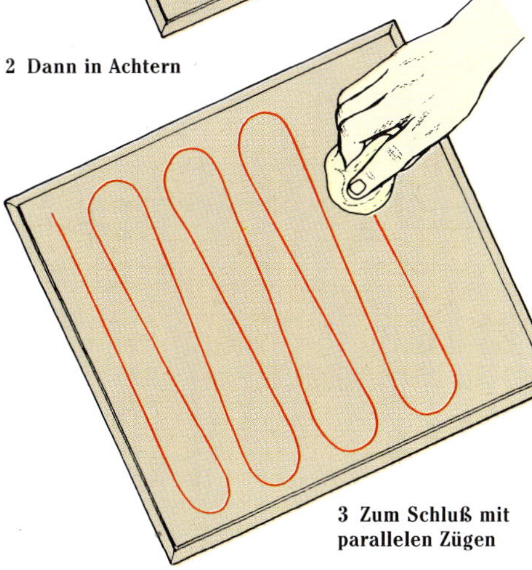

3 Zum Schluß mit parallelen Zügen

LACKE UND FARBEN

Verschiedene Lacke und Farben werden hier in einer Gruppe zusammengefaßt. Man unterscheidet zwar in chemisch aushärtende und physikalisch trocknende Lacke, sie werden jedoch alle entweder mit dem Pinsel oder mit einer Spritzpistole. Außerdem sind bestimmte Farben in Wirklichkeit Lackprodukte mit Farbpigmenten.

Siehe auch
Sicherheitshinweise 210
Schleifpapier 211
Schellackpolitur 214
Lack spritzen 218 - 219
Wachspolituren 220

LACKE UND FARBEN
1 Nitrozelluloselack auf Ahorn
2 Farbloser Reaktionslack auf Kiefer
3 Schwarzer Reaktionslack
4 Farbloser Polyurethanlack auf Sipo
5 Gefärbter Polyurethanlack auf Eiche
6 Farblacke auf Kiefer

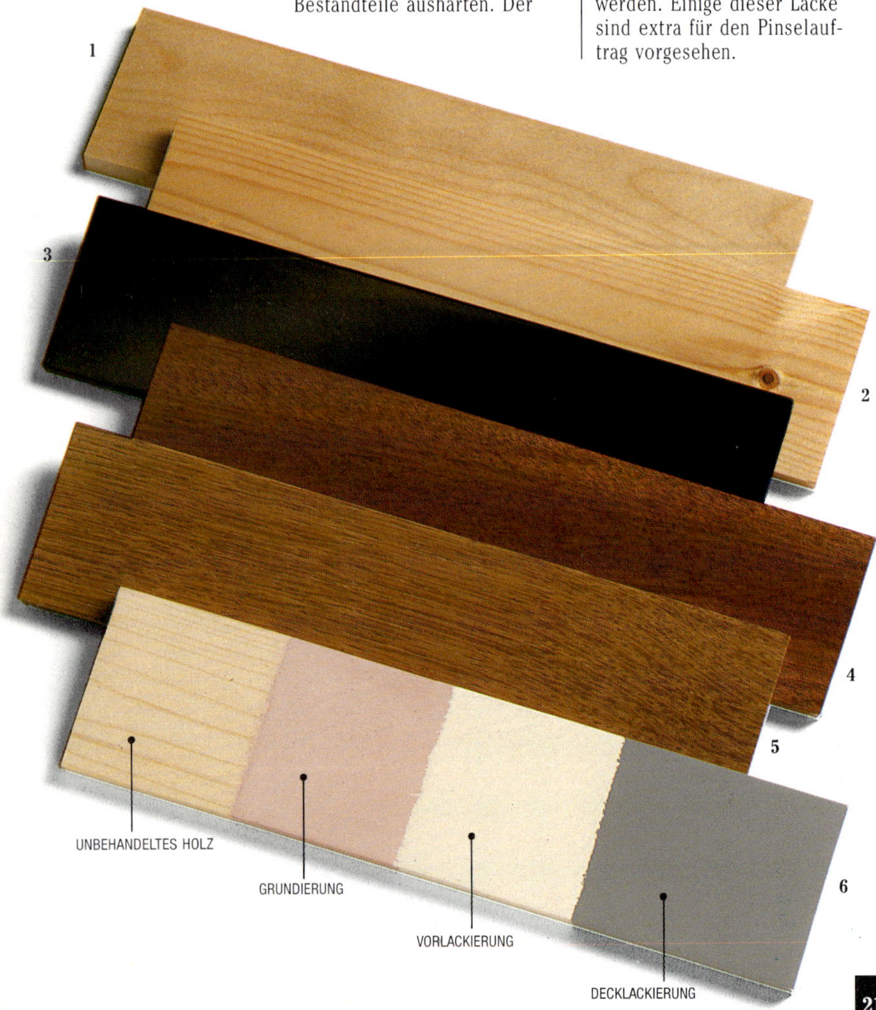

Nitrozelluloselack
Dieser Lack ist seit Jahrzehnten ein beliebtes Überzugsmittel für Holz, vor allem weil er sehr schnell trocknet. Der Lack trocknet durch Verdunstung der Lösungsmittel und bildet auf der Holzoberfläche einen Film, der durch den folgenden Auftrag teilweise wieder angelöst wird. Ein Vorgang, der schließlich in einer einheitlichen Lackschicht endet.

Nitrozelluloselacke sind kristallklar und verändern die Holzfarbe kaum. Sie bilden eine harte Lackschicht, die gegen Wärme und Feuchtigkeit relativ beständig ist.

Säurehärtende Lacke
Säurehärtende Lacke sind Reaktionslacke, die durch eine chemische Reaktion ihrer Bestandteile aushärten. Der Lack würde ohne das Hinzufügen eines Härters nicht trocknen. Bei den sogenannten Einkomponentenlacken sind Stammlack und Härter bereits gebrauchsfertig zusammengemischt, sie härten aber erst aus, wenn man sie der Luft aussetzt. Die meisten säurehärtenden Lacke werden in zwei Komponenten geliefert, die man kurz vor dem Auftragen vermischt. Diese Reaktionslacke sind sehr hell, besonders strapazierfähig und weitgehend chemikalienbeständig. Es gibt sie als Matt- und Glanzlacke. Säurehärtende Lacke sind sowohl als durchsichtige wie auch als deckende schwarze oder weiße Lacke erhältlich. Reaktionslacke können zur Spritzverarbeitung mit Spezialverdünnungen verdünnt werden. Einige dieser Lacke sind extra für den Pinselauftrag vorgesehen.

Polyurethanlacke
Kunstharze wie Polyurethan werden zur Herstellung moderner Lacke verwendet, die hitzebeständig, wasserfest und extrem strapazierfähig sind. Obwohl die meisten dieser Lacke direkt verarbeitet werden können, gibt es auch einige, bei denen kurz vor dem Auftragen noch ein Härter zugesetzt werden muß. Diese Zweikomponentenlacke sind so hart und abriebfest. Sie haben allerdings eine relativ kurze Topfzeit, und die Bindung zwischen den einzelnen Lackschichten ist nicht immer befriedigend.

Die für Außenlackierungen hergestellten Polyurethanlacke sind witterungsbeständig. Der „Bootslack" ist sogar gegenüber Salzwasser unempfindlich und wird deshalb gerne in Küstengegenden eingesetzt.

Es gibt farblose Lacke, die matt, seidenmatt oder hochglänzend trocknen, und Farblacke zum Anfärben des Holzes. Da ein gefärbter Farblack nicht wie eine Beize in das Holz eindringt, besteht immer die Gefahr, daß die Farbe an Abnutzungsstellen schnell blasser wird. In der Regel werden nicht mehr als ein oder zwei zusätzliche klare Lackschichten aufgetragen, um die Farbe zu schützen. Farblack eignet sich gut zum Ausgleichen des Farbtons eines Werkstücks, das bereits lackiert wurde. Polyurethanlack läßt sich mit dem Pinsel auftragen. Zum Spritzlackieren muß er mit Spezialverdünner verdünnt werden.

Farblacke
Lösungsmittelhaltige Farblacke werden aus Kunstharzen, wie Alkyd, Vinyl, Acryl, Harnstoff und Polyurethan, und Pigmentkörpern hergestellt und mit Öl vermischt. Bestimmte Zusätze verändern die Eigenschaften der Farbe, um sie glänzend, matt, halbmatt, schnelltrocknend usw. zu machen. Die meisten lösungsmittelhaltigen Farben haben eine flüssige Konsistenz. Es gibt jedoch auch thixotrope (nichttropfende) Farben, die im Gefäß gelartig sind und erst flüssig werden, wenn sie mit dem Pinsel auf die Oberfläche aufgetragen werden.

Farben mit speziellen Eigenschaften werden hintereinander aufgebracht, um so eine widerstandsfähige Schutzschicht aufzubauen. Zuerst wird eine Grundierung aufgetragen, um das rohe Holz zu versiegeln und das Absinken der folgenden Schichten zu verhindern. Darauf folgt ein ein- oder zweimaliger Auftrag eines starkpigmentierten Vorlacks, um eine erste Farbschicht aufzubauen. Die abschließende Decklackierung sorgt für eine streifenfreie, glatte Oberfläche.

Deckende Farblacke sind für die Oberflächenbehandlung von billigen Harthölzern wie auch Weichholzarten und Holzwerkstoffplatten bestimmt. Farben auf Kunstharzbasis lassen sich mit dem Pinsel auftragen, und alle, außer den thixotropen Farben, können gespritzt werden.

DAS REINIGEN DER PINSEL

Wenn Sie mit der Arbeit fertig sind, streifen Sie überschüssige Farbe oder Lack auf Zeitungspapier ab, um die Borsten des Pinsels zu säubern. Reinigen Sie den Pinsel in der von dem Lackhersteller empfohlenen Verdünnung (meist Terpentin) und waschen Sie diese Verdünnung anschließend mit heißem Seifenwasser aus den Borsten heraus. Bringen Sie die Borsten in Form, solange sie noch naß sind. Wickeln Sie den Pinsel, wenn er trocken ist, in ein weiches Papier und sichern Sie dieses mit einem Gummiband, so daß es nicht abrutscht.

LACKE MIT DEM PINSEL AUFTRAGEN

Mit der Spritzpistole erreicht man sicherlich den am besten aussehenden Lackauftrag. Es ist jedoch recht aufwendig, sich eine Spritzkabine einzurichten, die den gesundheitlichen und sicherheitstechnischen Vorschriften entspricht. Also ist für viele Hobbyschreiner das Auftragen von Lack und Farbe mit dem Pinsel die einzige Möglichkeit. Vorausgesetzt aber, Sie arbeiten mit guten und gepflegten Pinseln und üben sich in Sorgfalt und Geduld, dann werden Sie auch innerhalb einer ganz normal ausgestatteten Werkstatt mehr als zufriedenstellende Ergebnisse erzielen. Kaufen Sie sich eine Auswahl an Pinseln – etwa 12, 25 und 50 mm breit – für die allgemeinen Arbeiten und einen 100 mm breiten Pinsel für das Streichen großer, ebener Flächen.

Nitrozelluloselack mit dem Pinsel auftragen

Es bedarf einer gewissen Erfahrung, einen Streichlack aufzutragen, ohne Streifen zu hinterlassen, die nur schwer wieder wegzuschleifen sind. Tragen Sie zunächst mit einem weichen Tuch oder Pinsel einen etwa um 50 % verdünnten Lack auf, der als Porenschließer dient. Dann tauchen Sie einen weichen Pinsel in unverdünnten Lack und streichen, während Sie die Borsten in einem flachen Winkel zur Oberfläche halten, den Lack mit langen, geraden Strichen auf die Fläche. Sie dürfen über die gleiche Fläche nicht zweimal streichen. Nasse Strichkanten nehmen Sie schnell mit neuem Lack auf und lassen die Striche ineinanderfließen. Tragen sie zwei oder drei Lackschichten auf und machen Sie mit feinem Siliziumkarbidpapier einen Zwischenschliff, nachdem Sie jede Schicht etwa eine Stunde trocknen ließen.

Erfahrene Schreiner ziehen es vor, eine Abziehpolitur zu verwenden, die aus einem Teil Nitrozelluloseverdünnung und drei Teilen Terpentinersatz besteht, mit der sie der Nitrolackfläche den letzten Schliff geben. Dies ist jedoch keine einfach zu beherrschende Technik, und Sie müssen aufpassen, daß Sie die Oberfläche nicht durch zuviel Lösung wieder aufreißen. Nachdem Sie die Lackfläche mit Siliziumkarbidpapier feingeschliffen haben, feuchten Sie ein Tuch mit der Abziehpolitur an und tragen sie in kreisförmigen Bewegungen auf die Fläche auf. Zum Schluß fahren Sie mit geraden Zügen längs zur Holzfaser darüber.

Säurehärtende Lacke mit dem Pinsel auftragen

Die chemische Zusammensetzung und Mischungsausgewogenheit ist entscheidend für das Aushärten der säurehärtenden Lacke. Sie müssen also die Anweisungen der Hersteller zum Mischen der Komponenten und Vorbereiten der Holzoberfläche genau befolgen. Säubern Sie das Holz gründlich, denn Fett oder Wachs auf der Oberfläche kann das Aushärten um Tage verlängern.

Mischen Sie immer genügend Lack an und gießen Sie Lackreste niemals in das Originalbehältnis zurück, sonst wird der gesamte Inhalt unbrauchbar.

Die jeweilige Auftragsmethode mag vielleicht von Produkt zu Produkt verschieden sein. In der Regel dürfen Sie aber eine dicke Lackschicht auf das Holz auftragen und sie mit geraden, parallelen Strichen längs zur Faser verteilen. Dann lassen Sie den Lackfilm sich absetzen. Wenn Sie eine große Fläche bearbeiten, müssen Sie relativ schnell arbeiten, um nasse Strichkanten beim nächsten Strich mitzunehmen, bevor der Lack anfängt hart zu werden. Dies wird etwa zwischen 10 und 15 Minuten dauern. Zwei Stunden später können Sie eine zweite Schicht auftragen, nachdem Sie die erste mit ganz feinem Lackschliffpapier zwischengeschliffen haben, um Staubpartikel zu entfernen. Einen dritten Auftrag können Sie zwei Stunden später aufbringen. Um eine perfekte Verbindung der Schichten untereinander zu erreichen, sollten Sie versuchen, alle drei Schichten an einem Tag aufzutragen.

Wenn Sie eine Hochglanzfläche wünschen, lassen sie Glanzlack 24 Stunden aushärten und polieren dann mit etwas Polierpaste auf einem weichen Tuch nach. Für eine halbmatte Fläche reiben Sie den Glanzlack mit in etwas Wachs getauchter feinster Stahlwolle ab. Anschließend reiben Sie noch mit einem Flanelltuch über die Fläche.

Polyurethanlacke mit dem Pinsel auftragen

Um rohes Holz mit einem klaren oder einem Farblack zu überziehen, tragen Sie zunächst eine mit 10–20 Prozent Testbenzin verdünnte Grundierschicht auf. Mit einem weichen Tuchballen reiben Sie diese in Faserrichtung in das Holz. Sie können diese Grundierschicht auch aufstreichen. Die zweite Schicht tragen Sie mit dem Pinsel auf, aber frühestens nach sechs Stunden. Falls mehr als 24 Stunden zwischen den Lackaufträgen liegen, sollten Sie die Fläche mit feinem Lackschliffpapier vorher abschleifen. Entfernen Sie den Holzstaub mit einem mit Testbenzin angefeuchteten Tuch, bevor Sie den Lack auftragen.

In Polyurethanlacke sollten Sie einen Pinsel nie völlig eintauchen, sondern nur das erste Drittel der Borsten. Dann drücken Sie den Pinsel gegen die Innenseite des Gefäßes, um die überschüssige Flüssigkeit herauszudrücken. Streifen Sie den Pinsel nicht am Gefäßrand ab, denn das fördert die Blasenbildung.

Streichen Sie den Lack auf das Holz und verstreichen Sie ihn gleichmäßig in verschiedene Richtungen. Streichen Sie die Schichten naß in naß auf. Lassen Sie keinen Strich antrocknen. Zum Abschluß streichen Sie nur noch ganz leicht in Faserrichtung über die Fläche. Streichen Sie niemals ein zweites Mal über eine Fläche, die bereits anfängt zu trocknen, sonst entstehen Streifen. Falls das doch geschehen ist, lassen Sie die Fläche über Nacht trocknen und schleifen dann alle Streifen und anderen Unebenheiten in der Fläche mit feinem Siliziumkarbidpapier ab.

Wenn sich Staubpartikel auf der letzten Lackschicht festgesetzt haben, müssen Sie sie entweder noch einmal abschleifen und neu lackieren oder Sie mattieren die Oberfläche mit Stahlwolle und Wachs. Tauchen Sie ganz feine Stahlwolle (0000) in etwas Wachs und polieren Sie damit die Fläche in Faserrichtung. Die so behandelte Oberfläche reiben Sie anschließend mit einem Flanelltuch ab, um einen makellosen, schönen Glanz zu erzielen.

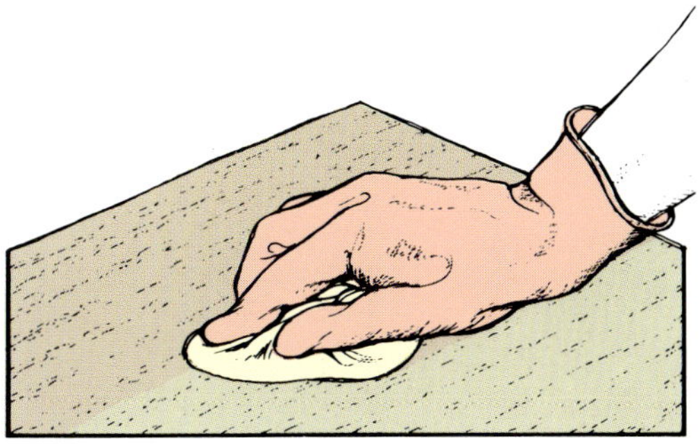

Tragen Sie eine verdünnte Lackschicht mit einem Tuch auf.

Farbe mit dem Pinsel auftragen

Die meisten lösungsmittelhaltigen Farben werden wie Lacke aufgetragen, gleichmäßig verstrichen und zum Schluß mit parallelen Pinselstrichen ausgezogen. Thixotrope Farben müssen jedoch nicht verstrichen oder verteilt werden. Tragen Sie sie statt dessen in satter Schicht und nur mit parallelen Pinselstrichen auf und lassen sie die Farbe von allein verlaufen.

Jede einzelne Farbschicht müssen Sie entsprechend den Verarbeitungshinweisen des Herstellers trocknen lassen. Dann schleifen Sie sie mit feinem Lackschliffpapier ab und reiben die Fläche mit einem Lappen sauber ab.

ABLAUFSPUREN (NASEN) VERHINDERN

Wenn Sie eine satt aufgetragene Lackschicht auf einer senkrechtstehenden Fläche nicht gut verstreichen, bilden sich Ablaufspuren, sogenannte Nasen oder Gardinen, durch das Absacken des Lacks oder der Farbe. Dies können Sie vermeiden, indem Sie eine gleichmäßige Schicht auftragen und diese von unten nach oben verstreichen **(1)**.

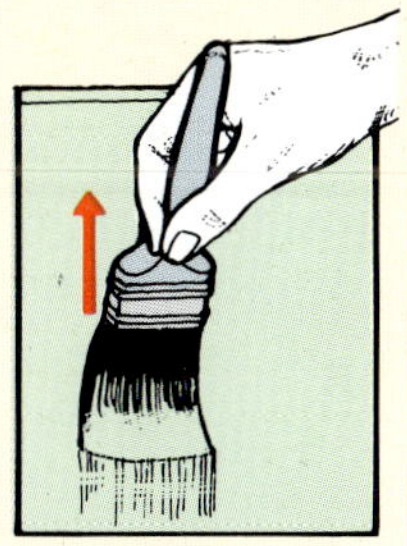

1 Verstreichen

Streichen Sie Profile immer längs, nie quer. Da, wo zwei Profile eine Ecke bilden, müssen Sie den Lack besonders sorgfältig aus der Ecke heraus in beide Richtungen ausstreichen **(2)**.

2 Herausstreichen

Wenn Sie auf die Kante eines Bretts zustreichen, sollte das von der Mitte weg geschehen **(3)**. Wenn Sie mit dem Pinsel gegen die Kante fahren, werden Sie zuviel Farbe vom Pinsel abstreifen, die dann herunterläuft.

3 Zur Kante

LACK SPRITZEN

Wenn Sie die Grundtechnik des Lackspritzens erst einmal beherrschen, werden Sie mit Hilfe einer Spritzpistole und einem Kompressor eine gleichmäßige Lack- oder Farbschicht auf ein Werkstück auftragen können. Wenn flüchtige Stoffe als feiner Nebel in der Luft verteilt sind, stellen Sie eine potentielle Explosionsgefahr und ein ernsthaftes Gesundheitsrisiko dar. Sie sollten deshalb entweder im Freien arbeiten oder, besser noch, in einer Spritzkabine, die mit einer guten Absauganlage ausgestattet ist. Erkundigen Sie sich jedoch vorher, ob Sie in Ihrer Werkstatt überhaupt spritzlackieren dürfen.

Siehe auch

Schutzbrillen	160
Atemschutzmaske	160
Sicherheitshinweise	210
Schleifpapier	211
Lacke und Farben	216
Wachspolituren	220

SPRITZANLAGE

Beim Lackspritzen wird komprimierte Luft unter die Lackflüssigkeit gemischt und der Lack in feinsten Tröpfchen auf die Werkstückoberfläche aufgesprüht.

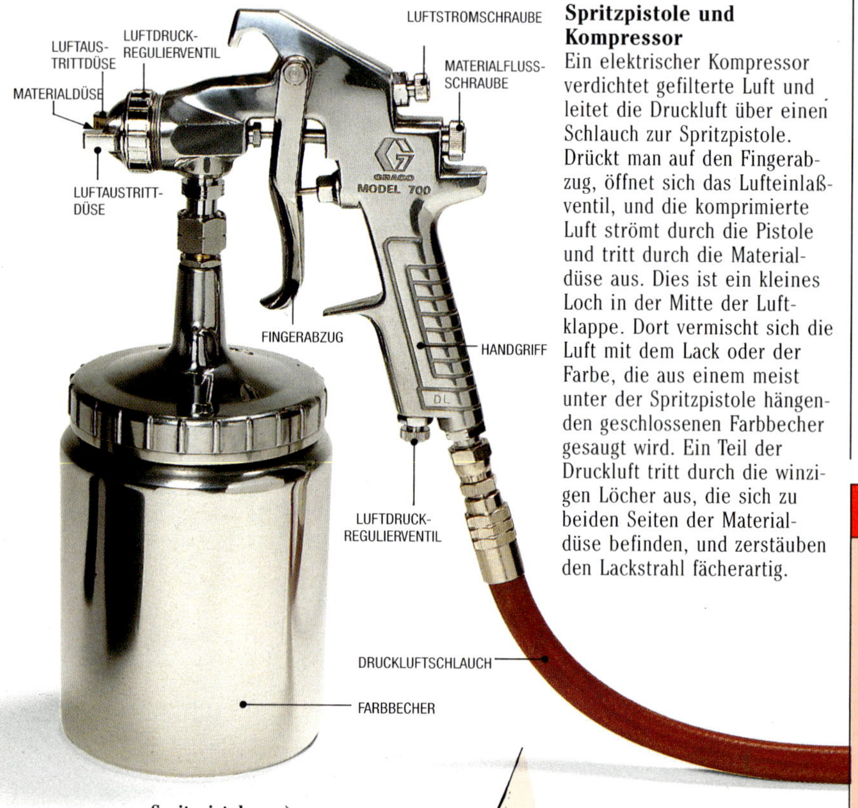

Spritzpistole

Spritzpistole und Kompressor

Ein elektrischer Kompressor verdichtet gefilterte Luft und leitet die Druckluft über einen Schlauch zur Spritzpistole. Drückt man auf den Fingerabzug, öffnet sich das Lufteinlaßventil, und die komprimierte Luft strömt durch die Pistole und tritt durch die Materialdüse aus. Dies ist ein kleines Loch in der Mitte der Luftklappe. Dort vermischt sich die Luft mit dem Lack oder der Farbe, die aus einem meist unter der Spritzpistole hängenden geschlossenen Farbbecher gesaugt wird. Ein Teil der Druckluft tritt durch die winzigen Löcher aus, die sich zu beiden Seiten der Materialdüse befinden, und zerstäuben den Lackstrahl fächerartig.

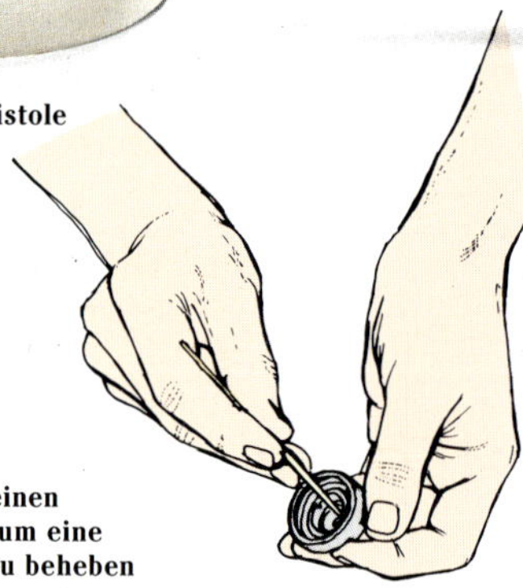

Nehmen Sie einen Zahnstocher, um eine Verstopfung zu beheben

Eine Spritzpistole reinigen

Wenn Sie mit dem Spritzen fertig sind, leeren Sie den Farbbecher und füllen sauberen Verdünner hinein. Betätigen Sie dann die Spritzpistole so lange, bis nur noch klare Verdünnung austritt. Dann drehen Sie den Luftdruck zurück, schrauben die Luftkappe ab und reinigen die Teile mit einem Lappen.

Eine Spritzkabine bauen

Die einzig sichere Art, in geschlossenen Räumen zu spritzen, ist in einer geschlossenen Spritzkabine zu bauen. Installieren Sie an einer Außenwand einen leistungsstarken Sauglüfter, um die schädlichen Lösungsmitteldämpfe abzusaugen.

Diese Dämpfe sind leicht entzündlich, so daß schon der Zündfunken eines Elektromotors ausreicht, sie in Brand zu setzen. Kaufen Sie sich also im Fachhandel einen Sauglüfter mit einem explosionssicheren Motor und setzen Sie einen Lackfilter davor, um den Lacknebel aufzufangen. Sie brauchen auch explosionssichere Lampen, die sich von außen ein- oder ausschalten lassen. Fragen Sie bei einem Fachhändler nach, ob Ihr Kompressor für den Einsatz in einer Spritzkabine geeignet ist. Sonst müssen Sie ihn draußen aufstellen und die Wand der Spritzkabine mit einem Schlauchanschluß versehen. An dieser Stelle sollten Sie eigentlich auch einen Wasserabscheider anbringen, der verhindert, daß die in der Druckluft enthaltene Feuchtigkeit als Kondenswasser in den Druckluftschlauch gelangt und Lakkierungsfehler verursacht. Für kleine Werkstücke bauen Sie sich eine Drehscheibe aus einem Stück Spanplatte und Drehgestell.

SICHER SPRITZEN

Befolgen Sie immer die Sicherheits- und Gesundheitsschutzhinweise des Herstellers, und:

- Tragen Sie eine Schutzbrille und eine Atemschutzmaske, sogar wenn Sie im Freien spritzen.
- Benutzen Sie eine gut ausgestattete Spritzkabine.
- Rauchen Sie niemals und löschen Sie offene Flammen beim Spritzen.
- Halten Sie Kinder von Spritzgeräten fern.
- Zielen Sie nie mit einer Spritzpistole auf Menschen.
- Trennen Sie Spritzgeräte vom Netz und senken Sie den Druck im Luftschlauch ab, bevor Sie eine verstopfte Düse reinigen.

LACKE UND FARBEN VERDÜNNEN

Die Oberflächenmittel müssen zum Spritzen mit dem entsprechenden Verdünner flüssiger gemacht werden. Lesen Sie dazu die Hinweise des Herstellers.

Nachdem Sie die Komponenten abgemessen und gemischt haben, gehen Sie nach folgender Faustregel vor, um die Konsistenz des Lacks zu prüfen: Verrühren Sie den Lack mit einem Holzstock, heben Sie ihn heraus und beobachten Sie, wie der Lack von seiner Spitze abtropft. Läuft er in einem gleichmäßigen, dünnen, ununterbrochenen Fluß von dem Stock ab, ist er zum Spritzen richtig verdünnt. Ein langsam tröpfelnder Lack ist noch zu dick und muß noch weiter verdünnt werden. Eine kurze Spritzprobe auf einer senkrechten Fläche wird Ihnen zeigen, ob der Lack tatsächlich die richtige Konsistenz hat. Läuft der Lack sofort herunter, ist er zu dünn.

Für eine genauere Konsistenzprobe besorgen Sie sich bei einem Spritzgerätehersteller einen Viskositätsprüfbecher. Füllen Sie den Becher, der einem Trichter ähnelt, mit dem verdünnten Lack und messen Sie mit einer Stoppuhr die Ablaufzeit. Verändern Sie die Lackkonsistenz, bis die abgestoppte Zeit mit der empfohlenen Auslaufzeit übereinstimmt.

Verwenden Sie einen Viskositätsprüfbecher, um die Konsistenz des Lacks zu testen

SPRITZTECHNIKEN

Wenn Sie noch nie zuvor Lack oder Farbe gespritzt haben, sollten Sie zunächst auf Reststücken üben.

Eine senkrechte Fläche spritzen

Eine senkrechte Fläche spritzen Sie, indem Sie die Spritzpistole in einem Abstand von etwa 200 mm zur Fläche halten. Drehen Sie die Luftaustrittdüsen waagrecht, um einen senkrechten, fächerförmigen Strahl zu bekommen. Halten Sie die Spritzpistole direkt auf das Werkstück und führen Sie sie parallel zur Oberfläche in einem Zug, ohne anzuhalten **(1)**. Vermeiden Sie möglichst, die Spritzpistole bogenförmig zu führen **(2)**, da sonst der Lackauftrag an den Enden dünner wird. Drücken Sie den Fingerabzug erst kurz vor jeder Spritzbahn und lassen Sie ihn erst los, wenn der Spritzkegel über den Rand der Fläche hinausgeführt ist **(3)**. Die Mitte des Spritzkegels muß auf der Kante des Werkstücks liegen. Beim Zurückführen sollten sich die Spritzbahnen um etwa 50 % überlappen **(4)**.

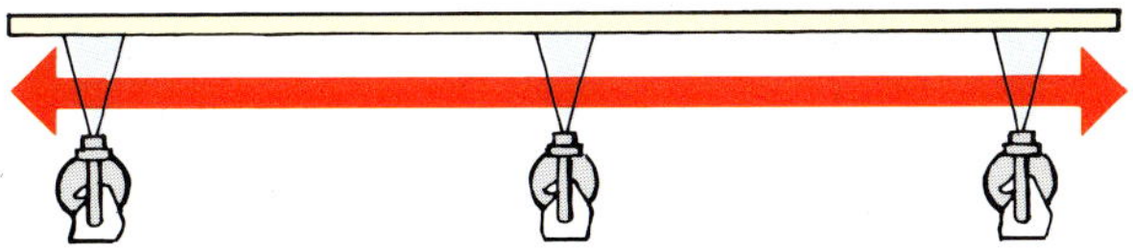

1 Führen Sie die Spritzpistole parallel zur Werkstückfläche

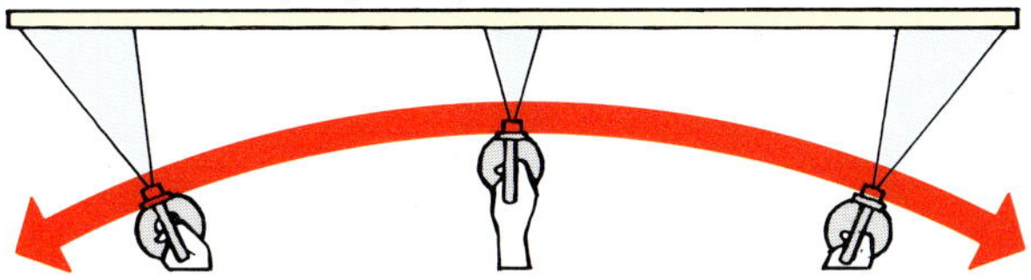

2 Bogenförmiges Spritzen bewirkt einen ungleichmäßigen Auftrag

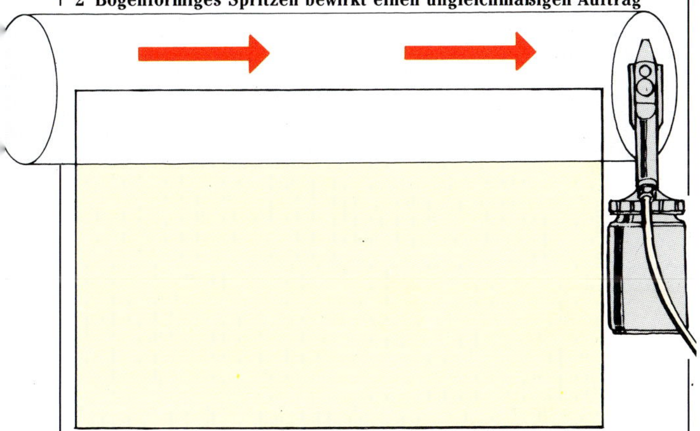

3 Führen Sie den Spritzkegel immer leicht über den Rand hinaus

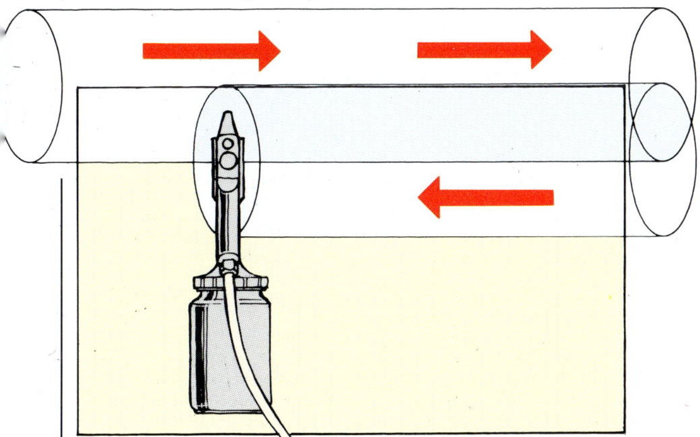

4 Die einzelnen Spritzbahnen sollen sich etwas überlappen

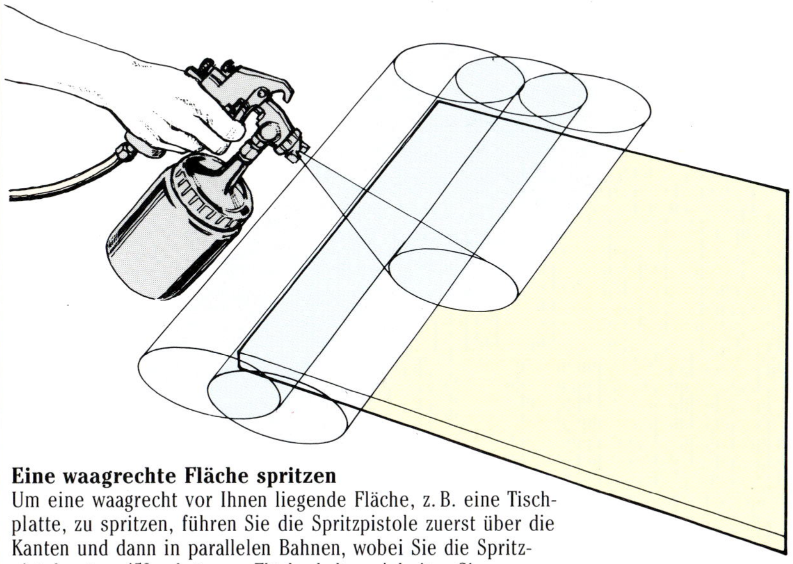

Eine waagrechte Fläche spritzen

Um eine waagrecht vor Ihnen liegende Fläche, z. B. eine Tischplatte, zu spritzen, führen Sie die Spritzpistole zuerst über die Kanten und dann in parallelen Bahnen, wobei Sie die Spritzpistole etwa 45° schräg zur Fläche halten. Arbeiten Sie vom Körper weg und lassen Sie die Bahnen überlappen.

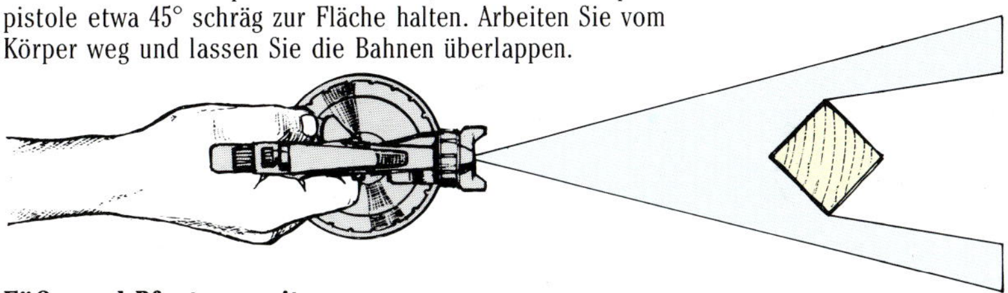

Füße und Pfosten spritzen

Richten Sie die Spritzpistole auf eine Ecke, um zwei Seiten eines Fußes gleichzeitig zu spritzen. Dann spritzen Sie den Fuß genauso von der anderen Seite, um die restlichen Flächen zu lackieren.

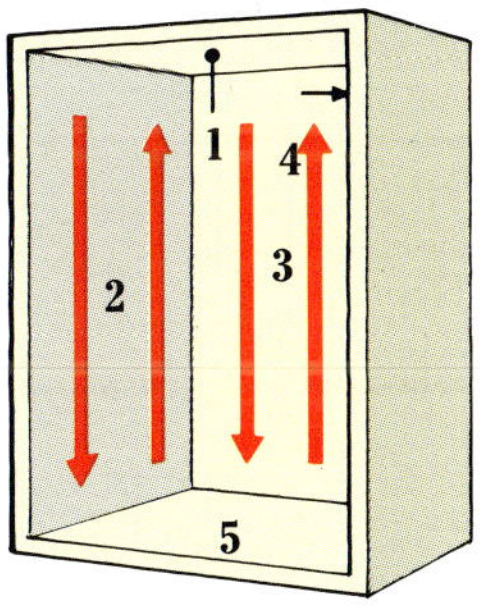

Innenliegende Flächen der Reihe nach spritzen

Innenflächen spritzen

Wenn Sie das Innere einer Schublade oder eines Schranks spritzen wollen, müssen Sie systematisch vorgehen und jede Fläche einzeln hintereinander spritzen, um einen gleichmäßigen Auftrag zu erreichen. Spritzen Sie die Unterseite des oberen Bodens zuerst, immer in sich überlappenden, senkrechten Bahnen. Dann folgt die Rückwand des Schranks auf die gleiche Weise. Dann spritzen Sie die andere Seite und zum Schluß die Bodenfläche. Die Außenfläche spritzen Sie erst am Schluß.

VERÄNDERN DER OBERFLÄCHE

Eine gespritzte Oberfläche braucht nicht unbedingt eine Weiterbehandlung. Sie können jedoch die Oberflächenstruktur auf verschiedene Weise noch verändern oder verbessern.

Um eine glänzende Oberfläche zu erhalten, schleifen Sie sie nach 24 Stunden Trockenzeit mit feinem Lackschliffpapier ab, um Staubpartikel und Lackläufe zu entfernen. Dann polieren Sie die Fläche nach.

Um Seidenglanz zu erreichen, reiben Sie die Fläche – wieder nach 24 Stunden Trockenzeit – mit feinster Stahlwolle, die Sie zuvor in Wachs getaucht haben, ab und polieren mit einem Flanelltuch nach. Sie können auch Bimsmehl verwenden, das Sie mit ein wenig flüssigem Paraffin oder Wachs zu einer Paste verrührt haben, und reiben dieses mit einem harten Filzklotz auf. Wenn Sie mit der Oberfläche zufrieden sind, reiben Sie den Brei mit einem Tuch ab. Eine ähnliche Behandlung mit Tripelpulver poliert die Fläche noch auf.

ÖLE UND WACHSE

Öl- und Wachspolituren gehören zu den Oberflächenmitteln, die am einfachsten aufzutragen sind. Man braucht dazu keine besondere Erfahrung. Im Gegensatz zu den Lacken, die sich als Schicht auf die Oberfläche legen, dringt Öl in das Holz ein, ohne einen Film zu hinterlassen. Wenn Sie eine schnelltrocknende Sorte verwenden, bildet das Öl auch keinen klebrigen Überzug, auf dem der Staub hängenbleibt. Wachs ist ein eigenständiges Oberflächenmittel, dient aber auch zur Nachbearbeitung von Lackoberflächen.

Siehe auch

Sicherheitshinweise	210
Schleifpapier	211
Schleifgrund	212
Schellackpolitur	214

ÖLFIRNISSE

Öl wird zum Einlassen von Hölzern benutzt, die von Natur aus ölhaltig sind und die meisten der anderen Oberflächenmittel abstoßen. Es ist aber gleichermaßen auch für andere Harthölzer und sogar für Weichhölzer geeignet. Es verleiht dem Holz einen warmen Ton. Ein nachträglicher Ölauftrag kann auch die Qualität von Hölzern verbessern, die zu lange der Sonne ausgesetzt waren. Es eignet sich jedoch nicht für die Innenflächen von Schubladen oder Regalen, weil Flecken hinterlassen könnte.

- **„Restaurieren" einer Öloberfläche**
  Hat eine Oberfläche Kratzer oder Flecken bekommen, können Sie sie leicht wieder auffrischen – tragen Sie einfach ein wenig neues Öl auf.

Öl- und Wachspolituren
1 Teaköl auf Iroko
2 Farbloses Wachs auf Eiche
3 Antikwachs auf Eiche

1 2 3

Leinöl
Rohes Leinöl braucht bis zu drei Tage zum Trocknen. Gekochtes Leinöl ist ein wenig besser zu verarbeiten, da es schon nach 24 Stunden trocken ist. Beide Öle bilden keine harte Oberfläche.

Tungöl
Reines Tungöl, auch als chinesisches Holzöl bekannt, ist die haltbarste Öloberfläche. Es ist wasserabstoßend und beständig gegen Alkohol und Hitze. Es ist nach 24 Stunden trokken, und ein Schliff zwischen den einzelnen Aufträgen mit ganz feinem Siliziumkarbidpapier liefert eine wunderbare Oberfläche.

Teaköle
Tungöl und andere pflanzlichen Öle bilden meistens die Basis der handelsüblichen Ölfirnisse, die zum Teil auch als Teak- oder „Danish"-Öl gehandelt werden. Diese Öle enthalten Trocknungsmittel (Sikkative), die die Zeit zwischen den Aufträgen auf sechs Stunden verkürzen. Hitze, Alkohol und Wasser können vorübergehend weißliche Flecken auf der Oberfläche hinterlassen, die jedoch schnell wieder verschwinden.

„SALATSCHÜSSELÖL"
Die meisten Öle für die Holzoberflächenbehandlung enthalten giftige Stoffe. Sie können heute jedoch auch ungiftige Öle kaufen, die zur Behandlung von Holzarbeitsplatten geeignet sind, die in Kontakt mit Lebensmitteln kommen. Sie können auch einfach reines Olivenöl oder ein anderes Speiseöl verwenden.

WACHSPOLITUREN

Früher haben sich die Schreiner ihre Wachspolitur selbst zubereitet, indem sie eine Mischung aus Bienenwachs und hartem Karnaubawachs in reinem Terpentinöl aufgelöst haben. Diese Rohmaterialien sind immer noch erhältlich, aber es sind heute so viele ausgezeichnete Fertigpräparate im Handel, daß die meisten Schreiner es nicht mehr für notwendig erachten, ihr Wachs selbst zu machen.

Wachspolituren hinterlassen einen zarten, milden Glanz auf der Holzoberfläche, der bei Alterung oft noch schöner wird. Sie werden heute in verschiedenen Farbtönen hergestellt, von einer durchsichtigen Politur für helle Holzarten bis zu tiefbraunen „Antik-Polituren", die den Eindruck von Patina erwecken und auch Kratzer in einer fertigpolierten Oberfläche verdecken.

Manchen Polituren sind Silikone beigemischt, damit man sie leichter schwabbeln oder polieren kann. Wenn die Silikone aber in das Holz eindringen, sind sie nur schwer wieder zu entfernen und stoßen später beinahe jedes andere Oberflächenmittel ab.

Flüssige oder cremige Polituren
Flüssige oder cremige Polituren lassen sich mit dem Pinsel auftragen. Es sind zwei oder drei Aufträge erforderlich.

Polierpaste
Die Polierpaste, ein Polierwachs mit etwas dickerer Konsistenz, eignet sich ideal für das Auftragen mit feiner Stahlwolle oder Baumwollappen.

Drechslerwachsstangen
Eine Stange Wachs, die so hart ist, daß sie wie Schleifwachs wirkt, wird gegen ein sich drehendes Werkstück gehalten.

ÖL AUFTRAGEN

Tragen Sie Teaköl mit einem Pinsel oder Tuch satt auf die vorbereitete Oberfäche auf. Lassen Sie es ein paar Minuten in das Holz einziehen und wischen Sie die Fläche dann mit einem sauberen Tuch ab, um Überschüsse abzunehmen. Sechs Stunden später tragen Sie eine zweite Schicht auf und lassen sie über Nacht trocknen. Am nächsten Tag tragen Sie eine weitere Schicht auf und polieren.

Mit reinem Tungöl dauert es länger, eine Oberfläche zu behandeln. Nach der ersten Schicht, die mit einem Pinsel satt aufgetragen und anschließend, wie schon beschrieben, geschliffen wird, tragen Sie mehrere dünne Schichten auf, die Sie zwischendurch trocknen lassen. Falls auf der Oberfläche Staubpartikel kleben, vor allem nach der 24stündigen Trockenzeit, schleifen Sie die Fläche mit sehr feinem Schleifpapier ab.

WACHS AUFTRAGEN

Obwohl sich Wachs auch direkt auf rohes Holz auftragen läßt, empfiehlt es sich doch, die Oberfläche zuerst mit einem Lack zu versiegeln. Hochwertigere oder ölgebeizte Werkstücke sollten mit Schellackpolitur zweimal vorgrundiert werden. Dieses Versiegeln oder „Absperren" des rohen Holzes verhindert, daß die erste Wachsschicht zu stark aufgesogen wird, vor allem wenn Sie eine flüssige Wachspolitur verwenden. Es verhindert auch, daß Schmutz durch die Wachsschicht gelangt.

Nachdem Sie die Grundierungsschichten mit sehr feinem Siliziumkarbidpapier zwischengeschliffen haben, tragen Sie die erste Schicht einer flüssigen Wachspolitur mit einem Pinsel satt auf. Wenn Sie einen Lappen benützen, reiben Sie das Wachs zunächst mit kreisförmigen Bewegungen und zum Schluß mit geraden Zügen parallel zur Faserrichtung in das Holz. Eine Stunde später polieren Sie das Wachs aus und tragen mit dem Lappen eine dünne Schicht nur in Faserrichtung auf. Falls nötig, folgt eine dritte Schicht, die Sie wie zuvor aufbringen und polieren. Lassen Sie das Wachs mehrere Stunden trocknen und reiben Sie dann die Oberfläche mit einem sauberen Flanelltuch kräftig ab, bis sie glänzt.

Wenn Sie eine Wachspaste benützen, tragen Sie diese mit einem Strang feinster Stahlwolle (0000) auf, indem Sie damit nur in Faserrichtung über die Fläche fahren und anschließend blankreiben.

Kapitel 9

Befestigen und Verbinden

Die folgenden Seiten machen Sie mit den Befestigungs- und Verbindungsmitteln bekannt, die sich in beinahe jeder Werkstatt finden lassen. Schrauben und Nägel kann man für Reparaturen im Haus wie auch für den Möbelbau eigentlich immer brauchen, und deshalb ist es sinnvoll, sich einen Vorrat dieser Verbindungsmittel in verschiedenen Größen und Formen anzulegen. Beschläge wie Griffe, Schlösser und Scharniere hingegen sind häufig recht teuer. Man sollte Sie am besten erst dann kaufen, wenn man sie braucht. Klebstoffe sind zweifellos das wichtigste und am häufigsten verwendete Mittel des Schreiners zum Verbinden von Holz mit Holz (oder anderen Materialien). Bei den vielen verschiedenen Leimen und Klebern, die im Handel für unterschiedliche Verwendungszwecke angeboten werden, sammeln sich in einer Werkstatt meist schnell verschiedene Sorten an. Aber nicht alle Leime lassen sich lange lagern. So kann es passieren, daß Sie einen fast vollen Eimer mit Leim, den Sie schon längere Zeit aufbewahrt haben, nicht mehr verwenden können, da er unbrauchbar geworden ist. Obwohl es zunächst vielleicht günstiger scheint, Leim in großen Gebinden zu kaufen, werden Sie merken, daß ein Großeinkauf nicht unbedingt sinnvoll für Sie ist, es sei denn, Sie wollen mehrere Möbel bauen.

LEIME UND KLEBER

Seit Jahrhunderten hat man Leim zum Verbinden von Holz mit Holz benützt, ohne daß man die Verleimung zusätzlich mechanisch verstärken mußte. Wenn Sie alte Möbel jedoch gründlich untersuchen, werden Sie feststellen, daß diese frühen Leime Nachteile hatten – vor allem eine starke Tendenz, sich unter Einwirkung von Feuchtigkeit aufzulösen. Dadurch ergaben sich offene Fugen und lockere Verbindungen. Die heutigen Schreiner können unter einem enormen Angebot an ausgezeichneten Leimen mit unterschiedlichen Eigenschaften auswählen. Sie sind wärme- und feuchtigkeitsbeständig, trocknen langsam, haben eine lange Tropfzeit oder langsame Abbindezeit.

Siehe auch

Schraubknechte und Zwingen	120-122
Schutzbrillen	160
Handfurnieren	201
Leimfilm	202
Kontaktkleber	202

Glutinleim

Dieser traditionelle Leim der Schreiner wird heute noch aus tierischen Häuten und Knochen hergestellt, aus denen die Eiweißstoffe gewonnen werden, die dieser Leimart ihre Bindekraft verleihen. Glutin- oder Knochenleim war einst der wichtigste Leim der Schreiner. Heute jedoch wird er nur noch zum Handaufleimen von Furnieren verwendet, wo seine thermoplastische Beschaffenheit besonders vorteilhaft ist.

Glutinleim wird normalerweise in Form von Perlen oder Körnchen geliefert, die in einem doppelwandigen Leimkocher in Wasser aufgelöst werden. Dieser Kocher wird entweder elektrisch, über einem Gasbrenner oder auf einem Ofen erhitzt, um den Leim zu schmelzen. Es gibt auch einen langsamer abbindenden Glutinleim, der eine gelartige Konsistenz hat.

Glutinleime sind nicht giftig. Sie bilden eine harte Leimfuge, die gehobelt und geschliffen werden kann.

Heißschmelzkleber

Schmelzkleber werden in der Form runder Stangen geliefert und mit Hilfe einer speziellen heizbaren Schmelzkleberpistole aufgetragen. Diese Kleber sind sehr bequem zu verarbeiten und binden innerhalb von Sekunden ab. Dadurch eignen sie sich ideal für den Bau von Hilfsvorrichtungen oder Modellen. Für die Verklebung anderer Materialien als Holz gibt es andere Sorten dieser Kleber.

Heißschmelzkleber gibt es auch in Form dünner Blätter zum Furnieren. Der Klebfilm wird zwischen das Furnier und die Trägerplatte gelegt und mit einem normalen Bügeleisen aktiviert.

Schmelzkleberpistole
Durch Druck auf den Fingerabzug wird der Kleber erhitzt und aus der Düse herausgedrückt.

Doppelwandiger Leimkocher

Perlleim

PVAC-Leim

Polyvinylacetatleim, auch „Weißleim" genannt, ist einer der billigsten und am einfachsten zu hantierenden Klebstoffe der Holzbearbeitung auf dem Markt. Der Leim wird gebrauchsfertig in flüssiger Form als Dispersion in Wasser geliefert. Die Kunststoffteilchen binden ab, indem das Wasser verdunstet oder vom Holz aufgesogen wird. Es ist ein ausgezeichneter, nichtgiftiger Universalleim mit einer beinahe unbegrenzten Lagerzeit. Die zähe, halbelastische Leimfuge kann sich verformen, aber nur, wenn die Verbindung längere Zeit hoher Belastung ausgesetzt ist. Der normale Weißleim ist nicht wasserbeständig. Es gibt jedoch auch eine völlig wetterfeste Leimart für den Außenbereich.

Ein etwas dickflüssigerer, gelblicher, aliphatischer PVAC-Leim bildet eine weniger elastische Leimfuge, die aber wärme- und feuchtigkeitsbeständig ist. Anders als der Weißleim läßt sich dieser gut schleifen, ohne das Schleifpapier zu verkleben. Es gibt auch modifizierte PVAC-Leime, die eine erhöhte Fugenfüllkraft oder eine langsamere Abbindezeit haben.

Harnstoffharzleim

Harnstoffharzleim ist ein ausgezeichneter wasserbeständiger, fugenfüllender Klebstoff, der chemisch abbindet. Er ist in Pulverform erhältlich, das mit Wasser verrührt wird und dann als Leimflotte auf beide zu verbindenden Flächen aufgetragen wird. Bei einigen Harnstoffharzleimen ist der Zusatz eines flüssigen Härters als Katalysator nötig. Der Härter wird auf die eine Hälfte der Verbindung aufgetragen und die Leimflotte auf die andere. Dann wird das Werkstück heiß oder kalt zusammengepreßt.

Tragen Sie Gummihandschuhe und eine Schutzbrille, während Sie mit den ungehärteten Komponenten hantieren.

Resorcinharzkleber

In vielerlei Hinsicht den Harnstoffharzleimen ähnlich, sind die Resorcinharzkleber vollständig wasserfest und wetterbeständig. Sie sind Zweikomponentenkleber, die aus einem Kunstharz und einem getrennten Härter bestehen. Einige Hersteller liefern beide Komponenten in flüssiger Form. Bei anderen Klebern wird der Härter in Pulverform geliefert. In beiden Fällen werden das Kunstharz und der Härter zusammengemischt, bevor der Kleber auf beide Verbindungsflächen aufgetragen wird. Der ausgehärtete Kleber bildet eine rötlichbraune Leimfuge, die bei hellen Holzarten deutlich sichtbar sein kann. Die Aushärtungszeit läßt sich durch Hitze beschleunigen. Tragen Sie bei der Verarbeitung Handschuhe und eine Schutzbrille und lüften Sie die Werkstatt gut.

Kontaktkleber
Kontaktkleber wird als dünne Schicht auf beide zu verbindenden Oberflächen aufgetragen. Wenn der Kleber trocken ist, werden die beiden Teile zusammengefügt und haften sofort. Modifizierte Sorten erlauben das Verschieben der Teile, bis ein Preßdruck ausgeübt wird und der Kleber dadurch bindet. Diese Art Kleber wird häufig zum Aufleimen von Melaminharzbeschichtungen auf Küchenarbeitsplatten verwendet. Weiche thixotrope (gelartige) Sorten werden auch zum Furnieren benützt. Lösungsmittelhaltige Kontaktkleber trocknen schnell, sind aber feuergefährlich und ihre Dämpfe gesundheitsschädlich. Verwenden Sie sie nur in gut belüfteten Räumen. Kontaktkleber auf Wasserbasis sind unschädlicher, trocknen aber langsamer.

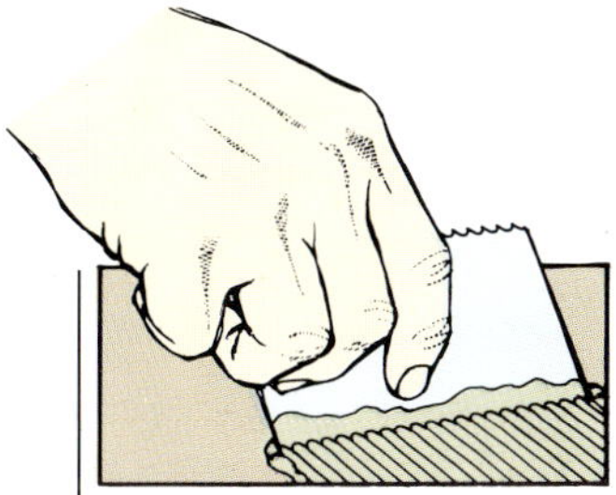

Kontaktkleber dünn verstreichen

Epoxidharzkleber
Der Epoxidharzkleber ist ein synthetischer Zweikomponentenkleber, der aus Epoxidharz und einem Härter besteht, die für gewöhnlich kurz vor dem Auftrag im gleichen Verhältnis gemischt werden. Die gängigste Form des Epoxidklebers – in Tuben – ist ein Universalkleber zur Verbindung der unterschiedlichsten Materialien. Da er relativ dickflüssig ist, eignet er sich nicht unbedingt für die Holzbearbeitung, außer vielleicht für Reibverbindungen. In flüssiger Form ist er für das Verleimen von Holz jedoch geeignet. Die Standard-Epoxidharzkleber härten in einigen Stunden aus. Es gibt aber auch schnellhärtende Klebersorten. Wischen Sie ungehärteten Kleber mit einem mit Spiritus befeuchteten Lappen von der Werkstückoberfläche ab. Epoxidharzkleber können empfindliche Haut reizen.

VERARBEITUNG DER KLEBSTOFFE

Eine gut vorbereitete, paßgenaue Verbindung ist entscheidend für eine Verleimung. Die zu verbindenden Flächen müssen sauber, fettfrei, eben und glatt sein. Sie aufzurauhen, um eine bessere Haftung zu erreichen, empfiehlt sich bei Holzverbindungen nicht.

Feuchtigkeitsgehalt
Der Feuchtigkeitsgehalt des Holzes kann die Beschaffenheit der Verbindung beeinträchtigen. Liegt er höher als z. B. 20 %, werden einige Leime niemals befriedigend abbinden. Liegt er unter 5 %, kann der Leim zu schnell aufgesogen werden und eine schlechte Bindung bewirken.

Auftragen der Leime
Wenn die Hersteller nichts anderes angeben, verteilt man den Leim am besten gleichmäßig und nicht zu dick auf beiden Verbindungsflächen. Das ist besonders bei Verbindungen wie Schlitz und Zapfen wichtig, wo ein Großteil des Leims vom Zapfen beim Hineinstecken abgestreift wird.

Einige Zweikomponentenleime werden anders aufgetragen. Das Kunstharz wird auf die eine Seite der Verbindung gestrichen und der Härter auf die andere. Eine Reaktion beginnt erst, wenn die Verbindung geschlossen ist. Man hat also genug Zeit, große oder komplizierte Werkstücke zusammenzusetzen.

Pressen der Verbindung
Die meisten Verbindungen müssen zusammengepreßt werden, während der Leim abbindet. Dies bringt die Flächen in dichten Kontakt und preßt den überschüssigen Leim aus der Fuge. Wischen Sie den herausquellenden Leim mit einem feuchten Tuch ab, bevor er anzieht. Lassen Sie einige Minuten verstreichen und sehen Sie dann nach, ob durch den hydrostatischen Druck innerhalb der Verbindung noch mehr Leim herausgedrückt wurde. Ist das der Fall, ziehen Sie die Zwingen noch einmal nach und wischen den Leim ab.

Reibverbindungen
Eine paßgenaue stumpfe Stoßfuge kann oft auch ohne Zusammenpressen zufriedenstellend binden. Dies erreicht man, indem man an beide Flächen Leim gibt und sie gegeneinanderreibt, um Leim und Luft aus der Fuge herauszudrücken, während man die Teile ausrichtet. Man nennt das eine Reibverbindung (rubbed joint).

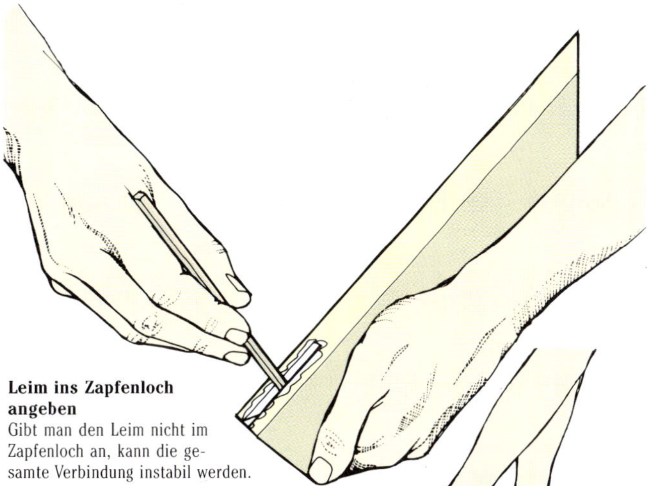

Leim ins Zapfenloch angeben
Gibt man den Leim nicht im Zapfenloch an, kann die gesamte Verbindung instabil werden.

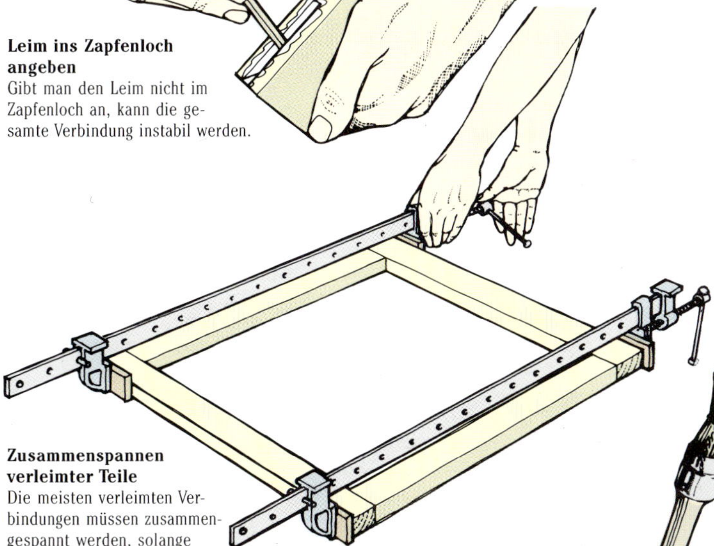

Zusammenspannen verleimter Teile
Die meisten verleimten Verbindungen müssen zusammengespannt werden, solange der Leim abbindet.

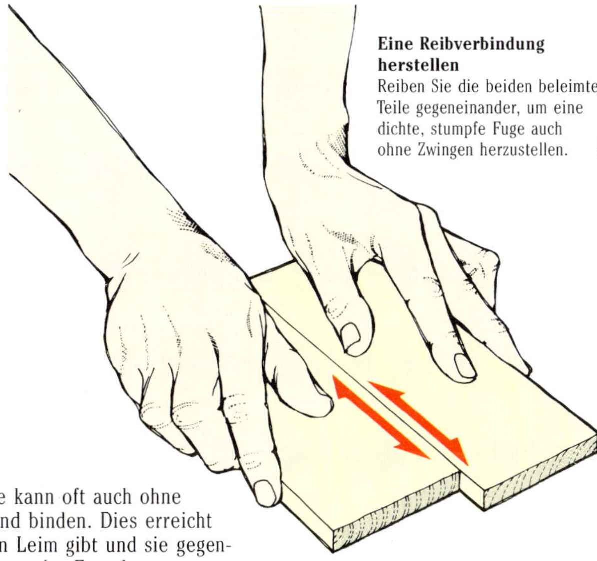

Eine Reibverbindung herstellen
Reiben Sie die beiden beleimten Teile gegeneinander, um eine dichte, stumpfe Fuge auch ohne Zwingen herzustellen.

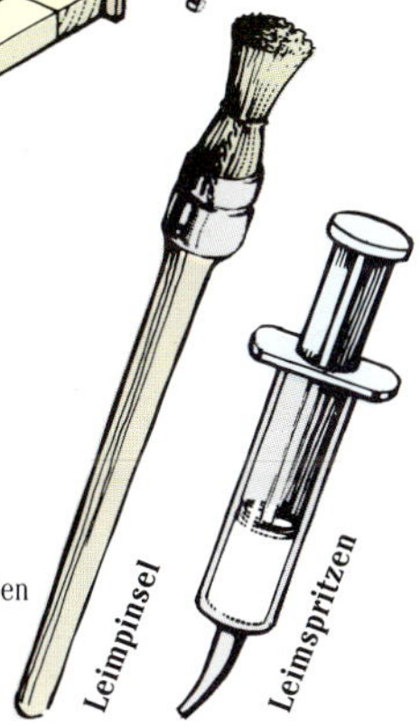

LEIMAUFTRAGGERÄTE

In der Regel tragen Sie Leim mit einem Pinsel, einer Rolle oder einem Spachtel auf.

Leimpinsel
Ein Drahtband verstärkt die Borsten eines Leimpinsels. Es wird entfernt, wenn die Borsten kürzer geworden sind.

Leimspritze
Nehmen Sie eine Plastikspritze, um eine genaue Klebstoffmenge anzugeben, wenn Sie eine schwer zugängliche Verbindung verleimen.

HOLZSCHRAUBEN

Holzschrauben werden vor allem zum Verbinden von Holz mit Holz verwendet. Die Haltekraft, die sie bieten, bewirkt eine extrem feste Verbindung, die sich aber auseinandernehmen läßt. Holzschrauben werden auch zur Befestigung von Bändern, Schlössern und Griffen eingesetzt. Die meisten normalen Holzschrauben sind aus Stahl, der für bestimmte Zwecke sogar gehärtet sein kann. Messingschrauben sind etwas dekorativer, und Edelstahlschrauben haben, sogar im Freien, eine hohe Korrosionsbeständigkeit. Sowohl Messing- wie Edelstahlschrauben können auch in säurehaltige Holzarten wie Eiche geschraubt werden, die bei normalen Stahlschrauben fleckig würden. Stahlschrauben werden verzinkt, um korrosionsbeständiger zu sein. Sie werden auch verchromt oder schwarz lackiert.

Siehe auch

Schraubendreherbits	113, 127
Versenker	115
Hammer	115 -117
Schraubendreher	118 -119
Holzschrauben eindrehen	119
Ausgefälzte Eckverbindungen	164

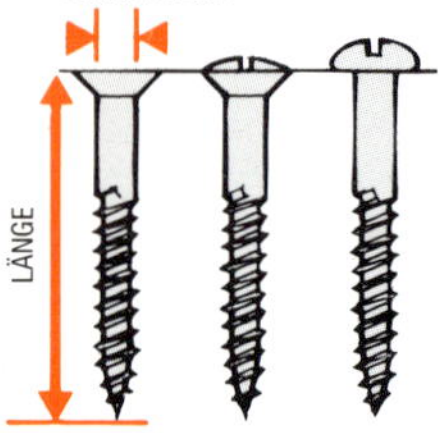

Wie Schrauben gemessen werden

SCHRAUBENGRÖSSEN

Als Schraubenlänge bezeichnet man den Teil der Schraube, der tatsächlich in das Holz eindringt. Eine Senkkopfschraube z. B. wird von Ende zu Ende gemessen, während eine Rundkopfschraube von der Spitze bis zur Unterseite des Kopfs gemessen wird. Dieses Maß kann zwischen 6 mm und 150 mm liegen. Wählen Sie eine Schraube, die etwa dreimal so lang ist wie die Dicke des Holzstücks oder der Platte, die sie befestigen soll. Auch wenn eine Schraube nicht so lang ist, daß sie auf der Rückseite des Werkstücks wieder austritt, staucht sie doch die Holzfasern und verursacht eine deutliche Beule, wenn Sie nicht darauf achten, daß sie mindestens 3 mm vor der Oberfläche endet.

Schrauben werden auch nach dem Durchmesser ihres Schafts, ihrer Dicke benannt. Auf Schraubenpaketen wird in der Regel die Form der Holzschraube mit ihrer DIN-Nummer, der Schaftdurchmesser in Millimetern und die Länge in Millimetern angegeben, außerdem die Art des Werkstoffs und die Stückzahl. Für eine feste Verbindung wählen Sie den größtmöglichen Schaftdurchmesser. Er sollte jedoch nie ein Zehntel der Dicke des Holzes überschreiten, in das die Schraube eingedreht wird.

Normales Schraubengewinde

Etwa 60 % der Gesamtlänge einer normalen Holzschraube ist mit einem Gewinde versehen. Beim Eindrehen der Schraube schneidet sich dieses Gewinde in das Holz und zieht die Schraube hinein. Der glatte, runde Schaft einer Holzschraube wirkt wie ein Dübel und wird von dem breiteren Schraubenkopf überragt.

Standardholzschraube

Doppelgängiges Gewinde

Eine neue Generation von Holzschrauben ist mit einem scharfen Doppelganggewinde versehen, das sogar in Spanplatten und MDF einen festen Halt bewirkt. Verglichen mit der normalen Holzschraube weist die „Spanplattenschraube" ein längeres Gewinde auf. Der kurze Schaft ist wesentlich dünner, so daß ein Aufreißen des Holzes weitgehend verhindert wird.

Spanplattenschraube

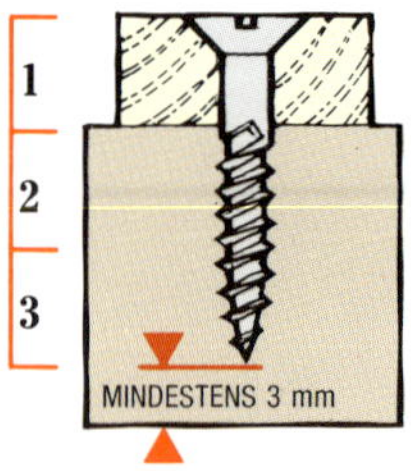

Die richtige Länge der Schraube wählen
Eine Schraube sollte dreimal so lang sein wie die Dicke des Holzes, das sie sichern soll.

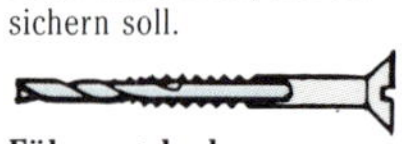

Führungsloch
Damit das Holz nicht reißt, bohren Sie ein Führungsloch für die Schraube in das Holz. Verwenden Sie einen Bohrer, der etwas dünner ist als der Durchmesser des Schraubengewindes.

HOLZSCHRAUBEN GRÖSSEN (DIN)

LÄNGE IN mm	DURCHMESSER IN mm												
	1,0	1,5	2,0	2,5	2,75	3,0	3,5	3,75	4,0	4,5	5,0	5,5	6,0
6 mm	X	X	X										
9 mm		X	X	X			X		X				
12 mm			X	X	X	X	X	X	X				
16 mm				X	X	X	X	X	X		X		
18 mm				X	X	X	X	X	X	X	X	X	
22 mm					X		X	X	X				
25 mm				X	X	X	X	X	X	X	X	X	X
32 mm					X	X	X	X	X	X	X	X	X
38 mm					X		X	X	X	X	X	X	X
44 mm							X	X	X	X	X	X	X
50 mm							X	X	X	X	X	X	X
57 mm							X		X		X	X	X
63 mm							X		X	X	X	X	X
70 mm									X		X	X	X
75 mm							X		X		X	X	X
89 mm									X		X	X	X
100 mm									X		X	X	X
112 mm											X	X	X
125 mm											X	X	X
150 mm												X	X

SCHRAUBENSCHLITZE

Schraubenschlitze, die eingefrästen Vertiefungen im Schraubenkopf, bieten eine Angriffsfläche für den Schraubendreher.

Langschlitzschraube
Sie hat eine einzige eingefräste Nut, die quer über den Kopf verläuft, und wird mit einem Schraubendreher mit gerader Klinge eingedreht.

Kreuzschlitzschraube
Sie hat zwei sich überkreuzende Schlitze zur Aufnahme der Klinge eines Kreuzschlitzschraubendrehers.

Klauenkopfschraube
„Diebessichere" Schraube zum Befestigen von Schlössern. (In Deutschland nicht im Handel.)

Schlitzschraube **Kreuzschlitzschraube** **Klauenkopfschraube**

SCHRAUBENKÖPFE

Sowohl die normalen wie auch die Spanplattenschrauben mit Doppelganggewinde gibt es mit unterschiedlichen Kopfformen.

Senkkopf
Ein abgeflachter Kopf, der bündig zur Werkstückoberfläche eingedreht wird. Sitzt in einer kegelförmigen Vertiefung.
Linsenkopf
Sitzt in einer ähnlichen Vertiefung, hat aber eine gewölbte Oberfläche. Wird oft da eingesetzt, wo die Befestigung sichtbar ist.
Rundkopf
Meist zur Befestigung flacher Bleche auf Holz. Ist deutlich kuppelförmig rund, auf der Unterseite aber flach.

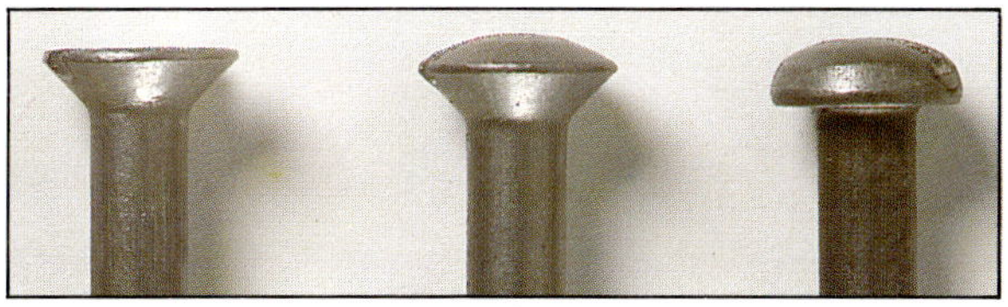

Senkkopf **Linsenkopf** **Rundkopf**

ZIERROSETTEN UND ABDECKKAPPEN

Viele Schreiner empfinden sichtbare Schraubenköpfe als häßlich. Es gibt jedoch verschiedene Zubehörteile, Schraubenköpfe zu verbergen oder ihr Aussehen zu verschönern.

Eingelassene Zierrosette
Ein fester Messingring für Senkkopfschrauben. Liegt bündig zur Holzoberfläche.
Aufliegende Zierrosette
Aus gepreßtem Messing. Bildet einen erhabenen Ring um Senk- und Linsenkopfschrauben.
Abdeckkappe (gewölbt)
Eine kuppelförmige Plastikabdeckkappe, die über dem Rand einer entsprechenden Schraubenrosette einschnappt.
Kreuzschlitzabdeckkappe
Eine Plastikabdeckkappe mit einem Zapfen auf der Unterseite, der in die Schraubenschlitze gedrückt wird.
Spiegelabdeckkappe
Eine verchromte Messingkappe mit einem Gewindezapfen, der in den Kopf einer speziellen Senkholzschraube eingedreht wird. Wird meist zur Spiegelbefestigung verwendet.

Zierrosetten und Abdeckkappen
1 Eingelassene Zierrosette
2 Aufliegende Zierrosette
3 Abdeckkappe (gewölbt)
4 Kreuzschlitzabdeckkappe
5 Spiegelabdeckkappe

NÄGEL

Für die Bauindustrie werden eine Vielzahl verschiedener Nägel produziert, die Schreiner verwenden jedoch im allgemeinen nur eine begrenzte Auswahl davon, vor allem für den Modellbau und das Zusammennageln von Holzwerkstoffplatten. Für das Befestigen von Polstermaterial auf hölzernen Unterrahmen gibt es spezielle Nägel und Zwecken.

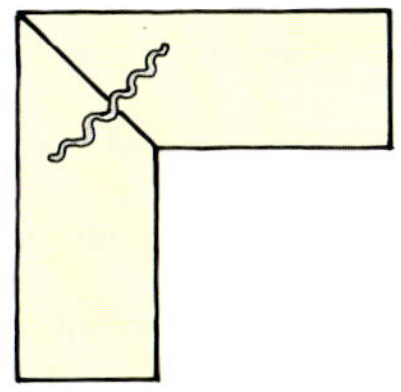

Wellenband
Wird quer über die Stoßfuge eingeschlagen.

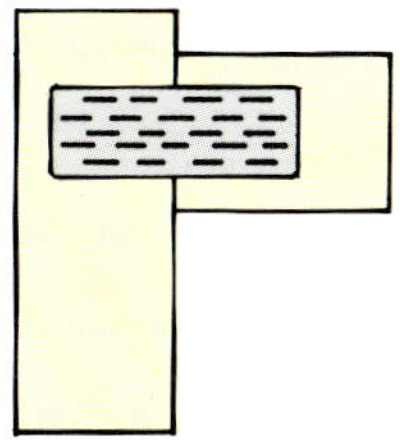

Holzverbinder
Verstärkt eine stumpfe Holzverbindung.

Runder Drahtnagel
Ein starkes Verbindungsmittel für grobe Zimmermannsarbeiten oder auch für den Zusammenbau von Holzmodellen.
Oberfläche: blanker Stahl
Größe: 25 bis 150 mm

Ovaler Drahtnagel
Ein Universalnagel mit ovalem Schaft, der das Aussplittern des Holzes verhindern soll. Sein Kopf kann unter die Oberfläche versenkt werden.
Oberfläche: blanker Stahl
Größe: 25 bis 150 mm

Drahtnagel mit Stauchkopf
Ein Nagel mit einem schlanken Schaft, der für große, stumpfe Fugen- und Gehrungsverbindungen verwendet wird. Der Kopf wird versenkt.
Oberfläche: blanker Stahl
Größe: 40 bis 100 mm

Drahtstift
Zur Befestigung dünner Sperrholz- oder Hartfaserplatten und für kleinere Holzverbindungen.
Oberfläche: blanker Stahl
Größe: 12 bis 50 mm

Wellenband
Dieses Verbindungsmittel wird bei Gehrungsverbindungen und stumpfen Stoßfugen für grobe Rahmen und Balken verwendet. Das Wellenband wird quer über die Fuge angesetzt und bündig zur Holzoberfläche eingeschlagen.
Oberfläche: blanker Stahl
Größe: 6 bis 22 mm

Holzverbinder
Eine Metallplatte mit Dornen zum Verstärken von Verbindungen im Fachwerkbau. Die Platte wird quer über die Fuge gelegt und die Dornen in das Holz gedrückt oder geschlagen.
Oberfläche: verzinkt
Größe: 25 x 125 mm bis 175 x 350 mm

Geschnittener Nagel
Dieser Nagel ist zum Befestigen von Bezugsstoffen auf gepolsterten Rahmen gedacht. Der breite Kopf hält den Stoff.
Oberfläche: gebläuter Stahl
Größe: 12 bis 30 mm

Polsternagel
Ein Ziernagel zur Befestigung von Bezugsstoffen oder Litzen.
Oberfläche: vermessingt, verchromt oder brüniert
Größe: 12 mm

Kammzwecken
Diese kleinen Zwecken werden für die Befestigung von Polsterlitzen verwendet.
Oberfläche: verschiedene Färbungen, je nach Litze
Größe: 9 und 13 mm

Nägel und Verbindungsmittel
1 Drahtstift
2 Runder Drahtnagel
3 Ovaler Drahtnagel
4 Stauchkopfnagel
5 Wellenband
6 Holzverbinder
7 Geschnittener Nagel
8 Polsternagel
9 Kammzwecke

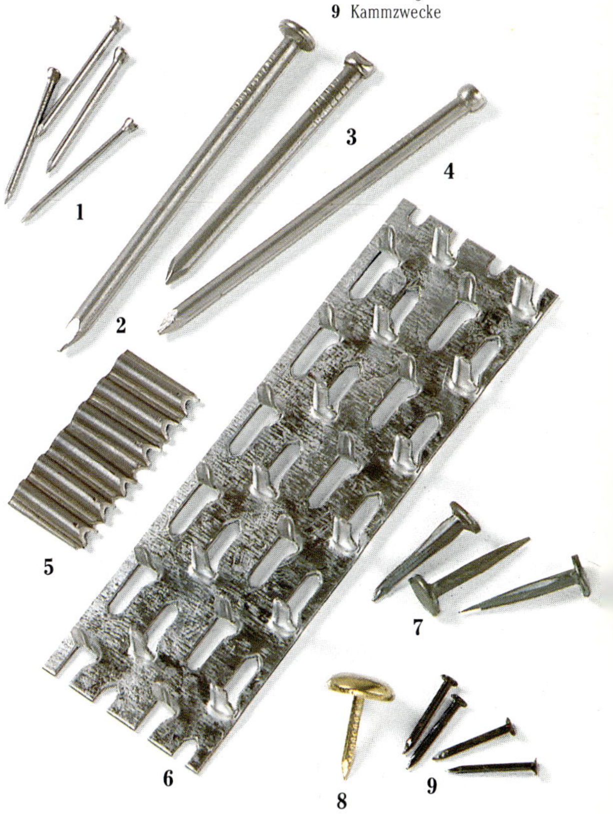

SCHARNIERE

Gute Bänder für Möbeltüren und Klappen sind relativ teuer. Billigprodukte mit zuviel Spiel in den Gelenken, schlecht ausgeriebenen Schraubenlöchern und zu schwachen Lappen können manchmal ein schön gebautes Möbelstück völlig verderben.

Siehe auch

Klapptische	58 - 60
Schranktüren	66, 68
Stehende Klappen	67
Einbauschränke	72
Handwerkzeuge	76 - 122
Holzschrauben	224 - 225

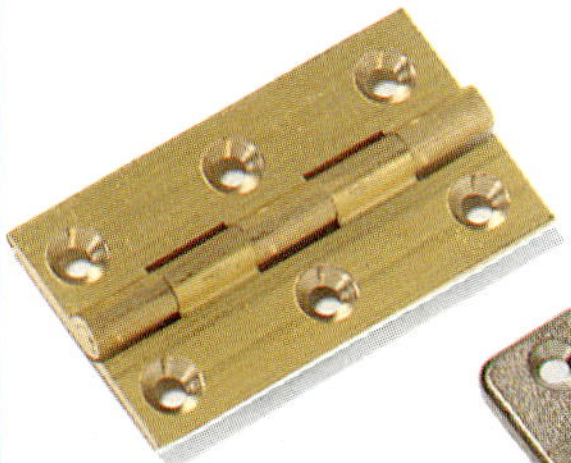

Einfaches Scharnier

Das Scharnier aus massivem Messing ist das klassische Band der Möbelschreiner. Breite Scharniere mit relativ breiten Lappen sind für Kleider- und Küchenschränke geeignet. Schmale Scharniere werden für kleinere Schränke verwendet. Sie können für stumpf anschlagende Türen verwendet werden.

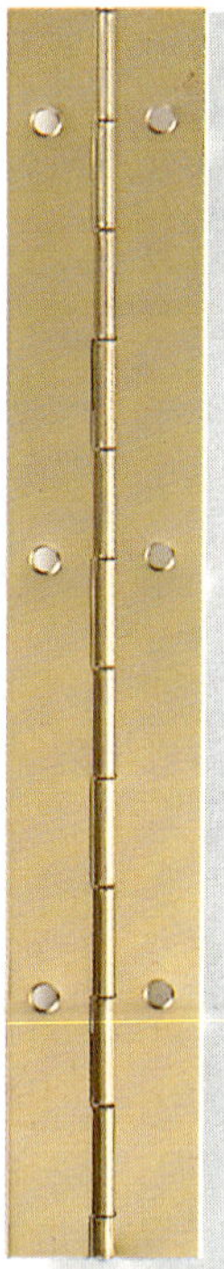

Klavierband
Das Klavierband, das in Längen von bis zu 2 m hergestellt wird, wird da eingesetzt, wo eine besonders feste Verbindung nötig ist.

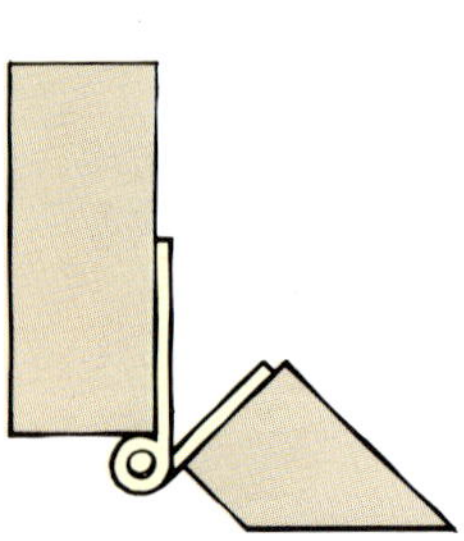

Ein Flachband wird nicht in das Holz eingelassen

Aushängeband

Aushängbare Bänder ermöglichen das Aushängen des schwenkbaren Teils, wie eines Seitenspiegels an einer Frisierkommode. Ein gutes Band ist aus massivem Messing mit einem Stift aus Stahl. Es gibt Links- und Rechtsbänder.

Flachband

Das Flachband wird ähnlich wie ein einfaches Scharnier, aber nur für leichte Türen verwendet. Diese Art Band läß sich leicht anbringen, weil es nicht in das Holz eingelassen werden muß.

Unsichtbares Topfscharnier

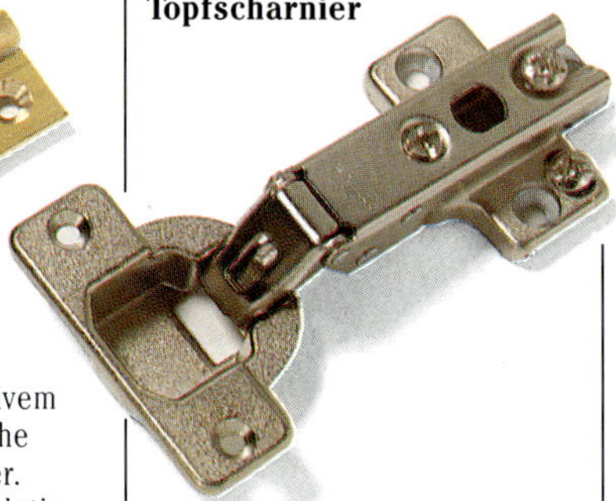

Stumpf anschlagende Küchenschranktüren werden meist mit diesen modernen, unsichtbaren Scharnieren versehen, weil sich diese Scharniere noch nachstellen lassen, so daß auch eine Türreihe exakt ausgerichtet werden kann. Die Topfscharniere bestehen aus einem runden „Topf", der in die Tür eingebohrt wird, und einem Montagearm mit Grundplatte, die an die Korpusseite geschraubt wird. Mit diesen Scharnieren lassen sich Türen öffnen ohne anzustoßen.

Funktion eines unsichtbaren Topfscharniers

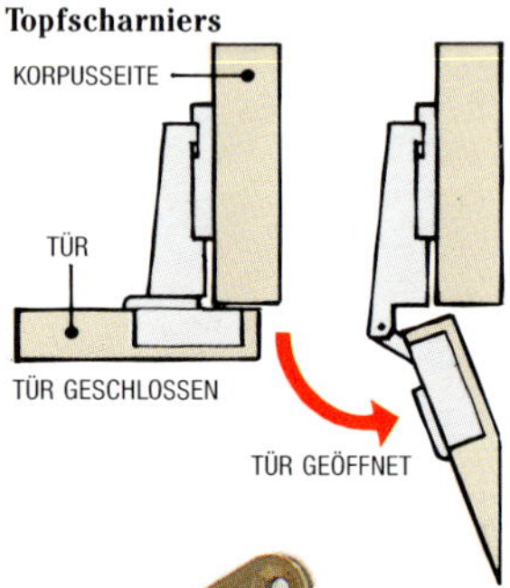

Soss-Scharnier

Dieses Scharnier wird für schwerere Türen eingesetzt.

Zysa-Scharnier

Mit diesem Scharnier kann die Tür um 180° geöffnet werden. Es eignet sich deshalb besonders für Falttüren, kann aber genauso für normal anschlagende Türen verwendet werden. Es wird in eingebohrte Löcher eingesetzt und ist dann unsichtbar, wenn die Tür geschlossen ist.

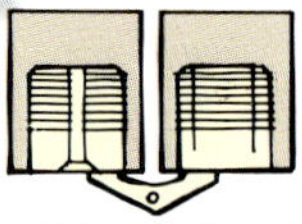

Falttür mit Zysa-Scharnieren

Winkelscharnier

Das Winkelscharnier wird für feine Schreinerarbeiten bei stumpf anschlagenden Türen verwendet. Die Tür läßt sich bis zu 180° öffnen.

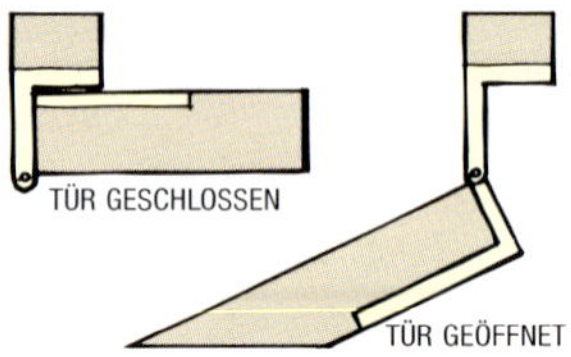

Winkelscharnier im Einsatz

Klappenscharnier

Hiermit ist Klappe in geöffnetem Zustand bündig mit dem Korpusboden.

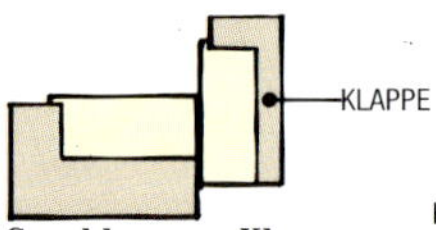

Geschlossene Klappe

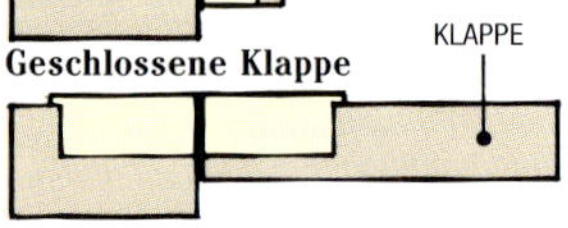

Klappe liegt geöffnet bündig

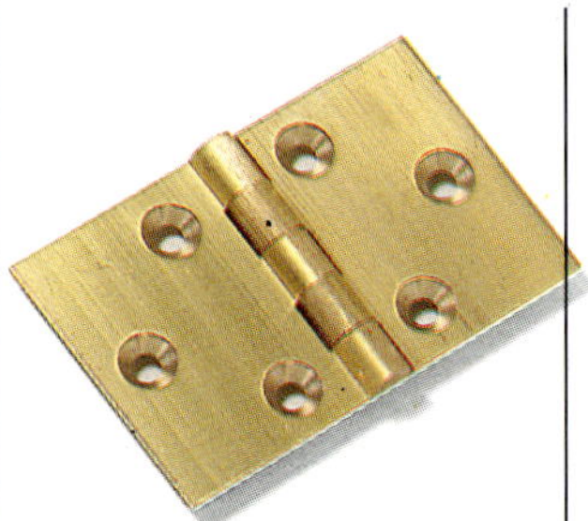

Gerolltes Scharnier

Dieses klassische Lappenscharnier aus massivem Messing wird gerne zum Anschlagen stehender Klappen bei Schreibpulten verwendet.

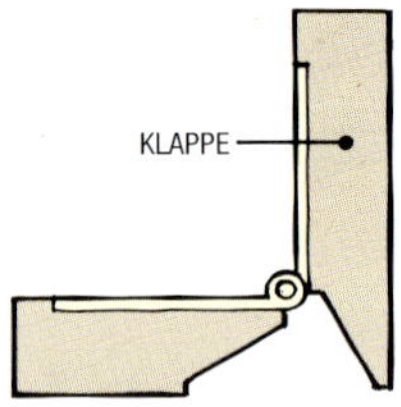

Klappe geschlossen

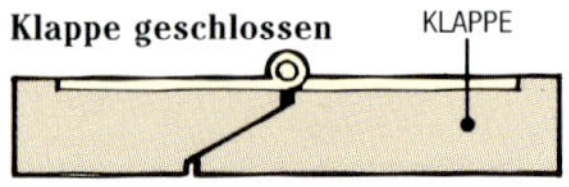

Klappe geöffnet

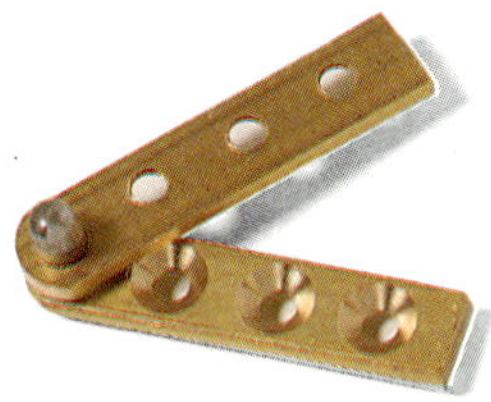

Zapfenband

In die Kante der Tür, eines Deckels oder einer Klappe eingelassen, ist dieses Band in geschlossenem Zustand praktisch unsichtbar.

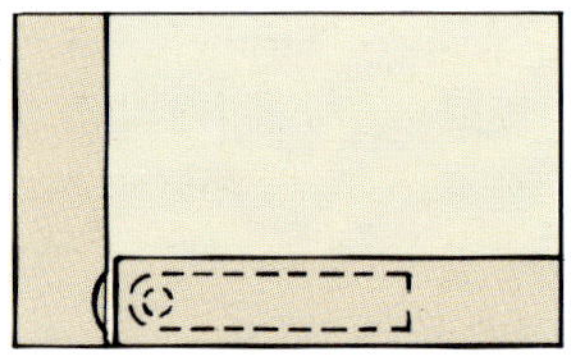

Geschlossene Tür

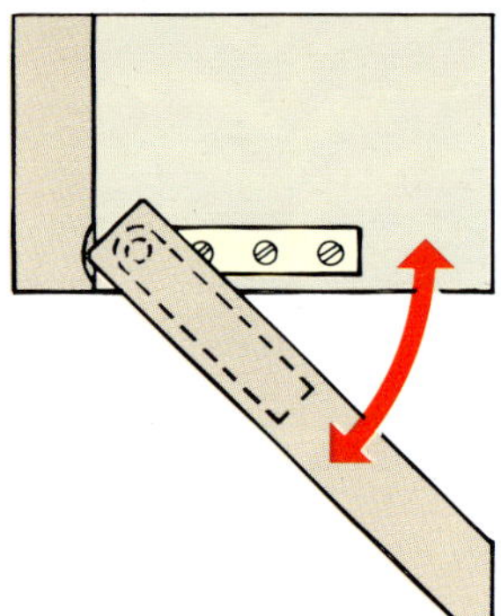

Geöffnete Tür

Tischscharnier
Dies ist eine Abwandlung des Lappenbands und speziell für die Befestigung von abklappbaren Tischklappen mit Konterprofilverbindung gedacht. Der längere Lappen wird an die Tischklappe geschraubt.

Tischklappe hochgeklappt

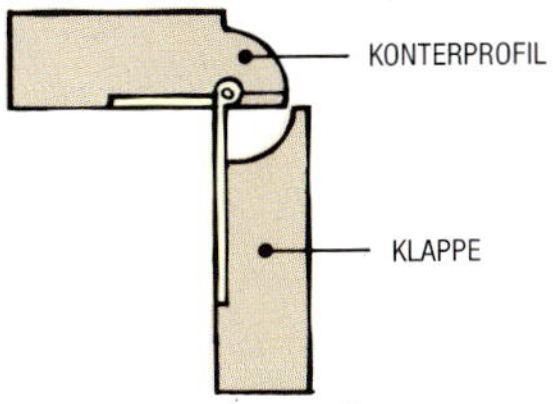

Tischklappe hängend

Nähtischscharnier
Ein Nähtischscharnier wird für doppelte Tischplatten verwendet, die sich zur Vergrößerung des Tischs aufklappen lassen. Es läßt sich auch für stehende Klappen verwenden.

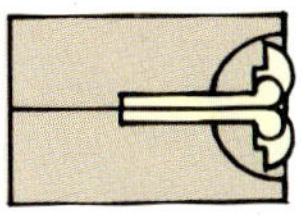

Zugeklappter Tisch

Aufgeklappter Tisch

EIN EINFACHES SCHARNIER EINLASSEN

Die Lappen eines Scharniers können in der Tür und in der Korpusseite eingelassen werden, so daß genau die Hälfte des Gewerbes über die Türkante vorsteht.

Das Scharnier wird normalerweise in einem bestimmten Abstand zur Ober- oder Unterkante der Tür angebracht. Handelt es sich um eine Rahmentür, wird es nach der Kante des Rahmenfrieses ausgerichtet.

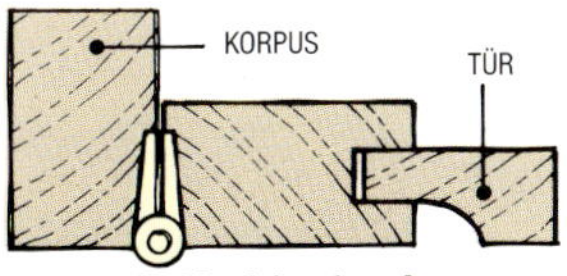

Lappen beidseitig eingelassen

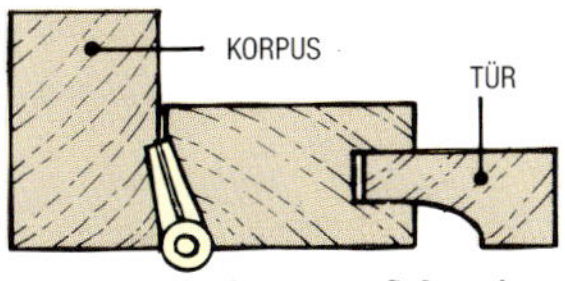

Schräg eingelassenes Scharnier

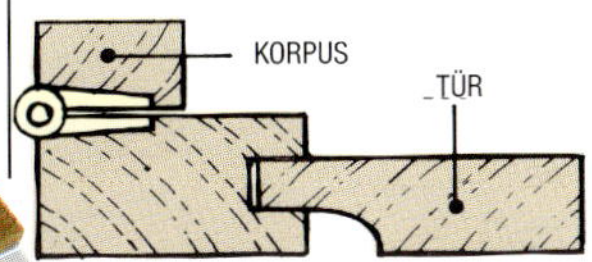

Aufschlagende Tür mit Scharnier angeschlagen

Wenn Sie die Position des Scharniers und die Einlaßtiefe angezeichnet haben, dann sägen Sie kleine Einschnitte in den wegfallenden Bereich **(1)**. Mit einem Stecheisen stechen Sie die Hinterkante der Vertiefung ein, bevor Sie die Vertiefung von vorn ausstemmen **(2)**.

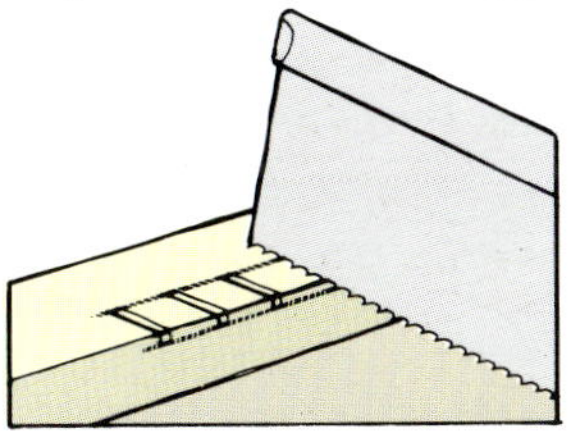

1 Machen Sie kleine Einschnitte

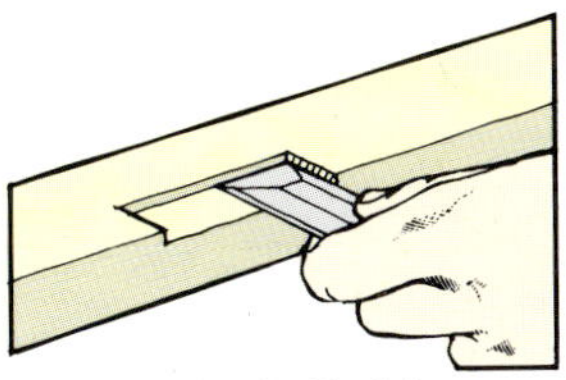

2 Stechen Sie die Vertiefung aus

EIN HOLZSCHARNIER FERTIGEN

Die schwenkbaren Holztragarme, die die hochgeklappten Platten eines Tischs abstützen, können an dem Tischuntergestell mit langen Scharnieren befestigt werden.

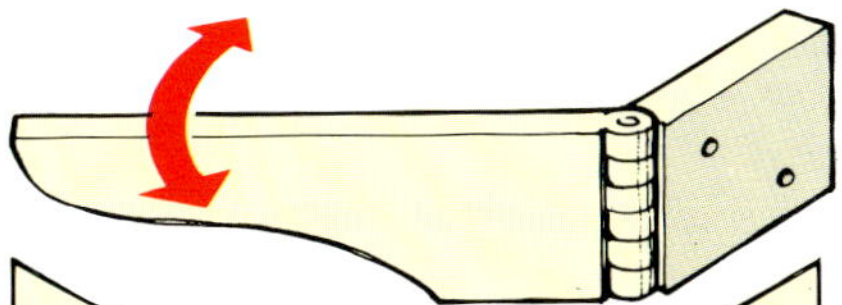

Ausschwenkbare Tragarme

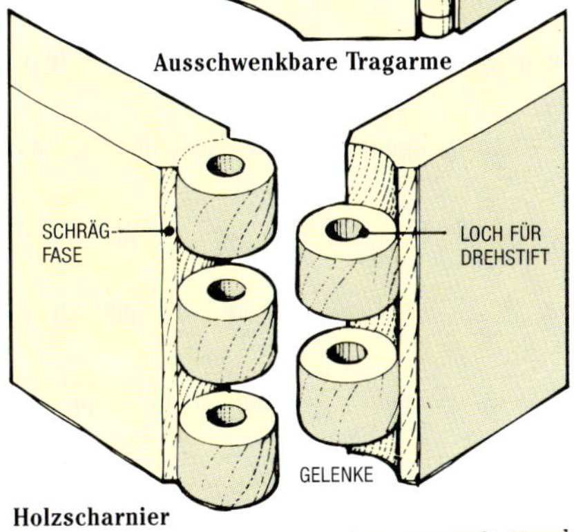

Holzscharnier

Anreißen der Verbindung
Mit einem Schneid-Streichmaß reißen Sie an den Enden der beiden Verbindungsteile ringsherum die Holzdicke an. Über die Kanten ziehen Sie Diagonalen **(1)**. Setzen Sie die Spitze eines Zirkels in den Schnittpunkt der Diagonalen und schlagen Sie einen Kreis mit einem Durchmesser gleich der Holzdicke **(2)**. Für die Schrägfasen nehmen Sie einen Winkel, um Linien durch die Punkte zu ziehen, wo der Kreisumfang die Diagonalen schneidet **(3)**. Winkeln Sie diese Linien um das ganze Werkstück herum.

Schneiden der Verbindung
Sägen Sie auf beiden Seiten des Werkstücks entlang der Schrägfasenlinien bis zur Kreislinie hinunter ein. Dann stechen Sie die Fase zum Sägeschnitt hin an **(4)**. Spannen Sie einen 45°-Führungsklotz auf das Werkstück und stoßen Sie die Fase mit einem Simshobel nach **(5)**.

Formen Sie die Rundung der Gelenke mit Raspel und Feile und glätten Sie sie mit einem Profilschleifklotz. Teilen Sie jedes Holzteil in fünf gleiche Teile und reißen Sie mit dem Streichmaß diese Linien um beide Gelenke **(6)**. Kennzeichnen Sie die wegfallenden Bereiche so, daß an dem einen Teil drei Gelenke stehenbleiben und an dem anderen zwei. Sägen Sie jede Linie mit einer Feinsäge auf der wegfallenden Seite des Risses ein und entfernen Sie die Zwischenräume mit einer Bügelsäge. Formen Sie die konkave Schulter, indem Sie das Holz zwischen den Gelenken mit einem Stecheisen schräg abstechen und, wenn möglich, mit einem Hohleisen mit Innenfase nacharbeiten **(7)**.

Setzen Sie die Verbindung zusammen und spannen Sie das Werkstück zwischen Leisten, um es ausrichten zu können. Bohren Sie dann ein Loch durch die Gelenkmitten gemäß dem Durchmesser eines Stahl- oder Messingstifts **(8)**. Klopfen Sie den Stift hinein.

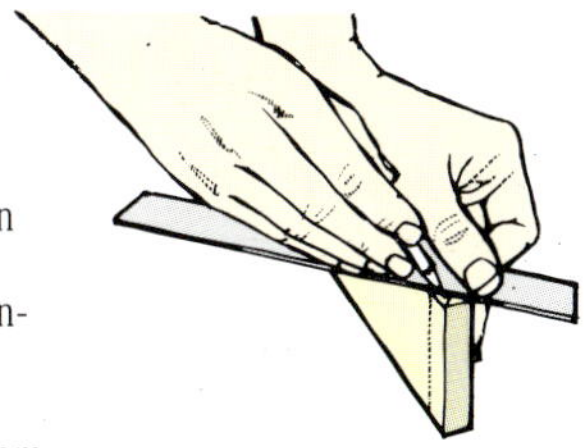

1 Diagonalen ziehen

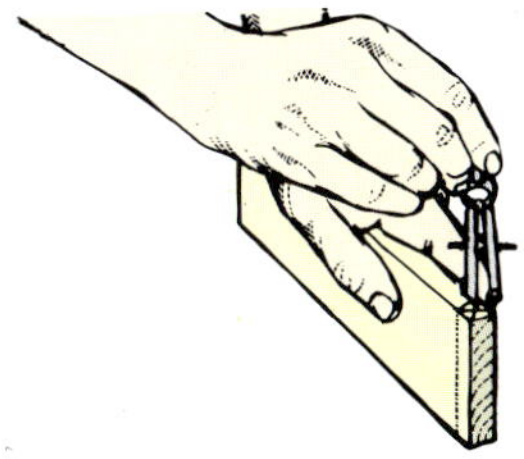

2 Kreise auf den Kanten

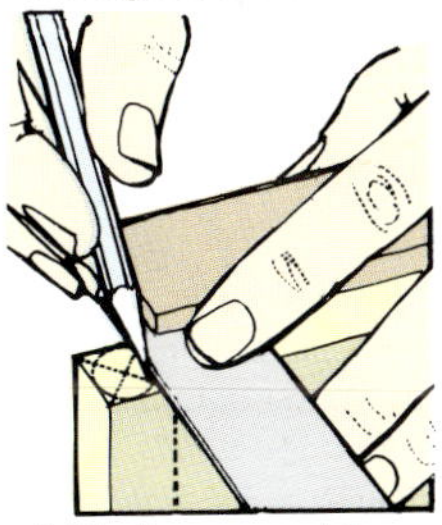

3 Die Fasen anzeichnen

4 Die Fase herausstechen

5 Jede Fase bestoßen

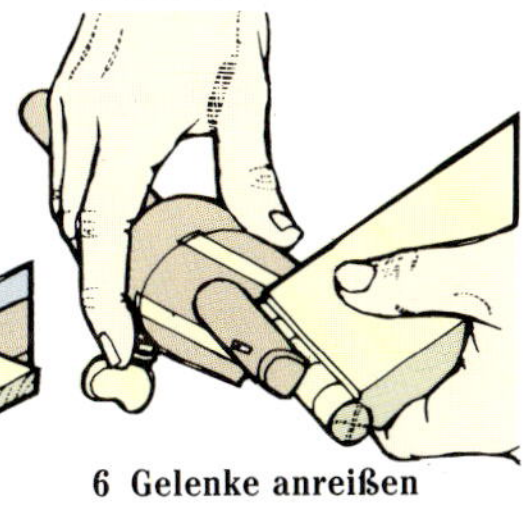

6 Gelenke anreißen

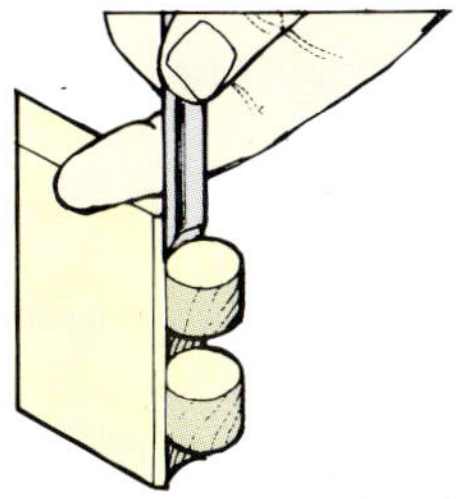

7 Die Gelenkenden abstechen

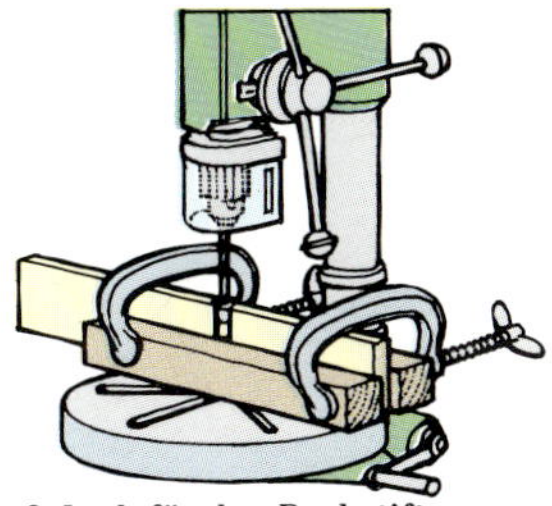

8 Loch für den Drehstift

LÖSBARE VERBINDUNGEN

Bei großen Schrankkorpussen, die vor Ort montiert werden müssen, empfiehlt es sich, die Einzelteile mit lösbaren Verbindungsmitteln zusammenzubauen. Diese lösbaren Verbinder sind außerdem praktisch, wenn Sie ein Möbelstück bauen wollen, das sich auseinandernehmen läßt. Im allgemeinen sind lösbare Verbindungsmittel für stumpf aufeinanderstoßende Teile gedacht und erfordern genau gebohrte Löcher, so daß die Verbindung exakt wird. Deshalb werden sie vor allem von Schreinern verwendet, die Maschinen zur Verfügung haben.

Siehe auch

Tischkonstruktionen	56 - 57
Korpuskonstruktionen	63, 70, 72
Stehende Klappen	67
Schiebetüren	67, 73
Schraubendreher	118 - 119
Holzschrauben	224 - 225

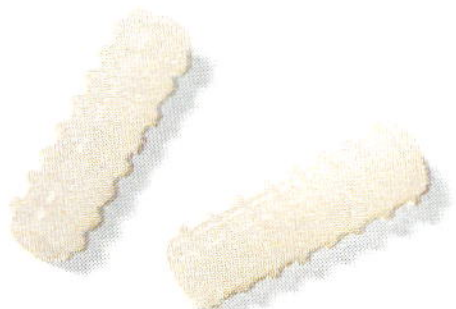

Spreizmuffe
Nylonmuffen mit Gewinde werden in vorgebohrte Löcher einer Spanplatte gepreßt. Durch Eindrehen einer Schraube spreizen sich die Muffen und bewirken so eine feste Verbindung.

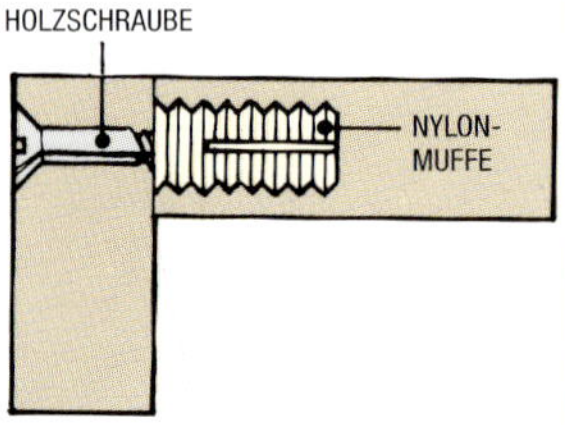

Spreizmuffe

Verbindungsschraube
Spezielle Verbindungsschrauben mit grobem Gewinde werden zur Verbindung von Spanplatten ohne den Einsatz von Muffen verwendet. Die Schraube wird mit einem normalen Kreuzschlitzschraubendreher in eine vorgebohrtes Loch eingedreht. Die Schraube formt sich ihr Senkloch selbst.

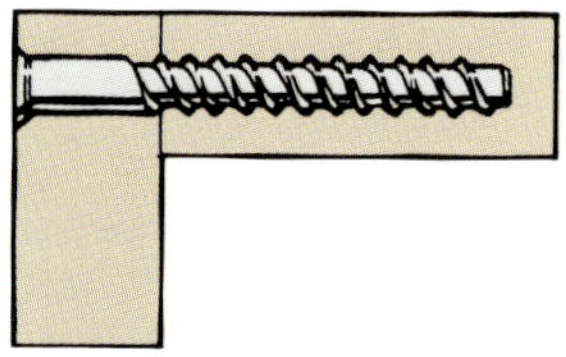
Verbindungsschraube

Eindrehmuffe
Gewindemuffen aus Metall können zum Zusammenschrauben von Massivholzteilen oder Platten verwendet werden. Die Muffe wird mit einem Schraubendreher in ein vorgebohrtes Loch eingedreht, bis sie entweder bündig mit oder knapp unter der Oberfläche ist.

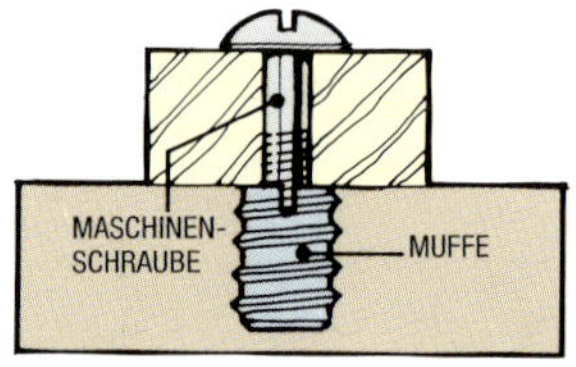

Eindrehmuffe

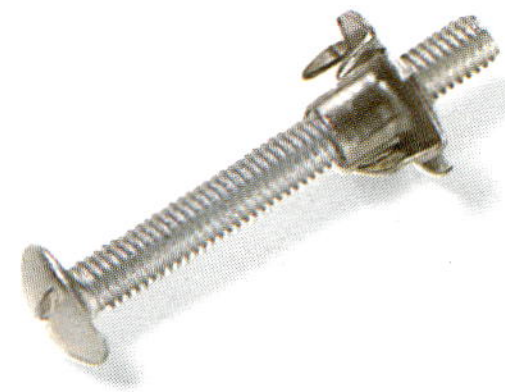

Einschlagmutter mit Gewindeschraube
Die Einschlagmuffe ist ein einfaches Gestellverbindungsmittel. Durch die beiden Teile werden gleich große Löcher gebohrt und in eines davon die Muffe eingeschlagen. Zieht man die Gewindeschraube an, wird die Muffe noch tiefer in das Holz hineingezogen.

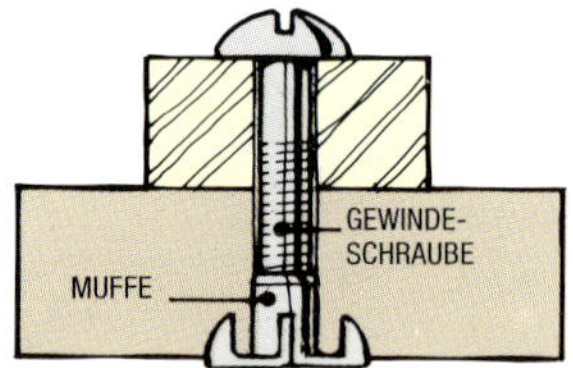

Einschlagmuffe mit Zacken

Korpusverbinder
Dieser lösbare Verbindungsbeschlag besteht aus zwei ineinandergreifenden Plastikklötzchen und wird zur rechtwinkligen Verbindung von Korpusteilen verwendet.

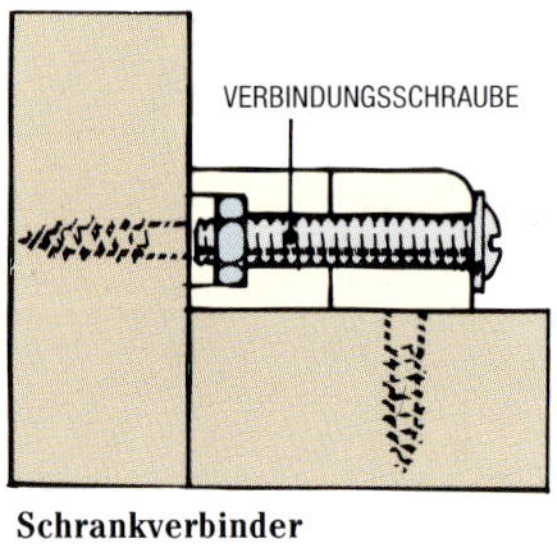

Schrankverbinder

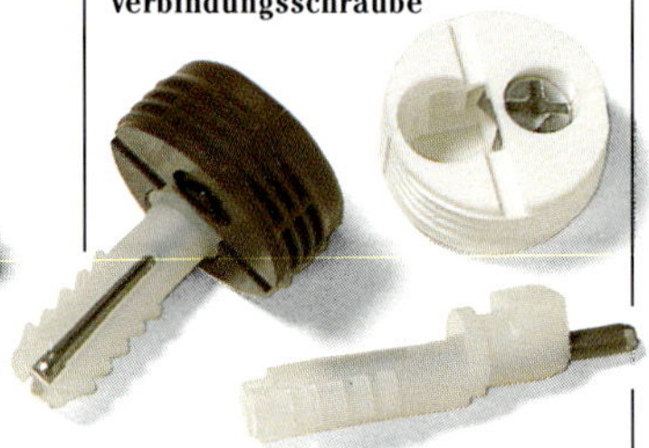

Exzenterschrankverbinder
Für eine Plattenverbindung nehmen Sie einen Exzenterbeschlag. Er besteht aus einem gekröpften Plastikdübel, der in die Kante eines Seitenteils gebohrt und in ein rundes Gehäuse eingesteckt wird, das in das andere Teil eingelassen wurde.

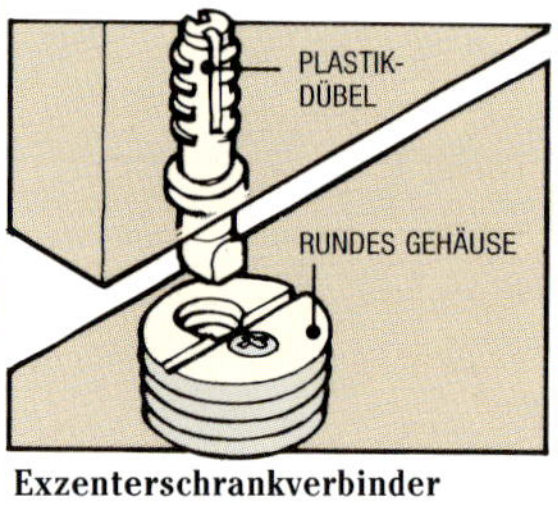

Exzenterschrankverbinder

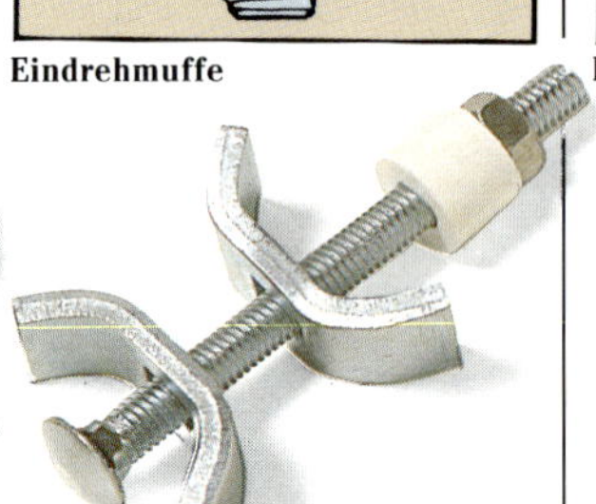

Arbeitsplattenverbinder
Mit Plattenverbindern können stumpf aneinanderstoßende Arbeitsplatten sicher verbunden werden. Man bohrt ein Loch in die Unterseite jeder Platte und schneidet eine enge Nute für den Verbindungsbolzen. Durch Anziehen der Sechskantmutter werden die Platten zusammengezogen. Paßdübel in den Stoßkanten helfen beim Ausrichten.

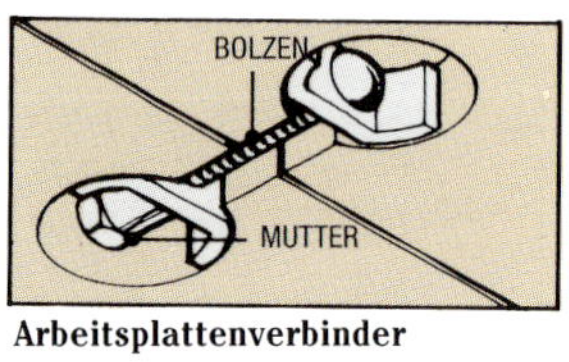

Arbeitsplattenverbinder

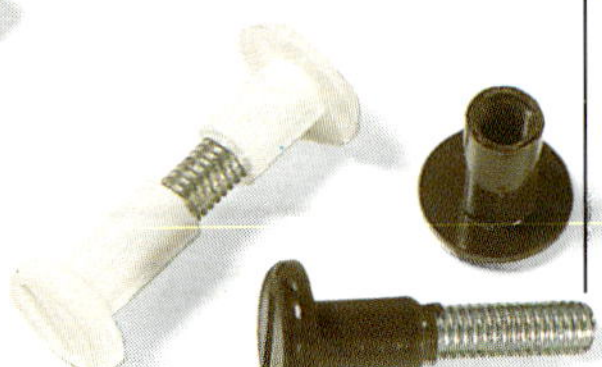

Möbelverbindungsschraube mit Hülse
Das ist eine schöne Verbindungsschraube zum Verbinden von Einzelkorpussen, wie z. B. Einbaumöbeln. Die gerippte Hülsenmutter sitzt fest, während die Gewindeschraube mit einem Schraubendreher eingedreht wird.

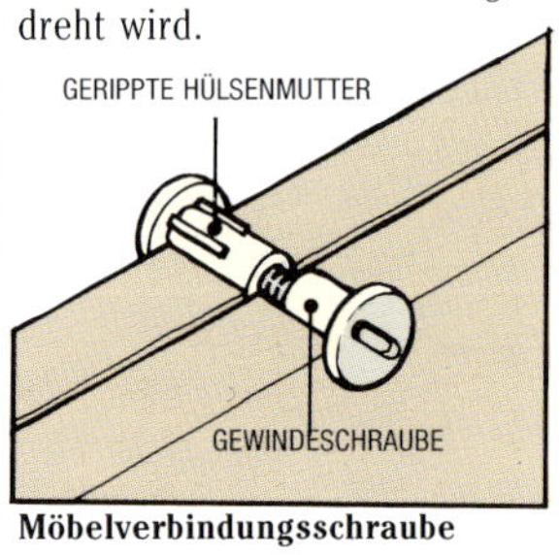

Möbelverbindungsschraube

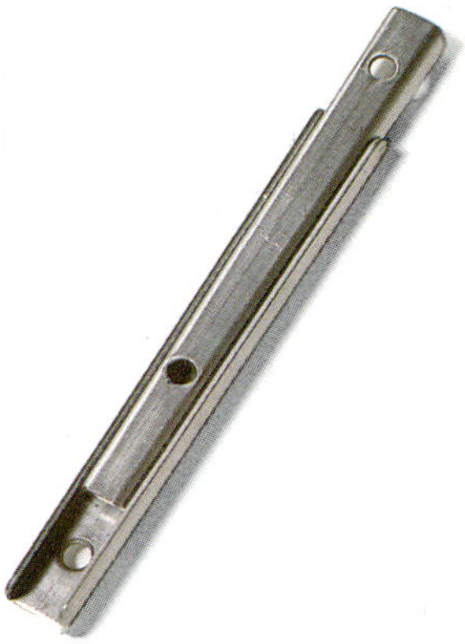

Konusverbinder
Der Konusverbinder ist ein praktisch unsichtbares Befestigungsmittel zum Aufhängen von Wandschränken oder großen Rahmenkonstruktionen. Da die beiden Beschlagteile konisch wie auch schwalbenschwanzförmig sind, verkeilen sie sich, wenn sie ineinandergeschoben werden.

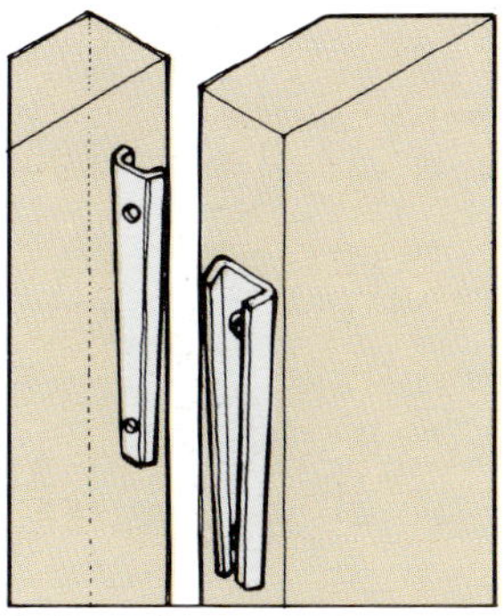

Zerlegter Konusverbinder

Senkkopfschraube mit Quermutterbolzen
Dieses sichere und feste Verbindungsmittel wird zur Verbindung von Tisch- und Stuhlrahmen verwendet. Die Schraube wird durch den senkrechten Fuß in das Ende der Zarge geschraubt, wo sie auf das Gewindeloch des Quermutterbolzens trifft.

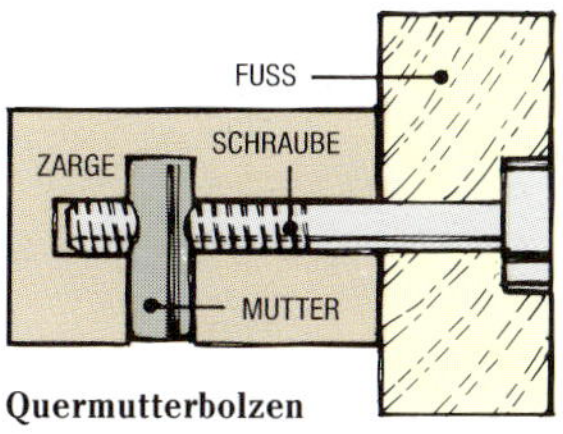

Quermutterbolzen

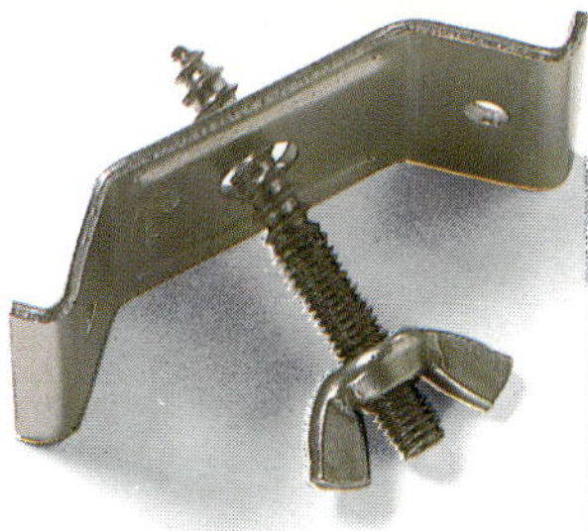

Eckklammer
Sie wird dazu benützt, Tischzargen an den Ecken mit dem Fuß zu verbinden. Flansche zu beiden Seiten der Klammer sitzen in schmalen, in die Zarge eingefrästen Nuten, und Holzschrauben halten das Ganze fest zusammen. Eine Gewindeschraube wird durch das Loch in der Platte in die angefaste Innenecke des Tischfußes geschraubt und mit einer Flügelmutter angezogen.

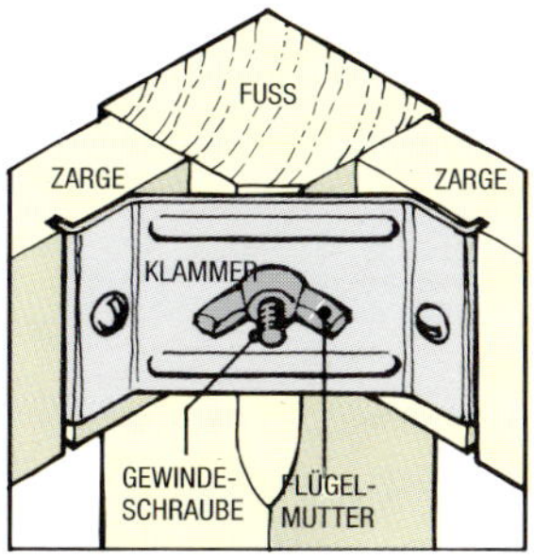

Eckklammer

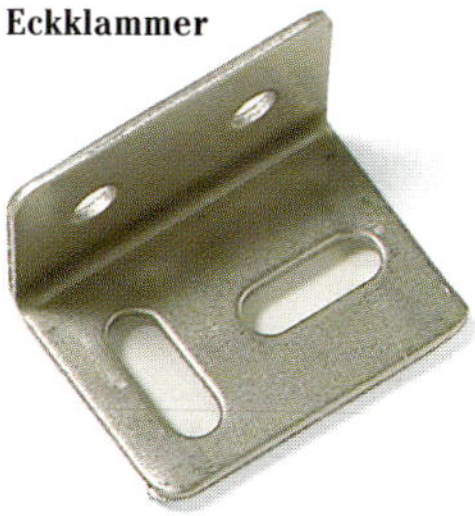

Anschraubwinkel mit Langloch
Diese Winkelplatten sind zur Befestigung von Tischplatten aus Massivholz auf ihre Untergestelle gedacht. Sie lassen ein Schwinden des Holzes zu. Jeder Winkel wird bündig zur Oberkante an die Innenseite der Zarge geschraubt. Eine Rundkopfschraube wird in die Platte geschraubt.

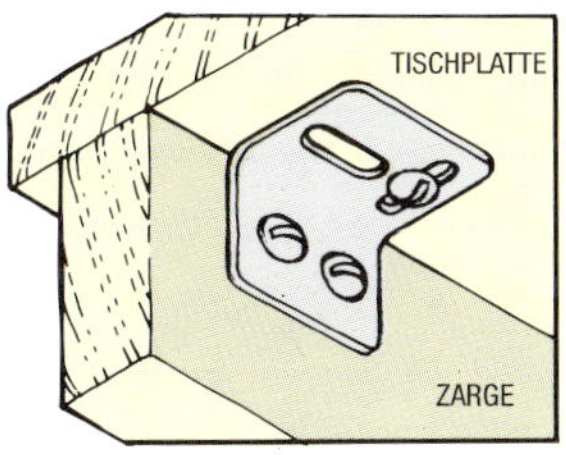

Winkel mit Langloch

SCHNAPPVERSCHLÜSSE UND SCHLÖSSER

Möbel erhalten meist kleine, fein gearbeitete Schlösser. Schnappverschlüsse sind oft aber praktischer.

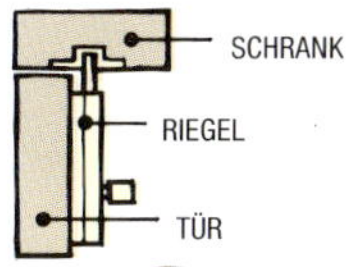

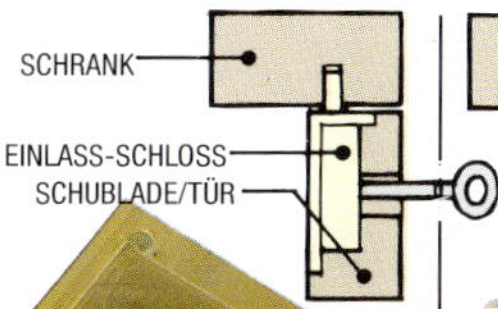

Möbelschloß
Das klassische Möbelschloß wird zur Sicherung von Schubladen und Schränken eingesetzt. Ein Aufschraubschloß wird direkt auf die Innenseite einer aufschlagenden Tür oder Schublade geschraubt. Springt die Tür oder Schublade jedoch zurück, kann das schönere Einlaßschloß verwendet werden, das bündig zur Holzoberfläche liegt. Ein ähnliches Schloß für Kasten mit Deckel hat ein Schließblech mit Haken, in das der Schließmechanismus einrastet. Möbelschlösser haben oft zwei Schlüssellöcher, die rechtwinklig zueinander liegen, so daß man sie waagrecht oder senkrecht anbringen kann.

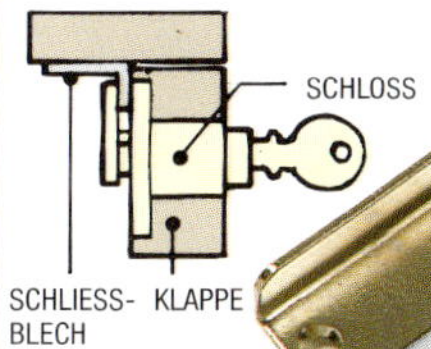

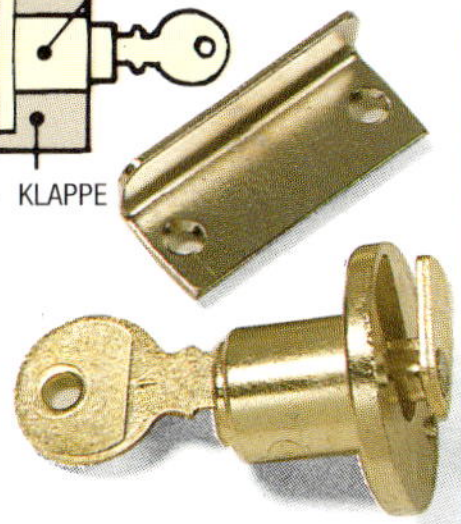

Einlaßklappenschloß
Das Klappenschloß für stehende Klappen wird absolut bündig mit der Innenfläche der Sekretär- oder Schreibpultklappe eingelassen.

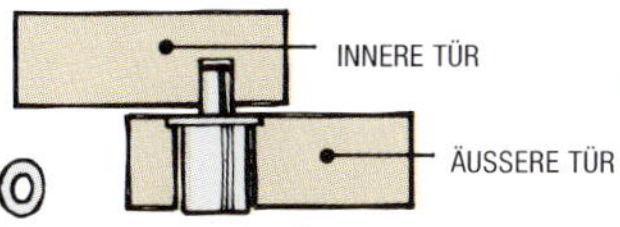

Schiebetürschloß
Ein spezielles Druckzylinderschloß ist für sich überlappende Schiebetüren erforderlich. Das Schloß, das in die äußere Tür eingesetzt wird, wird durch einen Druckknopf betätigt, der einen Stift in eine in der inneren Türe eingelassene Schließhülse schiebt.

Schlüsselschilder
Ein Schlüsselschild ist eine kleine, dekorative Metallplatte, die das in das Holz gebohrte Schlüsselloch umgibt. Meistens werden Schlüsselschilder aufgenagelt.

Magnetschnäpper
Kleine ummantelte Magnete werden auf die Innenseite einer Korpusseite geschraubt oder in ein Loch eingesetzt, das in ihre Kante gebohrt wurde. Der Magnet zieht eine Haftplatte an.

Kugelschnäpper
Dieser Schnappverschluß besteht aus einer gefederten Stahlkugel, die in einem runden Messinggehäuse sitzt, das in die Kante einer Schranktür eingesetzt wird. Schließt man die Tür, wird die Kugel in eine Vertiefung in dem Schließblech gedrückt, das an den Korpus geschraubt ist.

Magnetdruckverschluß
Ein Schrank mit einem Magnetdruckverschluß braucht keinen Griff. Drückt man auf die Tür, so springt sie auf.

Türriegel
Bei zweiflügeligen Schranktüren wird eine Tür oft mit zwei aufgeschraubten oder bündig eingelassenen Schubriegeln festgehalten, die andere mit einem Schloß versehen.

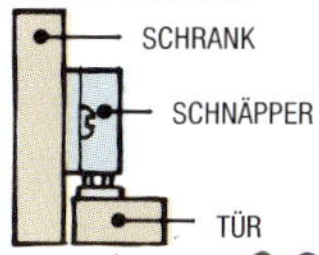

Magnetschnäpper

Kugelschnäpper

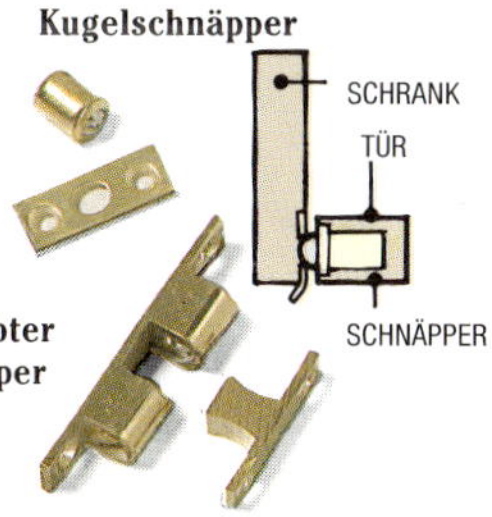

Aufgeschraubter Kugelschnäpper

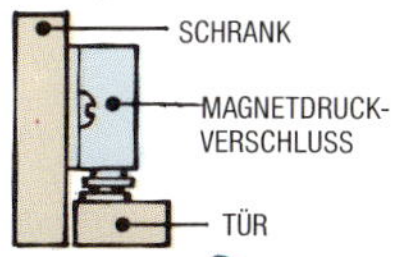

Magnetdruckverschluß

GRIFFE UND KLAPPENHALTER

Ein Klappenhalter ist ein Mechanismus, der in erster Linie dazu dient, eine stehende Klappe in horizontaler Stellung zu stützen, um die Scharniere zu entlasten. Diese Stützen werden aber auch dazu benützt, zu verhindern, daß sich eine Drehtür um mehr als 90° öffnet, oder um Truhendeckel oder Klapptüren von Oberschränken nach oben abzustützen. Griffe sind eigentlich funktionale Beschläge. Sie wurden aber schon immer auch zur Dekoration eingesetzt.

Siehe auch

Schranktüren	66 - 68
Schubladen	71
Einbauschränke	72 - 73
Holzschrauben	224 - 225

Möbelgriff
Der klassische Griff ist an zwei Punkten befestigt. Er ist in einer Vielzahl von Formen erhältlich, einschließlich der edlen Schwanenhalsform und des noch dekorativeren Stilgriffbeschlags.

Hängegriff
Bei diesem Griff ist ein einzelner tropfenförmiger oder verschnörkelter Ring in der Mitte befestigt. Solch ein Hängegriff wird oft in der Mitte einer kleinen Schublade angebracht.

Ringgriff
Er ist ähnlich wie ein Hängegriff gebaut, der Ring ist aber an der Oberkante der Grundplatte befestigt.

Tür- oder Schubladenknöpfe
Die klassischen runden Knöpfe werden aus Holz, Metall oder Keramik in vielen verschiedenen Größen hergestellt, passend zu den unterschiedlichsten Möbeln. Sie können mit einer Schraube befestigt werden, die auf der Rückseite des Knopfs herausragt, oder mit einer normalen Holzschraube, die von hinten durch die Korpusfront in den Knopf geschraubt wird.

Einlaßgriffbeschlag
Ein drehbarer Ring liegt bündig in einer dicken Messinggrundplatte, die in das Schubladenvorderstück eingelassen und mit Senkkopfschrauben befestigt ist.

Schubkastengriff
Diese gewölbten Schubkastengriffe sind starke, mit Schrauben befestigte Griffe für Schränke und Kommoden.

Bügelgriff
Diese schlanken Griffe aus Metall, Holz oder Kunststoff passen zu den einfachen modernen Möbeln. Sie werden ausnahmslos mit Gewindeeinsätzen zur Befestigung mit Gewindestiften gefertigt.

Schiebetürgriff
Diese runden oder rechteckigen Griffmuscheln werden in sich überlappende Schiebetüren eingeleimt.

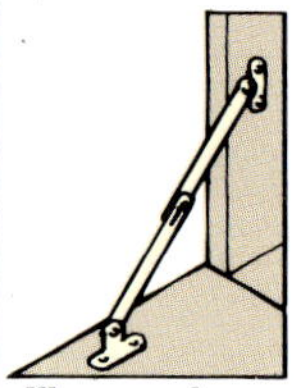
Klappenschere

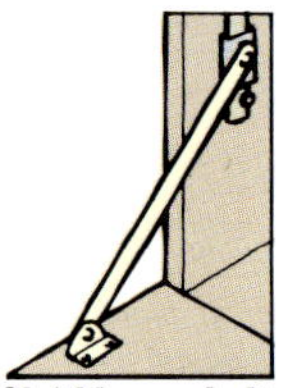
Gleitklappenhalter

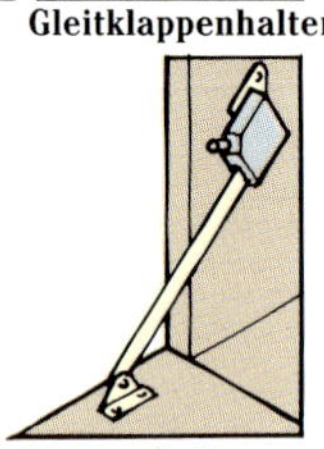
Bremsklappenhalter

Türöffnungsbegrenzer

Hochstellstütze

Klappenhalter
Der einfachste Klappenhalter wird an beiden Enden festgeschraubt und hat ungefähr in der Mitte des Arms eine Nietverbindung, die sich abknicken läßt, damit sich die Schere im Korpus zusammenfaltet. Bei einer anderen Ausführung gleitet der Halter geräuschlos auf einer Stange, die im Inneren des Korpus waagrecht oder senkrecht angebracht ist.

Türöffnungsbegrenzer
Ein Türöffnungsbegrenzer verhindert, daß eine Schranktür aus ihren Bändern gerissen oder zu weit geöffnet wird, indem sie ihren Öffnungswinkel auf 90° beschränkt. Ein steifer Metallarm, der an die Tür geschraubt ist, rutscht durch einen beweglichen Nylonbeschlag, der an den Korpus geschraubt ist.

Hochstellstütze
Die Halter für Hochstellklappen oder Deckel rasten automatisch ein, wenn die Klappe oder der Deckel nach oben geöffnet ist. Durch leichtes Anheben der Klappe wird die Sperre gelöst, und die Klappe kann geschlossen werden. Diese Hochstellstützen gibt es auch mit Bremse, die ein Herunterschlagen der Klappe verhindert.

GRIFFE
1 Schwanenhalsgriff
2 Stilgriffbeschlag
3 Ringgriff
4 Hängegriff
5 Schubkastengriff
6 Knöpfe
7 Einlaßgriffbeschlag
8 Bügelgriff
9 Schiebetürgriff

4

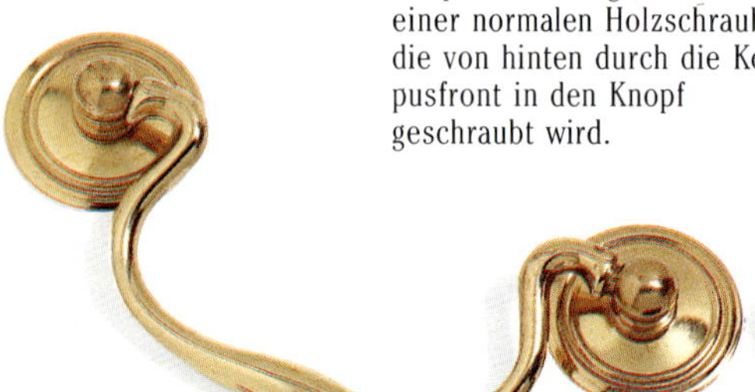
1

5

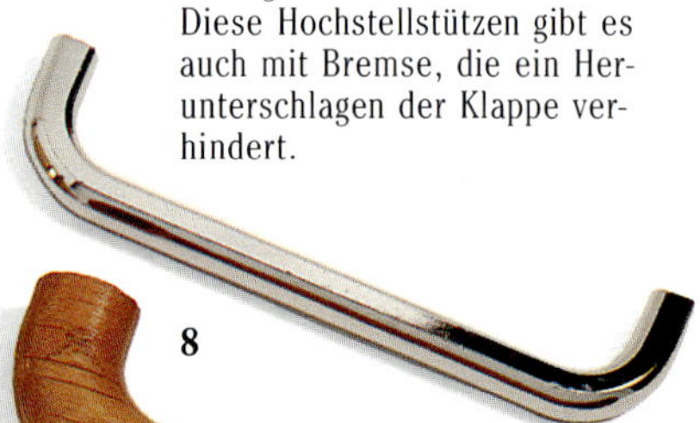
8

6

3

2

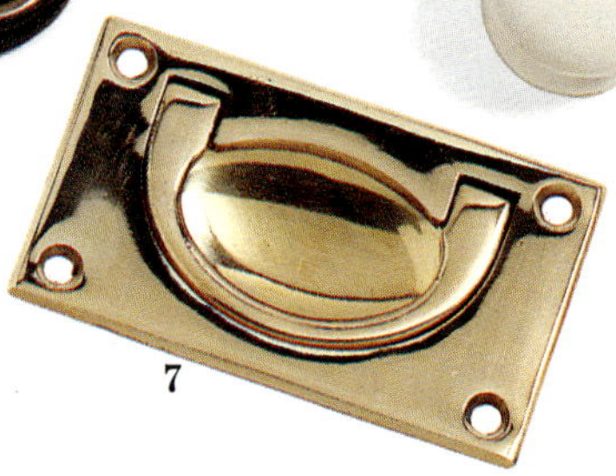
7

9

GLOSSAR

A

Abgesetzte Nut
Eine nicht durchgehend gefräste Nut, die vor dem Ende des Bretts aufhört.

Abschnitt
Das abgesägte Teil eines bearbeiteten Holzstücks.

Abziehen
Um eine scharfe, feine Schneidkante zu erzielen, werden Schneiden oder Klingen mit oder auf einem Abziehstein gerieben.

Abziehpolitur
Eine Verdünnungsmischung, die zum Anlösen eines bereits aufgetragenen Oberflächenmittels verwendet wird.

Achse
Die imaginäre Linie, zu der ein Objekt, wie zum Beispiel eine Stuhlzarge, symmetrisch ist.

Adern
Feine Furnierstreifen, die zur Begrenzung von Furnierflächen eingelegt werden.

Angel
Das spitze Ende eines Stemmeisens oder einer Feile, das in den Holzgriff eingetrieben wird.

Anleimer
Eine Schutzleiste aus Massivholz, die auf die Kante einer Holzwerkstoffplatte oder einer Tischplatte geleimt wird.

Anreißen
Mit einem Streichmaß oder Bleistift eine zukünftige Schnittlinie markieren.

Anschlag
Eine verstellbare Führung, um die Schneide eines Werkzeugs in einem bestimmten Abstand von der Werkstückkante zu halten.

Anthropometrie
Die vergleichende Wissenschaft von den Maßen des menschlichen Körpers.

Auftrennen
Ein Brett parallel zur Holzfaser aufsägen.

Ausreißen
Wenn ein Bohrer oder Fräser auf der Unter- oder Rückseite des Werkstücks austritt, reißt das Holz an dieser Stelle aus.

B

Ballen
Ein „gepolstertes" Tuch zum Auftragen von Politur oder Beize.

Bandeinlage
Ein einfarbiger oder gemusterter Furnierstreifen für dekorative Randeinlagen.

Bestoßen
Mit einem fein eingestellten Hobel genau hobeln.

Besäumen
Entfernen der Waldkante auf einer Säge.

Bezugsfläche
Die plangehobelte Fläche eines Bretts, von der aus alle weiteren Maße genommen werden.

Bezugskante
Die Kante, die rechtwinklig zu einer Brettfläche gefügt wurde und von der aus Winkel und Maße gemessen werden.

Bimsmehl
Eine leichte vulkanische Gesteinsart, die fein zermahlen zum Schleifen einer behandelten Holzoberfläche verwendet wird.

Blinder Zapfen
Ein Zapfen, der nicht durchgestemmt, also nicht sichtbar ist.

Blindkeile
Holzkeile, die einen Blindzapfen in einem Zapfenloch spreizen.

Bogen
Teil einer durchgezogenen Kurvenlinie, wie sie von einem Zirkel geschlagen wird.

Bootslack
Ein speziell für draußen geeigneter sehr widerstandsfähiger Lack.

Brüstung
Der rechtwinklige Absatz rechts und links eines Zapfens.

D

Deckfurnier
Das Furnier, das auf der Sichtfläche einer furnierten Platte liegt.

Durchbluten
Das Durchschlagen des natürlichen Harzgehalts des Holzes durch eine Oberflächenbehandlung, mit dem Ergebnis einer fleckigen Oberfläche.

Duroplast
Bezeichnet ein Material, das sich durch Hitze nicht mehr erweichen läßt, wenn es einmal ausgehärtet ist.

E

Einlegen
Das Einsetzen von Stücken aus Holz oder Metall in eine vorbereitete Vertiefung, so daß sie bündig zur Holzoberfläche liegen.

Ergonomie
Die Wissenschaft von der Beziehung zwischen dem durchschnittlichen menschlichen Körper und seiner Umgebung.

F

Falttür
Eine Schiebetürvariante, bei der sich die Türflügel beim Öffnen zusammenfalten.

Falz
Eine abgesetzte Vertiefung an einer Werkstückkante, meist Teil einer Verbindung.

Fase
Abschrägung an einer geraden Kante, meist 45°.

Faserplatten
Holzwerkstoffplatten aus gepreßten Holzfasern in verschiedenen Ausführungen.

Faserverlauf
Die Richtung, in der die Holzfasern überwiegend liegen.

Feder
Ein vorstehender Wulst an der Kante eines Bretts, der in eine entsprechende Nut in einem anderen Brett paßt. Angeschnitten oder als Fremdfeder aus einem anderen Material.

Fladerschnitt
Bezieht sich auf Furnier, das tangential, also parallel zur Stammachse geschnitten wurde und eine bogenförmige Zeichnung aufweist.

Flitsch
Ein Furnierpaket aus zusammengehörenden Furnierblättern eines Stamms.

Flußmittel
Ein Mittel zum Säubern einer Metalloberfläche vor dem Löten.

Frühholz
Die im Frühjahr gebildete Zone eines Jahresrings.

Furnier
Dünne Holzblätter, die auf ein weniger edles Material, wie Holzwerkstoffplatten, aufgeleimt werden.

Führungsloch
Ein Loch mit kleinem Durchmesser, das vorgebohrt wird, um dem Gewinde der eingesetzten Schraube als Führung zu dienen.

Füllung
Ein in einen Rahmen eingesetztes dünneres Holzbrett oder -platte.

G

Gehrung
Die rechtwinklige Verbindung zweier Holzteile, die an den Enden auf 45° geschnitten sind.

Geriegelt
Eine quergestreifte, wellige Zeichnung des Holzes auf radialen Schnittflächen.

Geschlossene Streuung
Schleifpapier mit dicht aneinanderliegenden Schleifkörnern.

Gewerbe
oder Rolle ist der runde Gelenkteil eines Scharniers oder Bands, an dem die Lappen ansetzen.

Glutinleim
Ein eiweißhaltiger Holzleim, aus tierischen Knochen und Häuten gewonnen.

Grat
Eine extrem dünne Metallkante, die nach dem Schleifen oder Abziehen einer Schneide an deren Spitze stehenbleibt.

Grobporig
Holz mit relativ großen Poren.

Grünes Holz
Frisch eingeschnittenes Holz, das noch nicht getrocknet ist.

H

Hirnholz
Die Holzoberfläche nach einem quer zur Stammachse erfolgten Schnitt.

Hohlkehle
Ein konkaves Nutprofil an einer Werkstückkante.

Hohlschliff
Ein Kreissägeblatt, das in der Mitte dünner ist als am Rand, hat einen Hohlschliff.

Höhenfries
Die beiden senkrechten Seitenteile (Friese) einer Rahmentür mit Füllung.

I

Innenfurnier
Das Furnier auf der Rückseite einer Platte mit der schlechteren Güteklasse.

Innenschneide
Wenn die Schneidfase eines Hohleisens innen liegt, spricht man von einer Innenschneide.

Isometrie
Dreidimensionale Zeichnung eines Werkstücks.

K

Katalysator
Eine Substanz, die eine chemische Reaktion auslöst oder beschleunigt, z. B Härter für Lacke oder Leime.

Kernholz
Die ältere, verkernte, d. h. auch dunklere Holzschicht im Inneren eines Stammes, die den Stamm stützt.

Kippleiste
Eine Holzleiste, die über der Schubladenseite befestigt wird, damit die Schublade nicht abkippt, wenn Sie herausgezogen wird.

Klauenhammer
Ein Hammer mit gespaltener Finne zum Herausziehen von Nägeln.

Knarre
Eine Sperrvorrichtung, die eine Bewegung nur in einer Richtung zuläßt.

Konkav
Nach innen gekrümmt, hohl.

Kontaktkleber
Ein Kleber, der ohne die Hilfe von Druck abbindet, wenn zwei bestrichene Flächen zusammengebracht werden.

Konvex
Nach außen gekrümmt, rund.

Kurzes Holz
Abschergefährdetes Holz. Die Holzfasern liegen quer zu einem schmalen Holzabschnitt.

Kürschner
Eine Luftblase unter einem Furnier aufgrund ungenügender Leimangabe.

L

Laufleisten
Seitliche Holzleisten, auf denen eine Schublade läuft.

Legierung
Eine Mischung aus zwei oder mehreren Metallen, um eine Zusammensetzung mit bestimmten Eigenschaften zu erhalten.

Leiste
Ein dickerer Holzstreifen.

Liegende Jahre
Eine Bezeichnung für ein Brett, dessen Jahresringe in einem Winkel von weniger als 45° zur Brettfläche liegen.

Längsholz
Holzfasern, die parallel zur Hauptachse eines Werkstücks liegen.

Längsriß
Ein Riß längs zur Holzfaser aufgrund falscher Trocknung.

Lösbare Verbinder
Mechanische Verbindungsbeschläge für Möbelteile, die zerlegt werden sollen.

M

Marketerie
Das Einlegen relativ kleiner Furnierstücke zu Mustern oder Bildern.

Maserknolle
Ein beulen- oder knollenartiger Auswuchs an einem Holzstamm. Liefert aufgeschnitten interessant gemusterte Maserfurniere.

Messerrisse
Risse im Furnier aufgrund eines schlecht eingestellten Druckbalkens bei der Furnierherstellung.

Mittelfries
Das mittlere, waagrechte Querfries eines Rahmens mit zwei Füllungen, meist bei Türen.

Mittellage
Die innere Lage von Holzwerkstoffplatten. Kann aus Furnier bestehen (Sperrholz) oder aus Holzleisten (Stab- und Stäbchenplatten).

Modell
Eine vorläufige Konstruktion aus Abfallstücken, um einen Entwurf zu testen.

N

Nasen
Ablaufspuren eines Lacks auf einer senkrechten Fläche.

Nut
Ein länglicher schmaler Einschnitt meist in Faserrichtung.

Nutklötze
Kleine Hartholzklötze, die auf die Unterseite einer Tischplatte geschraubt werden, um diese mit dem Zargengestell zu verbinden.

Nutzapfen
Der kurze, abgesetzte Teil eines Zapfens, der verhindert, daß sich das waagrechte Querfries in bezug auf das senkrechte verzieht.

O

Offene Streuung
Schleifpapier mit großen Zwischenräumen zwischen den Schleifkörnern.

Offenporig
siehe Ringporig.

P

Parkett-Marketerie
Marketeriearbeit, bei der die Furniere in geometrische Formen geschnitten und zu Mosaikmustern zusammengesetzt werden.

Patina
Die Farbe und Struktur, die ein Holz oder Metall durch die natürliche Alterung bekommt.

Peg
Polyethylenglykol – ein Stabilisierungsmittel zur Behandlung grünen Holzes statt eines Trocknungsverfahrens.

Photosynthese
Ein natürlicher Prozeß, bei dem Energie in Form von Licht von Chlorophyll aufgenommen und in Nährstoffe umgewandelt wird.

Pyramidenfurnier
Furnier, das aus einer Astgabel oder einem Baumzwiesel geschnitten wurde.

Q

Quartierschnitt
Ein Einschnittverfahren, bei dem Bretter entstehen, deren Jahresringe in einem Winkel von nicht weniger als 45° zur Brettfläche liegen.

Querbänder
Furnierstreifen, die quer zur Faser geschnitten sind und als Randeinfassung in furnierte Platten eingelegt werden.

Quernut
Eine Nut, die quer zur Holzfaser verläuft.

Querschnitt
Eine Zeichnung, die die Ansicht eines Werkstücks zeigt, als wäre es durchgeschnitten.

R

Radialschnitt
siehe Quartierschnitt.

Rattern
Das Geräusch, das entsteht, wenn ein Werkstück bei der Bearbeitung vibriert.

Ringporig
Ringporige Hölzer mit großen Poren im Frühholz.

Rohling
Ein Stück Holz, grob auf Maß geschnitten, zum Einspannen in eine Drechselbank.

Rundstab
Ein angehobeltes oder angefrästes rundgeformtes Zierprofil.

Rückschlag
Die Bewegung eines Werkstücks, das von einem Sägeblatt oder einem Fräser in Richtung des Schreiners geschleudert wird.

S

Schaft
Der zylindrische Schaft einer Schraube, eines Nagels, eines Bohrers oder eines Fräsers.

Scharfe Kante
Die Kante, wo zwei Flächen in einem Winkel aufeinanderstoßen.

Schellack
Die Absonderung einer Lackschildlaus, aus der Schellackpolitur hergestellt wird.

Scherkraft
Eine auf eine Struktur wirkende Kraft durch eine Querbelastung.

Schichtverleimen
Dünne Holzstreifen aufeinanderleimen.

Schieber
Eine aus dem Korpus herausziehbare Leiste zum Abstützen einer Klappe.

Schiebestock
Eine speziell geformte Holzleiste, mit der man ein Werkstück sicher gegen ein Sägeblatt schieben kann.

Schließblech
Eine Metallplatte, hinter der oder in die der Riegel eines Schlosses einrastet.

Schlitz
Eine rechteckig eingeschnittene Vertiefung zur Aufnahme eines Zapfens oder einer Feder.

Schlüsselschild
Die Metallplatte, die ein Schlüsselloch umgibt.

Schnittfuge
Der Schlitz, den eine Säge schneidet.

Schnittholz
Durch Aufsägen eines Stamms erzeugte Bretter oder Bohlen.

Schräger Nutzapfen
Ein schräg abgesägter Nutzapfen, der unsichtbar ist, wenn die Verbindung zusammengesetzt ist.

Schränken
Die Zähne einer Säge abwechselnd nach außen biegen, damit die Schnittfuge breiter ist als das Sägeblatt selbst.

Schälfurnier
Ein endloses Furnierband, das von einem Stamm, der sich gegen ein Messer dreht, abgeschält wird.

Spannzange
Eine zwei- oder mehrteilige konische Hülse, in die der Fräser einer Oberfräse eingespannt wird.

Spanplatte
Eine Holzwerkstoffplatte mit einer Mittelschicht aus gepreßten und verleimten Holzspänen.

Sperrholz
Eine Holzwerkstoffplatte, die aus einer Anzahl aufeinandergeleimter Holzlagen symmetrisch aufgebaut ist.

Splint
Das neue, junge Holz um den härteren Holzkern.

Spätholz
Der Teil des Jahresrings eines Baums, der nach dem Frühholz gebildet wird.

Staubboden
Ein waagrechtes Brett in einem Möbelkorpus, das die darunterliegende Schublade vor Staub schützt.

Streichriemen
Ein Stück Leder, auf dem Schneiden scharf abgezogen werden.

Stäbchenplatte
Eine Holzwerkstoffplatte mit einer Mittellage aus schmalen verleimten Holzleisten, die hochkant zur Plattenebene stehen.

T

Technische Trocknung
Das Trocknen von Holz in einer Trockenkammer mit Hilfe von Hitze und Dampf.

Teller
Die Druckplatte einer Zwinge.

Thermoplastisch
Bezeichnet ein Material, das sich durch Hitze wieder erweichen läßt.

Thixotrop
Eine Eigenschaft einiger Farben, die eine gelartige, nichttropfende Konsistenz haben, bis sie aufgetragen und dadurch flüssig werden.

Tischlerplatte
Eine Holzwerkstoffplatte mit einer Mittellage aus ungefähr quadratischen oder rechteckigen Holzleisten, die mit Furnier abgesperrt sind.

Tripelpulver
Feines Schleifpulver, das wie Bimsmehl verwendet wird.

Trocknen
Den Feuchtegehalt des Holzes reduzieren.

Trägerplatte
Das Material, auf das Furnier aufgeleimt wird.

V

Verdünner
Ein Mittel, um die Konsistenz von Farben, Lacken oder Polituren zu verdünnen.

Versenken
Ein Loch schneiden, damit der Kopf einer Schraube unterhalb der Holzoberfläche liegt.

Versiegeln
Überstreichen harziger Aststellen mit einer schellackhaltigen Grundierung, um ein Durchbluten des Harzes zu verhindern.

Verzogen
Längs- oder quergekrümmtes oder verdrehtes Holz.

Viskosität
Der Grad der Zähflüssigkeit eines Stoffes.

W

Waldkante
oder Baumkante. Die natürliche, unregelmäßige Kante eines unbesäumten Bretts.

Weichholz
Holz der Nadelbäume, die zu der botanischen Gruppe der „Gymnospermen“ gehören.

Werfen
Verziehen und Verformen eines massiven Bretts.

Wilde Maserung
Unruhige oder wellige Maserung aufgrund einer ungleichmäßigen Holzfaserstruktur.

Windschief
Eine Verdrehung des Holzes in Längsrichtung. Verzogen.

Z

Zahnlücke
Der freie Raum zwischen zwei Zähnen einer Säge.

Zeichnung
Struktur und Färbung der Holzmaserung.

Zulage
Ein Stück Holz (oder Metall), das als Druckplatte beim Verleimen oder Furnieren verwendet wird. Dient auch zur Vermeidung von Druckstellen.

Zwiesel
Der Schnitt durch die Baumgabel liefert Pyramidenfurniere.

Zwinge
Ein Metallring, der das Griffende eines Stemmeisens vor dem Aussplittern schützt.

REGISTER

Q

R

S

T

U

V

W

Y

Z